LE CUISINIER

EUROPÉEN

27 0SH

Paris. — Imprimerie de P.-A. BOURDIER et Cie, 30, rue Mazarine.

LE
CUISINIER
EUROPÉEN

Ouvrage contenant

LES MEILLEURES RECETTES DES CUISINES FRANÇAISE ET ÉTRANGÈRES

Pour la préparation des Potages, Sauces, Ragoûts, Entrées, Rôtis
Fritures, Entremets, Dessert et Pâtisseries

COMPLÉTÉ PAR

UN APPENDICE

Comprenant la desserte ou l'art d'utiliser les restes d'un bon repas, le service
de table, la meilleure manière de faire les honneurs d'un repas
et de servir les vins; les confitures, les sirops, les bonbons de ménage, les liqueurs,
les soins à donner à une cave bien montée.

PAR JULES BRETEUIL

ANCIEN CHEF DE CUISINE.

PARIS

GARNIER FRÈRES, LIBRAIRES-ÉDITEURS

6, RUE DES SAINTS-PÈRES, ET PALAIS-ROYAL, 215

—

1860

AVANT-PROPOS.

Il y a une méthode fort connue et fort pratiquée d'un nombre considérable de cuisiniers et même de cuisinières pour faire mauvaise chère en dépensant beaucoup d'argent, et pour préparer de ces mets extraordinaires qui n'ont qu'un seul défaut : c'est qu'on ne peut pas les manger. Il y en a une autre, connue et pratiquée de toutes les cuisinières et ménagères soigneuses et intelligentes ; elle consiste à faire avec une dépense modérée, en rapport avec les ressources de chaque famille, la meilleure chère possible : c'est cette méthode que nous avons toujours suivie, dont nous offrons dans cet ouvrage l'exposé fidèle à nos lecteurs.

Nous sommes loin déjà du temps où d'absurdes préjugés, dont le progrès des idées a fait bonne justice, empêchaient chaque nation d'améliorer son régime alimentaire en ajoutant à la cuisine du pays les meilleurs mets de celle des peuples voisins. Aujourd'hui, tout mets réellement bon est connu et usité de tous les peuples parvenus au même degré de civilisation. Ce n'est pas seulement une affaire de pure gastronomie ; l'hygiène enseigne comme précepte fondamental, en fait de nourriture, que la variété dans les aliments contribue efficacement à maintenir la santé, le premier des biens, non-seulement parce que sans la santé, il n'y a pas de bien-être possible, mais encore parce que l'absence de la santé rend l'homme incapable de remplir ses devoirs envers lui-même et envers les autres.

La France, par l'heureuse variété de sols et de climats que présente son fertile territoire, réunit tous les éléments du meilleur régime alimentaire pour toutes les classes de la population ; c'est aussi le pays du monde, et cette gloire en vaut bien une autre, où l'art de préparer les aliments, de manière à en rendre plus agréables et plus utiles les propriétés nourrissantes, a été porté depuis les temps les plus reculés à sa plus grande perfection. On a pris soin dans cet ouvrage, tout en donnant ce qu'il y a de plus neuf et de plus avancé dans chaque branche de l'art de bien vivre, de ne point omettre ces mets qui n'ont pas pu vieillir, parce que ce qui est foncièrement bon, agréable au goût, salubre pour l'estomac, est de tous les pays et de tous les temps : pour n'en citer qu'un exemple populaire, bien des institutions usées et chancelantes passeront : le pot-au-feu ne passera pas.

Le plan adopté pour cet ouvrage était indiqué par le sujet lui-même. On a fait précéder toute recette particulière, pour chaque genre de mets, d'un tableau des diverses substances alimentaires et de celles qui servent à les assaisonner. On a beaucoup plaisanté l'ancienne cuisinière bourgeoise qui disait : Pour faire un civet de lièvre, prenez un lièvre. Rien de plus judicieux que cette manière de procéder ; il faut connaître les éléments, les matières premières de la cuisine, et savoir les bien choisir avant de se mêler de faire une cuisine quelconque.

On traite ensuite des principales préparations : ragoûts, rôtis, fritures, et des sauces les plus usitées ; ces notions, dans l'ordre naturel et logique, devaient nécessairement précéder l'exposé des recettes de cuisine.

Les potages, classés dans deux sections, dont l'une comprend les potages gras, et l'autre les potages maigres, sont traités avec l'étendue qu'ils méritent, selon la place qu'ils occupent dans la cuisine d'un peuple, qui croit n'avoir pas dîné, s'il n'a pas, selon l'expression reçue, mangé la soupe, formule dont chacun se sert familièrement pour inviter un ami à venir partager son dîner.

Les mets dont la viande est la base sont classés d'après la nature des viandes, depuis les viandes de boucherie, jusqu'aux diverses espèces de volailles et de gibier; c'est la partie de la cuisine qui fournit les mets principaux, les pièces de résistance.

La cuisine maigre, comprenant tous les mets ayant pour base le poisson et les légumes, vient en troisième ligne; les salades, les hors-d'œuvre et les entremets s'y rattachent naturellement.

La pâtisserie, telle qu'on peut la faire sans être pâtissier de profession, y compris tous les mets qui peuvent figurer au dessert, avec les meilleures manières de faire le thé et le café, remplissent une division séparée qui a aussi son importance, et qu'on a traitée, pour cette raison, avec les développements qu'elle comporte.

Les conserves alimentaires, les confitures, les glaces, les sirops et les meilleures liqueurs de table sont traités dans la division suivante, sans rien omettre de ce qui, dans cette série, offre un véritable intérêt.

L'ouvrage serait incomplet s'il ne comprenait les soins à donner à une cave bien fournie et bien entretenue. Enfin, pour que le lecteur rencontre dans cet ouvrage toutes les notions qu'il peut souhaiter d'y trouver, une dernière partie, sous le titre de service de table, comprend les menus de repas, l'art de dresser et de servir les mets, et l'art trop souvent ignoré de bien découper toute espèce de viandes, et de servir toute espèce de mets, de façon à ce que, parmi les convives, chacun puisse en avoir sa part.

L'ouvrage est illustrée d'un assez grand nombre de gravures d'une exécution très-soignée, pour qu'il ne puisse rester rien d'obscur dans le texte et que chaque explication soit comprise du premier coup d'œil.

On ne croit point encourir le reproche d'exagération, en affirmant qu'il n'a jamais été publié sur cette matière d'ouvrage conçu d'après un plan aussi complet. aussi parfaitement en

harmonie avec les besoins d'un siècle qui, s'il marche d'un pas
rapide dans la voie du progrès, n'a pas négligé de ranger parmi
les progrès les plus importants ceux de l'art de se bien nourrir.

On ne regarde pas comme un mérite important, dans un
ouvrage de ce genre, celui du style qu'on s'est appliqué seulement à rendre clair, précis, correct, également exempt de vaine
recherche et de formes ridicules et surannées. Un traité de cuisine ne peut ni ne doit aspirer à être une œuvre littéraire ; mais
il importe qu'il se laisse lire, comme il faut que tous les mets
dont il donne la recette se laissent manger, et qu'il réponde
aussi pleinement que possible à ce que peut en espérer le lecteur. C'est vers ce but qu'ont été dirigés tous les efforts de l'auteur qui résume dans ce livre, au profit de tous les amis de la
bonne chère, le savoir-faire et la longue expérience d'un ancien

CHEF DE CUISINE.

LE CUISINIER

EUROPÉEN

PREMIÈRE SECTION.

MATIÈRES PREMIÈRES D'UNE BONNE CUISINE.

Avant de songer à faire une bonne cuisine, il faut d'abord se préoccuper d'en réunir les éléments. A part quelques ressources locales qui seront indiquées dans chaque section lorsqu'on décrira les mets dont chaque substance en particulier peut faire partie, la cuisine utilise généralement les objets suivants :

1° *Viande de boucherie.* Elle comprend : le bœuf, le veau, le mouton, l'agneau et le porc.

2° *Volailles.* Elles comprennent : les oiseaux de basse-cour et les oiseaux d'eau élevés en domesticité.

3° *Gibier.* Il est formé de deux divisions : *a*, gibier à poil ; *b*, gibier à plumes.

4° *Poisson.* Il contient trois divisions : *a*, poisson de mer ; *b*, poisson d'eau douce ; *c*, coquillages et crustacés.

5° *Légumes.* Ils sont partagés en trois divisions : *a*, légumes secs ; *b*, légumes frais ; *c*, salades.

6° *Farines et pâtes alimentaires.*

7° *Assaisonnements.*

1° VIANDE DE BOUCHERIE.

Il semble superflu de donner ici des notions détaillées sur les meilleures races d'animaux de boucherie et les lieux de provenance de ceux qui sont abattus pour la consommation de Paris et des autres grands centres de population. Le boucher ne manquerait pas de rire au nez de l'acheteur qui lui dirait : Ce bœuf vient-il du Limousin, du Nivernais ou de la vallée d'Auge? Est-il durham pur ou croisé durham? Ce mouton est-il de Sologne ou des Ardennes? Est-il de race mérine, ou dishley, ou southdown?

Ces détails sont très-souvent ignorés du boucher lui-même; l'acheteur, quand même il aurait une préférence pour la viande des animaux de telle ou telle race, n'a pas le choix; il faut qu'il se contente de celle qu'il peut trouver à la boucherie; il suffit par conséquent de donner un aperçu des qualités propres à chaque espèce de viande.

Bœuf. La viande de bœuf de bonne qualité est d'un rouge vif foncé, marbrée de graisse d'un beau blanc; quand la graisse tire plus ou moins sur le jaune, le bœuf n'est que de qualité médiocre. Celui qui est trop chargé de graisse n'est pas à beaucoup près le meilleur; ceux qui mangent habituellement de la viande trop grasse et qui en mangent beaucoup, contractent plus facilement que d'autres des maladies du foie; la viande de bœuf modérément grasse est donc en même temps la plus salubre et la plus agréable au goût; c'est assurément celle dont la cuisine peut tirer le meilleur parti. Il n'est pas toujours facile de distinguer, à la boucherie,

la viande de bœuf de la viande de vache qui lui est en
général fort inférieure ; la petitesse des os et la teinte
moins foncée de la viande ne sont pas des données certaines pour reconnaître la viande de vache ; il y a d'excellent bœuf dont les os sont peu volumineux, depuis que
les anciennes races françaises de bœufs de boucherie ont
toutes été plus ou moins croisées avec les races bovines
anglaises dont les os sont beaucoup plus petits. C'est
d'ailleurs un préjugé que de rejeter la viande de vache
d'une manière absolue. A Paris, spécialement, les éle-
veurs qui nourrissent des vaches pour fournir du lait
aux habitants de la capitale, n'achètent que des vaches
jeunes et très-bonnes laitières ; dès qu'elles cessent de
fournir leur maximum de lait, ils les engraissent et les
vendent pour la boucherie. Ces vaches, très-bien nour-
ries, abattues après leur premier veau, ne sont pas de
beaucoup inférieures au meilleur bœuf ; leur viande est
préférable à celle des bœufs de seconde qualité.

Il n'y a pas de saison pour le bœuf, dans ce sens que
sa viande est bonne et saine toute l'année ; celle des bœufs
tués en hiver est toujours la meilleure ; c'est pourquoi
l'hiver est la saison où les mets dont le bœuf est la base
doivent tenir le plus de place dans l'alimentation. En hiver, la viande de bœuf peut se conserver fraîche de quatre
à six jours ; en été même, quand on dispose d'un local
très-frais, elle ne se conserve en bon état que de trois à
quatre jours. A Paris, et dans les grandes villes où les
bouchers peuvent fournir de la viande fraîche tous les
jours, il n'y a pas lieu de se préoccuper de sa conservation. Mais à la campagne, faute de cette ressource, il est
quelquefois indispensable de faire provision de viande
fraîche pour plusieurs jours ; dans ce cas, on peut en

assurer la conservation en bon état par le procédé suivant. La viande est divisée par morceaux dont chacun correspond à la consommation d'une journée. Chaque morceau, séparément, est cuit à moitié dans de l'eau *sans sel;* une heure d'ébullition suffit. La viande, ainsi cuite à demi, est conservée dans un local frais, dans le bouillon où elle a été cuite, ce qui assure sa conservation pendant deux ou trois jours de plus que si elle n'avait pas subi cette préparation.

Veau. Ceux qui habitent la campagne ou une petite ville doivent se défier de la tentation du bon marché qui peut les porter à acheter à bas prix du veau abattu quelques jours seulement après sa naissance; la viande des veaux tués trop jeunes est gluante, gélatineuse, d'un goût fade, douée de propriétés insalubres. A Paris, et dans les grandes villes, on paye le veau fort cher, mais on n'est pas exposé à en acheter qui soit, par trop de jeunesse des animaux abattus, de qualité par trop inférieure. Il faut choisir la viande de veau ferme, ni maigre, ni trop grasse, et la plus blanche possible. Le veau est de toutes les viandes de boucherie celle qui se corrompt le plus vite; c'est aussi celle que le moindre goût de viande avancée rend le plus intolérable. Lorsqu'on est obligé de faire provision de veau pour plusieurs jours, il faut, après l'avoir fait revenir dans du beurre très-frais, le faire cuire à moitié dans de l'eau sans sel, et le conserver à la cave dans l'eau où il a subi cette demi-cuisson; une demi-heure d'ébullition suffit. Ce procédé prolonge la conservation du veau frais d'un ou deux jours. La viande fraîche de veau ne se conserve pas au delà d'un à deux jours en été et deux à trois jours au plus en hiver.

Mouton. La viande de mouton, de même que celle de bœuf, ne doit pas être choisie trop grasse ; quand la graisse y surabonde, elle est indigeste et d'un goût peu agréable. Le meilleur mouton est d'un rouge-brun ; les os en sont petits et courts ; les meilleurs moutons sont *près de terre*; ceux qui sont trop hauts sur jambes ont la chair longue, dure et plus ou moins grossière ; à la boucherie, on doit considérer comme le meilleur le mouton dont les gigots sont courts et épais par rapport à leur longueur. La viande de mouton se conserve au frais, sans préparation, un ou même deux jours de plus que la viande fraîche de bœuf. Quand le mouton a été un peu attendu, sans cependant qu'il ait contracté aucun mauvais goût, il n'en est que plus tendre et meilleur pour la cuisine. L'agneau ne se conserve pas ; sa chair est indigeste et l'on ne doit en manger qu'avec modération ; il n'est réellement bon que lorsqu'il est très-frais.

Porc. A la ville, on trouve tous les jours et en tout temps du porc frais chez les charcutiers; à la campagne, beaucoup de ménages font provision de viande de porc salée. Lorsqu'on achète un porc gras pour la consommation d'une famille, on doit donner la préférence aux porcs à jambes courtes, de la race anglo-chinoise, actuellement répandus dans toute la France ; ce sont ceux qui fournissent le meilleur lard, le saindoux le plus fin, et la chair la plus délicate. La viande fraîche de porc se conserve, sans préparation, aussi longtemps que celle de mouton.

2° VOLAILLE.

Depuis que Paris et les grandes villes de France sont en communication avec les principaux points de notre territoire par le réseau des chemins de fer, les rayons d'approvisionnement des marchés aux volailles se sont considérablement étendus. Le marché de la capitale n'appartient plus exclusivement comme autrefois aux poulardes du Mans et aux chapons du pays de Caux ; il en vient de tout aussi bons d'une foule d'autres localités ; l'acheteur doit se préoccuper de la qualité des volailles plus que de leur provenance. A moins que ce ne soit pour préparer du bouillon de poulet à l'usage des malades ou des convalescents, c'est une duperie d'acheter de la volaille maigre ; on achète plus d'os que de viande, et, tout en payant bon marché, on n'en a pas pour son argent ; la volaille tout à fait grasse, ou seulement à demi engraissée, n'est pas seulement la meilleure pour la cuisine ; c'est aussi la plus avantageuse pour l'acheteur, parce que les os y sont dans une plus faible proportion par rapport à la partie mangeable, la seule qui ait une valeur réelle.

La volaille grasse doit être choisie blanche, à peau fine et unie ; celle dont les articulations sont dures et qui dépasse le volume et le poids ordinaire de son espèce, est souvent vieille et dure. Les poulardes jeunes sont de grosseur moyenne ; leur peau est remarquablement blanche ; si elle tourne au rouge, la bête est plus âgée qu'elle ne doit l'être pour avoir toute sa valeur gastronomique. Les chapons suffisamment jeunes sont blancs comme les poulardes et, de plus, ils ont l'ergot ou éperon assez court ; si l'ergot est long, ce sont des bêtes de plus d'un an, dont la chair a peu de valeur.

Depuis quelques années, on a introduit dans beaucoup de basses-cours les grandes races de volailles de l'Asie orientale : les poules malaises, les brhamapouters et celles de la Cochinchine ; ces races donnent des volailles très-grosses, mais peu délicates. Les amateurs qui élèvent et engraissent des volailles pour leur propre consommation, ne peuvent adopter une meilleure race que celle des poulets anglais de Dorking, reconnaissable aux cinq doigts égaux qui composent les pattes de cette race, la seule qui présente cette particularité. Les volailles de la race de Dorking ne sont que de seconde grosseur, ce qui les rendrait peu avantageuses pour la vente ; mais quant au goût de leur chair et à la petitesse de leurs os, il n'en est pas qui leur soient comparables.

Sous le climat de Paris, la bonne saison pour les volailles jeunes et grasses, poulets, poulardes, chapons et dindonneaux, commence à la première quinzaine de septembre et se prolonge jusqu'au retour des chaleurs de l'année suivante.

Les oiseaux d'eau domestiques, le canard, l'oie et leurs diverses variétés, sont principalement livrés à la consommation de la fin de l'automne au commencement de la belle saison. Le canard n'a pas besoin d'être engraissé ; pourvu qu'il soit passablement nourri, il est dans son tempérament de n'être jamais maigre. L'oie, au contraire, n'est réellement bonne que quand elle a été bien engraissée. Ordinairement elle est trop grasse, et l'on doit, avant de l'apprêter d'une manière quelconque, retirer une partie de la graisse intérieure qu'on fait fondre séparément et qu'on utilise pour divers assaisonnements.

3° GIBIER.

Le gibier à poil : daim, chevreuil, sanglier, lièvre, lapin, se conserve à peu près le même temps que le mouton. Beaucoup d'amateurs ne livrent à la cuisine le gros gibier, plus souvent désigné sous le nom de *venaison*, que quand la viande en est déjà fort avancée; c'est une faute contre l'hygiène d'abord, ce genre de viande, s'il est en voie de décomposition, pouvant nuire à la santé; c'en est une aussi contre la vraie gastronomie; le gibier à poil n'est pas réellement bon, si ce n'est pour ceux dont le goût est dépravé, lorsqu'à la saveur qui lui est propre se joint celle que lui communique un commencement d'altération.

La même observation s'applique au gibier à plumes, surtout à la perdrix, que des gens, s'intitulant gourmets, mangent seulement alors qu'elle n'est plus mangeable, malgré le tort qui doit en résulter pour leur santé. La perdrix est meilleure quand elle a attendu vingt-quatre ou quarante-huit heures après avoir été tuée; mais lorsqu'elle est trop *faisandée*, selon l'expression reçue, elle est à la fois insalubre et détestable. Il en est de même de la bécasse et de tout le gibier à plumes qu'on ne vide pas pour le faire cuire; quand ce genre de gibier est trop avancé, c'est un aliment des plus malsains, de quelque manière qu'il soit apprêté.

4° POISSON.

Le poisson de mer peut être mangé frais sur tous les points de la France depuis que les chemins de fer permettent de le transporter avec une extrême rapidité. Il en est néanmoins qui se décomposent très-promptement, et dont il est prudent de s'abstenir en été, tant que durent les grandes chaleurs. Plusieurs des meilleurs poissons de mer ont leur saison; quelques-uns, comme le hareng et le merlan, ne sont pas admis sur les tables des maisons opulentes pendant la saison où ils sont le plus abondants ; on les dédaigne à cause de leur bas prix et l'on a tort, car c'est alors qu'ils ont le plus de qualité ; ce qui a donné lieu au dicton populaire : « Jamais gourmand n'a mangé bon hareng. »

Le poisson d'eau douce, qu'on achète ordinairement vivant, est pour cette raison toujours frais, et peut être mangé en toute saison. Ceux qui, comme le saumon et l'alose, passent une partie de l'année dans la mer et l'autre dans l'eau douce, voyageant sans cesse pour remonter les cours d'eau et les redescendre, meurent dès qu'ils sont sortis de l'eau, et entrent presque aussitôt en décomposition ; ces poissons doivent être mangés, pour ainsi dire, en sortant de l'eau ; dès qu'ils ont contracté une saveur piquante, indice d'un premier commencement d'altération, ils ne valent plus rien. S'ils doivent être conservés un jour ou deux, on doit les faire cuire immédiatement, les garder au frais, et les faire réchauffer au moment de les servir. Depuis que les habitants des grandes villes peuvent avoir en abondance le poisson de mer toute l'année, la cuisine délaisse un peu le poisson d'eau douce qui, cependant, a bien son mérite et peut toujours être utilisé pour apporter de la variété dans la cuisine maigre.

A l'exception des moules et des huîtres qui sont abondantes et faciles à transporter, les coquillages mangeables ne sont utilisés pour la cuisine que dans les contrées maritimes. Les moules de moyenne grosseur sont préférables aux très-grosses moules, plus sujettes que les autres à contenir de petits crabes parasites qui, lorsqu'on les mange par mégarde avec la moule, produisent les effets d'un empoisonnement passager, lequel, fort heureusement, n'est pas dangereux. Les huîtres les plus grosses ne sont pas les meilleures pour être mangées crues; les plus volumineuses, dites *pied de cheval*, sont préférées, au contraire, pour les mets dont font partie les huîtres cuites, soit hachées, soit entières. Les homards, les langoustes, les crevettes et les salicoques sont cuits au sortir de la mer et vendus le plus souvent en cet état; ceux qu'on achète crus doivent être sinon vivants, au moins d'une fraîcheur irréprochable. Les meilleures écrevisses d'eau douce sont celles des grandes rivières; à Paris, les amateurs accordent généralement la préférence aux écrevisses de Seine, faciles à reconnaître à une légère tache rougeâtre qu'elles portent à la surface intérieure de chacune de leurs pinces. Celles dont la cuirasse est d'un brun noirâtre sont inférieures à celles qui sont d'un vert clair tirant sur le vert-bouteille, mais sans mélange de brun.

5° LÉGUMES.

Depuis que la préparation des farines de légumes cuits a pris les proportions d'une grande industrie, et qu'elle livre ses produits à des prix modérés, ces farines, dont l'usage expéditif épargne beaucoup d'embarras dans la cuisine, sont généralement préférées aux légumes secs entiers qu'il faut faire cuire, puis écraser, pour les potages maigres et les purées. Lorsqu'on fait une petite provision de haricots avant l'hiver, il faut donner la préférence aux haricots de Soissons, aux flageolets et aux autres espèces blanches. Beaucoup de marchands ne se font aucun scrupule de mêler aux haricots nouveaux ceux de l'année ou des années précédentes ; de là vient qu'on sert si souvent, soit seuls, soit avec un gigot de mouton, des haricots dont une partie est tendre et le reste dur, ce qui les rend très-difficiles à digérer. Ce désagrément n'arrive pas aux connaisseurs en fait de haricots ; ceux qui sont âgés d'un an ou deux ont perdu le ton blanc des haricots de la dernière récolte ; il n'est pas très-difficile de les distinguer des autres ; on doit par conséquent rejeter les haricots des variétés blanches qui ne sont pas tous du même blanc. Mais si l'on achète des haricots de couleur, la différence de ton entre les anciens et les nouveaux est si peu sensible qu'il est beaucoup plus facile de s'y laisser tromper ; c'est pourquoi les espèces blanches doivent être préférées.

Il n'y a pas de cuisinière ni de ménagère qui ne se connaisse assez bien en fait de légumes frais, pour n'avoir pas besoin à ce sujet de renseignements particuliers, si ce n'est sur quelques-uns des plus délicats. L'artichaut, toujours justement recherché, n'est bon que quand il a été cueilli à son point et que depuis le moment où il a été séparé de sa tige, il n'a pas eu le temps de se dessécher ; autrement, il devient filandreux, coriace, et les préparations les plus recherchées ne sauraient le rendre mangeable ; cette observation s'applique aussi bien aux artichauts du Midi et au gros Camus de Tours, qui figurent de bonne heure sur les marchés de Paris, qu'au gros vert de Laon, le seul dont on fît autrefois usage dans la capitale. Le choufleur dur, c'est-à-dire à pomme très-serrée, récolté tard et conservé à l'abri de la gelée pour être vendu fort cher en hiver, a souvent très-bonne apparence ; mais il cuit mal et ne reprend jamais la demi-fermeté et la saveur délicate qui font le mérite de cet excellent légume. Il faut se méfier de ceux qui présentent une cicatrice évidemment ancienne à leur base, ou qui manquent totalement de trognon, cette partie ayant été supprimée pour ne pas laisser voir à l'acheteur qu'elle était à demi desséchée.

6° FARINES ET PATES.

Il faut choisir avec attention la farine de froment, dont on fait un usage assez fréquent en cuisine, soit pour lier les sauces, soit pour habiller les poissons qui doivent être frits, ou pour préparer la pâte dont ils doivent être enveloppés. La bonne farine de froment est d'un blanc légèrement teinté de jaune; lorsqu'on y plonge les doigts bien secs, elle adhère à la peau; si l'on en forme en la comprimant une petite pelote et qu'on la pose dans le creux de la main, elle ne tombe pas immédiatement en poussière. Ces caractères sont ceux de la farine de froment récente et de bonne qualité.

La fécule de pommes de terre employée en cuisine pour une partie des usages de la farine, doit être choisie récente et du blanc le plus pur. Les fécules exotiques, telles que le sagou, l'arrow-root et le tapioca, sont si facilement et si fidèlement imitées avec la fécule de pommes de terre, que cette fraude est tout à fait impossible à reconnaître; il ne faut donc acheter ces substances que chez des marchands en qui l'on peut avoir une confiance entière justifiée par une notoire honorabilité.

Les pâtes alimentaires, vermicelle, macaroni, lasagne, étoiles pour potage, doivent être choisies de première qualité ; ces pâtes, de qualité médiocre, se débitent en cuisant, épaississent le bouillon et lui donnent une consistance peu appétissante, tandis que les bonnes pâtes laissent au bouillon, avec son goût, sa transparence et sa couleur. Le macaroni commun prend mal l'assaisonnement, se déforme par la cuisson et ne donne pour résultat qu'un mets très-peu agréable; c'est donc une économie fort mal entendue que celle qui consiste à ne pas acheter les pâtes alimentaires aussi bonnes qu'il est possible de se les procurer, d'autant plus que le prix de celles de qualité médiocre n'est jamais beaucoup moins élevé que le prix de celles de première qualité.

‒ 7° ASSAISONNEMENTS.

On réunit sous cette dénomination des substances très-diverses, qui n'ont entre elles rien de commun, si ce n'est leur destination uniforme de servir à la préparation des mets. Les principales substances employées comme assaisonnement sont : les œufs, le beurre, les graisses, l'huile, le vinaigre, la moutarde, les épices, et le plus indispensable de tous les assaisonnements, le sel. Plusieurs hors-d'œuvre, spécialement les cornichons confits au vinaigre, servent aussi d'assaisonnement. Les truffes, si prisées des amis de la bonne chère, sont aussi, dans maintes circonstances, utilisées en qualité de simple assaisonnement.

Les œufs, indispensable assaisonnement d'une foule de sauces et de la plupart des potages maigres, sont aussi par eux-mêmes la base d'une foule de mets, les uns vulgaires, les autres très-recherchés. Il n'est pas toujours facile dans les grandes villes de se procurer en toute saison des œufs parfaitement frais, même en les payant fort cher; tout ménage un peu considérable qui n'habite pas la campagne et qui n'est pas en mesure d'élever des poules, ne peut mieux faire que de s'abonner avec une femme de la campagne en s'engageant à lui prendre un certain nombre d'œufs par semaine, moyen certain d'en avoir toujours d'aussi frais que possible.

Les œufs des poules malaises, teintés d'une nuance légère de chocolat, un peu plus petits que ceux de la poule commune, sont les meilleurs de tous à manger à la coque ; ce sont aussi ceux qui donnent les crèmes les plus délicates. Les œufs de canne, légèrement verdâtres, sont plus avantageux que les œufs de poule pour les liaisons, parce que leur jaune est plus coloré et plus volumineux. Les œufs d'oie et les œufs de dinde sont très-gros et de très-bonne qualité ; mais comme il est plus avantageux de les faire couver, ils sont rarement livrés à la consommation.

Le beurre de qualité médiocre ou tout à fait mauvaise peut gâter la meilleure cuisine maigre, en communiquant à tous les mets une saveur pénible que nul autre assaisonnement ne peut dissimuler. Il est donc fort important de n'employer généralement que du beurre très-frais et de première qualité ; si l'on est forcé, par mesure d'économie, de faire usage de beurre salé ou de qualité inférieure, on aura soin de le réserver pour les sauces au beurre noir, les roux et les autres préparations où la saveur propre du beurre disparaît en grande partie.

On ne doit employer pour la cuisine grasse que du saindoux aussi blanc et aussi frais que possible. Les mélanges des graisses de veau, bœuf et mouton qui lui sont quelquefois substitués par économie, communiquent aux mets un goût analogue à celui du suif. La graisse provenant du dégraissage du pot-au-feu, des ragoûts de mouton et de la sauce des rôtis, peut être bonne pendant un certain temps, mais elle n'est jamais assez pure pour pouvoir se conserver longtemps exempte de rancidité ; si elle rancit et que l'on continue à s'en servir, tous les mets dans lesquels elle entre comme assaisonnement sont dénaturés. Le mélange par parties égales de graisse de porc, de graisse de veau et de graisse d'oie ou de dinde peut être très-bon pour assaisonner toute sorte de mets au gras, et peut se conserver sans rancir aussi longtemps que le saindoux ; mais c'est à la condition que ces trois graisses crues auront été coupées par petits morceaux et fondues ensemble sur un feu très-doux, puis conservées dans un local à la fois frais et sec. Dans les ménages où il y a plusieurs enfants, la graisse de la sauce des volailles rôties ne doit pas être employée comme assaisonnement ; il est plus profitable de l'utiliser pour en faire d'excellentes tartines.

Malgré les préjugés des habitants du centre et du nord de la France contre la cuisine à l'huile, il est certain que pour quelques mets, notamment pour la friture et les omelettes, la bonne huile bien employée est de beaucoup préférable soit au beurre, soit à la graisse. Aussi, sans le prix élevé de l'huile d'olives hors des pays de production, tous les bons cuisiniers s'en serviraient exclusivement pour leurs fritures, et personne ne s'en plaindrait, car personne ne s'en apercevrait. La saveur de l'huile chaude, saveur qui répugne à ceux qui n'y sont pas habitués, dans une friture à l'huile bien faite, disparaît entièrement. Mais il n'y a rien de plus déplorable que la friture dans l'huile d'olives rance, l'huile de sé-

same ou l'huile d'œillette; il vaut mieux se passer pour
toujours de friture que de la faire avec de pareilles huiles.
On en dit autant de la salade; si l'on ne peut l'assaisonner avec d'excellente huile d'olive, il vaut beaucoup
mieux n'en jamais manger.

Le vinaigre de vin, bien qu'il soit assez cher dans les
années où la saison est mauvaise, doit être seul employé
partout où l'on tient à faire une bonne cuisine; les vi-
naigres de cidre, de bière, et ceux qu'on fabrique avec
divers ingrédients sous le nom de vinaigre de ménage,
ne sont bons qu'à gâter les meilleurs mets et la meilleure
salade.

L'usage de la moutarde a sensiblement diminué de
nos jours, et il n'y a pas lieu de le regretter; en surexci-
tant l'appétit fort au delà des besoins ou des forces di-
gestives de chacun, la moutarde, quand on en abuse,
donne lieu inévitablement à diverses maladies chroni-
ques de l'estomac. La bonne moutarde préparée avec
soin, quand on en use modérément et non pas habituellement, peut ne pas nuire à l'appareil digestif, et c'est
tout ce qu'on peut lui demander. La moutarde de Dijon
passe pour la meilleure de France.

De même que la moutarde, le poivre, la muscade, le
gingembre et les autres épices d'une saveur violente,
sont décidément en baisse dans la cuisine française. D'un
point de vue général, la cause en est surtout dans ce
fait que notre siècle a vu décroître et presque disparaître
la classe nombreuse des oisifs opulents. Les mets très-
épicés qui surexcitent la soif et l'appétit ne sont plus en
harmonie avec nos mœurs; il est évidemment de mauvais ton pour tout le monde de trop manger et de trop
boire, choses dont nos aïeux se faisaient honneur; au-

jourd'hui c'est mal porté ; et puis, on n'a pas le temps.

La bonne cuisine doit donc être très-sobre d'épices ; mais le cuisinier doit en être toujours muni, afin de pouvoir les employer au besoin avec discrétion et discernement ; plusieurs mets, et des meilleurs, ne peuvent s'en passer.

Le sel gris pour le pot-au-feu et les grosses viandes, le sel blanc fin pour les autres mets doivent être employés sans prodigalité ; dans beaucoup de cuisines particulières, ainsi qu'en Belgique et dans tout le nord de la France, on ne se sert que du sel blanc, et l'on s'en trouve bien.

DEUXIÈME SECTION.

USTENSILES DE CUISINE.

Après avoir pris une connaissance sommaire des qualités et des propriétés principales des matières premières d'une bonne cuisine, la maîtresse de maison, soit qu'elle doive présider elle-même à la préparation des mets, soit qu'elle en charge une cuisinière ou un cuisinier sous sa direction et sa surveillance immédiates, a besoin d'être munie d'un bon matériel de cuisine dont les divisions essentielles comprennent : 1° les *appareils de chauffage ;* 2° les *marmites* et *casseroles ;* 3° les *rôtissoires ;* 4° les *appareils divers* qui, sans servir précisément à la cuisine, en sont cependant le complément indispensable ; tels sont spécialement ceux qui servent à préparer le café, le thé, le chocolat et la glace artificielle.

1° APPAREILS DE CHAUFFAGE.

Les anciennes cheminées de cuisine, à large manteau, avec leur accompagnement de fourneaux découverts, ont disparu ou bien elles achèvent de disparaître; à peine en retrouve-t-on des spécimens dans quelques vieilles cuisines d'auberges de département. Aujourd'hui, la facilité des transports par les canaux et les chemins de fer a vulgarisé l'usage de la houille; la tôle et la fonte de fer ont baissé de prix; le bois de chauffage et le charbon de bois n'ont pas cessé d'enchérir. Ceux qui répugnaient le plus à l'emploi du charbon de terre comme combustible ont fini par s'y accoutumer, et l'on rencontre maintenant dans un grand nombre de cuisines des appareils analogues à ceux dont on se sert en Belgique de temps immémorial sous le nom d'*étuves* ou de *cuisinières*. La véritable place d'une étuve de cuisine est dans la cheminée, dont en ce cas elle remplit les fonctions. La houille, dans toutes ces étuves, étant placée de manière à ne jamais se trouver en contact avec les mets qui sont convenablement chauffés sans recevoir l'influence de la poussière ou de la fumée, tous les ragoûts possibles y cuisent simultanément, même le rôti qui se fait parfaitement au four. La forme, la hauteur et les dimensions de l'étuve, ainsi que le nombre des trous destinés à recevoir des casseroles, peuvent varier selon les besoins du ménage, le système de chauffage restant le même. Toutes les parties de l'étuve, lorsqu'elle est un peu grande, ne sont pas également chauffées, et c'est un avantage plutôt qu'un inconvénient; on peut ainsi faire marcher plus ou moins vite la cuisson des divers éléments du repas. Bien que dans ce genre d'étuves l'on ne brûle guère que de la houille et du coke, qu'on peut aujourd'hui se procurer à peu près partout, il est toujours possible d'y brûler du bois coupé dans les dimensions désirées, lorsqu'on n'a besoin que d'une chaleur modérée et passagère.

Dans l'étuve que représente la figure 1, un compar-

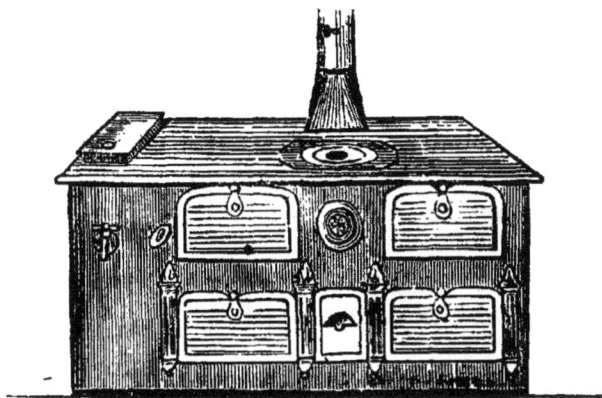

Figure 1.

timent est ménagé pour contenir de l'eau qui se maintient constamment chaude, et qu'on y puise à volonté au moyen d'un robinet.

Pour les ménages peu nombreux et dans une situation de fortune exigeant la plus rigoureuse économie, on fabrique de petites étuves très-peu coûteuses, dont la surface n'a que deux trous, outre celui du pot de fonte qui reçoit le chauffage ; sur ces étuves on peut préparer en même temps deux plats avec le pot-au-feu, en dépensant très-peu de combustible. Le fourneau portatif que représente la figure 2 est d'un modèle très-ancien, mais toujours très-utile. Il est indispensable dans la cuisine d'un ménage de condition moyenne ; on y allume un peu de braise ou de charbon de bois, quand il s'agit de faire simplement chauffer un bouillon, ou de préparer un mets quelconque qui exige peu de chaleur. Il est aussi agréable qu'économique de se dispenser en été d'allumer le feu de l'étuve de la cuisine, quand la préparation dont on a besoin pour le moment peut être faite sur le fourneau portatif qui, pouvant être fermé hermétiquement dès que le feu n'est plus nécessaire, fait en même temps fonction d'étouffoir, de sorte que le charbon à demi consumé qu'il contient au moment où on le ferme n'est pas perdu.

Fig. 2.

2° MARMITES ET CASSEROLES.

La première considération qui doit présider à l'acquisition de ce qu'on nomme collectivement la *batterie de cuisine*, c'est la salubrité. L'ancien système de batterie de cuisine en cuivre serait depuis assez longtemps abandonné, s'il n'avait pour lui l'avantage incontestable de la durée. Un bon assortiment d'ustensiles de cuisine en cuivre est pour ainsi dire indestructible; il se transmet de génération en génération, et, selon l'expression vulgaire, on n'en voit pas la fin. Au point de vue de la salubrité, les ustensiles de cuivre, où la moindre négligence engendre le vert-de-gris, poison mortel à très-faible dose, ne sont jamais exempts de danger. L'étamage intérieur des vases de cuivre n'écarte qu'en partie le danger; l'étamage s'use vite, et s'il n'est remplacé en temps utile, les mets en contact avec le cuivre mis à nu, même quand il n'y a rien à redire aux soins de propreté, peuvent toujours contenir du vert-de-gris, et donner lieu à de déplorables accidents. Il faut donc, si l'on adopte la batterie de cuisine en cuivre, que celle-ci soit assez nombreuse pour que, chaque fois qu'une partie des ustensiles a besoin d'être étamée, le service n'en souffre pas.

Lorsqu'on tient à faire une cuisine réellement bonne, les casseroles de cuivre ne peuvent pas être remplacées par des casseroles de fer-blanc, dont le grand inconvénient est d'exposer la plupart des mets à contracter un goût de brûlé, en dépit des précautions les plus minutieuses. On ne mentionne que pour en proscrire complétement l'usage les casseroles de terre vernissée, que leur fragilité expose continuellement à se briser ou à se fendre. Tant qu'elles ne sont qu'un peu fendues, on continue à s'en servir par mesure d'économie; tout ce qu'on peut préparer dans ces casseroles ne saurait manquer de contracter une saveur de *graillon* insupportable. Les meilleures, quant à la salubrité, sont les casseroles de fonte de fer intérieurement garnies d'émail blanc semblable à celui de la faïence ou de la porcelaine commune. Les ustensiles de ce genre ne peuvent communiquer aux mets ni propriétés malsaines, ni saveur désagréable; ils ne prennent pas instantanément la chaleur rouge comme les casseroles de fer-blanc, et bien qu'ils soient moins solides que la batterie de cuisine de cuivre, ils sont cependant beaucoup moins fragiles que les casseroles de terre; ils peuvent durer très-longtemps lorsqu'on s'en sert avec assez de précaution et qu'on évite de les laisser tomber.

On croit inutile de décrire les divers modèles de casseroles que chaque maîtresse de maison choisit selon les exigences de son ménage; on fait seulement observer que chacune doit être munie de son couvercle.

L'un des plus indispensables parmi les ustensiles de cuisine, c'est le pot-au-feu. Il est bon de faire remarquer le changement radical qui s'est opéré dans la manière de se servir du pot-au-feu qui, durant des siècles, occupait en hiver sa place au coin de l'unique feu de cheminée entretenu dans la plupart des logements occupés par les familles de la classe moyenne, à la ville comme à la campagne. Le pot-au-feu, à demi enterré dans les cendres chaudes, en contact avec le feu d'un côté seulement, était d'une forme parfaitement appropriée à ce genre de service. Bien que ce fût toujours un pot de terre, il durait très-longtemps, parce qu'une fois mis à sa place, jusqu'au moment de tremper la soupe, on n'avait plus besoin de le déranger. Aujourd'hui le feu de bois a cédé, dans beaucoup de ménages, la place au feu de houille et de coke; on ne met presque plus le pot-au-feu selon l'ancienne méthode; la soupe grasse se fait toujours dans un pot-au-feu, mais sur un fourneau dans lequel on allume du charbon de bois, ou le nouveau combustible d'un très-bon usage connu sous le nom de charbon de Paris. C'est pour lui donner plus de solidité sur le fourneau, auquel il doit s'adapter parfaitement, qu'il est muni d'un rebord circulaire qui manquait à l'ancien pot-au-feu, dont il a conservé la forme traditionnelle, bien qu'il ne soit plus généralement chauffé que par le fond.

Fig. 3.

La figure 3 représente le modèle le plus usité de ce genre de pot-au-feu.

Quelques ménagères demeurent encore convaincues que c'est seulement dans un pot-au-feu de terre qu'on peut faire une bonne soupe grasse : c'est une erreur. Le pot-au-feu se fait tout aussi bien dans un pot de fonte de fer émaillée à l'intérieur et muni de son couvercle (*fig.* 4). Ce pot possède sur ceux de terre l'avantage de la durée ; le pot de terre, qu'il faut déplacer fréquemment pour remettre du charbon dans le fourneau, ne peut manquer d'être bientôt hors de service.

Fig. 4.

Pour faire cuire les poissons qui doivent être servis entiers sur la table, il faut deux poissonnières, chacune munie de son double fond. La poissonnière représentée figure 5, plus profonde que longue, convient pour la cuisson des poissons de forme courte et épaisse. Les poissons moins épais et de forme allongée ne cuisent bien que dans une poissonnière longue, comme celle que représente la figure 6.

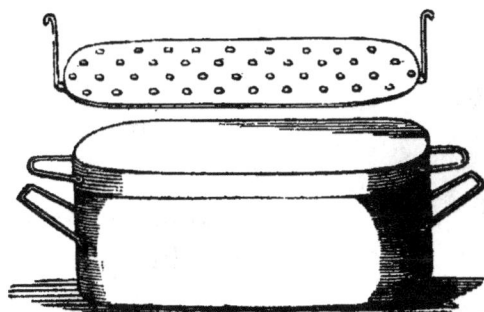

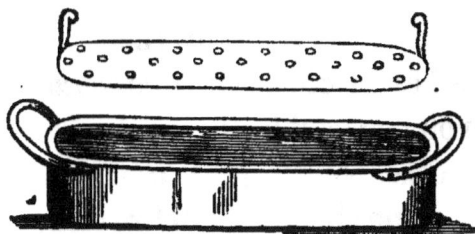

Fig. 5.

Fig. 6.

Les poissons courts et épais ne cuiraient pas bien dans la

poissonnière de ce second modèle ; c'est pourquoi, dans une cuisine bien montée, il est indispensable d'en avoir deux.

3° ROTISSOIRES.

Dans les grandes cuisines, le rôti se fait encore, comme dans les hôtels et chez les rôtisseurs de profession, devant un ample feu de cheminée, avec le secours de l'antique tourne-broche. Dans les ménages d'une situation moyenne, on fait encore grand usage de la rôtissoire bombée, en fer-blanc, connue de temps immémorial sous le nom de *cuisinière* (*fig.* 7). Le rôti brûle souvent dans la cuisinière parce que celui ou celle qui est chargée de le surveiller, ne pouvant le voir qu'en ouvrant la cuisinière, ne pense pas assez souvent à le retourner et à l'arroser. Si le rôti brûle dans la cuisinière, l'odeur de brûlé se dissipe par la cheminée et n'avertit pas la ménagère, quand il lui arrive de s'endormir sur le rôti, comme dit le proverbe. Celle

Fig. 7.

que représente la figure 7 est placée devant une *coquille à rôtir*, sorte de fourneau où l'on peut brûler du charbon de bois, de la houille ou du coke, pourvu que la coquille à rôtir soit posée dans l'âtre d'une cheminée qui tire bien. On évite tous ces inconvénients en adoptant la rôtissoire anglaise (*fig.* 8), munie d'une **chaîne** adaptée à un mouvement de tourne-broche renfermé dans une boîte à sa partie supérieure, et surmontée d'une petite roue à volant. Dans ce genre de cuisinière, qu'on peut placer devant un feu de houille comme devant un feu de bois, pourvu que la cheminée tire bien et ne renvoie pas la fumée, le rôti est constamment en mouvement; le fond ne s'ouvre pas; la surveillance du rôti s'exerce en dérangeant momentanément l'appareil; à moins que le rôti n'y soit tout à fait oublié, il est impossible qu'il brûle.

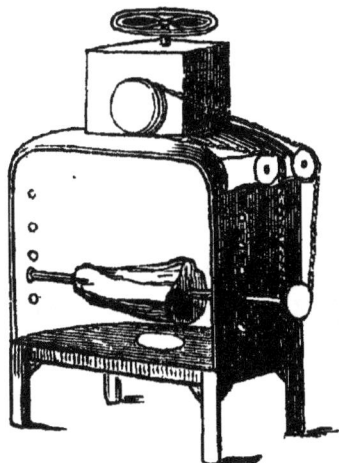

Fig. 8.

On ne doit pas oublier les utiles lardoires, les unes un peu fortes, comme celle que représente la figure 9, pour larder le bœuf à la mode et d'autres grosses pièces,

Fig. 9.

les autres beaucoup plus étroites, pour larder les fricandeaux, les lièvres et les autres pièces qui doivent être, selon l'expression reçue, piquées de fin lard.

Les autres ustensiles, poêles, écumoires, passoires, sont si connus, que leur description et leur énumération ne sauraient offrir aucun intérêt.

4° APPAREILS DIVERS

Le café, le chocolat et le thé sont d'un usage tellement fréquent et vulgaire, que les appareils servant à leur préparation doivent être considérés comme le com-

plément indispensable de la batterie de cuisine. Il faut,
pour le café, un bon brûloir qui permette de le torréfier
au degré précis qui lui conserve tout son arome, et un
percolateur ou quelque autre appareil du même genre,
pour bien faire le café, opération délicate, sur la pratique de laquelle on aura soin de revenir, avec toutes les
explications nécessaires.

Les figures 10 et 11 représentent deux brûloirs à
café, l'un et l'autre dans
les meilleures condi-
tions. L'usage en est si
connu, que l'inspec-
tion seule de la figure
suffit pour rappeler la
manière de s'en servir.
Le plus petit (*fig.* 10)
convient pour les ména-
ges où l'on ne brûle à la

Fig. 10.

fois qu'une petite quantité de café ; le plus grand
(*fig.* 11) permet d'en
torréfier à la fois une
provision plus considé-
rable. On fait remarquer
que ces deux appareils,
quel que soit le modèle
adopté, doivent être choisis assez grands pour
que, lorsqu'on s'en sert,
un tiers au moins de

Fig. 11.

leur capacité intérieure reste vide, sans quoi le café,
tandis qu'on tourne le cylindre du brûloir, manquerait de l'espace voulu pour que tous les grains soient

continuellement en mouvement et qu'ils se trouvent tous tour à tour en contact avec la paroi intérieure du cylindre, condition essentielle au succès de l'opération.

Le percolateur (*fig.* 12) est composé de deux vases qui s'emboîtent l'un dans l'autre, et dont la partie inférieure est chauffée par une lampe à esprit de vin. Les avantages de cet appareil simple et peu coûteux sont tellement évidents, son emploi est d'ailleurs si facile, qu'il y a lieu de s'étonner qu'il ne soit pas généralement en usage partout où l'on tient à prendre de bon café.

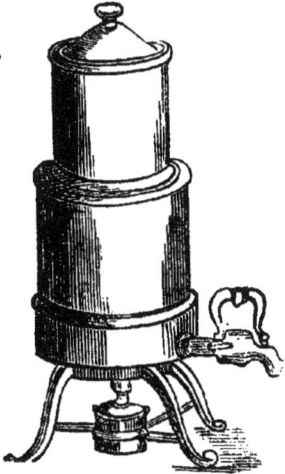

Fig. 12.

5° SCEAU A GLACE.

A Paris où, durant toute la belle saison, il est toujours facile de se procurer de la glace, il n'est pas indispensable d'être muni d'un appareil pour faire de la glace artificielle. A la campagne, à moins que la maison qu'on occupe ne possède le précieux accessoire d'une glacière, on doit avoir un seau à glace (*fig.* 13), d'une grandeur proportionnée aux besoins présumés du ménage. L'emploi de cet appareil est aussi simple que peu coûteux.

Fig. 13.

TROISIÈME SECTION.

POTAGES.

En France, dans toutes les classes de la société, on regarde, non sans raison, le potage comme la base du repas ; on ne croit point avoir dîné si l'on n'a pas mangé la soupe, et lorsqu'on invite un ami à dîner, la formule la plus usitée consiste à l'engager à venir manger la soupe. Personne n'ignore le proverbe : « La soupe fait le soldat. » Un dicton très-répandu dans l'armée c'est celui qui dit que pour que le soldat soit content de son ordinaire, il ne lui faut que deux mets : *soupe* et *salade.* C'est ce qu'exprime, dit-on, le roulement de tambour qui invite le troupier à prendre son principal repas.

On a cru devoir accorder assez d'espace aux recettes des divers potages, en raison de ce goût général des consommateurs français pour la soupe, et aussi parce que la variété dans cet aliment, dont chacun fait usage au moins une fois par jour, est très-utile au maintien de la santé. Tous les potages se partagent en trois divisions naturelles : 1° *Potages gras ;* 2° *Potages gras et maigres ;* 3° *Potages maigres.* Tous ceux qui sont plus maigres que gras, mais qui néanmoins participent assez de la nature des potages gras proprement dits, pour être exclus de la cuisine des jours maigres, sont rangés dans la seconde division, après les potages gras.

Potages gras.

Ces potages ont tous pour base cette décoction de viande que tout le monde connaît sous le nom de bouillon ; c'est pourquoi le premier de tous les potages gras, c'est sans contredit le classique pot-au-feu.

POT-AU-FEU.

La viande de bœuf la plus fraîche possible, ni trop maigre ni trop grasse, est la meilleure pour le pot-au-feu. La proportion la plus convenable est celle de 500 grammes de viande par litre d'eau, bien que la plupart des recettes en usage indiquent celle de 1 kil. et demi pour 4 litres d'eau. Quand on suit la première proportion, il est nécessaire de remplir le pot-au-feu, c'est-à-dire d'y ajouter à peu près autant d'eau qu'il s'en est évaporé par l'ébullition, lorsque la viande est cuite aux trois quarts; si l'on adopte la seconde proportion, il ne faut pas remplir.

Avant de mettre la viande dans la marmite, il est bon de la laver rapidement à l'eau bouillante, et de la mettre immédiatement sur le feu avec la quantité d'eau et de sel en rapport avec le poids de la viande. Le feu peut être assez vif jusqu'au moment de la première ébullition qui fait monter l'écume. Si, par exemple, on se sert d'une étuve de cuisine à la flamande, le pot-au-feu sera placé, jusqu'à ce que le contenu commence à bouillir, sur le pot même de l'étuve convenablement chargée de combustible. Dès les premiers bouillons, si l'on tient à avoir un bouillon très-clair, parfaitement exempt d'écume, il faut verser dans le pot-au-feu un verre d'eau très-froide, et écumer dès que l'ébullition recommence. A partir de ce moment, le pot-au-feu ne doit plus bouillir que très-doucement, mais sans inter-ruption; on peut le retirer du feu et le placer sur le côté, en veillant seulement à ce qu'il continue à bouillir. C'est le moment où il convient de mettre les légumes dans le pot-au-feu. La meilleure méthode à cet égard pour que les légumes en cuisant ne se délayent pas et ne troublent pas la transparence du bouillon, c'est de fendre en deux une grosse carotte dans le sens de sa longueur. On insère entre les deux morceaux un poireau, un panais, un navet et une ou deux côtes de céleri, puis l'on réunit les deux morceaux de la carotte avec trois ou quatre tours de ficelle. En même temps que ces légumes, on ajoute au pot-au-feu un gros oignon, dans lequel on a piqué un ou deux clous de girofle. La cuisson d'un pot-au-feu bien soigné ne doit pas durer moins de cinq à six heures. Si, selon l'usage suivi par beaucoup de ménagères, on a joint à la viande de bœuf 125 à 250 grammes de petit salé, on tiendra compte de cette circonstance pour modérer la dose du sel ; le petit salé, beaucoup plus vite cuit que le bœuf, sera retiré du pot-au-feu deux heures avant le reste de la viande.

Au moment de tremper la soupe grasse, si la viande employée était un peu chargée de graisse, le bouillon doit être dégraissé, mais avec discrétion, en enlevant le dessus du pot ; le bouillon trop complétement dégraissé perd une grande partie de sa valeur. Beaucoup de ménagères sont dans l'usage, quand leur bouillon leur paraît trop pâle, de lui donner de la couleur, soit avec un peu de caramel, soit avec un morceau d'oignon brûlé. Ce dernier moyen est le meilleur en ce qu'il ne dénature pas comme le caramel, lorsqu'on en met un peu trop, la saveur du bouillon.

En Italie, on sert en même temps que le potage, du fromage parmesan râpé et du persil haché ; chacun ajoute à son assiette de soupe grasse l'un ou l'autre de ces deux assaisonnements ou tous les deux à la fois, selon les goûts. Dans plusieurs de nos départements de l'Est, on ajoute à la soupe grasse une forte poignée de cerfeuil haché.

EXCELLENT BOUILLON.

La recette précédente pour le pot-au-feu donne assurément ce qu'il est permis de nommer un excellent bouillon ; cependant on croit devoir ajouter à cette recette celle que donne le célèbre cuisinier Durand, sous le titre d'excellent bouillon, destiné soit à tremper un potage d'un mérite exceptionnel, soit à mouiller diverses purées et d'autres mets usités seulement dans les cuisines des meilleures maisons.

Dans une marmite de la contenance d'environ quatre litres d'eau, mettez 1 kil. de viande de veau plutôt maigre que trop grasse, avec le moins d'os possible, deux poules ou une dinde, proprement vidée, flambée et troussée ; faites écumer et ajoutez les mêmes légumes que pour le pot-au-feu ; laissez bouillir doucement jusqu'à ce que le veau et les volailles soient cuits aux trois quarts. Le bouillon doit être alors considérablement réduit ; remplissez la marmite avec du bon bouillon de pot-au-feu ordinaire réservé à cet effet, en quantité suffisante pour que les viandes en soient complétement recouvertes. D'autre part, faites rôtir à moitié devant un feu vif un gigot de mouton, de moyenne grosseur ; jetez-le dans la marmite avec le veau et les volailles, et prolongez l'ébullition modérée jusqu'à ce que le tout soit parfaitement cuit. Passez alors le bouillon qui doit être peu abondant, mais parfait. Dans un ménage nombreux, ce bouillon, qui n'est assurément pas économique, ne revient cependant pas à un prix excessivement élevé ; les viandes, bien qu'elles aient en grande partie perdu leur saveur, sont encore très-mangeables après qu'elles ont été accommodées avec une sauce d'un goût relevé ; dans les grandes maisons, ces viandes ne paraissent jamais sur la table des maîtres ; elles sont réservées pour les repas des domestiques.

EXTRAIT DE BŒUF.

(D'après la recette de Liébig.)

Le savant chimiste allemand Liébig donne la recette suivante pour la préparation d'un bouillon qu'il nomme extrait de bœuf, potage très-usité en Allemagne, principalement pour les convalescents. On hache pour la réduire à l'état de division de la chair à saucisses, de la viande fraîche de bœuf dont on a retiré soigneusement les peaux, la graisse et tout ce qui n'est pas chair musculaire. Pour 1 kil. de viande hachée il faut deux litres d'eau froide, à laquelle on ajoute une petite quantité de sel. La viande est délayée dans l'eau et exposée à l'action d'un feu très-doux, de manière à la maintenir pendant deux heures au degré de chaleur voisin de l'ébullition, sans néanmoins la faire bouillir. Au bout de deux heures, on enlève l'écume montée à la surface du liquide qui a dû être dans cet intervalle agité de temps en temps, et tenu constamment couvert. Après l'avoir bien écumé, on le remet sur le feu qu'on rend un peu plus vif, afin de faire prendre à l'extrait de bœuf douze à quinze minutes d'ébullition. La marmite est alors retirée du feu et le bouillon est passé au travers d'un tamis de crin. Quand l'extrait est suffisamment refroidi, on enlève d'abord exactement toute la graisse figée à la surface, puis on décante la partie claire afin d'en séparer le dépôt. Il n'y a rien à changer à cette recette excessivement simple lorsque l'extrait de viande est destiné à un malade qui entre en convalescence ; si l'extrait de bœuf est destiné à mouiller les purées et les sauces dans une grande cuisine, tout en se conformant de point en point à la manière d'opérer indiquée par Liébig, on ajoute à l'extrait, au moment où il entre en ébullition après avoir été écumé, un oignon et les mêmes légumes que pour la soupe grasse, ce qui lui communique la saveur du meilleur bouillon de pot-au-feu.

CROUTE AU POT.

On fait mijoter sur un feu doux des croûtes de pain ou des tranches de pain bien grillées dans une casserole, avec une petite quantité de bouillon gras un peu trop chargé de graisse. Dès que les croûtes bien détrempées ont formé un peu de gratin au fond de la casserole, on y ajoute la quantité de bouillon nécessaire pour donner au potage une bonne consistance. Avant d'être servi, ce potage doit être soigneusement dégraissé. Comme il doit être servi très-chaud, et que le gratin en est la partie la plus délicate, dans les ménages où l'on mange fréquemment la croûte au pot, il est bon de ne la préparer que dans une casserole appropriée à cet usage, et qu'on apporte sur la table ; la croûte au pot perd toujours beaucoup à être transvasée dans la soupière.

CONSOMMÉ A LA MARIE-LOUISE.

Faites cuire dans deux litres d'eau, avec les mêmes

légumes et le même assaisonnement que pour le pot-au-feu, un kilogramme de viande de bœuf dont toute la graisse aura été soigneusement retranchée. D'autre part, faites rôtir vivement une poule jusqu'à ce qu'elle soit bien colorée, sans être plus d'à moitié cuite ; jetez-la dans la marmite et laissez-la bouillir jusqu'à ce que le bœuf soit parfaitement cuit. L'opération ne doit pas durer moins de huit heures ; l'ébullition doit marcher lentement mais sans interruption ; il ne doit pas rester plus d'un litre de consommé.

Ce consommé, facile à faire, et dont le prix de revient n'a rien d'exagéré, est préférable à celui qu'on obtient à grands frais d'après des recettes plus compliquées sans être meilleures. Les potages suivants peuvent être faits soit avec du bouillon de pot-au-feu, soit avec du consommé à la Marie-Louise.

RIZ AU GRAS.

Le riz au gras, préparé avec le reste du bouillon du pot-au-feu de la veille, est un des meilleurs potages gras, aussi sain que nourrissant et agréable au goût. Dans beaucoup de ménages, pour économiser le bouillon, on fait premièrement crever le riz dans une petite quantité d'eau ; le riz, bien lavé, doit être mis sur le feu dans l'eau froide. A mesure qu'il absorbe l'eau, on en ajoute de nouvelle ; puis, quand le riz est cuit aux trois quarts, on y verse peu à peu le bouillon, auquel il faut ajouter ordinairement un peu de sel. Quand le bouillon est suffisamment abondant et qu'il n'est pas nécessaire de le ménager, on met d'abord le riz dans la casserole avec quelques cuillerées de bouillon froid, et l'on opère la cuisson complète du riz avec le bouillon où le consommé, sans y ajouter d'eau.

Ceux qui tiennent moins à la belle apparence qu'à la bonne qualité du riz au gras conduisent la cuisson du riz très-doucement, jusqu'à ce qu'elle soit aussi complète que possible ; dans ce cas, les grains de riz se sont en partie délayés dans le bouillon ou le consommé, dont la couleur a en partie disparu. Ceux qui désirent conserver au bouillon du potage au riz toute sa couleur, font cuire le riz à gros bouillons et pendant une demi-heure seulement. En cet état, le riz au gras est très-mangeable ; mais il ne saurait être ni d'aussi bon goût, ni d'aussi facile digestion que lorsqu'il est complétement cuit.

VERMICELLE AU GRAS.

On jette par portions dans le bouillon ou le consommé en ébullition le vermicelle brisé, qu'on laisse bouillir seulement assez pour qu'il soit cuit sans être trop ramolli ; on l'agite de temps en temps, et on le retire du feu avant qu'il commence à se délayer, ce qui blanchirait le bouillon et lui ferait perdre en partie son goût agréable. Le potage au vermicelle perd beaucoup de sa valeur lorsqu'il est préparé un peu trop tôt ; il ne doit être fait qu'au moment de le servir. La dose de vermicelle varie selon les goûts : dans les meilleures maisons, on le mange clair ; la dose est dans ce cas de 30 grammes de vermicelle par litre de bouillon ; elle est de 60 grammes par litre quand on désire le manger passablement épais.

La semoule et les potages aux étoiles ou aux pâtes d'Italie de diverses formes doivent être préparés au gras, exactement de la même manière que le potage au vermicelle au gras.

NOUILLES AU GRAS.

Pour bien faire la pâte des nouilles, il faut se procurer des œufs parfaitement frais ; si, sans être gâtés, ils ont seulement quelques jours de date, la pâte ne vaudra rien. Bien que la plupart des recettes conseillent d'employer avec les jaunes d'œufs la moitié des blancs, les nouilles sont incomparablement plus délicates quand on se sert des jaunes seulement. La proportion ordinaire est de six jaunes d'œufs pour 250 grammes de belle farine de froment, légèrement salée et poivrée. On ajoute seulement assez d'eau pour donner à la pâte une bonne consistance ; puis la pâte, au moyen d'un rouleau à pâtisserie, est étendue en couche mince et divisée en lanières ou en morceaux de formes diverses. Assez souvent on ne pèse pas la farine ; on en met autant que les jaunes d'œufs peuvent en absorber, et l'on s'abstient d'ajouter de l'eau. Avant d'employer les nouilles, on les laisse une heure ou deux à l'air pour se ressuyer ; elles sont alors jetées dans le bouillon en ébullition, comme le vermicelle et les pâtes d'Italie ; les nouilles doivent bouillir pendant environ une demi-heure ; c'est un potage très-nourrissant.

POTAGE AUX CHOUX AU GRAS.

La meilleure recette pour faire la soupe aux choux, excellent potage, d'origine gauloise, consiste à faire d'abord blanchir, pendant dix minutes, à l'eau bouillante, des choux coupés par tranches et très-soigneusement lavés ; le chou quintal d'Alsace et le chou frisé ou chou de Milan sont les meilleurs pour cet usage. Après qu'ils ont été retirés de l'eau et bien égouttés, on les met au fond d'une marmite avec 250 à 500 grammes de petit salé, et l'on verse par-dessus du bon bouillon de pot-au-feu réservé de la veille. Quand le petit-salé et les choux sont bien cuits, à petit feu, on passe le bouillon pour tremper immédiatement la soupe, sur laquelle on sert une partie des choux, dont le surplus doit être mangé avec le petit-salé. Cette recette donne une soupe aux choux aussi parfaite que possible.

Dans beaucoup de ménages, on ne prend pas la précaution de faire préalablement blanchir les choux ; on les fait cuire avec le petit-salé dans l'eau, et non dans le bouillon. Quand il reste du repas de la veille des os de veau ou de mouton ou des carcasses de volaille, on les brise grossièrement et on les soumet pendant deux bonnes heures à une ébullition animée dans de l'eau très-légèrement salée ; il en résulte un bouillon qu'on emploie à faire cuire le petit-salé et les choux, en remplacement du bouillon de pot-au-feu indiqué dans la recette précédente. Si l'on désire servir après le potage une portion copieuse de choux au lard, au lieu de couper les choux par tranches, on les taille comme du pain pour la soupe, et l'on en met le double de la quantité ordinaire, en ajoutant un saucisson de 250 à 500 grammes, qu'on sert avec les choux et le petit-salé.

GARBURE DE CHOUX.

On fait grand usage, dans nos départements du Midi, sous le nom de *garbures*, d'un genre particulier de purée servie en guise de potage. La garbure de choux, l'une des meilleures et des plus usitées, se prépare de la manière suivante :

Après avoir émincé les choux comme il est dit ci-dessus, on les met, sans eau, dans une casserole, avec deux ou trois cuillerées de graisse d'oie, ou, à défaut de cette graisse, avec la même quantité de saindoux très-blanc. On fait roussir sur un feu vif, en tournant continuellement, pour que la garbure soit bien colorée, sans être brûlée. Elle est alors transvasée dans une autre casserole avec un morceau de jambon ou de petit-salé ; puis, on mouille avec du bouillon gras et l'on prolonge l'ébullition jusqu'à ce que les choux soient parfaitement cuits. Dans le Midi, le jambon ou le petit-salé est remplacé par une cuisse d'oie confite au saindoux, excellent aliment dont chaque ménage aisé a soin de faire sa provision. Quand les choux sont cuits, on y ajoute du pain bis, par le procédé suivant. Le fond de la casserole est garni d'un lit de choux sur lequel on étend un lit de petites tranches de pain, coupées assez minces, en travers de l'épaisseur d'une forte tartine. Un lit de choux recouvre le pain et reçoit un second lit de pain, ainsi de suite, en terminant par un lit de choux. La garbure est alors remise sur le feu, mouillée avec le bouillon juste assez pour que le tout en soit bien pénétré, et gratiné à petit feu. On sert dans la casserole où la garbure a été préparée. Pour ceux qui n'aiment pas à la manger trop épaisse, on sert en même temps du bouillon chaud, dont chacun prend ce qui lui convient pour délayer la garbure dans son assiette. On fait observer que, faite avec du pain blanc au lieu de pain bis, la garbure de choux perdrait une grande partie de sa valeur. On peut ajouter à chaque lit de choux et de pain un peu de fromage de

Gruyère ou de fromage parmesan râpé, ce qui contribue à en rendre le goût plus relevé. Les garbures d'autres légumes au gras se font toutes par le même procédé.

POTAGES GRAS DE LUXE, FRANÇAIS ET ÉTRANGERS.

Il y aurait tout un volume à écrire sur les divers potages de luxe dont les recettes sont rapportées dans les Traités de cuisine les plus répandus; on donne ici les principales d'entre ces recettes, en faisant observer que soit parce qu'elles sont trop dispendieuses, soit parce qu'elles exigent l'emploi d'ingrédients dont on dispose seulement dans les cuisines des grandes maisons, ces recettes sont rarement usitées.

POTAGE A LA REINE.

Faites cuire, selon le nombre des convives, deux ou trois volailles à la broche. Préparez, d'autre part, d'excellent bouillon (page 31), auquel vous pouvez ajouter, pour en augmenter la force et le bon goût, la peau et les os brisés des volailles rôties.

Toute la chair des volailles est soigneusement séparée des nerfs et de toutes les parties dures ou trop colorées ; le reste est pilé dans un mortier de marbre, avec 5 ou 6 belles amandes douces dépouillées de leur pellicule. Pendant cette opération, faites bien tremper dans le bouillon un morceau de mie de pain blanc de la grosseur d'un œuf de poule ; incorporez la mie de pain ainsi ramollie dans la purée de volaille que vous humecterez un peu avec du bouillon, afin qu'elle soit plutôt un peu claire que trop épaisse, et qu'elle puisse être facilement passée à travers une passoire fine. Au moment de servir, cette purée, on la fait réchauffer au bain-marie, car elle

ne doit pas bouillir; on la mouille avec assez de bouillon
pour qu'elle ait la consistance d'un bon potage, et l'on
y mêle de petits morceaux de pain frits dans la graisse,
comme ceux qu'on plante habituellement sur les épinards et sur les purées de pois ou de haricots.

Dans les ménages de fortune moyenne, on prépare un
potage à la reine presque aussi bon que le précédent et
bien moins coûteux, en traitant comme il vient d'être
dit, mais avec du bouillon de pot-au-feu, les blancs de
volaille qui restent le lendemain du jour où l'on a reçu
des amis à dîner.

Les potages à la purée de divers gibiers se préparent
comme le potage à la reine ; seulement tous les gibiers
ayant la chair plus ou moins brune, il serait inutile d'y
ajouter des amandes pilées qui, dans la recette du potage
à la reine, ont pour but de rendre ce potage aussi parfaitement blanc qu'il peut l'être.

POTAGE A L'ESPAGNOLE.

Pour bien faire ce potage, il faut d'abord savoir bien
préparer les quenelles et la pâte à quenelles. Cette préparation, qui exige des soins particuliers, est d'un usage
assez fréquent dans la cuisine de luxe. A Paris, on se
procure assez facilement chez les principaux pâtissiers
de la pâte à quenelles ou des quenelles toutes faites ;
partout ailleurs, il faut savoir les faire soi-même. On y
procède de la manière suivante :

Pour avoir les quenelles les plus délicates possible,
on coupe en petits morceaux des blancs de volaille crus,
qu'on fait cuire, sur un feu doux, avec du beurre frais,
du sel, du poivre et un peu de muscade. Quand les
blancs sont bien cuits, on les pile dans un mortier

de marbre jusqu'à ce qu'ils soient réduits en pâte parfaitement uniforme. Pendant ce temps, dans la casserole
qui a servi à faire cuire les blancs de volaille, on met un
morceau de mie de pain blanc tendre, avec assez de
bouillon gras pour le bien imbiber ; on le laisse mitonner
sur le feu jusqu'à ce qu'il soit réduit en une panade très-
égale, qu'on agite quelque temps avec une cuiller de
bois. Quand la panade est bien refroidie, on la met dans
le mortier pour la piler avec les blancs de volaille déjà
travaillés, auxquels on incorpore quelques jaunes d'œufs,
d'après la quantité de farce qu'on prépare. Tout ce travail doit se faire dans un local très-frais; dans les grandes cuisines, la farce à quenelles est pilée avec une petite
quantité de fragments de glace.

La farce étant terminée, on l'étend sur un marbre
saupoudré de farine pour la façonner en un long rouleau,
de la grosseur du pouce ; puis, avec un couteau enduit
de farine, on coupe le cylindre de farce en morceaux,
dont chacun est une quenelle. Il faut alors prendre
chaque quenelle une à une et la pétrir entre les doigts,
fortement enduits de farine, après quoi il ne reste plus
qu'à *pocher* les quenelles, c'est-à-dire à les faire cuire
pendant dix à douze minutes dans du bouillon gras. La
casserole doit être assez grande et contenir assez de
bouillon pour que les quenelles y flottent librement
et qu'elles y prennent la consistance désirée, sans se déformer. A mesure qu'on retire les quenelles du bouillon
avec une écumoire, on doit, tandis qu'elles sont encore
chaudes, passer sur leur surface un morceau de beurre
très-frais, piqué au bout d'un couteau. La recette précédente est celle des quenelles au gras les plus délicates,
qu'on peut ajouter comme garniture à plusieurs genres

de ragoûts. Pour le potage à l'espagnole, la farce à quenelles est divisée en boulettes, qui ne dépassent pas le
volume d'une olive, et qui doivent d'ailleurs être pochées
exactement comme les précédentes. On les range dans
la soupière avec quelques tranches minces de pain blanc;
puis on remplit la soupière d'assez de bouillon pour former un potage plutôt clair que trop épais.

Afin de n'avoir plus lieu de revenir sur la préparation
des quenelles, on donne ici la recette ordinairement suivie
chez la plupart des pâtissiers et des restaurateurs; cette recette donne de très-bonnes quenelles, moins délicates cependant que celles dont on vient d'indiquer la préparation.

Les viandes pilées consistent en chair maigre de veau,
blancs de volaille et gibier à plumes, par parties égales;
rarement on fait cuire ces viandes pour préparer la farce
à quenelles; on se sert à cet effet des restes des repas de
la veille, ce qui coûte beaucoup moins cher. Quand la
farce est convenablement pilée, on y incorpore de la mie
de pain trempée dans le bouillon et des œufs, blanc et
jaune, en ajoutant, s'il est nécessaire, un peu d'eau ou
de bouillon, afin que la farce ne soit pas trop consistante.
Le reste de la préparation se fait comme ci-dessus; on
obtient ainsi ce qu'on nomme les quenelles de godiveau,
telles qu'on les trouve dans les tourtes ou vol-au-vent
que débitent les pâtissiers.

POTAGE A L'ITALIENNE.

Ce potage ne diffère du potage à l'espagnole qu'en un
seul point; les quenelles employées pour le potage à l'italienne doivent avoir été préparées avec de la chair de
perdrix, faisan, bécasse ou autre gibier à plumes, sans y

joindre de blancs de volaille ou aucune autre sorte de viande. On ajoute au potage des tranches de pain, et l'on verse dessus de très - bon bouillon bien dégraissé au moment de servir.

SOUPE DU LORD-MAIRE.

Bien que ce potage, très-cher, très-compliqué et d'une préparation assez difficile, ne soit pas généralement recherché des consommateurs français, on en donne la recette parce que la soupe au lord-maire est très-estimée des gastronomes anglais, de sorte que si l'on a occasion d'offrir à dîner à des personnes de cette nation, c'est leur faire une politesse à laquelle ils ne peuvent manquer d'être sensibles, que de leur servir l'un des potages les plus estimés de leur cuisine nationale.

Faites cuire, pendant quatre heures, sur un feu doux, dans quatre litres d'eau, quatre oreilles et quatre pieds de cochon, de moyenne grandeur. Ajoutez un bouquet de persil, céleri et thym, et quelques gros oignons, dans lesquels vous aurez piqué une douzaine de clous de girofle. Au bout de quatre heures, retirez du bouillon les oreilles, qui sont suffisamment cuites, et laissez les pieds cuire encore doucement pendant deux heures. Passez alors le bouillon, laissez-le refroidir, et dès qu'il est assez froid, séparez-en avec soin toute la graisse figée à la surface. Les oreilles et les pieds, parfaitement cuits, sont alors désossés et toute la chair en est coupée par petits morceaux ; puis, mise dans un plat recouvert d'un linge blanc, où elle reste jusqu'au moment de dresser le potage. D'autre part, mettez dans une grande casserole 250 grammes de beurre très-frais, que vous faites fondre sur un feu très-doux, et auquel vous ajoutez, en remuant continuellement, autant de belle farine de froment qu'il en peut absorber ; tenez le mélange sur le feu pendant dix à douze minutes, sans cesser de remuer, mais en évitant de lui laisser prendre la moindre couleur. Ajoutez, par portion, le bouillon précédemment préparé ; laissez bouillir quelques secondes, chaque fois que vous ajoutez de nouveau bouillon. Quand tout le bouillon est dans la casserole, assaisonnez la chair coupée des oreilles et des pieds de cochon avec deux bonnes cuillerées de fines herbes hachées très-menu, une demi-cuillerée à café de poivre de Cayenne et un peu de sel. Jetez le tout dans la casserole renfermant la soupe en ébullition ; versez-y une demi-bouteille de vin de Porto ou de vin de Madère, et servez. Quand la soupe au lord-maire est dans la soupière, on y ajoute trois douzaines de quenelles à la viande, délicatement frites au moment de servir.

Dans les grandes maisons, en Angleterre, on fait cuire les oreilles et les pieds de cochon destinés à faire la soupe du lord-maire, non pas dans de l'eau, mais dans de bon bouillon de bœuf bien dégraissé, ou bien dans le bouillon qui a servi à faire cuire une tête de veau. Si cette soupe doit figurer dans un grand repas, on fait cuire la veille les oreilles et les pieds de cochon, afin d'avoir avancé la besogne de cuisine pour le lendemain.

Recette. — Oreilles de cochon, 4 ; pieds de cochon, 4 ; cuisson, 4 et 6 heures ; eau ou bouillon, 4 litres. Beurre très-frais, 250 grammes ; farine de froment, quantité suffisante ; fines herbes hachées, 2 cuillerées à bouche ; poivre de Cayenne, une demi-cuillerée à café ; sel, à volonté ; vin de Porto ou vin de Madère, une demi-bouteille ; quenelles de viande bien frites, 3 douzaines [1].

1. Dans tout le cours de cet ouvrage, chaque fois qu'une préparation sera, comme la soupe du lord-maire, composée d'un grand nombre de substances di-

SOUPE EN TORTUE, A L'ANGLAISE.

Voici la manière la moins dispendièuse de préparer ce potage favori des Anglais. Mettez sur le feu, dans une marmite avec 4 litres d'eau, un morceau d'aloyau ou de filet de bœuf du poids d'environ 2 kilogrammes, 2 ou 3 carottes, un oignon, un pied de céleri, un bouquet de fines herbes, une vingtaine de grains de gros poivre et 30 grammes de sel. Quand la viande est parfaitement cuite, passez le bouillon, laissez-le refroidir, et remettez-le sur le feu avec 1 kilogramme de veau plutôt maigre que gras et contenant très-peu d'os. Laissez cuire doucement, jusqu'à ce que la viande se détache des os; ayez soin que l'ébullition ne soit jamais trop vive, sans quoi le bouillon serait trop réduit.

Ayez d'autre part la moitié d'une tête de veau dont vous ferez ôter par le boucher la cervelle, la langue et tous les os; ceux-ci seront ultérieurement cuits en même temps que la tête et la langue, pour contribuer à donner du corps au bouillon. Passez alors le premier bouillon à travers un tamis de crin, en ayant soin de laisser bien égoutter la viande. Quand le bouillon passé est refroidi, enlevez toute la graisse figée à sa surface; puis roulez en rond la demi-tête de veau que vous contiendrez avec une ficelle, sans y renfermer la langue, que vous placerez à côté de la demi-tête, dans une marmite, et vous verserez le premier bouillon froid par-dessus; vous laisserez bouillir doucement pendant trois quarts d'heure au moins et une heure au plus. Placez alors la demi-tête de veau et la langue dans une terrine pro-

verses, après avoir décrit le procédé de préparation, on en donnera, sous le titre de *Recette*, le résumé comme aide-mémoire, ahn que rien ne soit oublié.

3.

fonde, reversez le bouillon par-dessus, et laissez refroidir; cette précaution empêchera la tête de se colorer.
D'autre part, coupez en tranches minces, que vous diviserez ensuite en petits morceaux, 250 grammes de jambon maigre, de première qualité; ayez soin qu'il n'y
reste pas la plus petite parcelle de graisse ou de couenne;
ensuite vous hacherez finement 4 échalotes de moyenne
grosseur. Dans une casserole pouvant contenir 4 litres
au moins, faites fondre 120 grammes de beurre frais;
mettez-y le jambon coupé par morceaux, les échalotes
hachées, une demi-douzaine de clous de girofle, un peu
de muscade, une petite branche de thym, 3 cuillerées
à café de persil très-finement haché et la moitié d'un
citron coupé par tranches. Tenez ce mélange sur le feu
pendant environ une heure, en ayant soin de ne pas
laisser noircir le beurre, et de faire sauter fréquemment
le contenu de la casserole. Ajoutez-y alors peu à peu
60 grammes de belle farine de froment; après l'avoir
laissé cuire pendant quelques minutes, versez-y par
portions le bouillon bien dégraissé et séparé du dépôt
formé au fond de la terrine. Maintenez le tout bien
chaud, mais sans ébullition, sur le côté du fourneau,
pendant quatre heures. Au bout de ce temps, passez à
travers un tamis de crin, dans un autre vase. Coupez en
tranches très-minces la tête de veau cuite ainsi que la
langue, et jetez les tranches dans le bouillon, comme
des tranches de pain dans la soupe grasse. Pour rendre
plus délicate la soupe à la tortue, on ne coupe en émincé,
dans la tête de veau, que la peau et les parties grasses
qui peuvent y adhérer; quand la soupe à la tortue ne
doit figurer que dans un repas de famille, on coupe en
même temps ce qui se trouve de viande maigre dans la

tête de veau ; mais il vaut mieux laisser ces parties maigres de côté, sauf à avoir une soupe un peu plus claire.
Tout étant ainsi préparé, mettez la soupe dans une terrine, et laissez-la cuire encore une heure, afin que les
tranches de tête de veau soient parfaitement moelleuses.
Ajoutez un peu de poivre de Cayenne et un peu de sel,
si l'assaisonnement ne vous semble pas assez relevé.
Deux ou trois minutes avant de servir, versez dans la
soupe à la tortue le jus d'un citron et deux verres de vin
de Porto ou de vin de Madère, et ajoutez-y 24 quenelles
à la viande.

Miss Élisa Acton, dans son Traité de cuisine, fait
suivre cette recette d'une observation dont on lui laisse,
bien entendu, toute la responsabilité : « Je puis, dit-
elle, affirmer au lecteur que la soupe à la tortue ainsi
préparée est excellente, délicate, d'un goût agréable, et
qu'elle n'est ni indigeste, ni pesante sur l'estomac,
comme le sont la plupart des compositions qui portent
le nom de soupe en tortue. »

Recette. — Premier bouillon : filet ou aloyau de bœuf, 2 kilogr.;
eau, 4 litres ; carottes, 2 ou 3 ; un gros oignon ; un pied de céleri ;
un bouquet de fines herbes ; poivre en grains, une demi-cuillerée
à café ; clous de girofle, 6 ; 4 ou 5 heures de cuisson sur un feu
très-doux. Second bouillon : 1 kil. 500 grammes de veau, plus les
os provenant de la moitié d'une tête de veau désossée ; cuisson, 4
à 5 heures. La moitié d'une tête de veau désossée, y compris la
langue ; cuisson, une heure à 5 quarts d'heure. Jambon maigre,
100 à 120 grammes ; 100 grammes suffisent quand le jambon est
très-salé. Échalotes, 4 ; beurre frais, 125 grammes ; clous de
girofle, 6 ; poivre en grains, une demi-cuillerée à café ; thym, une
branche ; persil haché fin, trois grandes cuillerées ; un demi-citron
coupé par tranches ; cuisson, une heure ; farine, 60 grammes ;
cuisson, 5 minutes ; potage terminé, environ 4 litres ; émincé de
tête de veau, 750 grammes à 1 kilogr.; cuisson dernière, une demi-

heure à une heure; le jus d'un citron; deux verres de vin de Porto ou de vin de Madère; quenelles à la viande, 24.

SOUPE A LA TORTUE.

Il ne faut pas confondre la soupe *en tortue* de la recette précédente (*turtle soup* des Anglais) avec la vraie *soupe à la tortue*, dont la chair de tortue fait réellement partie. Pour le vrai potage à la tortue, on coupe par morceaux de la grosseur d'une noix la partie charnue de l'intérieur d'une tortue, dont la chair ne peut être comparée qu'à une noix de veau. Faites dégorger dans plusieurs eaux successives les morceaux de chair de tortue; pour un potage un peu fort, il en faut au moins 500 grammes. D'autre part, préparez un très-bon consommé avec 1 kilogramme de bœuf, 1 kilogramme de veau et 1 kilogramme de mouton, que vous laisserez cuire pendant six heures avec quelques carottes, 2 ou 3 oignons, poivre, sel et 6 clous de girofle. Dans ce consommé, passé, refroidi et dégraissé, faites cuire les morceaux de chair de tortue pendant quatre heures sur un feu doux. Au moment de servir, ajoutez au potage une bouteille de vin de Madère et des quenelles à la viande, coupées par tranches; celles-ci ne doivent être jointes à la soupe à la tortue que quand cette soupe est déjà dans la soupière.

POTAGE AU FAISAN.

Faites rôtir à moitié deux bons faisans que vous retirerez de la broche quand ils auront bien pris couleur, et dont vous enlèverez les ailes, avec le plus de chair possible. Mettez de côté ces morceaux dans un vase couvert; découpez le reste des deux faisans, comme pour les servir; brisez la carcasse, et faites cuire le tout dans 5 litres de fort bouillon de bœuf, pendant deux ou trois heures ; passez alors le bouillon, en pressant fortement les morceaux de faisan ; laissez refroidir. Enlevez la peau des ailes mises de côté ; émincez toute la chair et réduisez-la en pâte très-fine, avec moitié son poids de beurre frais, en la pilant dans un mortier ; incorporez à la pâte des croûtes de pain ou de la chapelure, en quantité égale à celle du beurre employé. Assaisonnez la pâte avec du poivre de Cayenne, du sel et un peu de muscade. On peut aussi incorporer à la pâte 4 ou 5 échalotes cuites d'abord dans le bouillon, puis hachées avant d'être pilées. Ramollissez la pâte en y incorporant 2 ou 3 jaunes d'œufs, puis façonnez-la en petites boulettes d'égale grosseur que vous saupoudrez de farine. Enlevez toute la graisse du bouillon refroidi, et quand il recommence à bouillir, faites-y *pocher* les boulettes pendant dix à douze minutes. Les boulettes ou quenelles de faisan sont ordinairement frites après avoir été bien égouttées et roulées dans la farine, puis rejetées toutes chaudes dans le bouillon au sortir de la poêle, au moment de servir.

Recette. — Deux faisans ; 20 à 25 minutes à la broche ; bouillon de bœuf, 4 litres ; cuisson, 2 à 3 heures. Composition des quenelles ; chair des ailes des faisans ; beurre frais et chapelure, de chacun la moitié du poids de la chair des ailes des faisans. Sel, poivre de Cayenne, quantité suffisante ; jaunes d'œufs, 3 ; échalotes cuites et hachées, 4.

POTAGE AU LIÈVRE.

Découpez un lièvre cru comme on découpe un lièvre cuit pour le servir ; mettez-le dans une grande casserole avec 500 grammes de jambon maigre coupé en tranches très-minces, 3 oignons de moyenne grosseur, un bouquet de persil et de thym et 3 litres de bouillon de bœuf bien dégraissé. Le lièvre doit cuire pendant deux heures à compter du moment où le bouillon entre en ébullition. Si le lièvre est vieux et plus ou moins dur, on doit le laisser cuire une heure de plus. Passez le bouillon, puis pilez dans un mortier les tranches de jambon avec toute la chair du lièvre détachée des os. Ajoutez-y 60 grammes de chapelure; délayez la purée de viandes avec le bouillon dans lequel le lièvre a été cuit; versez-y ensuite un demi-litre de vin de Porto, et tenez le potage très-chaud sur le fourneau pendant vingt minutes, sans cependant le laisser bouillir. Assaisonnez de poivre de Cayenne et de sel, et servez.

Recette. — Un lièvre; jambon maigre, 250 grammes; oignons, 3 gros ou 6 petits; un bouquet de persil et de thym; 3 litres de bouillon de bœuf dégraissé; cuisson, 2 ou 3 heures; chapelure, 60 grammes; vin de Porto, un demi-litre; sel et poivre de Cayenne, à volonté. Tenir chaud pendant 20 minutes avant de servir.

Potages gras et maigres.

Le plus grand nombre de ces potages a pour base les légumes, comme les potages maigres; mais ils sont assaisonnés au gras, ce qui les exclut de la cuisine des jours maigres.

POTAGE AUX RAVES ou AUX NAVETS LONGS.

A Paris, les meilleurs navets longs pour préparer ce potage sont le jaune de Freneuse et le blanc de Claire-Fontaine. Faites bouillir de l'eau légèrement salée; lorsqu'elle est en pleine ébullition, jetez-y les navets pelés et coupés comme des pommes de terre qu'on veut faire frire.

Après huit à dix minutes d'ébullition, laissez bien
égoutter les navets, et mettez-les dans une casserole
avec quelques cuillerées de graisse provenant du dégraissage du pot-au-feu. Laissez roussir les navets dans
cette graisse en les retournant souvent pour qu'ils ne
brûlent pas. Lorsqu'ils sont parfaitement cuits, mouillez avec de bon bouillon, et versez le tout dans la soupière où vous aurez mis environ autant de pain que vous
avez employé de navets.

POTAGE A LA SAVOYARDE.

Préparez une petite quantité de navets longs comme
pour le potage précédent. D'autre part, faites tremper
dans le pot-au-feu trois ou quatre croûtes pendant trois
ou quatre minutes. Mettez les croûtes trempées dans
une casserole, et râpez par-dessus de bon fromage de
Gruyère, puis, laissez gratiner un peu, sans trop
presser le feu sous la casserole. Quand le gratin est
au point convenable, versez par-dessus les navets roussis
dans la graisse de pot-au-feu; mettez le tout dans la
soupière en renversant la casserole, pour que les navets
soient au fond et les croûtes au fromage par-dessus;
ajoutez alors assez de bouillon pour avoir un potage
plutôt un peu épais que trop clair.

Le potage aux raves et le potage à la savoyarde, dans
les ménages où l'économie est indispensable, se font le
jour où l'on met le pot-au-feu; ils n'emploient que le
superflu de la graisse du pot-au-feu et une partie du
bouillon; on mange la soupe grasse au dîner du lendemain.

POTAGE GRAS AUX POIS VERTS.

Faites cuire un litre de gros pois dans une quantité suffisante d'eau, avec 10 grammes de sel de soude, afin qu'ils se maintiennent d'un beau vert. Quand ils sont presque cuits, égouttez-les; remettez-les sur le feu et laissez-les cuire pendant une demi-heure dans deux litres de bon bouillon de bœuf. Passez alors le bouillon et écrasez les pois que vous passerez dans une passoire fine. D'autre part, faites cuire dans de l'eau légèrement salée les pointes d'une botte d'asperges, et mêlez-les au potage au moment de le servir. Ce potage doit être mangé très-chaud.

POTAGE AUX POIS SECS, A L'ANGLAISE.

Laissez tremper un litre de beaux pois secs dans de l'eau pendant vingt-quatre heures. Égouttez les pois et faites-les cuire dans quatre litres de très-bon bouillon de bœuf. D'autre part, coupez en tranches trois oignons, trois carottes et un ou deux navets; faites-les bien roussir dans le beurre. Quand les pois ont bouilli une demi-heure, ajoutez-y les légumes passés au beurre, et laissez cuire encore deux heures et demie ou trois heures. Égouttez alors les pois, réduisez-les en purée, passez la purée par une passoire fine, joignez-la au bouillon; éclaircissez avec du bouillon si le potage est trop épais; faites réduire s'il est trop clair; vingt minutes avant de servir, coupez en tranches la partie blanche d'un beau pied de céleri, faites-les revenir dans le beurre et laissez-les bouillir vingt minutes dans la soupe aux pois que vous assaisonnerez de sel et de poivre, à volonté.

POTAGE GRAS A L'OIGNON.

Cette soupe à l'oignon au gras se fait habituellement
le jour où l'on met le pot-au-feu. Faites roussir dans
une casserole avec la graisse provenant du dessus du
pot-au-feu, des petits oignons, dont le volume ne doit
pas dépasser celui d'une noix. Quand les oignons ont
bien pris couleur, mouillez-les avec du bouillon ; ajoutez une poignée de cerfeuil et une côte de céleri hachées
ensemble ; faites cuire une heure sur un feu très-doux ;
au moment de servir, dégraissez avec soin ; versez
d'abord le bouillon sur le pain dans la soupière ; mettez
en dernier lieu les oignons par-dessus.

Les potages au gras aux carottes, aux panais nouveaux, aux laitues et à divers autres légumes frais, se
préparent tous de la même manière, en commençant
par faire roussir ou revenir les légumes dans la graisse
enlevée du dessus du pot-au-feu, et en mouillant avec
une quantité suffisante de bouillon. Tous ces potages ne
sont réellement bons que lorsque, avant de tremper la
soupe, on a soin de dégraisser parfaitement le bouillon.

Potages maigres.

Les plus simples se font sans autre apprêt que de
faire cuire dans une quantité d'eau suffisante les légumes
frais ou secs, avec un peu de sel ; quand les légumes
sont cuits, on trempe la soupe avec le bouillon dans lequel ils ont cuit, et l'on ajoute, au moment de servir, un
morceau de beurre frais et un jaune d'œuf délayé sous
forme de liaison. Les potages maigres de ce genre sont
les plus usités et pour ainsi dire les seuls usités pour

les jours maigres, dans la plupart des ménages de condition moyenne. Il est facile et fort utile à la santé de
varier, sans accroissement de dépense exagéré, cette
partie si importante de la nourriture journalière. On
sait qu'en règle générale, tous les légumes secs doivent
être mis sur le feu dans l'eau froide, et les mêmes légumes frais, dans l'eau bouillante. Quant aux potages
aux purées de légumes, depuis que l'industrie livre
à des prix très-modérés les farines de légumes cuits,
c'est perdre inutilement du temps et du travail que de
préparer ces purées pour les potages maigres; il est
plus expéditif d'employer la quantité requise de farines
de légumes cuits, de la délayer dans une quantité suffisante d'eau chaude, et quand la purée a pris un bouillon, d'y ajouter le beurre et l'assaisonnement à volonté,
ce qui, lorsqu'on est pressé, permet d'improviser en un
tour de main de très-bons potages maigres.

BOUILLON MAIGRE.

On prépare ce bouillon en faisant cuire dans de l'eau,
jusqu'à ce qu'ils soient presque réduits en purée, des
pois secs et des haricots blancs secs, par parties égales,
avec du sel, un bouquet de persil et de céleri, une carotte et un oignon dans lequel on pique deux ou trois
clous de girofle. Ce bouillon, passé dans un tamis, peut
être employé immédiatement comme un excellent potage maigre, en y ajoutant un bon morceau de beurre
frais; mais ce n'est pas sa seule destination; il sert
également pour mouiller les sauces des mets préparés
au maigre, ce qui, dans une cuisine de quelque importance, en emploie une assez grande quantité. Celui
qu'on tient en réserve à cet effet peut être conservé bon

pendant plusieurs jours, pourvu qu'on ait soin, lorsqu'il est froid, de le décanter pour le séparer du dépôt qui se forme au fond du vase, et qui ferait promptement aigrir le bouillon maigre.

BOUILLON DE POISSON.

Ce bouillon également utile dans la cuisine maigre, soit comme potage, soit pour mouiller les sauces, peut être préparé avec toute espèce de poisson de mer, pourvu que ce poisson soit très-frais. Le merlan et le cabillaud sont au nombre des meilleurs pour cet usage. On les fait cuire à raison d'environ 500 grammes par litre d'eau, avec du sel, une carotte, un pied de céleri, du cerfeuil, du persil, un oignon piqué de deux ou trois clous de girofle, la moitié d'une feuille de laurier, et un petit morceau de beurre frais. Quand le poisson est très-cuit, on passe le bouillon et on laisse bien égoutter le poisson, mais sans le presser. Toutes les sauces blanches de poisson ont pour base ce bouillon qui peut être conservé dans un lieu frais pendant plusieurs jours.

Dans les cuisines considérables, comme celles des traiteurs ou des communautés religieuses, il reste toujours assez de têtes, d'arêtes et d'autres débris de poisson très-frais, dont on fait le bouillon de poisson en les laissant cuire une heure dans de l'eau légèrement salée, avec les légumes et l'assaisonnement indiqués ; c'est une méthode très-économique de préparer ce bouillon.

JULIENNE.

On divise en filets très-minces des carottes, des navets, des poireaux, des oignons, du céleri, qu'on passe au beurre pour les faire légèrement roussir ; quand ces légumes ont pris couleur, on y ajoute quelques feuilles hachées de laitue, de cerfeuil et de persil, et si la saison le comporte, une poignée de pois verts avec autant de petites fèves. Quand les légumes sont très-cuits, on ajoute, au moment de servir, la quantité d'eau nécessaire, du sel à volonté, et un bon morceau de beurre frais.

Dans beaucoup de ménages on préfère la julienne en purée ; dans ce cas, on laisse cuire les légumes un peu plus afin qu'ils passent facilement à travers la passoire fine. La julienne en purée est servie avec des morceaux de pain très-petits, frits au beurre au moment de les ajouter au potage.

SOUPE A L'OIGNON.

Faites roussir dans une casserole deux ou trois beaux oignons finement hachés ; dès qu'ils ont pris couleur, ajoutez-y une demi-cuillerée de farine, et continuez à laisser l'oignon roussir pour qu'il devienne aussi roux qu'il peut l'être sans être brûlé. Mouillez alors avec autant d'eau qu'il en faut pour tremper la soupe, soit avec du pain seul, soit en versant le bouillon d'oignons sur des tranches de pain, alternant couche par couche avec des lits de fromage râpé de Gruyère ou Parmesan. Quand on se propose d'ajouter du fromage à la soupe à l'oignon, il faut avoir soin de la saler très-peu.

On connaît la propriété que possède la soupe à l'oignon de dissiper promptement l'ivresse ; aussi est-elle à juste titre surnommée la soupe d'ivrogne. Celle qu'on veut employer pour cet usage ne doit pas contenir de fromage râpé.

POTAGE A LA COLBERT.

C'est une julienne préparée comme il a été dit précédemment, mais avec des légumes frais coupés par tranches au lieu d'être divisés en filets. Au moment de servir ce potage, auquel on ne doit pas ajouter de pain, pas plus qu'à la julienne, on prépare un nombre d'œufs en chemise, bien cuits, égal à celui des convives; on sert les œufs sur le potage à la Colbert un peu épais.

Pour bien faire les œufs en chemise, il faut casser adroitement les œufs, l'un après l'autre, dans une casserole remplie d'eau en pleine ébullition. Le blanc se prend autour du jaune, qui doit rester mollet. On enlève les œufs en chemise, ou œufs pochés, avec une écumoire ; il faut avoir soin de les laisser bien égoutter.

SOUPE AU LAIT.

Rien de moins compliqué que la soupe au lait, telle qu'on la fait dans beaucoup de ménages, en trempant la soupe avec du lait bouillant, auquel on ajoute un peu de sel et de sucre; quelquefois, au moment de servir, on y délaye un jaune d'œuf. On prépare une soupe au lait beaucoup plus délicate par le procédé suivant. Faites bouillir dans une casserole deux litres de lait avec 300 grammes de sucre, les zestes d'un citron, trois ou quatre feuilles de laurier et un peu de cannelle. Dans une autre casserole, délayez six jaunes d'œufs avec environ le tiers du lait bouilli et aromatisé en premier lieu; tournez la liaison de jaunes d'œufs jusqu'à ce qu'elle commence à s'épaissir. Versez ce qui reste du lait aromatisé sur le pain coupé d'avance dans la soupière; mêlez-y peu à peu la liaison et servez très-chaud.

RIZ AU LAIT.

Dans la plupart des ménages, on fait d'abord crever le riz dans l'eau, comme pour l'apprêter au gras. Lorsqu'il est à moitié cuit, on y ajoute le lait peu à peu, et quand la cuisson est terminée, on sucre à volonté. On le rend plus délicat en le préparant de la manière suivante : Après avoir fait crever le riz dans l'eau avec un peu de sel, on le fait égoutter afin qu'il ne retienne pas d'eau; on termine la cuisson avec le lait, dans lequel on a fait infuser les zestes d'un citron, et quand le riz est cuit, au moment de servir, on ajoute une cuillerée d'eau de fleurs d'oranger.

RIZ AU LAIT D'AMANDES.

Faites cuire le riz à petit feu dans de l'eau avec très-peu de sel, quelques morceaux de zestes de citron et deux feuilles de laurier. Préparez, d'autre part, un lait d'amandes avec 250 grammes d'amandes dépouillées de leur écorce et pilées dans un mortier de marbre. Afin d'empêcher l'huile de se séparer des amandes, il est in-dispensable d'y ajouter en les pilant une bonne cuillerée d'eau. Quand les amandes sont suffisamment pilées, on met la pâte dans une serviette blanche et on la délaye dans trois verres d'eau légèrement dégourdie; on passe le lait d'amandes en pressant fortement la pâte, qu'on replonge dans le lait et qu'on presse de nouveau à quatre ou cinq reprises différentes. Sucrez alors le riz et ache-vez de le faire cuire à petit feu, en y versant par portions le lait d'amandes. Les zestes de citron et les feuilles de laurier sont alors enlevés, et l'on sert le riz avec une bonne cuillerée d'eau de fleurs d'oranger.

VERMICELLE AU LAIT.

Ce potage se prépare en projetant dans le lait en ébullition du vermicelle brisé, à raison de 30 grammes par litre de lait; on ne doit pas le laisser trop épaissir; il ne faut pas à ce potage d'autre assaisonnement qu'un peu de sel ou de sucre, selon les goûts des consommateurs. Toutes les pâtes d'Italie peuvent être préparées en potage au lait de la même manière.

SOUPE AUX POIS VERTS A L'ANGLAISE.

Faites bien cuire, dans trois litres d'eau, un litre de gros pois, aussi frais écossés que possible; égouttez-les, pilez-les dans un mortier, délayez-les dans le bouillon où ils ont cuit, et passez ce bouillon à travers un tamis de crin un peu clair. Faites revenir légèrement, dans du beurre frais, la pulpe coupée par tranches de trois concombres pelés et vidés, auxquels vous ajouterez les cœurs de trois laitues et un peu de persil, le tout grossièrement haché. Quand ces légumes auront cuit dans le beurre, pendant une heure, sur un feu assez doux, pour que le beurre ne noircisse pas, retirez-les avec une écumoire et jetez-les dans le bouillon précédemment préparé et passé au tamis. Enlevez soigneusement tout le beurre qui montera à la surface; remettez alors le bouillon sur le feu, et assaisonnez-le de sel et poivre, à volonté. D'autre part, faites cuire un demi-litre de pois fins avec un bouquet de persil et deux ou trois petits oignons. Dès que la soupe est bouillante, ajoutez-y les pois fins entiers, qui doivent être très-cuits, et trempez immédiatement la soupe taillée d'avance dans la soupière.

Recette. — Gros pois verts fraichement écossés, un litre;

eau, 3 litres; concombres épluchés, 3; cœurs de laitues hachés, 3; un peu de persil, beurre, 125 grammes; sel et poivre, quantité suffisante; petits pois fins, un demi-litre.

Les cuisiniers anglais ajoutent souvent à ce potage une poignée de feuilles de menthe hachées, ce qui lui donne une saveur forte, peu agréable pour ceux qui n'y sont pas habitués; mais, en supprimant cet assaisonnement accessoire, la soupe aux pois à l'anglaise, d'après la recette précédente, est un très-bon potage maigre.

SOUPE A L'OSEILLE ou SOUPE AUX HERBES.

Hachez grossièrement une forte poignée d'oseille, à laquelle vous ajoutez la moitié d'une tête de laitue et une demi-poignée de cerfeuil, également hachées. Mettez le tout sur le feu dans une casserole, avec du sel et un morceau de beurre. Laissez cuire doucement pendant un quart d'heure en remuant sans cesse. Quand les herbes seront cuites et parfaitement fondues, ajoutez la quantité d'eau nécessaire, et dès que le potage aura pris un bouillon, trempez la soupe. Alors seulement, c'est-à-dire quand la soupe est dans la soupière, délayez un ou deux jaunes d'œufs dans une partie du bouillon et ajoutez-les au potage au moment de servir. Pour un potage destiné à six convives, il faut deux jaunes d'œufs. La soupe à l'oseille est beaucoup meilleure lorsque, au lieu d'eau, le procédé de préparation restant le même, on y met du bouillon maigre selon la recette donnée précédemment (page 54).

SOUPE AU CÉLERI.

Préparez une purée claire de pois, de haricots, de fèves ou de lentilles, bien assaisonnée de poivre, sel et

beurre frais; mouillez avec du bouillon de légumes
(page 54) pour donner à la purée la consistance d'un
bon potage, prêt à recevoir, au lieu de pain frais, des
croûtons de mie de pain frits au beurre.

D'autre part, faites blanchir à l'eau bouillante, pendant dix à douze minutes, des pieds de céleri coupés par
morceaux en forme de dés. On doit en employer autant
qu'on mettrait de croûtons frits si le potage était simplement à la purée. Jetez la première eau ; laissez égoutter ;
achevez la cuisson dans le potage à la purée. Le potage
au céleri étant très-échauffant, on peut n'employer que
la moitié de la quantité de céleri indiquée et garnir suffisamment le potage avec une quantité égale de croûtons
frits.

SOUPE A LA FLAMANDE.

On fait cuire dans de l'eau, avec du sel et un morceau
de beurre, des croûtes de pain sèches, des navets et des
pommes de terre pelés et coupés par morceaux, égale
quantité de chacun. Quand le tout est très-cuit, écrasez
et passez à la passoire fine ; remettez sur le feu, éclaircissez au besoin et ajoutez une poignée de cerfeuil bien
haché et un second morceau de beurre. Le bouillon
maigre (page 55), employé au lieu d'eau pour la soupe
à la flamande, rend ce potage beaucoup meilleur.

POTAGE A LA MONACO.

Faites griller de manière à les bien colorer de petits
carrés de pain blanc tous d'égale grandeur, fortement
saupoudrés de sucre en poudre des deux côtés ; placez-
les dans la soupière et versez dessus du lait bouillant
bien sucré. Délayez dans une partie du lait des jaunes
d'œufs, à raison de deux par litre de lait employé ; ajou-

tez cette liaison au potage au moment de servir. Il ne
faut pas que ce potage soit trop chaud lorsqu'on y met la
liaison, sans quoi elle tournerait.

POTAGE AU POISSON.

Faites bouillir la quantité voulue de bouillon de poisson (page 55) et trempez avec ce bouillon une soupe
plutôt claire que trop épaisse. D'autre part, délayez dans
une portion du bouillon des jaunes d'œufs dans une casserole que vous tiendrez sur un feu doux, en tournant
sans cesse, jusqu'à ce que la liaison commence à
s'épaissir. Versez-la aussitôt dans la soupe, et servez.

POTAGE AUX HUITRES.

Pilez dans un mortier de marbre deux ou trois douzaines d'huîtres, selon la grosseur des huîtres et le nombre des convives; jetez-les dans du bouillon de poisson
en ébullition, et laissez cuire une bonne demi-heure.
Faites frire au beurre des croûtons de pain en quantité
suffisante; mettez-les dans la soupière au sortir de la
poêle, versez la purée d'huîtres par-dessus, et servez
très-chaud.

POTAGE A LA PURÉE D'ÉCREVISSES.

Faites cuire un demi-cent d'écrevisses de moyenne
grosseur, comme si elles devaient être servies entières;
détachez le corps de la queue et videz complétement
l'intérieur. Pilez ensuite les écrevisses dans un mortier
de marbre et réduisez-les en pâte très-fine, en y joignant
un peu de mie de pain coupée par morceaux et frite dans
le beurre. Quand la pâte est suffisamment fine, délayez-
la dans du bouillon de poisson ou du bouillon maigre, et
garnissez le potage avec quantité suffisante de croûtons

frits au beurre. C'est ce potage que nos ancêtres estimaient fort sous le nom de *bisque*. Aujourd'hui, le prix élevé des écrevisses rend ce potage très-cher, et c'est pourquoi il est rarement usité.

SOUPE A LA BIÈRE.

Faites chauffer un litre de bonne bière forte, à laquelle vous ajouterez 30 grammes de sucre et 5 grammes de grains de coriandre. Trempez cette soupe avec du pain bis coupé en tranches très-minces, et ajoutez, au moment de servir, un jaune d'œuf délayé dans une partie de la bière.

Bien peu de consommateurs français peuvent supporter ce potage étrange, fort estimé en Flandre, en Allemagne et dans tous les pays du nord de l'Europe. Il est utile de savoir faire une bonne soupe à la bière, lorsqu'on a occasion de recevoir des étrangers appartenant aux pays où cette soupe est le potage de prédilection.

SOUPE FROIDE A LA RUSSE ou AKROSCHKA.

Cette soupe a pour base, en Russie, un genre particulier de bière, nommé *kvas* ; mais on peut la faire aussi bonne avec de la bière ordinaire. On fait tremper dans la bière des tranches de jambon, des morceaux de diverses viandes froides, de l'oignon cru haché, une forte dose d'échalotes également hachées, des grains de blé macérés dans la saumure, des tranches de concombres confites au vinaigre et de petits morceaux de glace grossièrement concassés. Comme la soupe à la bière, l'akroschka ne doit être servie qu'à ceux dont cette préparation est le potage national.

SOUPE AUX ANGUILLETTES.

On fait cuire, dans du bouillon de poisson, de petites anguilles coupées par tronçons de 5 à 6 centimètres de long. D'autre part, faites blanchir ensemble une poignée de cerfeuil, deux poignées de feuilles de poirée et quelques feuilles d'oseille. Quand ces herbes sont cuites, égouttez-les et réunissez-les aux anguillettes cuites séparément. Ajoutez un bon morceau de beurre et deux jaunes d'œufs, et versez le tout sur une demi-douzaine de *biscottes* de Bruxelles, placées au fond de la soupière. Ce potage est le plus estimé de tous dans la cuisine hollandaise. A défaut de biscottes, on fait bien griller des deux côtés des tranches minces de pain blanc ou de petit pain à café, coupées transversalement.

QUATRIÈME SECTION.

SAUCES. — FRITURES. — ROTIS.

SAUCES.

On ne se sert guère que dans les très-grandes cuisines de ce qu'on nomme aujourd'hui *grandes sauces*, préparations très-coûteuses que l'ancienne cuisine employait en très-grande quantité sous le nom de *coulis*, servant d'assaisonnement à une foule de mets distingués, et même à la plupart des légumes qui, les jours gras, sous le règne de Louis XIV, n'étaient jamais servis qu'avec un coulis à la viande. On donne ici la préparation des grandes sauces, parce que, dans les maisons seulement aisées, on peut, lorsqu'on reçoit du monde, s'en servir pour ajouter à la saveur des mets ; elles ont en pareil cas l'avantage de pouvoir être faites la veille, ce qui-diminue d'autant le travail du jour où l'on traite.

GRANDES SAUCES.

ASPIC OU GRANDE SAUCE.

La principale des grandes sauces est aussi désignée sous le nom d'*aspic;* les diverses substances nécessaires pour sa préparation doivent être choisies avec beaucoup de soin, si l'on veut que la grande sauce réunisse toutes les qualités qu'elle doit avoir. Comme son prix de revient est assez élevé, et qu'elle ne peut se conserver longtemps, il ne faut en préparer à la fois que la quantité dont on sait avoir besoin pour le moment, sauf à en renouveler plus souvent la provision. Les trois éléments essentiels de la grande sauce sont une bonne poule, une bonne perdrix, et 500 grammes de jambon maigre de première qualité, coupé en tranches minces. Mettez ces trois objets dans une marmite avec 500 grammes de jarret de veau, une demi-douzaine de pattes de volaille grillées, un bouquet garni, deux carottes, deux oignons, et quelques cuillerées de consommé. Faites cuire sur un feu doux, et quand le jus aura pris une bonne couleur, mouillez avec du bouillon en quantité suffisante pour que toute la viande en soit bien couverte. Laissez cuire encore pendant trois heures sur un feu doux, après avoir bien écumé et salé au besoin. Passez alors le jus bouillant à travers une serviette mouillée, et laissez-le refroidir. En cet état, la grande sauce est faite ; elle a toutes les propriétés gastronomiques, et peut être employée pour

assaisonner divers mets; elle manque seulement de transparence. Pour lui en donner, cassez dans un vase de
faïence deux œufs très-frais, blanc, jaune et coquille;
battez vivement le tout ensemble avec quelques cuillerées de bouillon, un verre de vinaigre et un verre de vin
blanc, et ajoutez le tout à la grande sauce froide bien
dégraissée, que vous remettrez aussitôt sur le feu. Il
faut, pour qu'elle s'éclaircisse bien, la retirer du feu
avant qu'elle commence à bouillir, poser sur la casserole un couvercle sur lequel on met des charbons allumés, et retirer la casserole sur le bord du fourneau.
Soulevez de temps en temps le couvercle, et quand
la grande sauce paraîtra claire, passez-la à travers
une serviette mouillée, comme la première fois. Cette
sauce se prend en gelée transparente par le refroidissement.

SAUCE ESPAGNOLE.

Garnissez le fond d'une casserole de 250 grammes
de lard et de 500 grammes de jambon, l'un et l'autre
coupés en tranches minces. Posez dessus un kilogramme
de veau, dépourvu d'os et de graisse, en employant de
préférence la partie qu'on nomme *noix de veau*. Faites
suer ces viandes avec quelques cuillerées de consommé,
c'est-à-dire faites-les cuire doucement jusqu'à ce qu'elles
rendent leur jus, en y ajoutant quelques oignons et
deux ou trois carottes. Piquez les morceaux de veau
avec un couteau bien affilé, afin qu'ils laissent écouler
tout leur jus. Mouillez alors avec assez de bon consommé pour que les viandes soient bien couvertes;
ajoutez un bouquet garni, sel, poivre et quelques clous
de girofle, et laissez cuire doucement pendant deux

heures. Passez alors l'espagnole, et pour lui donner de la consistance, liez-la avec un roux (page 70). Quand le roux est ajouté à la sauce espagnole, remettez-la sur le feu et laissez-la réduire d'un quart. L'espagnole ainsi préparée peut se conserver quelque temps. Au moment de l'employer pour un ragoût quelconque, on verse, dans deux cuillerées à potage de cette sauce, un verre de vin de Madère, de Champagne ou de Bourgogne, et on la laisse réduire sur un feu vif, avec quelques morceaux de truffes et de champignons.

SAUCE ROMAINE OU A LA ROMAINE.

Mettez dans une casserole, sur un feu doux, 250 grammes de beurre, 250 grammes de jambon maigre, 500 grammes de veau, et les deux cuisses d'une bonne poule ; toutes les viandes doivent être coupées en petits morceaux. Assaisonnez avec sel, poivre, girofle, une feuille de laurier, deux ou trois carottes et autant d'oignons. Quand les viandes sont bien revenues dans le beurre, ajoutez-y une douzaine de jaunes d'œufs durs bien écrasés, en remuant vivement pour que le mélange soit intime ; mouillez alors peu à peu avec un litre de lait, en remuant sans discontinuer, puis laissez cuire sur un feu très-doux pendant une heure, en agitant presque continuellement. Passez alors la sauce à la romaine à travers une étamine claire ; elle ne doit être préparée qu'au moment de s'en servir ; c'est celle des grandes sauces qui se conserve le moins longtemps.

GRAND JUS.

Le grand jus est la plus usitée des grandes sauces ; c'est aussi celle qui coûte le moins à préparer. Dans une

casserole de capacité suffisante, dont on garnit tout le fond
d'une bonne couche de beurre, mettez 250 grammes de
lard et 500 grammes de jambon coupés par tranches
minces, et un kilogramme de bœuf en tranches épaisses
de 3 à 4 centimètres. Placez la casserole sur un bon feu ;
laissez les viandes s'attacher au fond de la casserole,
mais ayez soin qu'elles ne brûlent pas, et versez par-
dessus une cuillerée à pot de bon consommé. Piquez les
morceaux de bœuf afin qu'ils ne retiennent pas de jus ;
mouillez avec environ un litre de bon bouillon ; ajoutez
un bouquet garni, sel, poivre, girofle, et quelques morceaux de champignons. Laissez cuire pendant deux ou
trois heures sur un feu très-doux. Dégraissez avec soin,
et passez à travers une serviette mouillée.

On voit, par ce qui précède, que la préparation de
toutes les grandes sauces repose sur le même principe :
il s'agit toujours de faire *suer* les viandes les plus recherchées, pour leur faire rendre leur jus, qu'il faut ensuite étendre avec du bouillon ou du consommé, réduire
par une cuisson lente et prolongée, et assaisonner de diverses manières. La sauce à la romaine, la seule qui
s'écarte de ce principe, est tout à fait excentrique, et par
ce motif peu usitée et peu goûtée de ceux qui n'y sont
pas accoutumés.

VELOUTÉ.

Il ne faut faire le velouté que lorsqu'on doit en employer une assez grande quantité ; cette sauce n'est réellement bonne que quand on peut la préparer assez en
grand. Mettez dans une grande casserole deux poules,
un kilogramme et demi de noix de veau, 3 ou quatre
carottes, 2 gros oignons piqués de quelques clous de gi-

rofle, une forte cuillerée à pot de consommé, et un bouquet garni. Le point important dans la préparation du
velouté, c'est qu'il ne s'attache pas et qu'il ne prenne
pas de couleur. Quand le jus commence à s'épaissir,
mouillez d'abord avec un peu de consommé, puis ajoutez-en successivement assez pour que toute la viande en
soit couverte. Piquez les morceaux de veau et les morceaux de volaille dépecés, afin d'en faire sortir le jus,
et laissez cuire sur un feu très-doux. D'autre part, préparez un roux blanc (page 71), dans lequel vous ferez
cuire deux fortes poignées de champignons épluchés,
coupés et préalablement assaisonnés à froid avec du sel
et le jus d'un citron. Étendez, avec le consommé dans
lequel baignent les viandes, le roux blanc aux champignons; reversez le tout sur les viandes; faites bouillir
à petit feu en écumant avec soin; après une heure et
demie ou deux heures de cuisson, dégraissez le velouté,
et passez-le à l'étamine. Si la préparation a été suffisamment soignée, le velouté doit être parfaitement blanc ;
il est compris au nombre des grandes sauces les plus
distinguées.

On croit devoir placer ici une observation importante. Les recettes qu'on donne pour la préparation des
grandes sauces sont celles que suivent invariablement
les cuisiniers de toutes les maisons opulentes où l'on
tient à faire réellement bonne chère. Dans presque tous
les traités de cuisine, on donne en outre des recettes
pour préparer quelque chose qui ressemble de très-loin
aux vraies grandes sauces, en y employant des débris de
volaille ou de gibier soit à poil, soit à plumes, et des rognures de toute sorte de viandes de boucherie. En y joignant des légumes et force assaisonnements, on arrive

ainsi à faire économiquement des sauces quelconques ;
mais ce ne sont pas de vraies grandes sauces, et en réalité elles ne valent rien. Donc, si des motifs d'économie
vous retiennent, et que vos ressources ne vous permettent pas de faire les grandes sauces comme elles doivent
être faites, n'en faites pas, et tenez-vous-en à celles que
comporte le budget de votre cuisine ; les grandes sauces
ne peuvent pas être préparées avec économie ; il faut
les bien faire, ce qui coûte beaucoup, ou bien il faut
s'en passer. On comprend que toute la valeur de ces
sauces étant fondée sur la quantité de jus que rendent
les viandes, la volaille et le gibier qu'on y emploie, si
l'on se sert de viandes qui n'ont et ne peuvent avoir aucun jus, il n'y a plus de grandes sauces.

PETITES SAUCES ou SAUCES COMMUNES.

Les sauces de cette catégorie sont d'un usage fréquent
et indispensable dans les cuisines les plus modestes,
comme dans celles des meilleures maisons ; la connaissance approfondie de leur préparation est un des points
les plus essentiels pour la solution du problème, toujours difficile à résoudre, de faire bonne chère sans dé-
penses excessives.

ROUX.

Toutes les cuisinières savent ou prétendent savoir
faire un roux ; très-peu savent le bien faire. Selon la
méthode ordinaire, on met dans la casserole un morceau de beurre ou une quantité quelconque de graisse
dans laquelle on incorpore autant de farine que le corps
gras en fusion en peut absorber ; le feu est vivement
animé, et dès que la farine a pris la coloration désirée,

on mouille avec du bouillon, du consommé, ou avec la sauce du ragoût auquel le roux est destiné. C'est ainsi qu'on fait généralement, et c'est précisément ainsi qu'il ne faut pas faire ; le roux préparé de cette manière défectueuse ne peut être que très-âcre et d'un goût peu agréable.

Pour bien faire un roux, commencez par faire roussir la farine dans le beurre ou dans la graisse, jusqu'à ce qu'elle soit d'un beau blond, en évitant surtout de trop chauffer, et en tournant continuellement. Quand le roux est à ce point, couvrez exactement la casserole et mettez-la sous le fourneau, dans les cendres chaudes ; le roux, sans risquer de brûler, continuera à se faire, ce qui exige une bonne demi-heure. Dans cet intervalle, retirez de temps en temps la casserole des cendres et remuez bien le roux, que vous remettez aussitôt à sa place. La farine étant ainsi bien cuite sans être brûlée, le roux, de la plus belle nuance possible, n'aura contracté aucune âcreté ; mouillez-le avec du bouillon, du consommé, ou de la sauce que le roux doit servir à lier. C'est la seule méthode pour faire un roux aussi bon qu'il peut l'être.

ROUX BLANC.

De même que le roux proprement dit, ou roux blond, on commence par faire fondre du beurre dans une casserole, et on y incorpore autant de farine qu'il en peut absorber pour prendre l'apparence d'une bouillie de bonne consistance, en remuant sans discontinuer. Le feu sur lequel on fait un roux blanc doit être très-modéré ; pour peu que ce roux se colore, il ne peut plus servir. On le laisse cuire comme le précédent sur des cendres chaudes ; il sert de liaison au velouté (page 68) et géné-

ralement aux sauces qui ne doivent point avoir de couleur.

SAUCE BLANCHE.

Mêlez ensemble dans une casserole, sur un feu très-
doux, 125 grammes de beurre, 1 cuillerée de farine,
2 ou 3 cuillerées d'eau, sel et poivre selon les goûts;
laissez chauffer en tournant continuellement, mais sans
permettre que le mélange entre en ébullition, ce qui
ferait contracter à la sauce une saveur analogue à celle
de la colle de pâte. Dans l'usage ordinaire, quand la
sauce blanche doit accompagner des légumes, tels que
des asperges ou des artichauts, on y ajoute, au moment
de servir, un jaune d'œuf ou deux et un filet de vinaigre; la sauce est alors moins blanche, mais d'un goût
plus agréable.

SAUCE AU BEURRE.

Mélangez exactement avec une cuillerée de farine, du
sel, du poivre et un peu de muscade; ajoutez-y 30 grammes de beurre et 2 clous de girofle. Mettez le tout sur
un feu doux avec une quantité d'eau suffisante pour en
former une bouillie claire; tournez sans discontinuer et
ajoutez par portions 250 grammes de beurre; tenez
cette sauce un bon quart d'heure sur le feu sans cesser
de la tourner, et en évitant de la laisser bouillir; passez
à travers une étamine claire au moment de servir.

SAUCE A L'HUILE.

Délayez dans une casserole posée sur de la cendre
chaude, ou mieux au bain-marie, 3 ou 4 jaunes d'œufs
très-frais, avec sel et poivre en quantité suffisante; puis
versez-y peu à peu, dès que les jaunes d'œufs sont seu-

lement tièdes, 125 grammes d'excellente huile d'olive, en agitant vivement. Non-seulement cette sauce ne doit pas bouillir, mais il faut même éviter de la faire chauffer un peu trop fort, sans quoi les jaunes d'œufs et l'huile se séparent et la sauce est manquée ; il ne faut la préparer qu'au moment de la servir pour accompagner divers légumes cuits à l'eau. Dans beaucoup de cuisines, on ne met la sauce à l'huile ni sur le feu ni même au bain-marie ; on plonge simplement, pendant quelques minutes, un plat de faïence dans de l'eau bouillante ; on le retire et on l'essuie promptement. Tandis qu'il est encore chaud, on y mélange avec l'huile les jaunes d'œufs battus et convenablement assaisonnés.

SAUCE A LA BÉCHAMEL.

Faites réduire sur un feu vif un demi-litre de velouté dans lequel vous verserez un bon verre de consommé ; laissez bouillir en remuant continuellement, jusqu'aux deux tiers environ du volume primitif de la sauce. D'autre part, faites réduire également d'un tiers un demi-litre de crème, puis mêlez la crème à la sauce réduite, et continuez à tourner jusqu'à ce que la sauce à la Béchamel ait acquis la consistance d'une bouillie claire. Passez alors avec forte expression à travers une étamine claire, et si le mets auquel la sauce doit être ajoutée n'est pas prêt à être servi, ne laissez pas la sauce se refroidir ; maintenez-la à une bonne température dans un bain-marie.

BÉCHAMELLE ORDINAIRE AU GRAS.

Dans 60 grammes de beurre fondu sur un feu doux, incorporez une demi-cuillerée de farine ; tournez et mo-

dérez le feu pour que le roux ne se colore pas, versez-y
peu à peu, en continuant à tourner, une bonne tasse de
lait très-chaud ; sel et poivre selon les goûts. Il est bon
que cette sauce soit plutôt un peu longue que trop
courte ; on s'en sert le plus souvent pour faire réchauffer
différents mets , de sorte qu'elle se réduit et s'épaissit
suffisamment en continuant à cuire.

Sans faire la Béchamelle aussi recherchée que la sauce
à la Béchamel proprement dite, on l'améliore beaucoup
par le procédé suivant : Préparez un roux blanc selon
la recette ci-dessus, un peu fortement assaisonné ; faites
cuire à part 125 grammes de jambon et 125 grammes
de lard coupé en petits morceaux, avec deux ou trois carottes et 1 oignon piqué de 1 ou 2 clous de girofle. Après
deux heures de cuisson dans un demi-litre de bouillon,
dégraissez avec soin, passez au tamis de crin ; réunissez
cette sauce au roux blanc , et ajoutez peu à peu , en
tournant sans discontinuer, un verre de très-bonne
crème.

BÉCHAMELLE AU MAIGRE.

Faites revenir, dans 60 grammes de beurre, une
bonne poignée de champignons coupés en morceaux
assez menus ; ajoutez une demi-cuillerée de farine, et
tournez vivement pour éviter de laisser prendre au roux
trop de couleur ; mouillez avec un demi-litre de lait,
peu à peu, sel et poivre selon les goûts, et laissez cuire
jusqu'à ce que la sauce ait pris une bonne consistance.
Dans le Midi, on ajoute à la Béchamelle maigre 1 ou
2 gousses d'ail ; cet assaisonnement peut être retranché
sans rien changer d'ailleurs à la recette ci-dessus. Dans
plusieurs traités de cuisine, cette sauce est désignée sous

le nom de *Béchamelle à la minute*, parce que sa préparation exige moins de temps que celle des autres sauces du même nom.

SAUCE PLUCHE AU GRAS.

Versez dans un quart de litre de velouté un verre de bon vin blanc, sel, gros poivre et une poignée de racine de persil coupées en filets minces. Laissez cuire sur un feu doux jusqu'à ce que la sauce soit bien réduite et qu'elle ait pris une bonne consistance. D'autre part, faites blanchir, en le plongeant quelques minutes dans l'eau bouillante, du persil grossièrement coupé, retirez-le de l'eau, et faites-le refroidir dans de l'eau la plus froide possible ; ajoutez ce persil à la sauce pluche au moment de servir. Le persil à feuille frisée est le meilleur pour cette sauce.

SAUCE PLUCHE AU MAIGRE.

Mettez dans une casserole autant de bouillon maigre (page 54) que vous auriez employé de velouté pour une sauce pluche au gras ; ajoutez la même quantité de vin blanc, le même assaisonnement, et procédez de point en point comme pour la sauce pluche au gras. Cette sauce étant toujours destinée à être servie avec un poisson cuit au court-bouillon, on n'a pas besoin, pour la préparer, de faire à part un bouillon de poisson ; on se sert du court-bouillon dans lequel a été cuit le poisson qui doit être mangé avec la sauce pluche maigre. Quand la racine de persil semble bien cuite, on fait d'autre part un roux blanc qu'on mouille avec la sauce pluche ; on y ajoute, au moment de servir, le persil blanchi et préparé comme ci-dessus.

SAUCE BLONDE.

Cette sauce, l'une des plus utiles et des plus usitées dans la cuisine bourgeoise, peut être préparée au maigre ou au gras. Au maigre, c'est une sauce blanche (page 72) à laquelle on ajoute un roux suffisamment coloré et un jaune d'œuf ou deux au moment de servir. Au gras, c'est encore une sauce blanche à laquelle on ajoute du bouillon ou du consommé, et que l'on colore avec un morceau d'oignon brûlé dont on se sert pour donner de la couleur au bouillon de pot-au-feu.

SAUCE SUPRÊME.

Mettez ensemble dans une casserole, sur un feu vif, une tasse de velouté et une tasse de consommé; laissez réduire environ de moitié; ajoutez-y alors seulement 60 grammes de beurre frais, et au moment de servir, une cuillerée de verjus, ou, à défaut de verjus, le jus d'un citron.

SAUCE PIQUANTE AU GRAS.

Dans un quart de verre de vinaigre, faites cuire deux ou trois échalotes hachées, jusqu'à ce qu'il ne reste presque plus de liquide. Mouillez alors avec une bonne cuillerée à pot de bouillon; ajoutez, selon les goûts, sel, poivre, muscade; faites bouillir pendant un bon quart d'heure sur un feu très-doux. Au moment d'employer cette sauce, on y mêle de 30 à 60 grammes de cornichons confits au vinaigre, et finement hachés. Cette recette est celle de la sauce piquante au gras la plus usitée. Dans les grandes cuisines, on ajoute à l'assaisonnement, du piment de l'espèce connue sous le nom de *piment enragé;* au lieu de bouillon, on mouille avec de la sauce espagnole, et l'on s'abstient d'y mêler des cornichons hachés; on y ajoute seulement, au moment de servir, le jus d'un citron. C'est alors une sauce qui mérite trop son nom; elle est tellement épicée, que les personnes dont l'estomac n'y est pas habitué, ont peine à la supporter; la sauce piquante ordinaire est au contraire tout à fait inoffensive.

SAUCE PIQUANTE AU MAIGRE.

Hachez ensemble, très-finement, 3 ou 4 échalotes et une petite quantité de persil. Faites-les revenir dans 60 grammes de beurre frais, mais sans les laisser roussir; assaisonnez fortement avec sel, poivre et muscade; ajoutez une demi-cuillerée de farine; ayez soin que le roux ne prenne pas de couleur; mouillez peu à peu avec un bon verre d'eau; laissez cuire un quart d'heure sur un feu doux, et quand la sauce est faite versez-y un filet de vinaigre.

SAUCE A LA BONNE FEMME.

Faites revenir dans 125 grammes de beurre frais une dizaine de beaux champignons coupés par morceaux, 1 carotte et 1 panais de moyenne grosseur, coupés en tranches, un oignon, quelques ciboules et un peu de persil. Quand ces légumes sont à moitié cuits dans le beurre, ajoutez peu à peu une tasse de bouillon, plus une égale quantité de vin blanc; laissez cuire encore sur un feu modéré pendant une bonne heure; assaisonnez de sel et poivre selon les goûts et passez au tamis de crin. D'autre part, faites cuire une poignée de mie de pain bien émiettée dans un verre de lait, jusqu'à ce qu'il ne

reste plus de liquide; passez à travers une passoire fine
et joignez cette préparation à la sauce précédente. La
sauce à la bonne femme, quand elle est achevée, doit
avoir la consistance d'une bouillie très-claire. Les cuisiniers du Midi donnent à cette sauce un goût plus relevé
en y ajoutant une ou deux gousses d'ail.

SAUCE AU PAUVRE HOMME.

Faites cuire, sans les avoir fait revenir au beurre,
4 ou 5 échalotes hachées et un peu de persil, dans une
tasse de bouillon auquel on ajoute une cuillerée de vinaigre et un assaisonnement suffisant de sel et de poivre.
Quand cette sauce a bouilli un quart d'heure, et que les
échalotes sont bien cuites, on peut la servir. On la rend
meilleure en y ajoutant une cuillerée de jus de rôti.

SAUCE ROBERT.

Pour préparer cette sauce, on commence par faire un
roux bien coloré avec 60 grammes de beurre et une
cuillerée de farine; quand le roux a pris couleur, on y
ajoute 1 ou 2 oignons hachés menu, qu'on laisse bien
roussir, mais sans attendre qu'ils passent du roux au
brun. Mouillez avec un verre d'eau, faites cuire doucement pour réduire la sauce; au moment de servir, après
avoir retiré la sauce du feu, ajoutez un filet de vinaigre
et une bonne cuillerée de moutarde. La sauce robert est
meilleure quand, au lieu de mouiller le roux avec de
l'eau, on le mouille avec du bouillon bien dégraissé.

Dans les grandes cuisines, on fait séparément roussir
l'oignon haché dans du beurre, et l'on fait le roux blond
dans une autre casserole; après avoir réuni au roux l'oignon roussi, on mouille avec un demi-verre de bon

bouillon et une égale quantité de sauce espagnole; puis on ajoute le vinaigre et la moutarde après avoir retiré la casserole du feu, un instant avant de servir.

SAUCE MAYONNAISE.

Cette sauce, très-usitée pour accompagner le poisson, les volailles et divers autres mets servis froids, est en même temps la plus simple et l'une des meilleures d'entre les sauces froides. Battez, dans un bol de faïence, deux jaunes d'œufs crus fortement assaisonnés de sel et de poivre; ajoutez-y goutte à goutte, pour ainsi dire, de bonne huile d'olive, dans la proportion d'une cuillerée par jaune d'œuf employé; battez longtemps le mélange; la préparation d'une bonne mayonnaise ne doit pas durer moins d'un quart d'heure. Quand l'huile est bien incorporée aux jaunes d'œufs, ajoutez peu à peu le jus d'un citron, ou, à défaut de citron, une quantité équivalente de vinaigre.

Dans plusieurs traités de cuisine, la sauce dont on vient de donner la préparation est décrite sous le nom de *magnonaise* et de *bayonnaise*, comme ayant été primitivement usitée à Bayonne. Sans discuter cette origine, on croit devoir faire remarquer que, sous ces diverses dénominations, il s'agit toujours de la même sauce.

SAUCE RÉMOULADE OU A LA RÉMOULADE.

On commence par préparer une mayonnaise d'après la recette précédente, à laquelle on incorpore, en la tournant longtemps et vivement, une cuillerée de moutarde pour deux jaunes d'œufs employés. Quand le mélange est bien intime, on y ajoute 3 ou 4 échalotes finement hachées, une cuillerée à café de persil haché, autant de câpres, et, selon les goûts, 1 ou 2 cornichons coupés en très-petits morceaux. L'assaisonnement en sel et poivre doit être un peu plus fort que pour la mayonnaise.

SAUCE RAVIGOTTE ou A LA RAVIGOTE.

Il y a deux recettes pour préparer cette sauce, l'une à froid, l'autre à chaud. Pour faire la ravigotte froide, on pile longtemps, dans un mortier, des fines herbes préalablement hachées, telles que persil, civette, ciboule, cerfeuil, cresson alénois, pimprenelle et céleri, une cuillerée de câpres et un ou deux anchois. Quand le tout est réduit en pâte parfaitement uniforme, on ajoute un jaune d'œuf cru, sel et poivre, une cuillerée d'huile et autant de vinaigre.

Pour préparer la ravigote cuite, faites bouillir pendant un quart d'heure dans une tasse de bouillon bien dégraissé, deux fortes cuillerées des fines herbes ci-dessus indiquées, hachées avec soin. Quand les herbes sont cuites, ajoutez-y 30 grammes de beurre frais pétri avec une demi-cuillerée de farine; assaisonnez fortement avec sel, poivre et un filet de vinaigre; retirez du feu dès que le beurre est entièrement fondu. Dans les grandes cuisines, on se sert de velouté au lieu de bouillon pour faire la ravigote cuite, le surplus de la recette restant le même.

SAUCE TOMATE.

La manière la plus simple consiste à faire revenir dans du beurre frais des tomates coupées en quatre avec quelques oignons coupés par tranches, et un bon assai-

sonnement de sel et de poivre. Les proportions ordinaires sont de 125 grammes de beurre pour 8 tomates
et 2 oignons de grosseur moyenne. Quand les tomates
sont bien revenues sans être roussies, on mouille avec
un peu de bouillon dégraissé, et on achève la cuisson
sur un feu doux. La sauce tomate est ensuite passée à
travers un tamis de crin ou une passoire fine, en se servant d'une cuiller de bois pour la forcer à passer; si
elle est trop claire, on la fait réduire sur un feu très-
modéré, car elle s'attache facilement; si elle semble trop
épaisse, on l'éclaircit avec du bouillon.

Dans les cuisines des grandes maisons, les tomates,
accompagnées d'oignons et assaisonnées comme ci-dessus, sont cuites dans le bouillon sans être passées au
beurre; la sauce tomate passée à l'étamine claire avec
une forte pression est éclaircie avec quelques cuillerées
de velouté. Alors seulement on y fait fondre le beurre
au moment de servir.

SAUCE TOMATE A L'ITALIENNE.

Quand on emploie pour cette sauce des tomates et des
oignons à peu près de même grosseur, on met ensemble,
dans la casserole, 6 oignons pour 12 tomates, convenablement assaisonnées de sel, thym, 1 feuille de laurier, quelques gousses de piment enragé et 1 cuillerée
à café de safran en poudre. On verse dessus, pour faire
cuire les oignons et les tomates, 2 ou 3 cuillerées de
graisse bouillante provenant du dégraissage du pot-au-
feu, et l'on y ajoute 60 grammes de beurre frais. Comme
cette sauce tomate ne doit pas être mouillée, ce qui la
rend très-disposée à s'attacher, elle doit être cuite sur
un feu très-modéré et remuée continuellement. Quand

on juge les tomates cuites, on force la sauce ou plutôt la purée, au moyen d'une cuiller de bois, à passer par un tamis de crin clair ou par une passoire fine. La sauce tomate à l'italienne est très-échauffante ; les personnes dont l'estomac n'est pas très-robuste et qui sont habituellement échauffées, doivent s'en abstenir.

SAUCE AUX TRUFFES.

Hachez finement 125 grammes de truffes bien nettoyées ; faites-les revenir dans 60 grammes de beurre très-frais, sans laisser roussir le beurre. Mouillez ensuite avec une tasse de bon consommé auquel vous ajouterez, si vous en avez à votre disposition, quelques cuillerées de velouté. Après vingt minutes de cuisson sur un feu doux, retirez la sauce du feu pour la dégraisser, et servez. Dans nos départements du midi, on emploie l'huile d'olive au lieu de beurre pour faire revenir les truffes hachées. L'assaisonnement qui doit toujours être assez relevé, peut varier selon les goûts.

SAUCE AUX TRUFFES A LA PÉRIGUEUX.

Si l'on emploie, comme pour la recette précédente, 125 grammes de truffes, on doit se servir d'une égale quantité de beurre, dont on fait deux parts égales. Avec la moitié du beurre, on fait cuire doucement, jusqu'à ce qu'elles soient presque cuites, les truffes non pas hachées, mais coupées par petites tranches minces. Versez alors sur les truffes quelques cuillerées de sauce espagnole (page 66), une tasse de consommé et un verre de vin de Madère. Laissez réduire la sauce sur un feu très-doux, et dégraissez au moment de servir.

SAUCE A LA SAINTE-MÉNEHOULD.

Incorporez dans 125 grammes de beurre très-frais une demi-cuillerée de farine ; faites fondre sans laisser roussir le beurre ; mouillez avec un demi-litre de crème, ou à défaut de crème avec du lait de bonne qualité ; ajoutez un bouquet de persil et de ciboules, quelques échalotes entières, et une demi-douzaine de champignons coupés en petits morceaux. Laissez cuire une demi-heure, en remuant sans discontinuer, puis passez à travers une étamine claire que vous tordez fortement. Remettez alors pour un instant la sauce sur le feu, et ajoutez au moment de servir une cuillerée de persil finement haché.

SAUCE A LA MAITRE D'HOTEL.

On se sert ici du mot sauce pour se conformer à l'usage ; car il ne s'agit pas d'une sauce dans le vrai sens de cette expression. Pétrissez un morceau de beurre frais de 125 grammes avec sel, poivre, une forte pincée de persil haché, une petite quantité d'échalotes, et quelques gouttes de vinaigre ou de jus de citron. Le beurre ainsi préparé est ajouté aux légumes cuits à l'eau, et aux poissons grillés ou cuits de diverses manières, qu'on veut assaisonner à la maître d'hôtel ; il faut que ces différents mets soient assez chauds pour faire fondre le beurre, sans quoi il est nécessaire de les remettre sur le feu. C'est une des manières les plus simples, les plus promptes et les plus usitées d'apprêter un très-grand nombre de mets au maigre, pour les grandes tables comme pour les plus modestes.

SAUCE AU BEURRE NOIR.

Faites fondre sur un feu très-vif 125 grammes de beurre, et laissez-le sur le feu jusqu'à ce qu'il soit devenu d'un brun très-foncé ; ajoutez-y alors sel, poivre, un demi-verre de vinaigre ; tournez vivement ; retirez la casserole du feu, et au moment de servir, jetez dans le beurre noir une cuillerée de câpres. La sauce au beurre noir, d'une saveur très-prononcée, est un assaisonnement fort usité, surtout pour accompagner la raie et les autres poissons d'un goût naturellement peu relevé.

SAUCE A LA SOUBISE OU AUX OIGNONS.

Faites cuire à petit feu, avec une tranche de jambon de 125 grammes et un poids égal de beurre frais, une douzaine d'oignons de moyenne grosseur coupés d'abord en tranches, puis en sens contraire pour donner aux morceaux la forme de dés ; assaisonnez de sel et de poivre, une forte pincée de farine, et mouillez avec une tasse de bon bouillon ou de consommé. Quand le jambon et les oignons sont parfaitement cuits et que la sauce est suffisamment réduite, retirez-la du feu, passez-la par une passoire fine avec forte expression, et ajoutez-y, au moment de servir, une liaison de deux jaunes d'œufs, en ayant soin que la sauce ne soit pas trop chaude, sans quoi la liaison tournerait.

SAUCE A L'ITALIENNE.

Faites cuire dans une casserole, avec une cuillerée d'huile d'olive, trois ou quatre belles truffes hachées, auxquelles vous ajouterez deux ou trois échalotes et un peu de persil également hachés. Assaisonnez avec sel, poivre, un clou de girofle, un fragment de feuille de laurier, et une tranche de citron. Après dix minutes de cuisson, versez par-dessus le quart d'un verre de bon vin blanc ; laissez réduire et mouillez avec de la sauce espagnole, ou, à défaut de cette sauce, avec une tasse de bon consommé. Laissez prendre un bouillon sur le bord du fourneau ; enlevez la tranche de citron et le morceau de feuille de laurier, et dégraissez la sauce à l'italienne au moment de vous en servir.

SAUCE HOLLANDAISE.

Faites blanchir par quelques minutes d'ébullition dans de l'eau une forte pincée de feuilles de persil ; pilez soigneusement dans un mortier de marbre le persil blanchi, et passez-le à la passoire fine ou au tamis de crin. Faites chauffer dans une casserole une tasse de velouté en y joignant un filet de vinaigre. Ajoutez à la sauce le persil blanchi et pilé, et dès qu'elle aura pris un bouillon, faites-y fondre 30 grammes de beurre très-frais.

La recette précédente est celle de la vraie sauce hollandaise. On trouve indiqué sous le même nom dans les livres de cuisine les plus répandus le beurre fondu assaisonné uniquement de sel blanc, que les Hollandais servent avec le poisson de mer cuit à l'eau, et les pommes de terre cuites dans l'eau qui a d'abord servi à cuire le poisson ; du beurre fondu, salé ou non, n'est point une sauce.

SAUCE PORTUGAISE.

Mettez ensemble dans une casserole deux jaunes d'œufs crus, 125 grammes de beurre frais et une cuil-

lerée de jus de citron ; assaisonnez de sel et poivre, à
volonté. Posez la casserole sur des cendres chaudes, et
chauffez seulement assez pour que le beurre fonde, en
remuant sans discontinuer. Il faut beaucoup de soin
pour que le beurre, les jaunes d'œufs et le jus de citron
s'amalgament parfaitement, et que la sauce portugaise
prenne une bonne consistance, mais sans se coaguler.
Si elle semble trop épaisse, on y peut ajouter quelques
cuillerées d'eau tiède ; de l'eau bouillante la ferait tourner. Il ne faut préparer la sauce portugaise qu'au moment de s'en servir.

SAUCE A L'ANGLAISE ou BREAD SAUCE.

On sert habituellement en Angleterre, dans une saucière en même temps que les perdrix, les bécasses, et les
autres gibiers à plumes rôtis, une sorte de bouillie nommée *bread sauce* (*sauce au pain*), qu'on prépare de la
manière suivante. On fait tremper dans du lait chaud
environ 250 grammes de mie de pain, qu'on laisse cuire
ensuite sur un feu doux, jusqu'à ce qu'il en résulte
une bouillie très-consistante qu'on assaisonne fortement avec sel, poivre et muscade râpée. Au moment de
servir, on verse dessus 60 grammes de beurre frais
fondu, qu'on y incorpore en agitant le bread sauce avec
une cuiller.

On place ici à la suite des sauces quelques préparations qui ne sont pas des sauces proprement dites, mais
qui servent à en préparer plusieurs, et qui assez souvent
dans la cuisine recherchée peuvent en remplir les fonctions. On les désigne sous le nom collectif de *beurres*,
en y joignant le nom de la substance principale qui en
fait partie. Les plus usités sont le beurre d'anchois, le

beurre d'écrevisses ; et pour la cuisine méridionale, le beurre d'ail, dont la saveur très-relevée ne plaît pas généralement aux consommateurs du centre et du nord de la France.

BEURRE D'ANCHOIS.

Pilez dans un mortier, de manière à les réduire en pâte très-divisée et très-uniforme, 60 grammes de chair d'anchois lavée et soigneusement nettoyée, sans y ajouter aucun liquide ni aucun assaisonnement. Incorporez cette pâte, en continuant à la piler dans le mortier, avec 60 grammes de beurre très-frais. Il ne faut préparer à la fois qu'une petite quantité de beurre d'anchois ; plus il est récent, meilleur il est.

BEURRE D'ÉCREVISSES.

Faites parfaitement sécher au four les coques et les pattes d'un demi-cent d'écrevisses. Pilez-les dans un mortier, et réduisez-les en poudre fine. Alors, pétrissez la poudre avec 750 grammes de beurre. Il en faut mettre seulement 500 grammes, si les écrevisses sont petites ; si l'on a employé de très-belles écrevisses, on peut employer un kilogramme de beurre ; si l'on agit sur une moindre quantité, les mêmes proportions doivent être observées. Mettez le tout dans une casserole sur un feu doux, et quand le beurrre est bien liquide, passez-le avec forte expression au travers d'une étamine placée au-dessus d'une terrine remplie d'eau froide. A mesure qu'il tombe dans l'eau, le beurre d'écrevisse se fige ; on le retire de l'eau lorsqu'il est bien refroidi ; on le pétrit, et on l'essuie avec un linge blanc à plusieurs reprises afin d'en absorber toute l'humidité, sans quoi il ne se conserverait pas. Le beurre d'écrevisses, de même que le beurre d'anchois, ne doit être préparé qu'en proportion des besoins présumés, pour qu'il soit toujours récent au moment où on l'emploie.

BEURRE D'AIL.

Le mode de préparation du beurre d'ail est le même que celui de la préparation du beurre d'anchois. On pile dix gousses d'ail avec beaucoup de soin ; quand la pulpe est bien fine, on la passe à travers un tamis fin, puis on la pétrit de nouveau dans le mortier avec 60 grammes de beurre. Quand le mélange est intime, le beurre d'ail est terminé. Ce genre d'assaisonnement n'est usité que dans la cuisine des départements méridionaux.

On emploie en outre assez fréquemment pour la cuisine recherchée le *beurre de homard*, préparé en pilant séparément les œufs d'un homard cuit, jusqu'à ce qu'ils soient réduits en pâte fine ; cette pâte est ensuite incorporée avec son poids de beurre frais.

FRITURES.

La place importante occupée dans la cuisine des diverses nations européennes par les mets et entremets frits, rend nécessaires quelques explications, tant sur les éléments d'une bonne friture, que sur la manière de la bien préparer.

La première chose dont il faut se pourvoir, c'est un corps gras dans les meilleures conditions possibles pour servir de friture. Dans les maisons de condition moyenne du nord et du centre de la France, le saindoux ou graisse de porc passe pour la meilleure des fritures ; il est en effet excellent, pourvu qu'il ait été fondu

avec beaucoup de soin, sur un feu très-doux, et que le
défaut d'attention dans l'opération de la fonte ne lui ait
pas communiqué ce que les cuisiniers nomment le *goût
de sauce*. Quand le saindoux n'est pas absolument dépourvu de saveur, il ne vaut rien pour la friture; il ne
la rend ni croquante, ni de bon goût; mais, quand il est
parfaitement blanc, récemment fondu, et d'un goût irréprochable, il constitue assurément une excellente friture.

Dans les grandes cuisines, on préfère comme donnant
une friture plus dorée et qui reste plus longtemps croquante, la graisse de rognon de bœuf. A Paris, et dans
toutes les grandes villes, où l'on peut se procurer de la
viande fraîche tous les jours de l'année, il n'y a jamais
lieu de craindre que cette graisse ne soit pas assez récente.
On la fait fondre en y ajoutant une petite quantité d'eau,
sans faire éprouver à la graisse plus de chaleur qu'il
n'est indispensablement nécessaire pour l'amener au
point de fusion. On la passe à travers une serviette
chauffée d'avance; cette opération se fait au moment
même où la friture doit être mise dans la poêle,
de sorte que la graisse est ainsi dans les meilleures
conditions que le cuisinier puisse désirer pour la friture.

L'huile, dans la cuisine méridionale, remplace les
graisses pour la friture; elle est d'un très-bon usage
quand elle est à la fois récente et pure, conditions assez
faciles à obtenir dans le Midi. Partout ailleurs, comme
on ne peut employer pour la friture à l'huile que de
l'huile d'olive de première qualité, et qu'il est souvent
difficile de se la procurer exempte de mélange avec des
huiles de qualité inférieure, même en la payant fort

cher, l'huile n'est employée pour la friture que par
exception. Du reste, quand l'huile d'olive est pure, on
en peut faire une friture aussi bonne que celle qu'on
obtient avec tout autre corps gras.

La friture au beurre, la seule praticable pour une
cuisine maigre, dans les pays où l'huile manque, se fait
soit avec du beurre frais, soit avec du beurre fondu et
clarifié. Le beurre fondu rancit très-rapidement ; mais
lorsqu'il est fondu depuis peu, et qu'il n'a pas eu le
temps de devenir rance, il est aussi bon pour friture
que le beurre frais. Celui-ci, lorsqu'on veut s'en servir
pour la friture au maigre, doit être choisi très-frais et
surtout très-bien lavé, afin qu'il soit aussi complétement
que possible exempt de petit-lait et de traces de fromage
blanc, qui, mêlées à la friture, la ramollissent et l'empêchent de prendre couleur.

Quant au degré de chaleur que doit avoir le corps
gras employé pour bien frire diverses substances, l'habitude seule et la pratique de l'art du cuisinier peuvent
le faire reconnaître. On chauffe plus vivement pour
frire des morceaux peu volumineux, qui veulent être
saisis, et sont cuits dès qu'ils sont colorés ; on chauffe un
peu moins pour les poissons épais dont la chair doit
avoir le temps de cuire complétement, tandis que la pâte
qui les enveloppe devient croquante et prend une belle
couleur, ce qui oblige à les laisser plus longtemps dans
la friture, qui alors brûlerait et noircirait si elle était
trop chauffée.

PATES A FRIRE.

Les mets qui doivent être frits sont enveloppés d'une
pâte, dont la préparation exige des soins particuliers,

faute desquels la friture est manquée et perd la plus grande partie de sa valeur gastronomique.

PATE FRANÇAISE.

Mettez dans un vase de faïence 250 grammes de farine ; versez-y peu à peu deux verres d'eau que vous aurez fait tiédir suffisamment pour ramollir et faire fondre 60 grammes de beurre très-frais que vous y ajouterez avec un peu de sel. La perfection de cette pâte à frire dépend entièrement du soin qu'on met à la travailler, afin qu'elle soit parfaitement lisse, ni trop ni trop peu consistante. Si pour l'amener à ce point, il n'a pas été nécessaire de se servir de la totalité de l'eau tiède, il peut arriver qu'une partie du beurre reste à la surface de l'eau qu'on n'a pas employée ; il faut, dans ce cas, enlever cette portion de beurre, et la mêler à la pâte.

La friture étant chaude au degré désiré, fouettez un blanc et demi d'œuf en mousse, et incorporez vivement cette mousse dans la pâte à frire, au moment même où vous y plongez, avant de la mettre dans la poêle, chaque pièce qui doit être frite.

PATE ITALIENNE.

Dans cette pâte, les proportions de l'eau et de la farine restant les mêmes que dans la recette précédente, on remplace le beurre par une forte cuillerée d'huile d'olive surfine, et l'on incorpore à la pâte, assaisonnée de sel et d'un peu de poivre, un blanc et demi d'œuf battu en mousse, au moment de s'en servir.

PATE HOLLANDAISE.

Cette pâte ne diffère de la pâte à frire à la française

que par un seul point; la moitié de l'eau nécessaire pour la délayer est remplacée par une égale quantité de bonne bière.

PATE POUR LES BEIGNETS ET LES AUTRES ENTREMETS SUCRÉS.

C'est la pâte à frire à la française, avec cette seule différence qu'on y ajoute en la délayant soit un verre de bon vin blanc, soit une forte cuillerée d'eau-de-vie. Les recettes qui précèdent ainsi que les conseils sur la friture sont empruntés aux excellents traités d'Antonin Carême.

ROTIS.

L'art de bien faire un rôti demande de la part du cuisinier plus d'attention que de talent. Dans les grandes cuisines, le tourne-broche fait mouvoir à la fois plusieurs broches, dont chacune est chargée de plusieurs pièces de grosse viande, volaille ou gibier; chacune de ces pièces devant éprouver divers degrés de chaleur pendant un temps dont la durée est nécessairement variable, le cuisinier doit les surveiller toutes avec beaucoup de soin pour traiter chacune selon sa nature et son volume, et faire en sorte que chaque rôti en particulier soit cuit à point. Dans les cuisines plus modestes où l'on se sert, soit de la cuisinière ordinaire (fig. 9), soit de la rôtissoire anglaise (fig. 10), il est plus facile de faire bien rôtir la pièce unique dont on a à s'occuper, en se conformant aux principes d'une application facile, quel que soit le moyen de chauffage dont on dispose.

Selon Liebig, pour qu'un rôti soit bien fait, c'est-à-dire pour que la viande rôtie conserve l'intégrité de ses propriétés alimentaires, il faut qu'au début, le feu le

saisisse suffisamment pour resserer les pores de la viande
et empêcher le jus de la viande de s'écouler au dehors ;
il faut de plus que la cuisson soit assez prolongée pour
que toute l'épaisseur de la pièce rôtie soit suffisamment
cuite à l'intérieur. Ce peu de mots résume les principes
de cette opération. Dès les premiers moments, si la pièce
à la broche est rôtie devant un feu ouvert, il faut qu'elle
en soit assez rapprochée jusqu'à ce que toute sa surface
ait subi au degré convenable l'action de la chaleur,
mais, en évitant de la laisser se colorer, à plus forte raison, se brûler, même très-légèrement. Ce premier point
obtenu, le rôti est plus ou moins éloigné du feu, afin
que la cuisson s'achève par degrés, sans excès de chaleur. Quand la pièce est à peu près cuite, on la rapproche du feu, afin qu'elle prenne une belle couleur ; c'est
le moment de l'opération qui exige le plus d'attention,
si l'on veut que le rôti ait un aspect appétissant, et qu'il
ne soit ni trop ni trop peu coloré. Quant au feu, deux
points principaux sont à observer : le premier de disposer la première charge de bois ou de houille de façon à
n'avoir pas à la renouveler pendant la première partie
de l'opération ; le second point, c'est d'éloigner du foyer,
soit la lèchefrite contenant le jus, si le rôti se fait au
tourne-broche, soit la rôtissoire qui renferme à la fois
le rôti et son jus, afin que celui-ci ne reçoive pas les cendres ou les débris de charbon qui tombent chaque fois
que la charge du foyer est renouvelée.

Quand le rôti se fait dans le four d'une étuve de cuisine, cet inconvénient n'est jamais à craindre ; on doit
seulement entretenir le feu de manière à produire à l'intérieur du four une température toujours égale pendant
toute la durée de l'opération ; un refroidissement, quand

la pièce est à moitié cuite, ne peut manquer de durcir le
rôti; ces soins, desquels dépend le succès, sont d'une application des plus faciles. Les rôtis au four de l'étuve
doivent être faits dans des plats creux, plus longs que
larges, munis d'anses autour desquelles, pour cette opération, on enroule du papier plié en plusieurs doubles,
afin de pouvoir les prendre sans se brûler, et retourner
le rôti aussi souvent qu'il est nécessaire; car, dans le
four d'une étuve de cuisine, le côté du rôti tourné vers
le pot en fonte renfermant la houille en combustion est
inévitablement exposé à une chaleur beaucoup plus forte
que le côté opposé, ce qui, du reste, n'a aucun inconvénient, quand le cuisinier est attentif à sa besogne, et
qu'il retourne son rôti aussi souvent qu'il est nécessaire.
Il est utile d'envelopper d'une chemise de papier beurré
ou graissé les rôtis d'une grande délicatesse, poulardes
ou chapons, perdreaux ou faisans truffés, afin qu'ils cuisent d'abord sans prendre aucune espèce de couleur ; on
enlève cette chemise quand le rôti est cuit aux trois
quarts, et qu'il ne s'agit plus que de lui faire prendre
couleur. On ne doit saupoudrer le rôti de sel fin qu'à ce
moment de l'opération, quand la viande est attendrie
par un état de cuisson suffisamment avancé ; autrement,
elle prend mal le sel, et reste fade quand elle est complétement cuite, tandis que l'extérieur est trop salé.
C'est surtout pendant la seconde moitié du temps employé à faire cuire le rôti qu'il importe de l'arroser
très-fréquemment. Quand la pièce rôtie n'est pas suffisamment grasse, il faut enduire sa surface de beurre,
afin que celui-ci s'ajoute au jus du rôti et fournisse de
quoi le bien arroser. On ne doit pas user de ce moyen
pour les pièces assez grasses, à plus forte raison pour

celles qui le sont trop, et dont le jus ne peut être servi qu'après avoir été dégraissé ; le beurre a pour inconvénient de changer d'une façon peu agréable la saveur naturelle du jus de la plupart des rôtis.

On sait que quelques amateurs ne trouvent bonnes certaines viandes rôties, telles que le bœuf et le mouton, que quand tout l'intérieur des pièces rôties reste rouge et saignant. L'excès en ce genre gâte les meilleurs rôtis de grosse viande ; aujourd'hui, dans toutes les bonnes cuisines, même en Angleterre et en Allemagne, le bœuf et le mouton rôtis sont cuits, non pas comme doivent l'être le porc et le veau, qui ne sauraient pour ainsi dire être trop cuits, mais cependant assez pour rester simplement un peu rouges à l'intérieur et non pas saignants comme ils l'étaient au commencement de ce siècle où le proverbe disait : *Bœuf saignant, mouton bêlant*, parce qu'en effet, les rôtis de ces deux viandes étaient servis et mangés à moitié crus. Quant au temps que chaque pièce doit passer à la broche ou dans le four de l'étuve, on peut consulter les tables données à ce sujet dans tous les traités de cuisine, tables qu'on s'abstient de reproduire ici, parce que celui qui s'y conformerait dans la pratique ne pourrait manquer de commettre les plus grossières bévues. Le rôti, pour être à son point, demande un degré de cuisson variable selon les qualités des viandes, le volume des pièces, et une foule d'autres circonstances qu'il n'est pas possible de déterminer d'avance ; la durée de l'opération dépend aussi de la qualité du chauffage employé et de l'intensité de la chaleur produite. En Allemagne, dans les pays où le chauffage est à bas prix et où l'on tient plus à manger un bon rôti qu'à ménager le temps et le combustible, on place le rôti très-près du feu au commencement et à la fin, beaucoup plus loin le reste du temps, et l'opération dure en général le double du temps qu'on y emploie en France; aussi, le rôti ainsi préparé est-il parfait. Les traités anglais de cuisine donnent pour règle invariable de laisser au feu le rôti à raison d'une heure pour chaque demi-kilogr. de son poids, de sorte qu'un rôti du poids de 2 kilogr. devrait rôtir 4 heures, ce qui serait beaucoup trop, tandis qu'un perdreau ou une bécasse ne pesant que 250 grammes ne resterait à la broche qu'une demi-heure, ce qui serait beaucoup trop peu. Tout cuisinier exercé sait très-bien qu'il n'est pas possible de formuler avec précision le temps nécessaire pour chaque genre de rôti. Après avoir appliqué avec intelligence les principes qui viennent d'être exposés, il faut veiller attentivement le rôti, pour le retirer du feu dès qu'il est bien à son point, sans consulter à cet égard ni la montre, ni la pendule, ni les tables reproduites dans les traités de cuisine les plus répandus.

Les médecins s'accordent à reconnaître que les viandes rôties conservent mieux l'ensemble de leurs propriétés alimentaires que les viandes soumises à tout autre mode de préparation; c'est aussi quand elles sont rôties que les viandes de toute sorte se digèrent le plus facilement.

CINQUIÈME SECTION.

FARCES. — GARNITURES. — RAGOUTS.

Avant de décrire isolément les diverses manières de préparer les mets nombreux et variés dont se compose la cuisine des peuples civilisés, il est indispensable de donner une idée exacte des diverses préparations qui, de même que les sauces (section 4), servent à accompagner les grosses viandes et les volailles, et ne sont pas habituellement des mets destinés à être mangés seuls, bien qu'elles puissent quelquefois en tenir lieu. Telles sont en particulier les *farces*, les *garnitures*, et un certain nombre de *ragoûts*.

FARCES.

Les farces ont habituellement pour base la viande de porc hachée, vendue chez les charcutiers sous le nom de *chair à saucisses*, et la mie de pain trempée dans le bouillon, avec divers assaisonnements. Elles sont, en général, relativement plus lourdes et plus difficiles à digérer que les viandes servies entières, par la raison que les farces sont absorbées presque sans avoir été mâchées, tandis que les viandes ne peuvent l'être qu'après une mastication plus ou moins longue, qui en facilite la digestion. L'emploi des farces est très-convenable dans les repas où l'on doit servir de grosses pièces, parce qu'il y a un grand nombre de convives à rassasier.

FARCES POUR LES VOLAILLES ROTIES.

On les prépare ordinairement en hachant avec de la chair à saucisses, en quantité proportionnée au volume de la volaille qui doit être farcie, le foie de la volaille finement hachée, un ou deux jaunes d'œufs, vingt-cinq à cinquante châtaignes fortement grillées, afin qu'elles ne se défassent pas trop en cuisant, la mie d'un petit pain bien mitonnée dans du bouillon, et un assaisonnement convenable de sel et de poivre. Quand la volaille

6

qui doit être farcie est un gros dinde ou une oie de
moyenne grosseur, on peut se dispenser de faire cuire le
foie avant de le hacher et de le mêler à la farce; mais si
la volaille à farcir est petite, le foie doit être cuit préalablement, parce que le rôti ne reste pas assez longtemps
à la broche pour cuire complétement le foie au degré
convenable.

Cette farce peut être fort améliorée en la préparant de
la manière suivante : le foie cuit à moitié et finement
haché, est mêlé à une ou deux truffes également hachées, bien assaisonnées de sel, poivre et un peu de
muscade râpée; on l'incorpore ensuite soigneusement à
la chair à saucisses et à la mie de pain cuite au bouillon,
en même temps que les marrons grillés et épluchés.
Cette légère modification dans la manière de préparer la
farce pour les volailles rôties, n'est pas très-dispen-
dieuse; elle transforme ce mets en l'améliorant à un degré tel qu'il semble n'être plus le même, surtout quand
le cuisinier n'a pas ménagé sa peine pour en hacher et
en mélanger tous les ingrédients le mieux possible.

Les deux farces dont on vient de donner la recette ne
servent pas exclusivement pour remplir l'intérieur des
volailles rôties; on peut aussi, dans la cuisine bourgeoise, les utiliser sous forme de *gratin*, pour relever
le goût des viandes réchauffées, provenant du dîner de
la veille. A cet effet, on en remplit un plat pouvant supporter l'action du feu; on dispose sur une couche de
farce, les tranches de viande froide proprement découpées; on mouille avec un peu de bouillon; on retourne
de temps en temps ces tranches, afin qu'elles se réchauf-
fent complétement des deux côtés, mais on ne dérange
pas la farce qui, sans être brûlée, doit s'attacher légère-

ment, ou selon l'expression reçue, former un gratin au
fond du plat. Les restes de viande servis sous cette forme
ne seraient pas présentables lorsqu'on reçoit; mais ils
constituent un mets également bon et profitable pour un
repas de famille. C'est encore avec la même farce, dont
on retranche les marrons, et à laquelle on peut ajouter
des blancs de volaille et des restes de diverses viandes
cuites, qu'on prépare les boulettes plates très-usitées en
Belgique et dans tout le nord de la France, sous le nom
de *fricadelles*. Ces boulettes sont roussies dans le beurre
ou dans la graisse, et servies très-chaudes avec une
sauce piquante (page 76).

FARCE CUITE.

Les farces ci-dessus indiquées ne sont pas admises
dans les grandes cuisines; on y emploie, soit pour les
gratins, soit pour farcir l'intérieur des volailles rôties,
la farce cuite, dont on donne ici la recette la plus distinguée parmi celles qui figurent dans les meilleurs traités
de cuisine.

Faites cuire doucement pendant dix minutes, dans du
beurre que vous aurez soin de ne pas laisser roussir,
250 grammes de blancs de volaille crus; retirez-les de
la casserole et laissez-les refroidir après les avoir soigneusement égouttés, afin qu'ils retiennent le moins de
beurre possible. Dans la même casserole, faites mitonner de la mie de pain très-blanc avec quelques cuillerées
de bon bouillon, afin de la réduire en panade très-cuite.
Faites cuire séparément dans une quantité d'eau suffisante, avec sel, poivre et une ou deux carottes,
250 grammes de tétine de veau, que vous laisserez de
même refroidir. Pilez dans un mortier l'une après

l'autre, la volaille, la panade et la tétine de veau ; passez-
les séparément par un tamis de crin ou par une passoire
fine ; puis réunissez les trois purées et mélangez-les
exactement dans le mortier, par parties égales, en y
ajoutant une ou deux cuillerées de fines herbes finement hachées. Si la tétine de veau vous manque, cette
substance étant souvent difficile à se procurer, employez
alors par parties égales les blancs de volaille pilés ou
la mie de pain réduite en panade. Mouillez cette farce
avec du bouillon ou du consommé, et laissez-la cuire
jusqu'à ce qu'elle ait pris la consistance voulue. Elle
sert à tous les usages indiqués pour les farces précédentes.

FARCE AU POISSON.

Hachez ensemble de la chair de divers poissons bien
séparée des arêtes ; la carpe, le barbeau, l'anguille et
le brochet sont les plus employés pour cet usage ; on
en exclut généralement la perche, comme trop mêlée de
petites arêtes, et la tanche, à cause du goût particulier
de sa chair, qui ne plaît pas à tous les consommateurs.
Il ne faut faire entrer dans la farce au poisson la chair
d'aucun poisson de mer. On hache séparément des fines
herbes, des champignons et une ou deux truffes pour
250 grammes de farce ; on réunit ces substances au
poisson haché, puis on y incorpore la mie d'un petit
pain trempée dans du lait chaud, et l'on ajoute un
bon assaisonnement de sel, poivre et muscade râpée.
Cette farce sert pour farcir tous les gros poissons, soit de
mer, soit d'eau douce, maquereaux, carpes, brochets.
On l'emploie aussi, en la divisant en boulettes enveloppées de pâte à frire (page 90), pour faire d'excellentes

croquettes frites, qui sont l'un des meilleurs mets frits
de la cuisine des jours maigres. La même farce est également usitée pour garnir des pigeons rôtis.

FARCE A COTELETTES.

Hachez finement une douzaine d'échalotes, deux fortes poignées de champignons et une poignée de persil.
Faites cuire dans une casserole 250 grammes de lard
coupé en très-petits morceaux avec 150 grammes de
beurre. Ajoutez d'abord les échalotes et les champignons, puis le persil haché; quand le tout est presque
cuit, ajoutez trois ou quatre cuillerées d'huile, et une
poignée de mie de pain finement émiettée. Cette farce, qui
doit être fortement assaisonnée, sert à garnir des deux
côtés des côtelettes de veau avant de les envelopper dans
un papier huilé, et de les faire cuire sur le gril, en papillote.

HACHIS.

On place, à la suite des farces, les hachis très-usités
dans la cuisine bourgeoise. Le mouton, finement haché
avec une gousse d'ail, surtout quand il s'agit des restes
d'un gigot cuit la veille, est la meilleure de toutes les
viandes qui puissent être mangées en hachis. Le bœuf
n'est supportable sous cette forme qu'à la condition d'ê-
tre associé à la moitié de son poids de chair à saucisses.
Le hachis dont le bœuf fait partie doit être fortement assaisonné avec sel, poivre, et quelques échalotes hachées.
On peut le rendre beaucoup meilleur en y ajoutant des
restes de veau, de volaille, où de diverses viandes plus
délicates que le bœuf, provenant de la desserte des jours
précédents.

On s'abstient de répéter ici la recette de la farce pour

6.

les quenelles, recette précédemment donnée (page 40).

GARNITURES.

On donne en cuisine le nom de *garnitures* à diverses préparations destinées à communiquer de la saveur aux mets qui n'en ont pas par eux-mêmes une très-prononcée, comme le bœuf bouilli, quand il sort du pot-au-feu, et à rehausser la valeur gastronomique d'autres mets très-recherchés. En général, les garnitures exigent l'emploi en grande quantité de la sauce espagnole, du grand jus et du velouté (section 4), ce qui les rend fort dispendieuses et les exclut par conséquent des cuisines qui ne sont pas du premier ordre. Quelques-unes cependant peuvent être admises dans la cuisine bourgeoise.

GARNITURE DE POMMES DE TERRE.

Rien de plus simple que la manière dont on prépare les garnitures de pommes de terre pour le bœuf bouilli, dans tout le nord de la France, de même qu'en Belgique et en Hollande. On sert autour de la pièce de bœuf, chaude le premier jour, froide le lendemain, une garniture très-abondante de pommes de terre pelées crues, puis cuites à l'eau avec un peu de sel, et bien égouttées. On sert en même temps une saucière pleine de beurre fondu, légèrement salé. Dans les ménages aisés, une partie du bouillon est réservée pour faire cuire les pommes de terre préalablement pelées et lavées; dans ce cas, elles sont servies comme garniture du bœuf, sans accompagnement de beurre fondu. Dans la province de Liége, on assaisonne les pommes de terre destinées à servir de garniture au bœuf bouilli, par un procédé qui

en corrige en partie la fadeur naturelle. Après les avoir
pelées et lavées, on les fait cuire à moitié seulement,
dans de l'eau légèrement salée. Elles sont retirées de
l'eau, bien égouttées, et mises aussitôt, pour compléter
leur cuisson, dans une casserole avec une quantité suffisante de graisse de porc, dont on les laisse bien se pénétrer, en les retournant presque continuellement. Quand
elles sont tout à fait cuites, on y ajoute quelques échalotes et un peu de persil haché, avec sel et poivre; on
sert, sans sauce, autour de la viande bouillie, chaude ou
froide.

GARNITURE DE POMMES DE TERRE ROUSSIES.

Les pommes de terre pelées, lavées et bien égouttées,
sont mises dans une casserole avec assez de beurre fondu
pour qu'elles en soient bien couvertes; la casserole doit
être assez grande pour que les pommes de terre y soient
sur un seul rang. La casserole, posée sur un feu vif, est
munie d'un couvercle sur lequel on place des charbons
ardents; on a soin de retourner fréquemment les pommes de terre, afin que, sans brûler, elles prennent une
belle couleur. Elles sont alors retirées du beurre qui a
servi à les faire cuire, et mises dans une autre casserole
avec un morceau de beurre frais et quelques cuillerées
de grand jus ou de sauce espagnole. A défaut de ces sauces, on peut verser sur la garniture de pommes de terre
roussies un peu de sauce de rôti de veau, de mouton ou
de porc, réservée des repas des jours précédents pour
cette destination.

GARNITURE A LA FLAMANDE.

Pour préparer cette garniture, on fait cuire à l'eau,

avec un peu de sel, un nombre de carottes et de navets proportionné aux dimensions de la pièce de viande qu'on se propose de garnir; ces racines, avant d'être cuites, sont taillées en morceaux d'égale grosseur et de forme régulière. D'autre part, on fait cuire de même des choux et des cœurs de laitue, et l'on fait revenir dans du beurre, sans cependant les laisser roussir, un certain nombre d'oignons de moyenne grosseur. Les morceaux de carottes et de navets, les cœurs de laitues, les choux coupés par tranches, sont rangés symétriquement sur les bords du plat; puis, on place les oignons en cordon tout autour et l'on répand sur le tout de la sauce espagnole ou du jus de viandes provenant des repas précédents.

GARNITURE DE RAGOUT.

On fait cuire sur un feu doux, soit dans de la sauce espagnole à laquelle on ajoute un verre de vin de Madère, soit dans du velouté, en quantité suffisante, des crêtes et des rognons de coq, des foies de volaille, des champignons, des ris de veau et d'agneau, des quenelles de volaille et quelques morceaux de truffes. Quand toutes ces substances sont cuites et que la sauce est suffisamment réduite, il en résulte une garniture très-délicate qui sert pour un grand nombre de ragoûts recherchés, et dont on remplit l'intérieur des tourtes connues sous le nom de vol-au-vent. Cette garniture, avec quelques légères modifications, est ce qu'on nomme chez les restaurateurs et les pâtissiers une *financière* ou un *godiveau*. Des mets aussi compliqués ne peuvent être bien préparés que dans les cuisines des grandes maisons où l'on en réunit tous les éléments; ils ne sont pas à la portée des cuisines plus modestes.

SALPICONS.

On nomme *salpicons* des garnitures de ragoûts plus ou moins analogues à celle de la recette précédente, et qui toutes peuvent être servies seules ou garnir un vol-au-vent, des petits pâtés chauds au jus, ou bien encore accompagner divers ragoûts de viande et de volaille. Le salpicon le plus recherché se prépare de la manière suivante :

Dans une sauce rousse mouillée d'une tasse de bouillon et d'un verre de vin blanc, puis réduite au degré de consistance convenable, faites cuire une tranche de jambon, un morceau de langue de veau ou plusieurs langues de mouton, cuites préalablement, des blancs de volaille, des restes de gibier, des foies de volaille, une bonne poignée de champignons et quelques fonds d'artichaut. Toutes ces substances doivent être coupées en forme de dés. Assaisonnez fortement de sel, poivre, muscade râpée, un bouquet garni. Quand le tout s'est bien pénétré de la sauce et de l'assaisonnement par une cuisson lente sur un feu doux, pendant une demi-heure, retirez le bouquet ; décantez la sauce dans une autre casserole et donnez-lui une épaisseur suffisante au moyen d'une ou deux cuillerées de fécule de pommes de terre. Tournez vivement, et remettez le salpicon dans la sauce quand elle est bien liée. S'il a été tenu chaud, le salpicon peut être dressé directement dans le plat sur lequel il doit être servi ; on verse alors la sauce liée par-dessus, aussi chaude que possible.

SALPICON AUX TRUFFES.

Faites revenir dans 125 grammes de beurre 125 gram-

· mes de jambon coupé en dés et la moitié d'un oignon, également coupé sous la même forme. Quand l'oignon a pris couleur, ajoutez une forte poignée de champignons coupés en morceaux, 5 à 6 truffes de grosseur moyenne, coupées en tranches, des ris de veau ou d'agneau et un bon assaisonnement de sel, poivre et muscade râpée. Mouillez avec du consommé, auquel vous ajouterez soit quelques cuillerées de grand jus, soit la même quantité de jus de rôti réservé à cet effet. Faites cuire une demi heure sur un feu très-doux ; au moment de servir , ajoutez à la sauce deux ou trois jaunes d'œufs délayés et une cuillerée à café de jus de citron.

SALPICON DE VOLAILLE OU GIBIER.

Coupez en forme de dés des blancs de volaille rôtie ou des restes de toute sorte de gibier également rôti ; faites cuire ces morceaux dans une quantité suffisante de sauce espagnole ; ajoutez à la sauce une liaison de deux ou trois jaunes d'œufs au moment de servir.

GARNITURE D'OIGNONS, DITE GASCOGNE.

Couvrez le fond d'une casserole de tranches de lard par-dessus lesquelles vous poserez une tranche mince de jambon. Coupez en tranches très-minces une douzaine d'oignons de moyenne grosseur, et mettez-les dans la casserole par-dessus le jambon et le lard. Quand la cuisson des oignons est à peu près achevée, retirez le lard et le jambon ; ajoutez une ou deux cuillerées de graisse d'oie ou de saindoux ; remuez souvent et modérez le feu, pour que les oignons ne prennent pas de couleur. Assaisonnez de bon goût ; ajoutez quelques cuillerées de grand jus ou de sauce de rôti. et liez la sauce au moment de servir, avec deux ou trois jaunes d'œufs, une cuillerée à café de jus de citron, ou un filet de vinaigre. On peut servir sur cette garniture toute espèce de viandes ; c'est une des meilleures manières d'utiliser l'oignon comme assaisonnement.

RAGOUTS.

Le sens que les cuisiniers attachent au mot ragoût ne répond pas exactement à l'acception sous laquelle ce terme est employé dans le langage vulgaire. Les cuisiniers nomment *ragoûts* un certain nombre de garnitures pouvant soit être servies seules, soit être utilisées pour accompagner d'autres mets, de sorte qu'en réalité, dans la plupart des traités de cuisine, les ragoûts sont des garnitures et les garnitures sont des ragoûts. Après cet avertissement indispensable, on donne ici quelques-unes des garnitures les plus usitées dans les grandes cuisines, sous le nom de ragoûts.

RAGOUT A LA PROVIDENCE.

Faites légèrement roussir dans une casserole 125 grammes de lard bien salé avec une vingtaine de petites saucisses courtes, de celles que les charcutiers vendent sous le nom de saucisses en chapelet ; quand le lard et les saucisses ont pris couleur, joignez-y des quenelles, des champignons et des truffes, chacun de ces objets en quantité égale à celle des saucisses. Versez dans la casserole assez de vin de Madère pour que le tout en soit bien couvert ; quand la sauce est suffisamment réduite, ajoutez-y quelques cuillerées de grand jus ou de sauce à l'espagnole, et dressez sur ce ragoût la viande qu'il doit accompagner. Quand le ragoût à la providence n'est pas destiné à tenir lieu de garniture, et qu'il doit être servi seul, on y ajoute, pour le rendre plus substantiel, des ris d'agneau et des crêtes de coq.

RAGOUT A LA CHAMPENOISE.

Faites suer dans une casserole une forte tranche de jambon d'environ 250 grammes, jusqu'à ce qu'elle soit plus d'à moitié cuite. Retirez-la du feu pour la couper en très-petits morceaux ; coupez de même, sans néanmoins les hacher, une carotte cuite dans le pot-au-feu, une demi-douzaine de champignons, et deux ou trois truffes de moyenne grosseur. Remettez le tout ensemble dans la casserole avec 125 grammes de beurre, et saupoudrez le ragoût d'une cuillerée de farine. Mouillez avec une tasse de consommé, un verre de vin de Champagne et quelques cuillerées de grand jus ou de sauce à l'espagnole. Quand le tout est bien cuit et qu'il reste très-peu de sauce, exprimez dans le ragoût à la champenoise le jus d'un citron.

Ce ragoût n'est presque jamais servi seul ; on le dresse très-chaud comme garniture sur un plat, et l'on pose par-dessus une pièce de viande cuite séparément. Lorsqu'on veut servir avec un ragoût à la champenoise du jambon ou des ris de veau, on fait cuire à part le jambon coupé en tranches et les ris de veau coupés chacun en quatre morceaux. Quand ces substances sont à moitié cuites, on termine leur cuisson conjointement avec celle du ragoût à la champenoise dont elles contractent la saveur, ce qui les rend beaucoup plus agréables.

RAGOUT DE LAITANCES DE CARPE.

Faites cuire à petit feu dans 125 grammes de beurre 125 grammes de jambon et une vingtaine de champignons. Lorsqu'ils sont à moitié cuits, ajoutez une cuillerée de farine, une tasse de bon bouillon, le jus d'un citron et un assaisonnement convenable. Faites cuire pendant 15 à 20 minutes les laitances de carpe avec ce ragoût, et au moment de servir liez la sauce avec deux ou trois jaunes d'œufs.

SIXIÈME SECTION.

METS DONT LA VIANDE DE BOUCHERIE EST LA BASE.

BŒUF.

Le bœuf fournit à la cuisine européenne un grand nombre de mets à la fois très-nourrissants et très-recherchés. Malgré les prétentions de la Grande-Bretagne à la supériorité, quant à la qualité de toutes les viandes de boucherie, de celle du bœuf en particulier, on peut affirmer qu'il n'y a pas de pays en Europe où la cuisine dispose de meilleur bœuf qu'en France. On estime surtout la chair des bœufs d'Auvergne de la race de Salers, et des bœufs du Nivernais; mais ceux qu'expédient aux abattoirs de Paris le Poitou, le Limousin et la Normandie, ne leur sont point inférieurs. Du reste, on a fait remarquer précédemment (page 2), que le cuisinier est dans l'impossibilité de choisir la viande de telle ou telle race, et que le boucher, s'il tenait absolument à l'une de préférence à toute autre, se trouverait le plus souvent hors d'état de le satisfaire.

Au point de vue de ses usages en cuisine, le bœuf comprend un certain nombre de morceaux, dont chacun a sa destination spéciale, et que toute cuisinière tant soit peu expérimentée sait reconnaître à la première vue. De son côté, le boucher a soin de dépecer la viande de manière à ce que chaque morceau puisse être offert à l'acheteur sous la forme qui le caractérise, en lui conservant autant que possible ses qualités recherchées pour la cui-

Figure 14.

sine. Les plus usitées de ces pièces, sont la *culotte*, surtout employée pour le pot-au-feu, la *tranche*, également propre à cet usage et à faire le bœuf à la mode ; l'*aloyau*, qu'on sert principalement rôti ; le *filet*, dont on fait les biftecks et le meilleur rosbif ; la *noix*, le *paleron* et les *côtes*, qui tous trois se prêtent à diverses préparations, mais ne viennent qu'en seconde ligne ; le *gîte à la noix* et la *surlonge*, dont on fait le pot-au-feu à défaut de tranche et de culotte ; le *collier* et les *plates côtes*, morceaux tout à fait inférieurs ; la *queue*, peu estimée, mais dont on peut néanmoins tirer un très-bon parti dans la cuisine de ménage ; enfin, la tête fournit aux meilleures cuisines la *langue* et le *palais*, dont on prépare des mets fort recherchés, et la *cervelle*, qui, bien qu'elle soit moins délicate que la cervelle de veau et celle de mouton, a cependant une certaine valeur gastronomique.

BEEF-STEACK ou BIFTECKS.

Dans les traités de cuisine les plus répandus, ce terme d'origine anglaise est écrit, soit avec l'orthographe anglaise (*Beef-steack*, morceau de bœuf), soit avec l'orthographe française, conforme à la prononciation ; c'est à cette dernière, généralement adoptée dans la cuisine, qu'on croit devoir s'en tenir. Le bifteck est la forme sous laquelle le bœuf est le plus recherché dans la cuisine de la Grande-Bretagne, et les Anglais ont raison de dire que c'est la manière à la fois la plus saine et la plus simple de préparer le bœuf ; mais la plupart des mets qui figurent dans les traités anglais de cuisine, sous le nom de *beaf-steack*, n'ont aucune analogie avec ceux qu'on nomme biftecks dans les traités de cuisine français.

BIFTECK A L'ANGLAISE.

Il n'est pas hors de propos de rappeler aux cuisiniers français que, s'il leur arrive d'ouvrir l'un des traités anglais de cuisine les plus renommés, tels que l'*Oracle de la Cuisine*, par Hunter, ou la *Cuisine moderne*, par

Élisa Acton, ils y trouveront la recette du *bifteck à l'an-glaise*, telle que nous l'employons, mais sous le nom de *bifteck à la française;* de sorte que, tandis qu'en France nous regardons cette recette comme venue d'Angleterre, on la regarde en Angleterre comme venue de France. Il n'y a qu'une seule différence entre les deux recettes : en France, lorsqu'on veut préparer des biftecks à l'anglaise aussi bons qu'ils peuvent l'être, on y emploie exclusivement le filet de bœuf; en Angleterre, on y emploie le plus souvent un morceau de la culotte. C'est donc à tort que Désaugiers dit en parlant de la métamorphose de Jupiter en taureau :

> Mets sa chair
> Sur le fer
> D'un gril rougi par la braise;
> Fais un bifteck à l'anglaise
> Des cuisses de Jupiter.

Le célèbre chansonnier qui savait si bien apprécier la cuisine, eût été médiocre cuisinier; avec un morceau de cuisse de taureau, il n'aurait pu faire que de très-mauvais bifteks. Dans un morceau de filet soigneusement débarrassé de la graisse et des peaux qui peuvent y adhérer, on doit trouver de quoi faire une douzaine de beaux biftecks, ni trop épais, ni trop minces, coupés avec une lame très-bien affilée, à angle droit avec la longueur du morceau. On rogne chaque bifteck séparément pour lui donner une forme bien arrondie, puis on le bat des deux côtés sur le billot avec le plat d'un couperet épais et pesant; saupoudrez les biftecks de sel fin sur leurs deux surfaces. Faites fondre sur un feu doux du beurre très-frais, dans la proportion de 125 grammes par six bif-

tecks de grosseur moyenne. Tandis que le beurre est
encore liquide sans être très-chaud, passez-y les biftecks
successivement des deux côtés, et faites-les griller immédiatement sur un feu de braise qui ne doit être ni trop
vif ni trop faible. Quand les biftecks sont convenablement saisis par le feu, un peu colorés sans être brûlés,
et que la cuisson les a rendus fermes au toucher, il est
temps de les retirer du feu. On les dresse aussitôt en
rond sur un plat, et l'on place au centre, pour six biftecks, 125 grammes de beurre très-frais pétri avec sel,
poivre, un peu de persil finement haché et du jus de
citron, comme pour la sauce à la maître d'hôtel (p. 83).
Le plat doit avoir été chauffé d'avance dans l'eau bouillante, de façon à faire fondre le beurre qui achève de se
liquéfier par la chaleur des biftecks.

D'autre part, faites roussir dans le beurre des pommes de terre taillées en morceaux arrondis, en opérant
comme on l'a prescrit pour la préparation d'une garniture de pommes de terre roussies (page 102). Ces pommes de terre sont servies très-chaudes sur les bords du
plat, sans sauce et sans aucun assaisonnement; le jus
qui s'écoule des biftecks, mêlé à la sauce à la maître
d'hôtel sur l'assiette même de chaque convive, sert d'assaisonnement tout à la fois aux biftecks et aux pommes
de terre.

BIFTECKS AU BEURRE D'ANCHOIS.

On le prépare de point en point comme le précédent;
mais au moment de servir, au lieu de placer au centre
du plat sous les biftecks du beurre frais assaisonné pour
la sauce à la maître d'hôtel, on y substitue du beurre
d'anchois préparé selon la recette donnée page 87. Le

bifteck au beurre d'anchois doit être entouré de pommes de terre roussies au beurre, comme pour garnir le bifteck à l'anglaise.

Dans beaucoup de maisons bourgeoises, et même chez un certain nombre de restaurateurs du second ordre, on fait, pour économiser le beurre, roussir tout simplement les biftecks dans très-peu de beurre, à la poêle ; on les pique pour en mêler le jus en partie au beurre fondu, et l'on glisse dessous, en les servant sur l'assiette du consommateur, un peu de beurre assaisonné de sel, poivre et persil haché. Ce mets ne ressemble que de loin au vrai bifteck, qui, par l'action d'un feu bien dirigé, doit avoir été cuit sur le gril de manière à conserver à l'intérieur tout son jus, qui en constitue la valeur gastronomique, aussi bien que la valeur alimentaire. Du bœuf roussi à la poêle dans du beurre vivement chauffé peut être plus ou moins mangeable, mais ce n'est pas du bifteck.

Les biftecks au cresson et à la sauce tomate doivent être cuits comme les biftecks à l'anglaise et au beurre d'anchois ; toute la différence consiste dans la suppression du beurre à la maître d'hôtel, remplacé, soit par la sauce tomate, soit par une garniture de cresson assaisonné au sel, à l'huile et au vinaigre. Dans nos départements du Midi, au lieu d'enduire de beurre fondu les bifteks avant de les faire cuire sur le gril, on les fait tremper une heure dans l'huile d'olive fine, convenablement assaisonnée.

BIFTECK ROTI A L'ANGLAISE.

Coupez dans un filet de bœuf une tranche de 3 à 4 centimètres d'épaisseur, et de toute la longueur du morceau ; étendez-la sur une table de cuisine pour la battre légèrement et l'assaisonner de sel et de poivre sur ses deux surfaces. Préparez d'autre part, soit une farce cuite (p. 97), soit une des deux farces indiquées (p. 99) pour farcir les volailles. Formez avec cette farce un rouleau de 4 à 5 centimètres de diamètre, un peu moins long que la largeur du bifteck à rôtir. Roulez celui-ci de manière à bien enfermer la farce et ficelez-le solidement, surtout aux deux bouts, afin que la farce ne puisse en sortir. Mettez le bifteck ainsi préparé à la broche, après l'avoir enveloppé d'une chemise de papier enduit de beurre frais.

Selon le nombre et l'appétit présumé des convives, disposez deux ou plusieurs biftecks de la même manière, et embrochez-les à la suite les uns des autres. Faites cuire devant un bon feu pendant une heure et demie. Vingt minutes environ avant de servir, enlevez la chemise de papier beurré et arrosez presque sans discontinuer la surface du bifteck rôti. Servez en même temps une sauce brune ou grand jus, ou une sauce espagnole, dans une saucière. On peut aussi remplacer ces sauces dispendieuses par une sauce piquante, ou par de la sauce de rôti conservée d'un repas précédent.

BIFTECK ÉTUVÉ A L'ANGLAISE.

Faites bien roussir dans du beurre, à la casserole, en les retournant pour qu'ils prennent couleur des deux côtés, des biftecks un peu plus épais que ceux qui doivent être cuits sur le gril. Retirez-les de la casserole, jetez dans le beurre qu'elle contient une cuillerée de farine, tournez vivement pour faire un roux d'une bonne couleur, mouillez le roux avec de bon bouillon, en assez grande quantité pour que les biftecks, remis aussitôt dans la casserole, soient complétement couverts. Quand la sauce commence à bouillir, ajoutez un bouquet de fines herbes, un oignon, une carotte et la moitié d'un navet, coupés en tranches très-minces; assaisonnez fortement avec sel et poivre, et laissez cuire doucement pendant deux heures et demie ou trois heures. Une demi-heure avant de servir, ajoutez à la sauce trois cuillerées de farine de riz mêlée d'un peu de poivre de Cayenne, et 4 ou 5 échalotes roussies séparément dans du beurre. Les Anglais préparent ce genre de bifteck tellement épicé qu'ils en font un mets excessivement échauffant dont peu d'estomacs peuvent s'accommoder; mais, en modérant l'assaisonnement et se conformant d'ailleurs au reste de la recette, on obtient un mets excellent et facile à digérer. Cet exemple et le précédent sont des spécimens des divers mets servis en Angleterre sous le titre de biftecks.

BIFTECKS FRITS.

Coupez des biftecks en morceaux moitié plus minces et plus petits que quand ils doivent être grillés, rôtis ou étuvés; salez et poivrez des deux côtés, saupoudrez-les de farine et jetez-les dans la friture très-chaude, où ils doivent rester 8 à 10 minutes. Retournez-les souvent pour que la cuisson soit bien égale des deux côtés de chaque morceau, et au sortir de la friture, faites-les bien égoutter. D'autre part, faites un roux que vous mouillerez avec du bouillon; faites cuire à part des champignons dans du beurre frais, sans laisser le beurre roussir; réunissez le tout ensemble et laissez cuire une demi-heure: assaisonnez de bon goût.

BŒUF BOUILLI.

Les diverses garnitures dont on a donné la recette
(section 5, page 103) accompagnent très-bien le bœuf
dit *au naturel*, c'est-à-dire sortant du pot-au-feu, après
avoir servi à faire le bouillon dont on a trempé la soupe
grasse. Quand le bouilli est froid, il se prête à une
grande variété d'assaisonnements dont on décrit ici les
plus usités, parce que d'une part, leur préparation est
peu coûteuse, et que de l'autre, dans les ménages de
fortune modeste, le bouilli froid est le genre de viande
qui revient le plus fréquemment sur la table ; on s'en
lasse vite si la cuisinière ne s'applique à en varier l'assaisonnement.

BŒUF BOUILLI A LA POULETTE.

Hachez finement une bonne poignée de persil et de
ciboule ; faites-les revenir dans 60 grammes de beurre
frais, en ayant soin de modérer assez le feu pour que le
beurre ne roussisse pas ; ajoutez une bonne cuillerée de
farine ; assaisonnez de bon goût avec sel, poivre et un
peu de muscade râpée ; mouillez avec une tasse de bouillon et laissez bouillir doucement la sauce pendant 10
minutes. Coupez en tranches minces le bouilli froid, en
éliminant les cartilages et les parties trop grasses ; faites
prendre un bouillon dans la sauce, ajoutez-y une liaison
de deux jaunes d'œufs et servez.

MIROTON.

Faites roussir dans du beurre quelques oignons coupés en tranches minces, puis transversalement. Ajoutez
une demi-cuillerée de farine ; laissez prendre couleur et

mouillez avec quelques cuillerées de bouillon et un demi-verre de vin blanc. Laissez cuire doucement jusqu'à ce que la sauce soit à peu près tarie ; faites alors réchauffer sur les oignons, afin qu'il en prenne bien la saveur, le bœuf froid taillé en tranches minces. Au moment de servir, ajoutez au miroton un filet de vinaigre. Ce mets de ménage est beaucoup meilleur quand, avant de poser les tranches de bœuf froid sur les oignons, on les fait revenir dans du beurre assez chaud pour les bien colorer, et qu'on les couvre de chapelure fine avant d'y ajouter le vinaigre, qu'on peut remplacer avec avantage par le jus d'un citron.

Le bœuf bouilli, soit sortant du pot-au-feu, soit réchauffé le lendemain, peut également être servi avec une sauce tomate, une sauce Robert ou une sauce piquante (voyez *Sauces*, section 4).

BŒUF BOUILLI EN MATELOTE.

Faites roussir dans 60 grammes de beurre frais une poignée de très-petits oignons ; jetez sur les oignons bien roussis une cuillerée de farine ; mouillez avec une demi-tasse de bouillon, puis, avec un verre de bon vin rouge. D'autre part, disposez les tranches de bœuf froid sur un plat pouvant supporter l'action du feu ; versez la sauce sur le bœuf, et comme elle est un peu longue, laissez-la réduire une demi-heure sur un feu très-doux ; ajoutez une douzaine de champignons cuits à part et coupés en morceaux, un bon assaisonnement de sel et de poivre et une demi-feuille de laurier. Pour que le bœuf en matelote soit bon, il faut que les tranches, par une cuisson prolongée, soient bien pénétrées de sauce dans toute leur épaisseur; on sert ce mets dans le plat où il a été cuit.

BŒUF BOUILLI A LA CHOUCROUTE.

Garnissez le fond d'une casserole de 125 grammes de lard coupé en tranches minces; posez sur le lard 125 grammes de veau, également coupé en petites tranches, et recouvrez-les de la même quantité de lard. Ces proportions sont convenables pour une ration de choucroute destinée à six ou huit convives. Placez la choucroute sur cette garniture et couvrez-la de 125 grammes de tranches de lard auquel vous pouvez ajouter des débris de carcasses de volaille coupés en morceaux. Mouillez d'une tasse de bouillon et laissez cuire très-doucement sur un feu couvert. Quand le tout est parfaitement cuit, disposez la choucroute et les morceaux de lard et de veau dans un plat, au centre duquel vous placerez le bœuf bouilli tout chaud sortant du pot-au-feu.

BŒUF A LA MODE.

Le morceau de bœuf destiné à être préparé à la mode doit être piqué de gros lard, et fortement assaisonné de sel et poivre sur toutes les surfaces. A Paris, dans toutes les grandes boucheries, on vend les pièces de bœuf piquées, prêtes à être accommodées en bœuf à la mode. Deux heures avant de le faire cuire, faites tremper la pièce de bœuf dans du vin blanc, à raison d'un demi-litre pour un kil. de bœuf. Au bout d'une heure, retournez la pièce, afin que le vin blanc la pénètre également des deux côtés. Mettez dans une marmite le bœuf ainsi préparé, avec la moitié d'un pied de veau désossé, un

bouquet garni et un gros oignon, piqué de deux clous
de girofle. Versez sur le tout une tasse de bon bouillon
et laissez cuire pendant une heure sur un feu doux. Au
bout d'une heure, retournez le bœuf à la mode dans la
marmite, afin que la partie qui se trouvait au fond se
trouve en dessus ; ajoutez le reste du vin blanc dans
lequel la pièce de bœuf a été trempée avant de cuire,
une demi-douzaine de carottes coupées en morceaux, et
laissez sur le feu jusqu'à parfaite cuisson. Le célèbre
cuisinier Durand fait observer à ce sujet que beaucoup
de cuisinières manquent leur bœuf à la mode, uniquement parce qu'elles le font cuire dans une marmite trop
grande, d'où il résulte que la pièce de bœuf ne trempe
pas entièrement dans le jus, que sa partie supérieure se
dessèche, tandis que la partie inférieure est exposée à
s'attacher. On ne peut bien faire le bœuf à la mode que
dans une marmite d'une grandeur telle que le morceau
de bœuf la remplisse aux trois quarts, et que le jus, qui
d'ailleurs ne doit bouillir que très-doucement, le surnage toujours. Autrement, s'il reste beaucoup de vide
dans la marmite au-dessus du morceau de bœuf, il est
impossible que le bœuf à la mode soit parfaitement
réussi.

Ce mets est aussi bon et même meilleur froid que
chaud. Quand le bœuf à la mode doit être servi froid, il
est bon de le préparer la veille. Dès qu'il est terminé, on
le dresse au centre du plat, on range alternativement
tout autour les morceaux de carotte et les morceaux du
pied de veau, coupés de forme régulière ; puis, on répand par-dessus, la sauce soigneusement dégraissée, qui
ne tarde pas à se prendre en gelée. Le bœuf à la mode
froid ainsi dressé est un mets à la fois très-bon et très-

élégant, soit pour le dîner, soit pour un déjeuner à la fourchette.

ROAST-BEEF ou ROSBIF.

Le nom de ce mets s'écrit habituellement rosbif, conformément à la prononciation des mots anglais *Roast-Beef* (bœuf rôti). Ainsi, à la rigueur, tout morceau de bœuf rôti est un rosbif ; mais, dans la cuisine anglaise, on ne comprend sous ce nom que les énormes pièces de bœuf formées de l'aloyau et du sous-filet, pesant selon le volume de l'animal qui n'en peut fournir que deux, depuis 4 jusqu'à 12 kilogrammes. De pareils rôtis, propres à des festins de Gargantua, ne conviennent que pour les repas où s'assemblent de nombreux convives, dont chacun peut, comme en Angleterre, absorber individuellement une quantité considérable de viande.

En Angleterre, on croirait gâter le rosbif en y ajoutant d'autre assaisonnement que du sel et du poivre. On le fait rôtir à la broche, à grand feu ; on le débroche lorsqu'il est saisi au dehors et tout rouge à l'intérieur ; il est alors considéré comme cuit, bien qu'il soit en réalité saignant, par conséquent à moitié cru. On sert à côté, dans une saucière, le jus dégraissé, avec quelques échalotes hachées, un fort assaisonnement de sel et poivre, et un filet de vinaigre.

En France, l'aloyau qui ne forme jamais un énorme rôti, est mariné 12 heures avant d'être mis à la broche ; la marinade se compose d'huile d'olive de première qualité fortement assaisonnée de sel, poivre, persil haché, une feuille de laurier et quelques échalotes hachées. L'aloyau est retourné de temps en temps dans la marinade, afin que toutes ses surfaces y trempent successivement. On laisse rôtir deux ou trois heures, selon le volume de la pièce, en se conformant aux règles données pour bien gouverner un rôti (voyez section 4, page 92). On ne débroche que quand la cuisson est assez avancée pour que le centre seul de la pièce soit resté un peu rouge, mais non pas saignant. On sert le rôti d'aloyau avec la sauce indiquée ci-dessus pour le rosbif à l'anglaise.

FILET DE BŒUF ROTI.

Piquez un morceau de filet de bœuf comme un morceau destiné à être cuit en bœuf à la mode; faites-le mariner comme le rôti d'aloyau et mettez-le à la broche. Pour que la surface ne se dessèche pas trop, couvrez-la d'une chemise de papier huilé que vous enlèverez un bon quart-d'heure avant l'entière cuisson du filet, afin qu'il prenne couleur. Servez en même temps que le filet rôti le jus assaisonné comme la sauce du rosbif à l'anglaise et du rôti d'aloyau.

FILET DE BŒUF AUX CROUTONS.

Faites réchauffer dans du bouillon des morceaux de filet de bœuf rôti restant du repas de la veille; ces morceaux doivent être coupés, comme des biftecks, dans le sens opposé à la direction des fibres de la viande, tous de même forme et de même grandeur. Lorsqu'ils sont bien chauds, dressez-les *en couronne* sur un plat. Cette disposition consiste à placer chaque morceau de filet séparément, sur champ, de façon à en former un cercle laissant au centre un espace vide que les cuisiniers nomment *puits*. D'autre part, faites frire dans le beurre des tranches de pain de même forme et en même nombre que les filets de bœuf. Dès qu'elles ont pris couleur, retirez-les du beurre, égouttez-les, et placez un de ces croutons frits à côté de chacun des filets dressés en couronne. Ajoutez au bouillon dans lequel les filets ont été réchauffés deux ou trois cuillerées de jus de rôti ; faites-le réduire à grand feu ; retirez-le du feu ; faites-y fondre 60 grammes de beurre pétri avec une forte pincée de persil haché ; ajoutez un filet de vinaigre où le jus d'un citron, et versez la sauce dans le puits formé par les filets dressés en couronne, alternant avec les croutons, tenus chauds sur le côté du fourneau. Ce mets doit être servi très-chaud.

FILET DE BŒUF SAUTÉ A LA FINANCIÈRE.

Coupez dans un morceau de filet de bœuf des tranches plus petites et plus minces que si vous vouliez en faire des biftecks. Faites-les sauter dans du beurre sur un feu vif, pas assez longtemps pour leur cuisson complète, mais assez pour qu'ils soient suffisamment raffermis ; alors égouttez les tranches de filet et terminez leur cuisson en les faisant mijoter pendant huit à dix minutes dans quelques cuillerées de sauce espagnole. A défaut de cette sauce, servez-vous d'un bon consommé avec moitié de jus de rôti, et un demi-verre de vin de Madère. D'autre part, préparez une garniture de ragoùt comme pour un vol-au-vent (page 104) ; dressez les tranches de filet en couronne, et versez la garniture de ragoùt dans le puits, en y ajoutant la sauce réduite dans laquelle vous aurez terminé la cuisson des filets sautés.

On prépare de la même manière les filets sautés aux truffes ou aux champignons ; à la place d'une garniture d e ragoùt, on verse dans le puits, soit des truffes, soit

des champignons qu'on a fait cuire dans la sauce où les
filets sautés ont complété leur cuisson. Ces mets sont
chers, mais fort distingués.

FILET SAUTÉ AU MACARONI.

Après avoir fait sauter les morceaux de filet de bœuf
dans le beurre et avoir complété leur cuisson, soit dans
une sauce espagnole, soit dans du consommé mêlé de
jus de rôti, dressez-les en couronne et remplissez le
puits avec un macaroni préparé de la manière suivante.
Faites cuire séparément, d'une part de bon macaroni
d'Italie dans du bouillon dégraissé, de l'autre 60 grammes de jambon et 60 grammes de truffes coupées en petits dés. Les truffes et le jambon doivent mijoter un bon
quart d'heure dans un peu de consommé mêlé d'un
demi-verre de vin de Madère. Incorporez les truffes et le
jambon dans le macaroni très-cuit, et remplissez-en le
puits resté vide au centre des filets sautés, dressés en
couronne.

ESCALOPES DE FILET DE BŒUF AUX TRUFFES.

Soit que le morceau de filet de bœuf soit cru, soit
qu'il ait déjà figuré sur la table comme filet rôti, par-
tagez-le en tranches minces que vous diviserez en morceaux de la grandeur d'une pièce de cinq francs. D'autre
part, coupez en tranches, de même grandeur que les escalopes de filet, des truffes en quantité à peu près égale à
celle de la viande employée. Faites revenir les escalopes
de filet dans du beurre frais; égouttez-les et achevez
leur cuisson dans du consommé à très-petit feu. Faites
cuire d'autre part les truffes dans du consommé mêlé
d'un verre de vin de Madère. Les deux préparations

étant bien cuites, réunissez-les et ajoutez-y quelques cuillerées de sauce espagnole ou de jus de rôti parfaitement dégraissé.

Les escalopes de filet de bœuf à la sauce tomate et aux champignons doivent être commencées de la même manière, on les termine en y ajoutant au moment de servir soit un peu de sauce tomate, soit une poignée de champignons cuits séparément et assaisonnés d'une espagnole ou d'un bon jus de rôti.

ESCALOPES DE FILET DE BŒUF A LA CHICORÉE.

Faites sauter et cuire des escalopes de filet de bœuf comme pour les recettes précédentes. D'autre part, préparez un plat de chicorée hachée, de bonne consistance, assaisonnée de quelques cuillerées de sauce espagnole ou de jus de rôti. Mêlez les escalopes à la chicorée, et dressez le tout dans un plat, en donnant à la chicorée mêlée d'escalopes de filet de bœuf la forme d'une demi-sphère, ou celle d'un pain de sucre. Garnissez-en la surface de cercles symétriques de petits croutons de pain roussis au beurre.

COTES ET ENTRE-COTES.

Ces morceaux peuvent être apprêtés d'un grand nombre de manières ; ils fournissent des mets peu dispendieux, de bon goût, très-nourrissants, et qui peuvent tenir fréquemment la place principale dans les dîners de famille.

COTE BRAISÉE.

Faites choix d'une côte un peu forte, pas trop grasse, que vous ferez convenablement parer par le boucher.

Piquez-en la viande de gros lard, et assaisonnez-la sur ses deux surfaces comme pour préparer un bœuf à la mode (page 119). Ficelez bien la côte piquée, afin qu'en cuisant elle ne se déforme pas. Mettez au fond d'une casserole quelques tranches de lard et de jambon. Posez la côte par-dessus, et couvrez-la de bardes de lard, puis vous verserez dans la casserole deux tasses de bon bouillon dégraissé. Ajoutez une douzaine de carottes, un bouquet de persil, thym et ciboule, une feuille de laurier et quelques gros oignons avec deux ou trois clous de girofle.

Mettez la casserole sur le feu, et faites bouillir vivement pendant quelques minutes; couvrez alors le feu, et laissez cuire très-doucement pendant trois bonnes heures. Retirez alors la côte du feu; ôtez la ficelle et tenez la viande chaude sur les coins du fourneau, dans une petite partie du jus de la cuisson. D'autre part, passez au tamis le surplus du jus; faites-le réduire sur un feu doux, jusqu'à ce qu'il ait pris une bonne consistance.

Fig. 15.

Dressez la côte de bœuf sur un plat, et versez dessus la sauce réduite. Quand le bœuf n'est pas excessivement tendre, la cuisson de la côte braisée doit être prolongée au delà du temps indiqué; ce mets n'est bon que quand la viande est parfaitement cuite.

Pour braiser une côte de bœuf, de même que pour bien préparer toute pièce de viande de boucherie qui doit être braisée, il est bon d'être muni d'une marmite en fonte émaillée, de la forme que représente la figure 15, munie de son couvercle.

COTE DE BŒUF A LA MILANAISE.

Faites cuire dans un demi-litre de bouillon et un demi-litre de vin de Madère ou de bon vin blanc, une côte de bœuf parée et piquée comme pour la faire cuire à la braise, mais un peu plus fortement assaisonnée. Au bout de deux à trois heures de cuisson sur un feu doux, retirez la côte de la casserole, passez le jus au tamis, et faites-le réduire de moitié. D'autre part, faites cuire du macaroni au gras, très-cuit, assaisonné d'une forte dose de fromage parmesan râpé (voyez *Macaroni*). Dressez le macaroni sur un plat; posez la côte de bœuf dessus, et versez sur le tout le jus réduit. Cette manière de préparer la côte de bœuf est un des meilleurs mets de la cuisine bourgeoise italienne.

COTE DE BŒUF A LA BOURGEOISE.

Préparez et piquez une côte de bœuf comme pour la faire cuire à la braise; faites-la cuire pendant une heure avec un litre de bouillon et 125 grammes de petit salé. Ajoutez-y un bouquet de persil, thym et ciboule, une feuille de laurier, deux ou trois oignons, deux clous de girofle, une demi-douzaine de carottes et une tête de chou frisé, coupée par tranches. Laissez bouillir doucement encore pendant deux heures. Retirez la côte, ôtez la ficelle et dressez sur un plat assez grand pour que les choux et les carottes puissent être rangés tout autour de la côte de bœuf. Si la sauce paraît trop longue, faites-la réduire et versez-la très-également sur la viande et sur les légumes au moment de servir.

COTE DE BŒUF A LA BONNE FEMME.

Faites revenir dans 125 grammes de beurre une côte de bœuf parée, piquée et assaisonnée comme pour les recettes précédentes. Retournez-la à plusieurs reprises pour qu'elle soit bien colorée des deux côtés. Couvrez alors le feu, et posez sur la casserole qui doit être peu profonde un couvercle chargé de charbons allumés. Au bout de deux heures de cuisson, sans mouillage de bouillon ou d'eau, et sans aucun autre assaisonnement ou accompagnement, retirez la casserole du feu ; ôtez la ficelle de la côte de bœuf, dressez-la sur un plat, et versez par-dessus le jus qu'elle aura rendu en cuisant, après avoir dégraissé ce jus, s'il vous paraît trop gras. C'est une des manières les plus simples de faire cuire une côte de bœuf.

COTE DE BŒUF A LA ROYALE.

Ce mets est habituellement préparé avec trois côtes de bœuf. On fait retrancher par le boucher les os des côtes de droite et de gauche, en conservant seulement l'os de la côte du milieu, auquel adhère un morceau de viande suffisamment épais. Ce morceau, paré, piqué, assaisonné et ficelé comme pour les recettes précédentes, est mis dans une casserole avec un jarret de veau, un pied de veau désossé et coupé en quatre, et un litre de bon bouillon. Après deux heures de cuisson, on ajoute une dizaine de carottes coupées en morceaux longs, d'é-gale grosseur, et on laisse cuire encore pendant deux ou trois heures, jusqu'à ce que la viande soit parfaitement cuite. Elle est alors retirée de la casserole, déficelée et dressée sur un plat. On range tout autour un rang d'oi-

gnons roussis au beurre, qu'on fait alterner avec les
m rceaux de carottes cuits en même temps que la
viande. Le jus passé au tamis, dégraissé et réduit, est
versé sur la viande et les légumes au moment de servir.

On peut faire cuire exactement de la même manière
un morceau de tranche de bœuf à la royale.

ENTRE-COTES.

L'entre-côte, c'est-à-dire la partie charnue de la côte
de bœuf désossée de son os principal, est habituellement
battu, puis trempé dans le beurre fondu ou dans l'huile,
fortement assaisonné de sel et de poivre, et cuit sur le
gril, comme les biftecks à l'anglaise. L'entre-côte étant
beaucoup plus épais que les biftecks, doit cuire plus
longtemps sur un feu de braise bien entretenu mais peu
animé, sans quoi la viande, au lieu de griller, brûlerait.
On verse ensuite sur l'entre-côte convenablement grillé
une sauce piquante, une sauce tomate, ou un beurre
d'anchois (voyez *Sauces*, page 84). On sert aussi l'entre-côte au jus, en versant dessus, dès que la viande
grillée est retirée du feu, un grand jus, une sauce espagnole, ou une sauce préparée avec du bouillon réduit et
dégraissé, et du jus de rôti également dégraissé.

LANGUE DE BŒUF.

La chair de la langue de bœuf est courte, très-délicate, et elle se prête à un assez grand nombre de préparations. Selon la race à laquelle appartient l'animal et
l'âge auquel il a été abattu, la langue de bœuf peut être
plus ou moins sèche et dure; elle n'est alors mangeable qu'après une très-longue cuisson. De quelque

manière qu'on la prépare, la langue de bœuf n'est bonne que quand elle est excessivement cuite.

LANGUE DE BŒUF A LA SAUCE PIQUANTE.

Il faut d'abord faire cuire la langue comme un pot-au-feu, avec quelques carottes, un ou deux oignons, et un fort pied de céleri; la cuisson ne doit pas durer moins de quatre à cinq heures. On enlève alors soigneusement la peau de la langue; on la fend par le milieu dans le sens de la longueur, et on la dresse sur un plat en l'arrosant d'une sauce piquante (page 76).

LANGUE DE BŒUF A LA BROCHE.

On ne peut pas faire rôtir à la broche une langue de bœuf avant de l'avoir fait cuire à moitié, préalablement, comme pour la recette précédente. Elle est alors retirée de la marmite, dépouillée de sa peau, et piquée de fin lard, puis mise à la broche pour compléter sa cuisson. On la sert entière, arrosée d'une sauce piquante (page 76).

LANGUE DE BŒUF EN PAPILLOTE.

Après avoir fait cuire complétement une langue de bœuf comme pour l'apprêter à la sauce piquante, enlevez la peau, et laissez refroidir la langue. Coupez-la alors en tranches de l'épaisseur d'un bifteck; taillez un peu en biais, afin que les morceaux aient plus de surface. Garnissez-les des deux côtés avec une farce à côtelettes (page 101), et posez par-dessus la farce une barde de lard assez mince de chaque côté. Renfermez le tout dans une papillote de fort papier bien beurré, faites cuire sur le gril, et servez très-chaud.

LANGUE DE BŒUF AU GRATIN.

Faites cuire une langue de bœuf; ôtez-en la peau et coupez-la par tranches, comme pour l'apprêter en papillote. Préparez alors un gratin (page 98), dont vous garnirez un plat pouvant supporter l'action du feu. Placez les tranches de langue de bœuf sur le gratin, recouvrez-les d'une bonne couche de la même farce; étendez par-dessus un peu de beurre fondu, et mouillez avec quelques cuillerées de bon bouillon. Posez sur le plat un four de campagne sur lequel vous entretiendrez un bon feu de charbons, afin que le gratin se colore aussi bien au-dessus que par-dessous. On sert la langue au gratin dans le plat où le gratin a été cuit.

LANGUE DE BŒUF A LA POULETTE.

Faites mijoter dans une casserole avec une tasse de bouillon et un demi-litre de vin blanc, une langue cuite, dépouillée comme pour les recettes précédentes, et coupée en tranches minces. Assaisonnez modérément de sel et de poivre; quand la sauce est suffisamment réduite, retirez les morceaux de langue de la casserole, dressez-les symétriquement sur un plat; ajoutez à la sauce une pincée de persil haché très-fin, et deux jaunes d'œufs délayés dans un peu de bouillon, avec un filet de vinaigre. Versez la sauce liée sur les morceaux de langue à la poulette au moment de servir.

PALAIS DE BŒUF.

Ce morceau se prête à une grande variété d'assaisonnements; comme la langue de bœuf, le palais doit avant

tout être soigneusement nettoyé, et cuit dans de l'eau
légèrement salée avec quelques légumes.

PALAIS DE BŒUF SUR LE GRIL.

Après l'avoir laissé bien égoutter et refroidir, on le
fait tremper dans une marinade d'huile d'olive assaisonnée de sel, poivre, une pointe d'ail ou quelques
échalotes et une pincée de persil finement haché. Le
palais de bœuf doit séjourner deux heures dans cette
marinade; on le retourne de temps en temps afin qu'il
en soit bien pénétré; il est ensuite mis sur le gril comme
un bifteck, et servi avec une sauce piquante.

Le palais de bœuf mariné et grillé peut aussi être
servi avec une sauce tomate ou une sauce à la poulette,
préparée comme pour le bœuf bouilli à la poulette
(page 117).

PALAIS DE BŒUF FRIT.

On divise en morceaux de la longueur et de la largeur
du doigt un palais de bœuf cuit et épluché comme il
est dit plus haut. On fait mariner ces morceaux, non
pas dans l'huile, comme quand le palais doit être cuit
sur le gril, mais dans une marinade composée d'une
demi-tasse de bouillon, mêlé d'autant de vinaigre, avec
un fort assaisonnement de sel, poivre, et une gousse
d'ail finement hachée. On fait tiédir cette marinade suffisamment pour pouvoir y faire fondre 60 grammes de
beurre pétri avec une demi-cuillerée de farine. On y
met alors tremper les morceaux de palais qui doivent y
rester trois heures, au bout desquelles ils en sont retirés
pour être bien égouttés, roulés dans la farine, et jetés

dans une friture très-chaude. On les sert accompagnés
de persil frit.

QUEUE DE BŒUF.

Bien que la queue ne soit pas au nombre des meilleurs morceaux de bœuf, un habile cuisinier peut en
tirer un très-bon parti, en l'accommodant de plusieurs
manières, qui toutes ont leur mérite.

QUEUE DE BŒUF EN HOCHEPOT.

Ce mets, qui appartient à la vieille cuisine française,
était très-estimé de nos ancêtres. Faites cuire comme un
pot-au-feu une queue de bœuf coupée en autant de morceaux qu'elle contient de vertèbres. Quand elle est à
moitié cuite, ajoutez cinq à six carottes, deux gros
oignons piqués de clous de girofle, et la moitié d'un
chou coupé par tranches, avec un bon assaisonnement
de sel et de poivre. Quand la queue de bœuf est parfaitement cuite, ce qui n'exige pas moins de cinq heures,
retirez du pot la viande et les légumes ; dressez le tout
proprement, les tronçons de queue au centre et les légumes autour du plat. Dégraissez avec soin la sauce,
ajoutez-y quelques cuillerées de jus de rôti, et faites-la
réduire en bonne consistance. Versez-la sur la viande et
les légumes au moment de servir.

QUEUE DE BŒUF A DIVERSES SAUCES.

Faites braiser la queue de bœuf exactement comme la
côte de bœuf braisée (page 125). Quand elle est cuite,
assaisonnez-la au jus, à l'espagnole, à la Béchamelle, à
la sauce Robert, ou à la sauce piquante (voyez *Sauces*,
section 4).

CERVELLES DE BŒUF.

Faites cuire les cervelles de bœuf dans de l'eau, avec sel, poivre, un bouquet garni; la cuisson exige une demi-heure d'ébullition. Retirez les cervelles de l'eau égouttez-les, et laissez-les refroidir. Coupez-les ensuite par tranches pour les assaisonner de diverses manières.

CERVELLES DE BŒUF FRITES.

Après avoir fait cuire les cervelles comme on vient de l'indiquer, on plonge les tranches de cervelle dans la pâte à frire (page 90), puis on les fait frire jusqu'à ce que la pâte soit bien colorée. Cette friture doit être servie avec du persil frit.

CERVELLES DE BŒUF AU BEURRE NOIR.

Faites cuire comme ci-dessus; divisez les tranches de cervelle en plusieurs morceaux, afin qu'elles prennent mieux l'assaisonnement; dressez-les sur un plat et versez dessus une sauce au beurre noir fortement assaisonnée (page 84).

CERVELLES DE BŒUF EN MATELOTE.

Faites cuire les cervelles de bœuf comme ci-dessus. Faites cuire séparément une douzaine de petits oignons dans le beurre, jusqu'à ce qu'ils soient bien colorés, et autant de champignons coupés en morceaux, dans de l'eau légèrement salée, avec 30 grammes de beurre frais. Saupoudrez les oignons roussis d'une forte cuillerée de farine; mouillez d'abord avec l'eau de la cuisson des champignons, puis avec un verre de vin rouge; réunissez alors les champignons aux oignons et faites cuire à très-petit feu dans la matelote pendant une demi-heure les cervelles coupées en petites tranches minces. Pour dresser ce mets, disposez les tranches de cervelle symétriquement dans le plat, et versez par-dessus la sauce contenant les oignons et les champignons.

CERVELLES DE BŒUF A LA POULETTE.

Coupez par tranches les cervelles cuites comme ci-dessus, dressez-les sur un plat et versez dessus une sauce à la poulette préparée comme pour le bœuf bouilli à la poulette (page 125).

GRAS-DOUBLE.

De quelque manière que le gras-double doive être apprêté, il faut toujours commencer par le bien nettoyer, le diviser en morceaux de 5 à 6 centimètres de large, et le faire bouillir à grand feu pendant deux heures et demie ou trois heures, dans de l'eau bien assaisonnée de sel et de poivre, avec plusieurs gros oignons et une gousse d'ail. Laissez égoutter et refroidir.

GRAS-DOUBLE A LA POULETTE.

On prépare une sauce à la poulette comme pour le bœuf bouilli à la poulette (page 125). Comme le gras-double ne peut jamais être trop cuit, quand même il semblerait suffisamment cuit, avant d'y ajouter la sauce à la poulette, il n'en faudrait pas moins le faire recuire une bonne demi-heure dans cette sauce, à laquelle la liaison de jaunes d'œufs ne sera ajoutée qu'au moment de servir.

GRAS-DOUBLE A LA MOUTARDE.

Faites revenir le gras-double, cuit préalablement et coupé en morceaux carrés, dans 60 grammes de saindoux, en même temps qu'une douzaine de petits oignons. Assaisonnez fortement de sel et de poivre; ajoutez assez de bouillon pour que la sauce ne soit pas trop courte; au moment de servir, délayez-y une cuillerée de moutarde.

GRAS-DOUBLE A LA LYONNAISE.

On fait roussir dans 60 grammes de beurre une douzaine de gros oignons coupés par tranches; on les saupoudre d'une ou deux cuillerées de farine, puis on mouille avec un demi-litre de vin blanc, et l'on fait cuire avec les oignons sur un feu très-doux', pendant une heure, le gras-double préparé comme pour la recette précédente, et fortement assaisonné de sel et de poivre. On exprime le jus d'un citron dans la sauce au moment de servir.

TRIPES DE BŒUF A LA MODE DE CAEN.

Garnissez le fond d'une marmite à braiser avec 125 grammes de lard coupé en morceaux, un demi-pied de bœuf coupé en quatre, une demi-douzaine de carottes coupées par tranches, un bouquet garni, six oignons, quatre gousses d'ail et quelques clous de girofle. Posez sur cette garniture les tripes fortement assaisonnées de sel et de poivre, et une muscade râpée. Placez au centre des tripes un jarret de jambon, et recouvrez le tout de bardes de lard. Versez dans la marmite autant de vin blanc qu'il en faut pour que tout ce qu'elle contient en soit baigné. Mettez le couvercle sur la marmite et lutez ses bords avec de la pâte. Faites cuire pendant six heures sans interruption sur un feu doux. Retirez les tripes de la marmite ; passez la sauce ; dégraissez-la ; liez-la avec un peu de fécule de pommes de terre ; versez la sauce sur les tripes et servez très-chaud. A Caen, les tripes ainsi préparées sont servies devant chaque convive dans un plat sous lequel est un petit réchaud contenant de la braise allumée, afin que, tandis qu'on les mange, les tripes ne puissent pas se refroidir.

On fait observer que les mets de gras-double, ainsi que les tripes à la mode de Caen, ne doivent être mangés qu'en famille, ou offerts seulement à des convives qui les recherchent particulièrement comme des mets de leur pays.

VEAU.

On doit choisir le veau gras sans excès de graisse, et de taille moyenne plutôt que trop développée. Autant le veau abattu trop jeune est gluant et malsain, autant le veau trop âgé est dur, coriace, et plus semblable à du bœuf qu'à de véritable veau. Les principaux morceaux du veau dépecé sont la *noix*, les *côtelettes,* la *longe*, la *poitrine*, le *cœur* et le *quasi*. La *tête* et les *pieds*, soit seuls, soit comme accompagnement d'autres mets, ont une grande importance en cuisine. Les diverses parties du veau fournissent à la cuisine de tous les pays leurs mets les plus distingués. Parmi les parties intérieures, la *fraise*, les *ris* et le *foie,* ce dernier surtout, servent à préparer une très-grande variété de mets admis sur les tables les plus modestes comme sur les plus opulentes.

VEAU RÔTI.

Le veau rôti à la broche n'est réellement bon que lorsque sa cuisson a été conduite avec beaucoup de soin. Comme cette viande n'est mangeable que quand elle est excessivement cuite, il est indispensable d'envelopper la pièce de veau à la broche d'une feuille de papier graissée de beurre ou de saindoux, sans quoi l'action très-prolongée du feu carboniserait sa surface. On enlève la chemise de papier seulement un quart d'heure ou vingt minutes avant de retirer le veau de la broche. Le carré et la longe, convenablement ficelés pour les contenir sous une bonne forme, sont les morceaux du veau qu'on fait le plus fréquemment rôtir; on peut aussi mettre à la broche, avec les précautions qui viennent d'être indiquées, la noix, la rouelle et le quasi. Ces morceaux, moins gras et moins délicats que la longe et le carré, doivent être piqués de fin lard avant d'être rôtis. On sert sous le rôti de veau le jus rendu par la pièce pendant la cuisson; ce jus doit être soigneusement dégraissé. On sale le veau à la broche sur toutes ses surfaces, au moment où l'on retire la chemise de papier, pour laisser le rôti prendre une belle couleur.

VEAU RÔTI AUX FINES HERBES.

On prépare une marinade avec une forte poignée de persil et une ou deux échalotes hachées ensemble, délayées dans quelques cuillerées d'huile d'olive, bien assaisonnées de sel et de poivre. On y fait tremper le veau successivement sur toutes ses surfaces, de sorte qu'au moment où il va être mis à la broche il doit avoir absorbé presque toute l'huile de la marinade. Les fines herbes hachées et pénétrées d'huile sont étendues sur toute la surface du morceau de veau et contenues par une enveloppe de papier graissé, bien ficelée pour que les fines herbes ne tombent pas. Quand le rôti est presque cuit et qu'il ne reste qu'à lui laisser prendre couleur, on détache le papier avec précaution, et l'on enlève avec un couteau les fines herbes adhérentes soit au papier, soit à la surface du rôti. Ces herbes sont mises dans une casserole avec 125 grammes de beurre et une cuillerée de farine pour faire un roux blond qu'on mouille avec un peu de bouillon, le jus dégraissé du rôti et un filet de vinaigre. Cette sauce est servie dans une saucière en même temps que le veau rôti aux fines herbes.

● NOIX DE VEAU PIQUÉE.

Lorsqu'on désire faire d'une noix de veau un mets d'une grande élégance, on la fend dans le sens de son épaisseur; on la pique de fin lard et on la fait cuire à la casserole avec du beurre frais et un bon assaisonnement, en 'ménageant le feu dessus et dessous, de façon à ce que la surface de la noix et les extrémités des lardons prennent des deux côtés une belle couleur. Préparez d'autre part un ragoût à la financière (page 104) ou des truffes cuites au vin blanc, ou des champignons au jus; ajoutez-y le jus dégraissé de la noix de veau, et remplissez-en le *puits* ou espace vide resté libre au milieu du plat entre les deux morceaux demi-circulaires de la noix de veau fendue en deux. Dans les grandes cuisines, on fait en outre réduire de la sauce espagnole avec moitié de vin de Madère, jusqu'à ce que cette sauce ait pris l'épaisseur d'un sirop; on la répand au moment de servir sur la noix de veau piquée, qui doit être servie très-chaude. On peut aussi, selon la saison, remplir le puits de la noix de veau piquée, soit avec une chicorée au jus, soit avec des pointes d'asperges, également au jus.

NOIX DE VEAU A LA PROVENÇALE.

Faites refroidir une langue de bœuf cuite et préparée comme pour être accommodée à la sauce piquante (page 76). Coupez-en la partie la plus épaisse en tranches minces; divisez ces tranches en petites bandes de la même forme que les lardons préparés pour piquer un bœuf à la mode. Servez-vous de ces bandes pour piquer avec une lardoire les deux parties d'une belle noix de veau fendue en deux, et arrondie de manière à ménager un puits entre ses deux moitiés. Faites revenir la noix de veau dans du beurre, des deux côtés, pour lui faire prendre une bonne couleur. D'autre part, faites roussir dans de l'huile d'olive fine, jusqu'à ce qu'ils soient bien blonds, des oignons coupés par tranches puis en travers; mouillez avec deux tasses de bon consommé, passez et mouillez la noix de veau avec cette cuisson; ajoutez un bon assaisonnement de sel et de poivre, et un ou deux verres de vin blanc, selon le volume de la noix de veau; laissez cuire doucement pendant deux heures. Écrasez les oignons en purée; passez-les au travers d'une passoire fine; ajoutez à la purée une forte poignée de champignons que vous laisserez cuire doucement pendant que la purée s'épaissira. Les champignons étant cuits, remplissez-en le puits de la noix; joignez à la purée d'oignons une cuillerée de beurre d'ail; dressez-la par-dessus les champignons et versez sur le tout la cuisson de la noix de veau dégraissée, réduite, et à laquelle vous ajouterez au moment de servir une ou deux cuillerées de jus de rôti ou de sauce espagnole.

NOIX DE VEAU EN CAISSE.

Piquez une noix de veau avec des bandes de jambon maigre un peu ferme, taillées en forme de lardons. D'autre part, faites cuire dans un peu de beurre frais, mais sans laisser roussir le beurre, une poignée de persil finement haché avec une demi-gousse d'ail, une demi-douzaine d'échalotes et une douzaine de champignons. Assaisonnez fortement de sel et de poivre; mouillez avec un grand verre de vin de Madère; passez-y la noix de veau pendant quelques minutes; retirez la viande; égouttez les fines herbes, et garnissez-en les deux côtés de la noix de veau que vous laisserez bien refroidir. Quand la viande est froide, enveloppez-la dans quatre feuilles de papier et faites-la cuire deux heures dans une casserole peu profonde recouverte d'un four de campagne, avec un feu vif dessus et dessous. Au moment de servir, ouvrez avec des ciseaux le centre de la caisse le papier seulement, en laissant les bords entiers et la viande dedans. Écartez un peu les deux parties de la noix de veau pour ménager un puits au milieu; versez-y la sauce de cuisson bien dégraissée et réduite, mais cependant assez longue pour que chaque convive puisse en avoir sa part avec une tranche de viande découpée, sans la retirer de sa caisse.

NOIX DE VEAU AUX POIS ET AU RIZ A L'ANGLAISE.

Faites prendre une bonne couleur à une noix de veau dans du beurre frais; mouillez avec un litre de bouillon; ajoutez un bouquet de persil, un pied de céleri et un bon assaisonnement de sel et de poivre. Après une heure de cuisson, retirez la moitié du bouillon et faites-y crever 125 grammes de riz. Quand le riz est à moitié cuit, réunissez-le à la viande ; ajoutez un litre de pois de moyenne grosseur tout fraîchement écossés, et laissez cuire jusqu'à ce que le riz et les pois soient parfaitement cuits; dressez-les sur un plat qui supporte l'action du feu, en mélangeant bien les pois avec le riz. Placez la noix de veau au milieu du plat et tenez le tout bien chaud sur des cendres rouges, jusqu'à ce que la sauce, décantée et remise sur le feu séparément, soit réduite en bonne consistance. Versez la sauce réduite sur le tout au moment de servir.

COTELETTES DE VEAU AU NATUREL.

Parez convenablement des côtelettes de veau en enlevant les peaux et les parties trop grasses ; aplatissez-les en les battant des deux côtés avec le plat d'un couperet pesant. Trempez-les un moment, en les retournant, soit dans du beurre frais fondu, soit dans de l'huile d'olive ; puis, faites-les cuire doucement sur le gril, en ménageant bien le feu pour qu'elles ne brûlent pas. Assaisonnez modérément de sel et de poivre quelques minutes avant la parfaite cuisson ; servez au sortir du gril.

COTELETTES PANÉES.

Émiettez finement de la mie de pain rassis, mêlez-y un bon assaisonnement de sel et de poivre, et une forte pincée de fines herbes finement hachées. Parez les côtelettes et passez-les au beurre ou à l'huile, comme pour les faire cuire au naturel, afin que la mie de pain assaisonnée adhère fortement aux deux surfaces de la côte-

lette ; faites cuire sur le gril ; servez sur un plat en dis-
posant les côtelettes en rond ; versez dessus, au moment
de servir, une sauce espagnole, ou, à défaut de cette
sauce, une tasse de consommé dans lequel vous verserez
un demi-verre de vin blanc et deux ou trois cuillerées de
jus de rôti, et que vous laisserez réduire en bonne consistance, mais sans y ajouter ni farine, ni fécule.

COTELETTES EN PAPILLOTE.

Parez les côtelettes et passez-les à l'huile ou au
beurre, puis, garnissez-les des deux côtés d'une couche
épaisse de farce à côtelettes (page 101). A défaut de cette
farce, battez cinq à six jaunes d'œufs, plus ou moins,
selon le nombre des côtelettes, avec du persil et quelques échalotes finement hachées, fortement assaisonnées de sel et de poivre ; couvrez les deux surfaces de
chaque côtelette avec les jaunes d'œufs ainsi préparés,
puis émiettez dessus de la mie de pain rassis, autant
qu'elles en pourront absorber. Enveloppez les côtelettes
séparément dans une papillote de bon papier bien
graissé de beurre frais. Faites cuire les côtelettes, non
pas sur le gril, mais dans une grande casserole à fond
plat, ou mieux, dans une lèche-frite, graissée de saindoux ; laissez-les bien cuire en modérant le feu, et servez avec les papillotes ; pour que ce mets ait bonne
apparence, il faut que la cuisson ait été dirigée de façon
à ce que le papier soit roussi sans être brûlé, et qu'il soit
resté bien entier, afin que la farce qui couvre les côtelettes ne puisse s'en détacher.

COTELETTES A LA PROVENÇALE.

Taillez, sous forme de lardons fins, des cornichons et

des filets d'anchois bien lavés et essuyés dans un linge blanc. Piquez les côtelettes avec ces lardons, par rangées alternatives de cornichons et de filets d'anchois; puis, faites-les tremper de chaque côté dans de l'huile d'olive pendant une demi-heure. Enveloppez chaque côtelette de deux minces bardes de lard maintenues par une ficelle; mettez dans la casserole, avec persil et fines herbes finement hachées, 60 grammes de beurre pour six côte-lettes, et un bon assaisonnement de sel et de poivre. Mouil-lez avec une tasse de bouillon et laissez cuire doucement, jusqu'à ce que la viande soit très-cuite. Retirez les côte-lettes de la casserole; ôtez les ficelles sans déranger les bardes de lard, et dressez-les sur un plat; dégraissez la sauce; faites-la réduire si elle n'est pas assez épaisse, et versez-la sur les côtelettes au moment de servir.

COTELETTES A LA LYONNAISE.

Piquez chaque côtelette de trois rangs, l'un de lardons fins, le second de cornichons, et le troisième de filets d'anchois. Faites mariner dans de l'huile d'olive bien assaisonnée de sel, poivre, fines herbes et échalotes fine-ment hachées. Enfermez chaque côtelette dans deux bardes de lard mince bien ficelées. Faites cuire douce-ment dans la marinade d'huile sans mouiller la cuisson. D'autre part, faites un roux avec 60 grammes de beurre, une cuillerée de farine, fines herbes hachées; mouillez avec du bouillon et faites cuire les côtelettes dans ce roux, en y ajoutant la marinade des côtelettes, et au moment de servir, le jus d'un citron ou un filet de vinaigre. Défi-celez les côtelettes avec précaution pour ne pas déranger les bardes de lard.

COTELETTES A LA DREUX.

Parez avec soin une demi-douzaine de côtelettes de veau d'une bonne épaisseur ; aplatissez-les légèrement et piquez-les par rangs alternatifs de lardons de langue de bœuf et de morceaux de truffes. Mettez dans le fond d'une casserole deux ou trois tranches de lard ; posez dessus les rognures des côtelettes de veau, deux ou trois carottes coupées par tranches, autant de petits oignons, un bouquet garni et un bon assaisonnement de sel et poivre ; versez par-dessus une tasse de bouillon dégraissé et un verre de vin de Madère. Faites cuire dans ce bouillon les côtelettes pendant une heure ; retirez-les et laissez-les refroidir. Passez la sauce, dégraissez-la, faites-la réduire, remettez-y les côtelettes mijoter un quart d'heure avant de les servir ; servez très-chaud.

COTELETTES A LA MILANAISE.

Parez avec soin six côtelettes ; trempez-les dans le beurre fondu et panez-les fortement avec de la mie de pain bien assaisonnée de sel et de poivre. Battez six œufs, blanc et jaune, trempez-y les côtelettes déjà panées, et panez-les une seconde fois avec de la mie de pain mêlée de moitié de fromage parmesan. Appuyez fortement sur cette seconde panure, afin que chaque surface des côtelettes en absorbe le plus possible. Faites fondre 250 grammes de beurre frais ; faites-y frire les côtelettes ainsi préparées afin qu'elles prennent une belle couleur. Dressez-les en couronne et remplissez le puits avec un macaroni à l'italienne (voyez *Macaroni*). Versez sur le tout une sauce tomate, une sauce espagnole, ou, pour remplacer cette sauce, une tasse de consommé réduite avec un demi-verre de vin de Madère et quelques cuillerées de jus de rôti.

COTELETTES SAUTÉES.

Faites sauter six côtelettes bien parées, mais sans les paner, dans une casserole avec 125 grammes de beurre frais, ou une égale quantité de saindoux. Faites-leur prendre couleur sur un feu vif, et achevez leur cuisson en les retournant à plusieurs reprises, sans aucune mouillure. D'autre part, faites frire dans du beurre frais des tranches de pain taillées à peu près de la grandeur des côtelettes; dressez les côtelettes sautées et bien assaisonnées de sel et de poivre, en forme de couronne, avec un croûton frit à la suite de chaque cotelette. Mouillez alors le fond de la casserole où les côtelettes ont été sautées avec une demi-tasse de bouillon et un demi-verre de vin blanc; remuez avec une cuiller de bois, pour bien mêler à la sauce le beurre et le jus restant de la cuisson des côtelettes; laissez prendre quelques bouillons et versez la sauce suffisamment réduite sur les côtelettes dressées en couronne, accompagnées de croûtons.

COTELETTES A LA SINGARA.

Faites sauter dans du beurre, avec un bon assaisonnement de sel et poivre, six côtelettes de veau bien parées. Quand elles auront pris couleur des deux côtés, mouillez avec une tasse de bouillon et un verre de vin blanc, et terminez la cuisson sur un feu doux, en couvrant d'un four de campagne garni de braise allumée. D'autre part, faites sauter dans le beurre des tranches minces de jambon maigre; dressez les côtelettes en couronne, et placez une tranche de jambon sauté à la suite de chaque côtelette. Ajoutez au fond de casserole restant de la cuisson des côtelettes une cuillerée à pot de sauce espagnole, ou bien une demi-tasse de bouillon, un demi-verre de vin blanc et quelques cuillerées de jus de rôti. Laissez suffisamment réduire cette sauce et versez-la sur les côtelettes avec le jus d'un citron au moment de servir.

LONGE DE VEAU A LA BOURGEOISE.

Piquez de fin lard la partie la plus épaisse d'une longe de veau. Étendez-la sur un plat long; posez dessus cinq à six tranches de citron et autant de tranches de gros oignons crus. Versez sur le tout assez d'huile d'olive pour que la viande en soit bien pénétrée et que l'huile déborde dans le plat autour de la longe de veau. Salez et poivrez modérément, retournez au bout d'un quart d'heure, et laissez encore un quart d'heure la viande dans la marinade sur son autre surface; assaisonnez comme l'autre côté; enveloppez d'une chemise de papier huilé solidement ficelée, et faites cuire à la casserole avec ce qui reste de la marinade. Quand la viande est presque cuite, retirez la chemise de papier; achevez la cuisson sur un feu doux; retirez la viande complétement cuite; ajoutez au fond de casserole une demi-tasse de bouillon et un demi-verre de vin blanc; faites prendre quelques bouillons et versez au moment de servir cette sauce sur la longe de veau, avec le jus d'un citron.

LONGE DE VEAU A LA FLAMANDE.

Lardez la partie charnue de gros lardons, comme un bœuf destiné à être cuit à la mode. Assaisonnez fortement de sel et poivre; faites revenir dans le beurre;

retournez pour faire prendre couleur des deux côtés;
couvrez du four de campagne ou d'un couvercle chargé
de charbons allumés; laissez cuire deux heures et demie
à trois heures sur un feu doux. D'autre part, faites cuire
des carottes et une tête de chou dans du bouillon. Quand
la viande est cuite, dressez-la sur un plat et entourez-la
de carottes disposées alternativement avec des tranches
de chou. Ajoutez au fond de cuisson de la longe de
veau une demi-tasse de bouillon et un demi-verre de
vin blanc; laissez prendre un bouillon et versez très-
également cette sauce sur la longe de veau et sur les
légumes dont elle est entourée.

FRICANDEAU AU JUS.

Coupez un ou plusieurs fricandeaux dans l'épaisseur
d'une forte noix de veau. Parez bien les morceaux afin
qu'il n'y reste ni peau, ni graisse, ni parties nerveuses.
Piquez les fricandeaux de lard très-fin, en rangs très-
serrés. Faites cuire dans une casserole, avec les débris du
lard dans lequel ont été taillés les lardons, quelques
oignons, une ou deux carottes coupées en morceaux, un
bouquet garni et un bon assaisonnement de sel et poivre.
A mesure que les fricandeaux rendent leur jus, arrosez-
en fréquemment le dessus de chaque morceau pour qu'il
prenne couleur; achevez la cuisson avec feu dessus et
dessous. Retirez les fricandeaux de la casserole; mouillez
le fond avec quelques cuillerées de bouillon, car la sauce
doit être courte : passez-la au tamis et faites-la réduire
si elle est trop longue; servez le fricandeau sur cette
sauce.

On peut aussi, après avoir fait cuire les fricandeaux
comme on vient de l'indiquer, les servir sur de la chi-

corée ou de l'oseille cuites séparément, passées au tamis à purée, et assaisonnées avec le jus de la cuisson des fricandeaux. Ce jus peut aussi être ajouté à une sauce tomate (page 80), et versé sur le fricandeau, ce qui lui donne une saveur très-agréable.

TENDRONS DE VEAU.

Cette partie du veau peut fournir un assez grand nombre de mets peu coûteux, fort usités pour les dîners de famille, mais trop peu distingués pour être servis lorsqu'on reçoit des convives qui ne sont pas au nombre des amis les plus intimes.

TENDRONS DE VEAU AUX POIS.

Faites revenir les tendrons dans le beurre ; mouillez avec du bouillon dégraissé ; mettez-en seulement assez pour que les tendrons puissent cuire sans s'attacher à la casserole. Quand ils sont à peu près cuits, assaisonnez de bon goût, ajoutez un bouquet garni et un litre de petits pois de moyenne grosseur, tout fraîchement écossés. Quand la cuisson des pois est complète ainsi que celle de la viande, retirez du feu les tendrons et les pois ; laissez-les bien égoutter sur une passoire ; faites réduire la sauce que le jus des pois rend ordinairement beaucoup trop longue ; dégraissez-la au besoin, et dès qu'elle a pris la consistance convenable, remettez-y les tendrons et les pois qui doivent être servis très-chauds.

TENDRONS A LA POULETTE.

Faites revenir des tendrons de veau pas trop gras dans du beurre fondu que vous aurez soin de ne pas laisser roussir. Ajoutez une forte cuillerée de farine ; laissez cuire, sans laisser le roux se colorer ; mouillez avec du bouillon bien dégraissé ; ajoutez un bouquet garni, une forte poignée de petits oignons et une égale quantité de champignons coupés par morceaux ; assaisonnez modérément, et laissez cuire doucement les tendrons jusqu'à ce que la viande en soit parfaitement cuite. Saupoudrez-les d'une forte pincée de persil finement haché, retirez-les de la casserole, dressez-les sur un plat et versez la sauce par-dessus après y avoir ajouté une liaison de deux ou trois jaunes d'œufs au moment de servir. Quand ce mets n'a pas été consommé en entier au dîner, les tendrons recouverts de la sauce qui se prend en gelée par le refroidissement sont un plat excellent pour le déjeuner froid du lendemain.

TENDRONS DE VEAU AU BLANC.

Lorsqu'on désire avoir un plat de tendrons de veau parfaitement blancs, on les fait d'abord blanchir dans de l'eau bouillante légèrement salée ; après quelques minutes d'ébullition, retirez-les de l'eau bouillante pour les plonger dans de l'eau froide ; dès qu'ils sont froids essuyez-les dans un linge propre, faites-les sauter ensuite dans une casserole avec une tranche de jambon et un bon morceau de beurre ; modérez le feu pour éviter de faire prendre aux tendrons la moindre couleur. Ajoutez une cuillerée de farine, et au lieu de mouiller avec du bouillon, mouillez avec l'eau qui a servi à faire blanchir les tendrons, ajoutez comme pour la recette précédente un bouquet garni, un assaisonnement modéré de sel et poivre et une bonne garniture de petits oignons et de champignons coupés en morceaux. Au moment de

servir, liez la sauce avec deux ou trois jaunes d'œufs, et
versez-y un filet de vinaigre ou le jus d'un citron. Les
tendrons de veau ainsi préparés ne sont pas meilleurs
que ceux de la recette précédente, mais ils sont aussi
parfaitement blancs qu'ils peuvent l'être. Si l'on veut en
faire un mets plus distingué, on y joint, quelques minutes avant de lier la sauce, deux ou trois truffes cuites
séparément dans du bouillon et du vin blanc, et coupées
par tranches.

TÊTE DE VEAU.

La cuisine française, et en seconde ligne la cuisine
anglaise, savent donner à la tête de veau et à ses différentes parties, les préparations les plus variées ; de quelque manière qu'elle soit apprêtée, c'est un mets très-
nourrissant, dont il ne faut user qu'avec modération.

TÊTE DE VEAU AU NATUREL.

A Paris et dans toutes les grandes villes, on trouve
chez les bouchers des têtes de veau échaudées d'une
blancheur parfaite ; le boucher enlève les os principaux
avant de la remettre à l'acheteur ; la tête de veau est ainsi
toute prête à être mise dans la marmite sans autre préparation. Partout où cette facilité manque, le cuisinier
doit échauder lui-même la tête de veau, enlever les os
des mâchoires et la frotter sur toute sa surface avec les
deux moitiés d'un citron coupé en deux, afin de donner
à la peau une blancheur qu'elle ne saurait avoir autrement et qui contribue à la rendre appétissante. La tête
de veau est ensuite cousue dans une toile blanche, afin
qu'elle ne se déforme pas, et mise dans l'eau bouillante
avec les morceaux du citron dont on s'est servi pour la

frotter, une ou deux carottes, un panais, deux oignons, un bouquet garni et un bon assaisonnement de sel et gros poivre; la cuisson ne doit pas durer moins de trois heures.

Dans les grandes cuisines, l'eau dont on remplit la marmite où doit cuire une tête de veau est blanchie avec 60 grammes de farine, et l'on y ajoute un bon morceau de beurre frais. La cuisson étant complète, on débarrasse la tête de veau du linge dont elle était enveloppée, on la laisse bien égoutter et on la sert froide, accompagnée d'une sauce piquante ou d'une ravigote froide (page 80), servie à part dans une saucière. Dans les dîners sans cérémonie, la tête de veau au naturel est servie sans sauce. On place des deux côtés du plat deux coquilles contenant l'une des fines herbes hachées, l'autre des cornichons coupés en petits morceaux. Chaque convive assaisonne à son gré sa portion de tête de veau à l'huile et au vinaigre sur son assiette, avec une pincée de fines herbes et autant de cornichons.

TÊTE DE VEAU A LA POULETTE.

On fait revenir dans 60 grammes de beurre frais une bonne poignée de fines herbes hachées, sans laisser roussir le beurre; on y délaye une ou deux cuillerées de farine, un bon assaisonnement de sel et poivre; on mouille avec du bouillon dégraissé, et quand la sauce est assez épaissie, on y ajoute une liaison de deux ou trois jaunes d'œufs et le jus d'un citron ou un filet de vinaigre. La sauce étant achevée, on sépare de la tête de veau cuite comme ci-dessus toutes les parties mangeables qu'on divise en morceaux assez gros pour que chaque morceau fasse la part d'un convive. Ces morceaux ainsi découpés aussi égaux que possible et sans qu'il y reste aucun débris d'os, on les fait réchauffer et mijoter dans la sauce à la poulette sur le côté du fourneau, ou mieux au bain-marie, afin que la liaison de jaunes d'œufs ne tourne pas.

On accommode rarement à la poulette une tête de veau entière, ce qui formerait un plat très-volumineux ; on accommode de cette manière une demi-tête de veau, qu'il est facile de se procurer chez le boucher, et qui suffit amplement quand les convives ne sont pas très-nombreux. La sauce à la poulette convient également pour faire réchauffer les restes d'une tête de veau cuite au naturel, servie froide la veille avec une sauce piquante.

TÊTE DE VEAU EN TORTUE.

Faites cuire une tête de veau au naturel, découpez-en les morceaux comme pour les accommoder à la poulette. Préparez d'autre part un bon ragoût à la financière (page 104), comme pour garnir un grand vol-au-vent. Ajoutez un verre ou deux de vin blanc à la sauce du ragoût, qui ne doit pas être trop épaisse ; assaisonnez fortement de poivre de Cayenne et de muscade râpée ; joignez au ragoût la langue de veau coupée en morceaux carrés gros comme des dés à jouer, une demi–douzaine de jaunes d'œufs durs, et les blancs de ces œufs coupés de même forme que les morceaux de la langue. Dressez les morceaux de la tête de veau sur un plat assez grand et disposez-les en forme de dôme ; puis, versez le ragoût à la financière par-dessus. La tête de veau en tortue est ordinairement accompagnée d'écrevisses cuites à part (voyez *Écrevisses*), et dressées tout autour du plat ;

9.

elles doivent être en nombre égal à celui des convives.

TÊTE DE VEAU FARCIE.

Faites proprement désosser une tête de veau en la
fendant par-dessous, en prenant soin d'ailleurs de ne
pas endommager le reste de la peau. Remplissez l'intérieur d'une farce cuite (page 99), qu'on peut remplacer
par une farce à volailles (page 97), ajoutez-y 125
grammes de jambon maigre coupé en dés et autant de
truffes coupées de même, avec un assaisonnement un
peu fort. Donnez autant que possible à la tête de veau,
en la remplissant de farce, une forme rapprochée de sa
forme naturelle, ficelez-la et cousez-la dans un linge
blanc afin que la cuisson ne la déforme pas. Faites bouillir dans une marmite un litre de bouillon mêlé d'un
litre d'eau avec un citron et deux oignons coupés par
tranches et deux ou trois clous de girofle. Quand le
liquide est en pleine ébullition, plongez-y la tête de veau
farcie et laissez-la bouillir sans interruption pendant trois
heures, en ayant soin que l'ébullition ne s'arrête pas.
La cuisson étant complète, retirez la tête farcie du feu,
laissez-la égoutter et servez avec une sauce piquante ou
une ravigote.

TÊTE DE VEAU A LA SAINTE-MENEHOULD.

Faites fondre sur un feu doux 125 grammes de beurre
frais; ajoutez-y une forte cuillerée de farine; mouillez
avec une demi-tasse de bouillon; ajoutez, après avoir
retiré la sauce du feu, deux ou trois jaunes d'œufs et un
filet de vinaigre; ayez soin que la sauce soit plutôt un
peu épaisse que trop claire. Passez l'un après l'autre

dans cette sauce les morceaux d'une tête de veau cuite au naturel et coupée comme pour l'accommoder à la poulette. A mesure que les morceaux sont bien imprégnés de sauce, panez-les avec de la mie de pain rassis finement émiettée. Faites fondre comme la première fois 125 grammes de beurre frais; passez-y les morceaux de tête de veau panés, et à mesure qu'ils sont bien imprégnés de beurre fondu, panez-les une seconde fois, le plus fortement possible. Alors, remettez dans la casserole, avec un peu de beurre s'il n'en reste pas assez, tous les morceaux de tête de veau panés, afin qu'ils y prennent une belle couleur sur un feu vif; retournez les morceaux; posez sur la casserole le four de campagne ou un couvercle chargé de charbons allumés; retirez-les du feu quand ils ont pris une belle couleur des deux côtés, et servez très-chaud. Servez en même temps dans une saucière une sauce piquante. On accommode souvent à la Sainte-Menehould ce qui reste d'une tête de veau cuite au naturel servie froide au dîner de la veille.

La tête de veau cuite au naturel, découpée en morceaux, peut être réchauffée dans une béchamel, une espagnole ou toute autre sauce distinguée, selon les goûts (voyez *Sauces*, section IV, page 64).

TÊTE DE VEAU FRITE.

On découpe en morceaux carrés de cinq à six centimètres de côté la chair d'une tête de veau cuite au naturel; ces morceaux sont passés dans la pâte à frire, et jetés dans la friture très-chaude où ils doivent frire jusqu'à ce qu'ils aient suffisamment pris couleur; cette friture n'est bonne que quand elle est mangée très-chaude.

PIEDS DE VEAU.

Le pied de veau est l'accompagnement obligé du bœuf à la mode ainsi que de toutes les viandes et volailles accommodées en daube dont on désire que la sauce puisse se prendre en gelée par le refroidissement; il est en outre, par lui-même, la base de plusieurs mets agréables et de facile digestion.

PIEDS DE VEAU AU NATUREL.

On trouve chez les bouchers de Paris et de toutes les grandes villes des pieds de veau échaudés et blanchis, qu'on peut faire désosser et parer par le boucher. Faites cuire pendant deux heures et demie ou trois heures les pieds de veau désossés et coupés en morceaux dans du bouillon dégraissé, avec le même assaisonnement et les mêmes légumes que pour une tête de veau au naturel. Quand les pieds sont parfaitement cuits, égouttez-les, laissez-les refroidir et servez avec deux coquilles, l'une pleine de fines herbes, l'autre d'échalotes hachées. Chaque convive assaisonne à son gré sa portion de pieds de veau à l'huile et au vinaigre.

PIEDS DE VEAU A LA POULETTE.

Après les avoir désossés et fait cuire comme ci-dessus, retirez de leur bouillon les morceaux de pieds de veau complétement cuits; faites réduire le bouillon et ajoutez-y une pincée de farine, autant de fines herbes hachées, un bon assaisonnement de sel et poivre. Remettez-y les morceaux de pieds de veau pendant quelques instants, et au moment de servir ajoutez une liaison de deux ou trois jaunes d'œufs, avec le jus d'un citron ou un filet de vinaigre.

PIEDS DE VEAU MARINÉS ET FRITS.

Préparez une marinade avec du vinaigre étendu de moitié d'eau, sel, poivre, persil haché et quelques échalotes également hachées. Laissez refroidir des pieds de veau désossés, coupés par morceaux et cuits au naturel. Laissez-les séjourner deux heures dans la marinade précédente, retirez-les, passez-les dans la pâte à frire, laissez-les prendre une belle couleur, et servez très-chaud, avec entourage de persil frit.

PIEDS DE VEAU FARCIS.

Les pieds de veau qu'on se propose de farcir sont soigneusement et complétement désossés, avec la précaution de les fendre seulement du côté intérieur, et de les laisser du reste aussi entiers que possible. Après les avoir fait cuire suffisamment au naturel, on les laisse égoutter et refroidir; puis, on les remplit d'une farce à quenelles fortement assaisonnée. Les pieds de veau sont alors ficelés, pour que la farce ne puisse en sortir, et cuits de nouveau pendant une demi-heure dans une sauce espagnole étendue de vin de Madère, ou, à défaut de cette sauce, dans du consommé étendu de vin blanc, auquel on ajoute un peu de jus de rôti dégraissé. On sert avec la sauce très-réduite, sans liaison.

PIEDS DE VEAU FARCIS FRITS.

Après avoir fait cuire des pieds de veau désossés, et les avoir remplis de farce comme ci-dessus, battez des œufs en quantité suffisante, blancs et jaunes, passez-y les pieds farcis, panez-les de mie de pain rassis finement émiettée, et faites-les frire. Les pieds de veau farcis et frits doivent être servis avec une sauce piquante.

FOIE DE VEAU.

Le foie de veau, préparé de diverses manières, est un mets qui rassasie promptement, et dont il ne faut user qu'avec modération; les estomacs délicats le digèrent difficilement.

FOIE DE VEAU ROTI.

Piquez un foie de veau de gros lardons préparés et assaisonnés comme pour piquer un bœuf à la mode. Enveloppez le foie piqué, soit dans un morceau de panne de porc, soit dans une feuille de papier fortement graissée de saindoux. Faites rôtir à la broche, sans trop activer le feu; ce rôti doit être servi très-cuit. Enlevez la panne ou le papier; dressez le rôti sur un plat, et versez par-dessus une sauce formée d'un jus de rôti bien dégraissé, auquel on ajoute quelques échalotes finement hachées et le jus d'un citron. On peut aussi, avant de faire rôtir le foie, le piquer de fin lard, absolument comme un fricandeau. Dans ce cas, on le fait cuire à la broche, sans couverture, mais en ménageant bien le feu, pour que le foie ne se dessèche pas. On le sert sortant de la broche, avec la même sauce que pour le foie rôti piqué de gros lard.

FOIE DE VEAU A LA BOURGEOISE.

Faites revenir dans une casserole avec 125 grammes de beurre un foie de veau piqué de gros lard; ayez soin de le retourner, afin qu'il ait bien pris couleur sur ses

deux surfaces. Assaisonnez un peu fortement de sel et
de poivre ; ajoutez un oignon, une ou deux carottes et
un demi-litre de vin blanc, et laissez cuire sur un feu
doux pendant trois heures. Le foie à la bourgeoise doit
être tenu couvert pendant tout le temps de la cuisson,
et remué de temps à autre, pour qu'il ne s'attache pas.

FOIE DE VEAU A LA MARINIÈRE.

Faites revenir dans 125 grammes de beurre frais un
foie de veau de moyenne grosseur coupé par tranches
minces, en ayant soin de les retourner une ou deux fois ;
saupoudrez-les d'une bonne cuillerée de farine et de
deux cuillerées de fines herbes finement hachées. Mouillez d'un verre de vin rouge ; quand la sauce a pris quelques bouillons avec le foie, retirez les tranches de foie ;
dressez-les sur un plat chauffé d'avance ; ajoutez à la
sauce restée dans la casserole une forte poignée de champignons coupés en morceaux et cuits séparément ; dès
qu'ils ont bouilli une ou deux minutes avec la sauce du
foie, versez le tout sur les tranches de foie, et servez.

FOIE DE VEAU A L'ITALIENNE.

Divisez le foie de veau en tranches comme pour la
recette précédente. Garnissez le fond d'une casserole
avec quelques cuillerées d'huile d'olive, une pincée de
fines herbes hachées et quelques champignons coupés
par morceaux. Posez par-dessus une couche de tranches de foie ; arrosez-les d'huile et saupoudrez-les de
fines herbes avec quelques champignons et un bon assaisonnement de sel et poivre. Mettez un second lit de
tranches de foie et renouvelez l'assaisonnement jusqu'à
ce que tout le foie ait trouvé place dans la casserole, en

terminant par une couche de fines herbes et de champignons. Couvrez la casserole, et laissez cuire sur un feu
doux, avec un demi-litre de vin blanc. Quand le foie est
cuit, retirez les tranches de la casserole; dressez-les sur
un plat; dégraissez la sauce; ajoutez-y quelques cuillerées de sauce espagnole ou de jus de rôti, et versez le
tout sur les tranches de foie.

FOIE DE VEAU FRIT A L'ITALIENNE.

Coupez un foie de veau en tranches minces que vous
aurez soin de parer, afin qu'elles soient toutes de la
même grandeur. Battez ensemble cinq à six œufs frais,
blanc et jaune, avec quelques cuillerées d'huile d'olive.
Trempez l'une après l'autre les tranches de foie de veau
dans les œufs ainsi préparés, puis passez-les immédiatement après dans de la farine, et faites-les frire dans
l'huile. Au sortir de la friture, dressez les tranches de
veau en couronne, et remplissez le puits avec une sauce
tomate.

FOIE DE VEAU PIQUÉ EN PAPILLOTE.

Piquez un foie de veau de gros lard, sans ménager
les lardons; coupez le foie piqué par tranches d'un travers de doigt d'épaisseur; faites-les mariner pendant
deux heures dans l'huile d'olive avec des fines herbes
hachées, des tranches d'oignons et un bon assaisonnement de sel et poivre. Enveloppez séparément dans une
feuille de papier huilé chaque tranche de foie imbibée
de marinade et recouverte de fines herbes. Laissez cuire
très-doucement sur le gril; la cuisson ne doit pas durer
moins d'une demi-heure; les papillotes doivent être

dans cet intervalle retournées trois ou quatre fois sur le gril.

RIS DE VEAU.

Les ris de veau sont parmi les parties mangeables de l'intérieur du veau celle qui fournit les mets les plus délicats et les plus faciles à digérer ; aussi la cuisine de tous les pays où l'on sait vivre admet-elle un grand nombre de manières différentes d'accommoder les ris de veau.

RIS DE VEAU A LA POULETTE.

Il faut commencer par faire blanchir les ris de veau pendant quelques minutes dans l'eau bouillante, dont on les retire pour les plonger dans l'eau froide. D'autre part, on prépare un roux blanc (page 71), auquel on ajoute des fines herbes hachées et quelques petits oignons, avec un bon assaisonnement de sel, poivre et un clou de girofle. Faites cuire dans ce roux des champignons, des fonds d'artichaut coupés en quatre et quelques morilles. Mouillez avec une demi-tasse de bouillon dégraissé ; un quart d'heure seulement avant la parfaite cuisson, mettez sur le feu les ris de veau blanchis, qui sans cette précaution seraient trop cuits. Quand les ris de veau sont cuits à point, retirez la casserole du feu, et liez la sauce avec deux ou trois jaunes d'œufs et une cuillerée de verjus ou une cuillerée de vinaigre.

RIS DE VEAU A LA BOURGEOISE ou EN FRICANDEAU.

Les ris de veau en fricandeau sont préparés exactement comme les fricandeaux de veau (page 148). Mais, comme les ris de veau cuisent en beaucoup moins de temps que le lard, les lardons seraient presque crus alors que les ris seraient moitié trop cuits, si l'on négligeait de faire cuire le lard d'avance et séparément. Lorsqu'il est à moitié cuit, puis refroidi, on taille les lardons dans son épaisseur, on pique le fricandeau de ris de la même manière que le fricandeau de veau, et l'on assaisonne comme tout autre fricandeau. On peut servir les ris en fricandeau sur de l'oseille ou de la chicorée, assaisonnée avec le jus provenant de la cuisson des ris de veau.

RIS DE VEAU SAUTÉS.

Faites sauter dans du beurre frais sur un feu vif des ris de veau blanchis à l'eau bouillante puis refroidis dans l'eau fraîche, égouttés et coupés en morceaux; retournez-les, pour que les morceaux prennent de chaque côté une belle couleur. Préparez d'autre part une garniture de ragoût comme pour garnir un vol-au-vent à la financière. Dressez les ris de veau sautés sur cette garniture. On peut aussi les servir avec une sauce tomate ou une sauce espagnole, remplacée au besoin par des jus de rôti mêlés d'un demi-verre de vin de Madère.

RIS DE VEAU FRITS.

Lorsqu'on veut faire frire des ris de veau, il faut les faire blanchir à l'eau bouillante, sans assaisonnement, jusqu'à ce qu'ils soient presque cuits, ce qui exige de dix à quinze minutes d'ébullition. Au sortir de l'eau bouillante, après les avoir égouttés on les fait tremper pendant deux heures, en les retournant de temps à autre, dans une marinade préparée avec 60 grammes de beurre pétri avec une demi-cuillerée de farine, fondu dans un demi-verre de vinaigre seulement assez chaud pour obtenir la fusion du beurre. Cette marinade doit être fortement assaisonnée de sel, poivre et fines herbes hachées. Quand les ris de veau sont suffisamment marinés, passez-les dans la farine et faites-les frire à l'huile d'olive ou au saindoux. On sert cette friture entourée de persil frit.

RIS DE VEAU AUX FINES HERBES.

Hachez finement une bonne poignée de persil et de ·ciboule avec quelques échalotes ; ajoutez-y un fort assaisonnement de sel et poivre, et pétrissez ces fines herbes avec 125 grammes de beurre frais. Étendez ce beurre sur les ris de veau blanchis à l'eau bouillante, refroidis, et piqués avec la pointe d'un couteau, afin que l'assaisonnement y puisse bien pénétrer. La plupart des recettes des livres de cuisine conseillent de joindre aux fines herbes hachées, pour assaisonner des ris de veau, un peu de fenouil ; le goût anisé de cette plante ne plaît pas à tout le monde ; il faut, avant d'en mettre, s'assurer que tous les convives en supporteront la saveur un peu médicinale.

Les ris de veau bien enduits de beurre mêlé de fines herbes sont mis dans une casserole avec une ou deux bardes de lard, une tasse de bon bouillon dégraissé et ·un verre de vin blanc. Quand les ris sont assez cuits, retirez-les ; tenez-les chaudement dans un plat couvert, sur le côté du fourneau ; faites réduire vivement la sauce après l'avoir bien dégraissée, et versez-la sur les ris au moment de servir.

RIS DE VEAU EN CAISSE.

Faites blanchir à l'eau bouillante et refroidir dans l'eau fraîche les ris de veau comme pour les recettes précédentes ; faites-les cuire ensuite dans du consommé, avec un bon assaisonnement de sel, poivre et fines herbes hachées. Quand les ris de veau sont cuits aux trois quarts, placez-les isolément dans de petites caisses de papier huilé ; arrosez-les avec la sauce de leur cuisson très-réduite et quelques cuillerées de sauce espagnole ou de jus de rôti bien dégraissé. Tandis qu'ils sont imbibés de sauce, panez-les fortement avec de la mie de pain finement émiettée. Placez alors les caisses renfermant les ris de veau dans le fond d'une casserole assez grande, mais peu profonde ; posez la casserole sur des cendres chaudes ; arrosez les ris de veau panés avec du beurre frais fondu, et couvrez-les d'un four de campagne chargé de charbons allumés. Quand ils auront suffisamment pris couleur, servez très-chaud. Cette manière d'accommoder les ris de veau compose un mets aussi agréable qu'élégant.

CERVELLES DE VEAU.

De quelque manière que les cervelles de veau soient préparées, elles réclament toujours un assaisonnement un peu relevé, qui en facilite la digestion. Avant de les accommoder avec une sauce quelconque, il faut les faire blanchir à l'eau bouillante, puis refroidir à l'eau fraîche, ainsi qu'on l'a indiqué pour les ris de veau.

CERVELLES DE VEAU A LA MAITRE D'HOTEL.

Les cervelles blanchies et refroidies sont coupées chacune en trois morceaux, et cuites pendant une demi-heure dans un roux blanc, bien assaisonné de sel et poivre. Quand la cuisson est terminée, dressez les cervelles dans un plat que vous tiendrez chaud en le couvrant sur le côté du fourneau. Faites fondre séparément 125 grammes de beurre pétri avec une cuillerée de farine, deux cuillerées de fines herbes hachées et un assaisonnement un peu fort de sel et poivre ; ajoutez un filet de vinaigre ou le jus d'un citron, et versez cette sauce sur les cervelles au moment de servir.

CERVELLES DE VEAU AU BEURRE NOIR.

Lorsqu'on veut assaisonner des cervelles de veau au beurre noir, on doit ajouter à l'eau bouillante dans laquelle on les fait blanchir une forte poignée de sel et un verre de vinaigre ; elles doivent être refroidies dans de l'eau fraîche également vinaigrée. D'autre part, préparez une marinade avec 125 grammes de beurre fondu, des fines herbes hachées et un demi-verre de vinaigre. Faites cuire pendant une demi-heure les cervelles dans cette marinade, à laquelle on peut ajouter une partie de l'eau vinaigrée dans laquelle les cervelles ont été refroidies. Quand les cervelles sont cuites, il ne doit presque plus rester de sauce. Coupez les cervelles par tranches, dressez-les sur un plat avec le peu de sauce qui subsiste de leur cuisson, et versez dessus, au moment de servir, un beurre noir (page 84) fortement assaisonné et préparé séparément.

CERVELLES DE VEAU EN MATELOTE.

On peut faire cuire les cervelles de veau en matelote exactement comme la cervelle de bœuf en matelote (page 134). On peut aussi préparer la matelote de cervelles de veau de la manière suivante. Faites cuire dans une tasse de bouillon et un verre de vin blanc des cervelles de veau blanchies, refroidies, égouttées et convenablement assaisonnées de sel et poivre. D'autre part, faites revenir dans du beurre frais des petits oignons et des champignons coupés en morceaux ; ajoutez une cuillerée de farine, un bon assaisonnement de sel et poivre, et mouillez avec une demi-tasse de bouillon et un demi-verre de vin blanc. Quand les cervelles sont presque cuites, coupez-les par tranches, dressez-les dans un plat pouvant supporter l'action du feu ; ajoutez-y le ragoût de champignons et de petits oignons ; laissez compléter la cuisson et réduire la sauce, et servez très-chaud.

CERVELLES DE VEAU FRITES.

Faites cuire les cervelles blanchies et refroidies, dans un roux blanc, avec sel, poivre et fines herbes hachées. Quand elles sont presque cuites, laissez-les refroidir, coupez-les par tranches, saupoudrez-les de sel, arrosez-les de vinaigre ; au bout d'une demi-heure, égouttez-les soigneusement, passez-les dans la pâte à frire (page 90), et faites-les frire dans une friture modérément chaude. Servez avec un entourage de persil frit.

CERVELLES DE VEAU AU GRATIN.

C'est la manière la plus coûteuse et la plus recherchée d'accommoder les cervelles de veau. On remplit de farce à gratin un plat supportant l'action du feu (page 98). Dressez sur le gratin les cervelles cuites comme pour les accommoder à la maître d'hôtel (p. 83), et coupées en tranches. D'autre part, faites cuire une gascogne bien assaisonnée (page 106). Étendez-la sur les cervelles en une couche épaisse, et saupoudrez la gascogne de chapelure fine. Posez le plat sur des cendres chaudes; couvrez le plat d'un four de campagne bien chargé de charbons allumés. Quand le dessus a pris une belle couleur, versez dessus quelques cuillerées de sauce espagnole, ou de jus de rôti dégraissé, réduit avec un demi-verre de vin blanc. Garnissez les cervelles au gratin de croûtons frits, comme pour garnir un plat d'épinards.

CERVELLES DE VEAU A LA PROVENÇALE.

Faites blanchir et refroidir les cervelles entières; puis faites-les mariner pendant une heure dans une marinade d'huile d'olive fortement assaisonnée de sel et poivre, avec une gousse d'ail; retournez les cervelles, pour qu'elles soient bien pénétrées de la marinade; retirez-les; faites-les bien égoutter, puis faites-les cuire dans du vin blanc, et laissez-les refroidir. Coupez-les par tranches égales et dressez ces tranches en couronne. Versez dans le puits une sauce mayonnaise (page 79), et garnissez les bords du plat d'un cercle d'olives dont les noyaux auront été retirés. Les cervelles de veau à la provençale se servent froides, mieux au déjeuner qu'au dîner.

FRAISE DE VEAU A LA VINAIGRETTE.

La fraise de veau doit être avant tout blanchie à l'eau bouillante légèrement salée, puis rafraîchie dans l'eau fraîche. On la fait cuire ensuite dans de l'eau avec sel, poivre et plusieurs oignons, quelques clous de girofle et

un verre de vinaigre. Cette partie du veau n'est réellement bonne que quand elle est parfaitement cuite; la
cuisson d'une fraise de veau doit durer au moins trois
heures. On doit la servir bouillante, au sortir de la marmite, et servir en même temps dans une saucière une
vinaigrette ou ravigote (page 80). Le plus souvent,
dans un dîner sans cérémonie, on sert la fraise de veau
avec l'huilier, le moutardier et des fines herbes hachées.
Chaque convive prépare à son gré la sauce qui lui convient dans son assiette avec sel, poivre, huile, vinaigre,
moutarde et fines herbes.

FRAISE DE VEAU A LA POULETTE.

Coupez par morceaux d'égale grosseur une fraise de
veau cuite comme pour la recette précédente; faites-lui
prendre quelques bouillons dans un roux blanc; ajoutez
une pincée de fines herbes hachées, quelques champignons coupés en morceaux et cuits séparément dans du
bouillon dégraissé; retirez la casserole du feu; délayez
deux ou trois jaunes d'œufs dans une portion de la
sauce; dressez les morceaux de fraise de veau sur un
plat bien chaud; versez par-dessus la sauce avec les
champignons; ajoutez-y seulement, au moment de servir, la liaison de jaunes d'œufs et une cuillerée de verjus ou un filet de vinaigre.

FRAISE DE VEAU A L'OIGNON.

Faites revenir dans du beurre cinq à six gros oignons
coupés par tranches jusqu'à ce qu'ils soient d'un beau
blond; mettez alors dans la casserole la fraise de veau
cuite et coupée en morceaux, comme pour l'accommoder à la poulette. Retournez bien le tout ensemble pen-

dant quelques minutes, en évitant de laisser trop brunir le beurre. Ajoutez une pincée de farine; mouillez avec une demi-tasse de bouillon dégraissé et une cuillerée de vinaigre. Ce mets doit être mangé très-chaud.

FRAISE DE VEAU MARINÉE ET FRITE.

La marinade pour la fraise de veau qui doit être frite se prépare avec moitié bouillon froid dégraissé, moitié vinaigre, sel, poivre et fines herbes hachées. La fraise de veau bien cuite et refroidie est plongée pendant une heure dans cette marinade, puis égouttée et passée dans la poêle à frire et jetée dans la friture très-chaude. Les morceaux de fraise de veau doivent être coupés de la longueur et de la grosseur du doigt; on les sert entourés de persil frit.

OREILLES DE VEAU.

Quand les oreilles de veau ne sont pas séparées de la tête, elles reçoivent les divers assaisonnements indiqués pour la tête de veau (page 151). Mais assez souvent, les oreilles, soit qu'on les détache d'une tête de veau entière, soit qu'elles proviennent de la desserte d'une tête de veau servie au dîner de la veille, reçoivent d'autres préparations, et sont la base de plusieurs mets fort délicats.

OREILLES DE VEAU A LA SAINTE-MENEHOULD.

Après avoir fait blanchir les oreilles de veau dans l'eau bouillante et les avoir fait refroidir dans l'eau fraîche, garnissez de bardes de lard le fond d'une casserole; passez dessus les oreilles de veau, soit entières, soit coupées, seulement chacune en deux morceaux Épluchez un ou deux citrons, en ayant soin qu'il n'y reste pas de traces

10 .

d'écorce; coupez-les par tranches; ôtez tous les pepins et posez les tranches de citron ainsi épluchées sur les oreilles de veau; recouvrez-les de bardes de lard; ajoutez un bouquet garni, quelques carottes, un ou deux oignons, un bon assaisonnement de sel et poivre, une tasse de bouillon dégraissé et un demi-litre de vin blanc; laissez cuire sur un feu doux pendant trois heures; retirez les oreilles de veau de la casserole, et laissez-les refroidir. Passez-les alors dans du beurre frais chauffé tout juste assez pour le faire fondre, et avant que le beurre soit figé, passez les oreilles de veau avec de la mie de pain finement émiettée. Battez d'autre part 3 ou 4 œufs, blanc et jaune; passez-y les oreilles de veau déjà panées, et tandis qu'elles sont enduites d'œufs battus, passez-les une seconde fois, puis mettez-les dans une casserole dont vous aurez garni le fond de beurre frais, et faites prendre couleur en couvrant la casserole d'un four de campagne chargé de charbons allumés. Servez avec une sauce piquante. La cuisson des oreilles de veau préparées pour être accommodées à la Sainte-Menehould est excellente à employer pour divers ragoûts, comme remplaçant au besoin le grand jus et la sauce espagnole.

Quand on accommode de cette manière des oreilles de veau de desserte d'une tête de veau cuite entière et servie la veille au naturel, les oreilles ne doivent cuire de nouveau qu'une demi-heure dans le vin blanc et le bouillon, le reste de la recette restant comme ci-dessus.

OREILLES DE VEAU AUX CHAMPIGNONS.

Faites cuire les oreilles de veau comme pour les accommoder à la Sainte-Menehould. D'autre part, faites sauter dans le beurre une bonne garniture de champignons coupés en morceaux ; retirez les champignons de la casserole ; faites un roux blanc que vous mouillerez avec du bouillon dégraissé. Remettez les champignons dans ce roux blanc pour compléter leur cuisson. Dressez les oreilles de veau sur un plat bien chaud ; versez par-dessus les champignons avec leur sauce à laquelle vous ajouterez, au moment de servir, une liaison de deux ou trois jaunes d'œufs et une cuillerée de verjus ou un filet de vinaigre.

OREILLES DE VEAU FARCIES A L'ITALIENNE.

Faites cuire les oreilles de veau comme pour les assaisonner à la Sainte-Menehould. Préparez d'autre part une farce très-claire avec de la mie de pain et du fromage parmesan ou de Gruyère râpé, le tout délayé dans du lait. Faites cuire en remuant sur un feu doux, jusqu'à ce que la farce soit devenue suffisamment épaisse. Ajoutez-y quelques jaunes d'œufs délayés dans un peu de beurre fondu tiède, et vivement incorporés à la farce dont vous remplirez aussitôt les oreilles. Dès qu'elles sont farcies, passez-les dans du beurre fondu tiède, et panez-les fortement avec un mélange de mie de pain émiettée et de fromage râpé, semblable à celui qui est entré dans la composition de la farce. Faites prendre couleur sous le four de campagne suffisamment chauffé. Les oreilles de veau à l'italienne doivent être servies sans sauce.

OREILLES DE VEAU FRITES.

Faites blanchir et refroidir les oreilles de veau ; puis, terminez leur cuisson dans du bouillon dégraissé, avec un bon assaisonnement de sel et poivre ; elles doivent cuire pendant trois heures. Lorsqu'elles sont bien égouttées et refroidies, coupez-les en morceaux d'égale grandeur ; faites mariner ces morceaux dans une marinade au vinaigre et aux fines herbes, pendant deux bonnes heures. Égouttez les morceaux ; passez-les dans la pâte à frire, et faites-les frire jusqu'à ce que la pâte soit bien colorée. Servez en pyramide, avec garniture de persil frit.

OREILLES DE VEAU A LA TARTARE.

Faites blanchir quatre oreilles de veau, et complétez leur cuisson dans du bouillon mêlé de vin blanc. Quand elles sont cuites et refroidies, fendez-les en deux par le gros bout sans séparer les morceaux ; maintenez-les étalés par une ou deux brochettes ; passez-les dans du beurre frais fondu, bien assaisonné de sel et poivre, et panez-les en leur faisant absorber autant de mie de pain finement émiettée qu'elles en pourront retenir. Faites-les griller sur un feu de braise très-modéré ; retournez-les une fois ou deux, et à chaque fois arrosez-les d'un peu de beurre fondu. Servez dès que les oreilles de veau à la tartare auront pris une belle couleur, et versez dessus une sauce préparée avec du bouillon dégraissé et réduit, une cuillerée de verjus ou de vinaigre, sel et poivre, une forte pincée de fines herbes hachées, et trois ou quatre échalotes également hachées.

OREILLES DE VEAU AUX PETITS POIS.

Faites blanchir des oreilles de veau et laissez-les refroidir. Coupez-les chacune en deux ou quatre morceaux. D'autre part, faites un roux blanc (page 71) dans

lequel vous ferez revenir 60 grammes de petit salé coupé
en petits morceaux. Mouillez avec du bouillon et du
vin-blanc, en assez grande quantité pour que les morceaux d'oreille en soient bien couverts; faites-les cuire
pendant deux heures et demie ou trois heures à très-petit
feu; quand la cuisson est terminée, il ne doit presque
plus rester de sauce au fond de la casserole. Faites
cuire séparément un litre de petits pois fins, sans autre
assaisonnement qu'un morceau de beurre très-frais et
trois ou quatre petits oignons. Les pois étant parfaitement cuits, ajoutez-y quelques cuillerées de jus de rôti
avec autant de vin blanc; dressez les morceaux d'oreille
de veau en cercle autour du plat, et versez les pois au
centre au moment de servir. La plupart des recettes des
livres de cuisine conseillent de mettre du sucre dans les
petits pois qui doivent accompagner les oreilles de veau;
cet alliage du sucre avec du jus de viande et la saveur
naturelle des oreilles de veau donne pour résultat un
mets à la fois épicé et fade que les consommateurs d'un
goût exercé rejettent avec raison, même quand ils ajoutent volontiers un peu de sucre à l'assaisonnement des
pois au maigre.

ROGNON DE VEAU.

Le rognon entouré d'une masse de graisse adhère
au morceau du veau qu'on préfère généralement à tout
autre comme rôti. Le plus souvent le rognon n'en est
pas détaché; on en mange une partie avec le veau rôti;
le reste, dégagé de la graisse qui l'entoure, est accommodé de diverses manières, ou, s'il n'en reste qu'une
petite quantité, on l'incorpore, coupé en tranches minces, dans une omelette au gras, qu'on fait cuire à la

poêle, dans une partie de la graisse du rognon. On peut aussi détacher le rognon avec son entourage de graisse, avant de faire rôtir le morceau de veau auquel il tient. Dans ce cas, la graisse, coupée en très-petits morceaux, est fondue au bain-marie, passée à travers un linge clair, et mise en réserve pour accommoder des légumes au gras, ou divers autres mets; le rognon, dégagé de la graisse et des peaux, se sert ordinairement sauté aux champignons.

ROGNON DE VEAU SAUTÉ AUX CHAMPIGNONS.

On coupe le rognon cru en tranches minces qu'on fait sauter dans le beurre avec sel, poivre, et quelques échalotes hachées. D'autre part, on fait cuire une poignée de champignons coupés par morceaux, dans un peu de bouillon dégraissé; on les ajoute au rognon sauté qu'on mouille d'une demi-tasse de bouillon et d'un demi-verre de vin blanc, et qu'on laisse cuire sur un feu doux. Si la sauce semble un peu trop longue, on retire les rognons et les champignons qu'on tient chauds sur le côté du fourneau; on ajoute à la sauce une demi-cuillerée de farine, autant de fines herbes hachées, sel et poivre au besoin. Quand elle est au degré de consistance désiré, on la verse sur les tranches de rognon au moment de servir. Cette sauce est beaucoup meilleure, quand on peut y joindre quelques cuillerées de jus de rôti réservé du dîner de la veille.

AMOURETTES DE VEAU.

On désigne sous ce nom la moelle épinière du veau. Après avoir été blanchies et refroidies à l'eau fraîche, les

amourettes de veau, qui ont la consistance et la saveur de
la cervelle, peuvent être cuites et accommodées de toutes les manières indiquées pour les mets dont la cervelle
de veau est la base (voyez *Cervelles de veau*, page 164).
L'emploi le plus fréquent des amourettes de veau consiste à les incorporer, coupées en petits morceaux, dans
les garnitures de ragoûts à la financière (page 104).

MOUTON.

La viande de mouton doit être choisie d'un rouge
brun, sans excès de graisse; la meilleure saison pour
manger le mouton avec l'ensemble de toutes les propriétés gastronomiques propres à cette viande commence en automne et finit en hiver; ce sont les pâturages d'automne qui donnent à la chair du mouton la
saveur la plus délicate. Les moutons de petite taille, plutôt bas sur jambes que trop haut montés, sont réputés les
meilleurs. Ceux qui vivent sur les pâturages maigres des
Ardennes, et sur les prairies des bords de la mer en Normandie et en Bretagne, sont particulièrement recherchés sous le nom de moutons de Présalé. A Paris, quand
l'octroi sur la viande était perçu par tête et non au poids,
il était assez difficile aux amateurs de bon mouton de
s'en procurer, à moins de la faire venir exprès des lieux
de provenance. En effet, un mouton d'un poids faible
ayant à payer les mêmes droits qu'un mouton de grande
taille, sa viande revenait à un prix très-élevé. Aujour-
d'hui, grâce à l'octroi perçu au poids et à la facilité des
transports par les chemins de fer, il entre à Paris autant
de petits moutons que de gros; il n'est plus difficile de
trouver à acheter du mouton des Ardennes ou de Pré-

salé à des prix peu différents de celui du mouton
commun.

La viande du mouton de toutes les races n'est bonne
qúe quand, sans avoir subi aucun commencement d'altération, elle est cependant suffisamment mortifiée; autrement, même quand elle est d'excellente qualité, la
viande du mouton trop fraîchement tué est dure et de
difficile digestion. Comme aliment habituel, la viande
de mouton, surtout celle de mouton rôti, entretient parfaitement la vigueur corporelle, sans trop favoriser l'o-
bésité. Ceux qui ont des dispositions à contracter un
embonpoint incommode parce qu'étant voués à des occupations qui exigent une grande dépense de force phy-
sique, ils mangent une forte ration de viande de boucherie, n'ont, pour changer cette disposition, qu'à renoncer
pendant un certain temps aux autres viandes, pour manger exclusivement du mouton; ils conserveront l'intégrité de leur vigueur, et ils cesseront d'engraisser.

GIGOT DE MOUTON ROTI.

Le gigot est la partie du mouton la plus recherchée ;
c'est en effet celle qui contient la meilleure viande.
Quand on choisit un gigot à la boucherie, il faut faire
attention à la longueur du manche. Si le manche est
long et que le gigot n'ait pas une bonne épaisseur par
rapport à son volume total, c'est qu'il provient d'un
mouton très-haut sur jambes, par conséquent à chair
longue et de qualité médiocre. Après l'avoir laissé mortifier en l'accrochant dans le garde-manger pendant un
ou deux jours en été et deux ou trois jours en hiver, on
le bat vivement des deux côtés avec un rouleau de bois
afin de l'attendrir, puis on le met à la broche. Le feu

doit être poussé très-vivement au début, et si là broche n'est pas mise en mouvement non interrompu par un tourne-broche, on doit retourner le gigot très-fréquemment. On le graisse d'abord légèrement de beurre frais, afin d'avoir de quoi l'arroser, et on le sale sur toutes ses surfaces. Habituellement on insère près du manche du gigot cuit à la broche une gousse d'ail ; mais la saveur de l'ail ne plaît pas à tous les consommateurs, et s'il y a lieu de craindre qu'elle ne soit pas agréable à tous les convives, on peut sans inconvénient supprimer la gousse d'ail. Quand le gigot a bien commencé à prendre couleur, on modère le feu et on continue la cuisson lentement jusqu'à ce qu'on soit certain qu'il ne doit plus rester que quelques portions rougeâtres à l'intérieur du gigot, et que, quand on le découpera, il ne sera ni trop desséché par un excès de cuisson, ni trop saignant par le défaut contraire. On ne peut assigner de durée fixe à la cuisson d'un gigot rôti ; cette durée varie selon la qualité et les dimensions du gigot. On le sert au sortir de la broche, en entourant le manche d'une touffe de papier blanc découpé. Le jus est servi à part dans une saucière ; il doit être parfaitement dégraissé.

GIGOT MARINÉ ET ROTI.

C'est la manière la plus coûteuse et la plus compliquée de préparer le gigot rôti. On fait choix d'un bon gigot plutôt un peu maigre que trop gras; on le dépouille de sa première peau, puis on le pique de lardons assaisonnés comme pour piquer un bœuf à la mode, mais un peu moins gros. Le gigot piqué est plongé dans une marinade formée de moitié vinaigre, moitié bouillon dégraissé, un fort assaisonnement de sel, poivre, fines herbes et échalotes hachées avec une gousse d'ail. Le gigot doit rester deux jours dans cette marinade ; on doit avoir soin de l'y retourner de temps à autre. Au moment de le faire rôtir, il est retiré de la marinade, égoutté, essuyé, puis frotté de tous les côtés avec un peu d'huile d'olive, après quoi il est mis à la broche devant un bon feu ; il faut l'arroser presque continuellement avec son jus, et le servir avec ce même jus bien dégraissé. Les petits gigots de mouton des Ardennes et de Présalé sont les meilleurs pour ce mode de préparation.

Dans les pays où la houille et le coke sont seuls employés pour le feu de la cuisine, et où presque toutes les cuisines sont pourvues d'une étuve de tôle, le gigot, mariné ou non, cuit tout aussi bien dans le four de l'étuve que devant un feu ouvert ; mais il faut une attention soutenue pour en surveiller la cuisson, le retourner et l'arroser de son jus à chaque instant, sans quoi il serait brûlé au dehors et tout cru à l'intérieur.

GIGOT A L'EAU.

Garnissez le fond d'une marmite à braiser (*fig.* 15) avec une ou deux bardes de lard, quelques carottes coupées en morceaux, trois ou quatre oignons, un bouquet garni, et un bon assaisonnement de sel et poivre. Posez par-dessus le gigot, dont vous aurez eu soin de faire rompre le manche sans le détacher, afin qu'il puisse être rapproché du reste du gigot par un ou deux tours de ficelle. Remplissez d'eau la marmite ; écumez dès que l'eau commence à bouillir, et laissez cuire aux trois quarts ; retirez alors le gigot de la marmite ; passez le bouillon ; remettez-le immédiatement dans la marmite avec le gigot, et continuez à le faire bouillir doucement jusqu'à ce qu'il soit très-cuit. Si la sauce est trop longue, faites-la réduire à part; ajoutez-y un peu de sauce espagnole ou de jus de rôti, avec un demi-verre de vin blanc; versez-la sur le gigot au moment de servir.

Dans les grandes cuisines, on dépouille le gigot de sa peau et on le pique de gros lard avant de le faire cuire à l'eau selon la recette précédente.

GIGOT BRAISÉ.

Désossez un gigot; piquez-le de gros lard et contenez-le par une forte ficelle. Mettez-le dans la marmite à braiser, avec plusieurs bandes de lard, des carottes, des oignons, un bon bouquet garni, un fort assaisonnement de sel et poivre, et versez par-dessus assez de bouillon dégraissé pour que le gigot désossé en soit complétement couvert. Mettez-y l'os du gigot rompu en deux ou trois morceaux. Faites cuire d'abord sur un bon feu; puis, quand l'ébullition est bien animée, couvrez le feu avec des cendres, posez sur la braisière un couvercle chargé de charbons allumés, et continuez la cuisson à petit feu jusqu'à ce que le gigot soit très-cuit. Retirez-le du feu; passez le jus; faites-le réduire s'il est trop clair, et versez-le sur le gigot au moment de servir.

GIGOT A LA MODE.

Désossez et piquez un gigot comme pour la recette précédente. Faites-le cuire avec un bon assaisonnement de sel et poivre, quelques carottes, deux ou trois oignons, et tout juste assez de bouillon pour que la viande ne s'attache pas au fond de la casserole. Retournez le gigot de temps à autre, afin qu'il cuise également; tenez la casserole constamment et exactement couverte; modérez le feu, et continuez la cuisson jusqu'à ce que le gigot à la mode soit excessivement cuit. Servez sans autre sauce que le jus rendu par le gigot pendant sa cuisson.

GIGOT DE SEPT HEURES.

La préparation du gigot de sept heures diffère peu de celle du gigot à la mode. La différence essentielle consiste en ce que le gigot de sept heures ne doit pas être complétement désossé; on conserve le manche avec la moitié environ de l'os principal. On pique de lardons de moyenne grosseur toute la partie charnue du gigot qu'il a fallu fendre pour le désosser à moitié, les lardons sont dirigés de manière à n'en rien laisser passer au dehors, puis le gigot lardé est ficelé pour lui rendre à peu près sa forme primitive. On le met alors dans une casserole, ou mieux, dans la marmite à braiser, avec le même assaisonnement que pour le gigot à la mode, et de plus, deux bonnes tranches de jambon cru, l'une dessous, l'autre dessus. La cuisson conduite avec un feu très-modéré dessus et dessous est dirigée comme celle du gigot à la mode; elle ne doit pas durer moins de sept heures.

GIGOT A LA PROVENÇALE.

On insère symétriquement dans la partie charnue d'un gigot de moyenne grosseur douze gousses d'ail, et deux fois autant de filets d'anchois bien lavés, et employés en guise de lardons. Le gigot ainsi préparé est graissé d'huile et cuit à la broche avec les soins précédemment indiqués (page 176). Tandis que le gigot est à la broche on épluche d'autre part plein un litre de gousses d'ail qu'on fait blanchir dans l'eau bouillante. Elles doivent y être plongées à trois reprises différentes, en changeant

l'eau à chaque fois; après quoi, on les laisse refroidir
dans l'eau froide, et l'on achève leur cuisson dans une
tasse de bouillon. Le gigot étant rôti à point, on dégraisse avec soin le jus qu'il a rendu ; on en assaisonne
les gousses d'ail, et l'on sert le gigot sur cette garniture.
Ce mets n'est supportable que pour ceux qui sont habitués à la cuisine du Midi, dans laquelle l'ail fait partie
obligée de presque tous les mets.

GIGOT A L'INFANTE.

Parez un gigot, désossez-le à moitié, et piquez-le
comme pour la recette du gigot de sept heures, puis
faites-le mariner pendant douze heures dans de l'huile
d'olive fortement assaisonnée de sel, poivre et fines herbes hachées. Mettez le gigot mariné dans une casserole
avec un demi-litre de vin d'Espagne ; les vins de Xérès
et de Malaga sont les meilleurs pour préparer le gigot
à l'Infante dans toute sa perfection. Ajoutez-y une bonne
garniture de petits oignons et de saucisses à chapelet.
Faites cuire avec les mêmes soins que pour le gigot de
sept heures. On sert le gigot à l'Infante entouré des saucisses et des oignons avec lesquels il a cuit, et sans autre
sauce que le jus de sa cuisson.

GIGOT A LA MÉNAGÈRE.

Désossez complétement un gigot ; ficelez-le, et faites-le
revenir dans le beurre en le retournant, afin qu'il prenne
une belle couleur sur toutes ses surfaces. Ajoutez sel,
poivre, deux ou trois oignons et autant de carottes, une
tasse de bouillon dégraissé, et laissez cuire pendant cinq
à six heures, en ménageant le feu. Quand le gigot est à
peu près cuit, passez la sauce, liez-la avec une demi-

cuillerée de farine ou de fécule de pommes de terre, après l'avoir dégraissée si elle semble trop grasse. Terminez la cuisson, toujours à très-petit feu, dans la sauce liée; servez le gigot à la ménagère avec son jus.

GIGOT AUX HARICOTS ET A D'AUTRES LÉGUMES.

C'est le gigot à la ménagère, sous lequel on sert des haricots cuits séparément et assaisonnés avec le jus du gigot. Pour que les haricots, les choux-fleurs ou les autres légumes qui doivent accompagner un gigot prennent une bonne saveur, il faut les retirer de l'eau, les laisser bien égoutter, et les faire cuire dans le jus un bon quart d'heure au moins avant de servir. Le gigot à la ménagère peut aussi être servi sur une purée de pois, ou sur une farce d'oseille ou de chicorée, avec son jus pour assaisonnement. C'est ce qu'on fait habituellement dans les ménages peu nombreux, où l'on fait cuire avec une garniture de différents légumes la moitié seulement d'un gigot à la ménagère.

GIGOT AU CHEVREUIL.

Préparez une marinade fortement assaisonnée de sel, poivre, thym, une feuille de laurier; ajoutez-y une poignée de baies de genièvre et une ou deux tiges de mélilot. Faites-y tremper pendant trois jours le gigot préparé comme un quartier de chevreuil, c'est-à-dire dépouillé de sa peau et piqué de fin lard. Retirez le gigot de la marinade; égouttez-le, et faites-le rôtir à la broche avec beaucoup de soin. Les traités de cuisine recommandent de laisser mortifier le gigot deux fois plus que de coutume, et de le faire ensuite séjourner cinq jours au moins dans la marinade avant de le mettre à la broche ; mais si l'on dépasse les limites indiqués dans la recette précédente, on ne fait que masquer sous une très-forte saveur de vinaigre et d'aromates le goût déplorable du mouton qui a subi un commencement de décomposition. Le gigot rôti en cet état ressemble, en effet, de loin au chevreuil; mais il n'est ni réellement bon ni facile à digérer. C'est par cet artifice que, dans les restaurants du second et du troisième ordre, on satisfait ceux qui aiment à se persuader qu'ils ont véritablement mangé du chevreuil.

GIGOT A L'ANGLAISE.

Parez un gigot, mais sans enlever la peau ; cassez le manche, afin de pouvoir le replier sur le gigot et le maintenir par deux tours de ficelle. Saupoudrez le gigot de farine sur toutes ses surfaces, puis enveloppez-le d'un linge blanc qui n'en laisse aucune partie à découvert, et mettez-le dans une marmite. Braisez avec une vingtaine de navets coupés par tranches, et assez d'eau bouillante modérément salée pour couvrir le tout. Laissez cuire à l'étouffée pendant deux heures. Retirez alors les navets, et tout le gigot chaud dans son jus, tandis que vous ferez cuire les navets bien égouttés, après les avoir passés par une passoire fine. Quand la purée de navets a pris la consistance désirée, mêlez-y quelques cuillerées de crème épaisse, dressez-la sur un plat de forme de pyramide, et ajoutez-y, en la retirant de la casserole, un fort assaisonnement de sel, poivre et muscade râpée. Au même moment, débarrassez le gigot du linge dans lequel il a cuit; faites fondre du beurre frais; mêlez-y quelques cuillerées de câpres, et servez le gigot avec une partie de cette sauce. Servez le reste dans une saucière pour être distribué aux convives comme assaisonnement de la purée de navets, qui doit être mangée avec le gigot. Cette manière toute britannique d'apprêter un gigot de mouton concentre dans la viande tout son jus, qui s'en échappe au moment où le gigot est découpé, et qui s'ajoute à la sauce aux câpres destinée à assaisonner la purée de navets sur l'assiette de chaque convive.

ÉPAULE DE MOUTON.

L'épaule de mouton, souvent aussi désignée sous le nom d'*éclanche*, peut recevoir toutes les préparations indiquées pour le gigot; sa chair en est seulement un peu plus longue et plus délicate. Les os, qui tiennent plus de place que la chair dans une épaule de mouton, sont habituellement enlevés, quelle que soit la préparation que l'épaule doit recevoir.

ÉPAULE DE MOUTON EN BALLON.

Après avoir désossé complétement une épaule de mouton, lardez-en les chairs avec de gros lardons préparés comme pour larder un bœuf à la mode; ayez soin que les lardons ne percent pas la peau extérieure, qui doit être conservée très-entière. Réunissez alors les bords de la peau de l'épaule de mouton désossée et piquée; liez-les avec une forte ficelle, et donnez à la pièce de viande ainsi préparée la forme la plus ronde possible. Mettez-la dans une casserole avec les mêmes accessoires et le même assaisonnement que pour faire cuire un gigot braisé (page 179). Placez l'épaule en ballon dans la marmite à braiser, de telle sorte que la partie ronde soit en-dessus et la partie ficelée au-dessous. Versez par-dessus une tasse de bouillon dégraissé; ajoutez un bon assaisonnement de sel et poivre, et faites cuire d'abord vivement, puis sur un feu doux, pendant deux heures. Passez le jus de la cuisson, dégraissez-le; faites-le réduire si la sauce vous paraît trop longue; dressez l'épaule en ballon sur un plat sans la déficeler, et versez la sauce réduite par-dessus au moment de servir. L'épaule de mouton, désossée et fortement ficelée pour qu'elle ne se déforme pas, est rarement rôtie, avec ou sans séjour préalable dans la marinade; la pièce n'est pas assez volumineuse et surtout pas assez épaisse pour se prêter convenablement à ce mode de préparation. Mais lorsqu'on l'accommode comme le gigot à la ménagère, le gigot à l'eau ou le gigot de sept heures, elle a toute la valeur gastronomique du gigot et peut parfaitement en tenir lieu, quand le repas où elle doit figurer ne réunit qu'un petit nombre de convives. La partie charnue d'une épaule de mouton désossée étant moitié moins épaisse que la même partie dans un gigot, la cuisson ne doit pas être aussi prolongée; cinq heures au lieu de sept suffisent pour une épaule de moyenne grosseur.

L'épaule de mouton, accommodée comme le gigot à la ménagère, peut être servie sur des haricots, des choux-fleurs, une farce d'oseille ou de chicorée, un entourage de carottes, de petits oignons ou de pommes de terre roussies, enfin avec toutes les garnitures qui peuvent accompagner un gigot préparé de la même manière.

ÉPAULE DE MOUTON FARCIE.

Après avoir complétement désossé une épaule de mouton, on la pare en rognant les peaux et supprimant une partie de la graisse, et on l'aplatit en l'étendant le

plus possible. Alors, après avoir convenablement assaisonné l'intérieur de sel et poivre, on étend dessus une
couche épaisse de farce à volaille (page 97), puis on
roule l'épaule de mouton, et on la maintient par plusieurs tours de ficelle. Quand elle est ainsi préparée, on
la fait revenir dans du beurre frais; on mouille avec une
demi-tasse de bouillon, et l'on fait cuire à petit feu pendant deux heures avec une ou deux carottes, autant d'oignons, un bouquet garni, et un bon assaisonnement de
sel et poivre. On sert avec le jus de la cuisson bien dégraissé; la sauce doit être très-courte.

ÉPAULE DE MOUTON A L'ITALIENNE.

Après avoir désossé, paré et aplati une épaule de
mouton, comme pour la recette précédente, on saupoudre
toute sa surface intérieure de sel, poivre et fines herbes
hachées, puis on la roule et on la ficelle pour la maintenir. Mettez dans une casserole les os provenant de l'é-
paule de mouton, deux carottes, deux oignons et un
bouquet garni. Posez sur ce fond de casserole l'épaule
de mouton roulée et passée au beurre, afin qu'elle soit
bien colorée de tous les côtés. Mouillez avec une forte
tasse de bouillon ou de consommé, et un verre de vin
blanc; couvrez la casserole et faites cuire pendant deux
heures sur un feu doux. Quand l'épaule de mouton est
bien cuite, passez le jus par un tamis, dégraissez-le;
ajoutez-y partie égale de sauce tomate (page 80); faites
réduire vivement ce mélange sur un bon feu; dressez
l'épaule à l'italienne sur un plat et versez la sauce dessus au moment de servir.

L'épaule de mouton, préparée et cuite comme pour
être accommodée à l'italienne, peut également être ser-

vie sur une farce de chicorée ou d'épinards, assaisonnée avec le jus de la cuisson préalablement dégraissé et réduit, si la sauce semble trop longue.

SELLE ou SELLETTE DE MOUTON.

La selle de mouton, qu'on nomme également *sellette*, est la partie de l'animal comprise entre le gigot et les premières côtes. Ce n'est que dans les grandes cuisines, pour les repas d'apparat réunissant un grand nombre de convives, que la sellette de mouton est préparée entière, de diverses façons, pour figurer sur la table en qualité de grosse pièce. Partout ailleurs, même dans la cuisine des familles aisées et riches, on ne fait cuire ordinairement que la moitié d'une sellette de mouton, préalablement désossée. Pour les ménages dans une position modeste, cette partie du mouton n'est pas assez avantageuse; elle contient trop d'os et trop peu de chair.

SELLETTE DE MOUTON BRAISÉE.

Après avoit fait désosser par le boucher la moitié d'une sellette de mouton, assaisonnez fortement la partie intérieure de sel, poivre, fines herbes hachées; ensuite repliez en dessous les bords de la peau, de manière à donner au morceau la forme d'un carré long; puis ficelez-la solidement. Garnissez de bardes de lard le fond d'une marmite à braiser; ajoutez-y trois ou quatre oignons et un bouquet garni. Posez la sellette de mouton ficelée sur cette garniture; versez dessus une tasse de bouillon et autant de vin blanc, et laissez cuire pendant deux heures et demie à trois heures, selon le volume de la pièce de viande avec feu dessus et dessous. Quand la cuisson est complète, déficelez le morceau de mouton;

enlevez la peau, qui doit se détacher très-facilement ; saupoudrez la surface de la sellette d'assez de persil haché pour qu'elle en soit entièrement couverte ; et servez sur le jus de cuisson bien dégraissé.

SELLETTE DE MOUTON PANÉE A L'ANGLAISE.

Faites cuire une demi-sellette de mouton désossée et assaisonnée comme pour la recette précédente. Quand elle est cuite, enlevez la peau, passez la pièce de mouton dans le beurre fondu, panez-la fortement avec de la mie de pain finement émiettée et laissez-la refroidir complétement. Alors, passez-la dans une omelette de quatre à six œufs, selon le volume de la pièce de viande, de manière à ce que toute sa surface soit bien enduite d'œufs battus, puis panez-la une seconde fois, plus fortement que la première. Pour faire bien prendre couleur à la sellette de mouton ainsi préparée et la réchauffer en même temps par degrés, mettez-la sur le gril avec un feu de braise qui ne soit pas trop vif, posez dessus un four de campagne chargé d'un bon feu de charbons, et entretenez le feu pendant une bonne demi-heure. D'autre part, passez la sauce de la cuisson, dégraissez-la, réduisez-la si elle vous paraît trop longue, versez-la dans un plat bien chaud, et servez sur cette sauce la sellette de mouton au sortir du gril.

S'il s'agit de faire figurer la sellette de mouton à l'anglaise dans un grand repas où elle doit être servie comme grosse pièce, le mode de préparation est le même ; mais comme il serait impossible d'avoir un gril et un four de campagne assez grands pour griller convenablement une pièce de ce volume, on la porte au four du boulanger ou du pâtissier, et l'on veille à ce que, sans risquer de brûler, elle prenne une belle couleur.

POITRINE DE MOUTON.

De même que la poitrine de veau, la poitrine de mouton contient plus d'os, de cartilages et de graisse que de parties mangeables. Cependant, précisément parce que cette partie du mouton est toujours vendue moins cher que les morceaux plus charnus et plus recherchés, la poitrine de mouton est fort employée dans la cuisine des familles de condition moyenne. De toutes les manières de l'accommoder, la plus usité est connue dans la cuisine bourgeoise sous le nom de haricot de mouton.

HARICOT DE MOUTON.

Faites couper par le boucher une poitrine de mouton en douze ou seize morceaux égaux. Garnissez le fond d'une casserole d'oignons coupés par tranches sur lesquels vous disposerez les morceaux de poitrine de mouton avec deux ou trois carottes, une branche de thym et une feuille de laurier. Arrosez le tout d'une grande tasse de bouillon dégraissé. Faites cuire sur un feu doux jusqu'à ce que la sauce soit presque tarie; mouillez de nouveau avec la même quantité de bouillon que la première fois, et laissez mijoter pendant deux heures sur un feu très-doux; assaisonnez de sel et poivre au moment où vous mouillez le haricot pour la seconde fois. D'autre part, faites roussir dans le beurre, jusqu'à ce qu'ils soient bien colorés, des navets longs coupés en morceaux. Retirez la poitrine de mouton de la casserole; ôtez-en les os les plus gros; passez le jus de cuisson, dégraissez-le, faites-le réduire au besoin; dressez les morceaux de poitrine sur les navets disposés au fond du plat, et versez

la sauce par-dessus. Ce mets doit être servi très-chaud.
Plusieurs livres de cuisine recommandent d'ajouter aux
navets qui doivent faire partie d'un haricot de mouton
un peu de sucre; on a déjà fait observer que l'admission
du sucre dans un mets dont la viande est la base est une
véritable anomalie en cuisine. On ne peut, assurément,
disputer des goûts; ceux qui veulent que les navets soient
sucrés, même quand ils doivent accompagner la viande,
peuvent sucrer les navets d'un haricot de mouton; mais
c'est, à notre avis, gâter un mets qui peut être excellent
quand il est fait avec soin et convenablement assaisonné.

On recommande surtout d'apporter un soin tout particulier à bien dégraisser la sauce du haricot de mouton.
Molière s'y connaissait bien, lorsqu'il mettait, dans sa
comédie de l'*Avare*, un haricot bien gras au rang des
mets *dont on mange peu et qui rassasient d'abord*.

HARICOT DE MOUTON A LA BOURGEOISE.

On coupe la poitrine de mouton en morceaux, comme
pour la recette précédente. On fait un roux blond avec
un bon morceau de beurre et une cuillerée de farine;
on y fait revenir les morceaux de poitrine pendant un
bon quart d'heure, puis on mouille avec deux tasses
d'eau chaude, et l'on ajoute deux oignons entiers, deux
clous de girofle, une branche de thym, une feuille de
laurier et un bon assaisonnement de sel et poivre. D'autre
part, faites revenir une bonne garniture de navets dans
du beurre jusqu'à ce qu'ils soient bien roux; égouttez-
les, salez-les, et ajoutez-les au haricot de mouton un
quart d'heure seulement avant la complète cuisson de
la viande. Servez, dans un plat bien chauffé d'avance,
les morceaux de poitrine au centre, les navets tout au-

tour ; dégraissez bien la sauce, et versez-la sur le tout aussi chaude que possible.

POITRINE DE MOUTON GRILLÉE.

La manière la meilleure et en même temps la plus économique de préparer ce mets consiste à faire cuire une poitrine de mouton entière dans le pot-au-feu, qui, dans ce cas, doit contenir autant de viande de bœuf de moins qu'on y met de viande de mouton. Quand la poitrine de mouton est suffisamment cuite, retirez-la de la marmite, laissez-la refroidir, passez-la au beurre fondu tiède et panez-la fortement. Laissez-la ensuite sur le gril seulement le temps nécessaire pour lui faire prendre couleur des deux côtés ; retournez-la une ou deux fois, et servez avec une sauce tomate ou une sauce piquante. La poitrine de mouton grillée peut aussi être servie sur une purée de pois, de haricots, de lentilles, ou sur une farce d'oseille ou de chicorée assaisonnée au jus.

POITRINE DE MOUTON EN CARBONADES.

Après avoir retranché l'os principal adhérent aux tendrons d'une poitrine de mouton, divisez-la en huit morceaux d'égale grandeur ; l'usage est de tailler les carbonades de poitrine de mouton d'une forme ovale par un bout et pointue par l'autre ; il va sans dire que cette régularité de formes n'ajoute rien à la valeur gastronomique de ce mets. Garnissez le fond d'une casserole d'une ou deux tranches de jambon maigre ; passez dessus les carbonades et couvrez-les de bardes de lard. Ajoutez un ou deux oignons, deux clous de girofle, une branche de thym, une feuille de laurier, quelques carottes coupées en morceaux, un bon assaisonnement de sel et poivre et une forte tasse de bouillon. Faites cuire doucement, pendant trois heures, feu dessus et dessous. Retirez alors les carbonades de la casserole; dégraissez le jus de cuisson, faites-le réduire et servez les carbonades avec cette sauce. On peut aussi les servir avec toutes les garnitures indiquées pour accompagner la poitrine de mouton grillée selon la recette précédente.

CARBONADES DE POITRINE DE MOUTON A LA PURÉE DE CHAMPIGNONS.

Faites cuire les carbonades de mouton exactement comme ci-dessus; égouttez-les, dégraissez la sauce, et faites-la réduire au moins de moitié sur un feu vif. D'autre part, préparez une purée de champignons de la manière suivante. Faites cuire, dans de l'eau légèrement salée, une quantité de champignons proportionnée au volume des carbonades. Quand les champignons sont cuits, tordez-les fortement dans un linge blanc, afin qu'il n'y reste pas d'eau de leur cuisson. Alors, hachez-les aussi finement que possible; préparez un roux blanc de bonne consistance, avec du beurre très-frais et une cuillerée de farine, sel et poivre. Mouillez avec du bouillon dégraissé et mêlez-y les champignons hachés. Faites cuire sur un feu doux, jusqu'à ce que la purée de champignons soit d'une bonne consistance; dressez-la sur un plat bien chauffé d'avance, et posez sur cette purée les carbonades de poitrine de mouton sur lesquelles vous verserez, au moment de servir, la sauce réduite provenant de leur cuisson.

FILETS DE MOUTON SAUTÉS.

Coupez des filets de mouton en tranches minces ; battez-les légèrement des deux côtés, et faites-les sauter au beurre jusqu'à ce qu'ils soient raffermis sans être trop cuits, ce qui n'exige pas plus de cinq minutes de cuisson. D'autre part, faites une sauce suffisamment épaissè, avec du jus de rôti, une pincée de farine et le beurre dans lequel ont cuit les filets de mouton. Passez l'un après l'autre les morceaux de filets dans cette sauce qui doit être assez consistante, afin que les filets en retiennent une couche sur leurs deux surfaces. Ajoutez un demi-verre de vin blanc, et un bon assaisonnement de sel et poivre à la sauce, et versez-la au milieu des filets dressés en couronne.

FILETS DE MOUTON AU CHEVREUIL.

Coupez les morceaux de filets de mouton comme pour la recette précédente ; piquez-les de lard, comme des fricandeaux. Faites bouillir dans du vinaigre quelques petits oignons, une branche de thym, une feuille de laurier et une gousse d'ail, avec un fort assaisonnement de sel et poivre. Versez le tout sur les filets de mouton piqués, et laissez-les mariner pendant vingt-quatre heures, en ayant soin qu'ils baignent complétement dans la marinade. Au bout de ce temps, laissez-les bien égoutter, embrochez-les dans une brochette de bois comme des alouettes, attachez la brochette à une broche, et faites rôtir vivement devant un feu très-ardent. Dressez les filets sur un plat, en couronne, et servez en même temps, dans une saucière, une sauce tomate ou une sauce ravigote chaude (page 80).

FILETS DE MOUTON PANÉS ET GRILLÉS.

Coupez les morceaux de filet de mouton comme pour les recettes précédentes. Passez-les au beurre fondu et panez-les une première fois; puis saupoudrez-les des deux côtés de sel et poivre; passez-les ensuite dans une omelette d'œufs bien battus, blancs et jaunes, et panez-les une seconde fois en leur faisant prendre autant de mie de pain finement émiettée qu'ils en pourront retenir. Mettez-les alors sur le gril, modérez le feu, et retournez les filets de temps en temps. Quand ils auront bien pris couleur des deux côtés, retirez-les du feu et dressez-les en couronne, après avoir placé au centre du plat une maître-d'hôtel (page 83). La chaleur des filets panés sortant du gril suffit pour rendre la sauce à la maître-d'hôtel suffisamment liquide, pourvu qu'on ait eu soin de passer préalablement le plat dans l'eau bouillante et de le bien essuyer.

COTELETTES DE MOUTON.

Les côtelettes sont une des parties les plus délicates et les plus recherchées du mouton; on peut les apprêter d'un grand nombre de manières; sous toutes les formes que la cuisine peut leur donner, elles constituent des mets également sains et agréables.

COTELETTES GRILLÉES A LA MINUTE.

Parez des côtelettes en leur ôtant les peaux et les parties non mangeables, à l'exception de l'os principal; battez-les des deux côtés, et saupoudrez-les de sel et poivre. Faites-les cuire sur le gril, sur un feu vif, et ne les retournez qu'une fois, afin qu'elles ne perdent pas leur jus. Les vrais amateurs de mouton mangent les côtelettes grillées sans sauce, mais avec une garniture de pommes de terre roussies au beurre. Le plus souvent, on dresse les côtelettes en couronne sur un plat chauffé d'avance, et l'on place au centre une maître-d'hôtel qui se liquéfie par la chaleur du plat et par celle des côtelettes, qui doivent être mangées en sortant du gril.

COTELETTES PANÉES ET GRILLÉES.

Les côtelettes étant parées et battues comme les précédentes, on peut les paner de deux manières différentes. La plus usitée consiste à passer les côtelettes dans du beurre fondu tiède et à les saupoudrer immédiatement de mie de pain finement émiettée. La seconde manière consiste à plonger l'une après l'autre chaque côtelette dans le pot-au-feu, un peu avant de tremper la soupe grasse. A cet effet, on retire la marmite du feu pour suspendre un moment son ébullition et laisser la graisse du bouillon monter à la surface. Les côtelettes sont ainsi imprégnées de la graisse du pot-au-feu et panées aussitôt après. Les côtelettes panées par l'un ou l'autre de ces deux procédés sont saupoudrées de sel et poivre et cuites sur le gril, sur un feu très-doux; la cuisson doit durer au moins un bon quart d'heure; les côtelettes panées doivent être retournées deux ou trois fois. On peut les servir comme les côtelettes à la minute, sans sauce, avec une garniture de pommes de terre roussies au beurre. On les sert aussi avec une maître-d'hôtel ou avec un roux blond, mouillé d'un peu de consommé ou de jus de rôti et d'un jus de citron, ou d'un filet de vinaigre.

COTELETTES SAUTÉES.

Parez et battez les côtelettes, puis faites-les sauter dans du beurre fondu très-frais en les retournant à plusieurs reprises ; elles ne doivent pas cuire plus de cinq minutes. Faites un roux blond avec le beurre dans lequel les côtelettes ont été sautées ; ajoutez-y un filet de vinaigre et quelques cuillerées de jus de roti ou de sauce de ragoût réservée du repas de la veille. Versez cette sauce sur les cotelettes dressées en couronne sur un plat ; servez très-chaud avec une garniture de pommes de terre roussies au beurre (page 102).

COTELETTES AUX CONCOMBRES.

Faites parer et battre par le boucher de belles côtelettes, pas trop minces ; piquez-les de fin lard, comme des fricandeaux. Garnissez le fond d'une casserole de deux tranches de veau maigre et d'une tranche de jambon ; posez les côtelettes piquées sur cette garniture ; ajoutez un oignon piqué de deux clous de girofle, une ou deux carottes, une feuille de laurier, sel et poivre ; couvrez le tout de tranches de lard, et versez par-dessus une forte tasse de bouillon dégraissé. Faites cuire à petit feu pendant deux heures et demie à trois heures. Retirez les côtelettes de la casserole ; tenez-les chaudement dans un plat couvert, sur le côté du fourneau. Passez la sauce, dégraissez-la, faites-la réduire jusqu'à ce qu'elle soit très-épaisse, et versez-la sur les côtelettes dressées en couronne. Remplissez le puits avec une garniture de concombres à la crème (voy. *Concombres*). Cette manière de préparer les côtelettes de mouton est une des plus compliquées et des plus dispendieuses ; elle constitue un mets très-distingué; pour être bon, il doit être accommodé avec beaucoup de soin.

Recette. — Côtelettes bien parées et piquées, 12. Veau en tranches, 250 grammes; jambon cru, 125 grammes; lard, 125 grammes; 1 oignon, 2 carottes; une feuille de laurier; sel et poivre; bouillon, une tasse. Concombres épluchés et coupés en tranches, 2; crème, un quart de litre. Cuisson des côtelettes, deux heures et demie à trois heures.

COTELETTES A LA SOUBISE.

Parez et piquez douze côtelettes de mouton; faites-les cuire de la même manière que les côtelettes aux concombres et avec le même assaisonnement. Dressez-les en couronne, arrosez-les de leur sauce de cuisson bien dégraissée et très-réduite, et versez dans le puits une purée d'oignons ou Gascogne (page 106).

COTELETTES A LA MAINTENON.

Parez et piquez des côtelettes de mouton; faites-les cuire comme celles des deux recettes précédentes. Retirez-les de la casserole; enveloppez-les de farce à côtelettes (page 101); enfermez-les isolément chacune dans une papillote de papier bien graissé de beurre, et mettez-les un bon quart d'heure sur le gril, en ayant soin de les retourner à plusieurs reprises. Servez les côtelettes à la Maintenon dans leurs papillotes; servez en même temps dans une saucière leur sauce de cuisson dégraissée, avec un filet de vinaigre ou le jus d'un citron.

QUEUES DE MOUTON.

La cuisine moderne a un peu trop mis à l'écart les queues de mouton, dont nos ancêtres faisaient très-grand cas, et avec raison, car elles peuvent, entre les mains d'un cuisinier expérimenté, fournir plusieurs mets fort délicats. On ne doit pas servir ces mets aux convives qu'on sait être doués d'un robuste appétit ; la queue de mouton contient plus d'os que de parties mangeables. Une complainte du xve siècle, sur la détresse du roi Charles VII pendant ses longues guerres contre les Anglais, dit, pour faire bien comprendre l'état peu florissant de la cuisine de ce prince :

> Un jour que La Hire et Poton
> Le vindrent voir, pour festoyement,
> N'avait qu'*une queue de mouton*,
> Et deux poulets, tant seulement!

On comprend que ce menu n'était pas à la hauteur de la faim des deux braves chevaliers et du roi lui-même, et qu'il n'y avait pas là de quoi les rassasier. Il ne faut pas choisir les queues de mouton trop chargées de graisse; elles sont moins bonnes que celles des moutons modérément engraissés.

QUEUES DE MOUTON BRAISÉES.

Garnissez le fond d'une casserole de deux fortes bardes de lard; posez dessus une tranche de mouton maigre et une tranche de jambon cru. Sur cette garniture, étendez huit queues de mouton avec deux oignons piqués chacun d'un clou de girofle, deux carottes, deux feuilles de laurier, un bouquet garni et un bon assaisonnement de sel et poivre. Couvrez le tout de bardes de lard, et versez par-dessus assez de bouillon dégraissé pour que les queues de mouton y baignent complétement. Faites cuire pendant trois heures sur un feu doux; retirez les queues de mouton de la casserole ; passez la sauce de cuisson, dégraissez-la, ajoutez-y une demi-cuillerée de farine, mouillez avec un verre de vin blanc, et laissez réduire en bonne consistance. Dressez les queues de mouton sur un plat chauffé d'avance, versez dessus la sauce réduite, et servez le plus chaud possible.

On fait cuire de même, et avec le même assaisonnement, des queues de mouton qu'on sert avec une purée d'oseille, de chicorée, de haricots ou de lentilles. Les purées sont éclaircies avec la sauce de cuisson réduite. Dans ce cas, cette sauce ne doit être ni aussi complétement dégraissée, ni aussi réduite que pour les queues de mouton qui doivent être servies sans purée ; une sauce un peu longue et modérément grasse convient mieux qu'une sauce trop dégraissée et trop épaisse pour accommoder les purées sur lesquelles on sert les queues de mouton préalablement cuites à la braise.

QUEUES DE MOUTON PANÉES, A L'ANGLAISE.

Faites cuire, comme pour les accommoder à la braise, douze queues de mouton ; les plus petites, pour ce mets, sont les meilleures. Retirez-les de la casserole et laissez-les refroidir. Faites fondre dans un plat chaud du beurre frais, en ayant soin qu'il soit seulement tiède. Cassez dans le beurre fondu cinq à six œufs, selon leur grosseur ; battez vivement, afin que le beurre fondu soit parfaitement incorporé dans les œufs battus ; passez les queues de mouton braisées une à une dans les œufs ainsi préparés, et saupoudrez-les de mie de pain finement émiettée avec un bon assaisonnement de sel et poivre. Faites cuire doucement les queues de mouton panées sur le gril ; couvrez-les d'un four de campagne chargé d'un bon feu

de charbon, afin qu'elles puissent prendre couleur des
deux côtés sans qu'il soit nécessaire de les retourner sur
le gril. Dès qu'elles sont suffisamment colorées, servez
avec la sauce de cuisson dégraissée et réduite.

QUEUES DE MOUTON PANÉES ET FRITES.

Après avoir fait cuire les queues de mouton à la braise,
on peut les paner comme pour la recette précédente et
les faire frire, au lieu de les faire cuire sur le gril. Mais
comme les queues de mouton frites doivent être mangées
sans sauce, ce mets serait un peu fade, si l'on se bornait
à paner les queues de mouton comme celles qui doivent
être grillées et servies avec une sauce d'un goût relevé.
Pour remédier à cet inconvénient, quand on a retiré les
queues de mouton de leur sauce de cuisson, on passe
cette sauce, on la dégraisse, on y ajoute un roux blond
mouillé avec un demi-verre de vin blanc, et on la laisse
réduire jusqu'à ce qu'elle devienne très-épaisse. Alors
on y passe les queues de mouton l'une après l'autre,
afin qu'elles en soient bien imprégnées, puis on les pane
avec de la mie de pain finement émiettée, à laquelle on
ajoute un tiers de son poids de fromage parmesan râpé.
D'autre part, on bat des œufs avec du beurre frais fondu,
comme pour la recette précédente, et fortement assaisonné de sel et poivre. On y passe les queues de mouton
déjà panées une première fois, et on les pane de nouveau
avec ce qui reste de la mie de pain préparée comme ci-
dessus. On a eu soin de tenir prête une friture très-
chaude dans laquelle on les plonge aussitôt; elles ne
doivent y rester que le temps nécessaire pour leur faire
prendre une belle couleur. On dresse les queues de
mouton frites, en forme de buisson, debout sur un plat,

les gros bouts en bas, la pointe en haut, avec une forte
poignée de persil frit.

QUEUES DE MOUTON EN HOCHEPOT.

On fait cuire préalablement les queues de mouton à la
braise, en y ajoutant, outre les ingrédients indiqués
pour cette préparation, 500 grammes de lard gras et
maigre coupé en petits morceaux. Cette quantité de lard
convient pour six queues de mouton ; les plus fortes,
pourvu qu'elles ne soient pas trop chargées de graisse,
sont les meilleures pour être mises en hochepot. Retirez
les queues de mouton de la casserole, passez et dégraissez
la sauce, et faites-la réduire d'une bonne épaisseur.
D'autre part, faites blanchir par quelques minutes d'é-
bullition, dans de l'eau très-légèrement salée, une bonne
garniture de carottes, navets coupés en morceaux, racines
de céleri et petits oignons, le tout en quantité proportionnée au nombre des queues de mouton que ces légumes doivent accompagner. Égouttez-les et faites-les
cuire dans une casserole avec le lard coupé en petits
morceaux qui a déjà cuit en même temps que les queues
de mouton ; arrosez le tout de bon bouillon dégraissé,
et dès que les légumes sont suffisamment cuits, sans
être déformés ni réduits en purée, retirez-les de la casserole ; ajoutez au jus de leur cuisson la sauce de cuisson
des queues de mouton ; dégraissez ce mélange, et laissez
réduire en bonne consistance. Dressez les queues de
mouton sur un plat, les légumes tout autour, et versez
la sauce bouillante par-dessus ; servez très-chaud.

On supprime à dessein le sucre indiqué dans la plupart des livres de cuisine comme assaisonnement obligé
des légumes qui doivent accompagner des queues de

mouton en hochepot, ce qui rend ce mets fade et insupportable à tous les convives qui n'ont pas le sens du goût
détérioré. Les queues de mouton préparées en hochepot,
avec soin, d'après la recette précédente, sont un des
meilleurs mets de la cuisine bourgeoise, et peuvent être
servies sur les meilleures tables.

QUEUES DE MOUTON A LA CHIPOLATA.

Comme dans ce mets les queues de mouton ne sont
qu'un accessoire, il n'en faut pas mettre plus de quatre
à six, selon leur grosseur et le nombre des convives.
Mettez dans une marmite à braiser des tranches de lard,
une tranche de veau et une de jambon cru ; posez sur
cette garniture les queues de mouton avec six ailerons
de dindon à demi désossés, 500 grammes de lard gras
et maigre coupé en morceaux, une tasse de bouillon dégraissé et un bon assaisonnement. Quand les queues de
mouton ont cuit pendant une bonne heure et que vous
les jugez à moitié cuites, mettez dans la marmite vingt-
quatre petites saucisses à chapelet, un demi-cent de marrons rôtis à moitié et soigneusement épluchés, et deux
fortes poignées de champignons entiers. Terminez la
cuisson des queues de mouton avec ces accompagnements ; quand le tout est bien cuit, renversez la marmite
sur un tamis de crin, et laissez bien égoutter la sauce.
Dressez sur un grand plat creux pouvant supporter l'action du feu les queues de mouton et les ailerons de
dindon autour desquels vous disposerez artistement les
saucisses, les petits morceaux de lard, les marrons et les
champignons. Faites promptement réduire sur un feu
vif la sauce de cuisson bien dégraissée ; versez-la bouil-

lante sur les queues de mouton ; laissez le plat une ou deux minutes sur le feu, et servez très-chaud.

QUEUES DE MOUTON EN RAGOUT.

Faites cuire six ou huit queues de mouton à la braise, égouttez-les et coupez-les chacune en deux morceaux d'égale longueur. D'autre part, faites revenir dans du beurre frais des ris de veau coupés en morceaux, une vingtaine de marrons rôtis bien épluchés, quatre ou cinq fonds d'artichaut coupés chacun en quatre morceaux, et une douzaine de champignons. Retirez le tout de la casserole et laissez-en bien égoutter le beurre. Passez et dégraissez la sauce de cuisson des queues de mouton ; ajoutez-y une demi-cuillerée de farine, un verre de vin blanc, trois ou quatre cuillerées de jus de rôti ; remettez sur le feu dans cette sauce les queues de mouton, les ris de veau et le reste de la garniture ; quand les ris de veau sont suffisamment cuits, dressez les morceaux de queue de mouton au centre d'un plat, et versez par-dessus la sauce avec le reste du ragoût. On peut joindre à ce mets des quenelles de volaille, des crêtes de coq, des cervelles de mouton, et tout ce qui entre dans la composition d'un ragoût à la financière (page 104).

PIEDS DE MOUTON.

Les pieds de mouton fournissent à la cuisine française un certain nombre de mets d'un usage journalier dans la cuisine bourgeoise comme dans celle des meilleures maisons. Ces mets sont assez difficiles à digérer quand les pieds de mouton ne sont pas excessivement cuits ; ils ne sauraient, pour ainsi dire, être trop cuits ; de quelque manière qu'on veuille les accommoder, ils doivent cuire au moins pendant quatre à cinq heures.

PIEDS DE MOUTON A LA BOURGEOISE.

Faites un roux blanc, mouillez-le d'une quantité de bouillon dégraissé proportionnée au nombre des pieds que vous désirez apprêter ; faites cuire dans ce blanc les pieds de mouton préalablement échaudés, soigneusement nettoyés, refroidis dans l'eau fraîche et désossés de l'os principal, mais sans les déformer. Après quatre à cinq heures de cuisson non interrompue sur un feu doux, retirez les pieds du blanc où ils ont cuit et qui doit être considérablement réduit. Faites fondre dans ce qui reste de la cuisson 125 grammes de beurre frais avec deux ou trois échalotes, quelques ciboules et une pincée de persil finement hachés. Si la sauce ne vous paraît pas assez épaisse, ajoutez encore une demi-cuillerée de farine, mouillez avec un peu de bouillon dégraissé, remettez les pieds de mouton dans cette sauce, et quand ils sont bien réchauffés, mais sâns bouillir, liez la sauce avec deux ou trois jaunes d'œufs au moment de servir.

PIEDS DE MOUTON A LA POULETTE.

Faites cuire les pieds de mouton pendant quatre à cinq heures dans un roux blanc étendu d'une quantité suffisante de bouillon dégraissé. Quand ils sont parfaitement cuits, égouttez-les et tenez-les chaudement dans un plat couvert, afin qu'ils ne se refroidissent pas trop. Faites cuire d'autre part dans du bouillon dégraissé une bonne garniture de champignons coupés en morceaux ; égouttez-les, mettez-les dans une casserole avec 125 grammes de beurre frais, une demi-cuillerée de farine, une cuil-

lerée de persil haché très-fin et un bon assaisonnement
de sel et poivre, remuez vivement et ajoutez trois jaunes
d'œufs, en prenant garde de ne pas trop chauffer, parce
que la sauce tournerait; mettez les pieds de mouton dans
cette garniture quelques minutes avant de servir, afin
qu'ils se pénètrent bien de la sauce ; assaisonnez de sel
et poivre, et servez aussi chaud que possible sans laisser
bouillir la sauce.

Les pieds de mouton cuits au blanc sont également
servis avec une purée d'oignons ou Gascogne (page 106),
ou avec une sauce tomate préparée comme pour accompagner le bœuf bouilli (page 80).

PIEDS DE MOUTON MARINÉS ET FRITS.

Faites cuire les pieds de mouton au blanc, comme
pour les recettes précédentes; laissez-les bien égoutter,
et quand ils sont complétement refroidis, faites-les tremper dans une marinade composée de vinaigre, sel, poivre, fines herbes et échalotes hachées. Un quart d'heure
avant de les faire frire, retirez les pieds de mouton de
la marinade, et passez-les dans la pâte à frire (page 90).
Faites-leur prendre une belle couleur et servez avec une
garniture de persil frit.

PIEDS DE MOUTON FARCIS.

Après avoir bien échaudé et nettoyé les pieds de mouton, retirez-en l'os principal, en ayant soin de les fendre
seulement du côté intérieur. Remplissez le vide laissé
par l'enlèvement de l'os avec une farce à quenelles
(page 42), ou une farce comme celle dont on remplit
les volailles qu'on veut faire rôtir. L'une ou l'autre de
ces farces doit être fortement assaisonnée, parce que

devant cuire pendant quatre à cinq heures, les pieds farcis perdent en partie leur assaisonnement en cuisant. On
peut ensuite faire cuire les pieds de mouton farcis et solidement cousus pour que la farce ne puisse en sortir,
dans un blanc préparé comme pour les recettes précédentes; mais si l'on veut qu'ils soient aussi bons et d'aussi
bon goût qu'ils peuvent l'être, il faut les faire cuire de
la manière suivante. Faites fondre dans une casserole
125 grammes de saindoux et autant de beurre frais; faites revenir dans ce mélange 125 grammes de veau maigre, coupé en petits morceaux, et deux cuillerées de fines
herbes hachées; ajoutez une cuillerée de farine, une tasse
d'eau chauffée d'avance, et deux citrons coupés en tranches minces. Rangez les pieds farcis au fond d'une casserole, et versez dessus la préparation précédente. Laissez
cuire pendant quatre à cinq heures; égouttez les pieds
farcis, retirez le fil de la couture, dressez sur un plat, et
versez dessus une sauce à la poulette, une sauce espagnole, ou, à défaut de cette sauce, du jus de rôti mêlé de
vin blanc par parties égales, et réduit en bonne consistance. C'est un mets fort distingué, dont on peut varier
la forme en modifiant la sauce qui accompagne les pieds
de mouton farcis. Dans les grandes cuisines, on sert habituellement les pieds de mouton farcis, avec un velouté
(page 68).

PIEDS DE MOUTON A LA PROVENÇALE.

Faites cuire les pieds de mouton au blanc, et tandis
qu'ils cuisent, préparez d'autre part la sauce provençale
suivante, afin de pouvoir les y plonger dès qu'ils sont
cuits, sans leur laisser le temps de refroidir. Dans
250 grammes d'huile d'olive fine, très-chaude, faites

roussir une douzaine de gros oignons coupés d'abord en deux parties égales de haut en bas, ensuite horizontalement en tranches très-minces, de manière à ce que chaque tranche forme un demi-cercle. Quand les oignons ont bien pris couleur, retirez-les avec un écumoir, et tenez-les chaudement dans un plat couvert sur le côté du fourneau. Otez de la casserole environ la moitié de l'huile qui a servi à faire roussir les tranches d'oignon ; assaisonnez de bon goût avec sel, poivre et muscade râpée ; versez dans l'huile bouillante le jus de trois ou quatre citrons, ou, à défaut de citrons, trois ou quatre cuillerées de vinaigre, et autant de bouillon bien dégraissé ; faites bouillir le tout une ou deux minutes seulement, et versez cette sauce sur les pieds de mouton dressés sur un plat chauffé d'avance ; couvrez-les des oignons roussis, dont la quantité doit varier selon le nombre des pieds de mouton, afin qu'ils puissent en être entièrement recouverts. Ce mets ne convient qu'aux consommateurs méridionaux à qui la saveur de l'huile chaude, associée à celle de l'oignon, plaît à l'égal de celle de l'ail.

LANGUES DE MOUTON.

La chair des langues de mouton est tendre mais un peu fade ; elle doit, pour être mangeable, être assez fortement assaisonnée. La langue de mouton est très-grosse par rapport au volume de la tête ; il n'en faut pas plus de quatre ou cinq pour composer un plat assez considérable.

LANGUES DE MOUTON BRAISÉES.

Garnissez le fond d'une marmite à braiser, de deux fortes tranches de lard et une tranche de veau ; posez dessus quatre ou cinq langues de mouton préalable-

ment blanchies et refroidies comme des pieds de veau
(page 156), puis piquées dans leur longueur de trois
rangs de fin lard fortement assaisonné. Entourez les
langues de carottes coupées en morceaux, deux gros
oignons avec autant de clous de girofle, un bouquet garni,
et un fort assaisonnement de sel et poivre; couvrez-les
d'une ou deux bardes de lard, et versez dessus assez de
bon bouillon dégraissé pour les couvrir complétement.
Mettez la marmite sur un feu doux, et laissez cuire quatre heures, à très-petit feu. Les langues de mouton ne
contenant pas de parties grasses, la sauce de cuisson n'a
presque pas besoin d'être dégraissée. Quand les langues
sont bien cuites, on la passe, on y ajoute un demi-verre
de vin blanc, puis on la fait réduire en bonne consistance. On sert les langues fendues en deux dans le sens
de leur longueur et arrosées de leur sauce de cuisson
réduite; on les entoure des carottes qui ont été cuites
en même temps, et qu'on a dû retirer assez à temps
pour qu'elles ne tombent pas en purée.

Dans beaucoup de ménages, on fait cuire les langues
de mouton braisées sans les piquer, et sans autre garniture qu'un peu de petit-salé, et l'on remplit la marmite d'eau, au lieu de la remplir de bouillon. La différence des frais à faire pour ce mode de préparation n'est
pas très-considérable comparativement à ceux de la recette qui précède; la différence des deux mets est comme
celle du jour à la nuit.

LANGUES DE MOUTON AUX POMMES DE TERRE.

Faites cuire des langues de mouton braisées comme
ci-dessus; faites un roux blond que vous mouillerez
avec la sauce de cuisson des langues, sans faire réduire

cette sauce qui doit rester un peu longue. Fendez les langues en long et dressez-les en rond autour d'un plat assez grand. Remplissez le centre d'une garniture copieuse de pommes de terre roussies au beurre (page 102) ; cette garniture doit être assez abondante pour que les pommes de terre puissent former une pyramide au milieu du plat. Versez la sauce, fortement assaisonnée de sel et poivre, sur la pyramide de pommes de terre et sur les langues de mouton ; servez très-chaud.

LANGUES DE MOUTON AU GRATIN.

Remplissez un plat pouvant supporter l'action du feu d'un bon gratin (page 98), en quantité proportionnée au nombre des langues ; posez sur ce gratin les langues fendues en long ; couvrez-les de bardes de lard ; posez dessus le four de campagne bien chargé de charbons allumés ; ménagez le feu sous le plat afin que le gratin ne brûle pas. Quand vous le jugez suffisamment cuit, enlevez les bandes de lard qui couvrent les langues de mouton ; si la graisse surnage le gratin, faites-la écouler avec précaution, et versez sur le tout la sauce de cuisson des langues mêlée par parties égales de vin blanc, et convenablement réduite. Ce mets doit être servi bouillant dans le plat où il a été préparé.

LANGUES DE MOUTON EN PAPILLOTES.

Faites cuire les langues de mouton comme précédemment, mais sans les piquer ; fendez-les dans le sens de leur longueur, et laissez-les complétement refroidir. Posez les demi-langues froides isolément au milieu d'un carré de papier huilé après les avoir fortement saupoudrées des deux côtés de fines herbes hachées, et

les avoir enfermées dans deux minces bardes de lard,
une dessous et une dessus. Repliez les bords du papier
et plissez-les en forme de papillotes; ficelez les deux
bouts afin que les papillotes ne puissent s'ouvrir, et
placez-les sur le gril, sur un feu très-doux; dix minutes de cuisson suffisent. Servez les papillotes dressées
en couronne sur un plat; servez en même temps dans
une saucière le jus de cuisson des langues de mouton
dégraissé, étendu de vin blanc, et réduit comme pour la
recette précédente.

ROGNONS DE MOUTON.

Les rognons de mouton ne fournissent à la cuisine
française qu'un petit nombre de mets spécialement utiles
pour les déjeuners à la fourchette. Les personnes dont
l'estomac est délicat digèrent difficilement les rognons de
mouton de quelque façon qu'ils soient accommodés.

ROGNONS A LA BROCHETTE.

Enlevez la pellicule extérieure de six rognons de
mouton; fendez-les dans le sens de leur longueur et
tenez les deux moitiés écartées en les traversant d'une
brochette de bois; chaque brochette peut maintenir ou-
verts trois rognons à la suite l'un de l'autre. Trempez
les rognons ainsi préparés dans du beurre fondu tiède
et panez-les avec de la mie de pain finement émiettée,
assaisonnée de sel et poivre. Faites cuire les rognons
panés sur le gril en ayant soin de les retourner une ou
deux fois; retirez les brochettes, dressez les rognons sur
un plat bien chauffé d'avance. Placez au centre de chaque
rognon un morceau de beurre de la grosseur d'une noix,
pétri avec un peu de farine, fines herbes hachées, sel et

poivre, comme pour une sauce à la maître-d'hôtel, et arrosez légèrement les rognons de jus de citron. Ce mets doit être servi assez chaud pour que la chaleur des rognons jointe à celle du plat fasse fondre le beurre de la maître-d'hôtel. C'est une manière prompte et économique de préparer des rognons de mouton pour improviser un déjeuner substantiel.

ROGNONS DE MOUTON SAUTÉS.

Préparez les rognons de mouton comme pour les faire cuire à la brochette, mais en séparant complétement les deux moitiés de chaque rognon. Faites-les sauter dans le beurre sur un feu vif avec un bon assaisonnement de sel et poivre; retournez-les fréquemment, jusqu'à ce que vous les jugiez suffisamment cuits. D'autre part, faites roussir dans le beurre des croûtons de pain de même grandeur et en même nombre que les moitiés de rognons. Dressez sur un plat les demi-rognons sautés, chacun avec un croûton frit. Versez sur le tout une sauce espagnole, ou, à défaut de cette sauce, un roux blond mouillé avec une demi-tasse de bon consommé et un demi-verre de vin blanc. Ajoutez à la sauce, au moment de servir, le jus d'un citron ou un filet de vinaigre.

ROGNONS DE MOUTON AU VIN DE CHAMPAGNE.

Parez une douzaine de rognons de mouton, fendez-les en long, coupez chaque moitié en huit ou dix tranches, mettez-les dans une casserole avec des champignons coupés en morceaux en quantité à peu près égale à la moitié des rognons. Assaisonnez le tout assez fortement de sel, poivre, et un peu de muscade râpée. Faites sauter les rognons et les champignons ensemble dans 125 gram-

mes de beurre frais, avec une cuillerée à bouche de fines
herbes hachées. Quand les rognons sont suffisamment
cuits, ajoutez-y une forte cuillerée de farine et tournez
vivement, mouillez avec du grand jus (page 67) ou de
la sauce espagnole, à laqnelle vous mêlerez un bon verre
de vin de Champagne. Au moment de servir, mettez
encore dans la casserole 30 grammes de beurre frais;
dès qu'il est fondu, servez avec le jus d'un citron ou un
filet de vinaigre.

Ce n'est que dans les très-grandes cuisines que le vin
de Champagne est usité pour accommoder les rognons de
mouton; partout ailleurs on se sert d'un bon vin blanc
ordinaire, et il faut être très-fin gourmet pour s'apercevoir de cette substitution.

CERVELLES ET AMOURETTES DE MOUTON.

Ces parties du mouton peuvent recevoir tous les genres
de préparation indiqués pour les cervelles et les amourettes de veau, sans aucune modification (page 164).

AGNEAU.

Sur les marchés des grandes villes, l'agneau est toujours vendu avec sa toison, ce qui permet de distinguer
à quelle race il appartient. Les agneaux mérinos ou
métis-mérinos, reconnaissables à l'épaisseur de leur
laine fine et très-frisée, ont la chair moins délicate que
les agneaux des races à laine plus ou moins longue et
soyeuse. L'âge auquel la chair de l'agneau possède toutes
les propriétés qui la font rechercher est celui de deux
mois à deux mois et demi, parce que les agneaux de cet
âge n'ont pas mangé, et ont vécu exclusivement du lait

de leur mère. L'époque de l'année pendant laquelle l'agneau est le meilleur commence au milieu de décembre et finit vers le milieu d'avril.

AGNEAU ROTI ENTIER.

Pour les repas auxquels un grand nombre de con-vives doit prendre part, on fait cuire à la broche un agneau entier préparé de la manière suivante. Après avoir séparé la tête, désossez le collet jusqu'à la nais-sance des épaules. Maintenez les deux quartiers de devant suffisamment écartés au moyen de fortes brochettes de bois ; cassez vers le milieu de leur longueur les os des deux gigots, afin de pouvoir croiser leurs manches l'un sur l'autre. Assujettissez l'agneau à la broche avec une ou deux fortes brochettes solidement ficelées, afin qu'il ne puisse ni se déranger, ni se déformer. Cela fait, cou-vrez toute sa surface extérieure de bardes de lard, et en-veloppez-le complétement de papier huilé, puis faites-le tourner à la broche pendant deux heures devant un feu modéré. Enlevez alors le papier et les bardes de lard en partie fondues, ravivez le feu, et faites prendre cou-leur à toutes les parties de l'agneau rôti. Servez, en reti-rant l'agneau de la broche, avec le jus qu'il a rendu en rôtissant, auquel vous ajouterez, après l'avoir bien dé-graissé, un peu de grand jus, si la sauce ne vous paraît pas suffisamment abondante.

MOITIÉ D'AGNEAU A LA BROCHE.

Pour avoir un rôti d'agneau moins considérable, quand on a moins de convives à traiter, on fait rôtir la moitié postérieure d'un agneau coupé vers le milieu de sa lon-gueur, en deux parties à peu près égales. Dans ce cas, il est d'usage de piquer de lardons de moyenne grosseur toute l'épaisseur des deux gigots, ce qui a pour effet de faciliter l'écoulement du jus, et de rendre par conséquent la sauce plus abondante par rapport au volume de la pièce rôtie. On enveloppe la moitié d'agneau piquée de bardes de lard, puis de papier huilé, et l'on fait rôtir à la broche, avec les soins indiqués pour faire rôtir un agneau entier. Ces soins sont exactement les mêmes lorsqu'il s'agit de faire rôtir seulement un quartier d'agneau. Si c'est un quartier de devant, il ne doit pas être piqué ; il doit l'être si c'est un quartier de derrière.

ÉPAULES D'AGNEAU A LA POLONAISE.

Faites complétement désosser deux épaules d'agneau. Assaisonnez fortement de sel et poivre, et piquez l'intérieur d'un rang de lardons tout autour. Réunissez les bords pour donner à chaque épaule la forme d'un petit ballon, et ficelez solidement pour que pendant la cuisson les ballons ne se déforment pas. Garnissez le fond d'une casserole de bardes de lard avec une ou deux tranches de veau maigre. Posez sur cette garniture les épaules d'agneau en ballon ; entourez-les de morceaux de carottes, deux oignons piqués chacun d'un clou de girofle, une feuille de laurier, un bouquet garni. Recouvrez le tout d'une barde de lard ; versez dessus une tasse de bouillon dégraissé, et faites cuire à petit feu dessous, avec un bon feu sur le couvercle de la casserole. Quand la cuisson est parfaite, débridez les épaules de mouton et étalez-les sur un plat, la peau en dessous. Autour de chacun des lardons de l'intérieur, piquez au moyen d'une brochette quatre morceaux de truffes cuites d'avance au bouillon. Pendant que cette opération s'exécute, préparez un roux

blanc, mouillez-le avec le jus de cuisson des épaules
d'agneau bien dégraissé ; ajoutez-y les restes des truffes
finement hachés ; versez cette sauce bouillante sur les
épaules d'agneau et servez immédiatement.

ÉPAULES D'AGNEAU AUX CONCOMBRES.

Désossez des épaules d'agneau comme pour les accommoder à la polonaise, mais en conservant seulement à
chacune son manche. Piquez tout l'intérieur de lardons
de moyenne grosseur fortement assaisonnés de sel, poivre
et muscade râpée. Roulez ensuite chaque épaule sur elle-
même en lui donnant une forme allongée, et ficelez-la
solidement, puis faites-les cuire comme pour la recette
précédente, avec la même garniture. Quand les épaules
d'agneau sont bien cuites, retirez-les de la casserole ;
passez la sauce, dégraissez-la, et faites-la réduire vivement jusqu'à ce qu'elle soit très-épaisse et qu'il en reste
tout juste assez pour bien *glacer* les épaules d'agneau
débridées et dressées sur un plat contenant une garniture
de concombres à la crème (voy. *Concombres*). On peut servir les épaules d'agneau cuites comme on vient de l'indiquer, sur une sauce tomate, une purée de chicorée, ou
une purée de champignons (voy. *Champignons*).

ÉPIGRAMME D'AGNEAU.

On donne, en cuisine, ce singulier nom à une moitié
d'agneau dont chaque partie, bien que préparée d'une
manière différente, doit néanmoins figurer avec les autres
sur le même plat. Si l'on reçoit peu de convives, on peut
n'accommoder en épigramme qu'un quartier d'agneau,
en faisant choix d'un quartier de devant, partie plus esti-

mée dans l'agneau que les quartiers de derrière, tandis
que c'est le contraire pour le mouton.

Pour préparer une épigramme d'agneau, on commence par détacher l'épaule qui doit être complétement
désossée, piquée de lardons de moyenne grosseur, assaisonnée de sel, poivre et fines herbes, puis ficelée en
forme de ballon, comme pour l'accommoder à la polonaise. On détache ensuite d'une part les carrés d'agneau,
de l'autre les côtelettes, de sorte que la pièce entière se
trouve totalement dépecée. Faites cuire ensemble avec
la garniture et l'assaisonnement de l'épaule d'agneau à
la polonaise, les épaules ficelées en ballon et les carrés
entiers. La cuisson étant terminée, passez la sauce, dégraissez-la et faites-la réduire si elle semble trop longue.
Laissez refroidir les carrés d'agneau cuits avec les épaules,
comprimez-les entre deux couvercles de casseroles, afin
qu'en se refroidissant ils ne se déforment pas. Dès qu'ils
sont froids, passez-les au beurre fondu tiède, panez-les
à la mie de pain fortement assaisonnée de sel et poivre,
et faites-leur prendre couleur sur le gril. D'autre part,
faites sauter les côtelettes d'agneau convenablement parées, comme des côtelettes de mouton (page 194). Toutes
les parties de l'épigramme étant prêtes en même temps,
dressez les épaules au milieu du plat après avoir retiré
les ficelles, et disposez tout autour les côtelettes et les
tendrons d'agneau panés et grillés; versez sur le tout la
sauce réduite, à laquelle vous pouvez ajouter un peu de
sauce espagnole ou de grand jus; arrosez d'un jus de
citron ou d'un filet de vinaigre, et servez très-chaud.

On peut aussi, le reste de la recette précédente étant
suivi de point en point, couper en tranches minces
toutes les parties charnues des épaules d'agneau, à

l'exclusion des peaux et des nerfs, accommoder séparément cet émincé en blanquette comme ci-dessous, le
dresser au centre du plat et l'entourer des côtelettes
sautées et des tendrons d'agneau panés et grillés, arrosés de sauce réduite, comme on vient de l'indiquer.

BLANQUETTE D'AGNEAU.

Pour manger une blanquette d'agneau aussi bonne
qu'elle peut l'être, il faut faire cuire deux épaules d'a-
gneau préparées en ballon, comme pour les recettes
précédentes, puis, avant qu'elles soient refroidies, les
couper en tranches minces, et les tenir chaudement dans
un plat couvert, sur le côté du fourneau. D'autre part,
faites revenir dans du beurre frais une vingtaine de
champignons coupés en morceaux ; mouillez avec le jus
dégraissé de la cuisson des épaules d'agneau, et quand
les champignons sont cuits, retirez la casserole du feu,
liez la sauce avec deux jaunes d'œufs, ajoutez-y un jus
de citron ou un filet de vinaigre, versez la sauce sur
l'émincé d'épaules d'agneau, remettez un moment le
plat sur des cendres chaudes, s'il y a lieu de craindre
que la blanquette ne soit refroidie et servez très-chaud,
mais sans cependant laisser bouillir la sauce, ce qui la
ferait tourner.

On prépare exactement de la même manière une
blanquette dont on arrose un émincé provenant des restes
d'un quartier d'agneau servi rôti la veille ; c'est une bonne
manière d'utiliser des restes de rôti d'agneau ; mais
jamais la blanquette ainsi préparée ne vaut celle faite
selon la recette précédente avec deux épaules de mouton
cuites tout exprès pour être accommodées en blanquette
sans les laisser refroidir.

COTELETTES, LANGUES, PIEDS ET CERVELLES D'AGNEAU.

Toutes ces parties peuvent recevoir exactement les mêmes préparations dont on a donné les recettes pour les parties correspondantes du veau et du mouton. Les langues et les pieds d'agneau doivent seulement cuire moins longtemps que les langues et les pieds de mouton.

CROQUETTES D'AGNEAU.

Coupez en très-petits dés de la chair maigre d'agneau rôti ; mêlez exactement cette viande avec une égale quantité de champignons cuits dans du bouillon-dégraissé, et coupés de même en très-petits dés. D'autre part, préparez un roux blanc ; mouillez-le avec du consommé, un peu de jus de rôti, et quelques cuillerées de gelée, réservés à cet effet. Laissez réduire cette sauce jusqu'à ce qu'elle soit très-épaisse ; retirez-la du feu ; ajoutez-y une liaison de trois jaunes d'œufs ; versez-la sur la chair d'agneau rôti, mêlée de morceaux de champignons ; rémuez bien le tout, et laissez le ragoût refroidir. Lorsqu'il est bien froid, il doit avoir pris une bonne consistance, ce qui le rend suffisamment maniable. Prenez-en une forte cuillerée à bouche, et renversez-la sur une assiette remplie de mie de pain finement émiettée. Retournez la croquette d'agneau dans la mie de pain pour qu'elle en prenne autant qu'elle en peut absorber de tous les côtés ; donnez-lui une forme oblongue et continuez jusqu'à ce que tout le ragoût soit converti en croquettes panées. Battez ensemble deux œufs, blanc et jaune ; joignez-y trois jaunes d'œufs ; trempez dans cette omelette les croquettes déjà panées et panez-les une seconde fois aussi fortement qu'à la première. A mesure que les croquettes d'agneau ont reçu cette préparation, faites-les frire dans une friture très-chaude; retirez-les dès qu'elles ont pris une bonne couleur, et servez-les immédiatement, en les couvrant de persil frit. On sert en même temps dans une saucière une sauce semblable à celle qui a servi à préparer les croquettes, mais un peu moins réduite, afin qu'elle soit moins épaisse.

Dans les grandes cuisines, on fait rôtir tout exprès un quartier d'agneau pour en employer la viande maigre à faire des croquettes, et l'on se sert de velouté au lieu de roux blanc, ce qui rend les croquettes d'agneau beaucoup plus délicates.

CHEVREAU.

Le chevreau ressemble tellement à l'agneau, que l'un peut toujours être substitué à l'autre pour toutes les préparations dont on vient de donner les recettes. La croissance du chevreau étant plus rapide que celle de l'agneau, et la durée du temps pendant lequel il vit exclusivement du lait de sa mère étant plus courte, le chevreau n'est bon pour la boucherie que jusqu'à l'âge de six semaines à deux mois. La chair du chevreau est plus saine et plus facile à digérer que celle de l'agneau, surtout lorsqu'on la mange rôtie.

PORC.

La chair du porc n'est pas malsaine par elle-même; c'est pour ceux qui exercent des professions exigeant une grande dépense de forces l'aliment le plus substantiel et le plus réparateur; mais comme la digestion en est plus lente que celle des autres viandes de boucherie, les personnes dont l'estomac est délicat ne doivent user qu'avec modération des mets dont la viande de porc est la base.

Le porc, de quelque manière qu'il soit accommodé, ne doit être servi que très-cuit; l'ancien proverbe de la vieille cuisine française disait à ce sujet : *Veau cuit, cochon pourri*. La viande de porc est dure quand elle est trop fraîche, mais elle ne doit pas avoir subi le plus léger commencement d'altération qui lui communique des propriétés insalubres et une saveur détestable impossible à corriger, par le meilleur assaisonnement. Les mets préparés avec les diverses parties du porc doivent être mangés principalement de la fin de l'automne à la fin du printemps, parce que c'est l'époque de l'année où l'abaissement de la température donne à l'appétit plus de vivacité et aux organes digestifs plus de vigueur.

Les mets préparés avec les différentes parties du porc ne sont pas tous du domaine de la cuisine; une partie des plus usités constitue une branche d'industrie séparée, sous le nom de charcuterie. A la suite des mets de viande de porc, qui sont directement du ressort du cuisinier, on donnera comme complément les recettes de charcuterie dont chacun peut faire usage principalement dans les ménages qui habitent la campagne toute l'année; car, à Paris et dans les grandes villes, il est plus court et tout aussi économique de s'adresser pour la charcuterie aux charcutiers de profession.

- ÉCHINE DE PORC A LA BROCHE.

L'échine du porc est le morceau employé de préférence pour rôtir. Ce morceau étant ordinairement beaucoup trop gras, on ne doit laisser sur la viande qu'une couche de graisse d'un centimètre et demi à deux centimètres d'épaisseur. Avant de mettre l'échine de porc à la broche, ayez soin de taillader la graisse de haut en bas, à des distances égales. Faites rôtir devant un bon feu, pendant deux heures au moins, et une demi-heure de plus si la pièce est un peu forte. Arrosez fréquemment le rôti, surtout vers la fin de la cuisson, afin qu'il prenne une belle couleur, sans brûler. Ce rôti doit être salé en broche, un bon quart d'heure avant de le retirer du feu. On sert le rôti d'échine de porc avec une sauce ravigote chaude (page 80), à laquelle on ajoute le jus rendu par le rôti, après l'avoir parfaitement dégraissé.

FILET DE PORC A LA BROCHE.

On choisit de préférence pour ce rôti la partie du filet que les charcutiers nomment *filets mignons*. Cette partie n'étant pas très-volumineuse, il faut trois ou quatre filets mignons pour composer un bon plat. Piquez les filets comme des fricandeaux; faites-les tremper pendant vingt-quatre heures dans une marinade au vinaigre; égouttez-les bien; embrochez-les dans une brochette de bois que vous attacherez solidement à la broche. Faites rôtir avec les précautions indiquées pour le rôti d'échine de porc; servez avec la même sauce que pour la recette précédente.

FILET DE PORC A LA BOLONAISE.

Parez un filet de porc entier, sans en séparer le filet mignon; enlevez la graisse qui le recouvre, et n'en laissez pas plus d'un centimètre d'épaisseur. Roulez la pièce de viande sur elle-même, couvrez-la de branches de sauge, et contenez-la par plusieurs tours de ficelle. Faites tremper le filet ainsi préparé dans du vinaigre pendant deux ou trois jours, avec quelques clous de girofle et les zestes d'un citron. Retirez le filet de la marinade ; mettez-le dans une casserole avec la moitié du vinaigre dans lequel il a trempé, une tasse de bouillon dégraissé, sel et poivre, un ou deux oignons et quelques carottes coupées en morceaux. Laissez cuire deux heures et demie à trois heures sur un feu d'abord un peu vif, puis très-modéré. Dressez le filet à la bolonaise sur un plat avec la sauce de cuisson dégraissée, mais sans la faire réduire.

En Italie, où ce mets est très-usité, on sert le filet de porc à la bolonaise sans sauce ; on sert en même temps dans une saucière de la gelée de groseilles, genre d'accompagnement qui ne conviendrait pas aux consommateurs français.

FILETS MIGNONS DE PORC BRAISÉS.

Piquez des filets mignons de porc comme pour les faire rôtir. Garnissez le fond d'une marmite à braiser avec des bardes de lard et quelques tranches de veau maigre. Posez les filets piqués sur cette garniture ; ajoutez un ou deux oignons avec un clou de girofle, deux carottes coupées en morceaux, un bouquet garni, un bon assaisonnement de sel et poivre, et assez de bouillon bien dégraissé pour que les filets en soient couverts. Faites cuire sur un feu doux pendant une heure et demie ; retirez les filets de la casserole ; passez la sauce, dégraissez-la, faites-la réduire, et versez-la sur les filets au moment de servir, avec un jus de citron ou un filet de vinaigre.

Cette manière de manger les filets de porc braisés est la meilleure ; s'il en reste, ils sont aussi bons froids le lendemain qu'ils ont été bons chauds la veille. Néanmoins, on peut, selon les goûts, servir ces filets avec une purée d'oignons, de champignons, de légumes, ou une sauce quelconque, au gras.

COTELETTES DE PORC FRAIS GRILLÉES.

Parez et aplatissez des côtelettes de porc comme si c'étaient des côtelettes de veau ; ayez soin de n'y pas laisser trop de parties grasses. Faites-les cuire sur le gril en les retournant assez souvent pour qu'elles soient parfaitement cuites, sans être trop colorées. Servez ces côtelettes avec une sauce piquante ou une sauce Robert. La sauce tomate, un roux blond avec des cornichons coupés par tranches, et la plupart des sauces au gras, peuvent également bien accompagner les côtelettes de porc frais cuites sur le gril.

COTELETTES DE PORC EN PAPILLOTES.

Après avoir paré et battu les côtelettes de porc frais comme pour les faire cuire sur le gril, on les passe au beurre frais fondu tiède, et on les panne avec de la mie de pain mêlée de fines herbes hachées, et d'un fort assaisonnement de sel, poivre et muscade râpée. On les enveloppe de papier graissé de beurre frais ou de saindoux, et on les fait cuire dans une lèchefrite en les retournant une ou deux fois, pour qu'elles cuisent bien également et que le papier où elles sont renfermées ne brûle pas. On sert dans une saucière une sauce piquante ou une sauce ravigote chaude, en même temps que les côtelettes de porc frais cuites en papillotes.

COTELETTES DE PORC FRAIS AUX TRUFFES.

Faites sauter dans une casserole avec du beurre frais ou du saindoux des côtelettes de porc frais parées comme

pour les faire cuire sur le gril ou en papillotes, retournez-les plusieurs fois, et assaisonnez-les de sel et poivre
des deux côtés. Retirez les côtelettes de la casserole lorsqu'elles sont suffisamment cuites. Faites cuire dans le jus
de cuisson des côtelettes quelques truffes coupées en
tranches avec des fines herbes hachées, un bon assaisonnement de sel et poivre, et un verre de vin blanc. Quand
les truffes sont cuites, dressez les côtelettes en rond sur
un plat; mettez les truffes au centre; ajoutez à la sauce
un peu d'espagnole ou de jus de rôti et versez-la sur les
côtelettes et sur les truffes au moment de servir.

ÉPAULE DE PORC A LA MARINIÈRE.

Faites tremper pendant deux jours une épaule de porc
dans de l'eau salée ; retirez-la pour la mettre de nouveau
tremper encore pendant vingt-quatre heures dans deux
bouteilles de vin vieux rouge, auquel vous ajouterez
quelques grains de gros poivre, quelques clous de girofle,
des feuilles de laurier et quelques branches de sauge et
de thym. Retirez l'épaule de ce bain ; laissez-la bien
égoutter ; essuyez-la et piquez-la de plusieurs rangs de
gousses d'ail alternant avec des morceaux d'orange bigarade. Couvrez l'épaule de porc ainsi préparée de
minces tranches de lard, enveloppez-la de papier bien
graissé et faites-la rôtir à la broche, jusqu'à ce qu'elle
soit parfaitement cuite. La cuisson étant terminée, retirez
le papier, enlevez la couenne de l'épaule de porc, et tandis
qu'elle est encore bien chaude, saupoudrez-la de chapelure fine passée au tamis, sans la retirer de la broche.
Présentez-la encore quelques minutes au feu pour lui
faire prendre une belle couleur ; retirez-la de la broche
et laissez-la refroidir. L'épaule de porc à la marinière,

fort estimée des gastronomes du Midi, se sert froide, comme le jambon ; ce mets est particulièrement usité pour les déjeuners à la fourchette. En retranchant de cette recette l'ail que les Provençaux se plaisent à y prodiguer, c'est un mets acceptable partout.

BLANQUETTE DE PORC FRAIS.

On accommode rarement du porc frais en blanquette ; mais c'est une des meilleures manières de préparer les restes d'un rôti de porc frais, que de l'accommoder en blanquette avec la même garniture de champignons et le même assaisonnement que pour préparer une blanquette de veau. On y mettra un ou deux brins de sauge, qu'on aura soin de retirer au moment de servir.

ÉMINCÉ DE PORC FRAIS A LA MINUTE.

Coupez un filet de porc frais en tranches très-minces, faites-les revenir à la poêle dans du beurre frais, et tandis qu'elles cuisent, saupoudrez-les de mie de pain fortement assaisonnée de fines herbes, sel et poivre. Retournez-les pour les paner également des deux côtés. D'autre part, faites revenir dans très-peu de beurre quelques échalotes finement hachées ; ajoutez-y le jus rendu par les tranches de filet de porc pendant leur cuisson, et liez la sauce avec un morceau de beurre frais pétri avec une demi-cuillerée de farine. Délayez dans cette sauce une cuillerée de moutarde fine, et versez-la au moment de servir sur les tranches de filet cuites à la poêle. Ce mets est un de ceux qui exigent le moins de temps pour leur préparation quand on n'a rien de prêt d'avance et qu'il faut improviser en toute hâte un dîner sommaire ou un déjeuner à la fourchette.

FOIE DE COCHON AU CHASSEUR.

Posez un foie de cochon sur un plat creux; fendez-le
en·deux parties, mais sans séparer les deux morceaux;
ouvrez-les en les étalant sur le plat, et tailladez-les régulièrement dans presque toute leur épaisseur. Hachez
ensemble du lard, du persil et quelques échalotes; couvrez-en la surface du foie fendu et tailladé; saupoudrez-
le de sel mêlé d'un peu de poivre et arrosez-le d'huile
d'olives fine dans laquelle vous le laisserez mariner pendant une heure ou deux. Repliez alors les deux côtés du
foie; enveloppez le tout de bardes de lard et faites cuire
doucement dans une lèchefrite. Quand le foie est parfaitement cuit, retirez le foie de la lèchefrite; dressez-le
sur un plat; dégraissez la sauce; passez-la au tamis;
ajoutez-y quelques cuillerées de jus et un filet de vinaigre, et versez-la sur le foie au moment de servir.

FOIE DE COCHON SAUTÉ.

Faites sauter dans du beurre frais du foie de cochon
coupé en tranches minces d'égale épaisseur; retournez-
les une ou deux fois pour égaliser la cuisson; saupoudrez les morceaux de foie de sel mêlé d'un peu de poivre;
retirez-les de la casserole dès que vous les jugez assez
cuits. Jetez dans la cuisson du foie une forte pincée de
fines herbes hachées avec une échalote; ajoutez-y une
demi-cuillerée de farine, quelques cuillerées de jus et un
filet de vinaigre. Quand la sauce est de bonne consistance, remettez-y les tranches de foie sautées, laissez-les
bien prendre la sauce pendant une ou deux minutes
seulement, et servez très-chaud.

JAMBON AU NATUREL.

A Paris et dans les grandes villes, on peut se procurer en tout temps du jambon cuit ou cru de Lorraine, de Bayonne, de Mayence ou d'York, selon les goûts; aussi, la plupart des consommateurs préfèrent-ils acheter ce mets chez les charcutiers, et s'éviter les embarras de le préparer eux-mêmes. Néanmoins, dans les ménages nombreux, il peut être avantageux d'acheter un jambon cru et de le faire cuire à la maison. Il faut, quand on achète un jambon, y plonger une longue aiguille d'emballage, la retirer, en respirer l'odeur, et la porter ensuite aux lèvres. On reconnaît par là jusqu'à quel point le jambon est de bon goût, et à quel degré il est salé.

Avant de le faire cuire au naturel, il faut commencer par parer le jambon, opération qui consiste à retrancher toute la surface des chairs de dessous, et tout le bord de la partie grasse qui peut être plus ou moins jaune. On retranche ensuite l'extrémité de l'os, on supprime le bout du jarret, et l'on met dessaler le jambon pendant douze, vingt-quatre ou trente-six heures, selon qu'on le trouve plus ou moins salé. Il est ensuite retiré de l'eau, noué dans un linge blanc et mis dans une marmite à braiser, avec assez d'eau pour qu'il en soit entièrement couvert. On y ajoute deux oignons, quelques carottes, des clous de girofle, du poivre en grain, du thym et plusieurs feuilles de laurier.

Laissez cuire pendant cinq heures au moins; le jambon ne possède toutes ses propriétés gastronomiques que lorsqu'il est cuit à point; on le juge bien cuit lorsqu'on y enfonce une lardoire fine, et qu'elle y entre sans éprouver de résistance. Retirez de la braisière le jambon cuit, dénouez le linge dont il est enveloppé ; enlevez l'os du milieu ; renouez le linge un peu serré ; placez le jambon dans un plat rond un peu creux et laissez-le complètement refroidir. Défaites alors le linge ; enlevez la couenne qui recouvre la partie grasse du jambon ; saupoudrez-la de chapelure fine passée au tamis ; entourez le manche du jambon d'une papillote de papier frisé, et servez le jambon sur une serviette blanche.

JAMBON AUX ÉPINARDS.

Pour bien accommoder un jambon aux épinards, il faut disposer d'une casserole assez grande pour que le jambon y tienne à l'aise, et d'un couvercle à manche recourbé de dimensions telles qu'il puisse être posé facilement dans le fond de la casserole. On place le jambon, cuit et paré comme ci-dessus, mais sans chapelure, sur ce couvercle et on l'introduit ainsi dans la casserole. Cette précaution est indispensable, parce que le jambon, étant déjà cuit et devant cuire encore pendant deux heures, ne pourrait être retiré de la casserole que par morceaux, s'il y était posé sans intermédiaire. D'autre part, faites revenir dans du beurre frais, sans les laisser roussir, deux gros oignons et autant de carottes coupées par tranches, avec une gousse d'ail, thym, une feuille de laurier et un bon assaisonnement de sel et poivre.

Mouillez avec une bouteille de vin blanc et une tasse de consommé. Quand cette garniture est presque cuite, jetez-la sur un tamis posé sur la casserole qui contient le jambon, et laissez-le mijoter dans ce jus à très-petit feu pendant deux heures. Faites cuire séparément des épinards finement hachés avec un peu de crème ; laissez évaporer l'excès d'eau que les épinards rendent toujours

ajoutez-y quelques cuillerées de jus de cuisson du jambon, et quand vous les jugerez à la fois de bon goût et
de bonne consistance, dressez-les sur un plat assez grand
et posez le jambon au milieu, afin qu'il soit entouré
d'une bordure d'épinards que vous ornerez d'un rang de
croûtons frits. C'est une des meilleures manières de
servir un jambon chaud. Comme il est rare qu'un jambon soit mangé en entier en un seul repas, nettoyez
exactement ce qui en restera des épinards qui adhèrent
à la partie de dessous ; le jambon qui a subi cette préparation est plus tendre et meilleur à manger froid que le
jambon de même qualité cuit seulement au naturel.

JAMBON A LA BROCHE.

La préparation d'un jambon qu'on se propose de faire
cuire à la broche est la même que celle de l'épaule de
porc à la marinière (page 224). On commence par le
faire tremper pendant deux jours dans de l'eau froide,
qui doit être renouvelée trois fois en vingt-quatre heures.
Il est mis ensuite pendant douze heures à tremper dans
deux bouteilles de vin rouge; après quoi il est égoutté,
essuyé et mis à la broche ; toute la partie de dessous, qui
n'est pas recouverte par la couenne, doit être garnie de
bardes de lard. Le jambon ainsi préparé doit cuire à la
broche devant un feu modéré pendant quatre heures au
moins. Environ une demi-heure avant qu'il soit complétement cuit, on enlève toute la couenne à partir du
jarret, on le saupoudre de chapelure tamisée au-dessus,
et l'on termine la cuisson devant un feu un peu plus vif,
afin que toute la surface du jambon puisse prendre une
belle couleur. Au moment où l'on met le jambon à la
broche, on place dessous une lèchefrite à moitié remplie

d'eau chaude. On arrose continuellement le jambon avec cette eau qui ne tarde pas à être mêlée de graisse fondue et de jus, et qui, quand la pièce est entièrement cuite, se convertit en une sauce claire de très-bon goût. Cette sauce est soigneusement dégraissée; on y ajoute quelques échalotes finement hachées et un filet de vinaigre, et on la verse sur le jambon au moment de servir.

Le cuisinier Durand déclare qu'à son avis, un bon jambon de Bayonne ou d'Orthez, préparé selon la recette précédente et cuit à point, est le meilleur de tous les rôtis qu'on puisse offrir à un gastronome. Ce rôti est d'abord servi chaud; le lendemain, il n'est pas moins bon froid.

JAMBON ROTI AU VIN DE MADÈRE.

Après avoir convenablement paré un jambon de Bayonne ou de Westphalie de moyenne grosseur, mettez-le un instant sur le gril; ne l'y laissez que le temps nécessaire pour que la couenne puisse s'en détacher complétement. Enlevez la couenne, et si, après avoir sondé le jambon, il vous paraît trop salé, faites-le dessaler comme il est dit pour la recette précédente. Mettez-le ensuite tremper dans un bain de vin de Madère pendant douze heures, égouttez-le, essuyez-le et enveloppez-le dans six feuilles de papier, puis mettez-le à la broche et faites-le rôtir pendant quatre heures. Au bout de ce temps, pratiquez dans le papier une ouverture ronde, au moyen d'une paire de ciseaux, et par cette ouverture faites couler peu à peu sur toute la surface du jambon le vin de Madère dans lequel il a trempé. Ce vin mêlé de jus et de graisse retombera en partie dans la saucière; faites encore rôtir le jambon une demi-heure, ne le découvrez qu'au moment de servir et servez-le très-chaud, en l'arrosant de son jus bien dégraissé. Ce rôti passe pour encore plus délicat que le précédent; c'est un mets coûteux mais fort distingué, aussi bon froid que chaud.

JARRET DE PORC AUX TRUFFES.

Le jarret du porc contenant beaucoup d'os et peu de parties mangeables, il en faut préparer au moins deux pour former un mets un peu considérable. Après avoir fait revenir les jarrets à la poêle dans un peu de saindoux, pour leur faire prendre une bonne couleur, retirez-les de la poêle et plongez-les dans deux verres d'eau froide mêlée d'un demi-verre de vinaigre. Pendant ce temps, ajoutez à la graisse restée dans la poêle une cuillerée de farine, afin d'en faire un roux blond, que vous mouillerez avec l'eau vinaigrée où vous aurez plongé les jarrets. Mettez les jarrets dans une casserole avec le roux blond étendu de la totalité de l'eau vinaigrée, et laissez-les cuire sur un bon feu jusqu'à ce que les os se séparent facilement de la chair. D'autre part, faites cuire dans du vin blanc ou dans du bouillon dégraissé des truffes coupées par tranches; au moment de servir, remplissez avec ces truffes le vide laissé dans les jarrets de porc par l'enlèvement des os; dressez-les sur un plat et versez par-dessus le jus de cuisson.

JAMBON AUX OIGNONS.

Coupez des tranches minces de toute l'épaisseur d'un jambon modérément gras; battez-les des deux côtés avec un couperet pesant pour les attendrir. Faites-les roussir à la poêle dans un peu de saindoux; retournez-les pour qu'elles se colorent également des deux côtés; retirez-les et plongez-les dans deux verres d'eau froide mêlée d'un demi-verre de vinaigre. Dans la graisse de cuisson des tranches de jambon faites roussir une douzaine de beaux oignons coupés d'abord en tranches horizontales, puis en travers pour leur donner la forme de petits dés. Quand les oignons sont bien roussis, ajoutez-y une cuillerée de farine pour faire un roux blond que vous mouillerez avec l'eau vinaigrée dans laquelle refroidissent les tranches de jambon. Achevez la cuisson de ces tranches dans ce roux mêlé d'oignons, et servez très-chaud.

JAMBON A LA ZINGARA.

Faites roussir dans le saindoux des tranches de jambon ; faites-les refroidir dans l'eau vinaigrée ; faites un roux blond avec une cuillerée de farine et la graisse dans laquelle les tranches de jambon ont été roussies ; mouillez avec l'eau vinaigrée où elles refroidissent ; remettez-les un instant sur le feu dans cette sauce, et servez très-chaud. Le nom de ce mets vient des *Zingares* ou bohémiens ; c'est dit-on, de cette manière que les femmes de leurs tribus vagabondes, dans les parties de l'Europe où elles subsistent encore, accommodent les jambons qu'il leur arrive quelquefois de dérober.

Cette recette et la précédente, fort usitées dans la cuisine du Midi, offrent un moyen très-expéditif d'improviser un mets très-nourrissant lorsqu'il survient des hôtes affamés, et qu'il n'y a rien de prêt à leur servir. Dans le Midi, on sert ordinairement le jambon à la zingara avec une sauce tomate qui en rend la saveur plus agréable.

NOIX DE JAMBON AUX PETITS POIS.

Lorsqu'on a retranché une partie d'un jambon, soit pour l'accommoder à la zingara ou aux oignons, soit pour s'en servir à préparer d'autres mets, et que le jarret a été aussi utilisé séparément, il reste du jambon la partie centrale qu'on nomme la noix. On détache assez souvent la noix d'un jambon dont le reste doit être employé aux usages qu'on vient d'indiquer. Faites dessaler pendant vingt-quatre heures une noix de jambon que vous mettrez ensuite sur le feu dans une marmite pleine d'eau, avec deux oignons piqués de clous de girofle et un bouquet garni. Quand l'eau commence à bouillir, écumez et laissez cuire ensuite la noix de jambon pendant deux heures. Retirez-la de la marmite; égouttez-la; mettez à part le bouillon, qui peut servir pour un très-bon potage aux choux; garnissez le fond de la marmite avec deux ou trois tranches de lard et une tranche de veau maigre; remettez la noix de jambon sur cette garniture avec les oignons et le bouquet de la première cuisson; mouillez-la d'une bouteille de vin blanc, et laissez-la cuire à petit feu jusqu'à parfaite cuisson. D'autre part, faites cuire des petits pois fraîchement écossés; quand ils sont presque cuits, retirez la noix de jambon de la marmite, passez le jus de cuisson, dégraissez-le, faites-le réduire vivement si la sauce est trop longue et mettez-y les pois cuire un bon quart d'heure pour compléter leur cuisson. Dressez-les sur un plat et servez la noix de jambon très-chaude sur les pois ainsi assaisonnés.

OREILLES DE COCHON A LA BOURGEOISE.

Faites cuire les oreilles de cochon, après les avoir
flambées, échaudées et soigneusement nettoyées, avec un
oignon piqué d'un clou de girofle, un bouquet garni,
une ou deux carottes, une branche de thym, une feuille
de laurier, et assez d'eau pour que les oreilles en soient
complétement recouvertes. Si les oreilles avaient préalablement séjourné dans la saumure, il n'y faudrait aucun
autre assaisonnement; si elles proviennent d'un porc récemment abattu et non salé, assaisonnez de sel et poivre
et laissez cuire pendant quatre heures. Laissez alors
refroidir les oreilles de cochon et coupez-les en long, en
petits filets minces, que vous dresserez sur un plat pouvant supporter l'action du feu. D'autre part, faites un
roux blond dans lequel vous ferez revenir quelques oignons coupés par tranches, et que vous mouillerez de
quelques cuillerées de vinaigre et d'une tasse de bon
bouillon dégraissé. Versez cette sauce avec les oignons
sur les oreilles dressées en émincé sur le plat; mettez ce
plat sur un feu doux; laissez mijoter un bon quart
d'heure, et servez bouillant.

OREILLES DE COCHON AUX LENTILLES.

Faites cuire les oreilles de cochon comme pour la
recette précédente; coupez-les chacune seulement en
deux parties égales, et mettez-les cuire de nouveau avec
des lentilles, en quantité proportionnée au volume et au
nombre des oreilles. Quand la cuisson des lentilles est
terminée, assaisonnez-les de sel et poivre; ajoutez-y au
besoin un peu de beurre frais ou de saindoux, avec une

pincée de fines herbes hachées; servez les oreilles de cochon sur les lentilles.

On peut servir de la même manière les oreilles de cochon avec des pois ou des haricots, ou avec les purées de ces légumes. Mais, dans ce cas, il vaut mieux se servir de farines de légumes cuits qu'on assaisonne à volonté et qui sont prêtes en un instant. Les oreilles de cochon, cuites préalablement comme ci-dessus, sont d'abord dressées sur le plat et *masquées* avec la purée qui doit les accompagner.

OREILLES DE COCHON A LA SAINTE-MÉNEHOULD.

Faites cuire des oreilles de cochon comme pour la recette précédente; laissez-les égoutter et refroidir; fendez la partie charnue afin de pouvoir les étaler sans séparer les deux parties. Graissez-les de saindoux; saupoudrez-les de sel fin mêlé d'un peu de poivre et panez-les fortement; puis faites-leur prendre couleur sur le gril et servez sans sauce.

OREILLES DE COCHON FARCIES.

Faites cuire les oreilles de cochon comme pour les recettes précédentes, mais seulement pendant la moitié du temps indiqué, afin qu'elles ne soient qu'à moitié cuites. D'autre part, hachez finement ensemble 125 grammes de veau maigre, 125 grammes de petit salé et une poignée de fines herbes; incorporez à la farce, parfaitement hachée, la mie d'un petit pain trempée dans de la crème; assaisonnez fortement de sel et poivre. Remplissez de cette farce tout l'intérieur des oreilles de cochon; étendez sur un plat une barde de lard des plus grandes dimensions; couvrez-la de la farce précédente en couche mince comme du beurre sur une tartine ; posez l'oreille farcie au milieu de la barde de lard ainsi préparée ; repliez les quatre coins de la barde pour en envelopper complétement l'oreille farcie et contenez-la par quelques tours de fil blanc. Panez ensuite fortement le côté extérieur de la barde avec de la mie de pain bien assaisonnée de sel et de poivre ; préparez de même chaque oreille séparément ; mettez-les toutes à la broche devant un feu modéré et faites-les cuire doucement pendant assez longtemps pour que la farce dont elles sont remplies ait le temps d'arriver à une cuisson complète. Arrosez-les fréquemment avec le jus qu'elles rendent en rôtissant ; servez-les très-chaudes sans autre sauce que ce même jus bien dégraissé, auquel on peut ajouter un peu de jus de citron.

Les oreilles de cochon farcies et cuites ensuite à la broche sont un mets fort délicat et peu coûteux, lorsqu'on les prépare de cette manière le lendemain d'un jour où l'on a mangé de la volaille ou du gibier. Dans ce cas, les débris de volaille ou de gibier restant du repas de la veille remplacent le veau dans la farce et la rendent beaucoup meilleure sans occasionner aucun déboursé.

OREILLES DE COCHON A LA VÉNITIENNE.

Faites cuire les oreilles de cochon comme pour les accommoder à la bourgeoise ; laissez-les sur le feu jusqu'à ce qu'elles soient parfaitement cuites, retirez-les, faites-les refroidir, graissez-les de saindoux sur leurs deux surfaces, panez-les le plus fortement possible avec de la mie de pain mêlée par parties égales à du fromage parmesan râpé. Posez les oreilles ainsi préparées sur une plaque de tôle, et portez-les au four, afin qu'elles y prennent une belle couleur. On peut aussi terminer la cuisson des oreilles de cochon à la vénitienne sous un four de campagne chargé d'un bon feu de charbon ; mais elles ne sont jamais aussi bonnes que quand elles ont achevé de cuire dans un four bien chaud. Elles doivent être servies sans sauce en sortant du four, aussi chaudes que possible.

OREILLES DE COCHON FRITES.

Faites-les cuire complétement comme pour les recettes précédentes ; laissez-les égoutter et refroidir ; fendez-les par le milieu et coupez chaque moitié en quatre. Passez les morceaux dans la pâte ; faites-les frire dans le saindoux très-chaud, et servez avec une garniture de persil frit.

PIEDS DE COCHON.

De quelque manière qu'on se propose d'accommoder les pieds de cochon, ils ne peuvent être mangeables qu'après avoir cuit pendant vingt-quatre heures sans interruption ; c'est pourquoi, dans les grandes villes, et partout où il existe des charcutiers de profession, un mets aussi long à cuire n'est pas du domaine de la cuisine habituelle ; on le demande tout prêt à la charcuterie.

PIEDS DE COCHON A LA SAINTE-MÉNEHOULD.

Fendez en deux dans le sens de leur longueur des pieds de cochon préalablement flambés, échaudés et soigneusement nettoyés. Entourez-les de ruban de fil, de manière à les empêcher de se déformer en cuisant. Mettez-les dans une marmite à braiser avec des tranches de lard, quelques morceaux de veau maigre, des carottes, des oignons piqués de clous de girofle, un bouquet garni, une bouteille de vin et autant de bouillon dégraissé. La quantité de liquide doit être proportionnée au nombre des pieds à faire cuire, parce que la cuisson doit durer vingt-quatre heures. Dans la cuisine de ménage, on ne prend pas la peine de veiller toute une nuit pour ne pas interrompre la cuisson des pieds de cochon; on les laisse refroidir le soir, et on les remet sur le feu le lendemain matin. Quand la cuisson est complète, laissez refroidir les pieds de cochon, déliez les cordons, trempez les pieds dans le beurre fondu, panez fortement avec de la mie de pain bien assaisonnée de sel et de poivre, et faites-leur prendre une belle couleur sur le gril. Les pieds de cochon à la Sainte-Ménehould doivent être servis chauds et sans sauce.

PIEDS DE COCHON AUX TRUFFES.

Désossez complétement des pieds de cochon cuits comme pour les accommoder à la Sainte-Ménehould ; préparez une farce très-fine semblable à celle dont on remplit les volailles, mêlez-y des tranches de truffes cuites séparément dans du vin ou dans du bouillon, remplissez-en l'intérieur des pieds désossés, entourez-les de crépine ou toilette de porc ou de veau, c'est-à-dire de l'espèce de membrane à claire-voie en forme de filet qui enveloppe la graisse. Trempez ensuite les pieds truffés dans du beurre frais fondu ; panez-les le plus épais possible, et faites-leur prendre couleur sur le gril, sur un feu très-doux. Les pieds de cochon truffés se servent sans sauce.

QUEUES DE COCHON.

On les fait cuire comme les oreilles et avec le même assaisonnement jusqu'à ce qu'elles soient excessivement cuites; elles sont ensuite dressées sur un plat et masquées avec une purée de pois, de lentilles ou de haricots assaisonnée avec le jus de cuisson des queues suffisamment réduit et à moitié dégraissé.

QUEUES DE COCHON FRITES.

Faites cuire les queues de cochon comme pour la recette précédente; laissez-les bien égoutter et refroidir, coupez-les en bouts d'égale longueur; passez-les dans des œufs battus, blanc et jaune, un peu fortement assaisonnés, puis dans la mie de pain finement émiettée, et faites-les frire dans une friture très-chaude, pour qu'elles prennent une belle couleur. Servez avec une garniture de persil frit.

COCHON DE LAIT ROTI.

Le cochon de lait, au point de vue gastronomique, ne mérite ni les éloges exagérés de quelques amateurs, ni les critiques de quelques autres. Lorsqu'il est cuit à point et qu'on a soin de n'en manger ni trop souvent ni en trop grande quantité à la fois, il n'est pas plus indigeste que l'agneau. C'est un aliment dont il ne faut pas abuser, mais qui peut de temps à autre, varier le régime alimentaire, sans aucun inconvénient sérieux pour la santé.

Lorsqu'un cochon de lait doit être cuit à la broche, après l'avoir échaudé avec soin pour enlever toutes les soies, on le laisse dégorger dans l'eau pendant vingt-

quatre heures, puis on le suspend à l'air pour le bien
égoutter et le ressuyer. Avant de l'embrocher, on le
trousse dans la forme que représente la figure 16, et
l'on maintient les pieds par un ou deux tours de ficelle,
afin qu'ils ne se dérangent pas pendant la cuisson. Dans
l'intérieur du corps, on place un morceau de beurre de
125 à 250 grammes, selon le volume de l'animal. On
pétrit ce beurre avec une poignée de persil et de ciboules
hachées auxquelles on ajoute une ou deux échalotes.
Dès que le cochon de lait commence à cuire, on l'arrose
avec de bonne huile d'olives, afin que la peau, qui est la

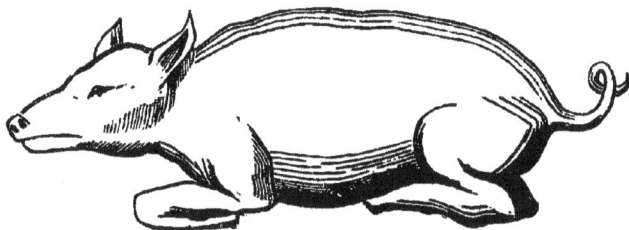

Figure 16.

partie la plus estimée, soit bien colorée et croquante
comme une friture. Il est à peu près impossible, quelques précautions qu'on prenne pour les empêcher, de
prévenir les crevasses irrégulières produites sur la peau
du cochon de lait tandis qu'il cuit à la broche, ce qui
donne souvent à ce rôti mauvaise apparence. On recommande de suivre à cet égard l'usage des cuisiniers anglais qui, avant de mettre un cochon de lait à la broche,
ne manquent pas de taillader régulièrement la peau de
distance en distance, précaution qui conserve à l'animal
rôti toute sa bonne mine. Servez très-chaud, avec une
sauce piquante.

COCHON DE LAIT FARCI.

Préparez un cochon de lait comme pour le faire cuire à la broche ; désossez-le complétement, à l'exception de la tête et des pieds qui doivent rester entiers. Préparez une farce en hachant ensemble du foie de veau et du lard, par parties égales ; assaisonnez fortement cette farce de sel, poivre, une ou deux feuilles de sauge et un peu de muscade râpée. Remplissez le corps du cochon de lait de cette farce ; refermez l'ouverture du ventre avec une couture de gros fil. Piquez de gros lard les parties charnues de l'animal ; couvrez son dos de bardes de lard, puis enveloppez-le dans un linge blanc bien ficelé, pour que le cochon de lait conserve sa forme, et faites-le cuire pendant quatre heures dans une braisière, avec moitié bouillon dégraissé, moitié vin blanc. Quand la cuisson est complète, laissez le cochon de lait refroidir dans sa cuisson, retirez-le du linge dans lequel il a cuit, nettoyez bien sa surface avec un citron coupé en deux, afin de blanchir la peau, et servez froid avec sauce ravigote.

COCHON DE LAIT FARCI A L'ANGLAISE.

Préparez le cochon de lait désossé comme pour la recette précédente ; remplissez l'intérieur d'une farce composée de la manière suivante : détachez le foie du cochon de lait, ôtez-en le fiel, pelez-le, et, après l'avoir haché, pilez-le dans un mortier de marbre avec de la mie de pain trempée dans de la crème, des blancs de volaille rôtie et du beurre frais, chacune de ces substances en quantité égale au poids du foie du cochon de lait. Quand le mélange est bien intime, ajoutez-y une forte pincée de fines herbes hachées avec une ou deux feuilles de sauge et autant de feuilles de menthe. Ajoutez un bon assaisonnement de sel, poivre et muscade râpée, et éclaircissez la farce en y incorporant deux œufs entiers et trois jaunes. Remplissez-en le corps de l'animal, et cousez soigneusement le ventre, afin que la farce ne puisse pas s'en échapper pendant la cuisson. Mettez le cochon de lait farci à la broche, et faites-le rôtir en l'arrosant d'huile d'olives fine, avec les soins ci-dessus indiqués. Le cochon de lait farci à l'anglaise doit cuire lentement et rester longtemps à la broche, pour que la farce dont il est rempli soit bien cuite. On le sert avec une sauce piquante.

CHARCUTERIE.

Il n'y a réellement aucun avantage économique pour les ménages qui habitent les villes à préparer à la maison les mets qui sont du ressort de l'industrie de la charcuterie; c'est se donner beaucoup de peine et d'embarras pour arriver à un résultat généralement inférieur à celui qu'obtiennent les charcutiers de profession. Il n'en est pas de même pour les ménages qui habitent la campagne toute l'année. C'est spécialement en leur faveur qu'on place ici quelques-unes des préparations du domaine de la charcuterie, choisies entre celles qu'il est le plus facile et le plus avantageux de faire chez soi.

FONTE DU SAINDOUX.

Lorsqu'on veut s'approvisionner de saindoux parfaitement blanc et d'une conservation facile, il faut bien se garder de faire, comme on le fait dans beaucoup de ménages, où l'on tue un porc pour le saler comme provision d'hiver, fondre ensemble à grand feu toutes les parties grasses, y compris les rognures des pièces de lard. On doit couper en petits morceaux la panne du porc, après en avoir séparé l'enveloppe et toutes les parties membraneuses, et les faire fondre dans une marmite de fonte, au bain-marie. A cet effet, on remplit à demi d'eau bouillante une chaudière assez grande pour que la marmite où le saindoux doit fondre y puisse tenir à l'aise. Entretenez le feu sous la chaudière jusqu'à ce que la plus grande partie du saindoux soit fondue. Décantez la partie en fusion et conservez-la dans des pots de grès de moyenne grandeur. La portion de la panne que la chaleur du bain-marie n'a pas pu faire fondre est remise sur un feu doux avec les rognures des pièces de lard et toutes les autres parties grasses destinées à la fonte; on chauffe le tout sur un feu modéré, assez pour que tout le saindoux et toute la partie fusible des rognures de lard entrent en fusion, et l'on évite de faire roussir le reste, ce qui ne manquerait pas de communiquer au saindoux une saveur qu'il ne doit pas avoir, saveur qui le rendrait impropre à servir de friture fine, et qui nuirait en même temps à sa conservation. Ce saindoux de deuxième fonte, beaucoup moins fin que l'autre, ne doit jamais être mêlé avec le saindoux fin fondu au bain-marie; on le conserve à part, et l'on a soin de l'utiliser en premier lieu.

SALAISON DE PORC PAR LESSIVAGE.

On croit inutile de donner ici les procédés habituellement en usage pour dépecer et saler un porc à la manière ordinaire, procédés qui ne se rattachent que trop indirectement au plan de cet ouvrage ; on donne seulement, parce qu'elle n'est pas aussi connue et aussi généralement pratiquée qu'elle mérite de l'être, la recette de la salaison du porc par lessivage, telle qu'elle est usitée par la charcuterie parisienne.

On dispose sur un trépied de bois un baquet en bois blanc percé d'un trou à sa partie inférieure, comme les cuviers dans lesquels on coule la lessive. Les morceaux de cochon dépecés y sont placés par lits, les plus gros et les plus charnus au fond, les plus petits et ceux qui contiennent le plus d'os au-dessus. Le fond du baquet a été préalablement garni d'un lit de sel, de thym, de sauge, de feuilles de laurier et de baies de genièvre, avec quelques clous de girofle et quelques grains de gros poivre. Chaque rangée de morceaux de viande, bien frottés de sel sur toutes les surfaces, est recouverte de sel mêlé des mêmes aromates, et l'on termine par un lit de ces mêmes substances, dont les morceaux de cochon doivent être entièrement recouverts. Cela fait, on arrose doucement et très-également le dessus du baquet d'un ou deux litres d'eau froide. Cette eau filtre à travers la viande, dissout le sel et finit par couler sous forme de saumure par l'ouverture inférieure du baquet sous lequel un vase est placé pour la recevoir. A mesure que ce vase est plein, la saumure est reversée sur le dessus du baquet ; ce lessivage est continué un, deux ou trois jours, selon le degré de sel qu'on désire donner à la viande de porc et selon le temps pendant lequel elle doit être conservée. On obtient ainsi presque immédiatement l'effet utile du sel et des aromates sur la viande de porc, qui se conserve ensuite beaucoup mieux et avec un goût beaucoup plus délicat que par le procédé de salaison ordinaire. La salaison par lessivage a pour avantage principal, au point de vue de la cuisine, celui de permettre de régler à volonté, et avec la plus grande facilité, le degré de sel qu'on désire donner aux différents morceaux de viande de porc; d'où il résulte que, n'étant jamais salés avec excès au moment où ils doivent être employés, il n'est presque jamais nécessaire de les faire dessaler.

BOUDIN NOIR.

Dans tout ménage où l'on tue un porc, il est indispensable d'en utiliser le sang pour faire du boudin. La substance du boudin se compose du sang de cochon, de panne crue et d'oignons, avec assaisonnement de sel, poivre et muscade râpée à volonté. Les meilleures proportions sont, pour un litre de sang de porc, deux gros oignons ou quatre petits, et 500 grammes de panne. Les oignons, soigneusement épluchés, sont coupés d'abord en grandes tranches minces; puis, ces tranches sont coupées de façon à diviser toute la substance de l'oignon en très-petits dés. On met les oignons ainsi coupés dans une casserole avec un peu de saindoux fin, et on les fait cuire à petit feu jusqu'à ce qu'ils soient bien ramollis et parfaitement cuits, en évitant de les faire roussir. Les oignons cuits de cette manière sont alors incorporés et soigneusement mélangés avec la panne crue, coupée de même en très-petits dés. On y ajoute une bonne poignée de persil et de ciboule finement hachés, un assaisonnement suffisant de sel, poivre, un peu de muscade râpée, et l'on arrose le tout d'un verre de bonne crème fraîche. Après avoir bien pétri le mélange, on y verse peu à peu le sang de cochon, en prenant la plus grande attention pour que l'oignon et la panne soient répartis le plus également possible dans la masse. Cela fait, on remplit de cette masse, qui doit avoir une bonne consistance, les boyaux préalablement nettoyés et disposés à cet effet; on arrête les deux bouts de chaque boudin avec une ficelle, et on lui donne la longueur voulue.

Pendant que ce travail s'exécute, on a tenu sur un feu doux une marmite pleine d'eau qu'on amène et qu'on maintient à une température voisine de l'ébullition, mais sans la laisser bouillir. Les boudins y sont plongés à mesure qu'ils sont achevés; on les y laisse assez long-temps pour que le sang soit bien coagulé, ce qu'on re-connaît lorsqu'en piquant les boudins, il n'en sort plus de sang. Ils sont alors retirés de l'eau et suspendus pour se ressuyer à l'air. Quand on veut s'en servir, on les pique ou bien on y pratique de légères entailles trans-versales, puis on les fait cuire, soit sur le gril, soit à la poêle, avec un peu de saindoux. Le boudin noir doit être servi très-cuit et très-chaud.

BOUDIN BLANC.

La substance du boudin blanc se compose d'oignons, de mie de pain trempée dans du lait, de panne crue et de chair de volaille rôtie. Comme dans le boudin noir, les oignons doivent être dans la proportion de deux gros ou quatre petits pour un kilogramme de farce; toutes les autres substances doivent y être par parties égales. L'oi-gnon, pour le boudin blanc, est préparé comme pour le boudin noir, c'est-à-dire cuit dans du saindoux sur un feu modéré jusqu'à ce qu'il soit très-cuit, mais sans le laisser roussir. Les autres substances sont pilées dans un mortier de marbre, d'abord séparément, puis toutes en-semble. Quand la pâte est bien égale, on l'éclaircit en y ajoutant par kilogramme un demi-litre de crème, six jaunes d'œufs, et un bon assaisonnement. Dans cette préparation, la chair de volaille rôtie peut être remplacée en tout ou en partie par du cochon, du veau, des restes de lapin ou de perdreaux rôtis ; mais on ne doit y admettre ni faisan, ni lièvre, ni aucune chair de gibier trop coloré. Après avoir rempli de la farce précédente les boyaux bien nettoyés, faites cuire les bouts de boudin blanc dans du lait coupé de moitié d'eau, tenu à une température voisine de l'ébullition, mais sans la laisser bouillir, autrement le boudin blanc crèverait.

Quand le boudin a séjourné quinze à vingt minutes dans le lait coupé bien chaud, on le retire et on le suspend à l'air pour le laisser se ressuyer. Pour le faire cuire, après l'avoir piqué ou taillé très-légèrement, comme le boudin noir, on le pose sur une feuille de papier fort graissé de saindoux ou d'huile d'olives fine des deux côtés, et l'on met cette feuille sur le gril, avec les boudins blancs dessus. Il faut les retourner souvent pour qu'ils cuisent bien également sans se crevasser et sans prendre trop de couleur.

BOUDIN DE FOIE GRAS.

Ce boudin est composé de foies d'oies de Strasbourg, d'oignons, de panne crue et de sang de veau. Pour deux foies gras de grosseur moyenne, il faut six beaux oignons, 125 grammes de panne et un demi-litre de sang de veau. On commence par hacher séparément les foies crus, les oignons préalablement cuits dans un peu de bouillon, et la panne crue ; puis on hache le tout ensemble, afin que le mélange soit bien exact. On humecte d'abord la pâte avec un quart de litre de bonne crème, puis on y incorpore le sang de veau, et l'on ajoute un bon assaisonnement de sel et poivre. La pâte est alors mise dans une casserole sur un feu très-doux, afin de la faire seulement tiédir; il faut la remuer continuellement afin qu'elle ne s'attache pas au fond de la casserole. On en remplit les boyaux en procédant comme pour le boudin noir et le boudin blanc. Les boudins de foies gras étant achevés, on les fait cuire dans du bouillon dégraissé qu'on a soin de ne pas laisser bouillir; on les laisse ensuite se ressuyer à l'air, puis on les fait cuire sur le gril sur un papier huilé avec les précautions indiquées pour la cuisson du boudin blanc. Le boudin de foie gras est le plus cher et le plus recherché des boudins, mais il est indigeste, et l'on ne doit en user qu'avec modération.

SAUCISSES.

Hachez ensemble le plus finement possible 500 grammes de chair maigre de porc, et 500 grammes de lard frais. Ajoutez-y une forte cuillerée de fines herbes très-finement hachées séparément; assaisonnez fortement de sel, poivre et muscade râpée; humectez légèrement cette farce avec un verre de vin de Madère ou d'autre bon vin blanc. C'est ce qu'on nomme la chair à saucisse. On en remplit des boyaux de mouton arrêtés aux deux bouts par une ligature de fil, ce sont les saucisses longues; ou bien on en enveloppe environ 60 grammes dans une portion de crêpine ou toilette de panne de porc ou de graisse de veau, ce sont les saucisses plates. Il faut piquer les saucisses longues pour les faire cuire à la poêle, dans un peu de beurre ou de saindoux; quand elles ne sont pas très-cuites, elles sont difficiles à digérer.

ANDOUILLES.

La matière première des andouilles est la portion des intestins du cochon qui correspond à la partie les intestins du bœuf connue en cuisine sous les noms de tripes et de gras-double. Ces intestins épais et charnus, après avoir été lavés, nettoyés et blanchis avec le plus de soin possible, sont rangés dans une terrine et saupoudrés d'un fort assaisonnement de sel, poivre, muscade râpée, girofle, avec lequel vous les laissez macérer pendant deux bonnes heures. Au bout de ce temps, remplissez-en des boyaux préparés comme pour des boudins, et déposez-les dans le fond d'un saloir rempli de pièces de cochon salées; les andouilles y doivent rester environ un mois. Si l'on adopte le procédé de salaison par lessivage, les andouilles ont suffisamment pris le sel au bout de deux ou trois jours. Quand elles sont à ce point, faites-les cuire pendant deux heures dans du bouillon avec un bouquet de persil, quelques carottes et deux ou trois oignons. Laissez-les refroidir dans leur jus de cuisson; retirez-les, graissez-les de saindoux sur toute leur surface, et faites-les cuire sur le gril à une chaleur modérée. Les andouilles sont servies sans sauce, comme les boudins et les saucisses.

HURE DE COCHON DÉSOSSÉE.

Après avoir flambé et soigneusement nettoyé une hure de cochon, fendez-la par-dessous et enlevez-en tous les os sans endommager la peau. Divisez toutes les parties mangeables, la langue, la chair, la cervelle, en lanières minces, joignez-y les oreilles coupées de la même manière, et si la totalité ne semble pas suffisante pour bien remplir la tête désossée, complétez la garniture avec une petite quantité de viande de porc maigre, prise dans les rognures des parties les plus délicates. Mettez tous ces morceaux dans une terrine, couche par couche; saupoudrez chaque couche de sel, poivre et muscade râpée, persil et ciboule très-finement hachés, et laissez le tout se pénétrer de l'assaisonnement pendant huit jours en été et dix jours en hiver. Remplissez-en alors la tête désossée, afin de lui rendre autant que possible sa première forme; refermez par une couture de gros fil la fente par laquelle les os ont été retirés; contenez le tout par plusieurs tours de forte ficelle, et faites cuire dans une marmite remplie d'eau, pendant huit à dix heures, à petit feu. Retirez de la marmite la hure parfaitement cuite; enveloppez-la d'un linge blanc et pressez-la entre les mains de manière a en faire sortir toute l'eau de cuisson qui peut y être restée. Graissez légèrement de saindoux l'extérieur de la hure, après en avoir retiré les ficelles, et saupoudrez-la de chapelure tamisée; servez-la froide sur une planche recouverte d'une serviette blanche. La hure de sanglier doit être coupée par tranches minces verticales, en commençant par la partie de derrière, pour finir par le grouin.

On rend cette préparation beaucoup plus délicate en mêlant aux morceaux dont on remplit la hure désossée des tranches de truffes et des pistaches.

SAUCISSON DE MÉNAGE.

Hachez ensemble 1 kilogramme de chair de porc maigre et 500 grammes de lard. Ces substances ne doivent pas être tout à fait aussi finement hachées que de la chair à saucisses. Assaisonnez fortement de sel, poivre, muscade, et quelques grains de coriandre. Remplissez de cette préparation des morceaux de vessie de porc, disposés en forme de boyau, ou des bouts de boyaux de bœuf d'une longueur variable à volonté. Suspendez les saucissons dans la cheminée, et laissez-les exposés à l'action de la fumée pendant dix jours, avec la précaution de les bien envelopper dans plusieurs doubles de papier gris. Si, dans cet intervalle, vous pouvez de temps en temps brûler dans la cheminée quelques brassées de genêt et de rameaux de genévrier, les saucissons en auront meilleur goût. Faites-les cuire dans de l'eau assaisonnée de sel, poivre, quelques feuilles de laurier, avec deux ou trois carottes et autant d'oignons piqués de clous de girofle. L'action de la fumée ayant cuit en partie les saucissons, deux heures d'ébullition suffisent pour les cuire complétement. Laissez-les refroidir dans leur eau de cuisson, essuyez-les, et servez-les froids, coupés par tranches.

Lorsqu'on ne craint pas la saveur de l'ail, on ajoute à l'assaisonnement de la viande hachée dont on remplit les saucissons, une petite quantité d'ail finement hachée; il faut être sobre de ce genre d'assaisonnement, que tous les consommateurs ne supportent pas, pour peu qu'il soit en excès.

SEPTIÈME SECTION.

VOLAILLES.

POULE AU POT.

La poule est la moins chère et la moins distinguée de toutes les volailles; néanmoins, elle n'est point à dédai-

gner, et·elle peut fournir à la cuisine de ménage plusieurs mets également sains et de bon goût. La poule
sert, comme on sait, pour faire le bouillon de malade;
elle est aussi la base du consommé indispensable dans la
cuisine recherchée, pour mouiller la plupart des sauces
au gras (voyez *Consommé*). L'une des manières les plus
fréquentes d'utiliser une bonne poule, ni grasse ni trop
maigre, et point trop avancée en âge, c'est de la mettre
au pot avec son poids de bonne viande de bœuf, et
250 grammes de petit salé. La poule est mise au pot en
même temps que le bœuf, et le pot-au-feu est dirigé
selon la méthode ordinaire. Mais, comme la poule est
beaucoup plus promptement cuite que le bœuf, quand
elle est aux trois quarts cuite, on la retire de la marmite
pour l'y remettre quand le bœuf est presque cuit; un
bon quart d'heure d'ébullition doit suffire pour l'amener
au degré de cuisson convenable. Le plus souvent on sert
la poule au pot comme le bœuf du pot-au-feu, au naturel, sans sauce ni assaisonnement. Lorsqu'on veut en
tirer tout le parti possible, après l'avoir retirée du pot
et bien égouttée, on la découpe et on verse dessus, tandis
qu'elle est encore chaude, un roux blond mouillé d'un
peu de bouillon, assaisonné de fines herbes et lié de deux
jaunes d'œufs au moment de servir.

POULE AU RIZ.

Selon l'usage ordinaire, on fait cuire aux trois quarts
la poule dans le pot-au-feu, puis on termine sa cuisson
dans une marmite, avec du riz crevé d'avance dans le
bouillon, ou même dans l'eau. Cette recette, donnée par
la plupart des livres de cuisine, n'est pas à beaucoup
près la meilleure. Voici celle qu'on suit dans la cuisine

de la plupart des ménages qui conservent la tradition de la bonne cuisine bourgeoise du dernier siècle. Faites roussir dans un peu de saindoux 125 grammes de lard ; retirez-le de la casserole et mettez-y la poule que vous retournerez jusqu'à ce qu'elle ait pris couleur de tous côtés, en modérant le feu, pour que la graisse ne noircisse pas. D'autre part, faites crever dans de bon bouillon dégraissé, du riz en quantité proportionnée au volume de la poule. Quand le riz est à moitié cuit, retirez un moment la poule de la casserole, versez-y le riz crevé que vous remuez bien pour qu'il se mêle avec le fond de cuisson de la poule ; remettez la poule sur le riz avec les morceaux de lard roussis dans le saindoux ; mouillez d'assez de bouillon pour achever la cuisson du riz et celle de la poule. Au moment de servir, ajoutez au riz deux ou trois cuillerées de jus de rôti réservé à cet effet, et servez très-chaud. Préparée de cette manière, la poule au riz est un mets très-nourrissant, d'un prix peu élevé, aussi agréable que beaucoup d'autres qui coûtent beaucoup plus cher.

POULE EN DAUBE.

Quand une poule est vieille, que sans être grasse elle n'est pas trop maigre, et qu'en raison de son âge elle peut être soupçonnée d'être fort dure, on peut encore en faire un mets excellent en l'accommodant en daube. Garnissez le fond d'une marmite à braiser ou d'une marmite de terre dite *huguenote*, de deux tranches de lard et d'une tranche de jambon cru. Posez la poule sur cette garniture. Disposez autour de la poule un demi-pied de veau coupé en quatre morceaux, deux carottes, deux oignons piqués chacun d'un clou de girofle, et un bou-

quet garni. Assaisonnez convenablement de sel et poivre ;
ménagez le sel, en raison de celui que contiennent déjà
le lard et le jambon. Couvrez la poule d'une grande barde
de lard, remplissez la marmite d'assez de bouillon pour
que la poule en soit bien couverte, et faites cuire pendant
quatre heures sur un feu doux. Retirez alors avec précaution la poule de son jus de cuisson, afin de ne pas la
démolir, car elle doit être très-cuite ; passez le jus, faites-
le réduire sur un feu vif; dressez la poule sur un plat
creux; rangez autour le jambon et les morceaux de
pied de veau qui ont cuit avec elle, et versez sur le tout
le jus réduit. Par le refroidissement, ce jus doit se prendre
en gelée. Servez froid.

Les préparations qu'on vient d'indiquer pour la poule
sont applicables au coq; lorsqu'il est vieux, le coq n'est
réellement mangeable qu'en daube.

CRÊTES ET ROGNONS DE COQ AU BLANC.

Après avoir fait convenablement dégorger dans de
l'eau froide plusieurs fois renouvelée des crêtes et des
rognons de coq, faites-les cuire avec un bon assaisonnement de sel et poivre et un bouquet garni, dans de l'eau
blanchie d'une cuillerée de farine. Lorsque la cuisson
est terminée, faites un roux blanc que vous mouillerez
de consommé, ajoutez-y une ou deux cuillerées de jus
de volaille rôtie; faites mijoter les crêtes et les rognons
un bon quart d'heure dans cette sauce. Au moment de
servir, faites fondre dans la sauce 60 grammes de beurre
frais pétri avec une pincée de farine et une demi-cuillerée
de fines herbes hachées; versez sur le tout le jus d'un
citron ou un filet de vinaigre, et servez très-chaud. Dans
les grandes cuisines, après avoir fait cuire au blanc les

crêtes et les rognons de coq, on termine leur cuisson dans du velouté (page 68), ce qui rend ce mets beaucoup plus cher, sans le rendre beaucoup meilleur.

Poulet.

Les meilleurs poulets sont ceux de quatre à cinq mois : on a déjà fait observer (page 6) combien il y a de perte réelle à subir quand on achète des poulets maigres, dans lesquels il n'y a, pour ainsi dire, rien de mangeable. De quelque manière qu'on se propose de les accommoder, il faut qu'ils soient au moins bien en chair, gras même s'il se peut, sans excès de graisse, à moins qu'ils ne doivent être rôtis à la broche, auquel cas ils ne sauraient être trop gras. A Paris, et sur les marchés de toutes les grandes villes, on trouve à acheter de bons poulets gras à peu près toute l'année, mais principalement de septembre en mai. De toutes les races de volaille qui existent en Europe, la meilleure, au point de vue gastronomique, est la race anglaise de Dorking, actuellement assez répandue en France ; elle manque d'ampleur, et ne fournit ni de belles poulardes, ni de bons chapons, mais elle donne des poulets à chair fine, aux formes arrondies,

Fig. 17.

ayant très-peu d'os, et tellement disposés à prendre

la graisse que, même quand ils n'ont pas été engraissés, ils ne sont jamais maigres. Les poulets de
Dorking se reconnaissent à l'ampleur de la crête, très-
grande et très-épaisse par rapport au volume de l'animal, et à la conformation des pattes, qui ont un doigt de
plus que les poulets de toutes les autres races. La

Fig. 18.

figure 17 représente la tête d'un poulet Dorking, et
la figure 18 une patte du même poulet.

POULET ROTI A LA BROCHE.

Quand un poulet est bien gras, la meilleure manière
de le manger, c'est de le faire rôtir à la broche avec
beaucoup de soin, en évitant de lui laisser prendre trop
de couleur, et ménageant la cuisson de manière à ce que,
quand on le découpe, il n'y reste aucune partie intérieure
qui ne soit pas parfaitement blanche. Le poulet rôti conserve ses pattes dont on coupe seulement les doigts; on
les fixe à la broche par plusieurs tours de ficelle, afin
qu'elles restent droites sans se replier sur elles-mêmes.
Dans les grandes cuisines, on pique de fin lard, comme
un fricandeau, la partie charnue de l'estomac du poulet,

ou bien on l'enveloppe de bardes de lard avant de le faire rôtir à la broche. Un bon poulet gras n'a nul besoin de ces préparations pour être excellent ; le lard ne sert qu'à altérer, sans l'améliorer, la délicatesse de la saveur naturelle du poulet.

POULETS BLANCS A LA BROCHE.

Pour accommoder des poulets de cette manière, il faut en choisir deux d'égale grosseur, à peau fine, aussi blanche que possible, et les vider, non pas par le bas du ventre, selon la méthode ordinaire, mais par l'ouverture supérieure qu'on nomme la *poche* ou le *bréchet*, qui reste béante quand on a retranché le cou et écarté la peau. Après avoir convenablement troussé les deux poulets, on fait fondre dans une casserole 250 grammes de beurre qu'on assaisonne un peu fortement de sel et poivre, et auquel on mêle le jus d'un citron. Versez ce beurre fondu sans être très-chaud, par parties égales, dans le corps de chacun des deux poulets, et rabattez la peau du cou, afin de faire disparaître l'ouverture par laquelle on les a vidés. Posez alors les poulets dans un plat, sur le dos, et couvrez-leur l'estomac de tranches de citron, par-dessus lesquelles vous étendrez une barde de lard maintenue par plusieurs tours de gros fil. Enveloppez les poulets ainsi disposés d'une forte feuille de papier huilé ; embrochez-les, et faites-les tourner pendant trois quarts d'heure à la broche devant un feu très-modéré, car ils doivent cuire complétement sans prendre la moindre couleur. La cuisson étant terminée, ôtez le papier, la barde de lard, les tranches de citron ; dressez les poulets sur un plat et versez dessus une sauce tomate, un velouté, une sauce suprême aux champignons, ou toute autre sauce distinguée, à votre choix. Les poulets blancs à la broche ne se servent que comme entrée.

POULETS BLANCS BRAISÉS.

Après avoir disposé deux poulets et les avoir remplis de beurre frais fondu, assaisonné comme pour la recette précédente, couvrez-leur l'estomac de tranches de citron que vous maintiendrez par une barde de lard rattachée avec du gros fil. Cela fait, au lieu de les faire cuire à la broche, mettez-les dans une casserole dont vous aurez garni le fond d'une tranche de lard, avec 250 grammes de veau et 250 grammes de jambon coupé en petits dés, un bouquet garni, et une quantité suffisante de bouillon dégraissé. La cuisson terminée, ôtez les bardes et les tranches de citron, dressez les poulets sur un plat, et versez dessus le jus de cuisson des poulets, passé et dégraissé.

POULET SAUTÉ AUX CHAMPIGNONS.

Dépecez le plus proprement possible un ou deux poulets, selon le nombre des convives. Faites-les sauter dans une casserole sur un feu vif, avec une forte poignée de champignons coupés en morceaux, quantité suffisante de beurre frais, et un bon assaisonnement de sel et poivre. Remuez souvent, afin que les morceaux de poulet prennent bien couleur sur toutes leurs surfaces. Ajoutez alors une cuillerée de farine ; mouillez avec de bon bouillon, n'en mettez que ce qu'il faut pour que la sauce soit suffisante sans être longue. Retirez les morceaux de poulet de la casserole dès qu'ils auront bouilli pendant quelques minutes ; dressez-les sur un plat ; ajoutez à la sauce deux jaunes d'œufs et un filet de vinaigre, et versez-la sur les morceaux de poulet, avec les champignons qui s'y trouvent mêlés.

Cette recette, aussi désignée sous le nom de *Poulet à la minute*, est une des plus expéditives qu'on puisse employer pour improviser un bon plat dans le moins de temps possible.

FRICASSÉE DE POULET.

Dépecez un ou deux poulets comme pour la recette précédente; faites tremper les morceaux dans de l'eau froide à laquelle vous ajouterez un verre de vin blanc ou deux cuillerées de vinaigre. Égouttez et essuyez les morceaux; mettez-les dans une casserole sur un feu doux avec 125 ou 250 grammes de beurre frais, selon l'importance de la fricassée, avec un bon assaisonnement de sel et poivre, une cuillerée de farine, et une forte garniture de champignons coupés en morceaux. Ayez soin que les morceaux de poulet se raffermissent seulement dans le beurre, mais qu'ils ne se colorent pas. Mouillez avec une forte tasse de bouillon bien dégraissé, et faites cuire sur un feu vif; une heure de cuisson doit suffire. Environ vingt minutes avant de servir, ajoutez à la fricassée une douzaine de petits oignons. Quand la cuisson est terminée, retirez les morceaux de poulet de la casserole; dressez-les sur un plat, les plus gros en dessous, les plus petits au-dessus; ajoutez à la sauce restée dans la casserole deux jaunes d'œufs et un jus de citron ou un filet de vinaigre, et versez-la doucement sur la fricassée, afin que les champignons restent au fond de la casserole avec les petits oignons; prenez-les avec une cuiller, et garnissez-en également le dessus de la fricassée; servez très-chaud.

FRICASSÉE DE POULET A LA CHEVALIÈRE.

Détachez les ailes d'un poulet un peu gros, en enlevant le plus de chair possible; piquez-les de fin lard comme des fricandeaux, et faites-les cuire à part dans une casserole avec une tranche de lard, une de jambon, une cuillerée à pot de bouillon dégraissé, et un bon assaisonnement de sel et poivre. D'autre part, supprimez l'os principal de la carcasse du poulet, dépecez le poulet et faites-le cuire avec des champignons et des petits oignons, comme pour la recette précédente. Au moment de servir, dressez les morceaux de poulet sur un plat, et posez au milieu les ailes piquées et cuites séparément. Disposez autour du plat la garniture de champignons et de petits oignons; passez la sauce de cuisson des ailes piquées; dégraissez-la, réunissez-la à la sauce de la fricassée de poulet; mettez-y la liaison de jaunes d'œufs et un jus de citron ou un filet de vinaigre, et versez-la très-également sur toute la fricassée de poulet à la chevalière. Ce mets a un grave inconvénient pour le service, c'est qu'il contient seulement deux morceaux beaucoup plus délicats et plus recherchés que le reste, en sorte que tous les convives ne peuvent pas être également bien partagés. Les ailes piquées d'une fricassée de poulet à la chevalière ne doivent être servies qu'aux dames.

FRICASSÉE DE POULET A LA BOURGUIGNONNE.

Dépecez deux poulets et faites-les revenir dans du beurre avec un bon assaisonnement, un bouquet garni, et une garniture de champignons; laissez cuire sur un feu doux, pour que les morceaux des poulets ne se colorent pas. Mouillez avec un ou deux verres de vin blanc, et quand la fricassée est aux trois quarts cuite, joignez-y une seconde garniture de petits oignons. D'autre part, préparez un roux blanc auquel vous ajouterez un morceau de beurre frais pétri avec une cuillerée de fines herbes hachées ; versez ce roux sur la fricassée, et laissez-la terminer sa cuisson à petit feu. Quand elle est cuite, retirez les morceaux de la casserole, dressez-les sur un plat creux, rangez autour du plat les champignons et les petits oignons, liez la sauce avec quatre jaunes d'œufs, versez-la sur le tout, et servez très-chaud.

POULETS FRICASSÉS A LA LAURÉTANE.

Lorsqu'on doit fricasser des poulets très-jeunes ou d'espèce très-petite, comme les Bantam, ou les petits poulets anglais, dits poulets à la reine, dont le volume ne dépasse pas celui d'un gros pigeon, il vaut mieux les accommoder à la Laurétane, en les laissant entiers. Après les avoir plumés, vidés, flambés et nettoyés, retranchez les pattes et rentrez les os des cuisses en dedans, pour donner à l'estomac une forme bombée ; il en faut trois ou quatre pour un plat de dimension moyenne. Frottez l'estomac des poulets avec la moitié d'un citron coupé en deux, afin qu'il soit bien blanc ; puis enveloppez chaque poulet d'une barde de lard, mettez-les ainsi préparés dans une casserole avec une tasse de bouillon dégraissé ou de consommé, un bouquet garni, deux ou trois carottes, et un bon assaisonnement de sel et poivre ; faites cuire sur un feu modéré, en ayant soin de retourner les poulets, afin qu'ils cuisent également de tous les côtés. D'autre part, faites revenir dans le beurre une bonne garniture de champignons et de petits oignons ; faites un roux blond avec une cuillerée de farine et le beurre dans lequel vous avez fait revenir les champignons et les oignons. Retirez les poulets de la casserole, passez la sauce de cuisson, et mouillez-en le roux ; remettez ensemble dans la casserole les poulets, les champignons et les oignons ; laissez-les terminer leur cuisson, et ajoutez à la sauce, au moment de servir, une liaison de trois jaunes d'œufs avec un jus de citron ou un filet de vinaigre.

POULET A LA MARENGO.

Dépecez un poulet comme pour le mettre en fricassée ; faites cuire dans de l'huile d'olive fine les cuisses d'abord, parce qu'elles cuisent plus difficilement que le reste, puis les autres morceaux, jusqu'à ce qu'ils soient complétement cuits, avec un bon assaisonnement de sel et poivre, un bouquet garni, et une poignée de champignons. La cuisson étant terminée, faites un roux blond que vous mouillerez avec moitié consommé, moitié vin de Madère, ou tout autre vin blanc ; incorporez peu à peu dans la sauce la plus grande partie de l'huile dans laquelle le poulet a cuit, en agitant vivement pour que la sauce ne tourne pas ; dressez les morceaux de poulet sur un plat, et versez dessus la sauce avec les champignons. Dans les grandes cuisines, on termine le poulet à la Marengo avec de la sauce italienne ou de l'espagnole, et l'on ajoute à la garniture de champignons une bonne quantité de truffes coupées par tranches.

On sait qu'après la bataille de Marengo, le premier Consul ayant demandé une fricassée de poulet, son cuisinier, qui manquait des éléments indispensables pour la faire selon la recette ordinaire, employa l'huile au lieu

de beurre, et que la fricassée fut trouvée excellente; il est
probable que le premier poulet à la Marengo ne valait
pas grand'chose, et qu'il dut son succès à cette circonstance toute particulière, que le premier Consul n'avait
rien pris de la journée. Plus tard, le cuisinier perfec-
tionna sa recette, et le poulet à la Marengo est resté l'un
des mets les plus distingués de la cuisine moderne.

POULETS A LA TARTARE.

Après avoir flambé deux bons poulets, supprimez la
tête et le cou jusqu'à la naissance des ailes; fendez ensuite
chaque poulet par le dos dans toute sa longueur, videz-
le, et aplatissez-le légèrement en appuyant dessus avec
le plat d'un couperet pesant, mais en évitant de le meur-
tir. Saupoudrez des deux côtés les poulets ainsi préparés, d'un bon assaisonnement de sel et poivre; passez-les
alors dans du beurre fondu tiède, panez-les le plus fortement possible, et faites-les cuire doucement sur le gril;
la cuisson ne doit pas durer moins de trois quarts d'heure.
Servez très-chaud, avec une sauce piquante (page 76).

Quelques cuisiniers se dispensent de paner les poulets
à la tartare; mais, ce mets n'est jamais aussi bon qu'il
peut l'être, quand les poulets n'ont pas été fortement
panés, avant d'être mis sur le gril. On peut substituer
à la sauce piquante, une sauce tomate, une ravigote,
ou toute autre sauce selon les goûts. Les poulets à la
tartare sont un mets excellent pour les déjeuners à la
fourchette.

POULETS A LA PAYSANNE.

Dépecez deux bons poulets comme pour une fricassée
de poulet; mettez dans une casserole quatre ou cinq cuil-

lerées d'huile d'olive fine et 125 grammes de beurre
frais; faites-y revenir les morceaux de poulet jusqu'à ce
qu'ils soient bien colorés, retirez-les de la casserole et
faites roussir dans le même mélange de beurre et d'huile
deux carottes coupées en tranches minces et deux oignons
de moyenne grosseur coupés de même. Quand ces légumes sont bien colorés, retirez-les pour les réunir aux
morceaux de poulet, faites un roux blond avec une forte
cuillerée de farine; mouillez le roux avec une demi-tasse
de bouillon dégraissé et un verre de vin blanc, remettez
dans cette sauce les morceaux de poulet et les légumes
roussis, laissez mijoter le tout un bon quart d'heure, et
servez très-chaud.

POULET EN LÉZARD.

Après avoir flambé un poulet un peu fort, fendez-le
par le dos sur toute sa longueur; supprimez entièrement
le cou, mais en en conservant la peau jusqu'à la naissance de la tête. Otez intérieurement l'os principal de la
carcasse, en laissant subsister ceux des membres, après
avoir entièrement retranché les pattes. Remplissez le
corps du poulet désossé d'une farce cuite (page 99) que
vous mêlerez à des truffes, des champignons et de la langue de veau cuite, le tout coupé en très-petits dés. Recousez la peau du poulet farci, il n'est pas bien difficile
alors de lui donner extérieurement la forme d'un lézard.
A cet effet, remplissez de farce la peau du cou du poulet,
en l'amincissant pour figurer la queue, et écartez les ailerons d'une part, les cuisses de l'autre, pour figurer les
quatre membres du lézard. Pour la tête, retranchez le
croupion, et mettez à la place une grosse truffe grossièrement taillée en forme de tête de lézard. Faites cuire le

poulet ainsi préparé dans une casserole avec un bon assaisonnement, deux tranches de lard, une tranche de
jambon, quelques légumes et un bouquet garni. Recouvrez le poulet en lézard d'une barde de lard ; mouillez
d'une ou deux tasses de bon bouillon dégraissé, et faites
bouillir doucement pendant une bonne heure. La cuisson terminée, faites refroidir le poulet entre deux couvercles de casserole; vous chargerez le couvercle de dessus d'un poids suffisant pour que le poulet en lézard ne
puisse se déformer. Servez froid avec une mayonnaise
(page 79), ou une sauce ravigote froide (page 80).

POULET FRIT A LA SAINT-FLORENTIN.

Faites mariner un poulet dépecé dans de l'huile avec
un bon assaisonnement de sel, poivre, échalotes hachées
et oignons coupés par tranches. Après quatre ou cinq heures de marinade, retirez de l'huile les morceaux de poulet,
égouttez-les, essuyez-les, farinez-les fortement, et faites-les frire dans de l'huile pour leur faire prendre une
belle couleur. Faites frire dans la même friture des tranches d'oignons fortement enduites de farine ; dressez les
morceaux de poulet frits sur un plat, et placez au centre
les tranches d'oignons frites, avec une poignée de persil
frit.

MARINADE DE POULETS FRITS.

Faites mariner des morceaux de poulet dans une marinade au vinaigre assaisonnée de fines herbes et d'échalotes hachées. Si le poulet est cru, laissez-le deux heures
dans la marinade; ne laissez mariner les morceaux qu'une
heure, s'ils proviennent de la desserte d'un ou de plusieurs poulets rôtis. Égouttez-les, essuyez-les, passez-les

dans la pâte à frire, et faites-leur prendre une belle couleur dans la friture. Si les morceaux de poulet sont cuits d'avance, ils ne doivent rester que quelques minutes dans la friture très-chaude ; s'ils sont crus, ils resteront plus longtemps dans la friture sur un feu moins vif, afin qu'ils aient le temps d'y cuire complétement. Servez avec une garniture de persil frit.

POULET AUX OLIVES.

Faites revenir dans du beurre frais un ou plusieurs poulets, selon le nombre des convives attendus ; ayez soin qu'ils ne se colorent pas trop. Ajoutez pour chaque poulet de moyenne grosseur, 60 grammes de lard coupé en petits morceaux que vous ferez roussir en même temps. Retirez de la casserole les poulets et le lard ; faites un roux blond que vous mouillerez avec une tasse de bouillon dégraissé. Terminez la cuisson des poulets dans cette sauce que vous assaisonnerez de sel et poivre ; retournez souvent les poulets, afin qu'ils soient également cuits de tous les côtés ; laissez réduire la sauce en bonne consistance. Les poulets étant parfaitement cuits, dressez-les sur un plat, entourez-les d'olives dont vous aurez retiré les noyaux, et versez par-dessus la sauce réduite mêlée de morceaux de lard.

Cette préparation convient surtout pour les poulets plutôt maigres que gras ; la recette est simple, peu coûteuse, et assez expéditive. On peut substituer aux olives une sauce tomate où toute autre garniture assaisonnée avec la sauce de cuisson des poulets convenablement réduite. C'est une recette d'un grand usage dans la cuisine bourgeoise pour les dîners de famille.

MAYONNAISE DE POULET.

Découpez un poulet rôti froid comme pour le distribuer aux convives. Dressez les morceaux dans un saladier, au centre duquel vous rangez quatre à six cœurs
de laitues coupés chacun en quatre morceaux, et largement saupoudrés de fines herbes hachées. Versez sur
le tout une sauce mayonnaise suffisamment abondante.
On peut utiliser de la même manière des morceaux de
desserte de poulets rôtis.

Poularde.

Chaque région de la France s'approvisionne de poulardes fines parfaitement engraissées dans plusieurs centres de production, dont les plus renommés sont la Bresse,
le pays de Caux et le Mai-
ne. A Paris, les poulardes
normandes et celles de La
Flèche et du Mans sont
les plus recherchées. La
supériorité des poulardes
de La Flèche sur toutes
les autres volailles grasses fines ne paraît pas
contestable. La figure 19
représente une de ces
poulardes sur pied ; la
figure 20 représente la
tête d'une poularde de La

Fig. 19.

Flèche, afin de faire voir plus distinctement les deux
appendices de chair qui la surmontent, et qui sont

le caractère propre de cette excellente race de volailles,

On répète ici ce qui a été dit au sujet du poulet gras rôti à la broche : c'est gâter une volaille fine bien engraissée que de lui larder l'estomac ou de l'entourer de bardes de lard ; il faut seulement la soigner, afin qu'elle soit cuite à point, la saler modérément en broche quand elle est à moitié cuite, et du reste lui conserver le plus complétement possible la saveur naturelle si délicate, qui constitue son principal mérite gastronomique. Quand la poularde est de forte taille, il est indispensable de la couvrir d'un papier graissé de beurre ou de saindoux pendant la première moitié de sa cuisson. Ce papier est retiré quand la poularde est à moitié cuite, et l'on active le feu afin qu'elle prenne une belle couleur. Il ne lui faut pas d'autre sauce que le jus qu'elle a rendu en rôtissant.

Fig. 20.

POULARDE AUX TRUFFES A LA BROCHE.

Faites choix d'une belle poularde le plus fraîchement tuée possible ; videz-la par la poche ; enlevez l'os principal de la carcasse, en ayant soin de ne pas endom-

mager la peau. D'autre part, faites revenir sur un feu
vif 500 grammes de truffes coupées chacune en quatre
morceaux, dans 250 grammes de lard gras coupé en
petits dés ; remuez fréquemment les truffes et laissez-les
cuire une demi-heure, avec le lard sur un feu doux.
Retirez-les du feu, et quand elles sont presque froides,
remplissez-en la poularde ; la quantité indiquée suffit
pour truffer une poularde de moyenne grosseur. Rabattez et cousez en arrière la peau de l'estomac tendue
par-dessus la garniture de truffes. Laissez la poularde
en cet état pendant 24 heures en été et 48 heures en
hiver, afin qu'elle se pénètre bien de l'odeur des truffes.
Mettez-la à la broche après l'avoir couverte d'une barde
de lard et d'une forte feuille de papier graissé. Faites-la
rôtir pendant une heure devant un feu modéré ; ôtez
alors le papier et la barde de lard pour que la poularde
truffée prenne une belle couleur. Servez très-chaud
avec une sauce aux truffes (page 82) ou simplement
avec le jus rendu par la poularde à la broche, auquel
vous ajouterez quelque morceaux de truffes hachées au
moment de servir.

La manière de truffer une poularde, telle qu'on vient
de l'indiquer, est la meilleure, mais la plus coûteuse,
quand le prix des truffes est très-élevé. On peut n'en
employer que la moitié de la quantité prescrite ci-
dessus, en les coupant par tranches et les incorporant
à une farce à volailles dans laquelle on aura haché finement un foie gras, afin d'en augmenter la délicatesse.

POULARDE AUX TRUFFES BRAISÉE.

Garnissez une poularde de truffes avec ou sans accompagnement de farce, comme pour la faire cuire à la

broche; couvrez-la d'une barde de lard, et mettez-la
dans une casserole dont vous aurez garni le fond de
bardes de lard. Disposez autour de la poularde 500 grammes de veau maigre coupé en petits dés, deux ou trois
oignons coupés par tranches et autant de carottes. Assaisonnez de sel, poivre et muscade râpée; mouillez d'une
tasse de bon bouillon dégraissé; laissez cuire pendant
une heure et demie. Retirez la poularde du feu; enlevez la barde dont elle est couverte, et tenez-la chaudement sur le bord du fourneau. D'autre part, faites un
roux blond que vous mouillerez avec le jus de cuisson
de la poularde truffée; ajoutez à cette sauce quelques
truffes hachées; dressez la poularde sur un plat, et versez la sauce truffée dessus au moment de servir.

POULARDE A LA ZINGARA.

Videz par la poche une belle poularde, et enlevez
l'os principal de la carcasse, comme s'il s'agissait de
truffer la poularde. Piquez-la sur un seul rang de chaque côté de l'estomac avec des lardons de lard fortement
assaisonnés, alternant avec des lardons de viande taillés
dans une langue de bœuf fumée. Disposez ces lardons
de manière à ce qu'ils forment un ovale régulier, recouvrez la poularde d'une barde de lard et mettez-la
dans une casserole avec deux tranches de lard, 500 grammes de veau maigre et 250 grammes de jambon coupé
en petits dés, deux carottes, quatre oignons, et un
bon assaisonnement de sel, poivre et muscade râpée.
Mouillez d'une quantité suffisante de bon bouillon dégraissé, et faites cuire sur un feu modéré pendant une
heure et demie. Retirez la poularde de la casserole;
passez le jus de cuisson; dégraissez-le et tenez-le chaud

sur le bord du fourneau. D'autre part, pilez dans un mortier environ 60 grammes de langue de bœuf fumée; ajoutez-y 30 grammes de beurre frais; pilez de nouveau, et faites fondre ce mélange dans une casserole; délayez avec le jus de cuisson dégraissé; passez à travers une passoire à trous fins, et tenez la purée assez claire pour qu'elle puisse être versée sur la poularde en place de sauce. Servez très-chaud. Dans les grandes cuisines, on rend la sauce de la poularde à la Zingara plus délicate, en délayant la purée avec du velouté, et en mouillant la cuisson de la poularde avec du consommé au lieu de bouillon.

POULARDE EN DEMI-DEUIL.

Préparez une poularde comme pour la recette précédente, mais sans la piquer. Faites-la cuire avec le même assaisonnement; retirez-la de la casserole quand elle est aux trois quarts cuite, et laissez-la complétement refroidir. Alors coupez en forme de lardons courts et pointus des morceaux de truffes cuites au vin blanc; percez dans la poitrine de la poularde, avec une brochette de bois pointue, des trous régulièrement espacés de manière à dessiner un ovale régulier. Insérez un morceau de truffe dans chaque trou, et recouvrez d'une grande barde de lard la poularde en demi-deuil. Remettez-la dans la casserole avec le jus de sa cuisson dégraissé et passé au tamis, auquel vous ajouterez une ou deux truffes hachées et une tasse de consommé; laissez mijoter sur un feu doux pendant une demi-heure, et servez la poularde très-chaude, avec sa sauce réduite en bonne consistance.

POULARDE A LA CHEVALIÈRE.

Videz une belle poularde par la poche, et retranchez l'os principal de la carcasse ; remplissez-la de 230 grammes de beurre assaisonné de sel, poivre et muscade râpée ; faites bomber l'estomac le plus possible, et piquez-le de plusieurs rangs de fin lard de chaque côté, comme un fricandeau. Recouvrez la poularde d'une barde de lard, et faites-la cuire dans une casserole avec deux tranches de lard, 250 grammes de veau maigre en deux morceaux, un de chaque côté, deux oignons, deux carottes et un bon assaisonnement de sel et poivre ; mouillez d'une quantité suffisante de bon bouillon dégraissé ; entretenez un feu vif dessus et dessous pendant une bonne heure ; veillez à ce que le jus de cuisson soit très-réduit quand la cuisson est terminée. D'autre part, faites cuire un ragoût de crêtes et de rognons de coq (page 254) ; dressez-le sur un plat ; posez dessus la poularde à la chevalière, et glacez-la avec son jus de cuisson très-réduit, auquel vous ajoutez au moment de servir un morceau de beurre manié de sel, poivre et muscade râpée, et une liaison d'un jaune d'œuf.

POULARDE A LA GRIMOD.

Faites fondre 60 grammes de beurre fin dans deux ou trois cuillerées d'huile d'olive ; ajoutez-y deux truffes, deux échalotes et une poignée de persil, le tout haché ensemble le plus finement possible. Coupez en long une belle poularde vidée et flambée, et faites-en mariner les deux morceaux pendant deux heures dans la marinade précédente, bien assaisonnée de sel et poivre. Au bout de ce temps, enveloppez chaque morceau de la poularde séparément dans une double feuille de papier beurré, avec la totalité de la marinade étalée sur les deux surfaces de chaque morceau. Faites cuire pendant une heure sur un feu très-doux dans une tourtière avec des cendres chaudes dessus et dessous. Développez alors les papiers ; détachez en raclant avec le dos d'un couteau les morceaux de la poularde et l'intérieur des papiers, tout l'assaisonnement de truffes et fines herbes qui doit y adhérer ; mettez le tout dans une casserole avec le jus rendu par les morceaux de la poularde. Ajoutez-y une tasse de bon consommé ; faites prendre quelques bouillons aux deux morceaux de la poularde ; dressez-la sur un plat en versant la sauce d'abord, les morceaux de poularde par-dessus. Au moment de servir, arrosez chaque morceau de la poularde avec le jus de la moitié d'un citron.

POULARDE A L'ÉTOUFFADE.

Piquez l'estomac d'une poularde modérément grasse, de lardons de moyenne grosseur, bien assaisonnés de sel et de poivre. Mettez-la dans une casserole avec deux tranches de lard, deux de veau maigre, deux de jambon, deux oignons, deux carottes, un bouquet garni et un bon assaisonnement de sel et poivre. Mouillez d'une forte tasse de bouillon et d'un verre de vin de Madère ; recouvrez la poularde piquée d'une barde de lard, et faites cuire pendant une heure sur un feu doux. La cuisson étant terminée, retirez la poularde de la casserole ; passez et dégraissez le jus de cuisson. Faites un roux blond, mouillez-le d'un verre de vin de Madère, ajoutez-y le jus de cuisson passé et dégraissé, faites réduire en bonne consistance et versez cette sauce bouillante sur la poularde dressée dans un plat et tenue chaude sur le côté du fourneau.

POULARDE PANÉE ET GRILLÉE.

Fendez par le dos une poularde flambée et vidée; retirez l'os principal de la carcasse; maintenez au moyen d'une brochette les cuisses écartées à leur partie supérieure, réunissez le bout des os par deux tours de ficelle, aplatissez la poularde avec ménagement en appuyant dessus avec le plat d'un couperet pesant. Assaisonnez-la un peu fortement des deux côtés de sel et de poivre, trempez-la dans l'huile d'olive et panez-la le plus fortement possible. Faites-la cuire pendant une heure sur le gril sur un feu modéré, afin qu'elle soit bien cuite et qu'elle prenne une belle couleur. Servez sans sauce et préparez séparément une sauce à l'huile (page 72), que vous servirez à part dans une saucière. La poularde panée et grillée peut également être accompagnée d'une sauce tomate ou d'une sauce piquante. C'est un mets spécialement convenable pour les déjeuners à la fourchette.

POULARDE A L'ANGLAISE.

Préparez une poularde truffée avec ou sans farce, comme pour la faire cuire à la broche. Mettez-la dans une casserole avec deux oignons, deux carottes, un bon assaisonnement de sel et poivre, et juste assez d'eau pour que la poularde puisse cuire sans s'attacher à la casserole; retournez-la pour qu'elle cuise également de tous les côtés. Quand elle est cuite, retirez-la de la casserole et servez-la très-chaude, sans sauce. Servez en même temps dans une saucière une sauce à l'anglaise ou *bread-sauce* (page 86).

POULARDE A LA BOURGEOISE.

Plumez, videz et troussez une poularde, et faites-la revenir dans du beurre frais ; faites-lui prendre couleur de tous les côtés en évitant de trop pousser le feu pour que le beurre ne noircisse pas. Faites roussir dans le même beurre deux carottes et trois beaux oignons coupés par tranches minces. Laissez cuire à demi la poularde avec ces légumes et un bon assaisonnement, mais sans aucune mouillure, sur un feu modéré. Quand elle est à moitié cuite, mouillez d'un verre de bon vin blanc, retournez fréquemment la poularde dans la casserole, laissez-la mijoter encore une bonne heure, dressez-la sur un plat avec les rouelles de légumes ; dégraissez la sauce de cuisson qui doit être très-courte, et versez-la bouillante sur la poularde à la bourgeoise au moment de servir.

On peut accommoder de même à la bourgeoise une bonne poule à moitié grasse, quand elle n'est pas trop vieille. Dans ce cas, on met un peu plus de beurre, on mouille de deux verres de vin blanc au lieu d'un, et on prolonge la cuisson une demi-heure de plus. Sans être aussi délicate que la poularde à la bourgeoise, une bonne poule ainsi accommodée est un excellent mets peu coûteux.

FILETS DE POULARDE EN SUPRÊME.

Levez avec le plus de chair possible les filets de cinq poulardes modérément grasses. Détachez-en la peau avec précaution en insérant une lame mince de couteau entre la peau et la chair. Piquez les filets de fin lard, assaisonnez de sel et poivre, faites-les sauter dans le beurre frais et saupoudrez-les de fines herbes très-finement hachées. Retournez-les pour qu'ils se raffermissent des deux côtés, complétez leur cuisson dans une sauce suprême (page 76). Ce mets, qui revient à un prix excessivement cher, n'est usité que dans les cuisines des maisons les plus opulentes.

CUISSES DE POULARDES AUX CHAMPIGNONS.

Désossez à demi les cuisses de cinq poulardes en enlevant l'os principal jusqu'à la jointure, remplissez le vide avec de la farce cuite mêlée par parties égales avec de la purée de champignons. Garnissez le fond d'une casserole de deux tranches de lard, rangez dessus les dix cuisses de poulardes farcies. Ajoutez 250 grammes de veau maigre et autant de jambon cru coupé en petits dés, deux oignons, deux carottes, un bouquet garni, un bon assaisonnement de sel et poivre et deux tasses de bouillon dégraissé. Couvrez les cuisses d'une barde de lard et laissez cuire une heure sur un feu modéré. D'autre part, faites sauter dans le beurre une bonne garniture de champignons, retirez les cuisses farcies de la casserole; passez leur jus de cuisson au tamis, dégraissez-le, mouillez les champignons avec ce jus pour terminer leur cuisson. Dressez les cuisses farcies en rond autour du plat et versez la garniture de champignons au milieu.

On peut remplacer dans la farce la purée de champignons par des truffes et servir les cuisses farcies avec une garniture de truffes au lieu d'une garniture de champignons. Ces mets très-recherchés ne peuvent être préparés que dans les cuisines des grandes maisons, où l'on a fait cuire des filets de poularde en suprême ou à divers autres assaisonnements. Les poulardes dont on a levé les filets ne pouvant plus être servies entières, les cuisses en sont utilisées selon les recettes précédentes.

CHAPON AU GROS SEL.

Faites cuire un chapon flambé, vidé et troussé dans une marmite, avec le même assaisonnement et les mêmes légumes que pour le pot au feu, mais en mettant seulement assez d'eau pour la cuisson du chapon, qu'on doit avoir soin de retourner plusieurs fois. Quand il est cuit, retirez-le du bouillon, tenez-le chaud sur le coin du fourneau dans un plat creux couvert. Dégraissez le bouillon qui doit être peu abondant, faites-le réduire à grand feu, servez le chapon saupoudré de gros sel sur ce bouillon réduit en guise de sauce.

Dans les grandes cuisines, on fait cuire le chapon au gros sel dans du consommé, et l'on sert dessous un jus clair de volaille rôtie.

Cette manière d'utiliser le chapon, très-usitée quand la volaille était abondante et à bon marché, est devenue presque hors d'usage depuis que les chapons sont moins communs et d'un prix plus élevé. Le chapon et ses diverses parties reçoivent toutes les préparations ci-dessus indiquées pour les poulardes ; ces deux genres de volaille se remplacent réciproquement. Quand par un motif quelconque on a laissé vieillir un chapon, ce qu'on reconnaît facilement à sa taille très-développée et à la longueur de ses ergots, il n'est plus bon qu'à mettre en daube selon la recette indiquée pour accommoder en daube une vieille poule ou un vieux coq (page 253).

Dindon.

Jusqu'à l'âge de six à sept mois, le dindon porte le

nom de dindonneau; il est très-bon pour la cuisine quand il n'est qu'à moitié gras. Le dindon, au contraire, n'est réellement bon que quand il est complétement engraissé. Pour les rôtis et les mets très-recherchés, la dinde passe pour meilleure que le dindon.

DINDE ROTIE.

On ne doit mettre à la broche que les dindes jeunes, bien engraissées et de moyenne grosseur. La meilleure manière de manger une jeune dinde, c'est de la faire cuire à la broche comme la poularde, d'abord enveloppée d'une barde de lard et recouverte d'un papier, puis débarrassée du papier et de la barde, afin que le feu lui fasse prendre une belle couleur. La cuisson à la broche doit être conduite doucement et assez prolongée pour que la bête soit parfaitement cuite ; pendant la seconde partie de la cuisson, on la saupoudre de sel fin et on l'arrose fréquemment avec le jus qu'elle a rendu. On sert la dinde très-chaude sortant de la broche, sans autre accompagnement que son jus un peu dégraissé s'il semble trop gras.

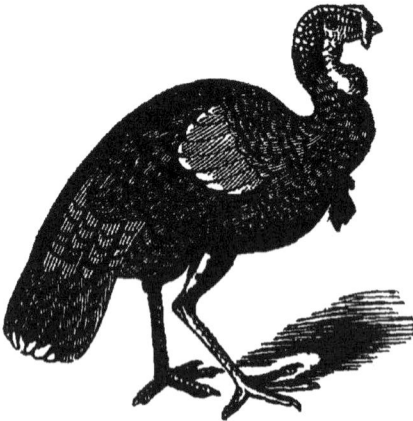

Fig. 21.

DINDE FARCIE ROTIE.

La dinde étant vidée par la poche et convenablement troussée, remplissez-la d'une farce à volailles (page 97) et faites-la cuire à la broche avec les précautions ci-dessus indiquées. Il faut la laisser en broche devant un feu modéré, une demi-heure ou même une heure de plus que quand elle est rôtie sans être farcie.

DINDE AUX TRUFFES.

La manière de truffer une dinde et de la faire rôtir est la même, sans aucune modification, qu'on a indiquée

Fig. 22.

pour la poularde truffée. On proportionne la quantité de truffes au volume de la bête; on sert avec une sauce aux truffes (page 82).

Quand la température extérieure est froide et qu'on dispose d'un local très-frais sans être humide, on peut laisser pendant plusieurs jours la dinde truffée se pénétrer de la saveur et du parfum des truffes avant de la mettre à la broche. Mais si la température est humide et douce, on ne doit pas laisser la dinde truffée se mortifier trop longtemps; elle prendrait dans ce cas un goût de viande avancée qui, associé à celui des truffes, lui ôterait toute sa valeur gastronomique; en outre, la dinde aux truffes qui n'est pas par elle-même un aliment léger, deviendrait un mets également insalubre et de difficile digestion.

DINDE A LA PROVIDENCE.

Préparez une jeune dinde grasse comme pour la truffer. D'autre part, faites cuire, avec un assaisonnement
convenable, des truffes, des champignons, des marrons,
du lard coupé en petits dés, des saucisses en chapelet et
des quenelles de volailles, le tout par parties égales, et
en quantité proportionnée au volume de la dinde, de
manière à ce qu'après l'avoir suffisamment remplie, il
reste environ la moitié de la garniture disponible. Faites
cuire la dinde ainsi remplie dans une casserole avec deux
tranches de lard, deux de jambon cru, deux oignons,
deux carottes, un bon assaisonnement de sel et poivre et
une mouillure de deux tasses de bouillon dégraissé et de
deux verres de vin de Madère. La cuisson étant terminée,
passez et dégraissez le jus de cuisson de la dinde, faites-
le réduire, faites un roux blond que vous mouillerez
avec ce jus réduit, faites prendre dans cette sauce quel-

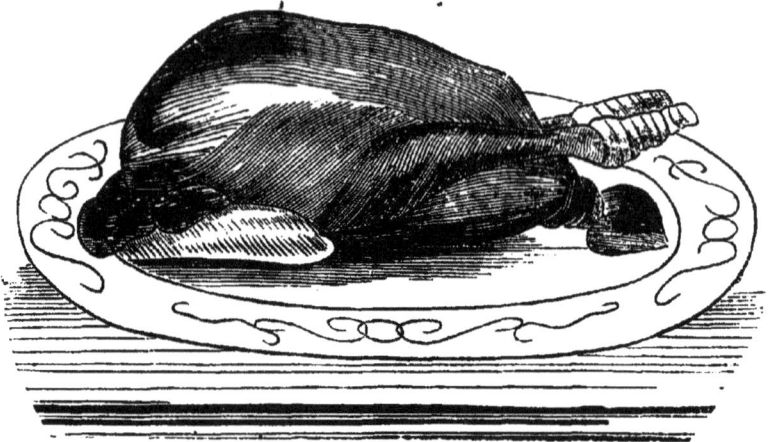

Figure 23.

ques bouillons au reste de la garniture. Dressez la dinde
à la Providence sur un plat et disposez tout autour la

portion réservée de la garniture, puis versez la sauce bouillante sur le tout au moment de servir.

DINDE EN SURPRISE.

Flambez une belle dinde un peu forte, comme si vous vouliez la faire rôtir sans la farcir. Bardez-la de deux fortes bardes de lard et faites-la cuire dans une casserole avec le même accompagnement de lard, jambon et légumes que pour la recette précédente. Quand la dinde est à moitié cuite, écartez ses cuisses, soulevez avec précaution la pointe de l'os principal de la carcasse en pratiquant deux incisions, à droite et à gauche. Par cette ouverture, mettez dans le corps de la dinde une farce à volailles que vous aurez fait cuire d'avance avec un peu de beurre frais et un bon assaisonnement. Remettez à leur place les cuisses de la dinde, et rattachez-les avec deux tours de ficelle, de façon à masquer complétement l'ouverture par laquelle la farce a été introduite. Remettez alors la dinde dans la casserole et terminez sa cuisson. Passez et dégraissez la sauce; faites-la réduire et versez-la bouillante sur la dinde au moment de servir. La pièce cuite (*fig.* 23) n'offrant aucune ouverture indiquant qu'elle a été farcie, les convives éprouveront une surprise agréable en recevant leur part de la farce si celle-ci est bien préparée.

DINDONNEAU A LA RÉGENCE.

Flambez, videz et troussez un jeune dindonneau; piquez-lui l'estomac de deux rangs de lardons de moyenne grosseur de chaque côté, mettez-le dans une casserole avec une forte tasse de consommé, un bouquet garni et un assaisonnement convenable de sel et poivre; faites-le

cuire avec feu dessus et dessous sans le retourner, afin
que les lardons ne trempent pas dans la cuisson et qu'ils
prennent couleur. D'autre part, faites cuire un ragoût à
la financière assez copieux (page 104). Dressez le dindonneau cuit sur un plat assez grand, versez dessus le
ragoût à la financière, décorez les bords du plat de quatre
belles écrevisses; servez le plus chaud possible.

Lorsqu'on fait cuire un dindonneau à la régence,
comme le jus de cuisson ne doit pas servir, il faut comprendre dans le même repas un mets quelconque pour
la préparation duquel ce jus très-délicat puisse être utilisé, parce que, excepté en plein hiver quand la température est très-froide, ce jus ne se conserve pas.

DINDONNEAU AU BEURRE D'ÉCREVISSES.

Faites cuire un dindonneau dans une casserole avec
deux tranches de lard, 250 grammes de veau maigre et
250 grammes de jambon cru coupé en petits dés, deux
oignons, deux carottes et un bon assaisonnement de sel
et poivre. Mouillez d'une tasse de bouillon et d'un verre
de vin blanc; retournez le dindonneau plusieurs fois
pour qu'il cuise également de tous les côtés, retirez-le
de la casserole quand il est complétement cuit, dressez-
le sur un plat et arrosez-le d'une sauce au beurre d'é-
crevisses suffisamment abondante (page 87).

DINDONNEAU EN SALMIS.

Faites cuire à moitié un bon dindonneau à la broche;
retirez-le de la broche et découpez-le comme un poulet
à mettre en fricassée; éliminez seulement les deux os
principaux de la carcasse. Mettez les morceaux du din-

donneau dans une casserole avec une ou deux tranches de lard, une garniture de truffes et de champignons coupés en morceaux, et un bouquet garni. Assaisonnez un peu fortement de sel et de poivre, et terminez la cuisson sur un feu modéré en mouillant avec du bon vin rouge, en assez grande quantité pour que tous les morceaux en soient couverts. Quand les morceaux sont très-cuits, dressez-les sur un plat, les plus gros au centre, les plus petits autour ; disposez les truffes et les champignons sur le salmis ; dégraissez la sauce ; ajoutez-y quelques cuillerées de jus de rôti dégraissé, et versez-la bouillante sur le salmis au moment de servir.

On accommode en salmis de la même manière les restes d'un dinde rôti qui a figuré entier sur la table au repas de la veille.

ABATIS DE DINDON.

Dans les grandes villes où l'on vend beaucoup de volailles, spécialement des dindons crus ou rôtis, dont la tête, le cou, les ailerons, le foie, le cœur et le gésier ont été retranchés, ces parties, assaisonnées sous le nom d'abatis, sont vendues à des prix peu élevés ; elles sont, dans la cuisine de famille, la base de plusieurs mets agréables, à la fois sains et économiques.

ABATIS DE DINDON A LA BOURGEOISE.

Faites revenir dans le beurre les morceaux d'un abatis de dinde soigneusement épluchés et nettoyés ; saupoudrez-les d'une bonne cuillerée de farine, mouillez avec une tasse de bouillon, et faites cuire sur un feu doux, avec un bon assaisonnement et un bouquet garni. D'autre part, faites roussir dans le beurre des petits oignons, des carottes coupées en tranches et des pommes de terre, et ajoutez-les à l'abatis quand il sera cuit aux trois quarts ; ces légumes doivent être assez fortement roussis pour qu'ils ne se délayent pas dans la sauce de l'abatis. Quand les morceaux sont bien cuits, retirez-les, dressez-les sur un plat ; rangez les légumes en cordon tout autour et versez la sauce de cuisson bouillante par-dessus.

Lorsqu'on dispose de plusieurs abatis de dinde, on peut les faire cuire dans une casserole à braiser, avec les mêmes accompagnements indiqués pour la poule en daube. La sauce, qui ne doit pas être trop cuite, se prend en gelée par le refroidissement. Les abatis, servis froids avec leur sauce gelée, sont un mets fort convenable pour les déjeuners à la fourchette ; ce mets est d'autant plus avantageux que, hors la saison la plus chaude de l'année, il se conserve frais pendant plusieurs jours.

AILERONS DE DINDON.

Les ailerons de dindon qu'on peut acheter séparément s'accommodent comme les abatis, en daube et à la bourgeoise. Comme ils constituent la partie la plus délicate de l'abatis, on peut en outre les apprêter de diverses manières.

AILERONS DE DINDONS EN HARICOT.

Passez une ou deux minutes dans l'eau bouillante dix ou douze ailerons de dindons, afin de les blanchir et de pouvoir les nettoyer parfaitement ; fendez la peau d'un côté pour enlever les deux os, puis rangez-les dans une casserole, avec une barde de lard dessous et une dessus. Ajoutez 125 grammes de veau maigre et autant de jambon cru, coupés en petits dés, un bouquet garni, un bon

assaisonnement de sel et poivre et une tasse de bouillon.
Laissez cuire doucement sur un feu modéré. D'autre
part, faites roussir dans le beurre une abondante garniture de petits navets et de pommes de terre. Les ailerons
étant cuits, dressez-les en couronne autour du plat ;
mettez au milieu la garniture de navets et de pommes de
terre roussis ; passez et dégraissez la sauce de cuisson, et
répandez-la bouillante sur les ailerons et sur les légumes
au moment de servir.

AILERONS DE DINDONS A LA CHIPOLATA.

Faites sauter dans le beurre une douzaine d'ailerons
de dindons blanchis et désossés comme pour la recette
précédente ; quand ils ont bien pris couleur, ajoutez une
forte cuillerée de farine ; mouillez avec une tasse de
bouillon dégraissé, ajoutez une vingtaine de champignons ; menez vivement la cuisson des ailerons ; quand
ils sont cuits aux trois quarts, mettez avec les ailerons
une vingtaine de petits oignons, autant de marrons à
demi rôtis et bien épluchés, et autant de petites saucisses
à chapelet. Quand le tout est bien cuit, dressez les ailerons autour du plat, le ragoût au milieu et la sauce par
dessus ; servez très-chaud.

Les ailerons de dindons désossés et cuits comme pour
les deux recettes précédentes peuvent être accommodés
aux truffes, aux champignons, aux olives, en les arrosant
de leur jus de cuisson dégraissé et réduit.

Oie.

Quoique la chair de l'oie ne soit ni aussi délicate ni
d'aussi facile digestion que celle des poulets, poulardes,

chapons et dindons, et qu'elle soit même, sous ces divers
rapports, inférieure à celle du canard, dont néanmoins
la chair des jeunes oies se rapproche beaucoup, c'est cependant une des volailles dont la cuisine peut le moins
se passer. Elle fournit à la cuisine bourgeoise, outre une
foule de mets très-nourrissants, sa graisse abondante et
fine, dont on peut assaisonner toute sorte de légumes et
de purées au gras ; la cuisine distinguée lui doit les foies
gras, si chers aux gastronomes opulents.

Lorsqu'on vide une oie, de quelque manière qu'on se
propose de l'accommoder, il faut toujours retrancher au
moins une partie de la graisse surabondante qui accompagne les intestins. Cette graisse doit être fondue au bain-
marie, en suivant la méthode indiquée pour la fonte du
saindoux (page 242). La partie qui n'a pas pu fondre au
bain-marie est remise sur un feu doux dans une casserole, et fondue complétement, puis passée à travers un linge fin et conservée à part pour l'usage; c'est celle qu'il faut employer la première ; celle qui a été fondue au bain-
marie est d'un goût plus fin et se conserve plus longtemps.

Fig. 24.

fin et se conserve plus longtemps.

OIE ROTIE.

Pour faire rôtir une oie, après l'avoir flambée, vidée
et troussée, faites-la cuire à la broche, d'abord devant un
feu vif pour la saisir et faire fondre l'excès de graisse qui

se retrouve ensuite dans son jus dégraissé, puis, pendant une bonne heure, devant un feu modéré, et enfin, pendant un bon quart d'heure, devant un feu plus animé, afin que le rôti prenne une belle couleur. L'oie rôtie (*fig.* 25),

Fig. 25.

se sert sortant de la broche, plus salée que les autres rôtis de volailles, avec son jus bien dégraissé. La graisse recueillie sur le jus rendu par une oie à la broche ne doit pas être mêlée à celle qu'on a fait fondre séparément. Cette graisse, d'un goût très-agréable, excellente pour être employée immédiatement, ne se conserve pas.

OIE ROTIE AUX MARRONS.

Préparez une oie comme pour la recette précédente ; préparez d'autre part une farce à volaille (page 97), à laquelle vous mêlerez, si l'oie est de moyenne grosseur, un demi-cent de marrons à demi rôtis et soigneusement épluchés. Les marrons mêlés à la farce achèvent de cuire dans l'oie à la broche ; ils absorbent l'excès de graisse que l'oie contient toujours, même quand on en a enlevé une partie avant de la farcir et de la mettre à la broche ; ils donnent un excellent goût à la farce qui remplit l'oie. Mais cette farce est difficile à digérer, et les personnes dont l'estomac est délicat ne doivent en manger qu'avec beaucoup de modération.

OIE ROTIE A L'ANGLAISE.

Après avoir préparé une oie comme pour la faire rôtir sans être farcie, faites cuire dans du beurre frais, mais en ayant soin de ne pas les laisser roussir, cinq à six oignons de moyenne grosseur, coupés en petits dés. Hachez finement le foie de l'oie avec quelques feuilles de sauge ; réunissez-le aux oignons cuits et mettez le tout dans le corps de l'oie. Cousez l'ouverture pour que rien ne puisse en sortir, faites cuire doucement l'oie à la broche, et servez avec du grand jus mêlé à celui de l'oie rôtie, bien dégraissé. Cette manière d'accommoder l'oie rôtie n'est bonne que quand l'oie est très-jeune, ce qu'on reconnaît en essayant de rompre le bec à sa base ; s'il n'oppose qu'une faible résistance, soyez assuré que l'oie est jeune et qu'elle peut être accommodée à l'anglaise.

OIE ROTIE A LA BORDELAISE.

Préparez une oie comme pour les recettes précédentes, et remplissez-en l'intérieur avec une vingtaine de beaux champignons, hachez très-fin avec le foie de l'oie une pincée de persil et une gousse d'ail. Ajoutez à cette farce 250 grammes de beurre frais et 125 grammes de beurre d'anchois (page 87). Pétrissez très-intimement le tout ensemble avant d'en remplir le corps de l'oie, cousez l'ouverture et faites cuire l'oie à la broche, comme si son corps ne contenait rien. Quand même elle ne serait pas excessivement grasse, l'oie à la bordelaise rendra toujours en rôtissant un jus très-abondant mêlé au beurre dont elle a été remplie ; on doit l'arroser presque sans interruption avec ce beurre, afin que toutes ses parties soient également pénétrées de la saveur du beurre d'anchois associée à celle de l'ail. Le goût de l'oie ainsi préparée est fort estimé des gastronomes du Midi ; mais, hors de nos départements méridionaux, il n'est pas recherché de la plupart des consommateurs.

CUISSES D'OIE A LA PURÉE.

Désossez six cuisses d'oie jusqu'à la jointure intérieure; remplissez la place de l'os enlevé par du lard finement haché; fermez l'ouverture par une couture suffisamment serrée. Placez les cuisses d'oie ainsi préparées dans une casserole entre deux bardes de lard, une dessus, une dessous; ajoutez un bouquet garni, deux carottes, deux oignons piqués de clous de girofle, un bon assaisonnement de sel et poivre; mouillez d'une tasse de bouillon, faites cuire à petit feu pendant deux heures. La cuisson étant terminée, retirez les cuisses d'oie de la casserole; dressez-les sur un plat et versez par-dessus une purée claire de lentilles, de pois verts, de haricots ou d'oignons, assaisonnée avec le jus de cuisson des cuisses d'oie bien dégraissé. On peut aussi donner une autre destination à ce jus excellent pour améliorer toute espèce de ragoûts, et verser sur les cuisses d'oie cuites, comme on vient de l'indiquer, diverses sauces selon les goûts; la sauce tomate et la sauce Robert sont particulièrement propres à remplacer les purées sur les cuisses d'oie.

CUISSES D'OIE A LA LYONNAISE.

Faites choix de six cuisses d'oie très-grasses, mettez-les dans une casserole avec un peu de saindoux, et faites-les suer sur un feu modéré, afin de fondre le plus complétement possible toutes les parties grasses qu'elles peuvent contenir. Laissez-les cuire doucement dans cette graisse jusqu'à ce qu'elles soient à peu près cuites; animez alors le feu pour que les cuisses d'oie, en achevant de cuire, prennent une belle couleur, comme si elles était frites. D'autre part, faites roussir dans la graisse d'oie une bonne garniture de petits oignons; retirez les cuisses d'oie de la casserole, égouttez-les, dressez-les sur un plat et versez dessus la garniture de petits oignons, arrosée d'une sauce piquante.

OIE CONSERVÉE DANS LA GRAISSE.

Dans nos départements du Midi où l'on élève de nombreuses bandes d'oies de l'excellentes race de Toulouse, il n'est, pour ainsi dire, pas une famille aisée qui ne fasse, à la fin de l'automne, sa provision de cuisses et d'ailes d'oie confites dans leur propre graisse. Cette excellente préparation pouvant être imitée partout, et servir à varier en hiver le régime alimentaire de la famille, on en donne ici la recette, telle qu'elle est pratiquée par les meilleures ménagères de nos départements méridionaux. L'oie étant plumée, flambée et vidée, comme pour être rôtie à la broche, est découpée crue avec assez d'adresse pour lever les deux ailes et les deux cuisses, en enlevant avec ces quatre morceaux à peu près toutes les parties charnues de l'oie. Saupoudrez largement sur leurs deux surfaces les morceaux d'oie de sel fin, dans lequel vous mêlerez un peu de sel de nitre, dans la proportion d'environ 3 grammes de ce sel pour les quatre membres d'une oie de moyenne grosseur. Frottez bien de ce mélange les morceaux d'oie, afin qu'ils en soient bien pénétrés et rangez-les par lits dans un grand pot de grès. Mettez entre chaque lit quelques branches de thym et quelques feuilles de laurier, et laissez le tout dans cet état pendant vingt-quatre heures. Au bout de ce temps passez rapidement chaque morceau l'un après l'autre dans de l'eau fraîche; puis, laissez-les bien égoutter. D'autre part, faites fondre avec les précautions indiquées pour la fonte du saindoux (page 242) toute la graisse contenue dans l'intérieur du corps de l'oie. Mettez alors tous les morceaux d'oie dans une grande bassine, et faites-les cuire très-doucement dans la graisse d'oie fondue. Ayez soin que pendant toute la cuisson, qui ne doit pas durer moins de trois heures, la graisse d'oie n'entre pas franchement en ébullition. La cuisson étant complète, rangez les morceaux d'oie dans le pot de grès soigneusement nettoyé, et versez dessus la graisse d'oie fondue, non pas bouillante, mais quand elle est à demi refroidie. Ayez soin que les morceaux d'oie soient recouverts de graisse, et que les pots soient bien pleins. Rien n'est plus commode, surtout à la campagne, qu'un bon approvisionnement d'ailes et de cuisses d'oie ainsi préparées ; s'il survient des convives inattendus lorsqu'on n'a rien de prêt, c'est de la cuisine toute faite. Les pots doivent être recouverts de parchemin et déposés dans un local frais sans être humide. Si l'approvisionnement est un peu considérable, il **est bon que**, quand les pots pleins de morceaux d'oie sont **entamés**, il n'y reste jamais de vide. A cet effet, **on pose sur** les morceaux plongés dans la graisse une rondelle de bois blanc munie d'un bouton ; cette rondelle descend à mesure que le contenu du pot diminue, et les morceaux non plus que la graisse qui les recouvre ne sont jamais en contact avec l'air, ce qui assure leur parfaite conservation.

Les morceaux d'oie conservés dans leur graisse, peuvent être ensuite, à mesure qu'on puise dans les pots, accommodés de toute sorte de façons. Il faut toujours commencer par les dégraisser, ce qu'on fait en les tenant au bout d'une fourchette à long manche, au-dessus d'une lèchefrite placée devant un bon feu. Quand toute la graisse adhérente à la surface des morceaux s'est écoulée dans la lèchefrite d'où elle est reversée dans le pot qui contient le reste de la provision, il ne s'agit que de faire réchauffer les morceaux d'oie et de verser dessus la sauce que chacun préfère, selon les goûts des consommateurs.

Canard.

Le canard domestique (*fig.* 26.) est en quelque sorte l'intermédiaire entre l'oie et les volailles à chair blanche. La chair du canard est plus ou moins brune ; mais elle est aussi tendre et d'aussi facile digestion que celle du poulet et du dinde. Il n'y a pas à se préoccuper de l'état de graisse du canard ; il est dans le tempérament de cet oiseau de n'être jamais maigre, même quand il n'a pas été soumis au régime de l'engraissement. Pour la cuisine, un canard modérément gras est préférable à celui dont la chair est comme perdue dans la graisse. Jusqu'à l'âge de six à sept mois, le canard porte le nom de caneton.

Fig. 26.

CANARD A LA BROCHE.

Lorsqu'on vide un canard qui doit être rôti à la broche, on doit avoir soin d'enlever toute la graisse intérieure surabondante. On doit conduire la cuisson assez doucement pour que la graisse qui se trouve presque toujours en excès dans toutes les parties du canard, ait

le temps de fondre; on anime le feu vers la fin de la
cuisson, seulement assez pour que le rôti prenne une
belle couleur. On sert sous le canard rôti des tranches
de pain grillées, puis trempées dans sa graisse; on sert
en même temps dans une saucière le jus parfaitement
dégraissé du canard rôti.

CANARD FARCI ET ROTI.

Il se prépare exactement comme l'oie farcie et rôtie.

CANARD AUX NAVETS.

Mettez un canard plumé, vidé, flambé, et convenablement troussé, dans une casserole avec deux bandes
de lard, une dessous, une dessus. Ajoutez deux tranches
de veau maigre, deux carottes, deux oignons piqués de
deux clous de girofle, une feuille de laurier, un bouquet
garni, un bon assaisonnement de sel et poivre et une
tasse de bouillon. Laissez cuire le canard une demi-
heure; retirez-le de la casserole; passez et dégraissez la
sauce de cuisson. D'autre part, faites roussir dans la
graisse du canard une bonne garniture de petits navets
entiers ou de navets de moyenne grosseur coupés par
morceaux. Quand ils ont bien pris couleur, remettez-les
dans une casserole avec le canard dans son jus passé et
dégraissé; terminez la cuisson du canard et servez-le
entouré des navets; versez dessus la sauce de cuisson
bouillante au moment de servir. Dans la cuisine bourgeoise de ménage, on prépare le canard aux navets d'une
manière plus économique, en le faisant simplement revenir dans un peu de saindoux, avec 125 grammes de
lard coupé en petits morceaux. Quand il a bien pris

couleur de tous les côtés, on ajoute sel, poivre, un bouquet garni et une tasse de bouillon. On ajoute les navets roussis quand le canard est a peu près cuit, un quart d'heure seulement avant de servir. C'est une des manières les plus usitées d'accommoder le canard.

CANARD AUX OLIVES.

Faites-le cuire comme pour la recette du canard aux navets, et lorsqu'il est presque cuit, faites prendre un bouillon à une garniture d'olives séparées de leurs noyaux dans le jus de cuisson du canard complétement dégraissé.

CANARD AUX POMMES.

On fait cuire un canard comme pour le préparer aux navets ou aux olives. Quand la cuisson est terminée, passez et dégraissez le jus, et servez-vous-en pour assaisonner une compote de dix à douze pommes de reinette parfaitement cuite; mêlez à cette compote une ou deux cuillerées de raisins de Corinthe; dressez la compote ainsi préparée sur un plat, et posez le canard au milieu. La compote de pommes assaisonnée de cette manière accompagne également bien un canard rôti à la broche; c'est un mets fort recherché en Belgique et dans tout le nord de la France. A défaut de pommes de reinette, on peut faire la compote avec toute autre espèce de pommes, à l'exclusion des pommes douces.

CANARD A LA PURÉE.

Faites cuire un canard comme pour les recettes précédentes; passez et dégraissez le jus; assaisonnez-en une purée claire de lentilles, de haricots, de pois verts ou de navets, sur laquelle vous dresserez le canard. Ayez soin de réserver une portion du jus pour en arroser le canard au moment de servir.

CANARD AUX CHOUX.

Faites blanchir, dans l'eau bouillante légèrement salée, des choux coupés par tranches minces; retirez-les de l'eau, laissez-les égoutter dans une passoire; pressez-les afin qu'ils retiennent le moins d'eau possible, et mettez-les dans une casserole avec un morceau de lard de 250 grammes, un saucisson et six saucisses longues. Faites cuire le canard dans cette garniture, à petit feu, jusqu'à ce qu'il soit parfaitement cuit. Retirez-le de la casserole; faites égoutter sur une passoire les choux et la garniture de lard, de saucisson et de saucisses. Dressez le canard au milieu d'un plat, les choux autour du canard, et les saucisses sur les choux, ainsi que le saucisson et le lard coupé en morceaux. Tenez le plat bien chaud sur le côté du fourneau pendant que vous ferez réduire vivement le jus de cuisson; faites un roux blond un peu épais, mouillez-le avec le jus de cuisson réduit, et versez sur le canard seulement cette sauce plutôt épaisse que trop claire. Dans les grandes cuisines, on verse sur le canard aux choux une sauce espagnole bien réduite au moment de servir.

CANARD A LA CHOUCROUTE.

Ce mets se prépare de point en point comme le canard aux choux, en substituant aux choux à l'état frais de la choucroute lavée et bien égouttée. On met ordinairement 1 kilogramme de choucroute pour un canard de grosseur moyenne.

Canetons.

Les canetons peuvent être accommodés de plusieurs
manières qui ne conviennent pas aux canards. De quelque
manière qu'on les prépare, ils ne doivent cuire que la
moitié du temps nécessaire pour cuire les canards. Quand
on veut faire du caneton un mets distingué, il faut le
faire cuire dans une casserole entre deux bardes de lard,
une dessous, une dessus, avec 125 grammes de veau
maigre et 125 grammes de jambon coupés en petits dés,
des carottes, des oignons, un bon assaisonnement de sel
et poivre, un bouquet garni et une tasse de bouillon
dégraissé. Cette manière de faire cuire le caneton ne
demande pas plus de vingt-cinq à trente minutes de
cuisson ; le caneton parfaitement cuit est retiré de la casserole et joint à divers accompagnements. Il faut ordinairement deux canetons pour former un plat présentable, parce qu'il y a peu à manger dans un caneton.

CANETONS AUX PETITS POIS.

Faites cuire, avec 125 grammes de lard coupé en
petits morceaux, un litre de petits pois fins fraîchement
écossés. Faites cuire d'autre part deux canetons selon la
recette précédente ; faites réduire le jus de cuisson des
canetons, assaisonnez-en les pois au lard, et servez les
canetons sur cette garniture.

Le procédé est le même pour accommoder des canetons aux concombres, aux carottes et aux petits oignons.

CANETONS AU VERJUS.

Faites cuire les canetons comme ci-dessus ; faites un

roux blond un peu clair, mouillez-le avec le jus de cuisson des canetons, et versez-y un filet de verjus au moment de servir. Dressez les canetons sur un plat, et versez la sauce très-chaude par-dessus.

CANETONS AU BEURRE D'ÉCREVISSES.

Après avoir fait cuire les canetons comme ci-dessus, retirez-les de la casserole ; mettez dans un plat chauffé d'avance une sauce au beurre d'écrevisses (page 87), et servez les canetons très-chauds sur cette sauce.

Pigeons.

Les meilleurs pigeons, pour la cuisine, sont les pigeons de volière, dont il y a de nombreuses variétés ; parmi ceux-ci, les plus délicats sont les pigeons cravates (*fig.* 27), aisément reconnaissables à la brièveté de leur bec et aux plumes chiffonnées de la partie antérieure du cou, plumes auxquelles ils doivent leur surnom. Après le pigeon cravate, le pigeon *capé* du Mans, qui porte derrière la tête une *cape* de petites plumes redressées en demi-cercle, est le plus renommé pour sa valeur gastronomique.

Fig. 27.

PIGEON ROTI A LA BROCHE.

Après avoir plumé et troussé le pigeon il faut, quand la saison le permet, entourer d'une feuille de vigne le pigeon qu'on veut faire rôtir à la broche, puis couvrir cette feuille d'une barde de lard, et faire tourner le pigeon pendant une demi-heure devant un feu modéré. Le pigeon rôti doit être cuit, mais non desséché ; il perd une grande partie de sa valeur lorsqu'il est trop cuit.

COMPOTE DE PIGEONS.

Faites légèrement roussir dans du beurre frais 125 grammes de lard coupé en petits morceaux. Faites revenir dans la même casserole, sans retirer les morceaux de lard, trois ou quatre pigeons que vous retournerez pour qu'ils prennent couleur de tous les côtés. Ajoutez une vingtaine de champignons coupés en morceaux, un bouquet garni, un bon assaisonnement de sel et poivre et une tasse de bouillon. Laissez cuire sur un feu modéré jusqu'à ce que les pigeons soient très-cuits. Retirez les pigeons de la casserole ; dressez-les sur un plat chauffé d'avance, et rangez tout autour les morceaux de lard et les morceaux de champignons qui ont cuit avec les pigeons. D'autre part, faites un roux blond ; mouillez-le avec le jus de cuisson des pigeons, et versez cette sauce bouillante sur la compote de pigeons. C'est une des manières les plus simples et en même temps des meilleures que la cuisine bourgeoise emploie pour accommoder les pigeons.

PIGEONS A LA CRAPAUDINE.

Fendez en long, depuis la base du cou jusqu'à la naissance du croupion, quatre jeunes pigeons vidés et flambés. Aplatissez-les avec le plat de la lame d'un couperet pesant; retroussez en dedans les pattes et les ailerons, et maintenez-les dans la position désirée au moyen de deux brochettes de bois blanc. Passez-les alors dans le beurre fondu tiède, et panez-les fortement des deux côtés avec de la mie de pain finement émiettée, assaisonnée de sel et de poivre. Faites-les cuire doucement sur le gril pour qu'ils prennent une belle couleur. Servez les pigeons à la crapaudine sans sauce; servez en même temps dans une saucière une sauce préparée de la manière suivante : faites chauffer dans une casserole une demi-tasse de bouillon avec trois cuillerées de vinaigre; ajoutez-y une cuillerée d'échalotes hachées, une cuillerée de persil haché, un bon assaisonnement de sel et de poivre, et une demi-cuillerée de moutarde.

Les pigeons à la crapaudine ne sont bons que quand ils sont très-jeunes, et, qu'avant de les plumer, on voit des touffes d'un duvet très-léger adhérer à la base des grosses plumes.

PIGEONS A LA MINUTE.

Partagez quatre pigeons de moyenne grosseur en quatre morceaux chacun, en les coupant avec un couperet bien affilé, d'abord en long, puis en large. Faites revenir les morceaux de pigeon dans 125 grammes de beurre frais, avec 60 grammes de lard coupé en petits morceaux, et une vingtaine de champignons. Ayez soin de retourner fréquemment les morceaux de pigeon ; ils ne doivent pas cuire plus de douze à quinze minutes. Dès qu'ils sont cuits, retirez-les de la casserole; versez dans le beurre où ils ont été sautés une cuillerée de farine pour faire un roux blond que vous assaisonnerez de sel et de poivre. Mouillez d'une tasse de bouillon dégraissé; remettez un instant les pigeons dans la sauce; dressez-les sur un plat, versez la sauce par-dessus, et exprimez sur les morceaux de pigeon le jus d'un citron au moment de servir.

PIGEONS EN PAPILLOTE.

Préparez quatre pigeons très-jeunes comme pour les faire cuire à la crapaudine; assaisonnez-les fortement des deux côtés de sel et de poivre, et faites-les revenir dans 125 grammes de beurre frais fondu avec quatre cuillerées d'huile d'olive. Retournez les pigeons plusieurs fois et faites-les cuire ainsi sur un feu modéré pendant un quart d'heure. Retirez les pigeons et laissez-les complétement refroidir. Versez dans la casserole deux cuillerées de champignons, une d'échalotes et une de fines herbes, le tout haché très-fin. Quand cet assaisonnement est cuit, étendez-le sur les deux côtés des pigeons refroidis, et enveloppez chaque pigeon dans une papillote de papier huilé. Faites-les cuire sur le gril pendant une demi-heure, sur un feu très-doux. Servez en même temps que les pigeons une sauce faite d'un roux clair, mouillé d'un demi-verre de vin blanc et d'une demi-tasse de bouillon, avec un bon assaisonnement de sel et de poivre, et un filet de vinaigre.

PIGEONS FARCIS AUX TRUFFES.

Préparez une farce avec un foie gras, trois ou quatre truffes hachées et autant de morilles, le tout cuit d'avance dans du bouillon dégraissé. Remplissez-en quatre pigeonneaux âgés de dix à quinze jours au plus. Recousez l'ouverture, et faites cuire les pigeonneaux dans du bouillon dégraissé avec une garniture abondante de champignons. Servez les pigeonneaux entourés de cette garniture, et arrosez-les de leur sauce de cuisson réduite, à laquelle vous ajouterez un jus de citron.

Les pigeons farcis aux truffes peuvent aussi être servis sur un ragoût à la financière (page 104).

PIGEONS AUX QUEUES D'ÉCREVISSES.

Faites cuire quatre pigeons dans du bouillon dégraissé, avec un bouquet garni et un bon assaisonnement de sel et de poivre. Faites cuire séparément une bonne garniture de champignons et deux douzaines de belles écrevisses. Mettez dans la casserole les pigeons cuits dans le bouillon avec les champignons et les queues d'écrevisses épluchées. Saupoudrez le tout d'une cuillerée de farine, et mouillez avec le jus de la première cuisson passé au tamis. Laissez mijoter le tout pendant vingt à vingt-cinq minutes. Au moment de servir, délayez deux jaunes d'œufs dans deux ou trois cuillerées de bonne crème, avec une forte pincée de persil finement haché; décantez la sauce du ragoût, ajoutez-la peu à peu à cette liaison, et reversez le tout aussitôt sur les pigeons aux écrevisses dressés sur un plat et entourés de leur garniture.

PIGEONS A LA PROVENÇALE.

Plumez, videz et flambez des pigeons parvenus à toute leur grosseur; lardez-leur l'estomac de filets d'anchois, sur deux rangs, de chaque côté. Faites cuire les pigeons ainsi préparés dans de bonne huile d'olive, sur un feu modéré, avec un bouquet de cerfeuil, deux douzaines de petits oignons et une gousse d'ail. Quand ils sont à moitié cuits, ajoutez-y une demi-douzaine de petites saucisses. La cuisson étant terminée, passez et dégraissez la sauce qui doit être très-courte ; ajoutez-y le jus d'un citron, et reversez-la sur les pigeons à la provençale, entourés de leur garniture d'oignons et de petites saucisses.

PIGEONS AUX PETITS POIS.

Faites revenir trois ou quatre beaux pigeons dans du beurre frais avec 125 grammes de lard coupé en petits morceaux, et cinq ou six petits oignons. Quand les morceaux de lard sont roussis et que les pigeons ont suffisamment pris couleur, faites-les cuire sur un feu doux avec un litre de pois fins fraîchement écossés. Assaisonnez de sel et poivre ; quand les pois et les pigeons sont cuits, si les pois ont rendu beaucoup d'eau et que la sauce de cuisson soit trop longue, égouttez le ragoût, réduisez vivement la sauce ; dressez sur un plat les pigeons sur les pois, et arrosez le tout de la sauce de cuisson réduite. Pendant toute la saison des pois verts, cette manière peu coûteuse d'accommoder les pigeons est une des plus usitées dans la cuisine bourgeoise.

On fait cuire de la même manière, avec un peu de lard coupé en petits morceaux, des pigeons qu'on mouille d'une demi-tasse de bouillon dégraissé et qu'on sert sur une purée de lentilles, de haricots ou d'oignons, assaisonnée du jus de cuisson des pigeons.

HUITIÈME SECTION.

GIBIER.

GIBIER A POIL.

Depuis que la loi sur la chasse est rigoureusement observée en France, on y mange de meilleur gibier que quand la facilité de la vente du gibier à peu près partout et en toute saison encourageait le braconnage. Au point de vue de la cuisine, la gastronomie y a beaucoup

Fig. 28.

gagné; le gibier de toute espèce ne réunit l'ensemble des qualités qui le font rechercher que du commencement de l'été à la fin de l'hiver, époque à laquelle la chasse est ouverte et la vente du gibier est autorisée.

Le gros gibier, ou *venaison*, comprenant le sanglier, le marcassin, le cerf, le daim et le chevreuil, est rare en France. A moins d'appartenir à la classe des grands propriétaires de forêts, on ne peut guère se procurer pour la cuisine en France, en fait de gros gibier à poil, que du sanglier, du marcassin et du chevreuil. Le cerf et le daim, très-communs en Espagne et en Angleterre, très-usités par conséquent dans la cuisine de ces deux pays, ne sont pour ainsi dire jamais à la disposition de la cuisine française.

Sanglier.

Lorsqu'on achète du sanglier, il faut se défier de ceux dont les défenses longues et recourbées annoncent l'âge plus ou moins avancé. La chair du vieux sanglier ou de la vieille laie, sa femelle, est quelquefois d'une dureté qui résiste à tous les moyens praticables pour tenter de l'attendrir. Le sanglier est dépecé comme le porc; les principaux morceaux sont les quartiers de devant, comprenant les épaules; les quartiers de derrière comprenant les jambons, la longe ou échine, les côtes, le ventre, le filet, les pieds et la hure. Le sanglier, pour être bon, doit être plus ou moins mortifié; mais s'il est conservé trop longtemps, même quand on le fait mariner au vinaigre, il devient tout à la fois malsain et de mauvais goût. En règle générale, cinq à six jours de conservation suffisent pour amener le sanglier à son point de mortification; ce terme ne doit être prolongé que pour les vieilles bêtes suspectes d'être très-dures.

HURE DE SANGLIER.

Après avoir apporté le plus grand soin à griller, ratisser et nettoyer toutes les parties d'une hure de sanglier, on la prépare de point en point selon la recette indiquée pour la hure de cochon (page 249).

FILET DE SANGLIER BRAISÉ.

Après avoir paré un filet de sanglier comme un aloyau qui doit être cuit à la broche, mettez-le dans une casserole avec deux bardes de lard, une dessous, une dessus, une tranche de jambon maigre, deux ou trois carottes, autant d'oignons piqués de clous de girofle, deux feuilles de laurier, une branche de thym, un bouquet garni, un bon assaisonnement de sel et de poivre, et deux verres de vin blanc. Faites cuire pendant deux heures avec feu dessus et dessous ; retirez le filet de la casserole ; passez la sauce de cuisson, dégraissez-la ; faites-la réduire vivement si-elle est trop longue, et versez-la sur le filet de sanglier au moment de servir. Le filet de sanglier cuit selon la recette qui précède peut être aussi servi avec une sauce piquante.

COTELETTES DE SANGLIER SAUTÉES.

Parez des côtelettes de sanglier et aplatissez-les comme si c'étaient des côtelettes de veau. Assaisonnez-les un peu fortement de sel et de poivre, et faites-les sauter dans le beurre sur un feu vif, en ayant soin de les retourner à plusieurs reprises. Dès qu'elles sont cuites, retirez-les de la casserole et dressez-les en couronne sur un plat. Ajoutez au jus de leur cuisson une poignée de farine pour faire un roux blond ; mouillez d'un verre de vin blanc, et agitez vivement avec une cuiller de bois pour bien délayer dans la sauce le fond de la casserole. Versez cette sauce bouillante sur les côtelettes de sanglier au moment de servir.

CUISSE OU JAMBON DE SANGLIER.

Le jambon de sanglier, même quand il provient d'un animal tué dans la meilleure saison, par conséquent très-gras, doit toujours être piqué, sur plusieurs rangs, de lardons de moyenne grosseur, fortement assaisonnés de sel et de poivre. On laisse ensuite le jambon de sanglier, bien piqué, pendant quatre à cinq jours dans une saumure très-chargée de sel, avec des feuilles de laurier, des baies de genièvre, du thym, de la sauge, du poivre en grains, et des tranches de gros oignons. Deux ou trois fois par jour, le jambon de sanglier doit être retourné dans cette saumure. Au bout de ce temps, retirez le jambon de la saumure, essuyez-le bien, cousez-le dans un linge blanc et mettez-le dans la marmite à braiser avec la saumure dans laquelle il a trempé, avec trois ou quatre carottes, autant d'oignons piqués de clous de girofle, deux ou trois feuilles de laurier, un bouquet garni, et autant de vin blanc, selon sa grosseur, qu'il en faut pour que le jambon y baigne complétement. Laissez ensuite cuire sur un bon feu pendant six heures au moins. Laissez le jambon de sanglier refroidir dans sa cuisson. Quand il est complétement froid, retirez-le, débarrassez-le du linge dans lequel il a cuit, et, s'il est maigre, servez-le avec sa couenne ; s'il est suffisamment gras, enlevez la couenne pour mettre la graisse blanche à découvert. Le jambon de sanglier piqué et cuit d'après cette recette est un mets des plus distingués, principalement pour les soupers froids et pour les déjeuners à la fourchette. La cuisse et l'épaule de sanglier, piquées et préparées comme ci-dessus, peuvent également être rôties à la broche ; dans ce cas, on les sert au sortir de la broche, avec leur jus dégraissé ajouté à une sauce piquante.

JAMBON DE SANGLIER FUMÉ.

La manière de saler et de fumer le jambon de sanglier, ainsi que celle de le faire cuire, est de point en point celle dont on a donné la recette pour le jambon de porc (page 243).

MARCASSIN ROTI.

La meilleure manière d'accommoder le marcassin ou jeune sanglier (*fig*. 29), pris lorsqu'il tette encore sa mère, c'est de l'échauder soigneusement, de le trousser et de le faire cuire à la broche avec les soins indiqués pour faire rôtir le cochon de lait (p. 240). Dans ce cas, on s'abstient

Fig. 29.

d'échauder la tête du marcassin, afin qu'elle conserve son poil. Pendant la cuisson, la tête doit être enveloppée de plusieurs doubles de fort papier. Comme elle ne contient que peu de parties mangeables, elle n'a pas d'autre destination que celle de donner à ce rôti une physionomie originale. On sert le marcassin rôti sans autre sauce que le jus qu'il a rendu en rôtissant, après que ce jus a été soigneusement dégraissé.

MARCASSIN MARINÉ ET ROTI.

Quand le sanglier, tout en étant toujours à l'état de marcassin, n'est déjà plus extrêmement jeune, et qu'il a dépouillé sa *livrée,* c'est-à-dire le poil rayé de bandes longitudinales claires qu'il porte en naissant, au lieu de le faire rôtir sans l'avoir fait préalablement mariner, on lui enlève toute la peau, à l'exception de celle de la tête, on pique de fin lard les parties les plus charnues, et on fait mariner l'animal entier dans le vinaigre pendant un ou deux jours avec des feuilles de laurier, du poivre en grains, du sel, des baies de genièvre, du thym et de la sauge. Il est ensuite essuyé et mis à la broche devant un feu modéré; il ne doit pas rôtir moins de trois heures. On le sert avec une sauce piquante.

MOYEN DE DONNER A LA VIANDE DE PORC L'APPARENCE ET LE GOUT DE LA CHAIR DU SANGLIER.

Faites mariner un morceau quelconque d'un porc abattu jeune, et pas trop surchargé de graisse, dans la marinade au vinaigre ci-dessus indiquée pour le marcassin, à laquelle vous ajouterez un peu de mélilot et 25 à 30 grammes de brou de noix conservé avec un peu de sel dans un vase de faïence ou de grès. Après quatre à cinq jours de marinade dans cet assaisonnement, les morceaux de porc, spécialement le filet et les côtelettes, ressemblent à s'y méprendre aux mêmes morceaux de sanglier. Si vous les accommodez selon les recettes données ci-dessus, les fins connaisseurs seuls reconnaîtront la substitution, les autres croiront réellement manger du vrai sanglier.

Lorsqu'on dispose d'un cochon de lait à peau noire, l'animal n'étant pas trop jeune, on peut aisément, par le même artifice, le servir pour un marcassin à des convives qui n'ont pas l'habitude de manger fréquemment du marcassin véritable. La différence de l'un à l'autre, quand le cochon de lait est bien mariné, est à peine sensible; elle échappe aisément au commun des consommateurs.

BOUDIN DE SANGLIER.

Il n'est pas toujours possible d'utiliser le sang d'un sanglier pour en faire du boudin. Il faut pour cela que les chasseurs, lorsqu'ils espèrent abattre un sanglier, emportent avec eux un vase convenable pour recevoir le sang de l'animal saigné aussitôt qu'il est abattu, et qu'ils soient en outre munis d'un peu de verjus ou de vinaigre, afin de le mêler au sang et de l'empêcher de se coaguler. Moyennant ces précautions, le sang du sanglier reste fluide assez longtemps pour qu'on puisse le transporter à la maison, et le traiter ensuite selon la recette donnée pour la préparation du boudin noir ordinaire, fait avec le sang de cochon.

Chevreuil, Cerf et Daim.

Après le sanglier, le chevreuil est le seul des animaux compris dans le gros gibier à poil qu'il soit possible à tout le monde de se procurer à prix d'argent. Les cuisines des plus grandes maisons reçoivent quelquefois en présent des quartiers de cerf et de daim. Ces animaux ainsi que leurs biches sont assez souvent abattus alors qu'ils sont âgés de plus de quatre ans; dans ce cas, de quelque façon qu'on puisse les accommoder, ils sont à peine mangeables. Cet inconvénient n'existe pas pour le chevreuil, que les chasseurs ont grand soin de ne pas laisser trop vieillir. Quand ils ne sont pas âgés de plus de deux ou trois ans, leur chair possède toutes les pro-

Fig. 30.

priétés de celle du chevreuil, et peut recevoir les mêmes préparations.

CUISSE DE CHEVREUIL ROTIE.

Les vrais amateurs de venaison mangent la cuisse ou gigot de chevreuil sans autre préparation que de l'exposer à l'air pendant trois ou quatre jours, selon l'état de la température, et de la faire ensuite rôtir à la broche avec les précautions indiquées pour faire rôtir un gigot de mouton (page 93). La pièce n'étant pas très-épaisse ne doit pas rester à la broche aussi longtemps que le mouton; il faut qu'elle soit bien cuite, sans être desséchée. La cuisse de chevreuil rôtie de cette manière doit être servie sans sauce. On sert en même temps dans une saucière une sauce piquante à laquelle on ajoute, après l'avoir dégraissée, le jus rendu par le rôti.

QUARTIER DE CHEVREUIL MARINÉ ET ROTI.

Coupez un quartier de chevreuil jusqu'à la naissance des côtes, en prenant la moitié du demi-chevreuil, représenté figure 31; piquez de fin lard toutes les parties charnues, et faites mariner la pièce entière dans du vinaigre avec des échalotes et des fines herbes hachées, deux ou trois feuilles de laurier, autant de clous de girofle, une ou deux branches de thym, et un bon assaisonnement de sel, de poivre et de muscade râpée. Quelques cuisiniers prolongent la marinade du chevreuil au delà de six à sept jours, mais alors, la saveur naturelle de cette viande, saveur qui en constitue le mérite gastronomique, a trop complétèment disparu. Quand on juge le quartier de chevreuil suffisamment mariné, on l'essuie, puis on le fait rôtir à la broche. On sert avec une sauce composée de la marinade dans laquelle a trempé le quartier de chevreuil et du jus rendu par le rôti; cette sauce peut être servie soit avec le chevreuil, soit à part, dans une saucière, en faveur de ceux qui préfèrent manger ce rôti sans sauce.

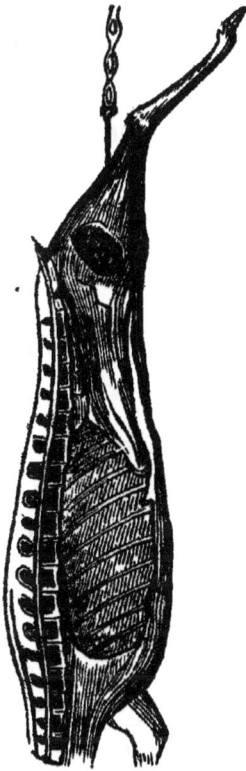

Fig. 31.

QUARTIER DE CHEVREUIL A L'ANGLAISE.

Parez soigneusement un quartier de chevreuil; battez-le pour l'attendrir; saupoudrez-le de sel fin des deux côtés, et laissez-le vingt-quatre ou quarante-huit heures en cet état. D'autre part, préparez une pâte très-ferme avec six œufs battus, blanc et jaune, et seulement assez d'eau pour que la pâte soit maniable. La quantité de farine à employer varie selon le volume de la pièce, depuis 1 kilogramme jusqu'à 1 kilogramme 500 grammes, auxquels on ajoute 10 à 15 grammes de sel. La pâte étant bien pétrie, laissez-la reposer pendant une heure dans un linge blanc légèrement humide. Étendez alors la pâte avec un rouleau, et formez-en une très-grande feuille de l'épaisseur d'une pièce cinq francs. Enveloppez entièrement dans cette feuille de pâte le quartier de chevreuil; soudez les deux bords de la pâte pour les réunir, en les mouillant très-légèrement. Couvrez la pièce ainsi préparée d'une feuille de fort papier graissé de beurre frais, et mettez-la à la broche devant un feu modéré. Après trois heures de cuisson, enlevez le papier pour que l'enveloppe de pâte prenne une belle couleur, et servez sans sauce. On sert en même temps dans une saucière une *bread-sauce* (page 86) ou de la gelée de groseilles. En Angleterre où le daim est aussi commun que le chevreuil l'est en France, on n'assaisonne de cette manière que le quartier de daim, que les Anglais nomment par excellente pièce de venaison. A Paris, si l'on traite des Anglais et qu'on désire leur offrir un quartier de gros gibier accommodé selon la cuisine de leur pays, on ne peut préparer ainsi qu'un quartier de chevreuil, qui, dans ce cas, ne doit être ni piqué, ni mariné; la différence du daim au chevreuil est peu sensible, et elle est toute à l'avantage du chevreuil.

FILETS DE CHEVREUIL MARINÉS ET BRAISÉS.

Piquez deux filets de chévreuil de fin lard et faites-les mariner comme un quartier de chevreuil destiné à être rôti à la broche. Mettez-les ensuite dans la marmite à braiser avec deux bardes de lard, une dessous, une dessus, quelques menus morceaux de viande de chevreuil, deux carottes, deux oignons, deux clous de girofle, deux feuilles de laurier, un bon assaisonnement de sel et poivre, et versez sur le tout une tasse de bouillon dégraissé et un demi-litre de vin blanc. Laissez cuire doucement pendant une heure, avec feu dessus et dessous; retirez les filets de la casserole, égouttez-les et tenez-les chaudement sur le bord du fourneau. D'autre part, faites un roux blond que vous mouillerez de deux cuillerées de vinaigre et du jus de cuisson des filets de chevreuil après l'avoir passé et dégraissé. Faites réduire la sauce à grand feu si elle est trop longue, et versez-la bouillante sur les filets de chevreuil au moment de servir.

FILETS DE CHEVREUIL SAUTÉS A LA MINUTE.

Divisez les filets de chevreuil en tranches minces, toutes d'égale grandeur. Piquez chaque morceau de fin lard, comme un fricandeau; assaisonnez-les un peu fortement et faites-les mariner comme pour les recettes précédentes, mais pendant douze heures seulement. Égouttez-les et essuyez-les avec un linge blanc, puis faites-les sauter dans du beurre très-chaud sur un feu vif, en les retournant à plusieurs reprises. D'autre part, faites frire dans le beurre des croûtons de pain en nombre égal à celui des morceaux de filet de chevreuil et des mêmes dimensions. Dressez les filets en couronne en plaçant un croûton frit entre deux morceaux de filet. Faites un roux blond avec le fond de casserole de la cuisson des filets, mouillez avec ce qui reste de la marinade et une demi-tasse de bouillon dégraissé, versez la sauce bouillante sur les filets de chevreuil au moment de servir. Les filets de chevreuil sautés à la minute peuvent également être servis avec une sauce piquante.

ÉPAULES DE CHEVREUIL ROULÉES.

Désossez complétement les deux épaules d'un chevreuil; rognez tout autour les chairs des bords, afin d'en retirer environ 125 grammes; hachez finement la chair de chevreuil avec 125 grammes de lard, quelques échalotes, des ciboules, du persil et un bon assaisonnement de sel et de poivre. D'autre part, faites tremper dans du consommé 60 grammes de mie de pain, ajoutez-y deux œufs, blanc et jaune, et incorporez ce mélange au hachis de lard et de chevreuil. Étendez et aplatissez les épaules de chevreuil désossées; couvrez-les intérieurement d'une bonne couche de la farce précédente; roulez-les et ficelez-les pour que la farce ne puisse s'en échapper. Faites revenir dans du beurre très-chaud les épaules roulées, rangez tout autour les os retirés des épaules et brisés en plusieurs morceaux, quelques carottes, deux ou trois oignons et un bouquet garni, et versez sur le tout une bouteille de vin blanc. Laissez cuire pendant deux heures avec feu dessus et dessous, retirez de la casserole les épaules roulées parfaitement cuites, ôtez les ficelles et dressez les épaules sur un plat. Passez et dégraissez la sauce de cuisson, faites la réduire si elle est trop longue, versez-la bouillante sur les épaules de chevreuil roulées au moment de servir.

COTELETTES DE CHEVREUIL A LA MINUTE.

Parez des côtelettes de chevreuil comme des côtelettes de mouton, faites-les sauter dans de l'huile d'olive fine très-chaude avec un assaisonnement de sel et de poivre. Dès qu'elles sont cuites, égouttez-les, ajoutez au fond de casserole où elles ont cuit deux ou trois cuillerées de jus de gibier rôti, une pincée de farine, autant d'échalotes et de fines herbes hachées, un filet de vinaigre, et versez cette sauce bouillante sur les côtelettes dressées en couronne au moment de servir.

CIVET DE CHEVREUIL.

Faites revenir dans du beurre frais 125 grammes de lard coupé en petits morceaux; quand le lard a bien pris couleur, mettez dans le même beurre une poitrine de chevreuil coupée en morceaux, comme on divise une poitrine de mouton pour l'accommoder en haricot; joignez-y le cou du chevreuil coupé en quatre morceaux. Dès que les chairs semblent suffisamment raffermies, retirez le tout de la casserole ; faites un roux blond; mouillez-le avec une bouteille de bon vin rouge, et remettez-y les morceaux de chevreuil que vous laisserez cuire sur un feu modéré. Quand le civet de chevreuil est à moitié cuit, ajoutez-y une douzaine de petits oignons, une vingtaine de champignons coupés en morceaux, et un bon assaisonnement de sel et de poivre. La cuisson de la viande étant terminée, passez et dégraissez la sauce; faites-la réduire si elle est trop longue, et versez-la bouillante sur les morceaux de chevreuil dressés sur un plat. Les petits oignons et les champignons mêlés de croûtons frits se servent comme garniture autour du civet de chevreuil, qui doit être servi le plus chaud possible.

Lièvre.

Quand on achète un lièvre (*fig.* 32), il faut se méfier de ceux qui sont trop volumineux; on peut craindre qu'ils soient très-vieux et difficilement mangeables. Tant que le lièvre n'a pas accompli sa première année, si l'on tâte l'articulation des pattes de devant, on y sent deux petits os mobiles, de la forme d'une lentille; ces os manquent chez les lièvres de plus d'un an, ou plutôt leur présence ne s'aperçoit plus, parce qu'ils ont cessé d'être mobiles. Chez les levrauts, ces os sont d'autant plus mobiles que l'animal est plus jeune. La taille ne donne, d'ailleurs, quant à l'âge du lièvre, qu'une indication peu précise. Dans les pays montagneux et peu fertiles, où les lièvres abondent, on en rencontre de très-vieux, qui ne sont pas plus gros que ceux d'un an. On doit se garder de laisser la chair du lièvre se mortifier trop longtemps; quand elle est trop avancée, elle devient malsaine et de difficile digestion.

Fig, 32.

LIÈVRE ROTI.

On peut faire rôtir un lièvre sans le piquer, mais il

n'est jamais aussi délicat que quand il a été préalablement piqué de fin lard dans toutes ses parties charnues
après avoir été troussé comme le représente la figure 33.
La chair du lièvre manque de consistance, ce qui rend
difficile de la piquer lorsqu'elle est crue. Si l'on veut
qu'un lièvre destiné à être rôti soit parfaitement piqué,
il faut commencer par le faire revenir dans du beurre
frais, seulement pendant quelques minutes, temps suffisant pour que les chairs se raffermissent. On le retire
aussitôt de la casserole ou de la lèchefrite dans laquelle
il a été passé au beurre, on le laisse égoutter, puis on le
pique dès qu'il est froid avec toute la
facilité désirable. Le lièvre rôti ne doit
pas rester plus d'une heure à la broche.
On le sert sans sauce; on sert en même
temps dans une saucière une sauce composée du foie du lièvre finement haché
avec deux ou trois échalotes et une poignée de fines herbes. Le tout est mis
dans une casserole avec 60 grammes de
beurre frais et une cuillerée de farine.
On mouille avec une tasse de bouillon et
un verre de vin blanc, et on laisse réduire de moitié cette sauce à laquelle on
ajoute le jus que le lièvre a rendu en
rôtissant. Les Anglais servent le lièvre

Fig. 33.

piqué et rôti comme ci-dessus, accompagné d'une saucière pleine de gelée de groseille ou de bread-sauce
(page 86).

LIÈVRE ROTI A L'ALLEMANDE.

Préparez et piquez un lièvre comme pour la recette

précédente, et faites-le cuire à la broche. Quand il est
presque cuit, arrosez-le largement de beurre fondu et
saupoudrez-le sur toutes ses surfaces d'un mélange de
60 grammes de farine et de 60 grammes de sucre. Remettez encore le lièvre au feu pendant dix minutes, et
servez en même temps que le lièvre rôti à l'allemande
une sauce composée de 250 grammes de gelée de groseille et trois à quatre cuillerées de sauce espagnole. A
défaut de cette sauce, faites un roux très-clair auquel
vous ajouterez deux ou trois cuillerées de jus de rôti
dégraissé et autant de vin blanc; faites fondre la gelée de
groseille dans cette sauce et servez-la dans une saucière
pour accompagner le lièvre rôti à l'allemande.

CIVET DE LIÈVRE.

Préparez un roux très-clair avec 125 grammes de
beurre frais et une cuillerée de farine; faites revenir dans
ce roux 125 grammes de lard coupé en petits morceaux.
Quand ils ont pris couleur, mettez dans la casserole le
lièvre coupé en morceaux, et faites-le revenir sur un feu
vif pour raffermir les chairs. Versez alors dans la casserole une bouteille de vin rouge; il en faut mettre plus
ou moins selon le volume du civet dont tous les morceaux doivent baigner largement dans le vin. Ajoutez un
bouquet garni, une vingtaine de champignons coupés en
morceaux, une ou deux feuilles de laurier, un peu de
sel et de poivre, ménagez le sel en raison de celui qui
provient du lard et qui suffit le plus souvent. Faites
cuire sur un feu vif, afin que la sauce se réduise des trois
quarts. Quand le civet est à peu près cuit, joignez-y une
vingtaine de petits oignons roussis préalablement dans
le beurre. Laissez le civet dans la casserole sur des cen-

dres chaudes jusqu'au moment de servir, afin qu'il soit mangé le plus chaud possible. Cette manière de préparer le lièvre est une des meilleures et des plus usitées; le civet de lièvre appartient également à la grande cuisine et à la cuisine bourgeoise. On y peut employer du vin blanc à défaut de vin rouge, et même supprimer tout à fait le vin qu'on remplace par du bouillon dégraissé; mais, dans ce cas, on ajoute au civet un verre de vinaigre.

CIVET DE LIÈVRE A L'ALLEMANDE.

Commencez ce civet comme le précédent par un roux dans lequel vous ferez revenir 125 grammes de lard coupé en petits morceaux. Saupoudrez largement de farine chaque morceau du lièvre avant de le faire revenir dans le roux avec le lard. Versez dessus la même quantité de vin rouge que pour la recette précédente, et de plus un demi-verre de vinaigre, deux cuillerées de câpres et deux cuillerées de sucre en poudre; faites cuire avec le civet à l'allemande une bonne garniture de champignons et de petits oignons, comme ci-dessus. Dressez les morceaux de lièvre au centre du plat, les champignons et les petits oignons tout autour, un cercle de croûtons frits sur les bords du plat, et versez la sauce bouillante sur le tout au moment de servir.

FILETS DE LIÈVRE SAUTÉS.

Détachez les filets de trois lièvres, ce qui donne six filets; divisez chaque filet en tranches égales bien parées et bien arrondies; saupoudrez chaque morceau des deux côtés de sel fin, mêlé d'un peu de poivre et de muscade râpée. Placez tous les morceaux dans une casserole assez grande pour qu'ils y tiennent tous sur une seule couche. Versez dessus du beurre frais fondu tiède, et laissez-les une demi-heure dans le beurre avant de les faire sauter. Placez alors la casserole sur un feu vif ; retournez une fois ou deux les morceaux de filet ; huit ou dix minutes suffisent pour qu'ils soient complétement cuits. Retirez-les de la casserole et tenez-les chaudement dans un plat couvert sur le côté du fourneau. Avec le beurre resté dans la casserole, faites un roux clair, mouillez-le d'un verre de vin blanc et d'une demi-tasse de bouillon, laissez réduire de moitié, et versez cette sauce sur les filets de lièvre sautés au moment de servir. Dans les grandes cuisines, on ne fait pas de roux pour accompagner les filets, on retire une partie du beurre de cuisson, on délaye le fond de cuisson avec un verre de vin blanc, on ajoute une tasse de sauce espagnole, et on laisse réduire le tout de moitié.

Ce mets très-distingué n'est pas, comme il le paraît, excessivement dispendieux ; mais il n'est possible que dans les maisons où il y a beaucoup de monde à nourrir. Les membres des lièvres sont accommodés en civet, selon l'une des recettes précédentes, et le prix du ragoût de filets de lièvre sautés n'a rien d'exagéré.

FILETS DE LIÈVRE PIQUÉS.

Détachez les filets d'un ou de deux lièvres, selon le nombre des convives ; si vous employez des levrauts, il faut au moins quatre filets. Piquez-les de fin lard, comme des fricandeaux, et mettez-les dans une marmite à braiser avec deux fortes bardes de lard, une dessous, une dessus, deux ou trois carottes, autant d'oignons, un bouquet garni, et un bon assaisonnement de sel et de poivre; mouillez d'une ou deux tasses de bouillon dégraissé, et faites cuire sur un feu doux pendant trois quarts d'heure. D'autre part, faites sauter dans du beurre frais une vingtaine de champignons coupés en morceaux ; passez et dégraissez la sauce de cuisson des filets piqués, ajoutez-y les champignons sautés et faites-leur prendre quelques bouillons ; versez le tout très-chaud sur les filets piqués, dressés sur un plat au moment de servir. On peut aussi servir les filets de lièvre piqués, cuits comme on vient de l'indiquer, avec une sauce piquante mêlée au jus de cuisson des filets, passé, dégraissé et réduit, afin que la sauce ne soit pas trop longue.

FILETS DE LIÈVRE MARINÉS ET SAUTÉS.

Levez des filets de lièvre ou de levraut, piquez-les comme pour la recette précédente, et faites-les mariner dans du vinaigre avec sel, poivre, ciboule, persil, oignons coupés en tranches et une feuille de laurier. Deux jours de marinade suffisent largement ; si les filets de lièvre restent plus longtemps dans la marinade, la chair du lièvre y perd entièrement la saveur qui lui est naturelle. Faites égoutter les filets marinés ; rangez-les au fond d'une casserole et versez dessus assez de beurre frais fondu tiède, pour qu'ils en soient recouverts. Faites sauter sur un feu vif, retournez les filets ; ils doivent être cuits en huit ou dix minutes. Les filets de lièvre piqués, marinés et sautés, doivent être servis avec une sauce piquante.

LIÈVRE FARCI A LA SAINT-DENIS.

Piquez de lardons de moyenne grosseur, fortement assaisonnés, toutes les parties charnues d'un lièvre dont vous retrancherez la tête. Faites-le mariner pendant

deux jours, mais pas au delà, dans du vinaigre, avec
des oignons coupés par tranches, des ciboules, du persil
et des échalotes hachées, et un fort assaisonnement de
sel et de poivre. Laissez-le bien égoutter, remplissez-le
d'une farce à volailles (page 97) à laquelle vous incor-
porerez trois œufs, blanc et jaune, le foie du lièvre, et
un morceau de lard de la même grosseur que le foie, le
tout très-finement haché et convenablement assaisonné.
Cousez la peau du ventre du lièvre, afin de contenir la
farce, et mettez-le dans la marmite à braiser avec des
bardes de lard dessus et dessous, de façon à ce qu'il en
soit entièrement couvert. Ajoutez-y 250 grammes de
veau maigre en deux tranches, deux carottes coupées par
morceaux, deux oignons piqués de clous de girofle, et
deux tasses de bouillon dégraissé. Faites cuire pendant
trois heures, avec feu dessous et dessus; passez le jus de
cuisson après en avoir retiré le lièvre; ajoutez au jus
passé un verre de vin blanc, 30 grammes de beurre frais
manié de farine; faites réduire vivement si la sauce est
trop longue; versez-y au moment de servir le jus d'un
citron, et remplissez-en le fond d'un plat chauffé d'avance.
Servez le lièvre à la Saint-Denis sur cette sauce, mais
sans l'en arroser.

LIÈVRE EN DAUBE.

Piquez de lardons, assaisonnés comme pour la recette
précédente, toutes les parties charnues d'un lièvre que
vous mettrez, soit entier, soit coupé en deux morceaux
d'égale grosseur, dans une marmite à braiser, ou mieux
dans une *huguenote* de terre vernissée, avec 250 grammes de jarret de veau coupé en quatre morceaux, des
bardes de lard au fond, d'autres sur le lièvre, pour qu'il

en soit couvert, une carotte en morceaux, deux oignons piqués de clous de girofle, un bouquet garni, un verre de vin blanc, un litre de bouillon, et un bon assaisonnement de sel et de poivre. Laissez cuire pendant trois ou quatre heures, et servez froid. Le lièvre en daube est un mets de ménage, qui se mange en famille et qu'on sert dans la marmite où il a été cuit, sans le déranger ; on retire seulement le bouquet, tandis que la sauce est encore bouillante ; tout le reste de l'assaisonnement reste dans la sauce qui, par le refroidissement, doit se prendre en gelée. C'est une excellente manière de tirer parti d'un très-gros lièvre qu'on a lieu de supposer vieux et fort dur ; cuit en daube, aussi longtemps qu'on le juge nécessaire, un vieux lièvre finit toujours par être mangeable ; de toute autre manière il ne le serait pas.

PATÉ DE LIÈVRE EN TERRINE.

Désossez entièrement un lièvre ; mettez à part les filets coupés chacun en deux ou trois morceaux et les chairs des quatre membres. Hachez finement le reste des chairs avec le foie du lièvre, 250 grammes de jambon cru, 250 grammes de chair de porc maigre, et 500 grammes de tranche de veau. Garnissez de bardes de lard le fond et les côtés d'une terrine à pâté ; versez-y environ la moitié de la farce. Placez au centre les filets et les autres morceaux du lièvre désossé ; recouvrez le tout du reste de la farce, à laquelle vous mêlerez quelques tranches de truffes, arrosez-la d'un verre de vieille eau-de-vie, et posez sur le tout des bardes de lard, afin que la terrine soit complétement remplie. Posez le couvercle sur la terrine ; lutez les bords avec de la pâte ; mettez au four, et laissez cuire pendant quatre heures ; faites refroidir ;

servez dans la terrine. Quand le pâté de lièvre doit être servi dans un repas où l'on admet des convives étrangers, on doit, au moment du dîner, plonger pendant une minute ou deux la terrine dans l'eau bouillante ; le pâté de lièvre s'en détache alors facilement ; on le dresse sur un plat en renversant la terrine dans laquelle il a été mis au four.

LEVRAUT A LA MINUTE.

Coupez en morceaux un levraut très-jeune, comme pour l'accommoder en civet ; salez et poivrez légèrement chaque morceau ; mettez-les dans une casserole ; versez dessus 125 grammes de beurre frais tiède. Placez la casserole sur un feu vif, faites sauter les morceaux de levraut dans le beurre et saupoudrez-les de fines herbes finement hachées ; ajoutez deux cuillerées de farine, un demi-verre de vin blanc, autant de bouillon ; tournez vivement, et dès que la sauce entre en ébullition, retirez du feu ; servez très-chaud. Cette manière d'accommoder le levraut est excellente et très-expéditive, mais elle ne convient que quand on dispose d'un ou deux levrauts jeunes et très-tendres.

FILETS DE LEVRAUT A LA PROVENÇALE.

Levez le plus nettement possible les filets de deux levrauts ; piquez-les sur plusieurs rangs alternativement de fin lard et de filets d'anchois dessalés. Mettez dans une casserole deux ou trois échalotes hachées, une demi-gousse d'ail et cinq à six cuillerées de bonne huile d'olive, assaisonnée de sel et de poivre. Placez la casserole sur un feu vif, et faites revenir dans l'huile les filets de levraut piqués. Dès que les filets ont pris couleur,

ralentissez le feu, et laissez cuire doucement. La cuisson
terminée, retirez les filets de l'huile et laissez-les égoutter
près du feu, afin qu'ils ne se refroidissent pas. Ajoutez
au fond de cuisson trois au quatre cuillerées de jus de
rôti et un demi-verre de vin blanc; dégraissez la sauce et
faites-la réduire; versez-y, au moment de servir, une
cuillerée de vinaigre à l'estragon; remplissez de la sauce
terminée le fond d'un plat chauffé d'avance, et servez les
filets de levraut à la Provençale sur cette sauce; servez
très-chaud.

CUISSES DE LEVRAUT EN PAPILLOTE.

Lorsqu'on a levé les filets de deux levrauts pour les
accommoder selon la recette précédente, on peut préparer un mets fort distingué en accommodant les quatre
cuisses et les quatre épaules des deux levrauts, de la manière suivante :

Faites revenir dans 125 grammes de beurre une
douzaine d'échalotes et autant de champignons bien
hachés, avec une poignée de persil, un bon assaisonnement de sel et poivre, et une demi-gousse d'ail.
Mouillez d'une demi-bouteille de vin blanc, et faites
cuire dans cet assaisonnement les cuisses et les épaules
de levraut. Quand elles sont bien cuites, retirez-les pour
faire réduire la sauce, à laquelle vous ajouterez quelques
cuillerées de jus de rôti. La sauce étant suffisamment
réduite, versez-la sur les morceaux de levraut, que vous
laisserez refroidir avec cette sauce. Quand le tout est
complétement froid, enveloppez chaque morceau séparément dans une feuille de papier huilé, garnie intérieurement d'une couche assez épaisse de farce à côtelettes
(page 101). Un quart d'heure avant de servir, mettez les

papillotes sur le gril, sur un feu très-doux, afin de ne pas les brûler; servez avec les papiers, et sans sauce. On peut préparer de même des cuisses et des épaules de lièvre dont on a levé les filets, quand ces morceaux proviennent d'animaux assez jeunes pour n'être pas trop durs.

CÔTELETTES DE LEVRAUT.

Levez les filets de deux ou trois levrauts, selon le nombre des convives. Divisez-les en morceaux auxquels vous donnerez, en les aplatissant, la forme et le volume d'une côtelette de mouton, ou, pour mieux dire, d'agneau. Passez chaque morceau dans le beurre fondu tiède; panez-les fortement avec de la mie de pain; passez-les ensuite dans des œufs battus, blanc et jaune, et panez-les une seconde fois. D'autre part, après avoir mis à part les quatre membres des levrauts pour les accommoder en civet ou de toute autre manière, faites cuire les carcasses des levrauts dans du bouillon, jusqu'à ce que la chair se détache totalement des os. Séparez-en alors les os des côtes, et piquez dans chaque morceau de filet de levraut pané un de ces os, de façon à représenter une côtelette. Faites cuire ces simulacres de côtelettes sur le gril, et servez-les avec une sauce tomate ou une sauce piquante.

Lapin.

On désigne le lapin sauvage sous le nom de lapin de garenne (figure 34). Bien que sa chair soit moins délicate que celle du lièvre, le lapin de garenne est un gibier fort estimé et d'une grande utilité en cuisine, depuis que l'observation rigoureuse des lois sur la chasse rend impossible de se procurer tout autre gibier à poil pendant une grande partie de l'année. Le lapin de garenne, à cause de la rapidité de sa propagation, étant classé parmi les animaux nuisibles, peut être chassé et vendu en toute saison. Il est meilleur en hiver qu'en été, mais pourvu qu'il ne soit pas trop vieux, la cuisine peut en tirer un bon parti toute l'année. Le signe de l'âge du lapin est, comme celui du lièvre, l'existence d'un petit os mobile, de la grosseur et de la forme d'une lentille, à l'articulation des pattes de devant. Quand on ne reconnaît plus au toucher la présence de cet os mobile, c'est que le lapin est âgé de plus d'un an; sa chair est d'autant plus sèche et plus dure que l'animal est plus âgé.

LAPIN ROTI.

La chair du lapin cru est, comme celle du lièvre, trop molle pour pouvoir être piquée avec régularité. On doit donc commencer par faire revenir dans le beurre le lapin dépouillé et paré; on le laisse ensuite refroidir complétement, avant de le piquer, comme le lièvre. Si le lapin est jeune, il est bon de le couvrir d'abord d'une feuille de papier beurré, afin qu'il cuise sans se dessécher. On le découvre quand il est à moitié cuit, afin de lui faire prendre couleur, en ayant soin de le bien arroser avec son jus de cuisson. On sert le lapin rôti, sortant de la broche, sans sauce; on sert en même temps dans une saucière une sauce piquante à laquelle on ajoute le jus bien dégraissé de la cuisson du lapin.

Fig. 34.

GIBELOTTE DE LAPIN.

Après avoir dépouillé et vidé un lapin, coupez-le en morceaux à peu près d'égale grosseur, afin qu'ils soient tous également bien cuits dans le même espace de temps. Faites premièrement roussir 125 grammes de lard coupé en petits morceaux dans 125 grammes de beurre frais; retirez le lard de la casserole quand il est bien coloré; faites ensuite revenir les morceaux de lapin dans le même beurre, jusqu'à ce que les chairs soient suffisamment raffermies. Il est bon de faire observer que la gibelotte a beaucoup meilleur goût quand le lapin est passé au beurre mélangé d'une partie du lard fondu, que quand on commence par le faire revenir dans le beurre seul, avant d'y avoir fait roussir le lard. Retirez les morceaux de lapin de la casserole; faites un roux clair avec une ou deux cuillerées de farine; mouillez d'une tasse de bouillon et d'un verre de vin blanc, et remettez dans la casserole les morceaux de lard roussi avec les morceaux de lapin. Ajoutez en même temps une vingtaine de champignons coupés en morceaux, et faites cuire sur un feu vif. Quand la gibelotte est cuite aux trois quarts, mettez-y un bouquet garni, un bon assaisonnement de sel et de poivre, et une douzaine de petits oignons préalablement roussis dans le beurre. Menez la cuisson assez vivement pour que, quand le lapin est complétement cuit, la sauce ne soit pas trop longue; servez le plus chaud possible. C'est une des manières les plus usitées et en même temps les plus agréables d'accommoder le lapin. A défaut de vin blanc, on peut mouiller la gibelotte uniquement avec du bouillon, mais alors il faut ajouter une ou deux cuillerées de vinaigre. En Belgique, et dans tous les

départements du nord de la France, on ne met jamais
de vin blanc dans la gibelotte de lapin. Quand il est dépouillé et dépecé, on fait tremper le lapin pendant une
heure ou deux dans de l'eau légèrement vinaigrée. Les
morceaux de lapin sont égouttés et essuyés avant d'être
passés au beurre; on mouille le roux de la gibelotte avec
l'eau vinaigrée dans laquelle le lapin a trempé, le surplus de la préparation restant d'ailleurs comme dans la
recette ci-dessus.

MATELOTE DE LAPIN.

Lorsqu'on dispose en même temps d'un lapin et d'une
belle anguille, on accommode le lapin en matelote de la
manière suivante : Faites un roux clair, passez dans ce
roux les morceaux de lapin dépecé comme pour l'accommoder en gibelotte. Mouillez d'une tasse de bouillon et
d'un bon verre de vin rouge; faites cuire sur un feu vif.
Quand le lapin est aux trois quarts cuit, ajoutez un bouquet garni, un bon assaisonnement de sel et de poivre,
et l'anguille coupée par tronçons. D'autre part, faites
revenir dans le beurre une vingtaine de champignons et
une dizaine de petits oignons; joignez-les à la matelote
de lapin dix minutes avant de servir. Dès que les tronçons d'anguille sont suffisamment cuits, dressez sur un
plat les morceaux de lapin et d'anguille, et versez par-
dessus la sauce bouillante, avec les champignons et les
petits oignons.

LAPIN A LA MINUTE.

Dépouillez et dépecez un lapin comme pour les recettes
précédentes; saupoudrez chaque morceau isolément d'un
mélange de sel fin avec un peu de poivre et de muscade

râpée. Mettez les morceaux dans une casserole avec 125 grammes de beurre, quatre échalotes, et une forte pincée de persil finement hachés ensemble. Posez la casserole sur un feu vif ; remuez souvent les morceaux de lapin, afin qu'ils cuisent également de tous les côtés ; dix minutes de cuisson doivent suffire. C'est une excellente manière d'improviser un très-bon mets en peu de temps, quand il survient des convives inattendus. Le lapin sauté à la minute n'est bon que quand on dispose d'un ou de plusieurs lapins ou lapereaux jeunes et très-tendres.

CIVET DE LAPIN.

Faites revenir dans le beurre 125 grammes de lard coupé en petits morceaux, et un lapin dépecé comme pour une gibelotte. Ajoutez deux cuillerées de farine et une bouteille de vin rouge. Faites cuire à grand feu, avec un bon assaisonnement de sel et de poivre, et quand le lapin est cuit aux trois quarts, joignez-y une bonne garniture de petits oignons. Le civet de lapin doit être très-cuit ; il faut que la sauce soit courte et épaisse au moment de servir.

TERRINE DE LAPIN A LA BONNE FEMME.

Dépecez un lapin comme pour une gibelotte ou un civet, mais désossez-le des os principaux. D'autre part, préparez une farce à volaille (page 97), dans laquelle vous hacherez une bonne poignée de champignons et une demi-gousse d'ail. Garnissez le fond et les côtés d'une terrine de terre, de fortes bardes de lard ; étendez par-dessus environ la moitié de la farce, dont la quantité doit être proportionnée au volume du lapin désossé.

Disposez au centre de la terrine les morceaux de lapin bien assaisonnés de sel, poivre et muscade râpée. Remplissez la terrine avec le reste de la farce; recouvrez le tout d'une barde de lard; lutez avec de la pâte le couvercle de la terrine, et mettez au four pendant trois heures. Servez froid.

LAPEREAU A LA POULETTE.

Après avoir dépecé un lapereau comme pour les recettes précédentes, passez les morceaux dans le beurre, assez pour les raffermir, pas assez pour qu'ils prennent couleur. Laissez-les égoutter et refroidir, puis piquez-en de fin lard toutes les parties charnues. Remettez les morceaux dans la casserole avec une cuillerée de farine et un bouquet garni. Mouillez d'une demi-tasse de bouillon bien dégraissé; quand le lapereau est à moitié cuit, ajoutez-y quelques petits oignons, une vingtaine de champignons coupés en morceaux, et terminez la cuisson sur un feu doux. Quand le tout est bien cuit, passez la sauce, dégraissez-la, liez-la de deux jaunes d'œuf; versez-la sur le lapereau dressé sur un plat, et exprimez dessus le jus d'un citron au moment de servir.

LAPIN A LA POÊLE, A LA MARINIÈRE.

Faites roussir à la poêle sur un feu clair 125 grammes de lard coupé en petits morceaux; joignez-y les morceaux d'un lapin dépecé comme pour une gibelotte, en ayant soin de saupoudrer fortement de farine chaque morceau avant de le mettre dans la poêle. Quand les chairs sont suffisamment raffermies, mouillez d'une tasse de bouillon et de deux verres de vin rouge. Ajou-

tez un bon assaisonnement de sel et de poivre, une
vingtaine de champignons, et quand le lapin est à peu
près cuit, une douzaine de petits oignons. Faites cuire
à grand feu pour réduire la sauce, qui ne doit pas être
trop longue. La cuisson du lapin à la poêle, à la marinière, ne doit pas durer beaucoup plus longtemps que
celle du lapin à la minute.

LAPIN A LA JARDINIÈRE.

Mettez dans une marmite un lapin dépecé comme
pour les recettes précédentes, avec un bon assaisonnement de sel et de poivre et une ample garniture de légumes frais selon la saison, tels que pois verts, petites
fèves, carottes nouvelles coupées par morceaux, céleri
et quelques pommes de terre. Remplissez la marmite
d'eau, et laissez cuire pendant trois heures. Retirez
alors les morceaux de lapin de la marmite, et faites-les
égoutter. Faites roussir 125 grammes de lard coupé en
petits morceaux; faites revenir en même temps les morceaux de lapin bien égouttés, jusqu'à ce qu'ils aient
suffisamment pris couleur. Réduisez en purée les légumes cuits avec les morceaux de lapin; assaisonnez
cette purée avec le fond de la casserole où vous aurez
fait revenir le lard et les lapins, en mouillant avec une
partie du bouillon de cuisson. Dressez les morceaux de
lapin avec le lard sur un plat, et masquez-les sous la
purée de légumes; servez très-chaud.

LAPEREAUX A LA BOURGUIGNONNE.

On ne peut apprêter de cette manière que de très-jeunes lapereaux, de deux mois et demi à trois mois au plus;
il en faut trois ou quatre pour faire un bon plat. Après

les avoir dépouillés et dépecés, faites cuire les morceaux dans une casserole avec 125 grammes de beurre; feu très-animé dessus et dessous; les jeunes lapereaux étant toujours très-tendres, leur cuisson ne doit pas durer plus d'un bon quart d'heure. Dès qu'ils sont cuits, retirez-les de la casserole; laissez un peu refroidir le beurre, puis ajoutez-y une ou deux cuillerées de farine pour faire un roux blanc, que vous mouillerez d'un verre de vin blanc, et dans lequel vous ferez cuire une vingtaine de champignons coupés en morceaux. Quand les champignons sont cuits, reprenez un à un les morceaux de lapereau; saupoudrez-les légèrement de sel fin mêlé d'un peu de poivre et de muscade râpée; laissez prendre un bouillon dans la sauce; retirez la casserole du feu; quand la sauce a cessé de bouillir, ajoutez-y une liaison de trois jaunes d'œuf et le jus d'un citron. Servez chaud, mais non pas bouillant, afin que la liaison de la sauce ne tourne pas.

FILETS DE LAPEREAU SAUTÉS AUX CHAMPIGNONS.

A la campagne, après une chasse au lapin à l'aide des furets, il arrive assez souvent qu'on dispose de plusieurs lapins à la fois; c'est le cas de lever les filets des plus jeunes lapereaux, dont les membres peuvent être accommodés en civet, en gibelotte, ou de plusieurs autres manières. C'est aussi ce qu'on doit faire à la ville, quand le prix des lapins de garenne n'est pas très-élevé, et qu'on a assez de monde à nourrir pour pouvoir utiliser sous diverses formes les restes des lapins ou lapereaux dont on a levé les filets.

Pour accommoder des filets de lapereau aux champignons, il faut faire séparément revenir dans du beurre

une forte garniture de champignons coupés par morceaux. Ajoutez-y deux cuillerées de farine; mouillez
d'une tasse de bouillon bien dégraissé, et laissez cuire
complétement les champignons que vous tiendrez chauds
sur le côté du fourneau. D'autre part, levez les filets de
trois ou quatre lapereaux; divisez-les en tranches minces
d'égale grandeur; saupoudrez-les des deux côtés de sel
mêlé d'un peu de poivre et de muscade râpée; faites-
les sauter dans du beurre frais sur un feu vif; retournez
les morceaux une ou deux fois; huit à dix minutes de
cuisson doivent suffire. Réunissez le ragoût de champignons aux filets de lapereau sautés, et ajoutez une
liaison de trois jaunes d'œuf et le jus d'un citron au
moment de servir.

FILETS DE LAPEREAU SAUTÉS AUX TRUFFES.

Levez et parez les filets de trois ou quatre jeunes lapereaux; coupez-les en morceaux arrondis, tous d'égale
grandeur; assaisonnez chaque morceau l'un après l'autre
de sel et de poivre des deux côtés. Mettez tous les morceaux au fond d'une grande casserole et couvrez-les de
truffes épluchées et coupées par tranches. Versez dessus
assez de beurre fondu tiède pour que les morceaux de
filet de lapereau et les tranches de truffes en soient bien
couverts. Posez la casserole sur un feu vif; quand les
filets sont raffermis d'un côté, retournez-les de l'autre
en mettant les truffes en dessous. La cuisson terminée,
ce qui ne demande pas plus de huit à dix minutes, retirez les filets et les truffes de la casserole; faites-les bien
égoutter et dressez-les sur un plat, les morceaux de
filet dessous et les truffes par-dessus. D'autre part,
faites un roux blanc; mouillez-le d'un verre de vin

blanc, faites-le réduire vivement et versez-le bouillant
sur les filets de lapereau sautés aux truffes. Garnissez
les bords du plat d'un rang de croûtons frits.

FILETS DE LAPEREAU SAUTÉS A LA REINE.

Levez et parez les filets comme pour la recette précédente; placez les morceaux sur le fond d'une casserole, après les avoir saupoudrés des deux côtés de sel
fin mêlé d'un peu de poivre. Couvrez-les d'une couche
mince de fines herbes très-finement hachées; versez
dessus assez de beurre fondu tiède pour qu'ils en soient
couverts; faites-les sauter sur un feu vif, en les retournant deux ou trois fois. Retirez les morceaux de filets
de lapereau de la casserole et faites-les égoutter, puis
dressez-les sur un plat. Faites un roux blanc, auquel
vous ajouterez quelques cuillerées de jus de giber rôti
réservé à cet effet; au moment de servir, faites-y fondre
30 grammes de beurre frais, et versez cette sauce épaisse
et courte sur les filets de lapereau à la reine. Ce mets,
ainsi que les deux précédents, n'est bon qu'à condition
que les filets aient été levés sur des lapereaux jeunes et
très-tendres. Si l'on voulait accommoder de la même
manière des filets levés sur de vieux lapins, il ne serait
pas possible de les manger.

FILETS DE LAPEREAU EN COURONNE.

Levez les filets d'une demi-douzaine de jeunes lapereaux; faites-les raffermir quelques minutes dans le
beurre sur un feu vif; retirez-les du beurre; faites-les
égoutter et refroidir; puis piquez-les de fin lard comme
des fricandeaux, et saupoudrez-les des deux côtés d'un
bon assaisonnement de sel et de poivre. Alors roulez

chaque filet en rond, réunissez les deux bouts au moyen
d'une brochette de bois blanc; remplissez l'espace vide
qui se trouve au milieu avec un oignon de grosseur
convenable. Placez les filets en couronne ainsi disposés
dans une casserole, entre deux bardes de lard, une dessous et une dessus; rangez autour deux tranches de
veau, une ou deux carottes coupées en tranches, et un
bouquet garni. Mouillez avec une tasse de bouillon
dégraissé; faites cuire pendant trois heures avec feu
dessus et dessous; dressez les filets en couronne sur un
plat; passez et dégraissez la sauce de cuisson; faites-la
réduire à une bonne épaisseur, et versez-la bouillante
sur les filets de lapereau en couronne, au moment de
servir.

FILETS DE LAPEREAU A LA MARÉCHALE.

Parez et aplatissez, en les battant avec le plat d'un
couperet pesant, dix ou douze filets de lapereau; passez-
les dans du beurre fondu tiède, panez-les de mie de
pain finement émiettée; battez six œufs, blanc et jaune,
avec un fort assaisonnement de sel et de poivre; passez
les filets de lapereau déjà panés dans cette omelette;
panez-les de nouveau, et tandis qu'ils sont mous, don-
nez-leur à chacun la forme de la lettre J majuscule.
Faites-les bien griller sur un feu doux; servez-les sur
une sauce piquante, ou sur un roux mouillé de vin
blanc et de jus de rôti bien dégraissé.

FILETS DE LAPEREAU A LA MILANAISE.

Parez les filets de lapereau comme pour la recette
précédente, et panez-les deux fois, comme ci-dessus, la
première au beurre fondu, la seconde avec une ome-

lette, en mélangeant exactement la mie de pain avec son poids de fromage parmesan râpé. Faites cuire les filets de lapereau ainsi préparés sur un feu vif, dans du beurre frais très-chaud. Dès qu'ils ont pris une belle couleur, égouttez-les et dressez-les en couronne; servez avec une sauce tomate ou une sauce piquante.

CUISSES DE LAPIN OU DE LAPEREAU A LA PURÉE.

Désossez de leur os principal les cuisses et les épaules des lapins ou des lapereaux dont vous avez levé les filets pour les accommoder séparément selon les recettes précédentes. Piquez-les de lardons fins bien assaisonnés; saupoudrez-les de sel mêlé d'un peu de poivre, et faites-les cuire dans une marmite à braiser avec une forte barde de lard dessous, une autre dessus, deux tranches de veau maigre, deux carottes, deux oignons piqués de clous de girofle, un bouquet garni et une tasse de bouillon plutôt un peu gras que trop exactement dégraissé. Laissez mijoter pendant trois heures et servez sur une purée de lentilles assaisonnée du jus de cuisson des cuisses désossées; ce jus doit être réduit s'il est trop long, mais non pas dégraissé. La purée de lentilles peut être remplacée par une purée de pois, de haricots, de chicorée, d'épinards ou d'oignons, en se servant du jus de cuisson comme assaisonnement de ces purées.

CUISSES DE LAPEREAU AU SOLEIL.

Parez, désossez et piquez les cuisses et les épaules de lapereaux comme pour la recette précédente; saupoudrez-les de sel fin mêlé d'un peu de poivre; faites-les revenir dans du beurre frais, retournez-les plusieurs fois, laissez-les dans le beurre pendant huit à dix miautes. Ajoutez alors une ou deux cuillerées de farine, une tasse de bouillon et une demi-bouteille de vin blanc. Pressez alors la cuisson à grand feu pour que, quand les cuisses de lapereau seront cuites, le jus de cuisson soit très-réduit; dégraissez-le avec soin; ajoutez un morceau de beurre frais d'environ 30 grammes, et une liaison de quatre ou cinq jaunes d'œuf; laissez refroidir les cuisses de lapereau dans cette sauce. Si elle a été bien soignée, elle doit être assez épaisse pour que les cuisses de lapereau en retiennent une bonne couche en se refroidissant. Panez-les une première fois sur cette sauce, et une seconde fois après les avoir trempées dans des œufs battus un peu fortement assaisonnés. Ajustez dans chaque morceau un os de cuisse ou d'épaule proprement paré, puis faites-les frire dans une friture très-chaude; servez en couronne, avec une touffe de persil frit au milieu.

CUISSES DE LAPEREAU AUX PETITS POIS.

Parez et désossez de leur os principal des cuisses et des épaules de lapin ou de lapereau. Passez-les au beurre pour les raffermir; égouttez-les, laissez-les refroidir, piquez-les de fin lard et assaisonnez-les de sel et de poivre. Remettez-les dans le beurre sur un feu vif pour leur faire bien prendre couleur, puis terminez leur cuisson avec un bouquet garni et un litre de petits pois fins fraîchement écossés. L'eau que rendent les pois en cuisant sur un feu doux avec les cuisses de lapereau piquées et roussies dans le beurre suffit, sans qu'il soit nécessaire de mouiller autrement. Dès que la cuisson des pois est complète, dressez-les sur un plat, passez le jus de cuisson et faites-le réduire vivement s'il est trop clair; dressez les cuisses et les épaules de lapereau sur les pois, et versez dessus la sauce suffisamment réduite, au moment de servir.

Toutes les recettes qui viennent d'être indiquées pour accommoder le lapin de garenne s'appliquent de point en point au lapin domestique. Il va sans dire que ces mets préparés avec le lapin de garenne sont plus délicats et de meilleur goût. Ceux pour lesquels on emploie le lapin domestique, spécialement la gibelotte et le civet, manières les plus usitées d'utiliser le lapin domestique, sont à la fois économiques, salubres, agréables et nourrissants, lorsqu'ils ont été préparés avec soin, selon les indications qui précèdent.

CONSERVES DE LAPEREAUX.

On donne ici, parce qu'elle est peu connue et peu pratiquée, bien qu'elle puisse rendre de grands services, la recette de la préparation des conserves de lapereaux. Il arrive souvent, à la campagne, lorsqu'on a fait à l'aide des furets de grandes chasses aux lapins, qu'on dispose à la fois d'un grand nombre de jeunes lapins de garenne, qu'on désire ne point envoyer au marché. Dans ce cas, il faut les dépouiller, les vider, les désosser en supprimant la tête et les passer au beurre seulement pour les raffermir ; quand ils sont complétement froids, on les pique de fin lard dans toutes les parties charnues, et on les saupoudre d'un bon assaisonnement de sel, poivre et muscade râpée. Roulez-les alors en forme de saucisson, et ficelez-les très-serré. Mettez-les dans une casserole avec du saindoux très-frais, deux ou trois branches de thym et quelques feuilles de laurier. Retournez-les souvent, pour qu'ils cuisent également de tous les côtés.

Quand ils sont complétement cuits, égouttez-les, laissez-les refroidir et coupez-les par tronçons; un lapereau
de grosseur ordinaire doit être divisé en trois morceaux.
Rangez ces morceaux dans un vase de faïence ou de
grès, et versez par-dessus autant de saindoux que le vase
en peut contenir. Le saindoux répandu sur les morceaux
de lapin désossés doit être seulement assez chauffé pour
être à demi liquide et pouvoir couler entre les morceaux.
C'est une excellente provision pour l'hiver; le cuisinier
peut servir les morceaux de lapin dégraissés froids,
comme hors d'œuvre, pour les déjeuners à la fourchette,
ou bien les faire réchauffer et les servir sur différentes
sauces, ou avec toute sorte de purées de légumes.

On conserve de la même manière les lapins domestiques de l'âge de quatre à six mois, lorsqu'on en a beaucoup à la fois, et qu'ils ne peuvent être vendus avec avantage. Dans nos départements du Midi, c'est dans l'huile
d'olive qu'on fait cuire les lapins de garenne ou les
lapins domestiques désossés, piqués, roulés et ficelés en
forme de saucisson; c'est aussi dans l'huile d'olive fine
qu'on les conserve comme provision d'hiver. Si la valeur gastronomique des conserves de lapereaux, soit de
garenne, soit domestiques, était plus connue et mieux
appréciée, il y aurait à la campagne peu de ménages qui
n'en fissent provision, et le placement en serait facile et
avantageux dans toutes les grandes villes.

GIBIER A PLUME.

FAISAN.

Le premier rang, parmi le gibier à plume, ne peut
être refusé au faisan. On considère toujours cet oiseau

comme gibier, bien qu'il puisse être élevé dans une demi-domesticité ; mais la femelle du faisan ne couve pas, si ce n'est en liberté ; les faisandeaux élevés avec beaucoup de peine et de soin dans les faisanderies proviennent d'œufs de faisan couvés par de petites poules anglaises de la race de Bantam ; ils sont quelquefois plus gros que le faisan sauvage, ils sont rarement aussi délicats. Le coq faisan (*figure* 35), pourvu qu'il ne soit pas

Figure 35.

âgé de plus d'un an, est préféré avec raison à la poule faisane ; il faut le choisir bien en chair, sans excès de graisse ; les plus gras ne sont pas les meilleurs. On doit se garder de laisser, surtout quand la température est douce, le faisan se mortifier trop longtemps avant de l'accommoder. Quelques amateurs ne le trouvent bon que quand il commence à se gâter ; c'est un goût dépravé. Le faisan trop faisandé perd la saveur agréable qui lui est naturelle, en même temps qu'il devient malsain et indigeste.

FAISAN ROTI.

Le faisan plumé, vidé, flambé et troussé comme une volaille qui doit être rôtie à la broche, est habituellement lardé de trois rangs de fin lard de chaque côté de la poitrine. On le couvre d'abord d'une feuille de papier beurré, afin qu'il ne se dessèche pas à la broche. Quand il est à peu près cuit, on enlève le papier, on saupoudre légèrement le faisan de sel fin et on achève sa cuisson en lui faisant prendre une belle couleur. Quand le faisan n'est pas piqué, il doit être enveloppé d'une forte barde de lard, sans quoi sa chair, naturellement sèche, perdrait une partie de sa valeur gastronomique en rôtissant. La cuisson d'un faisan à la broche ne doit pas durer plus de trois quarts d'heure. On sert le faisan rôti avec une sauce piquante à laquelle on ajoute le jus rendu par le faisan à la broche. Si l'on reçoit des Anglais à dîner, le faisan rôti doit être accompagné d'une bread-sauce (page 86), sans laquelle on ne sert jamais le faisan rôti dans la Grande-Bretagne.

FAISAN TRUFFÉ.

On le prépare comme le dindon truffé (page 279), sauf la quantité de truffes, qui doit être proportionnée au volume de la pièce.

Le faisan truffé doit être enveloppé de bardes de lard, mais non pas piqué, avant d'être rôti à la broche avec les précautions ci-dessus indiquées. On le sert accompagné de son jus de cuisson ajouté à une sauce aux truffes (page 82).

Dans les grandes cuisines, le faisan truffé ou non, qui doit figurer comme rôti dans un repas de cérémonie, est embroché avec son cou et sa tête garnis de leurs plumes. La tête et le cou sont soigneusement enveloppés de plusieurs doubles de fort papier, afin que le feu n'endommage pas les plumes, dont la conservation rend ce rôti plus élégant.

FAISAN TRUFFÉ A LA PÉRIGUEUX.

Videz un faisan par la poche, et remplissez-le de truffes cuites préalablement dans le beurre et l'huile : pour un faisan de moyenne grosseur, il faut 500 grammes de truffes cuites dans 125 grammes de beurre et 125 grammes d'huile d'olive fine, avec 250 grammes de lard râpé; il ne faut mettre les truffes dans le faisan que quand elles sont parfaitement refroidies. Renversez et cousez solidement la peau pour masquer l'ouverture par laquelle les truffes ont été introduites; couvrez l'estomac du faisan truffé d'une barde de lard. Garnissez de bardes de lard le fond d'une casserole, posez dessus le faisan truffé, rangez tout autour 250 grammes de veau maigre et 250 grammes de jambon cru, coupés en petits dés. Ajoutez deux carottes, deux oignons piqués de clous de girofle, un bon assaisonnement de sel et de poivre, une tasse de bouillon et un verre de vin blanc. Laissez cuire doucement avec feu dessus et dessous; une heure de cuisson doit suffire. Dressez le faisan sur un plat et arrosez-le de son jus de cuisson passé, dégraissé et réduit, auquel vous ajouterez 60 grammes de truffes cuites, finement hachées.

FAISAN A L'ÉTOUFFADE.

Piquez de fin lard fortement assaisonné de sel, poivre et muscade râpée, l'estomac et les cuisses d'un faisan que vous envelopperez de bardes de lard. Faites-le cuire dans une casserole, avec le même accompagnement indiqué pour le faisan à la Périgueux. La cuisson étant terminée, passez et dégraissez la sauce ; faites-la réduire de moitié; dressez le faisan sur un plat et versez dessus la sauce réduite. Ce mets est beaucoup plus délicat lorsqu'on peut ajouter à la sauce quelques cuillerées de jus de rôti de chevreuil ou de lièvre, réservé à cet effet d'un repas précédent.

FILETS DE FAISAN SAUTÉS AUX TRUFFES.

Levez les filets de trois jeunes faisans; piquez-les comme des fricandeaux; assaisonnez - les fortement de sel, poivre et muscade râpée; partagez-les en tranches minces d'égale grandeur; mettez-les dans une casserole; couvrez-les de tranches de truffes coupées très-minces; versez dessus du beurre fondu tiède, juste assez pour les recouvrir. Faites sauter sur un feu vif; retournez les filets à plusieurs reprises. La cuisson terminée, faites bien égoutter les filets et les truffes, afin qu'il n'y reste pas de beurre.

D'autre part, faites un roux blanc que vous mouillerez d'un demi-verre de vin blanc, et auquel vous ajouterez quelques cuillerées de jus de rôti de gibier bien dégraissé; retirez la sauce du feu quand elle a cessé de bouillir, liez-la de deux ou trois jaunes d'œuf, et versez-la sur les filets dressés sur un plat et recouverts des tranches de truffes cuites en même temps.

CUISSES DE FAISAN EN BALLOTINE.

Désossez, sans endommager la peau, les cuisses des faisans dont vous avez levé les filets pour les accommoder selon la recette précédente; remplacez les os enlevés par une quantité équivalente de farce cuite (page 99). Recousez soigneusement la peau, afin que la farce ne puisse en sortir, et adaptez aux cuisses de faisan désossées et farcies les pattes, dont vous aurez retranché les ongles. Garnissez le fond d'une casserole de bardes de lard, posez les cuisses dessus, couvrez-les de bardes de lard ; rangez tout autour les débris des faisans coupés par morceaux, deux carottes, deux oignons piqués de clous de girofle, un bouquet garni et un bon assaisonnement de sel, poivre et muscade râpée. Mouillez d'une tasse de bouillon et d'un verre de vin blanc, et faites cuire avec feu dessus et dessous. La cuisson terminée, passez et dégraissez la sauce ; faites-la réduire et servez-vous-en pour assaisonner une purée de champignons (page 192). Servez les cuisses de faisan en couronne, et la purée de champignons au milieu. Le prix élevé des faisans rend ce plat et le précédent excessivement chers, ils ne sont possibles que dans les cuisines des maisons les plus opulentes.

FAISAN EN SALMIS.

Faites rôtir à la broche deux faisans, sans les piquer. Quand ils sont bien cuits, découpez-les comme pour les distribuer aux convives, ce qui vous donnera huit morceaux principaux, quatre ailes et quatre cuisses, outre les filets mignons de dessous les ailes. Disposez symétriquement ces morceaux sur le fond d'une casserole assez grande, et tenez-les chaudement dans un bain-marie (*figure* 36). Ce vase dont l'inspection seule fait comprendre l'utilité, est indispensable dans toute cuisine de

Fig. 36.

quelque importance, pour tenir chauds les mets sans risquer de les brûler ou de les dessécher.

D'autre part, faites un roux clair que vous mouillerez de vin blanc, et dans lequel vous ferez cuire à grand feu la carcasse et les débris des faisans rôtis et découpés, avec une demi-feuille de laurier, une demi-gousse d'ail, deux échalotes et les zestes d'une orange bigarade. La sauce étant suffisamment réduite, versez-la sur les morceaux de faisan, dressez sur un plat et exprimez dessus, au moment de servir, le jus d'une orange bigarade.

FAISAN EN SALMIS A LA PROVENÇALE.

Découpez les faisans rôtis, comme pour la recette précédente, faites cuire la carcasse brisée et les débris des faisans, avec quelques cuillerées d'huile d'olive, un bon verre de vin de Bordeaux, une tasse de consommé et le même assaisonnement que ci-dessus. Ajoutez à la sauce passée à l'étamine une douzaine de champignons coupés par morceaux, et une forte pincée de fines herbes hachées. Versez cette sauce réduite sur les morceaux de faisan, et arrosez-les d'un jus d'orange bigarade.

Pintade.

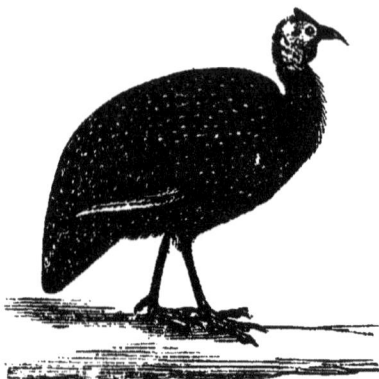

Fig. 37.

On mentionne ici la pintade (*fig.* 37), bien qu'elle n'existe pas en France à l'état de gibier, parce que c'est celui de nos oiseaux domestiques dont la chair ressemble le plus à celle du faisan. Les pintades très-jeunes approchent de la délicatesse du perdreau. On peut accommoder la pintade d'un an selon toutes les recettes ci-dessus indiquées pour le faisan ; les très-jeunes pintades peuvent remplacer les perdreaux. Sans le désagrément de son cri, qu'elle répète sans cesse, la pintade pourrait être assez multipliée en domesticité pour figurer sur les marchés à peu près en toute saison ; elle serait d'une grande ressource pour tenir lieu de toute sorte de gibier à plume pendant la période de l'année où la chasse est interdite.

Perdrix et Perdreaux.

Les deux espèces de perdrix, la grise et la rouge, ont la même valeur gastronomique. La perdrix grise

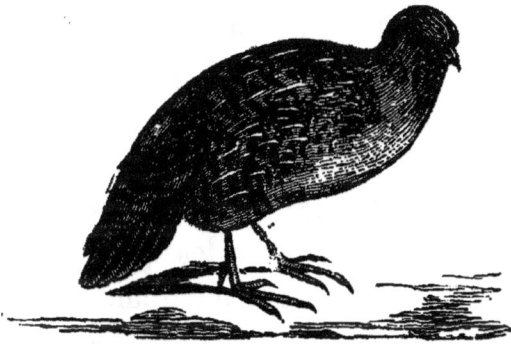

Fig. 38.

(*figure* 38), un peu plus petite que la rouge, est commune dans toute la partie de la France qui s'étend de la Loire à notre frontière du Nord ; au sud de la Loire, on ne rencontre presque plus que la perdrix rouge (*figure* 39), un peu plus volumineuse que la grise.

Tant que les jeunes perdrix de l'année n'ont pas pris tout leur accroissement, elles portent le nom de perdreau ; les perdreaux sont dans toute la perfection de leurs qualités gastronomiques depuis l'ouverture de la chasse jusqu'au 1er octobre ; c'est ce qu'exprime le proverbe des chasseurs, qui dit à ce sujet : *A la Saint-Remi tous les perdreaux sont perdrix.*

PERDREAUX ROTIS.

Le perdreau doit être mis à la broche comme le poulet, enveloppé d'une barde de lard. Les pattes sont allongées et attachées à la broche, pour les empêcher de se redresser. La tête et le cou du perdreau rouge rôti sont ordinairement conservés avec leurs plumes; on les enveloppe de plusieurs doubles de fort papier, pour que les plumes ne brûlent pas. Si l'on juge les perdreaux assez gras pour qu'il ne soit pas nécessaire de les barder, on doit, au début de la cuisson, les couvrir de papier beurré, et les découvrir quand ils sont à moitié cuits, afin de leur faire prendre couleur. On sert avec les perdreaux rôtis une sauce piquante à laquelle on ajoute le jus que les perdreaux ont rendu pendant leur cuisson.

Fig. 39.

PERDREAUX TRUFFÉS ROTIS.

On truffe les perdreaux avec une farce cuite (page 99), dans laquelle on mêle moitié de son poids de truffes cuites d'avance dans du vin blanc. Ils sont ensuite rôtis à la broche avec beaucoup de soin, afin qu'ils se colorent sans se dessécher. On les sert accompagnés d'une sauce aux truffes, à laquelle on ajoute le jus rendu par les perdreaux pendant leur cuisson.

PERDREAUX SAUTÉS.

Après avoir vidé et troussé les perdreaux, faites-les cuire sur un feu très-vif dans du beurre très-frais, en les retournant plusieurs fois pour qu'ils cuisent également de tous les côtés. Quand ils sont cuits, retirez-les de la casserole et tenez-les chaudement dans un plat couvert, sur le côté du fourneau. Avec le beurre dans lequel ont cuit les perdreaux, faites un roux un peu clair; mouillez-le d'un demi-verre de vin blanc et d'une demi-tasse de bouillon dégraissé; assaisonnez de sel et poivre; faites réduire de moitié; ajoutez-y le jus d'un citron et versez cette sauce très-chaude sur les perdreaux au moment de servir. C'est une des manières les plus simples et les plus expéditives d'accommoder les perdreaux; elle ne convient qu'au début de la saison de la chasse, quand les perdreaux sont encore jeunes et très-tendres.

PERDREAUX TRUFFÉS ÉTUVÉS.

Faites cuire des truffes avec du lard râpé, en quantité proportionnée au volume des perdreaux; donnez aux morceaux de truffe une forme arrondie; hachez finement les rognures des morceaux de truffe et joignez-les au reste. Remplissez-en les perdreaux dressés comme s'ils devaient être rôtis. Garnissez de bardes de lard le fond d'une casserole, posez dessus les perdreaux, recouvrez-les de bardes; ajoutez 250 grammes de veau et autant de jambon coupés en petits dés, une carotte, un oignon piqué de deux clous de girofle, un bouquet garni, et un bon assaisonnement de sel et de poivre. Mouillez d'un verre de vin blanc et d'une tasse de bouillon dégraissé, et laissez cuire sur un feu doux pendant une heure et demie. Retirez les perdreaux truffés de la casserole, passez et dégraissez le jus de cuisson ; faites-le réduire de moitié en y ajoutant une petite quantité de truffes hachées ; servez les perdreaux avec cette sauce. Cette manière d'accommoder les perdreaux convient surtout quand ils ont pris toute leur grosseur et qu'ils sont sur le point de devenir perdrix.

PERDREAUX A LA SAINT-LAURENT.

Après avoir vidé et flambé les perdreaux, troussez-les comme des poulets et battez légèrement l'estomac pour l'aplatir et rendre les perdreaux le plus larges possible. Faites-les revenir dans de l'huile d'olive fine, avec un bon assaisonnement de sel et de poivre ; retournez-les pour qu'ils se colorent également des deux côtés ; retirez-les de la casserole et laissez-les refroidir. Mettez-les ensuite pendant une petite demi-heure sur le gril en les retournant à plusieurs reprises. D'autre part, faites un roux clair que vous mouillerez d'un demi-verre de vin blanc et d'autant de bouillon ; ajoutez-y deux ou trois échalotes finement hachées et le jus d'un citron, et versez cette sauce sur les perdreaux, au moment de servir. On peut aussi servir les perdreaux à la Saint-Laurent avec une sauce piquante.

PERDREAUX PANÉS ET GRILLÉS.

Coupez les perdreaux en deux dans le sens de leur longueur. Aplatissez légèrement chaque morceau avec le plat d'un couperet pesant. Saupoudrez-les de sel fin mêlé d'un peu de poivre et de muscade râpée ; passez-les dans du beurre tiède et panez-les avec de la mie de pain finement émiettée. Passez-les ensuite dans des œufs battus, blanc et jaune, et panez-les fortement une seconde fois. Faites-les cuire un quart d'heure sur le gril ; servez avec une sauce piquante.

PERDREAUX AUX CHAMPIGNONS A L'ANGLAISE.

Faites revenir dans très-peu de beurre frais une garniture de champignons suffisante pour remplir entièrement l'intérieur des perdreaux, comme on les remplit de truffes quand ils doivent être truffés. Les meilleurs champignons pour cette préparation sont ceux qui n'ont encore que la moitié de leur grosseur, et dont les bords sont roulés en dedans. Faites revenir les perdreaux dans le beurre pour leur faire prendre couleur ; retirez-les de la casserole, faites un roux clair en ajoutant au beurre une ou deux cuillerées de farine, mouillez avec un demi-verre de vin blanc et une demi-tasse de bouillon. Remettez les perdreaux dans cette sauce pour compléter leur cuisson, ajoutez à la sauce une douzaine de champignons hachés ; servez les perdreaux aux champignons avec cette sauce convenablement réduite. On peut aussi, après avoir rempli les perdreaux de champignons, comme ci-dessus, les faire cuire à la broche en les couvrant de bardes de lard ; dans ce cas, on les sert accompagnés d'une bread-sauce (page 86). C'est de toutes les manières d'accommoder les perdreaux celle qui est le plus en faveur près des gastronomes de la Grande-Bretagne.

PERDREAUX EN SURPRISE.

Désossez complétement les perdreaux, en réservant seulement l'os du pilon avec la patte. Couvrez tout l'in-

térieur d'une bonne couche de farce cuite (page 99).
Préparez d'autre part un salpicon (page 105), d'un volume proportionné au nombre des perdreaux à accommoder en surprise. Laissez refroidir le salpicon, remplissez-en les perdreaux et faites-les cuire dans une
casserole avec deux bardes de lard, une dessous, l'autre
dessus, une tranche de jambon, un bouquet garni, un
bon assaisonnement de sel et de poivre, un verre de
vin de madère et une tasse de bouillon. La cuisson terminée, dressez les perdreaux sur un plat et arrosez-les
de leur jus de cuisson passé, dégraissé et réduit. La
sauce ne doit pas être trop courte, parce qu'elle doit servir pour les perdreaux en surprise et pour le salpicon
dont ils sont remplis.

PERDREAUX EN SALMIS.

On les prépare exactement selon la recette indiquée
pour le faisan en salmis (page 345).

PERDRIX A L'ÉTOUFFADE.

Après avoir vidé, flambé et troussé la perdrix, piquez-lui l'estomac avec du fin lard fortement assaisonné,
et mettez-la dans une casserole avec deux bardes de lard,
une dessous, l'autre dessus. Ajoutez 250 grammes de
veau maigre, en plusieurs tranches, deux carottes, deux
oignons piqués de clous de girofle, un bon assaisonnement de sel et de poivre, un bouquet garni, un verre de
vin blanc, et une tasse de bouillon dégraissé. Laissez
cuire sur un feu doux jusqu'à ce que la cuisson soit complète; retirez la perdrix de la casserole; passez et dégraissez le jus de cuisson; faites-le réduire de moitié sur
un feu vif, et ajoutez-y le jus d'un citron. Versez-le

très-chaud sur la perdrix au moment de servir. C'est une des meilleures manières de tirer parti des vieilles perdrix, soupçonnées d'être très-dures, et qui ne seraient pas mangeables si elles étaient préparées selon l'une des recettes ci-dessus indiquées pour les perdreaux.

PERDRIX AUX CHOUX.

Préparez la perdrix comme pour la recette précédente, et mettez-la dans une grande casserole, avec les mêmes accompagnements. Faites blanchir des choux pendant quelques minutes dans l'eau bouillante légèrement salée; égouttez et pressez les choux, afin qu'ils retiennent le moins d'eau possible. Mettez-les dans la casserole sur la perdrix avec 250 grammes de petit-salé coupé en morceaux, et un cervelas, ou une tranche de jambon de 125 grammes. Mouillez le tout avec une quantité suffisante de bon bouillon dégraissé, et laissez cuire sur un feu doux pendant une heure et demie ou deux heures. Retirez alors le tout de la casserole; égouttez les choux dans une passoire, en les pressant fortement. Dressez la perdrix au milieu du plat, les choux tout autour, et sur les choux, les morceaux de petit-salé, de jambon ou de cervelas coupés en tranches. Faites réduire le jus de cuisson, et arrosez-en la perdrix ainsi que son entourage, au moment de servir. C'est une des recettes les plus usitées pour utiliser les vieilles perdrix. Les meilleurs choux pour accompagner une perdrix sont les choux à pomme oblongs, spécialement les choux cœur de bœuf, pin d'York, et le chou conique de Poméranie.

PERDRIX A LA PURÉE.

Faites cuire une perdrix selon la recette indiquée pour

la perdrix à l'étouffade. D'autre part, préparez une purée de pois, lentilles, haricots, épinards ou champignons. Passez le jus de cuisson de la perdrix, et faites-le réduire, mais sans le dégraisser. Servez-vous de ce jus réduit pour assaisonner la purée; servez la perdrix sur la purée assaisonnée de son jus de cuisson.

Caille.

Fig. 40.

La caille (*fig.* 40) est plus délicate que la perdrix; elle est naturellement assez grasse pour toutes les manières de l'accommoder; on réserve seulement une partie de celles qu'on prend vivantes au filet, pour les engraisser en cage; elles deviennent alors comme des pelotes de graisse et sont préférées pour rôtir, à celles qui n'ont pas été engraissées.

CAILLES ROTIS.

Plumez, videz et flambez les cailles; enveloppez-les d'une feuille de vigne et d'une mince barde de lard pardessus; percez-les d'outre en outre par les flancs, avec une brochette ou hâtelet de bois blanc, en les pressant les unes contre les autres. Attachez la brochette solidement à la broche par les deux bouts, et faites rôtir devant un feu vif; vingt minutes de cuisson doivent suffire. Servez avec le jus rendu par les cailles après qu'il aura été dégraissé; ajoutez-y le jus d'un citron.

CAILLES AU FUMET DE GIBIER.

Pour accommoder des cailles de cette manière, il faut en avoir trois fois autant qu'on se propose d'en servir sur la table. Ainsi pour un plat de huit cailles, il en faut avoir vingt-quatre. Après les avoir toutes plumées et flambées, on vide par la poche celles qui doivent rester entières ; on lève les filets des autres, et on les assaisonne fortement de sel et de poivre, puis on les laisse tremper pendant un bon quart d'heure dans du beurre frais fondu tiède, mêlé de fines herbes finement hachées. Introduisez alors par l'ouverture de la poche, dans chacune des cailles laissées entières, les filets des deux autres cailles, assaisonnées comme ci-dessus, puis, recousez la peau des cailles, pour bien fermer l'ouverture. Faites revenir dans le beurre les cailles remplies de cette manière, puis, mettez-les dans une casserole avec deux bardes de lard, une dessus, une dessous. Ajoutez, pour huit cailles remplies, 250 grammes de veau et autant de jambon, coupés en petits dés, deux carottes, deux oignons piqués de clous de girofle, un bouquet garni, un bon assaisonnement de sel et de poivre, et une demi-bouteille de vin blanc. Laissez cuire une heure sur un feu doux ; retirez les cailles de la casserole ; passez et dégraissez le jus de cuisson. Faites un roux clair ; mouillez-le avec le jus de cuisson des cailles dégraissé et réduit ; ajoutez-y une ou deux cuillerées de jus de gibier rôti, réservé à cet effet, d'un repas précédent ; dressez les cailles sur un plat ; versez la sauce réduite par-dessus et exprimez sur les cailles le jus d'un citron au moment de servir.

Dans les grandes cuisines, on sert les cailles accommodées selon la recette précédente avec une sauce espagnole, à laquelle on ajoute trois ou quatre cuillerées de jus de gibier.

CAILLES AU CHASSEUR.

Après avoir plumé, vidé, flambé et troussé les cailles, faites-les sauter dans le beurre avec des fines herbes hachées et un bon assaisonnement de sel et de poivre ; retournez-les presque sans interruption. Quand les chairs sont bien raffermies, saupoudrez les cailles d'une ou deux cuillerées de farine ; mouillez d'un ou deux verres de vin blanc et d'une demi-tasse de bouillon ; laissez épaissir la sauce sans la laisser bouillir ; ajoutez au moment de servir le jus d'un citron. C'est une des manières les plus expéditives et les moins embarrassantes d'accommoder les cailles.

CAILLES AUX TRUFFES.

Remplissez les cailles de truffes coupées en morceaux et préparées comme celles qu'on met dans les perdreaux truffés (page 348). Mettez les cailles truffées dans une casserole avec deux bardes de lard, une dessous, une autre dessus. D'autre part, faites cuire pendant un bon quart d'heure, sur un feu modéré, 125 grammes de veau maigre coupé en petits dés et les épluchures des truffes qui ont servi à truffer les cailles, avec une ou deux carottes coupées en tranches, un bouquet garni, une douzaine de petits oignons, et un bon assaisonnement de sel et de poivre. Au bout d'un quart d'heure, mouillez d'un verre de vin blanc et d'une tasse de bouillon, et quand l'assaisonnement commencera à bouillir, videz le contenu de la casserole dans celle où vous avez rangé les cailles truffées, entre deux bardes de lard. Laïssez cuire doucement pendant une demi-heure; retirez les cailles de la casserole; passez et dégraissez le jus de cuisson; servez-vous-en pour assaisonner 250 grammes de truffes coupées en tranches que vous aurez fait sauter préalablement dans le beurre. Retirez les truffes de la sauce; dressez-les sur un plat; rangez les cailles truffées sur les truffes et versez sur le tout la sauce bouillante, au moment de servir.

CAILLES AUX PETITS POIS.

Mettez dans une casserole deux tranches de veau maigre et une tranche de jambon, deux carottes, deux oignons piqués de clous de girofle et un bouquet garni; rangez sur ce fond de casserole huit cailles vidées, flambées, troussées et saupoudrées légèrement de sel fin mêlé d'un peu de poivre et de muscade râpée. Mouillez d'une bonne tasse de consommé, et faites cuire doucement pendant une demi heure. D'autre part, faites cuire un litre de pois fins, fraîchement écossés, avec une tranche de jambon. Dressez les pois sur un plat; rangez dessus les cailles cuites séparément; passez leur jus de cuisson sans le dégraisser, et versez-le sur les cailles aux petits pois, au moment de servir.

CAILLES AU RIZ.

Faites cuire dans une quantité suffisante de bon consommé huit cailles avec 125 grammes de riz, et une douzaine de petites saucisses à chapelet. Quand le riz est parfaitement cuit, assaisonnez-le d'un roux clair mouillé avec un verre de vin blanc et quelques cuillerées de jus de rôti. Dressez le riz sur un plat et rangez les cailles sur le riz, en plaçant une petite saucisse entre deux cailles. Arrrosez le tout avec une partie de la sauce précédente, dont vous aurez réservé environ la moitié à cet effet; servez très-chaud.

CAILLES A LA MILANAISE.

Après avoir plumé, vidé et flambé huit cailles, remplissez-les complétement de beurre marnié avec du sel, du poivre, des fines herbes hachées et le jus d'un citron. Passez dans le beurre fondu tiède les cailles ainsi préparées; panez-les de mie de pain finement émiettée; passez-les dans une omelette d'œufs battus, blanc et jaune, fortement assaisonnée de sel et de poivre; panez-les une seconde fois, le plus fortement possible, faites-les cuire dans du beurre fondu, sur un feu modéré. La cuisson terminée, égouttez les cailles, dressez-les sur un plat et versez dessus une sauce tomate (page 80).

CAILLES A LA FINANCIÈRE.

Faites cuire huit cailles comme pour les accommoder aux petits pois. Quand elles sont cuites, rangez-les en rond autour d'un plat; insérez entre deux cailles une tranche de langue de veau; arrosez-les de leur jus de cuisson passé, dégraissé et très-réduit, et remplissez le milieu du plat d'un ragoût à la financière (page. 104).

CAILLES EN CROUTE.

Taillez dans l'épaisseur d'un pain blanc rassis d'un jour ou deux des morceaux de mie de pain, de forme arrondie, en demi-sphère, avec le dessous un peu aplati, pour qu'ils puissent tenir en place. Faites frire ces morceaux dans le beurre jusqu'à ce qu'ils soient bien colo-

rés : il en faut huit pour un bon plat. Évidez à l'intérieur les morceaux de pain frits et refroidis, ce qui leur
donnera la forme de nids d'oiseau. D'autre part, préparez
un salpicon (page 105) suffisamment copieux, remplissez-en huit cailles et placez chaque caille ainsi remplie
dans une des croûtes préparées comme on vient de l'indiquer. Rangez les huit cailles en croûte dans un plat
creux pouvant supporter l'action du feu; couvrez toutes
les cailles de fortes bardes de lard, et mettez le plat pendant une heure dans un four modérément chaud. Retirez les cailles en croûte du four, et arrosez-les d'une
sauce espagnole (page 66). A défaut de cette sauce,
faites un roux clair; mouillez-le d'une demi-tasse de
bouillon dégraissé et d'un demi-verre de vin blanc; assaisonnez un peu fortement de sel et de poivre; ajoutez
deux ou trois cuillerées de jus de rôti; faites réduire en
bonne consistance; arrosez de cette sauce les cailles en
croûte au moment de servir.

CAILLES EN SALMIS.

Pour faire un bon salmis de cailles, il faut d'abord
faire rôtir les cailles à la broche, en les enveloppant de
feuilles de vigne et de bardes de lard. On a soin de leur
laisser le cou dans toute sa longueur, en retranchant
seulement la tête, et de conserver les ailerons entiers.
Quand les cailles sont cuites à point, débrochez-les; ôtez
les bardes et les feuilles de vigne, et partagez chaque
caille en deux, dans le sens de sa longueur. Retranchez
alors le cou et les ailerons de chaque caille ainsi que les
pattes, afin d'avoir des moitiés de caille d'une belle forme,
parfaitement semblables entre elles. Mettez les débris provenant de ces retranchements dans une casserole avec une

échalote hachée, une demi-tasse de consommé et autant
de vin blanc; faites bouillir le tout pendant une demi-
heure; passez cette sauce et faites-y cuire une poignée
de champignons et cinq ou six belles truffes coupées par
tranches. Assaisonnez de sel et de poivre; ajoutez
30 grammes de beurre frais pétri avec une demi-cuillerée de farine; faites réchauffer dans cette sauce les moitiés de caille, mais sans les faire bouillir. Faites roussir
dans le beurre autant de tranches de pain taillées en
cœur que vous avez de morceaux de caille; dressez ces
morceaux en couronne autour d'un plat, en accompagnant chaque demi-caille d'un croûton. Remplissez le
milieu du plat avec les truffes et les champignons, et
arrosez le tout de la sauce aussi chaude que possible.

Le salmis de cailles préparé selon cette recette est un
mets très-distingué. Dans les grandes cuisines, on ajoute
à la sauce quelques cuillerées d'espagnole et l'on entoure
d'écrevisses le salmis de cailles; ce mets n'a pas besoin
de ces accessoires pour être excellent.

Bécasse.

C'est à l'entrée de l'hiver que les bécasses sont le plus
délicates; on dit vulgairement que les bécasses tuées par
un temps de brouillard sont les meilleures : c'est un
préjugé; mais c'est en effet quand il fait du brouillard
que les bécasses se prennent le plus facilement au piége
et se laissent approcher plus aisément par les chasseurs.
La bécasse est de tous les gibiers à plume celui qui peut
être mortifié le plus longtemps sans cesser d'être mangeable; toutefois, on doit faire observer que si elle est
mangée à un état trop avancé de décomposition, elle de-

vient, comme tous les gibiers dans le même cas, indigeste et malsaine.

BÉCASSE ROTIE.

Après avoir plumé et flambé la bécasse, troussez-la en lui passant le bec au travers du corps. La plupart des amateurs de ce gibier ne vident pas la bécasse. Il vaut mieux, selon l'usage généralement suivi dans les bonnes cuisines de nos départements méridionaux, la vider en l'ouvrant par le dos, retirer les intestins, les hacher finement avec 60 grammes de beurre et deux ou trois truffes, et remettre le tout dans le corps de la bécasse. On peut piquer l'estomac de fin lard avant d'embrocher la bécasse, et c'est ce qu'on fait le plus souvent; mais la saveur délicate particulière à ce gibier se conserve mieux quand elle n'est pas associée à celle du lard. Quand la bécasse rôtie n'est pas piquée, il faut l'arroser continuellement avec du beurre fondu très-frais, ou de l'huile d'olive fine; la bécasse étant rarement grasse rend peu de jus en rôtissant. La cuisson doit être conduite lentement et suffisamment prolongée pour que l'estomac, qui est très-charnu, soit cuit dans toute son épaisseur. Plusieurs

Fig. 41.

traités de cuisine recommandent de ne pas faire cuire

complétement la bécasse rôtie, afin que la partie de
l'estomac qui touche à l'os soit encore rouge quand
on la découpe; mais la bécassse a meilleur goût quand
elle est tout à fait cuite sans être desséchée. On place
dans la lèchefrite des tartines de pain grillé, fortement beurrées. La bécasse est servie sur ces tartines,
qui sont un mets fort délicat, surtout quand elles ont
reçu le jus de l'intérieur du corps de la bécasse remplie
de truffes hachées avec les intestins et un morceau de
beurre, selon la coutume du Midi.

BÉCASSES EN SALMIS.

Faites rôtir, de la manière indiquée dans la recette
précédente, deux ou trois bécasses. Découpez-les comme
pour les distribuer aux convives, et tenez-les chaudes
dans un plat couvert sur le côté du fourneau, avec les
tartines qui les accompagnent. Broyez grossièrement
dans un mortier la carcasse des bécasses avec leur contenu; mettez ces débris sur le feu dans une casserole
avec un verre de vin de Madère; laissez cuire un bon
quart d'heure; saupoudrez d'une cuillerée de farine;
ajoutez un bon assaisonnement de sel et de poivre, et
une feuille de laurier avec un clou de girofle. Mouillez
avec une tasse de bouillon dégraissé; faites prendre
quelques bouillons; passez la sauce au tamis; faites
réchauffer tout à fait les morceaux de bécasse dans cette
sauce, mais sans la laisser bouillir. Mettez alors au fond
du plat les rôties imbibées du jus des bécasses; arrangez
sur les rôties les morceaux de bécasse le plus élégamment possible, et versez dessus la sauce très-chaude au
moment de servir.

BÉCASSES EN SALMIS DE CHASSEUR.

Après avoir fait rôtir les bécasses à la broche, dépe-
cez-les et mettez les morceaux dans une casserole avec
le foie et les intestins finement hachés, deux ou trois
ciboules et autant d'échalotes également hachées, un
bon assaisonnement de sel et de poivre, une feuille de
laurier, un clou de girofle et deux verres de vin blanc.
Laissez bouillir quelques minutes seulement; dressez
les morceaux de bécasse sur leurs rôties; retirez la
feuille de laurier, et versez la sauce bouillante sur le
salmis, sans la passer. Pour que ce genre de salmis soit
bon, il faut qu'il soit préparé rapidement sur un feu
vif, et que les morceaux de bécasse n'aient pas le temps
de refroidir; autrement, si elles cuisent dans la sauce
en ébullition après avoir été refroidies au sortir de la
broche, leur chair durcit et perd une grande partie de
sa valeur gastronomique.

FILETS DE BÉCASSE SAUTÉS.

Levez le plus complétement possible les filets de trois
ou quatre bécasses; posez-les sur le fond d'une casserole; versez dessus du beurre fondu tiède; saupoudrez-
les de sel fin mêlé d'un peu de poivre; faites revenir les
filets sur un feu vif en les retournant une fois ou deux;
il ne faut pas qu'ils soient trop cuits. D'autre part, mettez dans une casserole le reste des bécasses coupées en
morceaux, avec une feuille de laurier, un clou de girofle et un verre de vin blanc; faites cuire sur un feu
vif pendant quelques minutes; ajoutez un second verre
de vin blanc et une tasse de consommé; laissez réduire
de plus de moitié. Faites un roux clair; mouillez-le avec

le jus de cuisson des débris de bécasses, après l'avoir passé au tamis; versez-le bouillant sur les filets de bécasse sautés; dressez dans un plat avec un entourage de croûtons.

FILETS DE BÉCASSE SAUTÉS A LA PROVENÇALE.

Levez les filets de quatre bécasses; assaisonnez-les de sel mêlé d'un peu de poivre sur leurs deux surfaces, et faites-les sauter dans de l'huile d'olive fine sur un feu vif. D'autre part, faites revenir dans de l'huile les débris des bécasses coupées en morceaux, avec leurs intestins hachés. Mouillez avec un verre de vin blanc, deux tasses de bouillon dégraissé; ajoutez un bouquet garni, une feuille de laurier, un clou de girofle, un bon assaisonnement de sel et de poivre, et faites cuire à grand feu, afin de réduire vivement la sauce de plus de moitié. Faites un roux clair; mouillez-le avec le jus de cuisson des débris de bécasses passé au tamis et soigneusement dégraissé; versez cette sauce bouillante sur les filets de bécasse sautés dans l'huile; servez très-chaud.

CROUTONS A LA PURÉE DE BÉCASSES.

Faites rôtir à la broche quatre bécasses; détachez-en les chairs; mettez-les à part, et laissez-les refroidir. D'autre part, coupez en morceaux les débris des bécasses; faites-les cuire avec un verre de vin blanc et deux tasses de bouillon dégraissé, un bouquet de persil, une feuille de laurier et un clou de girofle. La sauce de cuisson des débris de bécasses étant réduite de moitié, passez-la et laissez-la refroidir. Pilez les chairs des bécasses rôties, avec 60 grammes de lard gras cuit et un bon assaisonnement de sel, poivre et muscade râpée;

humectez-les avec la sauce de cuisson des débris de bécasses, et passez la purée, en la pressant fortement avec
une cuiller de bois, dans une passoire à trous fins. Préparez des croûtons frits de forme ovale, creusés comme
pour la recette des cailles en croûte (page 358) ; faites
chauffer la purée de chair de bécasse au bain-marie et
remplissez-en les croûtons dressés sur un plat au moment de servir.

Canard sauvage.

La chair du canard sauvage est brune, rarement
grasse au même degré que celle du canard domestique,
et généralement beaucoup plus ferme, mais d'un excellent goût ; c'est en hiver, pendant les fortes gelées, que
les canards sauvages sont dans toute leur perfection. On
prend en été, sur les mares et étangs situés loin des lieux
habités, les jeunes canards sauvages qui ont à peu près
tout leur volume, mais qui n'ont pas encore pris leur
vol ; ce sont des canetons sauvages, connus des chasseurs sous le nom de *halbrans*. Lorsqu'on achète un
canard sauvage, on doit inspec-
ter les pattes : si la peau en est
lisse et de belle couleur, l'oiseau
est fraîchement tué ; c'est le contraire si elles sont ridées et
d'une couleur

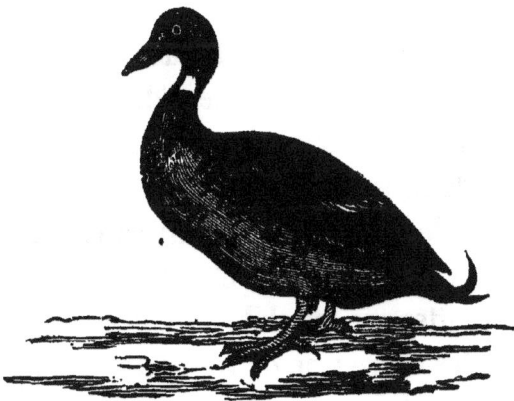
Fig. 42.

terne. La femelle est considérée comme meilleure et

plus délicate que le mâle. Le canard sauvage mâle (*fig.* 42) est facile à distinguer de la femelle par la vivacité des couleurs de son plumage et par les petites plumes retroussées qu'il porte, comme le canard domestique, à la partie supérieure du croupion.

CANARD SAUVAGE ROTI.

Pour rôtir un canard à la broche, on en supprime complétement le cou, et l'on retranche les ailes tout près du corps. En le vidant, on met à part le foie, dont on frotte toute la surface du canard qui doit être rôti. Tandis qu'il est à la broche, on doit l'arroser souvent de beurre fondu, parce qu'il n'est pas naturellement gras et qu'il rend peu de jus en cuisant. Le peu de jus qu'on en obtient est mis à part et utilisé pour différentes sauces comme jus de gibier. On sert le canard sauvage rôti sans sauce. On sert en même temps des citrons coupés en deux ; chaque convive arrose de jus de citron sa part de canard sauvage sur son assiette.

CANARDS SAUVAGES EN SALMIS.

Faites cuire à la broche deux canards sauvages ; découpez-les par membres, comme si c'étaient des volailles rôties. D'autre part, concassez dans un mortier la carcasse et les débris des deux canards avec quatre ou cinq échalotes et une feuille de laurier. Faites un roux clair ; mouillez-le d'un verre de vin blanc et d'une tasse de bouillon dégraissé ; mettez-y les débris concassés des deux canards ; laissez-les cuire une demi-heure avec un bon assaisonnement de sel, poivre et muscade râpée. Passez cette sauce ; faites-la réduire si elle est trop longue ; faites réchauffer les morceaux de canard découpés dans cette sauce au bain-marie; dès qu'ils sont assez chauds, dressez-les sur un plat; versez la sauce par-dessus, et arrosez-les d'un jus de citron au moment de servir.

FILETS DE CANARD SAUVAGE SAUTÉS.

Levez les filets de deux canards sauvages; divisez-les en tranches minces dans le sens de leur longueur; chaque filet doit en fournir cinq; par conséquent, les quatre filets de deux canards doivent fournir vingt tranches semblables ou aiguillettes, ce qui suffit pour un bon plat. Assaisonnez ces tranches des deux côtés de sel et de poivre; mettez-les dans une casserole; versez dessus assez de beurre fondu tiède pour les recouvrir; faites-les sauter en les retournant plusieurs fois : dix ou quinze minutes de cuisson doivent suffire. Retirez les filets de la casserole et laissez-les bien égoutter. D'autre part, coupez en morceaux les restes des canards; faites-les cuire d'abord avec un verre de vin blanc pendant un quart d'heure. Faites un roux clair; mouillez-le d'un second verre de vin blanc et d'une tasse de bouillon dégraissé. Versez cette sauce sur les débris des canards et laissez-les cuire encore un bon quart d'heure. Passez la sauce; faites-la réduire si elle est trop longue; elle doit avoir été tenue prête pour qu'au moment où on retire les filets de la casserole où ils viennent d'être sautés, ils puissent être dressés en buisson, arrosés de la sauce réduite, sans avoir le temps de refroidir et servis immédiatement.

FILETS DE CANARD SAUVAGE A L'ORANGE.

Levez l'estomac entier de quatre canards sauvages; faites mariner les morceaux dans l'huile d'olive pen-

dant douze heures avec un oignon coupé en tranches,
une poignée de persil grossièrement haché, une feuille
de laurier et un bon assaisonnement de sel et poivre.
Retournez-les à plusieurs reprises, afin qu'ils prennent
bien l'assaisonnement des deux côtés. Retirez-les de la
marinade et taillez-les en filets avec une lame bien tran-
chante, en respectant la peau. Embrochez tous les filets
dans une brochette de bois blanc que vous attacherez par
les deux bouts à la broche, de façon à ce que les filets se
trouvent couchés dessus. Faites rôtir pendant vingt à
vingt-cinq minutes. D'autre part, faites un roux clair
que vous mouillerez de quelques cuillerées de consommé ; tenez les filets chauds dans cette sauce sur le
coin du fourneau, en ayant soin d'éviter de les laisser
bouillir. Levez les zestes d'une orange bigarade le plus
mince possible, c'est-à-dire sans y laisser aucune partie
du blanc de dessous, dont l'amertume est très-prononcée ;
divisez ces zestes en petites lanières ; versez dessus un
demi-verre d'eau bouillante ; laissez refroidir, et mêlez
cette eau parfumée avec partie égale de jus de rôti bien
dégraissé. Dressez les filets de canard sauvage en couronne ; réunissez les deux sauces ; faites-les bien chauffer sans les laisser bouillir, et versez-les sur les filets.
On sert ordinairement en même temps les oranges bigarades coupées en deux ; chaque convive, selon son goût,
en exprime le jus sur les filets de canard sauvage dans
son assiette.

Sarcelle et Macreuse.

La sarcelle et la macreuse, ainsi que les diverses variétés d'oiseaux aquatiques du même genre, doivent être
servis rôtis ou préparés selon les recettes qui viennent

d'être indiquées pour accommoder le canard sauvage, dont ces oiseaux ont à peu près la saveur et les propriétés. La chair de ces oiseaux étant considérée comme un aliment maigre, on peut les servir les jours maigres, en observant de les faire accompagner par celles des sauces maigres qui sembleront les meilleures. (Voyez *Sauces maigres*, page 83.)

Pluvier.

Les chasseurs connaissent plusieurs espèces de pluviers dont les plus estimés pour la cuisine sont le pluvier doré (*fig.* 43) et le courlis ou courlieu (*fig.* 44). Ce dernier, facilement reconnaissable à la longueur excessive et à la forme recourbée de son bec, est le plus avantageux des deux pour la cuisine, parce qu'il a plus de taille et un estomac plus étoffé. De même que la bécasse, le pluvier doré et le courlis ne doivent point être vidés.

Fig. 43.

PLUVIERS AU GRATIN.

Retirez les intestins de quatre pluviers ; prenez garde de crever l'*amer* ou vésicule de fiel ; hachez-les très-finement avec leur poids de truffes et une égale quantité de lard gras cuit ; remplissez de cette farce le corps des quatre pluviers. Remplissez d'un bon gratin (page 98) le fond d'un plat pouvant supporter l'action du feu. Rangez les pluviers sur le gratin ; il faut qu'ils en soient entourés complétement, que les intervalles vides entre les pluviers en soient remplis, et que l'estomac seul des pluviers soit à découvert. Posez des bardes de lard sur les pluviers ainsi disposés; mettez le plat sur un feu modéré; couvrez d'un four de campagne chargé d'un feu plus vif que celui du fourneau; laissez cuire une demi-heure. Faites un roux suffisamment épais; mouillez-le de quelques cuillerées de vin blanc, d'autant de consommé et de jus de rôti de gibier dégraissé; faites réduire cette sauce afin qu'elle ait beaucoup de consistance; versez-la très-chaude sur les ·pluviers au gratin au moment de servir. Ce mets doit être servi dans le plat où les pluviers au gratin ont été cuits.

Fig. 44.

PLUVIERS AUX TRUFFES.

Préparez les pluviers comme pour la recette précédente; ayez soin d'ajouter à leurs intestins hachés assez de truffes pour qu'ils en soient complétement remplis. Embrochez-les en leur traversant le corps d'une brochette de bois blanc. Chaque pluvier séparément doit être enveloppé d'une barde de lard et d'une feuille de papier, afin qu'il puisse cuire à la broche sans se dessécher et sans roussir. Attachez la brochette à la broche, et faites cuire les pluviers lentement à la broche, devant un feu modéré. Quand ils sont assez cuits, débrochez-les, ôtez les papiers et les bardes; servez les pluviers sur une garniture de truffes cuites au vin blanc, assaisonnées avec le jus que les pluviers ont rendu à la broche; versez sur le tout un roux clair mouillé de consommé et de la moitié du jus de c ..... a des pluviers, réservé à cet effet.

PLUVIERS A LA PÉRIGUEUX.

Pour cette recette, contrairement à l'usage ordinaire, les pluviers doivent être vidés. Mettez dans une casserole une douzaine ou une vingtaine de truffes, selon leur grosseur; posez dessus quatre pluviers et faites couler dans la casserole 250 grammes de beurre fondu tiède. Ajoutez un bouquet garni, une feuille de laurier, un bon assaisonnement de sel et de poivre, et faites revenir en-semble les truffes et les pluviers dans le beurre. Mouillez d'un ou deux verres de vin de Champagne ou de vin de Bordeaux blanc. Retirez les truffes et les pluviers de la casserole; dégraissez la sauce; avec le beurre que vous en aurez retiré, faites un roux; mouillez-le d'abord avec le reste du jus, puis avec une demi-tasse de consommé. Remettez les truffes et les pluviers dans cette sauce pour compléter leur cuisson. Dressez sur un plat les truffes, les pluviers par-dessus, et versez sur le tout la sauce réduite, à laquelle vous ajouterez le jus d'un citron au moment de servir.

PLUVIERS ROTIS.

On dresse les pluviers comme les bécasses, et on les fait rôtir de la même manière (page 361), en plaçant des tranches de pain grillées dans la lèchefrite. Les pluviers rôtis peuvent être accommodés en salmis, selon la recette indiquée pour les salmis de bécasses (page 362).

Vanneau.

Quoique dans l'opinion de la plupart des gastronomes le vanneau (*fig*. 45) soit inférieur en qualité au pluvier

Figure 45.

et au courlis, le proverbe populaire dit, dans tout le nord de la France ainsi qu'en Belgique :

> Qui n'a pas mangé du vanneau,
> Ne sait ce qu'est un bon morceau.

Le vanneau est en effet un excellent manger; on l'accommode de toutes les manières indiquées pour la bécasse et le pluvier. La meilleure manière de manger le vanneau, c'est de le faire rôtir à la broche et de l'accommoder ensuite en salmis, comme un salmis de bécasses (page 362).

Bécassine.

C'est un des gibiers à plumes les plus délicats, d'autant plus précieux que la bécassine, dont la chair est supérieure en qualité à celle de la bécasse, bien qu'elle soit un oiseau de passage, séjourne en France la plus grande partie de l'année; on peut donc s'en procurer aux époques où la chasse est fermée, et où les autres gibiers manquent pour la cuisine. On fait rôtir les bécassines sans les vider, comme les bécasses; elles sont excellentes en salmis. Une des meilleures manières de les accommoder, c'est de les préparer à la minute.

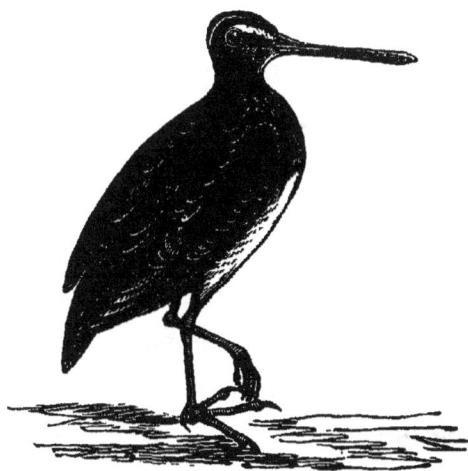

Fig. 46.

BÉCASSINES A LA MINUTE.

Faites sauter une demi-douzaine de bécassines sur un feu très-vif dans du beurre frais, pendant huit à dix minutes, avec cinq à six échalotes hachées, une feuille de laurier, et un bon assaisonnement de sel, poivre et muscade râpée. Retirez les bécassines de la casserole; mouillez d'un bon verre de vin de Madère; ajoutez le jus de deux citrons et une ou deux pincées de chapelure tamisée; tournez vivement avec une cuiller de bois; remettez les bécassines dans cette sauce. Dès qu'elles ont pris un bouillon, servez très-chaud en dressant d'abord les bécassines sur le plat et versant la sauce par-dessus.

Grive.

La grive (*fig.* 47) est un gibier très-délicat, extrêmement abondant en France dans tous les pays vignobles à l'époque des vendanges. Malgré l'opinion contraire soutenue dans la plupart des traités de cuisine, nous affirmons que la grive, comme tous les gibiers à poil ou à plume, n'est bonne que quand elle n'est pas trop avancée. Le mois d'octobre, époque à laquelle les grives se nourrissent principalement de raisin, est celui où les grives ont le meilleur goût.

Fig. 47.

GRIVES ROTIES.

Après avoir plumé et bien nettoyé les grives, on les ouvre, non pour les vider, mais pour retirer seulement le gésier, en laissant en place les intestins. Troussez les pattes en dedans des cuisses; enveloppez chaque grive d'une barde de lard, et embrochez-les toutes à la suite les unes des autres, en passant à travers leurs flancs une brochette de bois blanc que vous attacherez à la broche par les deux bouts. Ce gibier doit être très-cuit. Mettez des tranches de pain grillées dans la lèchefrite; servez les grives sur ces rôties, avec le jus qu'elles auront rendu à la broche.

GRIVES A LA FLAMANDE.

Plumez et nettoyez des grives sans les vider; faites-les revenir dans du beurre frais avec un bon assaisonnement de sel, poivre, muscade râpée et une cuillerée de

baies de genièvre récentes. Laissez cuire complétement
les grives dans le beurre, sans les mouiller, en ayant
soin de les retourner à plusieurs reprises. Servez en sortant de la casserole, sans autre sauce que le beurre de
cuisson mêlé aux baies de genièvre et au jus rendu par
les grives.

On sert aussi les grives accommodées au gratin comme
les pluviers, et en salmis, comme les bécasses et les bécassines.

Alouettes ou Mauviettes.

L'alouette (*fig.* 48) n'est pas
aussi bonne au commencement
de la saison de la chasse qu'elle
le devient un mois plus tard ;
c'est à l'entrée de l'hiver qu'elle
possède le plus complétement les
qualités qui la font rechercher ;

Fig. 48.

plus tard, elle maigrit et n'est plus aussi bonne.

ALOUETTES ROTIES.

Plumez-les et troussez-les sans les vider ; enveloppez-
les chacune séparément dans une petite barde de lard ;
embrochez-les à la suite les unes des autres dans une
brochette·de bois blanc que vous fixerez à la broche par
les deux bouts. Mettez des tranches de pain grillées dans
la lèchefrite ; servez les alouettes sur ces rôties, sans
autre sauce que le peu de jus qu'elles ont rendu en
rôtissant.

ALOUETTES A LA MINUTE.

Faites sauter dans le beurre une douzaine d'alouettes

plumées et vidées comme les autres petits oiseaux ; retirez-les quand elles ont bien pris couleur ; faites roussir dans le même beurre trois ou quatre échalotes hachées, une pincée de persil, une vingtaine de champignons coupés par morceaux ; ajoutez, quand les champignons sont cuits, une cuillerée de farine, et mouillez d'un verre de vin blanc et d'une demi-tasse de bouillon. Laissez cuire les alouettes pendant quelques minutes dans cette sauce ; faites roussir dans le beurre des croûtons en nombre égal à celui des alouettes ; dressez les alouettes sur le plat, chacune accompagnée d'un croûton frit ; versez par-dessus la sauce avec les champignons. Servez très-chaud.

ALOUETTES AUX TRUFFES.

Levez les filets de deux douzaines d'alouettes, faites-les sauter dans le beurre avec une bonne garniture de truffes coupées en tranches. D'autre part, faites cuire, pendant une demi-heure, dans un roux clair, mouillé d'un verre de vin blanc et d'une tasse de bouillon dégraissé, les débris des alouettes ; passez la sauce de cuisson ; dégraissez soigneusement le beurre de cuisson des filets d'alouettes, en conservant seulement le jus ; réunissez-le à la sauce ; faites prendre un ou deux bouillons aux filets d'alouettes dans la sauce terminée ; servez très-chaud. C'est la manière la plus expéditive d'accommoder les alouettes.

ALOUETTES EN SALMIS.

Faites rôtir à la broche deux douzaines d'alouettes bardées de lard. Retirez-les de la broche ; ôtez-en les bardes ; mettez six de ces alouettes rôties dans un mortier ; concassez-les grossièrement ; faites-les bouillir dans un roux blond mouillé d'un verre de vin blanc et d'une demi-tasse de bouillon dégraissé. Au bout d'un quart d'heure, passez la sauce de cuisson des alouettes pilées; ajoutez-y le peu de jus rendu par les alouettes à la broche; faites réchauffer les alouettes rôties dans cette sauce après l'avoir assaisonnée de bon goût, en évitant de la trop saler. Dressez les alouettes sur un plat en accompagnant chaque alouette d'un croûton frit dans le beurre; versez la sauce bouillante par-dessus. Pour les dîners où l'on reçoit des invités, le salmis d'alouettes doit être entouré d'un rang d'écrevisses rangées sur les bords du plat.

ALOUETTES A LA PROVENÇALE.

Faites cuire dans une casserole deux ou trois truffes et autant de morilles bien hachées, dans une tasse de consommé et un grand verre de vin blanc, avec un bon assaisonnement de sel et de poivre. Après un quart d'heure d'ébullition, mettez dans la casserole une douzaine et demie ou deux douzaines d'alouettes plumées, flambées, mais non vidées. Laissez cuire pendant trois quarts d'heure sur un feu doux. Quand la cuisson est presque terminée, ajoutez 60 grammes de beurre frais et une cuillerée de farine; tournez vivement pour que la sauce prenne de la consistance. Dressez les alouettes à la provençale sur un plat, et versez par-dessus la sauce bouillante éclaircie avec le jus d'un citron. On peut aussi accommoder les alouettes au gratin, et de toutes les manières indiquées pour les cailles, les grives et les bécassines.

Ortolans.

On connaît la réputation gastronomique de l'ortolan

(*fig*. 49). C'est, en effet, le plus délicat des petits oiseaux; il est de passage de mai en septembre dans nos départements du Midi, où la chasse de l'ortolan au filet est permise quand celle de tout autre gibier est fermée; il quitte la France précisément à l'ouverture de la chasse. Presque tous les ortolans qu'on reçoit à Paris par les chemins de fer ont été pris vivants au filet et engraissés en cage avec du millet. De tous les petits oiseaux du centre et du nord de la France, ceux dont la saveur ressemble

Fig. 49.

le plus à celle de l'ortolan sont le bruant et le verdier, très-communs dans les départements voisins de Paris.

ORTOLANS ROTIS.

On embroche les ortolans bardés de lard comme les alouettes, sans les vider; ils ne doivent pas rester plus de huit à dix minutes devant le feu. On les sert sans sauce, avec des oranges bigarades coupées en deux; chaque convive arrose les ortolans de jus d'orange dans son assiette.

ORTOLANS A LA PROVENÇALE.

Faites cuire au vin blanc de grosses truffes entières; évidez-les de manière à pouvoir loger un ortolan rôti dans l'intérieur de chaque truffe. Dressez les truffes sur un plat, et versez dessus une sauce espagnole réduite, ou, à défaut de cette sauce, un roux clair mouillé de vin blanc et de quelques cuillerées de jus de rôti dégraissé.

Malgré leur petitesse, les ortolans peuvent être

accommodés selon toutes les recettes indiquées pour les cailles et les alouettes.

Petits oiseaux.

Dans les départements du nord de la France, on apprête comme les alouettes et les ortolans divers petits oiseaux, spécialement des mésanges hoche-queue, connues dans le pays sous le nom de *béguinettes*. Ces oiseaux sont moins gras, mais aussi délicats, du reste, que les alouettes et les ortolans.

DIVERS GIBIERS PEU COMMUNS EN FRANCE.

Après avoir indiqué les recettes qui précèdent pour accommoder les divers genres de gibier que le cuisinier peut avoir le plus habituellement à sa disposition, on croit devoir faire mention de quelques gibiers rares qui ne passent pas souvent par les mains du cuisinier.

Le Paon.

Bien qu'il soit oiseau de basse-cour et qu'en raison de l'éclat de son plumage il soit très-rarement sacrifié pour la cuisine, attendu qu'on préfère le conserver comme oiseau d'ornement, le paon est considéré comme gibier; c'est un très-bon manger quand il est jeune. Sa chair a toutes les propriétés de celle du faisan; il peut par conséquent recevoir les mêmes préparations. Les vieux paons, mâles ou femelles, ne sont pas mangeables.

Outarde.

On rencontre rarement l'outarde, qui multiplie peu, et ne se laisse pas facilement approcher du chasseur, même

dans nos départements du Midi, où elle est connue sous
le nom vulgaire de *canepetière*. On la sert habituellement rôtie, avec ou sans truffes; elle peut être accommodée selon toutes les recettes données pour le dindon,
auquel sa chair ressemble beaucoup.

Gélinote, Coq de bruyère.

Ces deux oiseaux rares en France, communs dans les
îles Britanniques où ils sont fort estimés, ressemblent
beaucoup, quant à leurs propriétés gastronomiques, au
perdreau et à la perdrix; ils peuvent recevoir les mêmes
préparations.

Oie sauvage, Grue, Cigogne.

Tous ces oiseaux qui voyagent en troupes posent
des sentinelles la nuit, se laissent difficilement sur-
prendre, et sont rarement abattus par les chasseurs.
L'oie sauvage seule est tuée en assez grand nombre dans
les pays du Nord. Quand elle est jeune, on peut l'accommoder selon toutes les recettes indiquées pour l'oie
domestique; les vieilles oies sauvages sont si dures que,
de quelque manière qu'on les apprête, il est difficile de
les manger. La grue et la cigogne sont respectées dans
les pays du Nord, où elles s'abattent en troupes nombreuses, en raison des services qu'elles rendent en
détruisant les petits reptiles qui, sans leur secours,
multiplieraient en nombre très-incommode. En France,
quand un chasseur abat par hasard une grue ou une
cigogne isolée, et qu'elle se trouve n'être pas trop vieille,
on doit l'accommoder comme l'oie domestique. Les
jeunes sont excellentes rôties.

Râles.

Les chasseurs abattent assez souvent des râles, oiseaux du volume d'une grive, dont on connaît deux espèces : l'une, le *râle d'eau,* le plus commun des deux, niche dans les roseaux qui croissent sur les terrains marécageux ; l'autre, le *râle de genêt,* se tient sur les lieux incultes, élevés et secs, où les genêts abondent : c'est le plus rare et le plus estimé des deux. On les accommode l'un et l'autre comme la grive et l'alouette.

NEUVIÈME SECTION.

POISSONS.

Les poissons dont la cuisine fait usage sont compris dans trois divisions : 1° poissons de mer ; 2° poissons de mer et d'eau douce ; 3° poissons d'eau douce.

POISSONS DE MER.

Les poissons de mer, très-variés et généralement très-délicats, sont assurément la principale ressource de la cuisine maigre. Aujourd'hui, grâce à la rapidité des transports par les chemins de fer, Paris et les grandes villes éloignées des côtes reçoivent le poisson de mer presque aussi frais qu'au moment où il vient d'être pêché. Il est même possible aux cuisiniers de grandes maisons de faire venir dans des tonneaux, en même temps que le poisson de mer, de l'eau de la mer pour le faire cuire dedans, sans autre assaisonnement, selon l'excellente coutume des cuisiniers hollandais. La Hollande est en effet le pays de l'Europe où l'on mange le meilleur poisson de mer; mais la méthode hollandaise n'est applicable qu'au poisson de mer de première qualité et de première fraîcheur; aussi n'est-elle généralement pratiquée que dans les villes de nos départements maritimes.

Les poissons de mer dont dispose la cuisine française sont, dans l'ordre de leur valeur gastronomique : *le thon, le turbot, le cabillaud, le maquereau, le merlan, le rouget, l'églefin, la dorade, l'anguille de mer, la morue, le stok-fisch, la raie, le carrelet, la plie, la sole, la limande, le hareng, l'éperlan, la sardine et l'anchois.*

Thon.

La pêche du thon a lieu principalement pendant la belle saison; ce poisson meurt dès qu'il est sorti de l'eau, et se corrompt si vite qu'il faut l'utiliser immédiatement, sous peine de le perdre. Ces circonstances sont cause qu'il ne vient presque pas de thon frais à Paris, non plus que dans les villes éloignées des côtes de la Méditerranée. On ne peut accommoder le thon frais de diverses manières, que dans les villes les plus rapprochées du littoral de la Méditerranée où l'on pratique en grand la pêche du thon; c'est exclusivement à l'usage des cuisines de cette partie de la France que nous donnons ici les recettes suivantes.

THON FRAIS A L'ITALIENNE.

Divisez un tronçon de thon frais en tranches de 5 à

6 centimètres d'épaisseur. Faites mariner ces tranches pendant trois ou quatre heures dans de l'huile d'olive avec une ou deux gousses d'ail émincées, quelques oignons coupés en tranches, une branche de thym, deux feuilles de laurier, deux clous de girofle, un bon assaisonnement de sel et de poivre, et une poignée de persil en branches. Retournez plusieurs fois le thon dans cette marinade; égouttez-le; essuyez les deux surfaces avec un linge fin; graissez-les de beurre très-frais, et faites cuire le thon sur le gril, sur un feu très-doux. D'autre part, faites un roux clair, bien assaisonné de sel et de poivre; mouillez-le d'un bon verre de vin blanc; hachez ensemble une douzaine de champignons, trois ou quatre échalotes et une poignée de persil; faites cuire le tout dans la sauce précédente, et laissez-la bouillir jusqu'à ce qu'elle soit réduite de moitié. Dressez les tranches de thon grillées sur un plat et versez dessus la sauce réduite, le plus chaude possible.

THON FRAIS ROTI A LA BROCHE.

Piquez un beau tronçon de thon frais avec des filets d'anguille et des filets d'anchois taillés en forme de lardons; mettez-le cuire à la broche devant un feu modéré. Mettez dans la lèchefrite, sous le thon à la broche, une marinade au vinaigre avec des oignons coupés par tranches, des échalotes et du persil haché, sel, poivre, clous de girofle, deux feuilles de laurier; faites-y fondre 500 grammes de beurre frais; mêlez-bien le tout, et arrosez-en sans discontinuer le thon à la broche. Quand il est cuit, débrochez-le, dressez-le sur un plat; passez et dégraissez la sauce contenue dans la lèchefrite; servez-la dans une saucière, en même temps que le thon rôti à la broche.

THON MARINÉ.

Le thon dépecé par tranches, salé, grillé et mariné dans l'huile d'olive fine au sortir de la mer, est expédié en cet état à Paris et dans les grandes villes, où il est habituellement servi en hors-d'œuvre, sans aucune autre préparation.

THON EN SALADE.

Divisez des morceaux de thon mariné en tranches minces; coupez ces tranches en filets de 4 à 5 centimètres de longueur; servez-les avec une sauce rémoulade.

THON MARINÉ FRIT.

Divisez du thon mariné en tranches, puis en filets d'un travers de doigt d'épaisseur. Passez-les avec précaution dans une pâte à frire à l'italienne (page 91), afin qu'ils ne se déforment pas; faites-les frire dans le beurre ou dans l'huile d'olive fine très-chaude. Servez avec une garniture de persil frit.

Turbot.

Le turbot (*fig.* 50) est, sans contredit, le premier des poissons de mer pour l'exquise délicatesse de sa chair fine et blanche; les plus épais et les plus blancs sont les meilleurs. A Paris, on les reçoit par le chemin de fer, aussi frais qu'on peut le désirer; ceux qu'on sert sur les bonnes tables ne sont inférieurs qu'aux turbots pêchés dans le voisinage des côtes de la Hollande; on sait que

le poisson de ces parages est supérieur à celui de tout
le reste de l'Europe. Il
est assez difficile, même
en le payant fort cher,
de faire venir un beau
turbot de Hollande à
Paris; tout ce que l'on
pêche de cet excellent
poisson, au delà de la
consommation locale, est
retenu d'avanc pour le marché de Londres et payé à
des prix très-élevés.

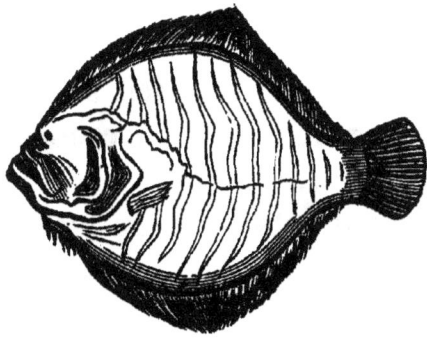

Fig. 50.

TURBOT A LA HOLLANDAISE.

Mettez, dans une poissonnière suffisamment spacieuse,
de l'eau de mer, s'il vous est possible de vous en procurer, ou à défaut d'eau de mer, une eau fortement
salée, à laquelle vous ajouterez, selon le volume du
turbot, un demi-litre ou un litre de lait. Avant de
mettre le turbot sur le feu, après l'avoir soigneusement
vidé et lavé, frottez-en les deux surfaces avec un citron
coupé en deux. Placez la poissonnière sur un feu vif
jusqu'à ce que l'eau commence à frémir ; ralentissez
alors le feu pour que le turbot achève sa cuisson presque sans bouillir. Lorsqu'il est cuit, égouttez-le et
servez-le chaud avec une saucière pleine de beurre
fondu légèrement salé. Si le turbot est servi froid, il
doit être accompagné d'un huilier, afin que chaque convive fasse sur son assiette une sauce à son gré, à l'huile
et au vinaigre. Le turbot chaud ou froid doit être servi
avec un entourage de persil frais.

TURBOT AU COURT-BOUILLON.

Toutes les fois que le turbot, sans être trop avancé, ne peut pas être de la première fraîcheur, soit à cause du long trajet qu'il peut avoir parcouru, soit à cause de la chaleur pendant la belle saison, au lieu de le faire cuire simplement dans de l'eau salée avec un peu de lait, selon la recette précédente, il vaut mieux le faire cuire dans un court-bouillon préparé comme il suit. Dans quatre à cinq litres d'eau, faites fondre 500 grammes de sel; ajoutez-y une douzaine de feuilles de laurier, autant d'oignons coupés en tranches, une poignée de persil,' autant de ciboules, quelques branches de thym; faites prendre sur un feu vif un quart d'heure d'ébullition; passez le court-bouillon et laissez-le refroidir. Versez-le avec précaution sur le turbot, en ayant soin de ne pas mêler au liquide le dépôt qu'il peut avoir formé en refroidissant. Conduisez ensuite la cuisson du turbot comme pour la recette précédente. Servez avec une garniture de persil frais en branches; accompagnez le turbot de beurre fondu, s'il doit être mangé chaud, et d'un huilier, s'il est servi froid.

TURBOT A LA SAUCE AU VINAIGRE.

Faites cuire un turbot entier selon l'une des deux recettes précédentes; tenez-le chaud dans son eau de cuisson jusqu'au moment de servir. D'autre part, délayez dix jaunes d'œufs crus dans un demi-verre d'eau fraîche et un demi-verre de vinaigre. Mettez ce mélange dans une casserole sur un feu doux, en tournant continuellement avec une cuiller de bois. Quand la sauce prend de la consistance, ajoutez-y un peu de sel blanc

fin et de muscade râpée, et faites-y fondre, en continuant à la remuer, 250 grammes de beurre très-frais.
Servez cette sauce dans une saucière en même temps
que le turbot. On sert le turbot à la sauce au vinaigre,
accompagné d'une ample ration de pommes de terre
cuites dans une partie de l'eau de cuisson du turbot.
Ces pommes de terre étant servies sans sauce, il faut
que la sauce au vinaigre soit assez abondante pour que
chaque convive en puisse arroser largement sa part
de turbot et de pommes de terre.

TURBOTIN AU VIN BLANC.

Mettez au fond d'un plat pouvant supporter l'action
du feu une douzaine d'oignons coupés en tranches,
avec 125 grammes de beurre frais et un bon assaisonnement de sel, poivre et muscade râpée. Après avoir
bien nettoyé un petit turbot ou *turbotin*, fendez la peau
le long de l'arête centrale; soulevez les chairs, et insinuez, entre les chairs et l'arête, une bonne maître d'hôtel froide (page 83). Posez le turbotin, ainsi préparé,
sur la garniture d'oignons en tranches; saupoudrez-le
de sel fin; versez dessus le jus d'un citron, un peu de
beurre fondu et un demi-litre de vin blanc. Faites cuire
avec un feu modéré dessous et un feu un peu plus vif
dessus, au moyen d'un four de campagne. Servez dans
le plat où le turbotin a été cuit.

TURBOT AU GRAS, AU BEURRE D'ÉCREVISSE.

Faites cuire dans une grande casserole trois ou quatre
tranches de veau maigre avec autant de bardes de lard,
un bouquet garni, deux oignons piqués de clous de gi-

rofle, un bon assaisonnement de sel et poivre. Quand la viande a rendu son jus, retirez-la de la casserole ; ajoutez deux cuillerées de farine pour faire un roux blond ; mouillez peu à peu d'une tasse de consommé, en détachant le fond de casserole avec une cuiller de bois. Remettez dans la casserole le turbot enveloppé de bardes de lard ; posez sur le turbot les tranches de veau, et versez sur le tout une bouteille de vin de Champagne. Laissez cuire pendant une demi-heure sur un feu très-doux ; retirez le turbot de la casserole avec précaution pour ne pas le déformer ; dressez-le sur un plat avec une sauce au beurre d'écrevisse (page 87). Le plat doit être entouré d'un cordon d'écrevisses rangées autour du turbot.

TURBOT A LA SAINTE-MENEHOULD.

Après avoir paré, vidé et nettoyé le turbot, faites-le cuire à demi dans du vin blanc, avec un bon assaisonnement de sel et poivre, et un bouquet garni. Retirez-le de la casserole ; faites-le bien égoutter, et laissez-le refroidir. Quand il est froid, passez-le dans le beurre fondu tiède, et panez-le le plus fortement possible des deux côtés. Mettez-le dans un plat pouvant supporter l'action du feu ; si vous avez un four à votre disposition, mettez le plat au four juste le temps nécessaire pour que le turbot pané prenne une belle couleur ; à défaut de four, faites-le colorer avec feu dessous et dessus au moyen du four de campagne. Le turbot à la Sainte-Menehould doit être servi dans le plat où la cuisson a été terminée. On sert en même temps dans une saucière une sauce au beurre d'anchois (page 87).

Cabillaud.

On pêche les meilleurs cabillauds dans la mer du
Nord, près des côtes de
la Hollande; il en vient
rarement de ces parages
sur les marchés de Pa-
ris. Ceux qu'on prend

Fig. 51.

dans la Manche ne leur sont pas de beaucoup inférieurs.

CABILLAUD A LA HOLLANDAISE.

Quand le cabillaud est très-gros, après l'avoir vidé et
bien nettoyé, coupez-le en tranches de deux travers de
doigts d'épaisseur, et mettez-les dans une terrine de
grès ou de terre vernissée, avec deux fortes poignées de
gros sel et un ou deux verres d'eau. Laissez-le douze
heure dans cette saumure, et retournez souvent les morceaux de cabillaud, afin qu'ils prennent bien le sel.
D'autre part, mettez sur le feu, dans une poissonnière à
double fond, de l'eau fortement chargée de sel; portez-
la à l'ébullition. Quand elle bout, posez les morceaux de
cabillaud sur le double fond de la poissonnière; huit
à dix minutes d'ébullition suffisent. La cuisson terminée, retirez le double fond de la poissonnière; faites
glisser les morceaux sur un plat; entourez-les de persil en branches. Servez en même temps une ample garniture de pommes de terre cuites à l'eau salée, et une
saucière remplie de beurre très-frais fondu, mêlé de
quelques cuillerées de l'eau dans laquelle le cabillaud a
été cuit.

22.

CABILLAUD A LA CRÈME.

Faites cuire un cabillaud, soit entier, soit en morceaux, dans l'eau salée, selon la recette précédente, en ayant soin de ficeler la tête, afin qu'elle ne se déforme pas. D'autre part, faites fondre sur un feu très-doux 250 grammes de beurre très-frais, auquel vous ajouterez une forte pincée de persil et autant de ciboules, finement hachées; versez-y peu à peu une tasse de crème fraîche, ou, à défaut de crème, autant de bon lait; ménagez le feu, et tournez sans interruption la sauce avec une cuiller de bois pendant un bon quart d'heure. Servez cette sauce, dans une saucière, avec le cabillaud et une garniture de pommes de terre cuites à l'eau salée.

CABILLAUD AUX FINES HERBES.

Après avoir vidé, lavé et bien égoutté un cabillaud, mettez-le dans une terrine de grès ou de terre vernissée, avec deux poignées de gros sel et un ou deux verres d'eau; il doit y rester une bonne heure, pendant laquelle on le retourne deux ou trois fois. Garnissez de beurre frais et de fines herbes hachées le fond d'un plat long pouvant supporter l'action du feu. Placez-y le cabillaud retiré de l'eau salée, et saupoudrez-le des deux côtés d'un léger assaisonnement de poivre et de muscade râpée. Répandez sur le cabillaud une forte couche de chapelure; mouillez-le d'une bouteille de vin blanc; poudrez d'une seconde couche de chapelure, et versez un peu de beurre fondu sur toute la surface du poisson, qui ne doit pas baigner dans le vin blanc. Portez au four le cabillaud ainsi préparé; ouvrez le four de temps à autre, pour surveiller la cuisson du cabillaud et l'arroser à plusieurs reprises avec son jus de cuisson. Le cabillaud aux fines herbes doit être servi dans le plat où il a été cuit. On sert en même temps des citrons coupés en deux ; chacun arrose de jus de citron à volonté sa part de cabillaud.

Maquereau.

Le maquereau (*fig.* 52) est, de tous les poissons de l'Océan, celui qui ressemble le plus au thon de la Méditerranée, dont, malgré leur différence de taille, il est le proche parent. La chair très-huileuse du maquereau est de très-bon goût, mais d'assez difficile digestion; elle ne convient pas aux estomacs délicats.

Fig. 52.

MAQUEREAU A LA MAITRE D'HOTEL.

Après avoir vidé et nettoyé un maquereau, remplissez-le de beurre frais pétri avec une poignée de fines herbes, et un bon assaisonnement de sel et de poivre. Remplissez de même une fente longitudinale pratiquée tout le long du dos. Enveloppez le maquereau ainsi préparé d'un fort papier graissé de beurre, et faites-le cuire sur le gril, sur un feu modéré. Retire-le du papier lorsqu'il est cuit, et arrosez-le d'un jus de citron au moment de servir. Cette recette est celle qu'on suit le plus communément pour accommoder les maquereaux à la maître d'hôtel. Dans les grandes cuisines, après avoir nettoyé et préparé les maquereaux comme ci-dessus, on garnit le fond d'un plat avec du gros sel et des fines herbes grossièrement hachées; on étend dessus les maquereaux et on les arrose d'huile d'olive fine. Ils restent une heure dans cet assaisonnement; ils sont retournés une ou deux fois. Au bout d'une heure, on les fait cuire sur le gril, soit à découvert, soit en les enfermant dans un papier huilé. On les sert au sortir du gril avec une sauce préparée de la manière suivante : Mettez ensemble dans une casserole, sur un feu très-doux, 125 grammes de beurre frais et une forte cuillerée de farine; mêlez exactement la farine au beurre, en évitant de la trop chauffer; ajoutez-y une pincée de fines herbes hachées, un bon assaisonnement de sel et poivre, un demi-verre d'eau et le jus d'un citron. Tournez cette sauce, sans discontinuer, jusqu'à ce qu'elle ait pris un ou deux bouillons et qu'elle semble assez consistante; versez-la sur les maquereaux au moment de servir.

MAQUEREAU A L'EAU SALÉE.

Videz les maquereaux en pratiquant l'ouverture la moins grande possible; laissez le foie dans le corps; fendez le dos dans toute sa longueur; lavez et essuyez soigneusement les maquereaux. Faites fondre deux fortes poignées de sel dans un litre d'eau; mettez cette eau sur le feu dans une poisonnière; quand elle commence à bouillir, plongez-y les maquereaux : quinze à vingt minutes d'ébullition suffisent pour leur cuisson. Servez avec la même sauce que pour la recette précédente.

MAQUEREAU AUX GROSEILLES, A L'ANGLAISE.

Mettez dans une poisonnière un litre d'eau modérément salée; posez le double fond de la poisonnière; couvrez-le d'une couche mince de feuilles de fenouil

frais, épluchées comme du persil. Placez sur cette couche trois beaux maquereaux, nettoyés comme pour les
recettes précédentes, mais dont le dos ne doit point être
fendu ; laissez-les cuire quinze à vingt minutes. Dans
les villes maritimes, on se sert d'eau de mer au lieu
d'eau salée. D'autre part, faites fondre dans une casserole 250 grammes de beurre frais ; ajoutez-y deux cuillerées de farine, une demi-tasse de crème ou une tasse
de lait, et deux fortes poignées de groseilles à maquereau
à moitié mûres, fendues l'une après l'autre pour en
retirer les pepins. Faites égoutter les maquereaux ;
dressez-les sur un plat ; versez la sauce précédente très-
chaude par-dessus. Cette recette, actuellement très-peu
usitée en France, est fort en usage dans la Grande-Bretagne ; c'est un des mets les plus vieux de l'ancienne
cuisine française : de là dérive le nom vulgaire de groseilles à maquereau.

MAQUEREAU AUX ÉCREVISSES.

Épluchez les queues d'un demi-cent d'écrevisses cuites au court-bouillon ; hachez-en les chairs avec une
trentaine de champignons cuits dans du bouillon ; incorporez à ce hachis 125 grammes de beurre frais manié avec une pincée de fines herbes finement hachées,
et une égale quantité de mie de pain blanc, détrempée
dans du lait, et fortement assaisonnée de sel, poivre et
muscade râpée. Remplissez de cette farce trois maquereaux préparés comme pour les recettes précédentes.
Enveloppez-les de papier huilé, et faites-les cuire sur le
gril pendant un bon quart d'heure, en les retournant
à plusieurs reprises. Enlevez les papiers, dressez les

maquereaux sur un plat et arrosez-les d'une sauce au beurre d'écrevisse (page 87).

FILETS DE MAQUEREAU SAUTÉS A LA BOURGEOISE.

Videz et nettoyez trois maquereaux un peu forts. Fendez-les par le dos de façon à séparer entièrement les deux moitiés. Retranchez la tête et la queue; enlevez l'arête du milieu; les deux morceaux ainsi préparés sont ce qu'on nomme les filets du maquereau. Mettez dans une casserole les six filets provenant des trois maquereaux en les posant d'abord du côté de la peau. Versez dessus 60 grammes de beurre fondu tiède et quatre cuillerées d'huile d'olive fine. Posez la casserole sur un feu vif; retournez une ou deux fois les filets de maquereau, afin qu'ils cuisent également des deux côtés. Les filets étant cuits, retirez-les de la casserole et laissez-les bien égoutter. Versez dans la casserole un demi-verre de vinaigre, une tasse de consommé ou de bon bouillon dégraissé, quatre ou cinq échalotes hachées, une cuillerée de persil également haché, et un bon assaisonnement de sel et de poivre. Faites réduire cette sauce sur un feu vif; au moment de servir, dressez les filets de maquereau sur un plat; ajoutez à la sauce 60 grammes de beurre frais, et versez-la bouillante sur les filets de maquereau sautés.

Dans les grandes cuisines, après avoir préparé les filets de maquereau et les avoir fait sauter comme ci-dessus, on les arrose de la sauce suivante. Mettez ensemble dans une casserole trois cuillerées de velouté (page 68), autant de sauce tomate (page 66) et autant de consommé. Faites cuire dans cette sauce une vingtaine de champignons coupés en morceaux; quand les champignons sont cuits et que la sauce est suffisamment réduite, faites-y fondre 125 grammes de beurre frais, et versez-la très-chaude sur les filets de maquereau sautés. On choisit ordinairement pour ce mets des maquereaux laités; les laitances sautées comme les filets, en les conservant aussi entières que possible, sont rangées autour des filets avec la garniture de champignons dont ils sont accompagnés.

Merlan.

Le merlan (*fig.* 53) est le plus facile à digérer de tous les poissons; il en est aussi le moins nourrissant; si l'on ne mangeait pas autre chose et qu'on en prît même en grande quantité, une heure après

Fig. 53.

on aurait faim; c'est pourquoi il convient spécialement aux convalescents.

MERLANS A LA SAUCE RAVIGOTE.

Videz et nettoyez très-proprement trois beaux merlans; essuyez-les avec un linge blanc. Fendez le ventre et le dos avec la pointe d'un couteau bien tranchant; faites une incision transversale à la naissance de la queue; levez délicatement la peau des deux côtés en la retroussant sur elle-même jusqu'à la tête. Faites chauffer modérément un plat en le trempant dans l'eau bouillante; essuyez-le; cassez deux œufs au-dessus de ce plat, où vous en laisserez tomber seulement les jaunes; versez dans le même plat 60 grammes de beurre fondu tiède; battez vivement les jaunes d'œufs avec le beurre fondu. Saupoudrez les merlans dépouillés de leur peau de sel blanc fin, mêlé d'un peu de poivre ; répandez dessus, tandis qu'ils sont encore tièdes, les jaunes d'œufs battus avec le beurre fondu ; panez le plus fort possible les merlans avec de la mie de pain rassis, finement émietttée. Faites fondre du beurre frais, mais sans y ajouter de jaunes d'œufs ; arrosez-en les merlans déjà panés, et panez-les une seconde fois. Faites-les cuire très-doucement sur le gril, jusqu'à ce qu'ils aient pris une belle couleur. Le merlan, ayant par lui-même peu de consistance, ne doit être retourné sur le gril qu'avec beaucoup de précautions ; il doit y cuire pendant une bonne demi-heure. Quand les merlans sont bien colorés, versez dans un plat une sauce ravigote cuite (page 80), et dressez les merlans sur cette sauce, en ayant soin de ne pas les en arroser.

On sert aussi les merlans apprêtés de la manière qui vient d'être indiquée avec une autre sauce ravigote, préparée de la manière suivante. Faites infuser dans un demi-verre de vinaigre une pincée de cerfeuil, une de civette et une d'estragon, le tout grossièrement haché. Laissez ces herbes dans le vinaigre pendant quelques minutes seulement. Passez le vinaigre et ajoutez-le à 125 grammes de beurre fondu, lié avec une cuillerée de farine ; colorez cette sauce en vert clair avec un peu de vert d'épinards (voyez *Épinards*). Cette sauce, de même que la précédente, ne doit pas être versée sur les merlans ; on en garnit le fond du plat ; les merlans sont servis dessus.

MERLANS GRILLÉS.

Après avoir vidé et soigneusement nettoyé les merlans, ciselez-les, c'est-à-dire pratiquez des entailles de haut en bas des deux côtés, à des distances régulières, afin qu'en cuisant la peau ne puisse pas se crevasser irrégulièrement. Saupoudrez-les de sel fin mêlé d'un peu de poivre; arrosez-les d'huile d'olive fine, et laissez-les une heure dans cet assaisonnement; essuyez-les et mettez-les sur le gril, sur un feu vif, en les retournant, pour qu'ils cuisent également des deux côtés. Faites fondre 125 grammes de beurre avec une cuillerée de farine et une pincée de fines herbes; mouillez de quelques cuillerées d'eau avec un filet de vinaigre. Dressez les merlans grillés sur un plat; versez cette sauce dessus, et parsemez-les de quelques cuillerées de câpres au moment de servir.

MERLANS FRITS.

On ne doit faire frire que des merlans extrêmement frais; c'est la meilleure manière de manger les merlans; aussi les femmes qui les colportent dans Paris ont-elles soin de les annoncer sous le nom de *merlans à frire*. On les nettoie avec soin; on les trempe dans une pâte à frire (page 91) et on les fait frire dans une friture très-chaude jusqu'à ce qu'ils soient bien colorés. On peut aussi les faire frire sans pâte, en se bornant à les saupoudrer de farine; mais alors ils ne cuisent jamais aussi bien que quand ils ont été enduits de pâte à frire.

MERLANS AUX FINES HERBES.

Nettoyez et ciselez trois ou quatre merlans; saupoudrez-les de farine des deux côtés, comme s'ils devaient être frits sans pâte ou cuits sur le gril. Étendez sur le fond d'un plat pouvant supporter l'action du feu 125 grammes de beurre, que vous couvrirez de fines herbes hachées, avec un bon assaisonnement de sel et de poivre. Étendez les merlans sur le plat et arrosez-les de beurre fondu. Faites-les cuire sur un feu modéré ; retournez-les quand vous les jugez à moitié cuits ; plus tard vous ne pourriez les retourner sans les briser. La cuisson étant terminée, décantez la sauce et faites-la couler dans une casserole, sans ôter du plat les merlans, afin de ne pas les déformer ; ajoutez à la sauce une cuillerée de farine et un ou deux jaunes d'œufs pour la lier ; versez-la sur les merlans, et servez-les dans le plat où ils ont été cuits.

MERLANS AU GRATIN.

Mettez sur un plat pouvant supporter l'action du feu une garniture de beurre et de fines herbes hachées, assaisonnées comme pour la recette précédente ; posez dessus trois ou quatre merlans proprement nettoyés et saupoudrés de farine. Arrosez-les de beurre fondu, puis couvrez-les d'une couche épaisse de chapelure. Mouillez d'un verre de vin blanc, et couvrez le plat d'un four de campagne, afin de faire cuire doucement, avec feu dessus et dessous. Laissez réduire la sauce, et servez les merlans au gratin dans le plat où ils ont été cuits. Cette recette et les deux précédentes sont les manières les plus fréquentes dont on accommode les merlans dans la cuisine bourgeoise.

FILETS DE MERLAN SAUTÉS.

Fendez le dos et le ventre des merlans ; détachez-en la peau et levez-en les filets, comme les filets de maquereau (page 394). Faites-les sauter dans du beurre un peu chaud, avec tous les ménagements nécessaires pour ne pas les briser. Dressez-les sur un plat et versez dessus une sauce à l'italienne (page 84).

FILETS DE MERLAN AUX TRUFFES.

Levez les filets de cinq ou six merlans, et coupez chaque filet en quatre morceaux; faites-les revenir dans le beurre, et quand ils sont suffisamment cuits des-deux côtés, retirez-les de la casserole. Faites revenir dans le même beurre une douzaine de truffes coupées en tranches minces; ajoutez un demi-verre de vin blanc et une demi-tasse de consommé; laissez bien cuire les truffes et réduire la sauce; remettez un instant les filets de merlan dans la casserole, mêlez-les aux morceaux de truffes avec précaution, pour qu'ils restent entiers. Versez le tout dans un plat, et entourez le ragoût de croûtons frits au moment de servir.

FILETS DE MERLAN A L'ANGLAISE.

Levez les huit filets de quatre beaux merlans; saupoudrez-les des deux côtés de sel fin mêlé d'un peu de poivre; passez-les au beurre fondu et panez-les fortement; passez-les dans des œufs battus, blancs et jaunes, pour les paner une seconde fois. Faites-les cuire sur le gril sur un feu très-doux. Quand ils sont bien colorés des deux côtés, dressez-les sur un plat. D'autre part, faites un roux clair, mouillez-le d'un demi-verre de vin blanc, ajoutez-y quelques cuillerées de jus de rôti, et versez cette sauce très-chaude sur les filets de merlan à l'anglaise. C'est une des manières les plus distinguées de servir les merlans. Quand on doit servir ce mets un jour maigre, on ajoute au roux mouillé de vin blanc un peu

d'échalotes et de persil hachés, et l'on supprime le jus
de rôti.

FILETS DE MERLAN FARCIS.

Préparez une farce hachée très-finement, avec les
filets de trois ou quatre petits merlans et un volume égal
de mie de pain trempée dans du lait. Incorporez à cette
farce 125 grammes de beurre frais fortement assaisonné
de sel, poivre et fines herbes hachées. Levez d'autre part
les huit filets de quatre beaux merlans ; couchez les filets
sur un plat pouvant supporter l'action du feu, et garni
d'une bonne couche de la farce précédente. Étendez une
couche de la même farce, de 2 centimètres d'épaisseur, sur la surface intérieure des filets ; roulez-les afin
de renfermer la farce, et ficelez-les pour que chaque filet
roulé représente un des petits fromages nommés *bondons*.
Rangez les filets farcis sur le plat garni de farce ; remplissez de farce les intervalles des filets, et faites-les cuire
en les laissant un peu gratiner, avec feu dessus et dessous, au moyen du four de campagne. Quand ils sont
cuits, arrosez-les d'une sauce à l'italienne, et servez-les
très-chauds, dans le plat où ils ont été cuits.

Rouget.

Le rouget (*fig.* 54), dont la chair ressemble beaucoup à celle du merlan, en a à
peu près les propriétés ; mais,
lorsqu'on l'achète, il faut s'assurer qu'il est parfaitement frais,
car il se corrompt beaucoup plus

Fig. 54.

vite que le merlan, et pour peu qu'il soit avancé, il devient à la fois malsain et de mauvais goût. Lorsqu'on

vide le rouget, de quelque manière qu'il doive être accommodé, il faut réserver le foie, qui en est la partie la plus estimée.

ROUGET GRILLÉ.

On le prépare exactement comme le merlan grillé, et on le sert avec la même sauce (page 396). On sert aussi les rougets grillés avec la sauce suivante : faites fondre dans une casserole 125 grammes de beurre ; ajoutez-y les foies des rougets bien écrasés dans quelques cuillerées d'eau ; joignez-y une forte cuillerée de câpres. Les rougets grillés ne doivent pas être arrosés de cette sauce ; on la verse d'abord dans le plat, et l'on pose les rougets grillés dessus.

ROUGETS AU COURT-BOUILLON.

Mettez dans une casserole un demi-litre d'eau et un demi-litre de vin blanc, avec un oignon coupé par tranches une feuille de laurier, une ou deux carottes, un bouquet garni, et un bon assaisonnement de sel et de poivre. Dès que ce court-bouillon commence à bouillir, mettez-y les rougets vidés et soigneusement nettoyés. Un quart d'heure d'ébullition suffit pour leur cuisson. Retirez-les du court-bouillon et servez-les chauds avec une sauce à l'italienne, dans laquelle vous délayerez les foies bien écrasés des rougets. On peut aussi les servir froids, accompagnés d'un huilier. Dans tous les cas, le rouget, en sortant du court-bouillon, doit être dépouillé de sa peau tandis qu'il est encore très-chaud. On doit prendre les précautions nécessaires pour ne pas le déformer en le dépouillant de sa peau.

ROUGET AUX ÉCREVISSES.

Épluchez les queues de cinquante écrevisses cuites au court-bouillon ; pilez les corps et les pattes avec leurs écailles pour préparer un beurre d'écrevisse (page 87). Faites cuire six beaux rougets dans le court-bouillon, selon la recette précédente. Retirez-les du court-bouillon, ôtez la peau ; dressez-les sur un plat ; rangez tout autour les cinquante queues d'écrevisses épluchées, et versez sur le tout une sauce au beurre d'écrevisse. C'est la manière la plus distinguée de servir les rougets.

Mulet.

La chair de ce poisson (*fig.* 55) est blanche et délicate, supérieure à celle du merlan et du rouget, dont elle

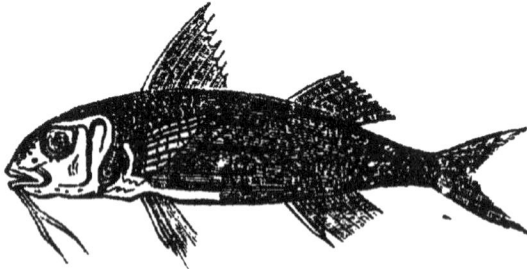

Fig. 55.

se rapproche beaucoup. Le mulet peut être accommodé selon toutes les recettes indiquées pour le merlan et le rouget. Habituellement, on le fait cuire simplement dans l'eau salée, et on le sert accompagné de pommes de terre et de beurre fondu, comme le cabillaud (page 389). On le mange aussi assez souvent grillé comme le merlan, et accompagné d'une sauce à l'italienne.

Églefin.

Ce poisson, qui ressemble beaucoup au cabillaud, soit par sa forme extérieure, soit par le goût de sa chair, reçoit toutes les préparations indiquées pour accommoder le cabillaud.

Dorade ou Daurade.

La dorade, aussi nommée brème de mer, en raison de sa forme aplatie comme celle de la brème d'eau douce, passe à juste titre pour le meilleur poisson de la Méditerranée. Malheureusement pour les gastronomes, la consommation de ce poisson est limitée aux villes du littoral de la Méditerranée, ce qui tient à cette circonstance que la dorade ne se laisse guère prendre qu'en plein été. Sa chair blanche, fine et extrêmement délicate, se corrompt si vite que, malgré la rapidité des communications par les chemins de fer, la dorade arrive à Paris mangeable, mais non pas fraîche dans le vrai sens du mot, ce qui lui ôte toute sa valeur gastronomique. Elle n'est réellement bonne que quand on peut l'accommoder au moment où elle vient d'être pêchée. On mange la dorade cuite au court-bouillon, chaude avec une sauce à l'italienne ou une sauce aux truffes, et froide avec une sauce ravigote ou simplement à l'huile et au vinaigre. On la mange aussi grillée, avec diverses sauces. Les filets de dorade reçoivent toutes les préparations indiquées pour accommoder les filets de merlan et de rouget.

Anguille de mer.

La chair de ce poisson est blanche et de très-bon goût; elle a une analogie frappante avec celle de l'anguille d'eau douce; elle est, comme celle-ci, très-grasse, ce qui la rend difficile à digérer, même quand ce poisson est très-frais. De quelque manière qu'on apprête l'anguille de mer, il est bon d'enlever exactement la peau, dont l'odeur particulière est forte et désagréable.

ANGUILLE DE MER A LA SAUCE BLANCHE.

Coupez l'anguille de mer par tronçons, qui ne doivent pas être trop épais, sans quoi le poisson cuirait difficilement. Enlevez la peau, et faites cuire les morceaux dans de l'eau très-salée, avec un bouquet de persil. Quand la cuisson est terminée, égouttez les morceaux, dressez-les sur un plat, et versez dessus une sauce blanche à laquelle vous ajouterez une forte cuillerée de câpres.

ANGUILLE DE MER AU BEURRE D'ANCHOIS.

Préparez les tronçons d'anguille de mer comme pour la recette précédente; faites-les cuire dans de l'eau très-salée à laquelle vous ajouterez un demi-verre de vinaigre, un bouquet garni, deux oignons piqués de clous de girofle, et une feuille de laurier. La cuisson terminée, faites égoutter les morceaux, et servez-les avec une sauce au beurre d'anchois (page 87).

FILETS D'ANGUILLE DE MER SAUTÉS.

Mettez dans une casserole, avec un bon assaisonnement de sel et de poivre, des filets d'anguille de mer levés en ôtant la peau et détachant les chairs des deux côtés de l'arête centrale. Ces filets doivent être divisés en tronçons de 6 à 8 centimètres de longueur. Retournez les morceaux à plusieurs reprises et laissez-les sur le feu assez longtemps, afin que la cuisson soit complète. L'anguille de mer est indigeste et de mauvais goût quand elle n'est pas complétement cuite. Égouttez les filets d'anguille de mer sautés ; dressez-les sur un plat ; versez dessus une sauce composée d'un roux blanc mouillé d'une tasse de lait, auquel on ajoute une petite quantité de beurre d'anchois.

FILETS D'ANGUILLE DE MER A LA POULETTE.

Levez les filets d'anguille de mer comme pour la recette précédente ; faites-les sauter dans le beurre sans les laisser cuire complétement, et en évitant de leur laisser prendre couleur. D'autre part, faites un roux blanc que vous mouillerez avec de l'eau ; ajoutez-y un bouquet de persil, un bon assaisonnement de sel et de poivre, et une vingtaine de champignons coupés en morceaux. Ayez soin que la sauce ne soit pas trop courte. Faites cuire dans cette sauce, avec les champignons, les morceaux de filets d'anguille de mer sautés et bien égouttés. Laissez-les cuire assez longtemps, afin de réduire la sauce. Retirez les morceaux de la casserole ; dressez-les sur un plat ; ajoutez à la sauce une liaison de trois ou quatre jaunes d'œufs, et versez-la, avec la garniture de champignons, sur les filets d'anguille de mer à la poulette.

Morue.

La morue, que les marchands de poisson, dans toutes les villes, vendent dessalée au degré convenable pour être accommodée de diverses manières, a été surnommée à très-juste titre le *bœuf des jours maigres*. C'est en effet celui de tous les poissons qu'il est le plus facile de se procurer partout, en toute saison, et au prix le plus modéré. Comme tous les poissons salés, la morue est d'assez difficile digestion et ne convient point aux estomacs délicats ; mais quand elle est accompagnée d'autres aliments, et qu'on évite d'en manger trop à la fois, on peut en faire habituellement usage sans en être incommodé.

MORUE A LA MAITRE-D'HOTEL.

Faites cuire dans de l'eau un morceau de morue convenablement dessalée, que vous ficellerez pour lui conserver sa forme. Servez-le très-chaud après l'avoir bien égoutté, et accompagnez-le d'une maître-d'hôtel avec un jus de citron. On sert avec la morue à la maître-d'hôtel des pommes de terre cuites dans de l'eau légèrement salée. La sauce à la maître-d'hôtel doit être assez abondante pour qu'on en puisse assaisonner la morue et les pommes de terre.

MORUE AU BLANC.

Faites fondre dans une casserole 125 grammes de beurre frais ; ajoutez-y une ou deux cuillerées de farine, une forte pincée de fines herbes finement hachées et un demi-verre de crème douce, ou, à défaut de crème, une tasse de très-bon lait. Quand la sauce a pris une bonne consistance, mettez-y la morue coupée en morceaux, cuite à l'eau, comme pour la recette précédente, et soigneusement égouttée. Laissez-la quelques minutes seulement dans la sauce, et servez très-chaud.

MORUE AU VERT PRÉ.

Retirez un morceau de morue de l'eau dans laquelle il a été dessalé, et ayez soin qu'il soit parfaitement égoutté. Mettez la morue dans une casserole, et versez dessus assez de lait froid pour la couvrir. Ajoutez une pincée de fines herbes hachées et un bon morceau de beurre. Dès que la morue est cuite, dressez-la sur un plat, faites réduire la sauce si elle est trop longue, versez-la sur la morue, et, au moment de servir, saupoudrez-la largement de persil haché très-finement.

MORUE A LA PROVENÇALE.

Mettez dans une casserole 125 grammes de beurre frais ; dès qu'il est fondu, sans être trop chaud, ajoutez-y une pincée de fines herbes finement hachées, un peu de poivre et de muscade râpée, une demi-cuillerée de farine et un verre d'eau. Faites cuire la morue dans cette sauce ; quand elle est presque cuite, retirez-la de la casserole, ajoutez à la sauce une ou deux cuillerées d'huile d'olive fine et les zestes de la moitié d'un citron, coupés en très-petits morceaux. Remettez la morue dans la sauce ; tournez vivement, et dès que vous la jugez assez cuite, dressez la morue sur un plat et versez la sauce par-dessus. Arrosez en outre la morue d'un jus de citron au moment de servir.

QUEUE DE MORUE FARCIE.

Faites cuire dans de l'eau une queue de morue suffisamment dessalée, enlevez toutes les chairs en laissant intacte l'arête et le bout de la queue, qui doit être enveloppée d'un papier huilé. Mettez d'autre part sur le feu 125 grammes de beurre avec une cuillerée de farine, une vingtaine de champignons coupés en morceaux, une pincée de fines herbes et deux ou trois échalotes hachées. Laissez revenir le tout sur un feu modéré ; mouillez d'une tasse de lait, et faites prendre quelques bouillons,

afin que les champignons soient bien cuits. Faites tremper dans du lait deux poignées de mie de pain blanc,
passez la mie de pain par une passoire fine, et faites-la
réduire sur le feu jusqu'à ce qu'elle ait pris une bonne
consistance. Étendez sur un plat long, pouvant supporter l'action du feu, la queue de morue avec son arête;
garnissez celle-ci, à droite et à gauche, de la moitié de
la farce de mie de pain. Sur cette farce, dressez le ragoût de morue et de champignons, dont la sauce doit
être courte et très-épaisse. Recouvrez le tout du reste de
la farce de mie de pain, en conservant la forme primitive
de la queue de morue, dont le bout recouvert de papier
huilé doit rester en dehors. Étendez, au moyen d'une
plume ou d'un pinceau, de l'œuf battu sur le dessus de
la farce, afin de pouvoir la paner d'une couche épaisse
de mie de pain finement émiettée; faites-lui prendre
couleur, soit dans un four modérément chauffé, soit sous
un four de campagne. La queue de morue farcie peut
être servie sans sauce. On peut aussi verser dessus une
sauce préparée de la manière suivante : faites fondre
dans une casserole 60 grammes de beurre frais; ajoutez-y une demi-cuillerée de farine; mouillez d'une
demi-tasse de bouillon dégraissé; versez dans cette sauce
deux cuillerées de verjus ou un filet de vinaigre, au moment de servir. On peut aussi servir cette sauce dans
une saucière pour accompagner la queue de morue
farcie.

QUEUES DE MORUE A L'ANGLAISE.

Faites fondre dans une casserole 60 grammes de
beurre sur un feu très-doux, avec trois ou quatre cuillerées d'huile d'olive fine, une pincée de persil et de

ciboules hachés, la chair d'un citron dépouillée de sa peau, coupée en petits dés, et séparée des pepins, six filets d'anchois coupés en petits dés, et un peu de poivre. Versez dans un plat pouvant supporter l'action du feu la moitié de cette sauce. Dressez dessus deux queues de morue cuites à l'eau, versez le reste de la sauce par-dessus et garnissez le plat d'un entourage de croûtons frits au beurre. Couvrez abondamment les queues de morue de chapelure, et faites-les mijoter un bon quart d'heure dans un four modérément chauffé, ou bien avec feu dessus et dessous, au moyen du four de campagne. Servez les queues de morue à l'anglaise très-chaudes, sans les changer de plat.

MORUE A LA BOURGUIGNONNE.

Coupez une douzaine d'oignons en tranches, faites-les roussir dans 125 grammes de beurre. Quand ils sont cuits et bien colorés, ajoutez un demi-verre de vinaigre. Dressez sur un plat la morue cuite à l'eau; versez dessus les oignons cuits au beurre et au vinaigre; servez très-chaud.

MORUE AU BEURRE NOIR.

Mettez dans un plat pouvant supporter l'action du feu un morceau de morue cuite à l'eau, arrosez-le d'un demi-verre de vinaigre et d'une tasse de bouillon dé-graissé. Laissez-le mijoter un bon quart d'heure dans cette sauce et versez dessus un beurre noir très-chaud (page 84), accompagné d'une forte pincée de persil frit.

MORUE A LA CRÈME.

Faites cuire à l'eau un beau morceau de morue bien

dessalée, ôtez-en soigneusement la peau et les arêtes.
Faites un roux blanc, modérément assaisonné de poivre ;
mouillez-le avec une tasse de lait ou une demi-tasse de
crème. Laissez mijoter la morue dans cette sauce, afin
qu'elle se réduise et devienne assez épaisse ; égalisez la
surface du ragoût, panez-le fortement, versez sur la mie
de pain un peu de beurre fondu ; panez une seconde fois
et faites prendre couleur sous le four de campagne ; servez très-chaud, avec un entourage de croûtons frits au
beurre.

STOCK-FISH.

La morue sèche, à laquelle on donne dans le commerce le nom de *stock-fish,* terme hollandais qui signifie
poisson-bâton, est en effet aussi dure que du bois ; le
stock-fish doit être fortement battu et trempé dans de
l'eau plusieurs fois renouvelée, avant de devenir à peu
près mangeable. C'est le moins agréable au goût et le
moins facile à digérer de tous les poissons admis dans la
cuisine européenne. En France, le stock-fish n'est guère
usité que dans les départements de notre extrême frontière du Nord. On le trouve chez tous les marchands de
poisson des villes où il est en usage, détrempé et prêt à
être cuit comme la morue ; on doit seulement ajouter un
peu de sel à l'eau dans laquelle on le fait cuire, parce
que le stock-fish n'est point salé. Habituellement, on le
mange avec du beurre fondu, légèrement salé, et une
garniture de pommes de terre cuites à l'eau salée, sans
autre assaisonnement. Le stock-fish est aussi accommodé
au beurre noir, à la crème et à la provençale, de la
même manière que la morue.

En Allemagne, où il se fait une grande consommation de stock-fisch, on sert en même temps que ce poisson cuit à l'eau, égoutté et arrosé de beurre fondu, du gingembre en poudre dans une poivrière, et deux assiettes, dont l'une contient des jaunes d'œufs durs émiettés, l'autre des carottes cuites à l'eau et coupées par tranches. Chaque convive, à l'aide de ces substances, assaisonne à son gré sa part de stock-fish.

Raie.

La raie est un poisson peu délicat et d'un goût peu relevé, mais il a sur tous les autres l'avantage de se conserver frais pendant plusieurs jours et de ne pas se corrompre sous l'influence d'une température élevée. Dans les localités éloignées de la mer, la raie est à peu près le seul des poissons de mer qu'il soit possible de manger frais en été. Dans les villes maritimes, la raie n'est jamais livrée à la consommation comme le sont les autres poissons de mer, au moment où elle vient d'être pêchée, elle ne serait pas mangeable. Elle doit être attendrie un jour au moins en été et deux en hiver.

RAIE A LA SAUCE BLANCHE.

Quand la raie doit être accommodée à la sauce blanche, si l'on veut la manger aussi bonne qu'elle peut l'être, il faut, après l'avoir bien nettoyée et tailladée régulièrement en travers du sens de ses fibres, la faire tremper une heure dans de l'eau bien salée. On la fait cuire ensuite dans un court-bouillon fait avec une partie de l'eau salée où elle a trempé, un verre de vinaigre, quelques oignons et un bouquet garni. Quand la raie est cuite, enlevez toute la peau des deux côtés; dressez la raie sur un plat, versez dessus une sauce blanche

(page 72), et parsemez-la de câpres en assez grande
quantité.

RAIE AU BEURRE NOIR.

Quand la raie doit être accommodée au beurre noir,
après l'avoir fait tremper dans l'eau salée, comme pour
la recette précédente, on la fait cuire dans cette même
eau, et on la dépouille de sa peau extérieure des deux
côtés. On la dresse sur un plat et l'on verse dessus une
sauce au beurre noir très-chaude (page 84). On sert la
raie au beurre noir entourée de persil frit. Cette sauce
est celle qui convient le mieux pour la raie qui a été un
peu trop attendrie, et qui, sans être gâtée, n'est cependant plus de la première fraîcheur.

RAITONS FRITS.

On prend en certaines saisons une assez grande quantité de raies très-jeunes et grandes comme des limandes;
c'est ce que les pêcheurs et les marchands de poisson
nomment des raitons. Après les avoir vidés et nettoyés
avec beaucoup de soin, on les partage en deux dans le
sens de leur longueur; on retranche la queue et les
bords; on saupoudre fortement les morceaux avec de la
farine sur leurs deux surfaces, puis on les fait frire dans
le beurre ou dans l'huile d'olive fine. On sert les raitons frits entourés d'une garniture de persil frit.

FILETS DE RAIE A LA SAINTE-MENEHOULD.

Après avoir bien nettoyé un bon morceau de raie
assez épais, enlevez-en la peau des deux côtés; levez les
filets; partagez-les en morceaux de trois à quatre doigts
de large, et faites-les cuire dans un demi-litre de lait

avec un morceau de beurre, une demi-cuillerée de farine, un bouquet garni, deux oignons piqués de clous
de girofle, et un bon assaisonnement de sel et de poivre.
Quand les filets de raie sont cuits, égouttez-les, laissez-
les refroidir; passez-les au beurre fondu tiède, panez-
les fortement, arrosez-les de nouveau de beurre fondu
et panez-les une seconde fois, puis mettez-les sur le gril
et retournez-les une ou deux fois, pour qu'ils prennent
des deux côtés une belle couleur. Servez les filets de
raie à la Sainte-Menehould avec une sauce rémoulade
(page 79).

FOIES DE RAIE EN CANAPÉ.

Taillez des tranches de pain plus longues que larges;
faites-les tremper dans l'huile, et frire ensuite dans le
beurre. Faites fondre dans une casserole 125 grammes
de beurre, faites-y cuire des foies de raie avec une garniture abondante de persil, ciboules, échalotes et câpres, le tout haché ensemble le plus finement possible.
Quand les foies sont cuits, retirez-les de la casserole.
Dressez les croûtes frites ou *canapés* sur un plat pouvant supporter l'action du feu. Étendez d'abord sur
chaque canapé un lit de fines herbes cuites avec les
foies de raie, puis un morceau de foie de raie accompagné d'un ou deux filets d'anchois, puis enfin un dernier lit des mêmes fines herbes que ci-dessus. Tous les
canapés étant garnis de la même manière, saupoudrez-
les de mie de pain finement émiettée; posez sur le plat
un four de campagne chargé d'un feu modéré; faites
prendre couleur. Arrosez les canapés de jus de citron
au moment de servir. Ce mets, d'une saveur particulière
très-prononcée, ne convient pas à tous les consomma-

teurs; il est assez difficile à digérer; les personnes dont l'estomac est délicat ne doivent en faire usage qu'avec beaucoup de modération, particulièrement en été.

Limande.

La limande, la barbue, la plie et le carrelet, sont tous des poissons du même genre, plats comme le turbot, moins épais que lui, à chair blanche, tendre, peu nourrissante, mais par cela même facile à digérer, et, pour cette raison, permise ou même recommandée comme aliment aux convalescents, après une diète prolongée.

LIMANDES FRITES.

Il ne faut faire frire que des limandes parfaitement fraîches; pour peu qu'elles soient avancées quand on les fait frire, elles ne sont pas mangeables. On peut faire frire les limandes dans le beurre, dans la graisse ou dans l'huile. Selon l'usage ordinaire dans la cuisine bourgeoise, on saupoudre de farine, des deux côtés, les limandes vidées et soigneusement nettoyées, puis on les met dans la friture très-chaude. Il vaut mieux, comme cela se pratique dans toutes les bonnes cuisines, passer les limandes dans la pâte, avant de les faire frire. Il y a pour cela une raison hygiénique qui doit être indiquée. La chair de la limande, de même que celle des autres poissons plats, ses proches parents, est naturellement visqueuse. Quand on fait frire ces poissons sans pâte, ils absorbent une très-grande quantité de friture, ce qui, joint à la viscosité naturelle de leur chair, les rend d'un goût peu agréable, et en même temps assez indigestes. C'est ce qui n'a pas lieu quand les limandes sont enveloppées de pâte à frire ; la pâte seule absorbe la graisse, et la chair de la limande conserve ses qualités comme aliment léger.

LIMANDES ENTRE DEUX PLATS.

Garnissez le fond d'un plat pouvant supporter l'action du feu de 125 grammes de beurre en morceaux, et d'un lit assez épais de fines herbes bien hachées avec une poignée de champignons. Posez sur ce lit deux belles limandes; et couvrez-les d'un lit des mêmes substances, de la même épaisseur, bien assaisonnées de sel et de poivre. Couvrez hermétiquement le plat, soit d'un autre plat renversé, soit d'un couvercle de casserole ; faites cuire à l'étouffée sur un feu modéré ; servez les limandes très-chaudes, sans les changer de plat.

LIMANDES A LA BOURGEOISE.

Mettez dans un plat pouvant supporter l'action du feu 125 grammes de beurre frais en morceaux. Posez dessus les limandes vidées, nettoyées et saupoudrées de sel, poivre et muscade râpée. Versez sur les limandes un verre de vin blanc, et couvrez-les d'une couche épaisse de chapelure fine. Faites cuire les limandes doucement, avec feu dessous et dessus, au moyen du four de campagne. Servez très-chaud, dans le plat où les limandes ont été cuites.

LIMANDES GRILLÉES.

Après avoir bien nettoyé les limandes, essuyez-les afin qu'il ne reste pas d'humidité à leur surface ; graissez-les d'huile d'olive fine avec un pinceau, et saupoudrez-les des deux côtés d'un bon assaisonnement de sel, poivre et muscade râpée. Faites-les cuire sur le gril avec un feu modéré ; servez sur les limandes grillées une sauce à l'italienne (page 84), ou une sauce blanche (page 72) avec une bonne garniture de câpres.

FILETS DE LIMANDE A L'ANGLAISE.

Levez les filets de deux ou trois limandes suffisamment épaisses, en soulevant la peau et détachant l'arête centrale. Saupoudrez les filets de sel et de poivre, et arrosez-les d'huile d'olive fine. Quand ils ont passé deux heures dans cet assaisonnement, avec l'attention de les y retourner à plusieurs reprises, égouttez-les, essuyez-les avec un linge blanc, et passez-les au beurre fondu, pour les paner fortement une première fois. Passez-les ensuite dans une omelette d'œufs battus, blancs et jaunes, et panez-les une seconde fois, le plus fortement possible. Faites cuire ensuite les filets de limande ainsi préparés sur le gril, et servez-les avec une sauce tomate, ou une sauce blanche accompagnée de câpres.

La barbue, le carrelet et la plie reçoivent les mêmes préparations que la limande. La chair de tous ces poissons se ressemble tellement que, lorsqu'ils sont accommodés selon les recettes précédentes, il est à peine possible de les distinguer les uns des autres.

Sole.

La sole (*fig.* 56) est le premier des poissons plats quant à la délicatesse de la chair, mais elle en est aussi le plus indigeste, et celui dont on doit user avec le plus de modération. Les plus grosses soles ne sont pas les meilleures ; celles de 20 à 25 centimètres de long sont à juste titre préférées des cuisiniers, par cela seul qu'on peut les accommoder au sortir de l'eau ; les plus grandes soles sont trop fermes ; il faut les attendre deux jours en hiver, un jour seulement en été, sans quoi elles seraient difficilement mangeables ; mais, dans ce cas, elles perdent d'un côté ce qu'elles gagnent de l'autre, et ne valent jamais autant que les soles très-fraîches, de moyenne grosseur.

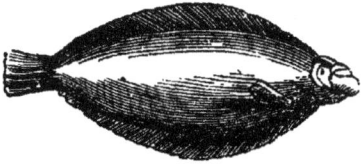

Fig. 56.

SOLES A L'EAU SALÉE.

Dans les villes maritimes, on fait bouillir dans une casserole de l'eau de mer ; quant elle bout, on y met les soles, qu'on retire dès qu'elles sont suffisamment cuites. Après les avoir fait égoutter, on les sert avec du beurre frais fondu, et des pommes de terre également cuites à l'eau de mer, ou bien on répand sur les soles cuites à l'eau de mer une sauce blanche et une cuillerée de câpres. La où l'on ne peut avoir de l'eau de mer, on y supplée par de l'eau fortement salée. Les soles n'y doivent être mises que quand l'eau est en pleine ébullition.

SOLES SUR LE PLAT.

Garnissez le fond d'un plat pouvant supporter l'action du feu de 125 grammes de beurre fondu, tiède, mêlé d'une forte pincée de persil et d'échalotes finement hachés, un bon assaisonnement de sel et de poivre, et un peu de muscade râpée. Posez sur cet assaisonnement les soles, sur leur côté brun, après avoir pratiqué une incision au milieu de chaque sole, de la tête à la queue, en soulevant la chair sans la détacher, afin que l'assaison-

nement puisse y pénétrer. Saupoudrez le côté blanc
des soles, qui se trouve en dessus, de sel, poivre, muscade râpée et fines herbes hachées ; mouillez d'un verre
ou deux de vin blanc, selon le volume des soles ; répandez par-dessus une forte couche de chapelure fine,
et une ou deux cuillerées de beurre fondu. Posèz le plat
sur un feu modéré ; posez dessus un four de campagne
chargé d'un feu animé : un quart d'heure de cuisson
doit suffire. Servez dans le plat où les soles ont cuit.

SOLES FRITES.

On fait habituellement frire les soles sans pâte ; on
pratique, comme pour la recette précédente, une incision
du côté brun, puis on fait tremper pendant une demi-
heure les soles dans du lait. Après les avoir bien égouttées, on les saupoudre fortement de farine, puis on les
plonge dans la friture très-chaude ; elles ne doivent y
rester que quelques minutes. Quand on fait frire des soles
un peu grosses, on enlève la peau des deux côtés, et l'on
procède du reste comme ci-dessus ; la suppression de la
peau, qui chez les grosses soles est épaisse et dure,
rend cette friture plus délicate. On sert les soles frites
avec une garniture de persil frit.

SOLES FRITES A L'ALLEMANDE.

Coupez transversalement en tranches de 4 à 5 centimètres de large des soles bien nettoyées, plutôt un peu
fortes que trop petites. Après avoir pressé chacun des
morceaux entre deux linges blancs, afin qu'il y reste le
moins d'humidité possible, saupoudrez-les légèrement
de sel mêlé d'un peu de poivre, passez-les dans des
œufs battus avec une ou deux cuillerées de beurre

fondu tiède; panez-les le plus fortement possible, et faites-les frire jusqu'à ce que leur surface ait pris une belle couleur. Servez en même temps que les soles frites à l'allemande des citrons coupés en deux; chaque convive, selon son goût, arrose sa portion de sole avec du jus de citron sur son assiette.

SOLES A LA COLBERT.

Après avoir retranché la tête, les bords et le tiers de la queue de deux belles soles, enlevez la peau du côté brun seulement; ratissez avec soin le côté blanc qui conserve sa peau. A la place où la tête de la sole a été retranchée, faites pénétrer la pointe d'un couteau, afin de détacher les chairs de l'arête centrale. Faites tremper pendant une demi-heure dans du lait les soles ainsi préparées; laissez-les égoutter, saupoudrez-les de farine, et faites-les frire dans une bonne friture, jusqu'à ce qu'elles soient bien colorées. Retirez-les de la friture, et, par l'ouverture résultant du retranchement de la tête, retirez adroitement l'arête centrale. Introduisez à la place, du côté dont la peau a été conservée, du beurre frais arrosé de jus de citron, pétri avec un peu de farine et une pincée de fines herbes hachées. Opérez le plus lestement possible et dressez les soles à la Colbert sur le plat, en mettant en dessus le côté blanc qui a conservé sa peau, avant que le beurre frais inséré dans l'intérieur de la sole ait eu le temps de fondre. On sert aussi les soles à la Colbert avec une sauce tomate.

SOLES EN MATELOTE.

Videz et nettoyez deux belles soles, mais sans en ôter la peau. Garnissez le fond d'un plat pouvant suppor-

ter l'action du feu de 125 grammes de beurre frais, et
d'une douzaine de beaux oignons grossièrement hachés,
avec un bon assaisonnement de sel, poivre et muscade
râpée. Posez les soles du côté brun sur cette garniture;
couvrez le côté blanc de fines herbes hachées avec cinq
à six beaux champignons; mouillez le tout d'assez de
vin de Bordeaux pour que les soles en soient complétc-
ment baignées. Mettez le plat sur un feu doux; couvrez-
le d'un four de campagne chargé d'un feu vif; laissez
bien cuire les soles, pour que la sauce de la matelote
soit suffisamment réduite; servez chaud sans changer de
plat.

FILETS DE SOLE SAUTÉS.

Dans les grandes cuisines, on sert rarement les soles
entières; on prépare seulement les filets, qui ont le
double avantage d'être dépourvus d'arêtes et de ne retenir aucune portion de la peau, toujours plus ou moins
épaisse et dure, excepté chez les petites soles, qui doivent être mangées frites. Pour lever les filets de sole, on
fend d'abord la peau du côté brun, le long de l'arête
centrale; on retranche la tête et la queue; puis, au
moyen d'un couteau à lame mince, large et plate, on
détache la totalité de la peau, et on enlève d'un seul
morceau la chair de chaque côté de l'arête. La même
opération est répétée du côté blanc, ce qui donne, pour
chaque sole de moyenne grosseur, quatre filets. Quand
les soles sont très-fortes, chaque filet est coupé en deux
dans le sens de sa longueur, ce qui donne huit demi-
filets pour une sole.

Rangez les filets de sole, bien lavés et bien épongés
avec du linge blanc, dans le fond d'une grande casse-

role; hachez ensemble assez de persil et de ciboules pour en couvrir complétement les filets de sole, versez dessus 125 grammes de beurre fondu tiède. Retournez-les, pour qu'ils cuisent également des deux côtés; dressez-les sur un plat, et versez dessus une sauce à l'italienne (page 84).

FILETS DE SOLE SAUTÉS A LA VÉNITIENNE.

Parez les filets de sole, et faites-les sauter comme pour la recette précédente, mais en ajoutant aux 125 grammes de beurre frais une égale quantité d'huile d'olive fine. Quand ils sont cuits, faites-les bien égoutter, et arrosez-les de la sauce suivante, qui doit être préparée séparément pendant la cuisson des filets de sole. Faites cuire une vingtaine de champignons, coupés en morceaux, dans un verre de vin blanc. Quand les champignons sont cuits, faites un roux suffisamment épais; mouillez-le avec le vin dans lequel on cuit les champignons; ajoutez à la sauce moitié de sauce tomate; laissez réduire, si elle semble trop longue. Faites-y réchauffer les champignons, et, au moment de servir, ajoutez-y, après avoir retiré la casserole du feu, 60 grammes de beurre fin, coupé en petits morceaux, pour qu'il fonde rapidement, sans laisser la sauce bouillir de nouveau. Versez-la très-chaude, avec les champignons, au milieu des filets de sole dressés en couronne. On dispose ordinairement sur les bords du plat une rangée de petits croûtons frits au beurre ou à l'huile d'olive.

FILETS DE SOLE MARINÉS.

Mettez dans un vase de faïence ou de porcelaine deux oignons coupés en tranches minces, et une poignée de

persil grossièrement haché. Exprimez dessus le jus de
deux ou trois citrons; faites tremper dans cette marinade
des filets de sole légèrement saupoudrés de sel fin,
mêlé d'un peu de poivre. Retournez-les pour qu'ils se
pénètrent bien du jus de citron. Au bout de deux heures,
faites égoutter les filets de sole; essuyez-les avec un linge
blanc; saupoudrez-les fortement de farine, et faites-leur
prendre couleur dans une friture très-chaude. Dressez-
les sur un plat et arrosez-les d'une sauce tomate.

FILETS DE SOLE A L'ANGLAISE.

Passez les filets dans le beurre fondu tiède; panez-les
fortement; passez-les dans des œufs battus, blancs et
jaunes, avec une ou deux cuillerées de beurre fondu tiède;
panez-les une seconde fois, le plus fortement possible;
faites griller les filets de soles panés; retournez-les une
seule fois; servez avec une sauce à la maître-d'hôtel
(page 83).

Hareng.

Le hareng est le moins estimé des poissons de mer,
par la seule raison qu'il est abondant et à bas prix une
partie de l'année; s'il était rare et cher, il serait admis
sur les meilleures tables au même titre que les poissons
les plus recherchés, car il est de bon goût et se digère
facilement. Dans les pays maritimes, il est de mauvais
ton de servir des harengs sur une bonne table, excepté
dans les premiers temps de la pêche de ce poisson, vers
la fin du mois d'août, parce qu'à cette époque, il est encore rare et d'un prix relativement assez élevé; mais il
ne possède pas alors les qualités gastronomiques qu'il
doit avoir plus tard; de là le proverbe normand : « Ja-

mais gourmand n'a mangé bon hareng.» La vraie saison du hareng ne commence, en effet, que vers le milieu
de septembre.

HARENGS SUR LE GRIL.

Après avoir vidé les harengs par les ouïes, sans leur
ouvrir le ventre, et les avoir écaillés, lavés et soigneusement essuyés, on les place sur un plat de faïence, on les
saupoudre très-légèrement de sel fin et de fines herbes
hachées, et on les arrose d'un filet d'huile d'olive. Ils
doivent rester une heure dans cet assaisonnement et
être retournés deux ou trois fois. On les retire alors du
plat, sans les essuyer; on pratique le long du dos une
légère incision, et on fait cuire les harengs sur le gril,
sur un feu très-doux; ils doivent être retournés au
moins trois fois. On sert les harengs grillés avec une
sauce blanche (page 72) et une cuillerée de câpres. On
ajoute assez souvent, au moment de servir, une cuillerée
de moutarde fine à la sauce blanche qui doit accompagner
les harengs grillés. On peut aussi les saupoudrer de farine, les faire roussir dans très-peu de beurre frais, et les
servir sans sauce ou bien avec l'une des deux sauces ci-
dessus indiquées. Ce sont les manières les plus usitées de
servir les harengs frais dans la cuisine bourgeoise. On
les sert aussi assez souvent avec une purée de pois, de
lentilles ou de haricots assaisonnée au maigre.

HARENGS EN MATELOTE.

Faites choix de six ou huit beaux harengs, autant que
possible, moitié œuvés, moitié laités; videz-les par les
ouïes; retranchez la tête et la queue, et coupez transversalement chaque hareng en deux parties égales; sau-

poudrez chaque morceau des deux côtés de sel fin, mêlé d'un peu de poivre. Mettez dans une casserole un morceau de beurre frais de 125 grammes, pétri avec une demi-cuillerée de farine, un fort bouquet de persil et de ciboule bien ficelé, afin de pouvoir le retirer quand la matelote est cuite, une douzaine de très-petits oignons entiers et une vingtaine de champignons coupés en morceaux. Posez les morceaux de hareng sur cette garniture; arrosez le tout de deux ou trois verres de bon vin rouge, selon le volume des harengs, et faites cuire sur un feu vif, afin que quand les harengs sont cuits la sauce soit suffisamment réduite. Faites frire des croûtons de pain blanc de la grandeur de la moitié de la paume de la main; garnissez-en le tour du plat dans lequel vous servez les harengs en matelote.

HARENGS SAURS GRILLÉS.

Les meilleurs harengs saurs sont, non pas ceux de Hollande, selon l'opinion commune, mais ceux d'Irlande, parce qu'ils sont fumés avec soin, au moyen de feux alimentés avec des branches vertes de genévrier. En France, il est assez rare qu'on puisse se procurer des harengs saurs d'Irlande; ceux de Hollande, de première qualité, sont, après ceux d'Irlande, les plus estimés. Avant de les faire griller sur un feu modéré, il est bon de les ouvrir et de les faire dessaler pendant douze heures, soit dans du lait doux, soit dans du lait de beurre ou petit-lait. En les retirant du lait, on les essuie avec soin, puis on les retourne deux ou trois fois sur le gril. On sert les harengs saurs grillés, soit avec de l'huile d'olive fine, soit avec des tartines de beurre très-frais. Ce mets est servi principalement à déjeuner; c'est une ressource pour la cuisine de carême et pour celle des jours maigres, quand on manque de poisson frais ; c'est pourqoui le hareng saur a été surnommé le *jambon de carême*, et aussi le *jambon de gueux*, en raison de son bas prix. Néanmoins, à l'aide des deux recettes suivantes, le hareng saur peut être rendu digne d'être admis les jours maigres sur les meilleures tables.

HARENGS SAURS MARINÉS.

Faites dessaler pendant douze heures les harengs saurs dans du lait ; égouttez-les, essuyez-les, et passez-les quelques minutes dans la marinade suivante. Hachez le plus finement possible deux ou trois champignons crus avec une pincée de persil et autant de ciboules ; délayez le tout dans assez d'huile d'olive fine pour pouvoir y tremper les harengs saurs préalablement dessalés au lait et bien égouttés. Les cuisiniers du Midi ajoutent à cette marinade une légère pointe d'ail. Retirez les harengs saurs de la marinade ; panez-les fortement tandis qu'ils en sont bien imbibés ; puis faites-leur bien prendre couleur sur le gril, en les retournant deux ou trois fois. Servez avec des tartines de beurre très-frais.

HARENGS SAURS A LA SAINTE-MENEHOULD.

Faites fondre dans une casserole 250 grammes de beurre sans le faire roussir ; ajoutez-y une cuillerée de farine, une tasse de lait, une feuille de laurier, une branche de thym et un peu de poivre en poudre. Ouvrez les harengs saurs, et faites-les cuire dans cet assaisonnement. Quand ils sont suffisamment cuits, retirez-les de la sauce ; faites-les égoutter et refroidir ; passez-les

alors dans du beurre fondu tiède, et panez-les fortement. Mettez les harengs saurs ainsi préparés dans une
casserole avec feu dessous et dessus, au moyen du four
de campagne; laissez-leur prendre une belle couleur.
Servez chaud sans sauce, ou bien avec une sauce rémoulade (page 79) mise séparément dans une saucière.

HARENGS SALÉS.

Les harengs salés récemment, connus plus spécialement sous le nom de *harengs pecs,* sont quelquefois
admis sur les bonnes tables comme hors-d'œuvre.
(Voyez *Hors-d'œuvre*.)

On donne ici, en faveur des personnes aisées et cha-
ritables qui voudraient en faire préparer de grandes
quantités pour les distribuer aux indigents, la recette
d'un mets très-usité en Picardie, et dont le hareng salé
est la base. On fait frire dans 125 grammes de saindoux
cinq ou six harengs salés coupés par tronçons, sans
être préalablement dessalés; lorsqu'ils sont bien roussis, on fait revenir dans la même graisse une poignée
de poireaux coupés par rouelles minces. D'autre part,
on fait cuire dans un chaudron avec de l'eau et du sel
de grosses pommes de terre, des espèces les plus fari-
neuses; quand elles sont cuites et pelées, on y incorpore, en les écrasant avec une cuiller de bois, les
morceaux de hareng salé frits et les poireaux revenus
dans la graisse, ce qui constitue un aliment nourrissant
et de très-bon goût. Cette préparation est connue dans
la Picardie et l'Artois sous le nom de *ragoût du bon
évêque;* la recette en est attribuée à un évêque de Saint-
Omer, qui en faisait aux pauvres de son diocèse d'am-
ples distributions.

Éperlans.

Ce poisson, l'un des plus petits parmi les poissons de mer, est aussi l'un des plus délicats et des plus légers. C'est pendant la première quinzaine de septembre, dès que les chaleurs de l'été sont passées, qu'on pêche les meilleurs éperlans.

ÉPERLANS A L'EAU DE SEL.

Quand les éperlans sont très-petits, après les avoir vidés et nettoyés, on les plonge pendant quelques minutes dans de l'eau fortement salée, en pleine ébullition; on les fait égoutter et on les sert avec une sauce au beurre (page 72), à laquelle on ajoute une petite quantité de moutarde. On sert en même temps des pommes de terre cuites également dans l'eau salée. La sauce doit être assez abondante pour servir à assaisonner les éperlans et les pommes de terre sur l'assiette de chaque convive.

ÉPERLANS FRITS.

Après avoir vidé et bien lavé les éperlans, enfilez-les par les yeux dans une brochette de bois blanc; trempez-les tous ensemble dans du lait doux, farinez-les fortement et faites-les frire sans les débrocher. Lorsqu'ils ont pris couleur d'un côté, retournez la brochette de l'autre; la friture étant bien chaude, quelques minutes de cuisson suffisent. Enlevez chaque brochette par les deux bouts pour bien égoutter la friture; servez sans ôter les brochettes. Pour les repas des jours maigres, on peut faire frire les éperlans au beurre; mais, pour les autres jours, ils sont meilleurs frits dans le saindoux.

ÉPERLANS PANÉS.

Faites choix d'éperlans qui ne soient pas trop petits ; nettoyez-les et essuyez-les avec soin dans un linge blanc. Battez ensemble trois ou quatre œufs, blancs et jaunes, avec deux cuillerées de beurre fondu tiède. Passez l'un après l'autre chaque éperlan dans cette omelette fortement assaisonnée de sel, poivre et une muscade râpée. A mesure qu'ils en sont retirés, panez-les le plus fortement possible avec de la mie de pain finement émiettée, puis, enfilez-les par les yeux dans une brochette de bois blanc, et faites-les frire, comme pour la recette précédente. Servez en même temps des citrons coupés en deux, pour que chaque convive, selon son goût, puisse arroser de jus de citron sur son assiette les éperlans panés et frits ; c'est une des meilleures manières de manger les éperlans.

ÉPERLANS EN MATELOTE.

Faites revenir dans le beurre une bonne garniture de très-petits oignons et de champignons coupés en morceaux ; ajoutez une cuillerée de farine. Rangez les éperlans sur cette garniture. Saupoudrez-les d'une bonne couche de persil et de ciboules finement hachés ; mouillez d'assez de vin blanc pour que les éperlans en soient couverts. Posez le plat sur un feu doux ; recouvrez-le d'un four de campagne chargé d'un feu bien animé : la cuisson ne doit pas durer plus d'un quart d'heure, sans quoi les éperlans ne conserveraient pas leur forme. Servez les éperlans en matelote sans les changer de plat.

Sardine.

La sardine, dont la forme rappelle celle du hareng, a la chair beaucoup plus délicate; c'est un des plus petits et en même temps des meilleurs poissons de mer. Ce n'est que dans les villes maritimes qu'il est possible de se procurer des sardines réellement fraîches; ce poisson se corrompt si vite, même en hiver, qu'en dépit de la rapidité des transports par les chemins de fer, à Paris on peut rarement manger des sardines réellement fraîches. On regarde comme fraîches celles qui sont expédiées légèrement salées; en les faisant dessaler pendant quelques heures, et changeant l'eau à plusieurs reprises, ces sardines peuvent être traitées comme des poissons frais.

SARDINES FRAICHES FRITES.

Écaillez, videz et lavez des sardines fraîches; essuyez-les bien dans un linge blanc; saupoudrez-les de farine, et faites-les frire dans du beurre bien chaud, sans cependant le laisser noircir; les sardines ne doivent rester dans la friture que quelques minutes. Les autres manières d'utiliser les sardines les rattachent à la section des hors-d'œuvre. (Voyez *Hors-d'œuvre*.)

Anchois.

C'est le plus petit de tous les poissons de mer. On ne peut manger l'anchois comme poisson frais que dans les villes du littoral de la Méditerranée, où ce poisson est très-abondant. On en expédie dans la saumure de grandes quantités sur tous les points de la France et de l'étranger. L'anchois conservé dans la saumure possède une saveur très-prononcée qui lui est propre, et qui le fait rechercher pour divers assaisonnements, spécialement pour la préparation du beurre d'anchois (page 87).

ANCHOIS FRAIS FRITS.

Sur les côtes de la Méditerranée, l'anchois frais, qui ne supporte pas le transport même à de faibles distances, est mangé frit comme la sardine fraîche, mais non pas dans le beurre; on ne fait frire les anchois que dans l'huile d'olive.

L'anchois sert à préparer divers hors-d'œuvre aussi élégants que distingués. (Voyez *Hors-d'œuvre*.)

POISSONS DE MER ET D'EAU DOUCE.

Les poissons qui passent une partie de l'année dans la mer et l'autre dans les fleuves et rivières qu'ils remontent pour *frayer*, c'est-à-dire pour déposer le long des rives des cours d'eau leurs œufs prodigieusement nombreux, sont tout à la fois de mer et d'eau douce, ce qui donne à leur chair une saveur particulièrement délicate, dont le cuisinier sait tirer un excellent parti. Ces poissons sont au nombre de quatre seulement : l'*esturgeon*, le *saumon*, l'*alose* et la *truite*.

Esturgeon.

Ce poisson (*fig.* 57) ne figure pas souvent sur la table en France, parce qu'il remonte rarement nos fleuves et qu'il se tient dans la partie la plus profonde du courant, où il est difficile de le pêcher. On en prend quelquefois de très-gros dans la Seine ; ce sont ceux qui remontent à la suite des bateaux chargés de sel, dont la saveur les attire. La chair de l'esturgeon, pour le goût et

Fig. 57.

la consistance, tient le milieu entre celle du thon et celle du veau.

ESTURGEON AU COURT-BOUILLON.

On ne fait cuire au court-bouillon que les jeunes esturgeons, qui doivent être servis entiers, et dont la taille ne dépasse pas le volume d'un beau brochet ou d'un saumon de moyenne grosseur. Après avoir vidé et nettoyé l'esturgeon, on enlève, sans endommager la peau, les plaques osseuses carrées qui remplacent les écailles ; le court-bouillon dans lequel on fait cuire l'esturgeon doit être composé de trois quarts d'eau avec un quart de vin blanc, 250 grammes de beurre frais, quatre oignons piqués de clous de girofle, quelques feuilles de laurier, et un bon assaisonnement de sel et de poivre. Quand le poisson est cuit, après l'avoir fait égoutter, servez-le entier, sur une planche recouverte d'une serviette. Faites réduire de moitié sur un feu vif une portion du court-bouillon proportionnée au volume de l'esturgeon ; ajoutez à ce court-bouillon réduit une quantité égale de sauce italienne que vous servirez séparément dans une saucière.

ESTURGEON A LA BROCHE.

Levez les plaques de la peau d'un jeune esturgeon ;

fendez-le par le ventre et aplatissez-le, mais sans sé-parer les deux morceaux. Faites-le mariner dans du vin blanc avec des fines herbes et des échalotes hachées, des tranches d'oignon, quelques feuilles de laurier, et un bon assaisonnement de sel et de poivre. Égouttez l'esturgeon après qu'il a séjourné deux heures dans la marinade, où il a dû être retourné plusieurs fois. Rap-prochez les deux côtés de l'esturgeon; contenez-les par quelques tours de ficelle, et mettez le poisson entier à la broche. Passez au tamis la marinade; mettez-la dans la lèchefrite, et quand elle sera mêlée d'une partie du jus que le poisson rend en rôtissant, arrosez-en fré-quemment l'esturgeon pendant sa cuisson. Servez avec une sauce piquante, à laquelle vous ajouterez une partie de la sauce contenue dans la lèchefrite.

Le plus souvent, on ne fait rôtir à la broche qu'un tronçon de gros esturgeon, et non pas un jeune estur-geon entier, qu'il est plus rarement possible de se pro-curer. Dans ce cas, on enlève la peau du tronçon d'es-turgeon; on pique les chairs avec des filets d'anchois taillés en forme de lardons, et l'on opère pour le reste selon la recette précédente.

ESTURGEON A LA BOURGEOISE.

En Belgique et dans le nord de la France, l'estur-geon est moins rare et moins cher sur les marchés que le saumon, parce qu'on en prend souvent de fort gros près des embouchures de l'Escaut et de la Meuse. Une tranche d'esturgeon ne coûte pas, en certaines saisons, plus cher qu'une rouelle de veau. La manière la plus simple de l'accommoder, c'est de saupoudrer des deux côtés la tranche d'esturgeon de sel fin mêlé d'un peu de poivre, et de la faire roussir dans le beurre, soit à la poêle, soit dans une casserole, sur un feu modéré ; quand la chair du poisson a bien pris couleur, on sert l'esturgeon sans sauce, et l'on sert à part, dans une saucière, une sauce piquante, ou tout simplement du beurre frais fondu, mêlé d'une petite quantité de moutarde. C'est la manière la plus ordinaire d'accommoder une tranche d'esturgeon dans la cuisine bourgeoise.

ESTURGEON EN FRICANDEAU.

Piquez de fin lard des tranches minces d'esturgeon, comme si c'étaient des fricandeaux. Saupoudrez-les fortement de farine et faites-les revenir dans un peu de saindoux, pour leur faire prendre une belle couleur. Mêttez dans une casserole une douzaine de champignons et quatre ou cinq truffes, coupés en morceaux, autant de fonds d'artichaut, un bouquet garni et une tasse de consommé ou de bon bouillon dégraissé. Saupoudrez de sel fin mêlé d'un peu de poivre les deux surfaces des tranches d'esturgeon piquées et revenues dans le saindoux ; posez-les sur la garniture précédente, et faites cuire doucement sur un feu modéré. La cuisson terminée, retirez les tranches d'esturgeon en fricandeau de la casserole ; passez et dégraissez la sauce de cuisson ; ajoutez-y un filet de verjus et arrosez-en les tranches d'esturgeon dressées sur un plat, entourées de leur garniture de truffes, de champignons et de fonds d'artichaut. C'est une des manières les plus distinguées d'accommoder l'esturgeon.

ESTURGÉON A LA ROYALE.

Piquez les tranches d'esturgeon de fin lard, et faites-les cuire avec la même garniture que pour la recette précédente. La cuisson terminée, dressez les tranches d'esturgeon sur un plat, la garniture tout autour, et tenez-les chaudes sur le bord du fourneau. D'autre part, ajoutez à la sauce de cuisson passée et dégraissée deux verres de bonne crème fraîche, et faites réduire le tout en bonne consistance; versez cette sauce sur les tranches d'esturgeon et sur leur garniture, et servez très-chaud.

Saumon.

Le saumon (*fig.* 58) est un des plus recherchés de tous les poissons, c'est aussi l'un des plus chers. On ne e sert entier que sur les tables les plus somptueuses,

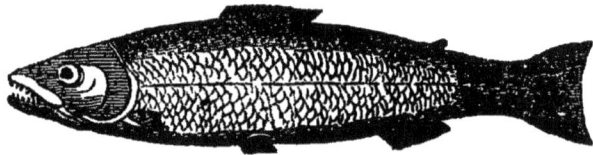

Fig. 58.

dans les repas qui réunissent un grand nombre de convives. Dans la cuisine bourgeoise, on n'accommode de diverses manières que des tranches ou des tronçons de saumon.

SAUMON AU BLEU.

Pour bien accommoder un saumon au bleu, il faut le vider par les ouïes sans fendre le ventre. Dans l'ancienne cuisine française, tout poisson au bleu devait cuire dans du vin rouge, ou, pour prendre un ton bleuâtre, être plongé quelques minutes dans du vin rouge en ébullition et cuit ensuite au court-bouillon indiqué pour la cuisson de l'esturgeon. Cet usage est à peu près abandonné. On fait cuire le saumon au bleu dans un court-bouillon composé par parties égales d'eau et de vin blanc, en assez grande quantité pour que le poisson en soit entièrement couvert. On ajoute 250 grammes de beurre frais, cinq à six oignons piqués de clous de girofle, quelques carottes coupées en morceaux, trois ou quatre feuilles de laurier, et un bon assaisonnement de sel et de poivre. On sert le saumon cuit au bleu, entier, sur une planche couverte d'une serviette, avec un entourage de persil en branche. On sert en même temps l'huilier, pour que chaque convive prépare sur son assiette la sauce à l'huile et au vinaigre selon son goût. Le saumon au bleu peut aussi être accompagné d'une sauce ravigote froide (page 80).

Quand le nombre des convives n'est pas assez considérable pour servir un saumon entier, on peut faire cuire, selon la recette précédente, un tronçon de saumon au bleu. On sert ce tronçon comme le saumon entier, avec un huilier, ou bien accompagné d'une sauce ravigote froide dans une saucière. On peut également préparer et servir de la même manière la tête ou la queue du saumon, c'est-à-dire, l'une des deux moitiés d'un saumon coupé par le milieu ; mais le tronçon central doit être préféré pour un repas de cérémonie.

SAUMON A LA SAUCE AUX CAPRES.

Faites mariner pendant deux heures dans de l'huile d'olive fine quelques belles tranches de saumon, de l'épaisseur de trois à quatre centimètres au plus. Retour-

nez-les une ou deux fois dans cet intervalle, et saupoudrez-les des deux côtés de sel fin mêlé d'un peu de
poivre. Enveloppez-les séparément chacune dans une
feuille de papier fort, huilé avec l'huile dans laquelle les
tranches de saumon ont été marinées. Faites-les cuire
sur le gril sur un feu très-doux; enlevez les papiers et
servez avec une sauce blanche mêlée d'une ou deux cuillerées de câpres.

SAUMON A LA GÊNOISE.

Faites cuire un saumon entier ou un beau tronçon de
saumon dans un court-bouillon assaisonné comme pour
le faire cuire au bleu, mais en remplaçant dans la recette le
vin blanc par du vin rouge commun; le plus fortement
coloré est le meilleur pour cet usage. Quand le saumon
est cuit, retirez une partie du court-bouillon; tenez le
saumon chaud dans la moitié à peu près du court-bouillon sur le côté du fourneau. D'autre part, mettez dans
une casserole 125 grammes de beurre frais avec deux
cuillerées de farine; faites un roux blanc, et mouillez-le
avec la moitié du court-bouillon mise à part; faites réduire environ de moitié. Quelques instants avant de servir, retirez le saumon du court-bouillon, faites-le bien
égoutter, dressez-le sur un plat, et versez dessus la sauce
réduite; servez très-chaud.

SAUMON A LA GENEVOISE.

On prépare ordinairement de cette manière la *hure*
d'un gros saumon, c'est-à-dire la tête et la moitié du
poisson coupé en travers. Ficelez la tête afin qu'elle ne
se défasse pas en cuisant: faites cuire le demi-saumon
dans du vin rouge de Bordeaux, en quantité suffisante

pour que toute la pièce en soit baignée ; ajoutez-y quelques oignons, une carotte coupée en tranches minces, deux feuilles de laurier, et un bon assaisonnement de sel et de poivre. Quand le saumon est cuit, tenez-le chaud sur le côté du fourneau dans la moitié de son jus de cuisson. Passez l'autre moitié au tamis ; faites un roux blond un peu épais, mouillez-le avec la moitié du jus de cuisson et autant de bon bouillon dégraissé ; faites réduire cette sauce en bonne consistance. Quelques instants avant de servir, égouttez la hure de saumon ; ôtez la ficelle, dressez la pièce sur un plat, entourez-la d'un cordon de croûtons frits dans le beurre, et versez dessus la sauce réduite.

SAUMON A L'IRLANDAISE.

Fendez en deux un saumon de moyenne grosseur dans le sens de sa longueur. Après l'avoir bien nettoyé, saupoudrez la partie intérieure de sel fin mêlé d'un peu de poivre ; couvrez-la d'une farce composée de huit à dix huîtres hachées avec des fines herbes et 60 grammes de mie de pain trempée dans du lait. Roulez en rond la pièce de saumon, afin de renfermer la farce ; contenez-la par quelques tours de forte ficelle ; posez-la sur champ dans un plat creux ; et si vous devez traiter un assez grand nombre de convives, ou bien si le saumon n'est pas gros, apprêtez de même ses deux moitiés. Portez le plat, convenablement couvert, dans un four modérément chauffé. Quand le saumon à l'irlandaise est parfaitement cuit, servez-le très-chaud, sans autre sauce que le jus peu abondant qu'il a dû rendre en cuisant.

QUEUE DE SAUMON GRILLÉE.

Faites mariner dans de bonne huile d'olive, avec sel, poivre, échalotes et fines herbes hachées, une queue de saumon, c'est-à-dire la moitié inférieure du poisson coupé transversalement. Retournez plusieurs fois la queue de saumon dans sa marinade, où elle doit rester deux heures. Mettez-la sur le gril, sur un feu très-doux; laissez-la cuire lentement et arrosez-la de temps en temps avec l'huile dans laquelle elle a été marinée. Pour la retourner sans la déformer, posez sur la queue de saumon un couvercle de casserole plat; renversez le gril, remettez-le en place, et faites glisser alors le morceau de saumon sur le gril, du côté qui doit être exposé au feu. La cuisson terminée, enlevez la peau des deux côtés; dressez la pièce sur un plat; versez dessus une sauce au beurre (page 72), et parsemez la queue de saumon ainsi préparée d'une ou deux cuillerées de câpres.

FILETS DE SAUMON SAUTÉS.

Fendez un tronçon de saumon dans le sens de sa longueur; coupez-en les chairs en filets de la grandeur d'une pièce de cinq francs, et de deux à trois centimètres d'épaisseur. Rangez les filets de saumon dans le fond d'une casserole assez grande, saupoudrez-les de sel fin mêlé d'un peu de poivre, et d'une bonne couche de fines herbes finement hachées; faites couler par-dessus du beurre fondu tiède, en quantité suffisante pour les couvrir. Mettez la casserole sur un feu vif; dès que les filets de saumon ont pris couleur d'un côté, retournez-les de l'autre; quelques minutes de cuisson doivent suffire.

Égouttez les filets dès que vous les jugez assez cuits; dressez-les sur un plat, en couronne, et versez dessus une sauce à l'italienne ou une sauce tomate.

SAUMON FUMÉ.

La meilleure manière d'accommoder le saumon fumé consiste à le diviser en tranches minces qu'on range sur le fond d'une casserole, et qu'on arrose d'assez d'huile d'olive fine pour qu'elles en soient bien couvertes. Mettez la casserole sur un feu vif, et faites sauter les tranches de saumon fumé dans l'huile d'olive, comme on fait sauter les filets de saumon frais dans le beurre. Égouttez les tranches, dressez-les sur un plat, arrosez-les largement de jus de citron, et servez sans sauce.

SAUMON SALÉ.

Après avoir fait dessaler le saumon dans de l'eau fraîche trois ou quatre fois renouvelée pendant vingt-quatre heures, faites-le cuire pendant un quart d'heure dans de l'eau, sans autre assaisonnement; faites égoutter, laissez refroidir, et servez froid avec l'huilier.

Truite.

La truite (*fig.* 59) voyage comme le saumon, de l'Océan dans les fleuves et rivières, et des fleuves dans l'Océan. Lorsqu'elle commence à remonter et qu'elle est pêchée assez près de l'embouchure des fleuves, n'ayant encore séjourné que peu de temps dans l'eau douce, sa chair est toute blanche; après un séjour plus long dans l'eau douce, sa chair devient rougeâtre comme celle du saumon, on la nomme alors truite saumonée;

la truite saumonée est plus recherchée que la truite

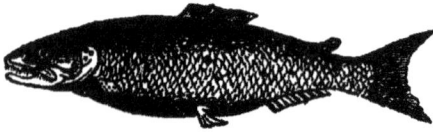

blanche. Les truites les plus volumineuses ne sont pas les meilleures; celles de grosseur moyenne, prises

Fig. 59.

dans les eaux très-claires, au courant très-rapide, sont à juste titre préférées des gastronomes.

TRUITE SAUMONÉE AU COURT-BOUILLON.

Après avoir vidé et nettoyé la truite sans lui fendre le ventre, ficelez la tête afin qu'en cuisant elle conserve sa forme, et faites-la cuire dans du vin blanc avec deux ou trois oignons coupés par tranches, deux feuilles de laurier, et un bon assaisonnement de sel et de poivre. Après une heure de cuisson sur un feu doux, tenez la truite chaude sur le côté du fourneau, dans la moitié de son court-bouillon. Passez l'autre moitié au tamis fin; ajoutez-y 125 grammes de beurre frais pétri avec deux cuillerées de farine; faites réduire cette sauce sur un feu vif; dressez la truite sur un plat, après l'avoir bien égouttée; versez dessus la sauce réduite au moment de servir. On peut aussi servir la truite au court-bouillon froide, entourée de persil en branches, et servir en même temps l'huilier ou une sauce ravigote froide. On ne fait cuire ordinairement au court-bouillon que les très-grosses truites; quand on fait cuire de cette manière des truites moins volumineuses, il ne faut les laisser que quarante ou même trente minutes dans le court-bouillon, sans quoi elles seraient beaucoup trop cuites.

TRUITES A LA MONTAGNARDE.

Videz et nettoyez les truites comme pour la recette précédente, et faites-les tremper pendant une ou leux heures dans de l'eau fortement salée; retirez-les de l'eau de sel, et faites-les cuire dans du vin blanc avec un ou deux oignons, un clou de girofle, une branche de thym, et une feuille de laurier. Quand elles sont cuites, retirez-les de la casserole, tenez-les chaudement sur le côté du fourneau; passez la sauce de cuisson; ajoutez-y 125 grammes de beurre, deux cuillerées de farine, faites réduire sur un feu vif; remettez pour quelques minutes les truites dans la sauce; dressez-les sur un plat et versez la sauce réduite par-dessus, au moment de servir. On ne peut accommoder de cette manière que des truites de petite ou de moyenne dimension.

TRUITES A LA HUSSARDE.

Videz et nettoyez des truites plutôt petites que trop grosses; enlevez-en complétement la peau; pétrissez du beurre très-frais avec une poignée de fines herbes finement hachées; remplissez-en le corps des truites. Faites-les ensuite mariner dans l'huile d'olive pendant une heure, avec un bon assaisonnement de sel et de poivre; retirez-les de la marinade, faites-les griller sur un feu très-doux et servez avec une sauce à la rémoulade (page 79).

TRUITES A LA SAINT-FLORENTIN.

Videz et nettoyez les truites, et remplissez-les de beurre frais pétri avec des fines herbes finement hachées. Mettez les truites dans une poissonnière avec quelques oignons piqués de clous de girofle, deux feuilles de laurier, une branche de thym, et un bon assaisonnement de sel et de poivre. Versez dessus assez de bon vin blanc pour que les truites en soient entièrement baignées ; faites cuire sur un feu clair, afin que la flamme remonte autour de la poissonnière, et qu'elle fasse prendre feu à la vapeur du vin en ébullition. Quand la flamme cesse, ajoutez à la sauce de cuisson 125 à 250 grammes de beurre frais pétri avec une ou deux cuillerées de farine, selon le volume des truites. La cuisson terminée, retirez les truites de la poissonnière, dressez-les sur un plat, passez la sauce de cuisson et faites-là réduire si elle est trop longue ; versez-la sur les truites au moment de servir. On ne doit accommoder que de grosses truites à la Saint-Florentin.

TRUITES AU BEURRE D'ANCHOIS.

Faites mariner quelques belles truites dans de l'huile d'olive fine, avec des fines herbes, des échalotes hachées, une ou deux feuilles de laurier, et un bon assaisonnement de sel et de poivre. Au bout de deux heures, retirez-les de la marinade, panez-les fortement ; trempez-les dans des œufs battus, blancs et jaunes, panez-les une seconde fois ; faites-les cuire dans une tourtière avec feu dessus et dessous, au moyen du four de campagne. Quand elles ont bien pris couleur, servez avec une sauce au beurre d'anchois (page 87).

On lève les filets des truites comme les filets de saumon ; les truites entières et les filets de truites, outre les recettes qui précèdent, peuvent être accommodés de toutes les manières indiquées pour préparer le saumon et les filets de saumon.

Alose.

L'alose (*fig.* 60), qui remonte par grandes bandes comme le saumon, n'est bonne qu'à partir de la fin de mai; on en prend assez souvent de très-grosses en septembre, parce que ce poisson grossit et engraisse rapidement dans l'eau douce. L'alose n'est bonne qu'au sortir de l'eau; c'est un poisson qui ne saurait être mangé trop frais.

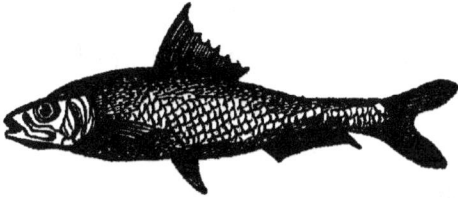

Fig. 60.

ALOSE GRILLÉE, A L'OSEILLE.

Faites mariner une alose pendant une heure dans de l'huile d'olive fine, avec des fines herbes et des échalotes hachées et un bon assaisonnement de sel et de poivre. Le poisson étant assez épais, tailladez-le en biais à des distances régulières, et retournez-le dans la marinade, pour qu'il en soit bien pénétré des deux côtés. Faites cuire l'alose sur le gril sur un feu doux; retournez-la une ou deux fois; arrosez-la avec l'huile dans laquelle elle a été marinée. Au moment où elle est retirée du gril, servez-la sur une purée d'oseille convenablement assaisonnée

Quand on reçoit beaucoup de monde et qu'on dispose d'une alose aussi grosse qu'un beau saumon, après l'avoir fait mariner à l'huile, il vaut mieux la faire cuire à la broche que de la mettre sur le gril; on la sert avec une purée d'oseille, comme ci-dessus.

ALOSE A LA MARINIÈRE.

Videz et nettoyez une belle alose; coupez-la par tronçons de quatre à cinq centimètres d'épaisseur. Mettez-les dans une casserole avec 125 grammes de beurre frais, une cuillerée de farine, un bon assaisónnement de sel et de poivre, et assez de vin blanc pour que les morceaux d'alose en soient couverts. Faites prendre quelques bouillons, ajoutez, quand l'alose est à moitié cuite, une vingtaine de petits oignons. La cuisson terminée, retirez de la casserole les morceaux d'alose et les petits oignons; dressez-les sur un plat couvert que vous tiendrez chaud sur le côté du fourneau; faites cuire dans la sauce une douzaine de sardines fraîches; rangez-les autour de l'alose à la marinière, et versez par-dessus la sauce très-chaude, au moment de servir,

On peut encore servir l'alose cuite au bleu comme le saumon (page 434) ou à la hollandaise, cuite dans l'eau de sel et accompagnée d'une sauce au beurre, avec des pommes de terre; on peut lever les filets d'alose et les accommoder comme les filets de saumon. Mais, de l'avis de tous les connaisseurs, l'alose grillée ou rôtie, et servie sur une purée d'oseille, est meilleure que de toute autre manière.

POISSONS D'EAU DOUCE.

La cuisine française dispose d'une assez grande variété de poissons d'eau douce. En dépit du proverbe ancien qui dit : *Jeune chair* et *vieux poisson,* les plus gros poissons de chaque espèce, qui ne doivent qu'à leur âge très-avancé leur volume extraordinaire, ne sont pas à beaucoup près les meilleurs. Les poissons d'eau douce, pour l'usage de la cuisine, sont fournis par les rivières, les lacs et les étangs; ceux des eaux courantes sont toujours les meilleurs. A Paris, les marchands de poisson en gros achètent le produit de la pêche des étangs et laissent le poisson s'améliorer par un séjour assez prolongé dans la Seine, au moyen des bateaux à double fond, dits *bascules*, avant de le livrer au commerce de détail. Malgré l'incontestable valeur gastronomique de plusieurs espèces de poissons d'eau douce, la consommation en a diminué très-sensiblement depuis que les chemins de fer amènent dans tous les grands centres de population le poisson de mer aussi frais que le cuisinier peut le désirer; le poisson de mer très-frais est toujours préféré au poisson d'eau douce.

Brochet.

Ce poisson (*fig*. 61) passe à juste titre pour l'un des meilleurs poissons d'eau douce; il doit la délicatesse de sa chair à sa nourriture, qui consiste à dévorer d'autres

Fig. 61.

poissons, auxquels il fait une chasse assidue. Les vieux brochets sont quelquefois un peu durs, mais ils ne le sont jamais au même degré que les autres poissons d'eau douce du même âge.

BROCHET AU BLEU.

On fait cuire le brochet au bleu dans le court-bouillon indiqué pour le saumon au bleu (page 434). On doit le vider et le nettoyer soigneusement, mais lui laisser ses écailles, qui, lorsqu'il est cuit au bleu, s'enlèvent par plaques avec la peau, sur l'assiette de chaque convive. On sert le brochet au bleu, froid, sur une planche couverte de linge blanc, avec un entourage de persil en branches. On sert en même temps l'huilier ou une sauce ravigote froide. On ne doit faire cuire au bleu que les très-gros brochets.

BROCHET ROTI A LA BROCHE.

Nettoyez, videz et écaillez un gros brochet; s'il contient des œufs, enlevez-les avec soin, parce qu'ils sont doués de propriétés purgatives très-prononcées. Piquez sur trois rangs de chaque côté le dos du brochet de filets d'anguille taillés en forme de lardons, et fortement assaisonnés de sel, poivre et muscade râpée. Embrochez le brochet dans le sens de sa longueur, et fixez-le solidement à la broche, à ses deux extrémités. Faites cuire devant un feu clair sans être trop vif. Mettez dans la lèchefrite une demi-bouteille de vin blanc, cinq à six cuillerées d'huile d'olive fine et le jus d'un citron; agitez vivement ce mélange, et arrosez-en presque continuellement le brochet à la broche pendant sa cuisson. Lorsqu'il est cuit, écrasez dans la sauce que contient la lèchefrite cinq à six anchois, un bon assaisonnement de sel et de poivre, une ou deux cuillerées de câpres, et servez-vous-en pour mouiller un roux blond. Débrochez avec précaution le brochet pour ne pas l'endommager; dressez-le

sur un plat et arrosez-le de la sauce précédente très-
chaude.

BROCHET FARCI A LA BROCHE.

Videz et nettoyez un beau brochet comme pour la
recette précédente. Remplissez l'intérieur du corps d'une
farce au poisson (page 100). Saupoudrez des deux côtés
le brochet avec du sel fin mêlé d'un peu de poivre.
Beurrez une grande feuille de papier fort ; couvrez-la de
persil et de ciboules entières ; étendez dessus le brochet
farci, après l'avoir piqué de chaque côté de deux rangs,
l'un de filets d'anchois, l'autre de cornichons. Repliez le
papier pour en bien envelopper le brochet et faites-le
cuire doucement à la broche ; mettez dans la lèchefrite
du beurre frais dont vous arroserez fréquemment le brochet à la broche. Quand vous le jugez bien cuit, débrochez-le, enlevez le papier, dressez le brochet sur un
plat, et versez dessus une sauce piquante à laquelle vous
ajouterez une partie du jus de cuisson du brochet, après
l'avoir dégraissé.

BROCHET EN FRICANDEAU.

Coupez un beau brochet en cinq ou six tronçons d'égale
grosseur, après l'avoir vidé, nettoyé, dépouillé de sa peau,
et avoir supprimé la tête et la queue. Piquez de fin lard
chaque tronçon des deux côtés, comme un fricandeau.
Mettez dans une casserole 250 grammes de veau maigre
coupé en petits dés, avec un bon assaisonnement de sel
et de poivre, un bouquet garni, un verre de vin blanc, et
une tasse de bouillon dégraissé. Posez les tronçons de
brochet piqués sur cette garniture, et faites bouillir vivement jusqu'à ce que le poisson soit bien cuit ; retirez-le

de la casserole, passez le jus de cuisson, et faites-le réduire, jusqu'à ce qu'il devienne très-épais, sur un feu
doux afin qu'il ne brûle pas. Quand la sauce est très-
consistante, passez-y les morceaux de brochet en fricandeau les uns après les autres, afin qu'ils en soient bien
glacés. Dressez-les sur un plat; versez dans la casserole
une demi-tasse de bouillon dégraissé, afin d'éclaircir le
jus et de détacher tout ce qui adhère au fond de la casserole; arrosez de cette sauce très-chaude les tronçons de
brochet en fricandeau au moment de servir.

Brochetons.

On donne ce nom au brochet qui n'a pas plus du tiers
ou de la moitié du volume ordinaire d'un beau brochet;
ils sont plus tendres et d'un goût plus délicat que les
gros brochets.

BROCHETONS A LA MAITRE-D'HOTEL.

Faites cuire sur le gril des brochetons vidés, écaillés
et nettoyés, enveloppés d'un papier huilé ou enduit de
beurre frais. Lorsqu'ils sont cuits, enlevez les papiers et
remplissez le ventre de chaque brocheton de beurre frais
pétri avec des fines herbes hachées, le jus d'une orange
bigarade, et un bon assaisonnement de sel et de poivre.
Servez chaud au sortir du gril.

BROCHETONS FRITS.

Quand les brochetons ne dépassent pas le volume d'un
merlan de moyenne grosseur, l'une des meilleures manières de les apprêter, c'est de les faire frire, soit après
les avoir saupoudrés simplement de farine, soit avec une
bonne pâte à frire (page 91).

Carpe.

La carpe commune (*fig.* 62), de moyenne grosseur,
est l'un des moins recherchés des poissons d'eau douce·
A Paris, les carpes de Seine, ou celles des étangs qui
ont séjourné quelques temps dans l'eau de la Seine, sont
réputées les meilleures ; dans les départements, il est
bon, quand on achète une carpe d'étang, de la garder un
ou deux jours dans de l'eau prise dans un ruisseau, et
plusieurs fois renouvelée, afin de lui faire perdre la saveur de vase qui rend sa chair désagréable, de quelque
manière qu'elle soit accommodée. C'est pendant les trois
mois d'avril, mai et juin, que la carpe possède toutes les
propriétes gastronomi-
ques qui la font re-
chercher pour la cui-
sine. La carpe se cor-
rompt très-vite ; il ne
faut jamais l'acheter
que vivante, et la tuer

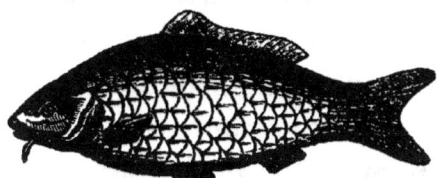

Fig. 62.

au moment de l'apprêter, si l'on veut être assuré de la
manger parfaitement fraîche.

CARPES EN MATELOTE A LA MARINIÈRE.

Écaillez, videz et nettoyez une ou deux carpes ; les
carpes œuvées pour la matelote sont préférables aux
carpes laitées. Coupez les carpes par tronçons ; laissez
écouler le sang dans une tasse, et réservez-le pour terminer la sauce de la matelote. Faites revenir dans du
beurre frais une douzaine de petits oignons, sans les
laisser roussir ; mettez-les dans un chaudron avec une
bouteille de vin rouge ; mettez les tronçons de carpe

dans le vin avec une feuille de laurier, un bon assaisonnement de sel et de poivre, et une ou deux poignées
de champignons. Placez le chaudron sur un feu clair,
afin que la flamme s'élève au-dessus des bords, et mettez
le feu à la vapeur du vin en ébullition. Quand le poisson est cuit, retirez-le de la casserole ainsi que les
oignons et les champignons. Passez la sauce de cuisson,
ajoutez-y 125 grammes de beurre frais pétri avec deux
cuillerées de farine; faites-la réduire en bonne consistance si elle est trop longue; lorsqu'elle semble assez
épaisse, éclaircissez-la en y ajoutant le sang de carpe
réservé à cet effet; tenez un instant la casserole sur des
cendres chaudes, parce qu'après que le sang y a été
ajouté, la sauce ne doit pas bouillir. Versez-la bouillante sur la matelote que vous aurez tenue chaude sur
le bord du fourneau, en attendant le moment de servir.
On peut, en suivant de point en point cette recette, ajouter aux tronçons de carpe une anguille, un barbillon ou
bien un ou deux brochetons, coupés par tronçons
comme les carpes.

CARPE EN MATELOTE BLANCHE.

Préparez la carpe et coupez-la par tronçons, comme
pour la recette précédente; égouttez le sang qui ne doit
pas être employé pour ce genre de matelote; faites revenir les oignons dans du beurre très-peu chauffé, afin
qu'ils ne puissent pas prendre la moindre couleur. Ajoutez une bouteille de vin blanc et une poignée de champignons. Quand le poisson est cuit, dressez-le sur un plat;
passez la sauce; faites-y fondre 125 grammes de beurre
frais pétri avec une cuillerée de farine; au moment de
servir, liez la sauce avec trois jaunes d'œufs après l'avoir

retirée du feu; assaisonnez-la de bon goût et versez-la
sur le poisson, entouré de sa garniture d'oignons et de
champignons. Pour un dîner de cérémonie, on fait frire
une douzaine de croûtons de pain dans le beurre, on les
range autour de la matelote blanche, en les faisant alterner avec des écrevisses cuites séparément, et des
champignons mêlés de petits oignons cuits avec la matelote blanche.

CARPE AU COURT-BOUILLON.

Nettoyez bien une belle carpe, sans enlever les écailles, et videz-la en ouvrant le ventre le moins possible.
Préparez dans une poissonnière un bon court-bouillon
avec un ou deux verres de vin blanc, sel, poivre,
oignons, carottes, bouquet garni et autant d'eau qu'il
en faut pour que la carpe y baigne complétement. Faites
bouillir ce court-bouillon; mettez-y la carpe quand il
est en pleine ébullition. D'autre part, faites bouillir séparément deux verres de vinaigre rouge; quand il est
bouillant, versez-le sur la carpe, dont la cuisson ne doit
pas être interrompue. Dès que la carpe est suffisamment
cuite, retirez-la, égouttez-la, et dressez-la sur une planche couverte de linge blanc avec un entourage de persil
en branches. La carpe au court-bouillon doit être servie
froide avec l'huilîer.

CARPE GRILLÉE A LA SAUCE BLANCHE.

Videz et écaillez une carpe de moyenne grosseur;
pratiquez des incisions régulières de haut en bas des
deux côtés, et faites-la cuire sur le gril, sur un feu vif.
D'autre part, préparez une sauce blanche (pag. 72),

suffisamment abondante ; versez-la très-chaude sur la carpe grillée au sortir du gril, et parsemez-la de câpres.

CARPE FRITE.

On ne doit faire frire que des carpes de moyenne grosseur, laitées, et plutôt petites que trop grosses. Pour les faire frire on les fend par le dos, de la tête à la queue, sans détacher complétement les deux morceaux qui doivent être saupoudrés d'abord de sel fin mêlé d'un peu de poivre, puis d'une couche épaisse de farine ou de fécule. Pour la cuisine des jours maigres, on fait frire les carpes au beurre ; pour celle des autres jours, elles sont beaucoup meilleures frites au saindoux. Si la carpe qu'on doit faire frire est un peu volumineuse, il est bon de la taillader des deux côtés, sans quoi elle pourrait être bien colorée, et cependant n'être pas suffisamment cuite à l'intérieur. La laitance, qui cuit en beaucoup moins de temps que le poisson, ne doit être mise dans la friture que quand la carpe frite est cuite plus d'à moitié.

CARPE EN FRICANDEAU.

Levez les filets de deux belles carpes, piquez-les de fin lard comme des fricandeaux, et faites-les cuire comme les tronçons de brochet en fricandeau (p. 447). Servez la carpe en fricandeau avec un ragoût de laitances de carpe (pag. 109).

LAITANCES DE CARPE FRITES.

Faites dégorger dans de l'eau fraîche, plusieurs fois renouvelée, une quantité de laitances de carpe proportionnée au nombre des convives. D'autre part, mettez sur le feu, dans une casserole, un demi-litre d'eau avec un peu de sel et un peu de vinaigre. Quand cette eau commence à bouillir, plongez-y les laitances dégorgées; faites leur prendre quelques bouillons et laissez-les égoutter et refroidir. Quand elles sont froides, passez-les dans une bonne pâte à frire (page 91), et faites-leur prendre couleur dans une friture très-chaude. Servez avec une garniture de persil frit.

Barbeau.

Le barbeau est un poisson de rivière qui doit son nom aux deux appendices charnus nommés *barbes*, qu'il porte aux deux côtés de la bouche. Ceux qu'on prend dans la Seine sont les plus estimés; on en prend à peu près toute l'année; mais c'est en juin et juillet qu'ils passent pour avoir atteint toute la perfection des qualités qui les font rechercher. La chair du barbeau est délicate, mais d'une saveur peu relevée; de quelque manière qu'on l'accommode, il faut forcer un peu l'assaisonnement. Quand il n'est pas possible d'acheter le barbeau vivant, il faut s'assurer qu'il est récemment pêché; car il peut sembler très-frais, n'avoir aucune odeur de poisson avancé, et cependant avoir perdu sa fraîcheur et contracté, surtout quand la température est chaude, une saveur très-peu agréable.

BARBEAU AU COURT-BOUILLON.

Il ne faut accommoder au court-bouillon que les barbeaux du volume d'un gros brochet, du poids d'un kilogramme et au-dessus. On vide et l'on nettoie soigneusement le barbeau qui doit être cuit au court-bouillon, en prenant la précaution de ne lui ouvrir le ventre que

le moins possible, et l'on s'abstient de lui enlever ses
écailles. Avant de le faire cuire, on commence par l'é-
tendre sur un plat creux et par l'arroser successivement
des deux côtés avec un verre de fort vinaigre bouillant,
après quoi on le saupoudre de sel fin mêlé d'un peu de
poivre; il reste en cet état en attendant que le court-
bouillon soit prêt. Mettez dans une poissonnière moitié
eau, moitié vin blanc, en quantité proportionnée au volume du barbeau, qui doit y baigner complétement.
Ajoutez un bon assaisonnement de sel et de poivre, un
bouquet garni, et deux ou trois gros oignons piqués chacun d'un clou de girofle. Mettez la poissonnière sur un
feu vif, afin que le court-bouillon entre assez promptement en forte ébullition. Mettez le barbeau dans le court-
bouillon, après avoir ficelé la tête pour qu'elle ne se
déforme pas. Quand il est cuit, faites-le bien égoutter;
enlevez toute la peau avec les écailles; servez sur un
linge blanc, avec un entourage de persil en branches.
Le barbeau au court-bouillon doit être servi froid, accompagné de l'huilier, ou d'une sauce ravigote froide,
mêlée par parties égales à une portion du court-bouillon
dans lequel a cuit le barbeau.

BARBEAU A L'ÉTUVÉE.

Videz les barbeaux et écaillez-les; faites-les cuire entiers dans du vin rouge avec quelques oignons, une
feuille de laurier, et un bon assaisonnement de sel et de
poivre. La cuisson terminée, dressez les barbeaux sur un
plat, sans les déformer; ajoutez à la sauce 125 grammes
de beurre frais pétri avec une cuillerée de fécule; faites
prendre quelques bouillons afin de donner à la sauce
une bonne consistance; versez-la très-chaude sur les

barbeaux à l'étuvée, au moment de servir. On ne doit accommoder à l'étuvée que les barbeaux trop petits pour être cuits au court-bouillon, ou associés à la carpe dans une matelote à la marinière.

BARBEAU GRILLÉ.

Pour faire cuire un barbeau sur le gril, il faut, après l'avoir vidé, écaillé, nettoyé et essuyé avec un linge blanc, le graisser de beurre frais et le saupoudrer de sel fin sur ses deux surfaces. Il doit, s'il est de moyenne grosseur, être taillardé régulièrement, comme la carpe grillée, et rester un bon quart d'heure sur le gril. Au sortir du gril, on le dresse sur le plat et on le sert avec une sauce au beurre d'anchois (page 87).

Barbillons.

On désigne sous ce nom les jeunes barbeaux qui n'ont pas dépassé la moitié de leur volume normal. On ne doit pas les faire cuire au court-bouillon; mais ils sont excellents étuvés, grillés, ou pour grossir une matelote de carpe à la marinière. Dans ce cas, comme leur chair est extrêmement tendre, on ne doit les ajouter à la matelote que quand la carpe ou l'anguille, qui en sont la base, sont à moitié cuites.

Tanche.

La tanche (*fig.* 63) est par elle-même un excellent poisson, dont la chair est courte, fine, délicate et de bon goût; mais ce poisson est de ceux qui, dans les cours d'eau et dans les étangs, se plaisent de préférence sur les fonds vaseux; souvent même la tanche s'enfonce dans la vase dont elle contracte la saveur. Il importe, pour cette raison, de l'acheter vivante et de la faire dégorger pendant un jour ou deux dans un baquet rempli d'eau propre, plusieurs fois renouvelée, à moins qu'après avoir été pêchée, elle n'ait déjà séjourné quelque temps dans une bonne eau courante avant d'être vendue.

Fig. 63.

TANCHES A LA POULETTE.

Pour pouvoir bien nettoyer et écailler facilement les tanches, il faut les plonger quelques minutes dans de l'eau bouillante. On les coupe ensuite par tronçons comme la carpe qu'on veut accommoder en matelote. On met les morceaux dans de l'eau fraîche, deux ou trois fois renouvelée, pendant une ou deux heures; ils sont alors retirés de l'eau, égouttés et essuyés avec un linge blanc, puis on les met dans une casserole avec une poignée de petits oignons, autant de champignons coupés par morceaux, et assez de beurre fondu tiède pour que le poisson et sa garniture en soient suffisamment pénétrés. Saupoudrez le tout de sel mêlé d'un peu de poivre ; ajoutez une feuille de laurier et un bouquet garni, faites sauter sur un feu vif. Mouillez avec une bouteille de vin blanc, et faites cuire doucement en ralentissant le feu. La cuisson terminée, dressez les tronçons de tanche sur le plat; rangez les champignons et les petits oignons tout autour, et versez dessus la sauce de cuisson passée au tamis, à laquelle vous ajouterez une liaison de trois jaunes d'œufs au moment de servir. Une douzaine de belles écrevisses cuites séparément, et disposées sur les bords du plat, accompagnent très-bien les tanches à la poulette préparées selon la recette précédente.

TANCHES AU COURT-BOUILLON.

Les plus belles tanches peuvent être cuites au court-bouillon comme les carpes (page 451). On les sert chaudes, avec une sauce blanche mêlée de câpres en assez grande quantité pour leur communiquer une saveur un peu relevée.

TANCHES GRILLÉES.

Après avoir écaillé et nettoyé les tanches, videz-les en pratiquant l'ouverture la moins grande possible; remplissez le corps de beurre frais pétri avec de fines herbes et une demi-gousse d'ail finement hachées; faites cuire les tanches ainsi préparées sur le gril, à un feu très-doux. Servez les tanches grillées arrosées d'une sauce Robert (page 78), d'une sauce tomate (page 80), ou d'une sauce au beurre d'anchois (page 87).

TANCHES FRITES.

Préparez une marinade avec un verre d'eau et un verre de vinaigre, sel, poivre, fines herbes hachées et 125 grammes de beurre frais. Faites tiédir la marinade juste assez pour que le beurre fonde; battez bien le tout ensemble, et faites-y mariner pendant deux heures les tanches ouvertes en deux comme les carpes qu'on veut faire frire. Essuyez-les et saupoudrez-les de farine; faites frire dans une friture très-chaude; servez avec du persil frit.

Perche.

La perche (*fig.* 64), surnommée à juste titre la perdrix des rivières, multiplie également bien dans l'eau vive et dans l'eau dormante. Les meilleures qu'on mange en Europe sont pêchées dans les nombreux canaux qui sillonnent la Hollande et la Belgique ; la perche y est si recherchée, et sa pêche s'effectue à des intervalles si rapprochés, qu'on ne lui laisse pas le temps de grossir. Jamais elle ne contracte le goût de vase dans les eaux dormantes, comme la tanche, parce qu'elle est constamment en mouvement pour donner la chasse aux petits poissons dont elle se nourrit, ce qui donne à sa chair beaucoup de ressemblance avec celle du brochet ; mais la perche est plus délicate. La perche

Fig. 64.

n'a pas de saison ; elle est également bonne toute l'année.

PERCHE A LA HOLLANDAISE.

On nomme en Hollandais *Watter-fish*, ou eau de poisson, une sorte de court-bouillon spécialement en usage pour faire cuire la perche et les autres poissons les plus délicats. Faites bouillir dans de l'eau fortement salée trois ou quatre fortes racines de persil avec les tiges de leurs feuilles, un panais fendu en quatre, un ou deux oignons et un morceau de piment. Après quelques minutes d'ébullition, retirez de la Watter-fish le panais, les oignons et le piment ; laissez-y les racines de persil, et mettez-y, sans interrompre l'ébullition, les perches écaillées, vidées et nettoyées. Dès qu'elles sont cuites, égouttez-les, laissez-les refroidir, et servez-les froides, sans sauce. En Hollande et dans tout le Nord, les perches à la Watter-fish sont servies accompagnées de piles de tartines

de pain de seigle, très-minces, et fortement beurrées.
Les perches cuites de cette façon peuvent être arrosées
de toute espèce de sauce maigre, au goût des consommateurs ; dans ce cas on les sert chaudes, au sortir de la
Water-fish. Cette manière d'accommoder la perche
convient spécialement pour les perches petites ou de
moyenne grosseur, connues en Belgique et dans tout
le nord de la France sous le nom de *percots* ou *pier-
cots*.

PERCHES AU BEURRE.

Videz et nettoyez les perches, sans en ôter les écailles,
ficelez les têtes, pour qu'elles ne se déforment pas en
cuisant. Faites-les cuire dans de l'eau modérément
salée, avec une feuille de laurier et deux ou trois
oignons. Lorsqu'elles sont cuites, enlevez la peau avec
les écailles et les nageoires ; dressez les perches sur un
plat, et arrosez-les d'une sauce au beurre (page 72).
Cette manière d'accommoder les perches convient surtout pour celles de grande dimension, telles qu'on en
prend assez souvent dans la Seine et dans les grands
étangs du centre de la France. On peut, après les avoir
fait cuire selon la recette précédente, les arroser d'une
sauce pluche maigre (page 75), qui convient spécialement à ce genre de poisson.

PERCHES FRITES.

On fait frire les grosses perches comme les carpes et
les tanches, sans pâte, fendues en long, et saupoudrées
de farine. On doit préalablement les faire mariner une
heure ou deux, non pas dans le vinaigre comme les tan-

ches, mais dans l'huile d'olive fine, bien assaisonnée de sel, poivre, échalotes et fines herbes hachées.

PERCHES A LA POLONAISE.

Faites cuire à la Watter-fish, selon la recette de la p. 458, des perches petites ou de moyenne grosseur; en enlevant la peau et les écailles, mettez en réserve les nageoires, d'un beau rouge, et conservez-les bien entières. Quand les perches sont refroidies, passez-les dans le beurre fondu tiède et panez-les avec de la mie de pain rassis finement émiettée; passez-les ensuite dans une omelette bien assaisonnée, panez-les une seconde fois plus fortement que la première, et faites-les cuire sur le gril en les retournant pour les bien colorer des deux côtés. Au moment de servir, fendez de distance en distance le dos des perches, et insérez-y les nageoires réservées à cet effet; versez dessus une sauce tomate.

On accommode aussi les plus grosses perches en matelote, en suivant de point en point la recette indiquée pour la carpe en matelote à la marinière (page 449).

Brème.

La brème, poisson de rivière et d'étang, plat, large, à chair longue et peu savoureuse, très-chargée d'arêtes, reçoit tous les assaisonnements indiqués pour accommoder la carpe, à laquelle la brème est assez souvent associée dans la matelote à la marinière. Lorsqu'on sert les grosses brèmes seules, la meilleure manière de les apprêter, c'est de les faire cuire sur le gril et de les arroser d'une sauce ravigote, sans ménager l'échalote, afin de masquer la fadeur naturelle de la brème.

Deux autres poissons blancs, le *meunier* et la *Chevenne*, l'un et l'autre assez connus dans les rivières de France, ont à peu près les propriétés de la brème, et peuvent être accommodés comme ce poisson. Le meunier, dont on prend souvent de très-gros échantillons dans les eaux profondes des biez des moulins, est excellent accommodé comme la carpe en matelote blanche (page 450). Il faut seulement ajouter à la sauce, quand le poisson est presque cuit, un verre de bonne eau-de-vie, dont on allume la vapeur avec une allumette, et qu'on laisse brûler au dessus de la sauce, ce qui l'améliore sensiblement.

Anguille.

L'anguille (*fig.* 65) dont la forme cylindrique allongée ressemble à celle du serpent, rampe avec facilité et peut vivre assez longtemps hors de l'eau; aussi passe-t-elle souvent, en traversant des prairies et des champs cultivés, d'un étang dans un autre; c'est pourquoi l'on

Fig. 65.

prend fréquemment d'assez grosses anguilles dans des fossés bourbeux et des mares vaseuses. Ces anguilles ont un goût de vase désagréable, qu'on leur fait perdre en les faisant dégorger pendant deux ou trois jours dans de l'eau de rivière renouvelée plusieurs fois par jour. L'anguille de rivière, qui n'a pas besoin d'être soumise à cette mesure de précaution, est facilement reconnaissable à la blancheur de son ventre et aux reflets bleuâtres de son dos, tandis que l'anguille d'étang ou de mare, à cause de son long séjour dans la vase, a le dos brun et le ventre d'un blanc sale et terne.

ANGUILLE A LA BROCHE.

De quelque manière qu'on accommode l'anguille, il faut d'abord la dépouiller de sa peau dure, épaisse et coriace comme du cuir. Au lieu de l'écorcher crue, comme on le fait ordinairement dans la cuisine bourgeoise, ce qui ne se fait jamais sans beaucoup de difficulté, il vaut mieux, après avoir coupé la tête et la queue de l'anguille, la mettre sur un grand gril au-dessus d'un brasier bien allumé, l'y laisser une minute seulement, et la retourner une ou deux fois. La peau se boursoufle et se détache par cette simple opération avec la plus grande facilité, comme un doigt de gant. En même temps, l'anguille ainsi dépouillée perd une partie de la graisse huileuse adhérente à l'intérieur de sa peau, ce qui en rend la chair plus agréable au goût, et plus facile à digérer.

Dépouillez, comme on vient de l'indiquer, deux grosses anguilles ; faites-les cuire dans la poissonnière avec des oignons, des carottes, un bouquet garni, un bon assaisonnement de sel et de poivre, un litre d'eau et une bouteille de vin de Madère ou de bon vin blanc. Afin que les anguilles ne puissent ni se contourner, ni se déformer, on les attache solidement à une tige de fer ou de bois dur, en mettant la queue de l'une vis-à-vis de la tête de l'autre. Quand elles ont cuit ainsi pendant une demi-heure, retirez de la poissonnière, sans les délier, et laissez-les refroidir. Passez-les alors dans le beurre fondu, panez-les fortement avec de la mie de pain rassis

finement émiettée, puis attachez à la broche la tige de
fer ou de bois à laquelle sont liées les anguilles; couvrez-les d'un papier fort, bien graissé de beurre frais ou
d'huile d'olive fine, et terminez leur cuisson devant un
feu clair. Les anguilles à la broche doivent achever de
cuire en vingt ou vingt-cinq minutes, selon leur grosseur. Enlevez les papiers, détachez les anguilles, et servez-les sur un plat long avec une sauce composée de
leur jus de cuisson, très-réduit, auquel vous ajouterez
une demi-bouteille de vin vieux d'Espagne ou de Madère.

Lorsqu'on ne veut accommoder de cette façon qu'une
seule anguille, on doit, en se conformant d'ailleurs à
toutes les indications de la recette précédente, lui enlever
la peau comme il est expliqué ci-dessus, et la rouler sur
elle-même, comme un rouleau de corde. On la maintient sous cette forme par plusieurs tours de forte ficelle,
et on la fait cuire d'abord dans une casserole, ensuite à
à la broche, de la manière indiquée dans la précédente
recette.

ANGUILLE A LA TARTARE.

Faites cuire une anguille dans le même assaisonnement que si elle devait être mise à la broche, mais au
lieu de la laisser entière après l'avoir dépouillée, coupez-la par tronçons de douze à quinze centimètres de
long. Après une demi-heure de cuisson, égouttez les
tronçons d'anguille, laissez-les refroidir, passez-les au
beurre fondu tiède, panez-les une première fois avec de
la mie de pain fortement assaisonnée de sel et de poivre,
passez-les dans des œufs battus, panez-les une seconde
fois, puis terminez leur cuisson sur le gril. Couvrez les
tronçons d'anguille d'un four de campagne chargé d'un

bon feu, afin qu'ils prennent couleur en même temps des deux côtés ; lorsqu'ils sont cuits, dressez-les sur un plat, et versez dessus, au moment de servir, une sauce rémoulade (page 79) ou une sauce au beurre d'anchois (page 87).

ANGUILLE A LA MINUTE.

Après avoir dépouillé une ou deux anguilles, coupez-les par tronçons de huit à dix centimètres de long seulement, et plongez-les dans une eau de sel en pleine ébullition. Laissez bouillir pendant dix à quinze minutes ; égouttez les tronçons, dressez-les sur un plat ; servez avec une maître d'hôtel à laquelle vous ajouterez un filet de verjus ou, à défaut de verjus, le jus d'un citron. On sert habituellement l'anguille à la minute au déjeuner, entourée de pommes de terre frites saupoudrées de sel fin.

ANGUILLE A LA POÊLE.

Coupez l'anguille par tronçons comme pour la recette précédente ; faites roussir les tronçons à la poêle dans du beurre très-frais. Lorsqu'ils sont cuits, faites roussir dans le même beurre quelques échalotes hachées ; ajoutez une cuillerée de farine ; faites un roux blond ; mouillez d'un demi-verre d'eau et d'un filet de vinaigre ; versez cette sauce très-chaude sur les tronçons d'anguille roussis à la poêle, au moment de servir. Cette manière d'accommoder l'anguille est aussi expéditive que la recette de l'anguille à la minute ; il ne faut accommoder selon ces deux recettes que des anguilles de moyenne grosseur ; elles ne cuiraient qu'imparfaitement si leurs tronçons étaient trop épais.

ANGUILLE A LA POULETTE.

Coupez une ou deux anguilles par tronçons de huit à dix centimètres; faites-les cuire dans une bouteille de vin blanc avec un bon assaisonnement de sel et de poivre et un bouquet garni. La cuisson étant terminée, dressez les tronçons d'anguille sur un plat, et tenez-les chauds sur le bord du fourneau. Faites revenir séparément dans du beurre frais, sans les faire roussir, des petits oignons et des champignons, en quantité proportionnée au volume des anguilles. Versez sur cette garniture le jus de cuisson des anguilles, passé au tamis; faites réduire sur un feu vif si la sauce est trop longue; retirez la casserole du feu; liez la sauce avec trois jaunes d'œufs dès qu'elle a cessé de bouillir, et versez-la avec la garniture de champignons et de petits oignons sur les tronçons d'anguille à la poulette, au moment de servir. Pour un repas de cérémonie, on rend ce mets plus élégant en entourant le plat de croûtrons frits et d'écrevisses cuites séparément, sans rien changer d'ailleurs à la recette précédente.

MATELOTE D'ANGUILLE A LA MARINIÈRE.

La recette est exactement celle de la carpe en matelote à la marinière; mais on prépare rarement l'anguille seule de cette manière; on l'associe à la carpe, au barbeau, au brocheton, ou à d'autres poissons du même genre, ce qui rend la matelote à la fois plus agréable et plus facile à digérer que quand elle est exclusivement composée de tronçons d'anguille.

Lamproie.

La lamproie (*fig*. 66), dont la forme rappelle celle de

l'anguille, est plus courte, plus grosse, et facilement reconnaissable aux sept ouvertures qu'elle a au-dessous de la tête. C'est un poisson plus rare, d'un goût plus délicat, et aussi beaucoup plus facile à digérer que l'anguille.

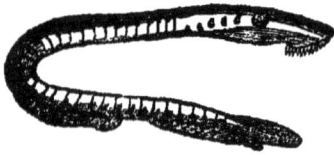

Fig. 66.

LAMPROIE EN MATELOTE.

La lamproie se corrompt très-facilement, surtout en été; il faut, autant que possible, se la procurer vivante. Pour l'accommoder en matelote, on commence par la saigner, et l'on met le sang à part pour terminer la sauce de la matelote. Il faut ensuite retrancher la tête et la queue de la lamproie, puis la passer à l'eau bouillante; c'est ce qu'en termes de cuisine on nomme *limoner* la lamproie; mais on ne doit pas la dépouiller de sa peau, comme l'anguille. Après l'avoir divisée par tronçons de six à huit centimètres de longueur, on fait dans une casserole un roux blond avec 125 grammes de beurre et une cuillerée de farine; on ajoute un bon assaisonnement de sel et de poivre, et l'on mouille avec une quantité de bon vin rouge proportionnée au volume de la lamproie. On jette les tronçons de lamproie dans la casserole dès que le vin commence à bouillir. D'autre part, on fait revenir dans le beurre une bonne garniture de petits oignons et de champignons. Mettez-les dans la casserole en même temps que les tronçons de lamproie, dont la cuisson n'exige pas plus d'un quart d'heure. La cuisson étant terminée et la sauce un peu courte, ajoutez-y le sang de la lamproie réservé à cet effet; tournez vivement pour lier la sauce avec ce sang, en évitant de la laisser bouillir. Dressez les tronçons de lamproie sur un plat; entourez-les de croûtons frits au beurre; versez dessus la sauce liée et la garniture de petits oignons et de champignons. On rend ce mets plus élégant en rangeant sur les bords du plat une douzaine de belles écrevisses cuites séparément. C'est une des manières les plus usitées et les meilleures d'assaisonner la lamproie.

LAMPROIE AUX CHAMPIGNONS.

Faites revenir dans 60 grammes de beurre une ou deux lamproies préparées et coupées par tronçons, comme pour la recette précédente; ajoutez-y une forte pincée de fines herbes hachées, et une ample garniture de champignons coupés en morceaux, avec un assaisonnement un peu fort de sel, poivre, et muscade râpée. Mouillez le tout avec assez de vin blanc pour que les tronçons de lamproie en soient bien couverts, et faites cuire sur un feu modéré. Quand la lamproie est cuite, retirez-la de la casserole, dressez les tronçons au centre du plat, la garniture de champignons tout autour; faites réduire vivement la sauce si elle est trop longue, et versez-la bouillante sur la lamproie aux champignons au moment de servir. Dans les départements du Midi, où ce mets est très-usité, on ajoute à la garniture de la lamproie aux champignons des ceps, des oronges et des mousserons, champignons sauvages dont il ne faut faire usage que là où tout le monde en mange, et où ils sont parfaitement connus; partout ailleurs ils peuvent donner lieu à des erreurs trop souvent mortelles.

LAMPROIE A LA SAUCE DOUCE.

Limonez dans l'eau bouillante une ou deux belles lamproies, après les avoir saignées à la gorge, et avoir mis le sang en réserve. Coupez-les par tronçons comme pour les accommoder en matelote. Préparez un roux blond, faites-y revenir les tronçons de lamproie, et mouillez-les avec une bouteille de vin rouge de Bourgogne. Ajoutez un bouquet garni, une branche de sauge, une pincée de cannelle en poudre et les zestes de la moitié d'un citron. Quand la lamproie est à peu près cuite, versez dans la sauce deux cuillerées de caramel. La cuisson étant terminée, dressez les morceaux de lamproie dans un plat dont vous aurez rempli le fond de croûtons frits au beurre; passez la sauce de cuisson; liez-la, sans la laisser bouillir, avec le sang tenu en réserve pour cette destination; versez la sauce liée sur les morceaux de lamproie au moment de servir. La saveur sucrée et le goût prononcé de la cannelle ne conviennent pas à tous les consommateurs; avant de préparer des lamproies à la sauce douce, il faut s'assurer qu'elles seront du goût de tous les convives auxquels on doit les offrir.

Lotte.

La lotte est, pour la forme et pour la grosseur, intermédiaire entre l'anguille et la lamproie. Ce poisson est tellement estimé dans nos départements de l'est, que le proverbe répandu dans la Haute-Saône, le Doubs et le Jura, dit à ce sujet : *Pour manger de la lotte, une Comtoise vendrait sa cotte*. De quelque façon qu'elle doive être accommodée, la lotte doit être limonée à l'eau bouillante, comme la lamproie, mais non pas écorchée comme

l'anguille. En vidant une lotte, on doit réserver le
foie, qui est la partie la plus estimée de cet excellent
poisson.

LOTTE A LA BONNE FEMME.

Après avoir limoné à l'eau bouillante deux ou trois
lottes, faites-les cuire ... du vin blanc avec un morceau de beurre de 125 g   nmes, quelques oignons coupés par tranches, et un bon assaisonnement de sel et de
poivre. La cuisson terminée, passez le court-bouillon,
faites-le réduire de moitié, et versez-le sur les tronçons
de lottes dressés sur un plat. En Franche-Comté, on sert
la lotte à la bonne femme froide, accompagnée de
tartines de beurre frais saupoudrées de fines herbes
hachées.

LOTTES A LA VILLEROY.

Garnissez le fond d'une casserole avec une tranche de
lard, une de veau, et une de jambon ; laissez-les cuire à
moitié, puis posez dessus trois ou quatre belles lottes que
vous aurez limonées et vidées, mais en y laissant le foie.
Couvrez-les de bardes de lard, et mouillez-les d'une bouteille de vin de Champagne, ou, à défaut de ce vin, d'une
bouteille de bon vin blanc. Ajoutez une garniture de
champignons, une gousse d'ail, une feuille de laurier,
un bon assaisonnement de sel et poivre, et deux tranches
de citron. Faites cuire sur un feu modéré. Quand les
lottes sont cuites, retirez-les de la casserole ; passez le
jus de cuisson ; faites-le réduire en bonne épaisseur,
trempez-y les lottes, panez-les fortement, et faites-leur
prendre couleur au four, ou dans une tourtière couverte
d'un four de campagne chargé d'un bon feu. Ajoutez à

la sauce réduite quelques cuillerées de jus de rôti bien dégraissé ; arrosez-en les lottes à la Villeroy au moment de servir.

La lotte peut en outre être accommodée de toutes les manières indiquées pour la lamproie et pour l'anguille.

RAGOUT DE FOIES DE LOTTE.

Dans les pays où la lotte est assez commune pour qu'on puisse s'en procurer à volonté, on prépare un excellent ragoût de foies de lottes, en les accommodant selon la recette indiquée pour le ragoût de laitances de carpe (page 109).

Goujon.

Le goujon est le meilleur des petits poissons d'eau douce ; on peut l'accommoder de toutes les manières indiquées pour apprêter l'éperlan. De quelque façon qu'on le prépare, il faut l'écailler, le vider, et le bien essuyer avec un linge fin, mais s'abstenir de le laver.

GOUJONS FRITS.

Dans la cuisine bourgeoise, on fait frire les goujons après les avoir trempés dans une pâte à frire très-claire, et on les sert avec une garniture de persil frit. Dans les grandes cuisines, on embroche les goujons dans une brochette de bois blanc, ou mieux dans un hâtelet d'argent ; on les saupoudre de farine sans les passer dans la pâte, et on les fait frire des deux côtés de la manière indiquée pour faire frire les éperlans. On les sert sans les débrocher, avec une garniture de persil frit.

COUJONS A L'ÉTUVÉE.

Lorsqu'on peut se procurer de très-beaux goujons, dépassant le volume ordinaire de ce poisson, on peut en faire un plat maigre fort distingué, en les apprêtant à l'étuvée. Mettez dans le fond d'un grand plat pouvant supporter l'action du feu 125 grammes de beurre coupé en petits morceaux, une poignée de fines herbes hachées, et autant de petits champignons. Étendez symétriquement les goujons sur cette garniture ; saupoudrez-les de sel fin mêlé d'un peu de poivre, couvrez-les de fines herbes hachées et de petits champignons coupés en morceaux ; faites cuire sur un feu doux, avec un demi-litre de vin blanc. Servez dans le plat où les goujons ont été étuvés.

Ablette.

La chair de l'ablette (*fig.* 67) est assez fade par elle-même ; elle est de beaucoup inférieure à celle du goujon. L'ablette est avec les petites brèmes et les autres poissons blancs encore peu développés la base des fritures servies sous le nom de goujons frits, et dans lesquelles le goujon ne prend place que par hasard. Tous ces petits poissons doivent être passés à la pâte avant

Fig. 67.

d'être mis dans la friture ; ils doivent être mangés très-chauds.

DIXIÈME SECTION.

CRUSTACÉS. — COQUILLAGES. — REPTILES.

CRUSTACÉS.

Les crustacés utilisés pour la cuisine sont le *homard*, la *langouste*, le *crabe*, l'*écrevisse* et la *crevette*.

Homard.

Le homard est le plus estimé des crustacés ; ceux de moyenne grosseur sont avec raison préférés pour la cuisine aux très-gros homards, d'un âge très-avancé, dont la chair est à peine mangeable. Dans les villes maritimes, où les homards sont vendus vivants, on les fait cuire, aussitôt qu'ils sont pêchés, dans de l'eau de mer, avec quelques oignons et un bon assaisonnement de poivre. Quand la cuisson est à moitié faite, on ajoute au court-bouillon un verre de vin de Madère. Le homard complétement cuit doit refroidir dans son court-bouillon. On le sert froid, fendu en deux dans le sens de sa longueur ; on sert en même temps dans une saucière une sauce mayonnaise (page 79) ou bien une sauce au homard préparée de la manière suivante :

Détachez soigneusement le *tourteau* d'un homard, c'est-à-dire toute la substance contenue dans la grande coquille. Ajoutez-y, si le homard est femelle, les œufs très-nombreux qu'il porte attachés en grappes sous la queue. Écrasez et battez le tout avec une cuiller de bois, et mêlez-y une cuillerée de fines herbes finement hachées, deux échalotes également hachées, une ou deux cuillerées d'huile d'olive et un petit verre d'anisette. Le mélange étant bien uniforne, éclaircissez-le avec du jus de citron, en quantité suffisante pour donner à la sauce la consistance désirée.

A Paris et dans les grandes villes éloignées de la mer, on achète ordinairement les homards tout cuits. On n'en doit pas moins leur faire prendre un bon quart d'heure de cuisson dans le court-bouillon indiqué plus haut, si l'on veut les manger parfaitement cuits et de bon goût. On donne au homard plus belle apparence en frottant légèrement d'huile d'olive sa coquille, qui paraît alors lustrée et d'un rouge très-vif.

HOMARD A LA BROCHE.

Attachez solidement à la broche un beau homard. Mettez dans la lèchefrite 125 grammes de beurre frais, une demi-bouteille de vin de Champagne ou de vin blanc, et un bon assaisonnement de sel et de poivre. Arrosez presque continuellement le homard avec ce mélange : on juge qu'il est suffisamment cuit quand l'écaille, d'abord très-dure, est devenue tendre et friable par l'action du feu. Servez avec une sauce ravigote froide, à laquelle vous ajouterez le jus rendu par le homard à la broche, après l'avoir soigneusement dégraissé.

Langouste.

La langouste, aussi commune sur les côtes de la Méditerranée que le homard l'est sur celles de la Manche et de l'Océan, ne diffère extérieurement du homard que parce qu'elle manque de pinces, ou grosses pattes de devant.

Sa chair, d'un goût un peu moins relevé que celle du homard, reçoit les mêmes préparations et sert aux mêmes usages; l'un de ces deux crustacés remplace l'autre dans la cuisine.

Crabes.

On mange dans tous les pays maritimes une grande quantité de petits crabes de plusieurs espèces, dont les plus estimés sont le *poing clos,* l'*espagnot* et le *crabillon de roche.* Aucun de ces crabes ne figure dans la cuisine; on les colporte, cuits à l'eau de mer, dans les cabarets où les buveurs les épluchent et les mangent à loisir pour entretenir leur soif. Les crabes des plus grosses espèces, spécialement le crabe *poupard,* le *gros crabe* de Bretagne, et le *crapelu* des côtes de Normandie, peuvent seuls figurer dans un repas maigre.

CRABES AU COURT-BOUILLON.

On fait cuire le crabe dans le même court-bouillon indiqué plus haut pour la cuisson du homard et de la langouste; on le laisse refroidir dans son court-bouillon. Quand il est froid, on l'ouvre en dessous pour retirer tout le contenu de la coquille, consistant en chairs très-blanches et en une sorte de laitance dont la consistance est celle d'une crème bien cuite. Les chairs, détachées avec une fourchette, sont hachées finement avec leur volume de cresson alénois, et incorporées avec la laitance du crabe; on y ajoute un peu d'huile d'olive et quelques gouttes de verjus ou de vinaigre; on remet le tout dans la coquille du crabe qu'on retourne pour la servir sur un plat avec une garniture de persil en branches. On place ordinairement sur le devant du plat les *mordants* ou pinces du crabe. Ce mets d'un goût relevé, doit être servi sans sauce ; on distribue à la cuiller aux convives le contenu de l'écaille du crabe. Il ne faut préparer de cette manière que les plus gros crabes des plus grosses espèces. Ce mets, d'un aspect peu agréable, ne plaît pas à tous les consommateurs, bien qu'il soit sain et excellent.

Écrevisses.

Depuis qu'on pratique en grand, spécialement dans le département de l'Aisne, la multiplication artificielle et l'élève en grand de l'écrevisse, cet excellent crustacé est devenu plus commun et d'un prix moins inabordable, ce qui en a rendu l'emploi beaucoup plus fréquent dans la cuisine française. Les écrevisses renommées d'Alsace et de Lorraine ne doivent leur réputation qu'à leur volume remarquable ; elles ne sont pas aussi bonnes, à beaucoup près, que les écrevisses de Seine, plus petites mais plus délicates. On reconnaît les écrevisses de la Seine et celles de la Meuse, qui les égalent en délicatesse, à une tache rougeâtre qu'elles ont à la surface intérieure de leurs pinces avant d'être cuites.

ÉCREVISSES AU COUT-BOUILLON.

Après avoir lavé dans plusieurs eaux les écrevisses et les avoir fait dégorger pendant vingt-quatre heures, mettez-les sur le feu dans une casserole couverte, avec une ou deux bouteilles de vin blanc, selon le nombre des écrevisses, un morceau de beurre, trois ou quatre oignons coupés par tranches, une ou deux feuilles de laurier, une branche de thym et un bon assaisonnement de sel et de poivre. Quinze ou vingt minutes d'ébullition 'suffisent pour faire cuire complétement les écrevisses au court-bouillon ; on doit les laisser refroidir dans leur court-bouillon, et les égoutter seulement au moment de les servir. Si les écrevisses ont été cuites dans un chaudron de cuivre, on doit bien se garder, quand même ce chaudron paraîtrait bien étamé, d'y laisser séjourner les écrevisses après leur cuisson ; cétte imprudence a trop souvent donné lieu à des cas d'empoisonnement par le vert-de-gris. Dès que les écrevisses sont cuites, on doit les ôter du chaudron ou de la casserole de cuivre, et les faire refroidir avec leur court-bouillon dans une terrine de grès ou de terre vernissée. On dresse les écrevisses en pyramide couronnée d'un bouquet de persil en branches ; c'est ce qu'on nomme un *buisson d'écrevisses*.

ÉCREVISSES A LA CRÈME.

Otez à de belles écrevisses les petites pattes en conservant les deux pinces, et les écailles de la queue, coupez-leur la partie antérieure de la tête et faites-les cuire dans du consommé bien assaisonné : d'autre part, faites fondre dans une casserole 125 grammes de beurre frais ; incorporez-y deux cuillerées de farine, en tournant vivement avec une cuiller de bois et en évitant de trop chauffer. Versez peu à peu, en continuant à tourner, une tasse de très-bon lait légèrement salé ; laissez prendre quelques bouillons, retirez la casserole du feu et liez la sauce avec trois jaunes d'œufs. Dressez les écrevisses cuites au consommé sur un plat, et versez dessus la sauce à la crème préparée selon la recette précédente.

ÉCREVISSES EN MATELOTE.

Faites cuire au vin blanc un demi-cent d'écrevisses ;

épluchez-les lorsqu'elles sont cuites, comme si vous vouliez les accommoder à la crème. D'autre part, faites un roux blond dans une casserole avec 125 grammes de beurre et une forte cuillerée de farine; faites cuire dans ce roux une douzaine de petits oignons; mouillez de deux verres de vin rouge et laissez bouillir cette sauce jusqu'à ce que les oignons soient bien cuits. Dressez les écrevisses sur un plat; entourez-les d'un rang de croûtons frits au beurre; versez dessus la sauce de matelote bouillante, au moment de servir.

Crevettes.

On connaît trois qualités de cet excellent crustacé maritime : les *crevettes proprement dites*, qui par la cuisson deviennent d'un rose clair; les *crevettes pâles* ou *chevrettes*, qui restent après la cuisson d'un gris terne, et les *salicoques*, deux fois plus grosses que les espèces précédentes. Les salicoques prennent par la cuisson une teinte d'un rouge clair; leur prix est beaucoup plus élevé que celui des crevettes, parce qu'on en prend peu et qu'elles sont très-recherchées, soit comme hors-d'œuvre, soit pour la pâtisserie maigre. Les crevettes et les salicoques se corrompent si vite, qu'en toute saison on les expédie toutes cuites. Il faut, lorsqu'on les achète, rejeter celles qui semblent gluantes au toucher, et dont les queues manquent de fermeté.

COQUILLAGES.

La cuisine française utilise généralement trois espèces de coquillages, l'*huître*, la *moule* et l'*escargot*. Les deux premiers sont maritimes, le second est terrestre. Sur les côtes de l'Océan, de la Manche et de la Méditerranée, on utilise en outre divers coquillages maritimes plus ou moins mangeables, mais ils ne font pas partie de la cuisine, dans le vrai sens de ce terme.

Huîtres.

Les huîtres sont le coquillage le plus usité et le plus généralement estimé des gastronomes de tous les pays. La plus grande partie des huîtres livrées à la consommation est mangée crue, sans aucune préparation. On sert assez souvent en même temps que les huîtres des citrons coupés en deux, dont on exprime quelques gouttes de jus sur chaque huître avant de la manger ; mais les vrais amateurs d'huîtres pensent que c'est les gâter que de les assaisonner d'une manière quelconque, et qu'il faut les manger simplement avec l'eau salée dont leur coquille est remplie, et qui vaut mieux pour les accompagner que les meilleures sauces possibles. La médecine a constaté que les huîtres fraîches, mangées crues, nourrissent beaucoup, se digèrent aisément, et qu'on peut sans s'incommoder en manger une grande quantité à la fois. Les huîtres cuites, de quelque façon qu'elles soient accommodées, sont plus ou moins indigestes, et l'on ne doit en manger qu'avec beaucoup de réserve. Quelques amateurs d'huîtres croient les rendre meilleures en les faisant séjourner pendant deux ou trois jours dans de l'eau salée à raison de 500 grammes par litre. Aujourd'hui que, par les chemins de fer, on reçoit les huîtres sur les points les plus éloignés des côtes aussi fraîches que si elles sortaient de la mer, il suffit, pour manger des huîtres aussi bonnes qu'elles peuvent l'être, de s'assurer

de leur fraîcheur au moment où elles sont ouvertes
pour être servies.

HUITRES A LA POULETTE.

Ouvrez deux ou trois douzaines d'huîtres ; recueillez
avec soin l'eau qu'elles contiennent, passez-la au travers d'un linge, faites-la chauffer sans la porter tout à
fait au degré de l'ébullition ; faites-y blanchir les huîtres pendant quelques minutes, égouttez-les, mettez-les
dans un plat pouvant supporter l'action du feu, avec
125 grammes de beurre fondu tiède, une bonne garniture d'échalotes, de fines herbes et de champignons
hachés, une cuillerée d'huile d'olive et un bon assaisonnement de poivre et de muscade râpée. Couvrez le tout
d'une couche suffisamment épaisse de mie de pain rassis
finement émiettée ; entretenez sous le plat un feu doux
et couvrez-le d'un four de campagne chargé d'un feu un
peu vif. Quand la mie de pain a pris couleur, retirez du
feu les huîtres à la poulette, arrosez-les d'un jus de citron et servez-les dans le plat où elles ont cuit.

HUITRES MARINÉES FRITES.

Après avoir fait blanchir les huîtres dans leur eau,
comme pour la recette précédente, essuyez-les soigneusement l'une après l'autre avec un linge blanc dans
lequel vous les laisserez enveloppées un bon quart-
d'heure. Passez-les ensuite dans une pâte à frire très-
claire (page 91), et mettez-les quelques minutes dans
une friture très-chaude. Dès qu'elles ont pris couleur,
égouttez-les et servez avec une garniture de persil frit.

HUITRES EN HACHIS.

Faites blanchir deux douzaines d'huîtres comme pour les recettes précédentes; rafraîchissez-les immédiatement à l'eau fraîche et hachez-les finement avec leur poids de chair de poisson cuit au court-bouillon ou à l'eau de sel. Ayez soin que le hachis soit bien divisé, bien égal, et qu'il n'y reste pas d'arêtes; mouillez avec un demi-verre de vin blanc et une demi-tasse de bouillon maigre (page 55). D'autre part, hachez finement ensemble une poignée de fines herbes, quelques échalotes et une vingtaine de champignons que vous ferez cuire sur un feu doux avec 125 grammes de beurre, en évitant de les laisser roussir. Ajoutez-y le hachis d'huîtres et de poisson bien assaisonné de sel, poivre et muscade râpée; que le mélange soit bien uniforme. Laissez le plat pendant une demi-heure sur des cendres chaudes, afin que les huîtres cuisent sans bouillir. Au moment de servir, incorporez au hachis d'huîtres une liaison de trois jaunes d'œufs. Servez ce hachis très-chaud, dans le plat où il a été préparé.

Moules.

Les moules, de même que les huîtres, se digèrent aisément lorsqu'elles sont mangées crues, et plus difficilement lorsqu'on les mange cuites, accommodées à une sauce quelconque. En Belgique et dans tous les pays du Nord, où les moules sont communes et à très-bas prix, les gens du peuple en mangent sans les faire cuire des quantités énormes, et ils n'en sont point incommodés. Les moules cuites font souvent éprouver des symptômes d'empoisonnement, qui fort heureusement n'ont jamais de conséquences graves. On attribue ces accidents à la présence dans les moules d'un petit crabe ou araignée de mer, qui vit en parasite aux dépens de la substance de la moule. Les mêmes symptômes se produisent quand on a mangé des moules tant soit peu avancées, sans être précisément corrompues ; le point essentiel pour s'en préserver, c'est de ne jamais manger que des moules très-fraîches, de s'en abstenir en été, pendant les fortes chaleurs, et d'en user en toute saison avec beaucoup de réserve.

MOULES A LA POULETTE.

Nettoyez les moules avec le plus grand soin en les brossant avec une petite brosse rude, et en les lavant dans de l'eau fraîche plusieurs fois renouvelée. Mettez-les à sec dans une casserole ou dans une poêle, afin de les faire ouvrir. Passez au tamis fin l'eau que les moules rendent en s'ouvrant, et tenez-la en réserve. Séparez de chaque moule la moitié de coquille à laquelle la moule n'est pas fixée. Remettez dans une casserole, avec un bon morceau de beurre frais et une forte pincée de fines herbes hachées, les moules dans leur demi-coquille. Quand le beurre est fondu, mouillez avec une partie de l'eau des moules passée au tamis ; saupoudrez les moules de quelques pincées de farine avec une très-petite quantité de poivre : ayez soin que la sauce ne soit pas trop longue ; ajoutez-y, au moment de servir, une liaison de deux ou trois jaunes d'œufs, et le jus d'un citron. La recette précédente est la manière la plus usitée de servir les moules, dans la cuisine bourgeoise.

MOULES AU GRAS A LA PROVENÇALE.

Hachez finement ensemble deux ou trois truffes de

moyenne grosseur, une douzaine de champignons, une petite gousse d'ail et une forte pincée de fines herbes. Mettez le tout sur le feu dans une casserole avec une ou deux cuillerées d'huile d'olive fine. Faites revenir le tout sur le feu sans trop chauffer; mouillez avec un demi-verre de vin blanc et autant de bouillon dégraissé; ajoutez un bon assaisonnement de poivre et de muscade râpée. D'autre part, nettoyez les moules et faites-les ouvrir sur le feu comme pour la recette précédente; passez l'eau salée rendue par les moules et ajoutez-en la moitié à la sauce précédente. Enlevez à chaque moule une de leurs écailles, dressez-les sur un plat; terminez la sauce en y versant une ou deux cuillerées de jus de rôti; ayez soin qu'elle soit suffisamment réduite; versez-la bouillante sur les moules au moment de servir.

Escargots.

Les gros escargots de vigne sont particulièrement bons pour la cuisine, au printemps, quand ils ont commencé à se nourrir de jeunes feuilles de vigne, et en automne, quand ils ont mangé les pousses de la seconde séve; on peut d'ailleurs en manger depuis la reprise de la végétation, au printemps, jusqu'à la chute des feuilles, à la fin de l'automne.

ESCARGOTS A LA POULETTE.

Pour faire dégorger les escargots, faites-les bouillir dans un chaudron avec une ou deux poignées de cendre de bois bien tamisée. Lorsqu'en essayant de les détacher de leur coquille en les piquant d'une grosse aiguille ils se détachent facilement, retirez-les de l'eau

de cendre, ôtez-les de la coquille, et faites-les tremper
un bon quart d'heure dans l'eau tiède, afin de les bien
nettoyer. Passez-les ensuite une dernière fois à l'eau
fraîche, égouttez-les, et essuyez-les dans un linge blanc.
D'autre part, faites revenir dans le beurre, sans les
faire roussir, une vingtaine de champignons coupés en
morceaux, une pincée de fines herbes hachées et une
demi-gousse d'ail, avec un assaisonnement un peu fort
de sel, poivre, et muscade râpée ; joignez-y les escargots saupoudrés d'une ou deux cuillerées de farine ;
mouillez d'une demi-tasse de bouillon dégraissé et
d'un demi-verre de vin blanc ; laissez cuire jusqu'à ce
que la sauce soit suffisamment réduite ; retirez la casserole du feu et terminez la sauce des escargots avec
une liaison de deux ou trois jaunes d'œufs, au moment
de servir.

ESCARGOTS FARCIS.

Faites dégorger et cuire des escargots comme ci-dessus. Lorsqu'ils sont refroidis, hachez-les avec leur volume
de chair de poisson cuit, une ou deux poignées de mie
de pain trempée dans du lait, deux jaunes d'œufs cuits
durs par douzaine d'escargots, une ou deux échalotes,
et une forte pincée de fines herbes. Assaisonnez un peu
fortement de sel, poivre et muscade râpée ; remplissez
de cette farce les coquilles des escargots bien nettoyées
et réservées à cet effet. S'il reste de la farce, garnissez-en le fond d'un plat ; dressez dessus les escargots
farcis et arrosez-les d'une sauce blanche avec une ou
deux cuillerées de câpres. Lorsqu'on sert cette farce
bien accommodée, sous le nom de hachis maigre au
poisson, il est impossible aux convives non prévenus,

de savoir qu'ils mangent des escargots; c'est la meilleure manière d'apprêter ce coquillage.

On peut aussi accommoder les escargots en matelote à la marinière (page 449), ou bien avec une sauce
Robert (page 78), en commençant toujours par les faire
dégorger dans de l'eau de cendre, et revenir ensuite
dans le beurre, sans toutefois les laisser roussir.

REPTILES.

La cuisine utilise deux animaux appartenant à l'ordre
des reptiles : la *grenouille* et la *tortue ;* l'un et l'autre
sont peu usités ; ils offrent cependant un supplément de
ressources qui n'est point à dédaigner pour la cuisine
des jours maigres.

Grenouilles.

Dans tous les pays où les grenouilles sont admises
dans la cuisine des jours maigres, on trouve au marché
des cuisses de grenouille prêtes à être accommodées à
diverses sauces, comme le poisson d'eau douce. La jeune
grenouille (*fig.* 68) cuit
facilement; elle est la
base de plusieurs mets
également sains et agréa-
bles; les vieilles sont coriaces et leurs cuisses,
lorsqu'elles sont cuites,
ressemblent à des paquets
de gros fil. Il n'est pas,

Fig. 68.

malheureusement, de signe certain pour reconnaître l'âge

des grenouilles dont on achète les cuisses au marché :
les plus rondes et les plus courtes ont probablement
appartenu à des grenouilles assez jeunes ; les plus longues et les plus volumineuses peuvent provenir de
vieilles grenouilles ; mais cette indication n'a rien de
positif.

GRENOUILLES A LA POULETTE.

Faites blanchir des cuisses de grenouille dans l'eau
bouillante ; plongez-les un moment dans de l'eau très-
froide ; égouttez-les et faites-les revenir dans du beurre,
sur un feu doux, avec une poignée de champignons coupés en morceaux, un bouquet garni, et un bon assaisonnement de sel et de poivre. Saupoudrez-les d'une
cuillerée de farine ; mouillez avec du vin blanc et quelques cuillerées de bouillon dégraissé, en ayant soin que
la sauce ne soit pas trop longue. La cuisson étant terminée et la sauce suffisamment réduite, retirez la casserole du feu ; dressez sur un plat les cuisses de grenouille avec leur garniture de champignons ; retirez de
la sauce le bouquet garni, ajoutez-y une liaison de deux
ou trois jaunes d'œufs, et versez-la très-chaude sur les
cuisses de grenouille, au moment de servir.

GRENOUILLES FRITES.

Préparez une marinade en quantité proportionnée au
nombre de grenouilles à faire frire, avec du vin blanc et
du lait par parties égales. Ajoutez à cette marinade du
persil en branches, quelques tranches d'oignon, deux
ou trois échalotes, un bon assaisonnement de sel et de
poivre, et une feuille de laurier. Faites tremper dans
cette marinade les cuisses de grenouille pendant une

heure. Passez-les ensuite dans une pâte à frire plutôt un peu consistante que trop claire ; faites-leur prendre couleur dans une friture bien chaude, et servez avec une garniture de persil frit. On peut aussi se borner à fariner les cuisses de grenouilles, sans les passer dans la pâte.

Tortue.

Les meilleures tortues pour la cuisine viennent de la Sicile et de l'île de Corse ; elles sont toujours chères à Paris, où il est quelquefois assez difficile de s'en procurer. Les deux lobes de chair que renferme l'intérieur de la tortue ressemblent tellement à des noix de veau que ces deux viandes, l'une grasse, l'autre maigre, accommodées de la même manière, peuvent être facilement prises l'une pour l'autre. Dans la cuisine française, la chair de tortue n'est utilisée que pour faire la soupe à la tortue (page 48). On sert aussi les œufs de tortue comme un hors-d'œuvre très-cher et fort distingué. (Voyez *OEufs.*)

ONZIÈME SECTION.

ŒUFS. — LÉGUMES.

ŒUFS.

Tout le monde connaît les propriétés nourrissantes et fortifiantes des œufs ; c'est un aliment léger quand les œufs ne sont pas assez complétement cuits pour que le blanc d'œuf (*albumine*) soit tout à fait dur, ce qui en rend la digestion plus ou moins lente et difficile. Les œufs sont une des grandes ressources de la cuisine des jours maigres, à cause du grand nombre de manières différentes dont on peut les accommoder. Les œufs de poule sont les plus utiles pour la cuisine, parce que ce sont ceux qu'il est le plus facile de se procurer partout. Parmi les œufs de poule, ceux des poules de la Cochinchine et des poules malaises, introduites en Europe, et devenues communes en France depuis une vingtaine d'années, sont les plus délicats; leur forme oblongue et leur coquille teintée de chocolat les rendent facilement reconnaissables. Néanmoins, la supériorité appartient aux œufs de pintade ou poule de Guinée; mais on élève peu de pintades, et il est difficile de s'en procurer des œufs. Dans les grandes maisons, la cuisine utilise en outre les œufs de vanneau, qu'on fait venir de Hollande et qui coûtent fort cher, bien que leur volume ne dépasse pas celui d'un œuf de pigeon, et les œufs de faisan de la dernière ponte, que l'état avancé de la saison ne permet pas de faire couver. Quant aux œufs de cane, d'une teinte verdâtre, souvent mêlés aux œufs de poule qu'on achète dans les marchés des villes, on les réserve ordinairement pour les liaisons des sauces, à cause du volume considérable de leur jaune. Les œufs de tortue, excessivement rares et chers à Paris, ne figurent que par exception sur les tables les plus somptueuses. On les fait cuire pendant dix à quinze minutes dans du consommé, auquel on ajoute, sur la fin de la cuisson, un verre de vin de Madère; on les sert dans leur jus de cuisson, en qualité d'entremets.

ŒUFS A LA COQUE.

Ceux qui aiment manger les œufs à la coque à moitié cuits doivent tout simplement les plonger dans de l'eau en pleine ébullition, retirer la casserole du feu, la bien couvrir pour que l'eau ne refroidisse pas trop vite, et y laisser les œufs quatre minutes. Ils atteindront le même résultat en laissant la casserole sur le feu et les œufs dans l'eau bouillante, pendant trois minutes seulement.

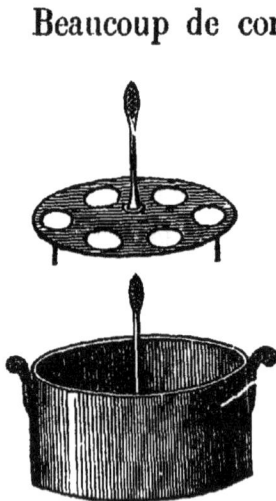

Beaucoup de consommateurs préfèrent manger les œufs à la coque un peu plus cuits, c'est-à-dire quand le blanc en est devenu presque totalement solide, et que le jaune seul en est resté mollet. Dans ce cas, on doit les mettre dans l'eau bouillante et maintenir l'ébullition pendant trois minutes et demie, ou même pendant quatre minutes si les œufs sont gros et très-frais, car plus ils sont récemment pondus, plus le blanc exige de temps pour se so-lidifier par l'ébullition dans l'eau. L'appareil représenté figure 69 sert à faire cuire les œufs à la coque, à tous les degrés de cuisson désirables.

Fig. 69.

ŒUFS SUR LE PLAT OU AU MIROIR.

Garnissez de beurre frais le fond d'un plat pouvant supporter l'action du feu. Saupoudrez-le de sel fin, et cassez dans le plat des œufs très-frais, avec assez de pré-caution pour que les jaunes restent entiers. Saupoudrez

les œufs de sel fin mêlé d'un peu de poivre; mettez quelques petits morceaux de beurre sur les œufs avec une
cuillerée ou deux de bon lait, et faites-les cuire sur des
cendres chaudes. Il arrive le plus souvent que les œufs
sur le plat sont trop cuits en dessous et presque crus en
dessus; on remédie à cet inconvénient en promenant au-
dessus des œufs sur le plat une pelle rougie au feu. Il
faut avoir soin de tenir la pelle assez éloignée des œufs
pour que les jaunes se trouvent cuits mollets et non pas
durs. Dans les meilleures cuisines on se sert, pour faire
cuire les œufs sur le plat, d'un plat en fonte de fer dans
lequel sont ménagés des creux ronds revêtus à l'intérieur
d'un émail de faïence. Chaque œuf reçoit dans un de ces
creux sa part d'assaisonnement; il cuit isolément, sans
risquer, si le jaune vient à se rompre, de se confondre
avec les autres. Cette manière de faire cuire les œufs
sur le plat est plus élégante et rend le service plus facile
que la manière ordinairement en usage.

ŒUFS BROUILLÉS.

Battez des œufs comme pour une omelette ordinaire;
assaisonnez-les de sel, poivre et muscade râpée; mettez-
les dans un plat pouvant supporter l'action du feu, avec
un bon morceau de beurre, et battez-les sans discontinuer, tandis qu'ils cuisent sur un feu doux, soit avec
quelques brins d'osier blanc, soit avec une fourchette
d'acier à dents très-longues. Ayez soin de ne pas les
laisser trop cuire. Quand ils ont une bonne consistance,
ajoutez aux œufs brouillés du verjus ou du jus de citron,
dans la proportion d'une cuillerée pour six œufs. On
peut remplacer le verjus ou le jus de citron par du jus
de viande rôtie, ou, dans la saison, par des pointes d'as-

perges cuites séparément dans de l'eau légèrement salée.
On les ajoute vers la fin de la cuisson des œufs dans la
même proportion que le verjus. Les œufs brouillés sont
également bons avec quelques cuillerées de sauce de matelote de carpe, réservée du repas de la veille pour cette
destination.

ŒUFS POCHÉS.

La plupart des cuisinières connaissent cette façon d'apprêter les œufs, sous le nom d'*œufs en chemise*. Il faut
une certaine adresse pour bien pocher des œufs, et l'on
n'y réussit bien que quand les œufs sont très-frais. On
fait bouillir dans une casserole, sur un feu vif, de l'eau
avec un peu de sel et un filet de vinaigre. Quand elle est
en pleine ébullition, on casse les œufs l'un après l'autre
au-dessus de la casserole, afin qu'en tombant le jaune se
trouve enveloppé du blanc, qui se prend en moins d'une
minute, pourvu que l'eau ne discontinue pas de bouillir.
On doit saisir le moment où, sans être dur, le jaune est
en partie solidifié et pris dans le blanc, qui s'enlève alors
sans le rompre, à l'aide de l'écumoire. Tandis que les
œufs sont pochés, on tient prête d'avance une sauce
blanche aux câpres, une purée d'oseille, de lentilles, ou
d'autres légumes, ou un jus de viande bien dégraissé,
qu'on tient chaud sur le plat dans lequel les œufs pochés
doivent être servis; à mesure qu'on les retire de l'eau
bouillante, les œufs pochés sont rangés symétriquement sur la sauce ou la purée qui doit les accompagner.

On peut, pour ne pas risquer de crever les œufs pochés
en les retirant de l'eau, faire usage de l'appareil en fer-
blanc représenté figure 70. Il consiste en une plaque cir-

culaire de fer-blanc munie d'une tige verticale, percée
de trous ronds dans lesquels s'emboîtent des godets per-
cés eux-mêmes de trous, comme une passoire fine. L'eau
étant bien bouillante, on met la plaque avec ses godets
dans la casserole, et l'on casse un œuf dans chaque godet.

En un instant tous les œufs sont pochés
et retirés de l'eau bouillante d'un seul
coup, en enlevant la plaque par sa tige.
Les œufs pochés et très-bien égouttés
sont pris séparément chacun dans son
godet, où ils ont pris une forme régulière; on les renverse parfaitement

Fig. 70.

entiers sur la sauce ou sur la purée, au moment de
servir.

ŒUFS POCHÉS À LA BAGNOLET.

Hachez finement 125 grammes de jambon cuit, maigre; mettez-le dans une casserole avec 125 grammes de
beurre frais, une tasse de bouillon bien dégraissé, et le
jus d'un citron. Faites prendre quelques bouillons, et
ajoutez-y une cuillerée de farine pour lier la sauce.
D'autre part, pochez huit œufs frais; dressez-les sur un
plat, et arrosez-les de la sauce précédente, au moment
de servir. Cette manière d'accommoder les œufs pochés
au gras est surtout usitée pour les déjeuners.

ŒUFS FRITS.

Il ne faut faire frire qu'un œuf à la fois en se servant
pour friture de beurre ou d'huile d'olive de préférence
au saindoux. Quand le blanc est bien pris dessus et dessous, et que le jaune est encore mollet, retirez l'œuf frit
de la poêle, et servez successivement les œufs frits avec

l'une des purées indiquées pour accompagner les œufs pochés, ou avec une sauce piquante ou une sauce tomate.

ŒUFS A LA SAUCE ROBERT.

Faites cuire durs douze œufs frais, et coupez-les par tranches. D'autre part, faites roussir six beaux oignons coupés par tranches dans 125 grammes de beurre; assaisonnez-les de sel et de poivre ; mouillez d'une tasse de bouillon maigre (page 54), et liez la sauce avec une cuillerée de farine. Quand la cuisson des oignons est complète, et que la sauce a pris une bonne consistance, faites-y sauter les rouelles d'œufs durs avec une cuillerée de moutarde ; servez très-chaud.

ŒUFS A LA TRIPE.

Faites durcir douze œufs frais et coupez-les par tranches; d'autre part, mettez dans une casserole 125 grammes de beurre et six beaux oignons coupés par tranches comme pour la recette précédente; assaisonnez-les de sel et de poivre, et modérez le feu, afin qu'ils cuisent dans le beurre sans roussir. Saupoudrez-les d'une cuillerée de farine ; mouillez d'une tasse de crème, ou, à défaut de crème, de très-bon lait; laissez chauffer la sauce pour lui donner une bonne consistance ; faites-y sauter les œufs durs un instant seulement, en évitant de les laisser bouillir, et servez très-chaud. Les œufs à la tripe peuvent être préparés exactement de la même manière en substituant aux oignons des **concombres épluchés** et coupés en petits dés.

ŒUFS A LA PAUVRE FEMME.

Lorsqu'il reste d'un repas précédent une bonne quantité de jus de rôti de viande ou de volaille, on peut l'utiliser pour accommoder des œufs à la pauvre femme ; ce mets n'est bon qu'autant qu'on peut y mettre suffisamment de jus. Faites fondre dans un plat pouvant supporter l'action du feu 125 grammes de beurre frais, sans le faire trop chauffer. Cassez sur ce beurre une douzaine d'œufs frais ; posez le plat sur des cendres chaudes. D'autre part, faites roussir dans du beurre un bon morceau de mie de pain coupée en petits dés. Quand ces morceaux sont bien colorés, égouttez-les, et couvrez-en la surface des œufs à la pauvre femme. Posez sur le plat un four de campagne chargé d'un bon feu ; quand les œufs sont bien pris, faites séparément un roux clair, mouillez-le d'un verre de vin blanc et d'une bonne quantité de jus de rôti ; versez cette sauce sur les œufs à la pauvre femme au moment de servir. Dans les grandes cuisines, on arrose ce mets de sauce espagnole (page 66), ce qui le rend assez coûteux pour qu'il ne mérite nullement son nom : de toute manière, cette façon d'accommoder des œufs ne fait pas partie de la cuisine d'un ménage pauvre.

ŒUFS AU GRATIN.

Hachez finement ensemble une pincée de persil, autant de ciboule, une échalote et un anchois. Mélangez exactement ce hachis avec un morceau de mie de pain blanc de la grosseur du poing, humecté avec trois jaunes d'œufs et quelques cuillerées de lait, de manière à en faire une farce de bonne consistance. Garnissez d'une couche assez

épaisse de cette farce un plat pouvant supporter l'action
du feu; faites-la gratiner légèrement sur un feu très-
doux. Dès qu'elle commence à s'attacher au fond du plat,
sans toutefois la laisser brûler, cassez dessus huit œufs
très-frais; saupoudrez-les de sel mêlé d'un peu de poivre;
faites prendre le blanc des œufs en promenant dessus une
pelle rougie au feu, ou en les couvrant pendant quelques
instants d'un four de campagne chargé d'un feu animé.
Servez dans le plat où les œufs au gratin ont été préparés.

ŒUFS AU FROMAGE.

Préparez dans un plat pouvant supporter l'action du
feu une farce composée par parties égales de mie de
pain et de fromage râpé, gruyère ou parmesan, assaisonnée de sel et de poivre, humectée avec trois jaunes
d'œufs et un peu de lait au besoin. Faites gratiner sur un
feu très-doux; cassez sur le gratin huit œufs frais; saupoudrez-les de fromage râpé; posez sur le plat le four de
campagne, afin de faire prendre les blancs d'œufs et de
faire fondre le fromage; servez très-chaud, sans changer
de plat.

ŒUFS FRITS EN FILETS.

Cassez huit œufs frais, séparez-en les jaunes, mettez-
les dans un plat supportant l'action du feu avec une forte
cuillerée d'eau-de-vie et une cuillerée à café de sel fin;
battez vivement les huit jaunes, l'eau-de-vie et le sel;
posez le plat sur des cendres chaudes jusqu'à ce que les
jaunes soient pris; laissez-les refroidir. Lorsqu'ils sont
complétement froids, coupez-les en filets de la largeur et
de la longueur du doigt. Passez ces filets dans une bonne

pâte à frire, et faites-leur prendre couleur dans une friture bien chaude. Servez avec une garniture de persil frit.

ŒUFS AU BOUILLON.

Battez ensemble dans un vase de faïence ou de porcelaine d'une capacité suffisante quatre jaunes d'œufs et deux œufs entiers, blancs et jaunes. Ajoutez-y par portions, deux tasses de consommé ou de bouillon réduit à moitié de son volume. Mettez le vase sur le feu dans un vase plus grand rempli d'eau bouillante; faites prendre les œufs au bain-marie. Servez ces œufs encore chauds, mais assez refroidis pour être bien solides. Dans les grandes cuisines, on coule les œufs au bouillon dans des tasses à thé ou dans des moules faits exprès, on met ces moules au bain-marie pour faire prendre les œufs. Quand les œufs sont pris, et tandis qu'ils sont encore chauds, on renverse les moules sur un plat, et on arrose leur contenu de quelques cuillerées de bon consommé.

ŒUFS A LA PROVENÇALE.

Cassez un œuf très-frais dans une tasse à thé; saupoudrez-le de sel mêlé d'un peu de poivre; versez-le, en retournant la tasse, dans une poêle où vous aurez fait chauffer quelques cuillerées de bonne huile d'olive. Dès que l'œuf est coloré en dessous, retournez-le avec l'écumoire, en prenant garde de ne pas rompre le jaune. Faites frire de la même manière douze œufs, et dressez-les en couronne sur un plat; posez à côté de chaque œuf un croûton de pain de même grandeur, frit également dans l'huile. D'autre part, faites un roux blond que vous mouillerez d'un demi-verre de vin blanc et de

quelques cuillerées de jus de rôti. Laissez cette sauce se
réduire en bonne consistance; versez-la bouillante sur
les œufs et sur les croûtons frits au moment de servir.
Dans les grandes cuisines, on arrose les œufs à la Provençale avec une sauce espagnole (page 66). Dans les
départements où l'huile d'olive fine est rare et où la saveur particulière de l'huile à frire n'est pas du goût du
plus grand nombre des consommateurs, on peut accommoder des œufs selon la recette précédente, en substituant à l'huile du saindoux ou du beurre frais, selon
qu'on désire manger les œufs au gras ou au maigre.

ŒUFS FARCIS.

Faites durcir douze œufs frais; lorsqu'ils sont refroidis et épluchés, coupez-les chacun en deux parties égales
dans le sens de leur longueur. Enlevez les jaunes; pilez-
les dans un mortier de marbre avec parties égales de
beurre frais et de mie de pain blanc humectée de lait.
Si la farce est trop consistance, ramollissez-la au besoin
avec un, deux, ou trois jaunes d'œufs crus. Assaisonnez
de sel, poivre et muscade râpée; incorporez à la farce
une forte pincée de fines herbes finement hachées. Garnissez de cette farce le fond d'un plat pouvant supporter
l'action du feu. Avec le reste de la farce, remplissez les
vingt-quatre moitiés de blancs d'œufs durs, et rangez-les
symétriquement sur la farce dont le plat est garni. Dorez
d'un jaune d'œuf cru, avec les barbes d'une plume, la
surface des œufs farcis; posez le plat sur des cendres chaudes; posez par-dessus le four de campagne chargé d'un
feu modéré. Quand les œufs farcis ont pris couleur, versez dessus une sauce blanche parsemée de câpres pour
les manger au maigre. Si vous désirez les manger au

gras, faites un roux blond que vous mouillerez d'un demi-verre de vin blanc et de quelques cuillerées de jus de rôti ; versez cette sauce très-chaude sur les œufs farcis, au moment de servir.

ŒUFS A LA CONSTANCE.

Faites cuire des œufs frais dans l'eau bouillante pendant cinq minutes, afin que le jaune en reste mollet ; ôtez la coquille ; coupez horizontalement le blanc du côté du petit bout de l'œuf, afin d'en pouvoir retirer tout le jaune. Remplissez les œufs ainsi vidés avec un salpicon (page 105), ou, s'ils doivent être mangés au maigre, avec des pointes d'asperges accommodées aux petits pois. (Voyez *Asperges*.) Dressez les œufs debout sur un plat à bord droit, qui permette de les ranger les uns contre les autres dans cette position. Replacez le morceau de blanc enlevé pour vider l'œuf et le remplir de salpicon ou d'asperges ; versez au moment de servir une sauce tomate sur les œufs ainsi refermés.

OMELETTE AU NATUREL.

Battez avec soin, en vous servant d'un paquet de brins d'osier blanc, ou d'une fourchette d'acier à longues dents, huit, dix ou douze œufs, selon le nombre des convives. Ajoutez-y une ou deux cuillerées d'eau fraîche, ce qui facilite singulièrement le mélange intime des blancs et des jaunes. Assaisonnez de sel fin mêlé d'un peu de poivre. Faites fondre et chauffer dans la poêle 60 grammes de beurre frais ; versez-y les œufs battus et assaisonnés ; remuez-les jusqu'à ce que l'omelette commence à se prendre. Lorsqu'elle est prise, soulevez-là avec la pointe d'un couteau de cuisine, et faites passer par-dessous 30 grammes de beurre frais. Dès que ce beurre est fondu, retournez l'omelette en la repliant sur elle-même, ce qui offre plus de sûreté que de la faire sauter en l'air; les cuisiniers adroits y réussissent toujours; les autres font retomber l'omelette dans les cendres. Une minute après que l'omelette a été retournée, renversez-la sur le plat et servez-la brûlante; elle ne doit être faite qu'au moment de la servir.

On peut varier à l'infini la saveur de l'omelette au naturel, en ajoutant aux œufs, tandis qu'on les bat, du fromage parmesan ou de Gruyère râpé, des fines herbes hachées, de la farce d'oseille cuite, de la sauce de matelote ou du jus de rôti ou de ragoût, réservé du repas de la veille, le procédé restant le même pour faire l'omelette.

OMELETTE AU LARD.

Faites revenir dans du saindoux du lard à demi dessalé, gras et maigre, de celui qu'on connaît sous le nom vulgaire de petit-lard. Lorsqu'il a bien pris couleur, versez dessus une omelette d'œufs frais, bien battus avec un peu d'eau, comme pour faire une omelette au naturel. La proportion ordinaire est de 125 grammes de petit-lard pour six œufs; on peut, selon les goûts, n'en mettre que la moitié de cette proportion. On ne sale pas l'omelette au lard, mais on y ajoute une petite quantité de poivre.

Sur les tables des maisons dont la cuisine est plus recherchée, on ne sert l'omelette au lard que masquée sous une sauce piquante (page 76.)

OMELETTE AUX CHAMPIGNONS.

Faites une omelette de douze œufs au naturel ; soulevez-la par-dessous avec la fourchette, afin qu'elle ne s'attache pas à la poêle. Quand elle est à moitié cuite, enlevez une bonne partie du centre de l'omelette, et remplissez le vide par un ragoût de champignons préparé d'avance de la manière suivante : Faites un roux blond ; mouillez-le avec un demi-verre de vin blanc et quelques cuillerées de jus de rôti ; faites cuire dans cette sauce une bonne garniture de champignons coupés en petits morceaux : ayez soin que la sauce soit très-courte. Enlevez les champignons avec une écumoire ; après en avoir rempli l'omelette, repliez-la sur elle-même pour recouvrir les champignons ; faites glisser l'omelette sur un plat, et au moment de servir, arrosez-la du reste de la sauce de cuisson des champignons.

OMELETTE AUX TRUFFES A LA RICHELIEU.

On la prépare de point en point comme l'omelette aux champignons. On fait cuire les truffes coupées en tranches de la manière indiquée pour les champignons ; au moment de servir, on hache très-finement quelques tranches de truffes réservées à cet effet ; on les mêle au reste de la sauce dont on arrose l'omelette à la Richelieu. On prépare de la même manière l'omelette au hachis de volaille ou de gibier, qu'on accommode avec un roux mouillé de vin blanc et de jus de rôti, avant d'en remplir l'omelette.

Pour toutes les omelettes de ce genre, on recommande d'employer toujours trois ou quatre œufs de plus que la quantité en rapport avec le nombre des convives, afin

qu'il en reste assez après qu'on en aura enlevé une partie. Ce qu'on enlève peut être utilisé le lendemain en le
coupant par tranches minces, et en l'ajoutant à une
omelette au naturel.

OMELETTE AU ROGNON.

S'il reste d'un repas de la veille un morceau de rognon
de veau attenant à une pièce qui a figuré sur la table
comme rôti, coupez-le en petits dés avec une partie seulement de la graisse dont il est entouré; faites-le revenir
dans un roux que vous mouillerez de vin blanc et de
quelques cuillerées de jus de rôti; mettez les morceaux
de rognon ainsi réchauffés dans le centre d'une omelette,
comme les champignons et les truffes dans les recettes
précédentes. Passez et dégraissez la sauce du rognon;
faites-la réduire si elle est trop longue; arrosez-en l'omelette au rognon au moment de servir.

(Pour les diverses manières de préparer les œufs en
hors-d'œuvre et en entremets sucrés, voyez *Hors-d'œuvre* et *Entremets*.)

LÉGUMES.

Les diverses préparations que les légumes peuvent
recevoir en font une des plus précieuses ressources de la
cuisine des jours maigres, en même temps que, par la
facilité de les associer à toutes les viandes et de les assaisonner au gras, ils font partie obligée de la cuisine de
tous les jours. Les légumes proprement dits, du moins
selon le sens que les cuisiniers attachent à cette expression, sont partagés en quatre séries, savoir :

1° *Légumes racines*. — Pommes de terre, — topinambours, — carottes, — panais, — navets, — salsifis, — patate douce, — igname de la Chine, — oignons, — ciboules, — poireau, — ail, — échalotes.

2° *Légumes à tiges et feuilles comestibles.* — Asperges, — houblon, — céleri, — cardons, — épinards, — oseille, — chicorée, — choux.

3° *Légumes à fleurs et fruits comestibles.* — Choux-fleurs, — brocolis, — artichauts, — tomates, — aubergines, — giraumons, — concombres.

4° *Légumes à graines comestibles.* — Haricots, — pois, — fèves, — lentilles.

On doit y joindre, d'une part, les truffes, morilles et champignons; de l'autre, la laitue, la romaine, la chicorée, l'escarole, la mâche, la raiponce, le céleri et le cresson de fontaine, qui composent la série des salades, appartenant comme les légumes aux produits que la cuisine emprunte au règne végétal. On doit y réunir également, le cerfeuil, l'estragon et le cresson alénois, qui ne sont employés que comme assaisonnement de différents mets au gras ou au maigre, et comme fourniture de salade. C'est dans cet ordre que nous donnons les recettes des mets dont ces diverses substances végétales font partie.

POMMES DE TERRE.

Le choix des pommes de terre pour la cuisine est entièrement subordonné à l'usage qu'on veut en faire. Lorsqu'elles doivent être servies entières ou coupées en tranches, il faut préférer les espèces qui, comme la vitelotte, la marjolin et la jaune longue de Hollande, ne se déforment pas par la cuisson; quand on doit en préparer des purées ou des gâteaux, les espèces très-fari-

neuses, telles que la pataque jaune et la pomme de
terre de Rohan méritent la préférence. Quand la provision de pommes de terre de la précédente récolte est à
peu près épuisée, on ne doit pas commencer de trop
bonne heure à faire usage des pommes de terre nouvelles. Les premières que les cultivateurs envoient au
marché, alors qu'elles ont à peine la moitié du volume
normal de leur espèce, étant trop imparfaitement mûres, sont malsaines et difficiles à digérer ; on doit attendre pour employer en cuisine les premières pommes
de terre nouvelles que la saison soit suffisamment avancée. De quelque manière qu'on se propose d'accommoder les pommes de terre, on doit commencer par les
faire cuire, le plus souvent à l'eau. Dans le nord de la
France, on suit à cet égard l'usage des Anglais, des
Belges et des Allemands, chez lesquels la pomme de
terre tient dans l'alimentation journalière la même
place que le pain en France. On pèle les pommes de
terre crues et on les fait cuire soit dans de l'eau légèrement salée, soit à la vapeur. Pour faire cuire les pommes de terre à la vapeur, il n'y a pas besoin d'un appareil particulier. On verse dans une marmite 5 à 6
centimètres d'eau, au-dessus de laquelle on assujettit un
rond d'osier blanc assez large pour qu'il ne puisse descendre jusqu'à la surface de l'eau ; les pommes de terre
sont placées sur l'osier ; on met la marmite sur le feu et
on porte vivement l'eau à l'ébullition, après avoir couvert la marmite d'un couvercle de bois garni intérieurement d'un linge blanc plié en plusieurs doubles, afin
de contenir la vapeur. Les pommes de terre cuisent ainsi
parfaitement, sans être en contact avec l'eau. Cette méthode n'est la meilleure que quand les pommes de terre

doivent être servies seules. Quand elles doivent accompagner le poisson, il vaut mieux les faire cuire, en les
pelant d'avance, dans l'eau salée ou dans le court-bouillon qui a servi à la cuisson du poisson. On fait aussi
très-souvent cuire les pommes de terre sans les peler
préalablement ; on les pèle quand elles sont cuites, ce
qui permet de ne rien perdre de leur substance, dont on
perd inévitablement une partie quand on les pèle avant
de les faire cuire. Néanmoins, les pommes de terre cuites après avoir été pelées sont toujours d'un meilleur
goût que les autres, et c'est avec raison que, dans la cuisine du Nord, on leur accorde la préférence.

POMMES DE TERRE À LA MAITRE D'HÔTEL.

Après avoir fait cuire les pommes de terre dans de l'eau
légèrement salée, coupez-les par tranches, mettez-les
dans une casserole avec un bon morceau de beurre, une
forte pincée de fines herbes finement hachées, et un bon
assaisonnement de sel et de poivre. Il faut avoir soin de
diviser le beurre en plusieurs morceaux, et de sauter
fréquemment les pommes de terre à mesure que le
beurre fond. Quand il est complétement fondu, ajoutez-y quelques cuillerées de bouillon dégraissé, et une
cuillerée de verjus, de jus de citron ou de vinaigre, au
moment de servir. C'est une des meilleures manières
de servir les pommes de terre. Les jours maigres, le
bouillon est remplacé par une égale quantité de lait.

POMMES DE TERRE SAUTÉES AU BEURRE.

Pelez des pommes de terre crues ; coupez-les par
tranches d'égale épaisseur ; faites fondre un bon morceau de beurre dans une casserole, mettez-y les pommes

de terre et faites-les sauter sur un feu vif. Quand elles ont pris une belle couleur blonde, retirez-les de la casserole ; égouttez-les pour en séparer le beurre qu'elles n'auraient pas absorbé, et saupoudrez-les de sel fin au moment de servir. C'est une des manières les plus expéditives d'accommoder les pommes de terre.

POMMES DE TERRE A LA PROVENÇALE.

Faites cuire des pommes de terre pelées dans une quantité suffisante de bouillon maigre, avec un bouquet garni, quelques cuillerées d'huile d'olive fine, et un bon assaisonnement de sel et de poivre. Quand les pommes de terre sont cuites et qu'il ne reste de la sauce qu'une partie de l'huile d'olive, on fait sauter les pommes de terre dans cette huile jusqu'à ce qu'elles aient pris couleur. Servez-les sans sauce, ou bien arrosez-les, au moment de servir, d'une sauce à l'huile (page 72).

POMMES DE TERRE A LA LYONNAISE.

Ce sont tout simplement des pommes de terre pelées crues, coupées en tranches minces, fortement saupoudrées de farine, puis frites dans l'huile d'olive fine, jusqu'à ce qu'elles soient bien croquantes. Faites-les égoutter et salez-les légèrement au moment de servir.

POMMES DE TERRE A L'ANCIENNE MODE.

Coupez en tranches des pommes de terre cuites à l'eau; faites-leur prendre quelques bouillons dans une sauce faite avec un bon morceau de beurre, une forte cuillerée de farine, et une tasse de bon lait, le tout bien assaisonné de sel et poivre. Au moment de servir, retirez la casserole du feu, et dès que la sauce a cessé de bouillir, ajoutez-y une liaison de deux ou trois jaunes d'œufs.

POMMES DE TERRE A LA CRÈME.

Coupez par tranches des pommes de terre cuites à l'eau avec un peu de sel ; faites fondre dans une casserole un bon morceau de beurre frais ; ajoutez-y une cuillerée de farine, une forte pincée de fines herbes hachées, et une tasse de crème ; tournez vivement la sauce ; assaisonnez-la de sel, poivre et un peu de muscade râpée ; mettez-y les pommes de terre quelques instants et servez très-chaud.

POMMES DE TERRE ROUSSIES AU BEURRE.

Pour faire bien roussir des pommes de terre entières destinées à garnir un ragoût, voyez *Garnitures* (page 102).

POMMES DE TERRE A LA HAMBOURGEOISE.

Pelez une douzaine de grosses pommes de terre de Rohan, ou d'une autre espèce très-farineuse ; coupez les pommes de terre en morceaux et faites-les bien cuire dans de l'eau suffisamment salée ; écrasez-les et passez-les par une passoire à purée, puis remettez-les dans un plat supportant l'action du feu. Faites fondre dans la purée de pommes de terre 125 grammes de beurre frais ; mélangez-la très-exactement avec un volume égal d'épinards cuits, égouttés et finement hachés ; assaisonnez un peu fortement de sel, poivre et muscade râpée ; faites gratiner en posant le plat sur un bon feu et le couvrant d'un four de campagne bien chargé de charbons allumés, à moins que vous n'ayez un four à votre disposition. Servez très-chaud.

POMMES DE TERRE AU LARD.

Pelez des pommes de terre crues, et si elles sont un peu grosses, coupez-les en quatre, afin qu'elles cuisent plus facilement. D'autre part, faites roussir à la poêle 125 grammes de lard coupé en petits morceaux; faites un roux blond et mouillez-le d'une tasse de bouillon dégraissé. Assaisonnez de poivre et de muscade râpée; ne mettez un peu de sel que dans le cas où celui qui provient du lard ne serait pas suffisant. Faites bouillir le lard dans cette sauce pendant un quart d'heure; joignez-y alors les pommes de terre coupées en morceaux, et laissez-les cuire doucement avec le lard, en ayant soin de les remuer de temps en temps. Servez très-chaud, à courte sauce.

POMMES DE TERRE A L'ANGLAISE.

Faites cuire dans de l'eau salée des pommes de terre pelées et coupées en morceaux; écrasez-les et passez-les par la passoire à purée. Remettez-les dans une casserole avec un bon morceau de beurre et un bon assaisonnement de sel, poivre et muscade râpée. Versez dans cette purée assez de bon lait pour la bien éclaircir; faites-la cuire sur un feu doux pour qu'elle s'épaississe; éclaircissez-la avec une nouvelle quantité de lait; continuez ainsi pendant une bonne heure, en ajoutant de nouveau lait à quatre ou cinq reprises différentes. Dressez alors la purée de pommes de terre à l'anglaise dans un plat supportant l'action du feu; façonnez la surface de la purée en dôme ou en pyramide basse; faites-lui

prendre couleur sous un four de campagne, et servez
très-chaud.

Topinambours.

On fait rarement usage dans la cuisine française du
topinambour, dont la saveur se rapproche beaucoup de
celle du fond d'artichaut. On peut accommoder les topinambours de toutes les manières indiquées pour apprêter les pommes de terre, et s'en servir au besoin pour
remplacer les fonds d'artichaut dans les garnitures de
divers ragoûts. Cette ressource est principalement utile
en hiver, parce que les tubercules du topinambour ne
gèlent pas, ce qui en rend la conservation très-facile.

TOPINAMBOURS A LA SAUCE.

Pelez des topinambours crus, coupez–les en morceaux
de moyenne grosseur et faites–les blanchir par quelques
minutes d'ébullition dans de l'eau légèrement salée.
Retirez-les de l'eau et laissez-les égoutter. D'autre part,
préparez un roux blond que vous mouillerez d'un demi-
verre de vin blanc et de quelques cuillerées de jus de
rôti dégraissé; ajoutez-y un bon assaisonnement de sel
et de poivre, et une tasse de bon bouillon. Mettez les
topinambours dans cette sauce; laissez-leur compléter
leur cuisson sur un feu doux: il ne faut pas qu'ils soient
trop cuits, ce qui les ferait tomber en bouillie en leur
ôtant une partie de la saveur agréable qui leur est propre.
Si la sauce est trop longue, retirez les topinambours dès
qu'ils sont suffisamment cuits. Faites réduire rapidement
la sauce sur un feu vif, versez-la bouillante sur les topinambours au moment de servir. Dans les grandes cuisines, on·fait cuire les topinambours dans une sauce

composée par parties égales de bouillon dégraissé et de sauce espagnole (page 66); les topinambours sont tout aussi bons préparés selon la recette précédente.

TOPINAMBOURS FRITS.

Pour faire frire les topinambours, on doit toujours commencer par les faire blanchir par deux ou trois minutes d'ébullition dans l'eau légèrement salée; lorsqu'ils sont égouttés et complétement refroidis, on les passe dans une pâte à frire un peu claire (page 91), puis on les fait frire au beurre ou à l'huile d'olive fine, s'ils doivent être servis au maigre, et, dans le cas contraire, dans le saindoux ou la graisse de rognon de bœuf (page 89). Les topinambours frits sont meilleurs dans la friture grasse que dans la friture maigre; on les sert avec une garniture de persil frit.

Les deux recettes qui précèdent sont les meilleures pour servir les topinambours; ce sont aussi les plus usitées.

Carottes.

La carotte, par la saveur à la fois aromatique et sucrée qui lui est propre, et par ses propriétés alimentaires également salubres et agréables, occupe l'une des premières places dans la cuisine française parmi les légumes-racines. Outre la place qui lui est assignée comme assaisonnement dans une foule de mets, la carotte peut être servie seule sous des formes variées. Lorsqu'elle est petite et d'un goût peu prononcé, comme sont celles que donne à Paris la culture forcée de très-bonne heure au printemps, on peut l'accommoder sans la faire préalablement blanchir; mais, quand elle appartient aux grosses espèces d'une saveur très-forte, il est indispensable, de quelque manière qu'elle doive être apprêtée, de la faire bouillir dans de l'eau légèrement salée pendant deux ou trois minutes.

CAROTTES NOUVELLES A LA MAITRE-D'HOTEL.

Grattez les jeunes carottes, coupez-les en quatre morceaux; faites-les revenir dans du beurre frais avec une cuillerée de farine et une pincée de fines herbes finement hachées ; modérez le feu pour que le beurre ne puisse prendre couleur; mouillez de quelques cuillerées d'eau ou de bouillon, assaisonnez un peu fortement de sel et de poivre; dès que les carottes sont suffisamment cuites, retirez la casserole du feu, dressez les carottes sur un plat et versez dessus une liaison de deux ou trois jaunes d'œufs, au moment de servir. On peut accommoder de la même manière des carottes des espèces tardives; mais dans ce cas il faut les couper en rouelles ou en longs filets minces et les faire blanchir quelques minutes dans l'eau bouillante, avant de les accommoder à la maître-d'hôtel.

CAROTTES NOUVELLES A LA CRÈME.

Préparez les carottes comme pour la recette précédente ; faites-les cuire avec très-peu de beurre et quelques cuillerées d'eau, sel, poivre et fines herbes hachées. Quand elles sont à moitié cuites, versez-y une demi-tasse de bonne crème; achevez la cuisson sur un feu très-doux; ajoutez une liaison de deux ou trois jaunes d'œufs au moment de servir. Cette recette convient spécialement pour accommoder les jeunes carottes produites par la culture forcée.

CAROTTES A LA MÉNAGÈRE.

Faites blanchir, pendant cinq minutes dans l'eau bouillante, des carottes de moyenne grosseur ; la variété connue à Paris sous le nom de demi-longue de Meaux, est celle qui doit être préférée. Laissez égoutter et refroidir les carottes et coupez-les en rouelles d'égale épaisseur. D'autre part, faites un roux blond un peu clair ; mouillez-le d'un demi-verre de vin blanc et d'une tasse de bouillon ; ajoutez-y les carottes ; terminez leur cuisson sur un feu très-doux ; servez quand la sauce est très-réduite, ajoutez-y une liaison de jaunes d'œufs au moment de servir.

CAROTTES A L'ANDALOUSE.

Mettez dans un plat pouvant supporter l'action du feu une demi-douzaine de belles carottes coupées en rouelles de l'épaisseur d'une pièce de 5 francs d'argent. Arrosez-les d'huile d'olive fine en quantité suffisante pour que les tranches de carottes y soient à moitié baignées. Saupoudrez-les de sel et de poivre à dose très-modérée ; ajoutez-y une cuillerée à café de sucre candi en poudre. Faites cuire sur un feu vif ; retournez de temps en temps les rouelles de carotte jusqu'à ce qu'elles soient rissolées des deux côtés ; versez alors par-dessus un bon verre de vin de Malaga ; couvrez le feu avec des cendres pour qu'à partir de ce moment la sauce ne puisse bouillir ; tournez vivement les carottes dont le jus doit servir de liaison à l'huile et au vin de Malaga pour les mélanger exactement ; servez sans changer de plat.

Panais.

On n'utilise, en général, dans la cuisine française, le panais que comme partie essentielle des légumes qui accompagnent le pot-au-feu. En Belgique et dans le nord de la France, on arrache les jeunes panais lorsqu'ils ont la grosseur du doigt et on les accommode comme les carottes nouvelles, soit à la maître-d'hôtel, soit à la crème; on les connaît dans toute cette partie de l'Europe sous le nom de *carottes de sucre*, à cause de leur saveur aromatique beaucoup plus sucrée que celle de la carotte. Ceux qui ne connaissent le goût du panais que par les racines de cette plante parvenue à toute sa grosseur n'ont aucune idée du goût délicat des jeunes panais, surtout lorsqu'ils sont arrachés très-jeunes et apprêtés à la crème.

Navet.

Le navet est le moins recherché parmi les légumes-racines : la saveur du navet, douceâtre sans être aromatique, ne plaît pas au plus grand nombre des consommateurs; aussi le navet est-il beaucoup plus employé comme garniture, pour accompagner un canard ou un haricot de mouton, qu'il ne l'est pour composer à lui seul une entrée de légumes. La digestion du navet est toujours plus ou moins lente et difficile; lorsqu'on en mange trop à la fois, il peut occasionner des coliques venteuses fort incommodes.

NAVETS A LA PICARDE.

Pelez une douzaine ou une vingtaine de beaux navets longs et coupez-les en morceaux comme les pommes de terre quand on les pèle avant de les faire cuire. Mettez-les dans une casserole avec de l'eau, 30 grammes de beurre, une poignée de sel, deux ou trois oignons et un bouquet garni. Dès qu'ils sont cuits, faites-les égoutter, ôtez le bouquet garni, mais laissez les oignons. Faites une sauce blanche en employant la fécule de pommes de terre, de préférence à la farine. Quand la sauce blanche est bien liée, mettez-y une cuillerée à café de moutarde fine ; faites réchauffer un moment les navets à la picarde dans cette sauce ; servez le plus chaud possible.

NAVETS A LA D'ESCLIGNAC.

Fendez en deux des navets longs de moyenne gros-seur ; pelez-les, supprimez le sommet et la queue, et tracez sur le côté arrondi de chaque moitié de navet des rainures en long, semblables à celles qui existent natu-rellement sur les côtes des cardons. Faites-les blanchir en les passant une ou deux minutes à l'eau bouillante ; laissez-les égoutter, puis faites-les cuire dans du bon bouillon dégraissé et laissez réduire le jus de cuisson jusqu'à ce qu'il commence à s'attacher au fond de la casserole, sans cependant attendre qu'il soit brûlé. Reti-rez les navets, versez dans la casserole par petites por-tions un demi-verre de vin blanc, puis une demi-tasse de bouillon, en remuant vivement avec une cuiller de bois pour détacher le fond de cuisson des navets. Dres-sez les navets sur un plat et versez dessus la sauce bouil-lante au moment de servir. Dans les cuisines bien montées, on *tourne* les légumes, c'est-à-dire qu'on leur donne la forme désirée, de même qu'on pratique les rai-nures sur la surface convexe des navets à la d'Esclignac,

en se servant de couteaux dentés appropriés à cette destination, tels que ceux que représente la figure 71.

NAVETS GLACÉS.

Tournez des navets en forme de poire, et faites-les
blanchir comme pour la recette précédente. Après les
avoir égouttés, rangez-les dans le fond d'une casserole
comme des poires pelées dont on se propose de faire une
compote. Saupoudrez-les de sel mêlé d'un peu de poivre;

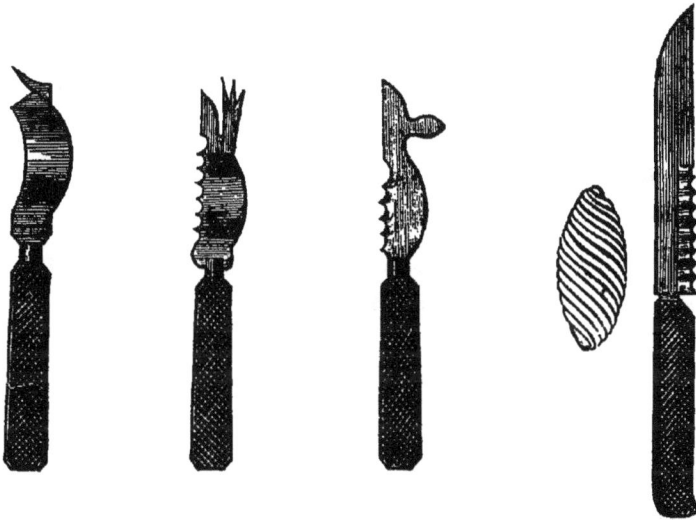

Figure 71.

couvrez-les de bouillon dégraissé, dans lequel vous mettrez deux ou trois morceaux de cannelle entière. Faites
bouillir sur un feu vif, retirez au bout de quelques minutes les morceaux de cannelle; laissez tarir le bouillon
jusqu'à ce qu'il commence à s'attacher au fond de la
casserole. Dressez les navets sur un plat, en les dispo-
sant comme si c'était une compote de poires entières;
versez dans la casserole tout juste assez de vin blanc
pour en bien détacher le fond de cuisson des navets;

versez cette sauce courte et épaisse sur les navets pour les glacer; servez très-chaud.

NAVETS A LA POULETTE.

Tournez des navets en forme de poire et faites-les blanchir à l'eau bouillante, comme ci-dessus. Si vous avez à votre disposition de petits navets de Finlande, couleur nankin, pelez-les, et conservez-leur la forme qui leur est propre. Faites un roux blanc, pas trop épais, bien assaisonné de sel, poivre et muscade rapée; mouillez-le d'une grande tasse de bouillon dégraissé; faites-y cuire les navets sans laisser la sauce devenir trop épaisse et trop courte. Quand les navets sont cuits, enlevez-les avec une écumoire et dressez-les sur un plat; retirez la casserole du feu; dès que la sauce a cessé de bouillir, ajoutez-y une liaison de deux ou trois jaunes d'œufs, et versez-la sur les navets au moment de servir.

Salsifis.

On rencontre rarement sur les marchés le vrai salsifis à écorce jaune; il a été généralement remplacé par la *scorsonère*, dont l'écorce est noire, et qui possède d'ailleurs toutes les propriétés du salsifis. Ces deux racines, préparées de différentes manières, sont des aliments légers et de facile digestion, dont on permet l'usage aux convalescents et aux personnes dont l'estomac est délicat.

SALSIFIS A LA SAUCE BLANCHE.

A mesure que les racines sont ratissées pour en détacher soigneusement toute l'écorce, jetez-les dans un vase plein d'eau légèrement vinaigrée. D'autre part, faites bouillir dans une casserole de l'eau aiguisée d'un filet de vinaigre, avec une poignée de sel et 30 grammes de beurre. Quand elle est en pleine ébullition, mettez-y les salsifis et laissez-les bouillir une bonne heure. Préparez une sauce blanche; ajoutez-y une liaison de deux ou trois jaunes d'œufs; dressez les salsifis bien égouttés sur un plat, et versez dessus la sauce très-chaude au moment de servir.

SALSIFIS AU GRAS.

Ratissez les salsifis et faites-les tremper dans l'eau vinaigrée, comme pour la recette précédente. Faites un roux blond; mouillez-le de deux tasses de bon bouillon dégraissé; ajoutez-y quelques cuillerées de jus de rôti; faites cuire les salsifis sur un feu vif dans cette sauce. Si elle n'est pas suffisamment réduite quand les salsifis seront complétement cuits, retirez-les de la casserole; faites réduire vivement la sauce en bonne consistance; dressez les salsifis sur un plat, et arrosez-les de la sauce réduite.

SALSIFIS FRITS.

Lorsqu'on veut faire frire des salsifis, après les avoir ratissés, on les fait tremper dans de l'eau plus fortement vinaigrée que pour les recettes précédentes, et on ajoute quelques cuillerées de fort vinaigre à l'eau dans laquelle on les fait cuire. Après les avoir égouttés, on les passe dans la pâte à frire (page 91), et on les fait frire dans l'huile d'olive ou dans le beurre pour les jours maigres, ou dans le saindoux pour les autres jours. On les rend plus délicats en les passant dans une sauce blanche froide avant de les passer dans la pâte à frire.

Patate douce ou Batate.

La patate douce, malgré ses propriétés salubres, n'a pas pris dans la cuisine d'Europe une place bien importante en raison de la saveur très-sucrée qui la caractérise, et qui la rend propre à figurer seulement parmi les entremets sucrés. (Voyez *Entremets*.) Dans plusieurs provinces d'Italie, on vend au coin des rues des patates grillées ou cuites sous la cendre, que les passants achètent et qu'on mange sans assaisonnement, comme les marrons rôtis à Paris. On peut cependant préparer comme des pommes de terre les patates cultivées sur couche et apportées sur les marchés de la capitale.

PATATES SAUTÉES AU BEURRE.

Faites cuire les patates, non pas dans l'eau, mais à la vapeur, en employant le procédé indiqué (page 502) pour faire cuire des pommes de terre à la vapeur. Pelez-les ensuite et coupez-les par tranches de l'épaisseur d'une pièce de cinq francs d'argent. Faites fondre du beurre très-frais dans une casserole ; mettez-y les tranches de patates cuites, saupoudrez-les de sel fin ; faites-les sauter sur un feu vif, et quand elles commencent à prendre couleur, égouttez-les et servez-les le plus chaudes possible. Les patates sautées au beurre sont aussi saines qu'agréables, mais on s'en lasse très-vite, et elles ne doivent reparaître que de loin en loin sur les tables bien servies.

Igname de la Chine, ou dioscorée.

Cette racine, qui n'a pas la saveur trop sucrée de la patate douce, reçoit tous les assaisonnements de la pomme de terre ; on sait qu'elle est la nourriture ordinaire d'une partie de la population de la Chine. On la mentionne ici quoiqu'elle soit d'introduction trop récente pour avoir conquis sa place dans la cuisine européenne ; mais, si sa culture se propage et qu'elle devienne aussi commune que les autres légumes-racines, l'igname de la Chine, dont le vrai nom est *dioscorée*, paraît être appelée à figurer honorablement à côté de la pomme de terre sous toute sorte de formes et sur les meilleures tables.

Oignon.

L'oignon, dont les principales variétés se distinguent entre elles par la couleur de leur pellicule extérieure ou *pelure*, jaune, violette ou blanche, est l'un des plus indispensables assaisonnements de la cuisine française ; il est accepté de tout le monde en cette qualité ; l'oignon jaune tardif. plus facile à conserver que les deux autres, est aussi le plus généralement employé dans la cuisine. Mais les entrées composées d'oignons seuls figurent rarement sur les bonnes tables, et ne sont goûtées que d'un petit nombre de consommateurs.

OIGNONS GLACÉS.

Rangez sur le fond d'une grande casserole une vingtaine de beaux oignons soigneusement épluchés ; ils doivent être posés, la tête en bas, sur le fond de la casserole bien graissée de beurre. Versez dessus un verre d'eau ; assaisonnez de sel, poivre, et 60 grammes de beurre frais coupé en morceaux. Faites cuire d'abord sur un feu très-vif ; quand les oignons sont à moitié cuits, ralentissez le feu et laissez réduire la sauce jusqu'à ce qu'elle soit presque tarie. Retirez alors les oignons de la casserole le plus adroitement possible afin de les conserver bien entiers; dressez-les sur un plat; versez quelques cuillerées d'eau dans la casserole afin d'en détacher le fond de cuisson; versez cette sauce épaisse et courte sur les oignons au moment de servir. Pour les amateurs d'oignons, la recette qui précède est une des meilleures manières dont on puisse les accommoder. Souvent aussi les oignons glacés sont destinés à accompagner différents mets, spécialement le cochon rôti qu'on sert souvent entouré d'une garniture d'oignons glacés.

Les autres usages de l'oignon dans la cuisine française sont si nombreux et si bien connus, qu'il semble superflu de les énumérer.

Ciboule.

La ciboule, plante très-voisine de l'oignon qu'elle peut remplacer au besoin, est principalement usitée en cuisine comme partie nécessaire du bouquet garni, accompagnement indispensable d'un très-grand nombre de préparations.

Poireau.

Le poireau est rarement employé en cuisine autrement que pour faire partie des légumes qui accompagnent le classique *pot-au-feu;* cependant il peut recevoir quelques autres destinations utiles. On en a signalé une assez importante dans le ragoût du bon évêque, ragoût très-économique dans lequel des pommes de terre écrasées sont assaisonnées avec des harengs salés frits et des poireaux (page 426).

Ail.

A l'exception de nos départements les plus méridionaux, où l'ail est employé à forte dose dans presque tous les mets, l'ail n'est usité en qualité d'assaisonnement, dans la cuisine française, qu'avec une grande réserve. Parmi les viandes de boucherie, celle du mouton est le plus fréquemment accompagnée d'une pointe d'ail; il faut se garder de l'employer à trop forte dose.

Échalote.

La saveur de l'échalote est relevée sans âcreté; elle n'a pas surtout la persistance désagréable de l'ail; elle est en quelque sorte intermédiaire entre l'ail et l'oignon. On sait dans combien de mets divers elle entre comme assaisonnement; elle est la base de toutes les sauces piquantes au gras ou au maigre.

LÉGUMES A TIGES ET FEUILLES COMESTIBLES.

Asperges.

On ne mange, dans presque toute la France, que l'asperge cultivée dont on connaît deux espèces, l'asperge commune et l'asperge de Gand, ou grosse asperge. Dans le nord de la France, de même qu'en Belgique, on ne mange l'asperge que complétement blanche. Dès que sa pointe soulève la terre, et avant qu'elle ait eu le temps de se colorer au contact de la lumière, les jardiniers, avec de longs couteaux faits exprès, coupent les pousses d'asperge entre deux terres, et les vendent blanches sur toute leur longueur. Elles ont un goût moins prononcé que les asperges colorées en vert et en violet au contact de la lumière ; mais on peut les manger presqu'en entier, tandis qu'en France on ne peut en manger que la partie supérieure. Dans tous nos départements du Midi, mais spécialement dans le Var, on trouve le long des haies et sur les bords des ravins l'asperge sauvage, dont on recherche les jeunes pousses de très-bonne heure au printemps ; elles sont petites et minces, vertes sur toute leur longueur ; elles ont une saveur relevée, plus délicate que celle des asperges cultivées. Toulon et Marseille en consomment annuellement de grandes quantités. Nul doute qu'elles ne fussent fort appréciées à Paris, si elles y étaient envoyées par les chemins de fer.

ASPERGES A LA SAUCE BLANCHE.

Faites bouillir de l'eau légèrement salée ; lorsqu'elle est en pleine ébullition, mettez-y les asperges ratissées, lavées et rognées par le bas, afin qu'elles soient toutes de même longueur. Ayez soin qu'elles ne soient pas trop cuites, pour qu'en les servant, la tête qui en est la partie la plus délicate ne puisse s'en détacher. On lie ordinairement les asperges par petites bottes, dont chacune représente la part d'un convive ; on sert les asperges sortant de l'eau bouillante sans leur laisser le temps de se refroidir ; on sert en même temps une saucière pleine de sauce blanche ou de sauce au beurre.

ASPERGES A L'HUILE.

Après les avoir fait cuire comme pour la recette précédente, on fait égoutter les asperges, puis on les laisse complétement refroidir ; on les sert froides, accompagnées de l'huilier. On évite de rompre la tête des asperges tandis qu'on les distribue aux convives, en se servant

Fig. 72.

pour cette distribution d'une pince à asperges (*fig.* 72).

ASPERGES EN PETITS POIS.

Faites blanchir dans l'eau bouillante pendant une minute ou deux des asperges longues et minces, dont la partie verte dépasse de beaucoup en longueur la partie blanche. Laissez-les égoutter et refroidir. Lorsqu'elles sont froides, coupez-en toute la partie verte mangeable d'une longueur égale au diamètre des asperges ; vous aurez par là de petits cylindres d'un ou deux centimètres de long que vous ferez cuire complétement comme des petits pois, avec un bon morceau de beurre, une tasse de bouillon, un bouquet garni, un ou deux oignons blancs, et un bon assaisonnement de sel et de poivre. On peut y ajouter une cuillerée de sucre en poudre ; mais cet assaisonnement qui fait trop disparaître le goût naturel des asperges gâte cette préparation au lieu de l'améliorer. Quand elles sont trèscuites et qu'il ne reste presque plus de sauce, on retire la casserole du feu, et dès que l'ébullition est apaisée, on y verse au moment de servir une liaison de deux ou trois jaunes d'œufs. Cette manière de préparer les asperges convient surtout vers la fin de la saison des asperges, quand leurs pousses ont un goût très–prononcé.

ASPERGES A LA POMPADOUR.

Faites cuire les asperges dans l'eau bouillante salée, comme pour les servir à la sauce blanche. Retirez-les de l'eau, et faites-les égoutter en les enveloppant d'une serviette, afin qu'elles ne puissent se refroidir. D'autre part, faites fondre au bain-marie 250 grammes de beurre très-frais avec une cuillerée de farine, une pincée de sel et une de muscade râpée ; tournez la sauce pour la lier sans qu'elle devienne trop épaisse ; terminez-la avec deux ou trois jaunes d'œufs et deux cuillerées de verjus. Coupez à la longueur du doigt la partie supérieure des asperges cuites à l'eau salée ; mettez-les, en rejetant la partie non mangeable, pendant une minute ou deux dans la sauce précédente, et servez dans un plat couvert. Les asperges à la Pompadour doivent être, selon l'expression d'un auteur gastronome, servies à la cuiller et mangées à la fourchette.

ASPERGES A LA CRÈME.

Faites blanchir les asperges et coupez-les comme pour les préparer en petits pois. Mettez-les dans une casserole sur un feu doux avec 125 grammes de beurre très-frais. Faites revenir les asperges dans le beurre sans les laisser roussir ; mouillez d'une tasse de crème ou de très-bon lait ; ajoutez une demi-cuillerée de farine, un bon assaisonnement de sel et de poivre, et faites cuire doucement jusqu'à ce que la sauce soit suffisamment réduite ; au moment de servir, retirez la casserole du feu, et terminez la sauce des asperges à la crème avec une liaison de deux ou trois jaunes d'œufs.

Houblon.

Les jeunes pousses du houblon, détachées de la souche lorsqu'elles commencent à sortir de terre au printemps, ont une saveur analogue à celle de l'asperge dont elles possèdent les propriétés. Après les avoir nettoyées, on les fait cuire comme les asperges, à l'eau bouillante, légèrement assaisonnées ; on les sert arrosées d'une sauce blanche ou d'une sauce au beurre. On peut aussi les laisser égoutter et refroidir, et les assaisonner en salade, soit seules, soit associées à l'escarole ou à la laitue. (Voyez *Salades*.)

Céleri.

On connaît dans tout le Midi le céleri sous le nom de *bonne herbe;* il y croît en abondance à l'état sauvage et n'est pour cette raison que peu cultivé dans les potagers où il tient au contraire une place importante dans nos départements méridionaux. L'arome du céleri, seulement un peu plus prononcé que celui du persil, est en effet également agréable et salubre, assez excitant pour faciliter la digestion, pas assez pour nuire à l'estomac. Le céleri fait partie obligée des légumes du pot-au-feu et du bouquet garni qui accompagne une foule de préparations; il est aussi par lui-même la base de plusieurs mets fort recommandables.

CÉLERI À LA CRÈME.

Retranchez toutes les feuilles du céleri pour ne conserver que les côtes et le collet de la racine ; fendez chaque pied en deux ou en quatre, selon la grosseur ; faites blanchir le céleri dans de l'eau légèrement salée en pleine ébullition pendant une ou deux minutes seulement. Retirez-le de l'eau bouillante, laissez-le égoutter et refroidir. Lorsqu'il est froid, coupez-le d'abord en long, puis en large, de manière à le convertir en morceaux semblables à des asperges préparées pour être accommodées en petits pois. Mettez ces morceaux dans une casserole avec un bon morceau de beurre, une pincée de fécule, sel, poivre et un peu de muscade râpée. Mouillez avec du lait et laissez cuire sur un feu doux, jusqu'à ce que la sauce soit à peu près tarie. Retirez la casserole du feu, et dès que l'ébullition est arrêtée, ajoutez une demi-tasse de bonne crème, dans laquelle vous aurez délayé deux ou trois jaunes d'œufs. Dressez le céleri à la crème sur un plat, et entourez-le d'un cordon de croûtons frits dans le beurre.

CÉLERI A LA BONNE FEMME.

Nettoyez une vingtaine de pieds de céleri ; retranchez-en les feuilles ; coupez-les tous à la même longueur, et fendez en deux chaque pied dans le sens de sa longueur. Faites-les blanchir par quelques minutes d'ébullition dans de l'eau légèrement salée. Retirez-les de l'eau, égouttez-les et mettez-les dans une casserole avec un roux blond, mouillé d'une bonne tasse de bouillon, et un assaisonnement assez fort de sel, poivre et muscade râpée. Quand la cuisson est terminée et la sauce à peu près tarie, ajoutez quelques cuillerées de jus de rôti et un bon morceau de beurre avec une cuillerée de farine. Servez très-chaud.

CÉLERI FRIT.

Choisissez une vingtaine de pieds de céleri plutôt

petits que trop gros, coupez les côtes des feuilles à quelques centimètres seulement au-dessus de la racine, et fendez chaque pied, selon sa grosseur, en deux ou en quatre. Faites blanchir le céleri comme pour les recettes précédentes; retirez-le de l'eau bouillante, égouttez-le, et terminez sa cuisson dans du bouillon dégraissé. Lorsqu'il est cuit, égouttez-le, laissez-le complétement refroidir, passez-le dans une pâte à frire plutôt légère que trop épaisse, et faites-lui prendre couleur dans une friture très-chaude.

On prépare aussi, d'après une recette différente, le céléri frit en entremets sucré. (Voyez *Entremets*.)

Cardons.

On trouve sur les marchés de Paris et des grandes villes plusieurs espèces de cardons; le cardon d'Espagne et le cardon de Tours sont les plus estimés.

CARDONS A LA SAUCE BLANCHE.

Retranchez les bords des cardons et coupez-les en morceaux de douze ou quinze centimètres de longueur. Faites-les blanchir dans de l'eau bouillante légèrement salée, jusqu'à ce que la pellicule extérieure ou *limon* s'en sépare aisément. Ajoutez alors à l'eau bouillante assez d'eau froide pour pouvoir y plonger la main sans vous brûler; *limonez* les cardons, c'est-à-dire enlevez la pellicule extérieure et plongez à mesure chaque morceau dans de l'eau fraîche. Faites égoutter les cardons, et mettez-les dans une casserole avec un roux blanc léger; mouillez d'assez de bouillon dégraissé pour que les morceaux de cardons en soient couverts. Laissez cuire à petit feu jusqu'à ce que la sauce de cuisson soit tout à fait tarie. Dressez les cardons sur un plat et arrosez-les d'une sauce blanche (page 72), avec une liaison de deux ou trois jaunes d'œufs au moment de servir. C'est la manière la plus fréquente d'accommoder les cardons; il faut les assaisonner de bon goût pour corriger la fadeur naturelle des cardons.

CARDONS AU JUS.

Nettoyez les cardons, coupez-les en morceaux, et faites-les blanchir comme pour la recette précédente. Faites un roux blond; mouillez-le d'une forte tasse de consommé; terminez dans cette sauce la cuisson des cardons. Quand ils sont cuits et que leur jus de cuisson est suffisamment réduit, retirez les cardons de la casserole, dressez-les sur un plat; ajoutez au jus de cuisson quelques cuillerées de jus de rôti dégraissé, et versez cette sauce sur les cardons au moment de servir. On entoure habituellement les cardons au jus d'un cordon de croûtons frits au beurre ou au saindoux.

CARDONS A LA MOELLE.

Préparez les cardons et faites-les blanchir comme ci-dessus. Faites un roux un peu fort; mouillez-le d'un verre de bon vin blanc et d'une tasse de bouillon bien dégraissé. Faites cuire les cardons dans cette sauce, jusqu'à ce qu'elle soit réduite de moitié; retirez-les de la casserole et dressez-les sur un plat. Faites fondre au bain-marie 60 grammes de moelle de bœuf; incorporez la moelle fondue au jus de cuisson des cardons; assaisonnez fortement de sel et de poivre, et versez cette sauce bouillante sur les cardons au moment de servir.

On peut de même, après avoir paré et blanchi les cardons comme ci-dessus, terminer leur cuisson dans un roux blanc mouillé de bouillon dégraissé, ou simplement d'eau légèrement salée, et, quand ils sont bien cuits, les arroser au moment de servir avec un velouté, une sauce espagnole, ou une béchamel au gras ou au maigre.

Épinards.

Les épinards, presque pas nourrissants par eux-mêmes, ne le deviennent que par les assaisonnements qui les accompagnent; leurs propriétés rafraîchissantes et légèrement laxatives les ont fait surnommer à juste titre le balai de l'estomac. On sert ordinairement les épinards hachés, sous forme de purée; quelquefois ils accompagnent des mets de grosse viande très-distingués, tel que le jambon aux épinards (page 228).

ÉPINARDS AU MAIGRE.

Après avoir fait blanchir les épinards pendant une minute ou deux dans l'eau bouillante, enlevez-les avec l'écumoire et jetez-les immédiatement dans de l'eau froide; cette préparation est toujours nécessaire, de quelque manière que les épinards doivent être accommodés. Lorsqu'ils sont froids, retirez-les de l'eau, pressez-les afin qu'ils retiennent le moins d'eau possible, hachez-les finement et mettez-les dans une casserole avec la moitié seulement du beurre qui doit les assaisonner. Posez la casserole sur un feu animé pour que ce qui reste de l'eau de cuisson s'évapore et que les épinards prennent bien le beurre. Ajoutez-y alors une demi-tasse de crème ou de très-bon lait et faites-y fondre le reste du beurre. Assaisonnez d'un peu de sel, de poivre et de muscade râpée; n'y mettez pas de sucre, à moins d'être assuré que tous ceux à qui vous devez les servir acceptent le sucre dans les épinards, et même, dans ce cas, craignez d'en mettre une trop forte dose. Dressez les épinards sur un plat en donnant à leur surface une forme bombée, décorez-la de plusieurs cercles concentriques de croûtons frits dans le beurre.

ÉPINARDS AU JUS.

Hachez finement des épinards blanchis et rafraîchis comme ci-dessus; mettez-les dans une casserole avec un morceau de beurre et une demi-tasse de bouillon; lorsqu'ils sont au degré de consistance voulu, mêlez-y quelques cuillerées de jus de rôti dégraissé ou de jus de fricandeau; servez avec une garniture de croûtons frits.

ÉPINARDS A L'ANGLAISE.

Mettez dans une casserole des épinards nouveaux, blanchis, rafraîchis et hachés, comme pour les recettes précédentes; assaisonnez-les de sel, poivre et muscade râpée, et laissez-les assez longtemps sur le feu pour que la presque totalité de leur eau de cuisson se soit évaporée. Retirez alors la casserole du feu, et incorporez aux épinards un bon morceau de beurre très-frais. Remuezles avec une cuiller de bois pour faire fondre le beurre, servez aussitôt que le beurre est tout à fait fondu. C'est la manière la plus simple et l'une des meilleures de servir les épinards.

Oseille.

Lorsqu'on achète de l'oseille, on doit s'assurer qu'elle

ne contient pas de tiges et qu'elle n'a pas commencé à monter en graine, ce qui lui donne une acidité difficile à corriger par la cuisson et l'assaisonnement. A Paris, pendant l'été, on doit accorder la préférence à l'oseille vierge de Belleville, excellente variété qui doit son surnom à cette circonstance qu'on la multiplie seulement par la division des touffes, et qu'elle ne fleurit jamais. On doit aussi éplucher avec soin l'oseille et retrancher, outre les queues, la côte centrale de chaque feuille. Hachez grossièrement l'oseille crue ainsi épluchée et soigneusement lavée, et mettez-la dans une casserole sur le feu où elle ne tardera pas à fondre. Posez-la sur un tamis ou sur une passoire fine pour en égoutter l'eau superflue, puis remettez-la dans la casserole avec un bon morceau de beurre, sur un feu assez vif pour que le beurre agisse fortement sur l'oseille qui ne saurait être trop cuite. Remuez-la vivement pendant sa cuisson avec une cuiller de bois; elle sera bientôt convertie en une purée très-également divisée. D'autre part, mettez dans une assiette creuse deux cuillerées de farine; cassez un œuf dans cette farine, battez-le bien jusqu'à ce que toute la farine soit absorbée; cassez sur ce mélange un second œuf, battez-le comme le premier, assaisonnez d'un peu de sel et de poivre; délayez avec soin le tout avec une demi-tasse de bon lait, et versez-le sur l'oseille par petites portions; modérez le feu et continuez à remuer l'oseille qui doit encore bouillir doucement pendant dix minutes. Servez avec une garniture de croûtons frits comme pour les épinards.

C'est de cette manière que l'oseille doit être accommodée lorsqu'elle doit accompagner des œufs pochés, une alose grillée ou un fricandeau.

Chicorée.

On ne doit employer en cuisine que la chicorée frisée; celle de Meaux, et celle de Rouen qui porte le surnom de corne de cerf, sont les plus estimées. Les cuisiniers inattentifs rendent la chicorée cuite trop amère et d'une saveur désagréable en y laissant une partie des feuilles vertes extérieures ; on doit éplucher la chicorée pour la faire cuire comme pour la servir en salade, c'est-à-dire en rejetant toutes les feuilles qui ne sont pas suffisamment blanchies par étiolement.

CHICORÉE A LA CRÈME.

Faites blanchir à l'eau bouillante et refroidir dans l'eau fraîche la chicorée soigneusement épluchée et lavée. D'autre part, faites fondre dans une casserole un bon morceau de beurre pétri avec deux cuillerées de farine; mettez-y la chicorée bien égouttée, pressée et hachée comme des épinards. Quand elle est à moitié cuite dans le beurre, ajoutez-y par portions deux verres de bon lait ou un verre de crème. Tournez de temps à autre et laissez cuire sur un feu doux jusqu'à ce que la chicorée ait une bonne consistance. Assaisonnez modérément de sel, poivre et muscade râpée. Servez avec une garniture de croûtons frits au beurre.

CHICORÉE AU JUS.

Préparez la chirorée comme pour la recette précédente; mettez-la dans une casserole après l'avoir hachée sans y ajouter de beurre. Mouillez avec de bon bouillon dégraissé, et laissez cuire en bonne consistance. Au moment de servir, ajoutez quelques cuillerées de jus de rôti ou de jus de fricandeau ; servez avec une garniture de croûtons frits. Si la chicorée doit accompagner un morceau de mouton ou de veau rôti, après l'avoir fait blanchir et cuire comme ci-dessus, on y incorpore le jus de la viande qui doit être servie sur le même plat, et l'on supprime la garniture de croûtons.

Choux.

Parmi le grand nombre de variétés de choux dont la cuisine fait usage, les unes, comme le chou vert, nourrissent peu et possèdent des propriétés plus ou moins purgatives ; les autres, comme les choux pommés à feuilles lisses ou à feuilles crispées, sont très-nourrissants et constituent des mets très-substantiels. Les choux peuvent recevoir une foule de préparations et accompagner plusieurs espèces de viande en qualité de garniture.

CHOUX AU LARD.

Faites choix d'une ou deux belles têtes de choux pommés de Milan ou d'Alsace (choux blanc), selon le nombre des convives. Partagez chaque tête en quatre parties égales, et faites blanchir à l'eau bouillante. Mettez les choux dans la marmite à faire la soupe grasse (pot-au-feu) ; placez au centre 250 à 500 grammes de petit salé, qui ne doit pas être trop gras, deux cervelas et quatre saucisses longues. Rangez dans la marmite, autour des choux, deux ou trois carottes, autant d'oignons et un fort pied de céleri. Ceux qui recherchent les saveurs très-relevées ajoutent, dans un nouet de linge, cinq à six baies de genièvre, deux feuilles de laurier et une pincée de fleurs de thym ; mais la présence du petit salé donne toujours assez de sel, et il suffit d'y joindre une pincée de poivre pour que les choux au lard soient assez assaisonnés, sans dénaturer la saveur qui leur est propre. Quand la cuisson est complète, rangez sur un plat les quartiers de chou, le petit salé au centre, les saucisses et les cervelas tout autour. Passez le jus de cuisson pour en séparer les légumes accessoires; faites réduire vivement sans dégraisser complétement; arrosez les choux au lard de leur jus réduit au moment de servir.

CHOUX A LA PICARDE.

Fendez en quatre une forte tête de chou, sans en séparer les morceaux; faites-la blanchir et égoutter, et mettez-la dans une marmite avec une quantité suffisante de bouillon, huit ou dix oignons, un bouquet garni, un bon assaisonnement de sel et de poivre, et 125 grammes de beurre frais. Le chou étant à moitié cuit, joignez-y une demi-douzaine de saucisses longues; terminez la cuisson sur un feu doux; faites frire un croûton de pain de la grandeur de la main, posez-le au milieu d'un plat; mettez le chou sur ce croûton; rangez tout autour les oignons et les saucisses; passez le jus de cuisson, faites-le réduire; ajoutez-y quelques cuillerées de jus de rôti. Ayez soin que la sauce ne soit pas trop longue; arrosez-en le chou à la picarde ainsi que sa garniture au moment de servir.

CHOUX FARCIS.

Faites blanchir à l'eau bouillante un très-gros chou de Milan ou deux de moyenne grosseur; écartez les feuilles sans trop déformer le chou; enlevez le cœur, et remplacez-le d'une farce composée de chair à saucisses et de marrons rôtis par parties égales, bien hachés, avec une forte pincée de fines herbes et un bon assaisonnement de sel et de poivre. Maintenez la tête de chou par trois ou quatre tours de ficelle un peu serrée ; masquez l'ouverture par une barde de lard ; mettez dans une marmite à braiser une forte barde de lard ; posez dessus le chou ou les choux farcis ; rangez autour deux ou trois carottes, autant d'oignons piqués de clous de girofle, et un bouquet garni. Mouillez avec assez de bouillon pour que le chou en soit bien baigné. Laissez cuire sur un feu modéré ; la cuisson terminée, dressez les choux farcis sur un plat ; passez le jus de cuisson, faites-le réduire ; ajoutez-y 125 grammes de beurre frais et une cuillerée de fécule de pommes de terre. Dès que la sauce réduite est bien liée, versez-la bouillante sur les choux farcis.

CHOU EN SURPRISE.

Faites choix d'une tête de chou la plus grosse possible ; faites-la blanchir et rafraîchir ; écartez les feuilles et enlevez le cœur comme pour le farcir. Remplissez le vide avec six alouettes, autant de petites saucisses à chapelet, une douzaine de beaux marrons rôtis. Refermez bien la tête de chou ; ficelez-la solidement pour que ce qu'elle contient ne soit pas visible ; faites cuire le chou en surprise avec du bouillon dégraissé. La cuisson étant terminée, faites un roux blond un peu épais ; incorporez dans ce roux 30 grammes de moelle de bœuf fondue au bain-marie ; mouillez avec une partie du jus de cuisson. Ayez soin que la sauce soit suffisamment épaisse et qu'elle ne soit pas trop longue ; arrosez-en le chou en surprise au moment de servir.

CHOUX VERTS A LA CRÈME.

Faites blanchir des choux verts à l'eau bouillante et refroidissez-les dans l'eau fraîche. Terminez leur cuisson dans une eau suffisamment salée ; égouttez-les, hachez-les comme des épinards, et mettez-les dans une casserole avec un bon morceau de beurre et une cuillerée de farine. Versez-y par portions un demi-litre de bon lait ou une tasse de crème ; laissez réduire, pour que les choux verts à la crème soient de bonne consistance ; assaisonnez modérément de sel, poivre et muscade râpée. On ne doit user de ce mets qu'avec beaucoup de réserve ; c'est un aliment purgatif qui peut fatiguer beaucoup l'estomac des personnes délicates.

CHOUX DE BRUXELLES OU PETITS CHOUX.

Après avoir bien épluché les petits choux en éliminant toutes les feuilles extérieures qui n'adhèrent pas au centre, jetez-les dans de l'eau bouillante suffisamment salée ; dix minutes d'ébullition suffisent pour les faire cuire. Égouttez-les ; remettez-les dans la casserole avec un bon morceau de beurre et un assaisonnement modéré de sel, poivre et muscade râpée. Faites-les sauter à plusieurs reprises ; dès que le beurre est fondu, servez très-chaud. Le chou de Bruxelles (*spruyt* en langue flamande) possède par lui-même une saveur particulière très-agréable ; il ne peut que perdre à être arrosé d'une sauce quelconque.

CHOUX ROUGES A LA HOLLANDAISE.

Coupez en deux une belle tête de chou rouge ; retranchez-en les feuilles extérieures ; taillez tout le reste le plus mince possible, comme une soupe, dans le sens horizontal. Faites blanchir à l'eau bouillante, rafraîchir et égoutter. Remettez les choux rouges dans une casserole avec deux beaux oignons finement hachés, six pommes de reinette pelées et coupées par morceaux, un bouquet garni, 125 grammes de beurre frais, et un bon assaisonnement de sel et de poivre, auquel on peut joindre, selon les goûts, une cuillerée de sucre blanc en poudre. Mettez ce mélange sur le feu et laissez cuire très-doucement; quelques minutes avant de servir, arrosez les choux rouges à la hollandaise d'un bon verre de vin rouge.

Les choux rouges émincés, blanchis et cuits avec des pommes et des oignons, sont servis avec des saucisses dans tout le nord de la France ainsi qu'en Belgique, où l'on en consomme autant que de choux d'autres espèces.

CHOUCROUTE AU LARD.

Faites dessaler pendant deux heures dans de l'eau fraîche un kilog. de bonne choucroute; égouttez-la, pressez-la, et mettez-la dans une casserole sur un feu doux avec 500 grammes de lard de poitrine fumé, coupé en tranches minces, un saucisson d'environ 250 grammes, et 125 grammes de saindoux. Mouillez d'un verre de vin blanc et de deux tasses de bon bouillon; assaisonnez modérément de poivre et d'un peu de muscade râpée. Laissez cuire doucement pendant cinq heures au moins; dressez les choux sur un plat; unissez-en la surface; découpez en rouelles minces le saucisson; dressez-en les rouelles symétriquement sur la choucroute avec les tranches de lard fumé. Si le jus de cuisson est trop abondant, faites-le réduire sans y rien ajouter; dégraissez-le au besoin, et versez-le sur la choucroute au moment de servir.

CHOUCROUTE D'ALSACE. — MANIÈRE DE LA PRÉPARER.

Procurez-vous une feuillette ayant contenu du vin blanc ou du vinaigre. D'autre part, choisissez des choux à feuilles lisses, à pommes très-blanches et très-fermes, le chou quintal ou chou blanc d'Alsace est le meilleur de tous pour faire de bonne choucroute. Pour procéder avec ordre, on doit peser les choux épluchés et nettoyés avant de les couper, et se munir de gros sel gris dans la proportion *de deux pour cent du poids des choux*, soit un kilogramme de sel pour 50 kilogrammes de choux. Coupez les choux transversalement en tranches aussi minces que possible, de la même manière que les choux rouges pour les accommoder à la hollandaise. Rangez les choux coupés dans la feuillette par lits successifs de cinq à six centimètres d'épaisseur chacun ; saupoudrez les lits de sel dans la proportion indiquée. En Alsace, on ajoute à chaque lit de choux coupés quelques baies de genièvre en même temps que le sel. Quand la feuillette est remplie, posez dessus le fond enlevé et converti en couvercle muni d'un bouton, pour pouvoir l'ôter et le remettre facilement à volonté. Chargez ce couvercle de grosses pierres ou d'autres objets pesants, afin que la choucroute soit fortement comprimée dans la feuillette. La fermentation ne tardera pas à s'établir dans la masse de la choucroute, et grâce à la présence du sel, elle ne tardera pas à tourner à l'acidité, condition nécessaire pour en assurer la conservation. Au bout d'une semaine, laissez écouler la saumure qui se sera formée dans la choucroute par le sel dissous dans l'eau de végétation des choux ; cette opération est facilitée par un robinet de bois, posé au bas de la feuillette à huit ou dix centimètres du fond. Recueillez la saumure dans une terrine et reversez-la sur la choucroute ; continuez à en agir de même, jusqu'à ce que la saumure soutirée ainsi tous les quatre à cinq jours s'écoule parfaitement claire et sans aucune odeur. Placez le tonneau contenant la choucroute dans une cave exempte d'humidité, assez profonde pour que la température y soit à peu près égale en toute saison. Chaque fois que vous puisez dans le tonneau à la choucroute, ne la laissez que le moins de temps possible en contact avec l'air ; veillez à ce que le couvercle du tonneau, muni en dessous d'un tampon de linge blanc, touche à la choucroute sans laisser de vide, et ne manquez pas de remettre à leur place les poids dont il doit rester constamment chargé. A partir du moment où la choucroute est terminée, jusqu'à la fin de la consommation du contenu du tonneau, on doit une fois par mois soutirer, au moyen du robinet, la saumure qui se réunit au fond et la remplacer par de l'eau saturée de sel, en quantité égale à celle de la saumure retirée.

CROUCROUTE IMPROVISÉE A LA POLONAISE.

Préparez la choucroute de point en point comme ci-dessus, avec la même dose de sel ; mais au lieu d'attendre qu'elle devienne acide par suite de la fermentation arrosez chaque lit de choux découpés et salés d'une petite quantité de vinaigre, dans la proportion de deux litres pour 50 kilogrammes de choux ; comprimez le contenu du tonneau et prenez soin d'exclure l'air extérieur, ainsi qu'il est recommandé pour la choucroute à l'alsacienne. On peut, au bout de quarante-huit heures, commencer à faire usage de la choucroute à la polonaise comme de la choucroute commune.

LÉGUMES A FLEURS ET A FRUITS COMESTIBLES.

Choux-fleurs.

Ces légumes comprennent le *chou-fleur*, le *brocoli*, l'*artichaut*, la *tomate*, l'*aubergine*, le *giraumon*, le *concombre* et le *cornichon*.

Les choux-fleurs, dont on connaît dans les jardins potagers plusieurs variétés, spécialement le *tendre*, le *demi-dur* et le *dur,* distingués par le plus ou moins de fermeté de leurs pommes, doivent être choisis à surface unie, bien blanche, d'un grain fin et serré, sans ouvertures ni crevasses, et sans feuilles étiolées dépassant le niveau du bouquet dont la pomme du chou-fleur se compose. En hiver, il faut se méfier des choux-fleurs conservés, qui, s'ils ont été gardés trop longtemps dans un lieu sec, reprennent pour un moment une bonne apparence quand on a fait tremper le trognon dans l'eau pendant quelques heures. Cela suffit pour la vente; mais ces choux-fleurs cuisent mal et sont dépourvus de saveur. Ceux qu'on a conservés avec leurs racines et leurs feuilles, en enterrant le pied dans du sable frais, et qu'on apporte au marché pendant la mauvaise saison, entourés de leurs longues feuilles un peu fanées, peuvent être achetés avec sécurité ; ils sont aussi bons qu'ils peuvent l'être hors de la saison naturelle de cet excellent légume.

CHOUX-FLEURS A LA SAUCE BLANCHE.

Faites bouillir de l'eau avec une poignée de sel. Jetez-y, lorsqu'elle est en pleine ébullition les choux-fleurs soigneusement épluchés et lavés à plusieurs eaux. Quand on a épluché les choux-fleurs, il faut détacher et visiter l'un après l'autre les bouquets dont se compose chaque pomme, afin de déloger les limaces et les chenilles dont les choux-fleurs sont trop souvent le domicile; dix à quinze minutes d'ébullition dans l'eau suffisent pour les cuire. On égoutte les choux-fleurs cuits, et on prévient leur refroidissement en les plaçant sur le bord du fourneau dans une casserole couverte. D'autre part, préparez une bonne sauce blanche liée avec deux ou trois jaunes d'œufs. Au moment de servir, prenez un à un les morceaux de chou-fleur cuits, et égouttez; rangez-les, le support en haut et la fleur en bas, dans une jatte de faïence ou un petit saladier; renversez-les sur le plat où ils doivent être servis; ils représenteront une seule pomme de chou-fleur très-volumineuse. Versez dessus la sauce blanche très-chaude, mais qu'il faut éviter de faire bouillir afin qu'elle ne tourne pas.

CHOUX-FLEURS AU JUS.

Après avoir fait cuire les choux-fleurs et les avoir dressés sur un plat comme pour la recette précédente, faites un roux blond; mouillez-le de quelques cuillerées de jus de rôti ou de fricandeau; ajoutez-y une égale quantité de sauce blanche sans liaison de jaunes d'œufs; assaisonnez de sel, poivre et un peu de muscade râpée; mélangez-bien les deux sauces en les tournant vivement sur le feu sans les laisser bouillir ; versez-les très-chaudes sur les choux-fleurs.

CHOUX-FLEURS ÉTUVÉS A LA LOUIS XIV.

Épluchez soigneusement les choux-fleurs et lavez-les à l'eau tiède à plusieurs reprises, mais ne les faites pas blanchir comme il est prescrit pour les recettes précédentes. Mettez-les cuire dans une quantité suffisante de bon consommé, en y ajoutant seulement un peu de muscade râpée, le consommé devant être par lui-même assez salé. Dès que les choux-fleurs sont cuits, égouttez-les, et tandis qu'ils sont encore chauds, tournez-les dans la casserole au-dessus du feu, juste assez de temps pour faire fondre et incorporer aux choux-fleurs étuvés un bon morceau de beurre fin très-frais ; servez dès que le beurre est fondu.

CHOUX-FLEURS AU FROMAGE.

Faites cuire les choux-fleurs comme pour les accommoder à la sauce blanche ou au jus. Dressez-les dans un saladier et renversez-les sur un plat dont vous aurez garni le fond d'une bonne couche de fromage parmesan ou de fromage de Gruyère râpé. Saupoudrez la surface de fromage également râpé, ou coupé en petites lames très-minces. Mettez le plat sur un feu doux et posez dessus le four de campagne chargé d'un bon feu, pour que le fromage fonde et s'attache aux choux-fleurs ; servez très-chaud.

On sert aussi les choux-fleurs blanchis et cuits comme ci-dessus et arrosés d'une sauce tomate, ou d'une béchamel au maigre (page 74).

Brocolis.

Les brocolis sont des variétés de choux-fleurs distinguées par la couleur de leurs pommes jaune pâle,
vertes ou violettes. Le grain en est plus fin et la saveur
plus délicate que celle du chou-fleur; mais la plante,
très-sensible au moindre froid, ne réussit bien que sous
le climat de l'Italie et de nos départements les plus méridionaux. A Paris, la culture forcée envoie aux marchés
une petite quantité de brocolis très-recherchés, toujours rares et fort chers. Ils peuvent recevoir toutes les
préparations indiquées ci-dessus, pour accommoder les
choux-fleurs.

Artichauts.

On cultive en France plusieurs variétés d'artichauts
dont les deux plus répandues sont l'artichaut *gros vert
de Laon*, et l'artichaut *gros camus de Bretagne*, ou *de
Tours*. Le premier est facilement reconnaissable par ses
feuilles ou écailles divergentes, très-pointues à leur extrémité; le second porte des écailles échancrées à leur
sommet, et relevées les unes contre les autres. Depuis
que Paris est le centre d'un réseau de chemins de fer
rayonnant sur toute la France, l'artichaut gros camus
de Bretagne y est, dans la saison, aussi abondant et au
même prix que le gros vert, qui s'y vendait presque seul
autrefois. Le gros vert a produit par la culture une
très-bonne sous-variété dite *artichaut parisien*, dans
les marais des environs de Paris. Dans le midi de la
France, on cultive exclusivement le *blanc* et le *violet de
Provence*, et le *sucré de Gênes*, tous trois peu volumineux, excellents, mais tellement sensibles au froid que

leur culture ne peut réussir hors de nos départements du littoral de la Méditerranée.

ARTICHAUTS A LA SAUCE BLANCHE.

Retranchez les feuilles du bas de l'artichaut, ces feuilles ne sont pas mangeables; coupez ensuite avec de gros ciseaux la moitié de chacune des grosses feuilles ou écailles de l'artichaut. Mettez dans un chaudron autant d'artichauts ainsi préparés que vous devez recevoir de convives, et versez seulement assez d'eau dans le chaudron pour que les artichauts rangés les uns auprès des autres, la tête en bas, en soient baignés au tiers à peu près de leur hauteur. Posez sur le chaudron un couvercle de bois entouré d'un linge mouillé plié en plusieurs doubles, et mettez le chaudron sur un feu vif. La vapeur d'eau, ne trouvant pas d'issue, pénétrera les artichauts, qui seront mieux cuits et conserveront mieux leur saveur naturelle que s'ils étaient cuits à grande eau, selon l'usage ordinaire. Quand les artichauts sont cuits, enlevez adroitement le centre, vulgairement nommé le *clocher*, de chaque artichaut; ôtez le foin, et remettez le clocher à sa place. Servez les artichauts au sortir du chaudron, accompagnés d'une saucière pleine d'une sauce blanche. Si l'on préfère les servir froids, on sert en même temps l'huilier, et les artichauts sont mangés à l'huile et au vinaigre.

ARTICHAUTS A LA BARIGOULE.

Faites cuire comme pour la recette précédente des artichauts tendres, de moyenne grosseur; retirez-les du chaudron dès que, sans être tout à fait cuits, ils le sont seulement assez pour que l'on puisse enlever le clocher et ôter le foin. D'autre part , hachez très-finement ensemble des champignons, des fines herbes, de la chair à saucisses et des blancs de volaille ou des débris de gibier, avec un assaisonnement un peu fort de sel, poivre et muscade râpée. Remplissez de cette farce le vide causé par la suppression du foin des artichauts. Remettez en place le clocher, et maintenez-le par quelques tours de ficelle, afin qu'il ne se dérange pas en achevant de cuire. Mettez dans une casserole les artichauts ainsi préparés, avec 250 grammes de beurre ; chauffez d'abord assez vivement les artichauts, afin de les faire bien rissoler dans le beurre ; terminez ensuite la cuisson sur un feu modéré ; égouttez les artichauts à la barigoule, et servez-les très-chauds. Dans nos départements du Midi, on ajoute à la sauce une gousse d'ail et quelques truffes hachées, et on remplace le beurre par de l'huile d'olive fine, le surplus de la recette restant le même.

ARTICHAUTS FRITS.

Quand on veut faire frire de très-gros artichauts, il est bon de les faire cuire à moitié à l'eau ou à la vapeur avant de les mettre dans la pâte, puis dans la friture ; mais il vaut mieux ne faire frire que des artichauts de moyenne grosseur, qu'on n'a pas besoin de faire cuire préalablement. On fend les artichauts, selon leur grosseur, en six ou en huit ; on ôte le foin et les feuilles inférieures, et l'on rogne aux trois quarts les feuilles conservées. Cela fait, passez les quartiers d'artichaut dans une bonne pâte à frire, mettez-les dans une friture très-chaude pour leur faire prendre couleur ; servez avec une garniture de persil frit.

ARTICHAUTS SAUTÉS AU BEURRE.

Préparez les artichauts comme pour les faire frire ; mettez les quartiers d'artichaut dans une casserole avec 250 grammes de beurre ; faites-les cuire dans le beurre avec un bon assaisonnement de sel et de poivre pendant une demi-heure, en ayant soin de les retourner à plusieurs reprises. Lorsqu'ils sont cuits, égouttez-les ; ajoutez au beurre dans lequel ils ont été sautés deux cuillerées de chapelure, une de fines herbes hachées et le jus d'un citron ; dressez les artichauts en couronne sur un plat, et versez cette sauce au milieu au moment de servir.

FONDS D'ARTICHAUT A L'ITALIENNE.

Parez avec soin des fonds d'artichaut en retranchant le dessous, le foin et toute la partie non mangeable des grosses feuilles. Faites-les cuire sur un feu vif, dans de l'eau modérément salée ; laissez-les égoutter et refroidir. D'autre part, faites revenir dans du beurre fondu, mais sans les laisser roussir, des petits oignons hachés dans la proportion de deux ou trois par fond d'artichaut. Incorporez les oignons hachés et cuits dans le beurre à une quantité suffisante de mie de pain rassis finement émiettée ; remplissez de ce mélange les fonds d'artichaut, en donnant à la farce une forme bombée ; saupoudrez le tout d'une bonne couche de fromage parmesan ou de Gruyères râpé ; faites prendre couleur sous le four de campagne chargé d'un feu vif ; servez sans sauce. Cette recette peut, ainsi que la suivante, être appliquée aux fonds d'artichaut à l'état frais, comme à ceux qu'on fait sécher comme provision d'hiver.

FONDS D'ARTICHAUT AU CITRON.

Faites un roux blanc avec 125 grammes de beurre, une cuillerée de farine, sel, poivre et muscade râpée ; coupez autant de tranches de citron que vous avez de fonds d'artichaut ; ôtez les pepins et l'écorce de ces tranches ; posez - en une sur chaque fond d'artichaut. Faites cuire les fonds d'artichaut sur un feu doux ; lorsqu'ils sont cuits, dressez-les sur un plat ; versez la sauce dessus, et servez très-chaud. .

Tomates.

Les tomates, aussi nommées pommes d'amour, sont employées en cuisine sous forme de conserve ou purée qui sert de base à l'une des sauces les plus usitées, sous le nom de *sauce tomate* (page 80). Dans le Midi, on fait grand usage de tomates coupées en quatre, avec quelques oignons coupés par tranches et une gousse d'ail ; on fait revenir le tout à la poêle, dans de l'huile d'olive, avec un peu de sel et de poivre, et l'on sert sans autre assaisonnement.

TOMATES A LA GRIMOD.

Fendez des tomates sur le côté ; videz-en les pepins ; passez la pulpe dans une passoire fine ; incorporez-la dans une farce préparée avec ou sans truffes, comme pour les artichauts à la barigoule (page 542). Remplissez les tomates de cette farce. Mettez 125 grammes de beurre fondu tiède au fond d'un plat pouvant supporter l'action du feu ; rangez les tomates sur ce plat ; saupoudrez-les fortement de chapelure fine ; terminez la cuisson sur un

feu très-doux, en posant sur le plat un four de campagne
chargé d'un bon feu.

Aubergines.

Ce fruit, très-usité dans la cuisine de nos départements
méridionaux, est par lui-même assez difficile à digérer ;
beaucoup d'estomacs ne peuvent le supporter. On en
connaît deux variétés : l'une blanche, l'autre violette.
L'aubergine blanche, dont les fruits mûrs ressemblent
à des œufs, est peu cultivée, si ce n'est comme plante
d'ornement ; l'aubergine violette, dont la forme et la
grosseur sont celles d'un concombre d'une dimension
ordinaire, est seule admise dans la cuisine parisienne.

AUBERGINES FARCIES A LA PARISIENNE.

Coupez en deux parties égales, dans le sens de leur
longueur, quatre aubergines violettes bien mûres. Otez
une partie de la substance intérieure en laissant cependant une bonne portion de la pulpe adhérente à la peau,
qu'il faut avoir soin de ne pas endommager. D'autre
part, préparez une farce de la manière suivante : séparez
les pepins de la pulpe retirée des aubergines ; hachez
cette pulpe avec 125 grammes de moelle de bœuf et
autant de blanc de volaille ou de chair d'agneau rôti.
Pétrissez avec quatre jaunes d'œufs, 60 grammes de mie
de pain rassis finement émiettée ; réunissez cette farce à
la première ; pétrissez bien le tout afin que le mélange
soit bien intime ; ajoutez-y un peu de sel et de muscade
râpée, mais évitez d'assaisonner trop fortement. Remplissez de cette farce les moitiés d'aubergines creusées ;
unissez-en bien la surface en y passant du jaune d'œuf
avec les barbes d'une plume. Mettez les moitiés d'au-

bergines farcies dans un plat supportant l'action du feu. Faites fondre de la moelle de bœuf; passez-la au travers d'un linge, et arrosez-en les aubergines farcies. Posez dessus le four de campagne chargé d'un feu vif; entretenez sous le plat un feu modéré; la cuisson étant terminée, servez sans changer de plat.

AUBERGINES A LA LANGUEDOCIENNE.

Fendez en deux les aubergines comme pour la recette précédente; enlevez les graines sans rien retrancher de la pulpe, dans laquelle vous pratiquerez des entailles profondes, en évitant toutefois d'endommager la peau. Saupoudrez les moitiés d'aubergine de sel, poivre et muscade râpée, sans trop forcer l'assaisonnement; faites-les cuire sur le gril, et, pendant la cuisson, arrosez-les à plusieurs reprises avec de l'huile d'olive fine. C'est la manière d'accommoder les aubergines que préfèrent les vrais amateurs de ce fruit.

Giraumon.

Sur les marchés de Paris, on désigne le giraumon sous le nom vulgaire de *bonnet de Turc*, en raison de sa forme qui rappelle celle d'un turban. Le principal emploi de la pulpe du giraumon séparée de ses graines et de son écorce, c'est d'en faire une purée, après l'avoir fait cuire dans de l'eau légèrement salée; cette purée éclaircie avec du lait, et assaisonnée d'un peu de sucre en poudre, avec quelques tranches de pain et un morceau de beurre frais, donne un excellent potage maigre, nourrissant, de bon goût et de facile digestion.

GIRAUMON A LA CRÈME.

Coupez la pulpe de giraumon en tranches de 2 ou
3 centimètres d'épaisseur ; divisez ces tranches en
morceaux carrés, de la grosseur du pouce ; faites-les
cuire dans de l'eau modérément salée, en évitant de les
laisser se fondre en purée ; égouttez-les, faites-les refroidir, puis faites-les revenir dans une casserole avec
125 grammes de beurre frais et une pincée de fines
herbes hachées. Retirez de la casserole les morceaux
de giraumon ; ajoutez au beurre dans lequel ils ont été
sautés une cuillerée ou deux de farine, que vous évite-
rez de laisser roussir ; assaisonnez d'un peu de sel, de
poivre et de muscade râpée ; mouillez d'une tasse de
bonne crème ; remettez pour une minute ou deux les
morceaux de giraumon dans cette sauce, et servez très-
chaud.

Courge à la moelle.

On commence à cultiver dans beaucoup de jardins
potagers, en France, la variété de courge que les
Anglais nomment *courge à la moelle*. La pulpe de cette
courge, coupée en petits morceaux, cuite avec du lait et
un peu de sel, passée dans une passoire fine, et assaisonnée d'un morceau de beurre frais, forme une purée
très-agréable et très-nourrissante, qu'on peut servir en
maigre, avec des croûtons frits au beurre, disposés
comme sur un plat d'épinards (page 527). Cette courge
et la *courge messinaise*, en forme de poire, fort estimée
dans le Midi, peuvent aussi être coupées par tranches,
assaisonnées de sel et de poivre, et frites dans le beurre

ou dans l'huile pour les jours maigres, et dans le saindoux pour les autres jours.

Concombres.

Le gros concombre blanc, long, le plus estimé à Paris
pour la cuisine, est servi principalement à la poulette,
au maigre, et farci au gras.

CONCOMBRES A LA POULETTE.

Enlevez l'écorce mince extérieure de deux beaux concombres; ouvrez-les pour en retirer les graines; coupez
la pulpe en longues tranches étroites que vous diviserez
en morceaux de la longueur du doigt. Faites blanchir
ces morceaux dans l'eau bouillante légèrement salée;
égouttez-les; faites-les sauter dans du beurre chauffé
modérément; assaisonnez de sel et de poivre; mouillez
d'une tasse de crème ou de très-bon lait. Au moment
de servir, retirez la casserole du feu, et, dès que l'ébullition cesse, terminez la sauce avec une liaison de trois
jaunes d'œufs et un filet de vinaigre.

CONCOMBRES FARCIS.

Pelez deux beaux concombres; ouvrez-les par les
deux bouts et retirez-en tous les pepins. Remplissez
l'intérieur des concombres d'une bonne farce cuite
(page 99). Faites un roux blond; mouillez-le avec une
ou deux tasses de bouillon, selon le volume des concombres; ajoutez-y quelques cuillerées de jus de rôti et
faites cuire les concombres farcis dans cette sauce. Leur
cuisson terminée, faites réduire la sauce, si elle est trop
longue, et arrosez-en les concombres farcis au moment
de servir. Les concombres crus sont très-usités comme

hors-d'œuvre et comme salade. (Voyez *Hors-d'œuvre et Salades*.)

Cornichons.

Les cornichons sont des concombres cueillis avant que leur volume ait dépassé celui du doigt; plus ils ont été cueillis jeunes, plus ils sont estimés. Les cornichons confits au vinaigre sont un des accompagnements indispensables d'une foule de mets.

CORNICHONS AU VINAIGRE.

Chaque ménagère a, pour ainsi dire, sa recette particulière pour préparer les cornichons au vinaigre; voici la recette la plus simple pour leur conserver un beau vert avec toute la franchise de leur saveur naturelle. Après avoir bien brossé les cornichons un à un, et en avoir retranché la queue, saupoudrez-les de sel fin, et enfermez-les dans un linge blanc. Secouez-les vivement dans ce linge, afin qu'ils prennent bien le sel, puis, suspendez le linge dans un lieu frais, et laissez-y les cornichons pendant quelques jours. Mettez-les alors dans des bocaux, sans autre accompagnement que quelques petits oignons blancs crus; remplissez les bocaux de très-bon vinaigre froid, et ajoutez dans chaque bocal un demi-verre de forte eau-de-vie. Les cornichons ainsi préparés sont plus verts et ont meilleur goût que ceux qu'on prépare au vinaigre bouillant.

LÉGUMES A GRAINES COMESTIBLES.

Ces légumes, d'un usage universel en cuisine, soit à l'état frais, soit à l'état sec, comprennent les *haricots*, les *pois*, les *fèves* et les *lentilles*.

Haricots.

La cuisine utilise les haricots sous trois états différents : *haricots verts, haricots écossés frais, haricots
secs.*

HARICOTS VERTS A LA BOURGEOISE.

On doit choisir les haricots verts fins, nouvellement
cueillis, et surtout exempts de ces filaments coriaces qui
en font un mets fort peu agréable, de quelque manière
qu'il soit accommodé. Le cuisinier qui achète des
haricots verts doit toujours en casser quelques-uns pour
s'assurer s'ils sont exempts de fils ; car, dans certaines
espèces, les haricots verts sont très-filandreux, même
quand on les cueille très-petits.

Faites bouillir de l'eau légèrement salée ; jetez-y les
haricots verts, épluchés et lavés ; laissez-les bouillir
douze à quinze minutes ; faites-les égoutter et refroidir.
Mettez dans une casserole 125 grammes de beurre frais ;
faites-le bien chauffer sans le laisser roussir ; jetez-y une
forte pincée de persil et de ciboule hachés ; ajoutez une
cuillerée de farine ; tournez vivement ; assaisonnez de sel
et de poivre ; mouillez d'une tasse de bouillon dégraissé,
ou de la même quantité de l'eau dans laquelle ont cuit
les haricots verts. Faites prendre aux haricots verts
quelques bouillons dans cette sauce ; liez-la avec deux ou
trois jaunes d'œufs et un filet de vinaigre au moment de
servir.

HARICOTS VERTS SAUTÉS.

Faites cuire les haricots verts comme ci-dessus ; ayez
soin qu'ils ne soient pas complétement cuits quand
vous les retirerez de l'eau ; faites-les bien égoutter ;

mettez-les dans une casserole avec 125 grammes de beurre frais et un bon assaisonnement de sel et de poivre. Faites sauter les haricots verts dans le beurre pour compléter leur cuisson; versez-y le jus d'un citron au moment de servir.

HARICOTS VERTS SAUTÉS AU VIN.

Faites blanchir des haricots verts dans de l'eau bouillante légèrement salée; égouttez-les. D'autre part, faites un roux clair que vous mouillerez d'une tasse de bouillon et d'un verre de vin rouge. Tenez cette sauce chaude sur le bord d'un fourneau; mettez sur le feu 125 grammes de beurre frais; faites revenir dans du beurre très-chaud une forte pincée de fines herbes hachées; joignez-y les haricots verts blanchis et égouttés. Faites-les sauter dans le beurre pendant deux ou trois minutes; versez-y peu à peu la sauce au vin préparée d'avance; dressez les haricots en pyramide sur un plat; exprimez dessus le jus d'un citron au moment de servir.

HARICOTS VERTS A LA LYONNAISE.

Faites roussir dans le beurre, à la poêle, deux ou trois beaux oignons coupés par tranches minces; quand ils ont bien pris couleur, joignez-y les haricots verts, blanchis et cuits aux trois quarts à l'eau bouillante, égouttés et refroidis; laissez-les roussir légèrement avec les oignons; assaisonnez-les de sel et de poivre; parsemez-les abondamment de fines herbes hachées; terminez leur cuisson à la poêle avec cet assaisonnement. Quand ils sont suffisamment cuits, dressez-les sur un plat; ajoutez un filet de vinaigre au beurre mêlé d'oignons et de fines herbes resté dans la poêle; versez le tout sur les haricots à la lyonnaise au moment de servir.

HARICOTS VERTS A L'ANGLAISE.

Faites cuire complétement les haricots verts dans l'eau bouillante un peu fortement salée ; égouttez-les, et tandis qu'ils sont encore chauds, passez dans l'eau bouillante un plat supportant l'action du feu ; posez ce plat sur des cendres chaudes ; faites-y fondre 125 grammes de beurre frais ; dressez les haricots égouttés, mais non pas refroidis, dans le beurre fondu ; retournez-les avec précaution, pour qu'ils soient également imprégnés de beurre ; couvrez les bords du plat d'un cordon de persil haché très-fin. C'est la manière la plus simple, et l'une des meilleures, d'accommoder les haricots verts ; elle exige beaucoup de promptitude dans l'exécution, afin que le beurre soit entièrement fondu, et que les haricots verts à l'anglaise, qui doivent être mangés très-chauds, n'aient pas le temps de refroidir.

HARICOTS VERTS ET BLANCS MÉLANGÉS.

On fait cuire les haricots verts et les blancs, écossés à l'état frais, dans la même eau bouillante; on doit les y laisser un peu plus longtemps que les haricots verts seuls, sans quoi les blancs ne seraient cuits qu'à moitié. Après les avoir laissé bien égoutter, on peut les accommoder, selon les goûts, de toutes les manières indiquées ci-dessus pour les haricots verts seuls. On traite de même les haricots *mange-tout*, dont les cosses restent tendres et mangeables, lorsqu'elles contiennent déjà des haricots en grains parvenus à presque toute leur grosseur. La meilleure espèce de haricots mange-tout est celle que les jardiniers belges cultivent de préférence à toute autre, et qui tient une grande place, sous le nom de *princesses*, dans la cuisine bourgeoise des Belges et des Hollandais.

HARICOTS BLANCS FRAIS A LA BOURGEOISE.

Faites-les cuire dans de l'eau bouillante avec un peu de sel et 30 grammes de beurre; dès qu'ils sont en pleine ébullition, modérez le feu pour qu'ils continuent à bouillir, mais très-doucement. Quand on les juge à moitié cuits, on y verse un demi-verre d'eau froide, et l'on termine la cuisson sur un feu modéré. Versez les haricots cuits sur une passoire; mettez dans une casserole 125 grammes de beurre frais par litre de haricots en grains, une forte pincée de persil et de ciboule hachés, un bon assaisonnement de sel et de poivre; jetez sur cet assaisonnement les haricots égouttés encore chauds; faites-les sauter une minute ou deux sur un feu très-doux, jusqu'à ce que le beurre soit entièrement fondu. Au moment de servir, ajoutez une liaison de deux ou trois jaunes d'œufs et une ou deux cuillerées de verjus ou un filet de vinaigre.

Les haricots blancs écossés à l'état frais, comme on vient de l'indiquer, peuvent être accommodés au jus, à la crème ou à diverses sauces; ils peuvent aussi garnir très-convenablement plusieurs viandes, spécialement du veau et du mouton. La meilleure espèce de haricots pour être écossés frais et servis soit seuls, soit comme garniture de viande, est celle qu'on vend à Paris sous le nom de *haricot flageolet*. Les flageolets ne possèdent toutes leurs qualités que quand ils sont écossés n'étant encore qu'à la moitié de leur grosseur. En cet état, les flageolets en grains doivent être non pas blancs, mais d'un blanc verdâtre; leur cuisson dans l'eau bouillante n'exige pas beaucoup plus de temps que celle des haricots verts.

HARICOTS BLANCS SECS AU LARD.

Les meilleurs de tous les haricots blancs pour être mangés secs sont les haricots de Soissons, auxquels aucune autre espèce ne saurait être comparée. De quelque manière qu'ils doivent être ensuite apprêtés, tous les haricots secs, tant ceux de Soissons que ceux des autres espèces et variétés, doivent tremper pendant douze heures dans de l'eau froide avant d'être mis sur le feu. Si l'on a lieu de craindre que les haricots ne soient durs, à cause de la saison plus sèche que d'habitude, ou parce qu'ils sont un peu anciens, on doit à la première ébullition jeter la première eau et verser sur les haricots de l'eau bouillante chauffée d'avance, afin que l'ébullition ne soit pas interrompue.

Pour les accommoder au lard, après avoir fait tremper les haricots dans l'eau, on met un litre de haricots dans une marmite avec 250 grammes de lard moitié gras, moitié maigre, coupé par tranches minces; on ajoute seulement un ou deux verres d'eau, et l'on couvre la marmite, pour concentrer la vapeur d'eau. Laissez cuire pendant plusieurs heures sur un feu doux; n'ajoutez un peu d'eau chaude qu'en cas d'absolue nécessité. Le lard en partie fondu et le sel provenant du lard dispensent d'ajouter tout autre assaisonnement. Quand les haricots sont très-cuits, sans cependant être réduits en purée, dressez-les sur un plat, et rangez dessus les tranches de lard.

HARICOTS A LA MOELLE DE BŒUF.

Faites fondre au bain-marie et passez au travers d'un

linge blanc 125 grammes de moelle de bœuf; versez-les sur un litre de haricots de Soissons bien cuits et suffisamment salés; ajoutez une pincée de poivre, et, si la saison le permet, 20 à 30 grains de verjus que vous aurez eu soin de fendre, afin d'en retirer les pepins; sinon, ajoutez aux haricots à la moelle un filet de vinaigre ou une cuillerée de verjus.

HARICOTS-RIZ A LA CRÈME.

On ne prépare de cette manière que les haricots blancs connus sous le nom de *haricots-riz*, parce que leurs grains dépassent à peine le volume ordinaire d'un gros grain de riz. Après les avoir fait cuire complétement à l'eau bouillante suffisamment salée, avec 30 gr. de beurre pour un litre de haricots-riz; délayez-y peu à peu une tasse de crème épaisse, en remuant vivement, afin que tous les haricots en soient bien imprégnés. Dressez-les sur un plat, en donnant à leur surface une forme bombée; préparez d'autre part une bonne garniture de céleri frit (page 524); parsemez-en la surface des haricots-riz à la crème, et rangez-en un cordon tout autour du plat.

HARICOTS ROUGES A LA BOURGUIGNONNE.

Faites cuire un litre de haricots rouges dans de l'eau avec du sel, 30 grammes de beurre, deux gros oignons piqués de clous de girofle, et un bouquet garni. Après un bon quart d'heure d'ébullition, retirez les légumes autres que les haricots et qui n'ont été ajoutés que comme assaisonnement. Laissez cuire les haricots rouges complétement, sans toutefois les laisser tomber en purée. Quand ils sont cuits, s'il reste du bouillon de leur cuisson, faites-les égoutter, et remettez-les dans une casserole avec 125 grammes de beurre, une cuillerée de farine, un bon assaisonnement de sel et de poivre, et un demi-litre de vin rouge. D'autre part, faites revenir dans le beurre une vingtaine de petits oignons, ajoutez-les aux haricots, afin qu'ils cuisent dans le vin tandis que la sauce achève de se réduire; dressez les haricots à la bourguignonne sur un plat, et rangez les petits oignons tout autour au moment de servir.

Quoique les haricots rouges à la bourguignonne soient un mets appartenant essentiellement à la cuisine populaire, ils figurent quelquefois en carême sur les meilleures tables; dans ce cas, on ajoute à la garniture de petits oignons des queues d'écrevisses épluchées et des laitances de carpe.

Pois.

On mange principalement les pois à l'état frais, récemment écossés, vulgairement désignés sous le nom de petits pois, bien qu'ils soient quelquefois très-gros. Les pois verts parvenus à toute leur grosseur, et ceux des espèces à très-gros grains, sont spécialement destinés à accompagner le veau et les pigeons. Les pois secs ne sont pas, comme les haricots secs, utilisés pour la cuisine, si ce n'est pour préparer des purées.

PETITS POIS AU NATUREL.

Mettez dans une casserole un litre de pois fraîchement écossés, avec 30 grammes de beurre frais, deux ou trois oignons blancs, un ou deux cœurs de laitue, et un bon assaisonnement de sel et poivre. Faites cuire sur un feu très-doux, et remuez de temps en temps pour que les pois ne s'attachent pas à la casserole avant d'avoir commencé à suer leur eau de végétation. Quand la cuisson est terminée, retirez le bouquet de persil et la laitue; ne laissez dans les pois que les oignons blancs; ajoutez-y 125 grammes de beurre frais pétri avec une cuillerée de farine; tournez vivement pendant une ou deux minutes; retirez la casserole du feu, et versez sur les **pois**, au moment de servir, une liaison de trois jaunes d'œufs. C'est la manière la plus usitée d'accommoder les petits pois; les vrais amateurs de ce légume le préparent exactement selon cette recette; on y ajoute assez souvent une cuillerée de sucre en poudre; les petits pois fins, de bonne qualité, perdent plus qu'ils ne gagnent à être sucrés.

PETITS POIS A LA BOURGEOISE.

Faites un roux blanc peu consistant; faites revenir les pois dans ce roux, sans les y laisser au delà d'une ou deux minutes; versez dessus un demi-verre d'eau bouillante; ajoutez le même assaisonnement que ci-dessus; faites cuire sur un feu vif pour tarir entièrement la sauce, dont il ne doit presque rien rester quand la cuisson des pois est complète. Versez sur les pois une liaison de trois jaunes d'œufs par litre de pois au moment de servir.

PETITS POIS A L'ANCIENNE MODE.

Retranchez les feuilles extérieures d'une grosse laitue : entr'ouvrez le cœur; enfermez-y une branche de sarriette fraîche; ficelez la laitue pour qu'elle ne se débride pas par la cuisson; mettez-la dans une casserole avec deux litres de pois fins fraîchement écossés, une demi-livre de beurre, un demi-verre d'eau et une pincée

de sel. Laissez cuire un bon quart d'heure sur un feu
doux; retirez la laitue, faites tarir la sauce si les pois
ont rendu trop de jus; au moment de servir, délayez un
jaune d'œuf dans trois cuillerées de crème épaisse, avec
une pincée de poivre blanc et une cuillerée de sucre en
poudre; mêlez le tout aux pois sans les remettre sur le
feu.

PETITS POIS A LA PARISIENNE.

Laissez tremper dans de l'eau fraîche, pendant un
quart d'heure, un litre de pois fins, fraîchement écossés;
égouttez-les, et mettez-les dans une casserole sur un
feu doux, en ayant soin de les remuer presque continuellement; ajoutez-y un bouquet de persil et de ciboule, et terminez leur cuisson en les remuant très-souvent. Quand ils sont presque cuits, faites-y fondre
125 grammes de beurre pétri avec une cuillerée de
farine; s'ils semblent trop dépourvus de sauce, mettez-y
seulement quelques cuillerées d'eau, afin de cuire la
farine mêlée au beurre; salez de sel fin au degré convenable, et servez très-chaud.

PETITS POIS A LA CRÈME.

Faites fondre dans une casserole 125 grammes de
beurre frais pétri avec une cuillerée de farine; dès que
le beurre est fondu sans être chaud, versez dessus un
litre de pois fins; ajoutez un bouquet de persil et de ciboules et faites cuire sur un feu très-doux. La cuisson
terminée, retirez le bouquet et jetez les pois sur une
passoire, afin d'en séparer leur jus de cuisson; mettez
dans ce jus deux ou trois cuillerées de crème épaisse et
une cuillerée de sucre en poudre; faites sauter les pois

dans cette sauce, qui ne doit pas être longue, et servez chaud.

PETITS POIS AU JAMBON.

Coupez en filets de la largeur de 2 ou 3 centimètres et de la longueur du doigt une tranche de jambon maigre, cuit, du poids d'environ 125 grammes. Faites-le revenir avec 60 grammes de beurre et autant de sain-doux, en évitant de trop chauffer; versez dessus une demi-tasse de bouillon dégraissé et un litre de petits pois. Laissez cuire doucement avec un ou deux cœurs de laitue, en tenant la casserole couverte. La cuisson terminée, ôtez les laitues, saupoudrez les pois au jambon d'une cuillerée de farine; mouillez d'une seconde demi-tasse de bouillon, et ajoutez une liaison de jaunes d'œufs au moment de servir.

PETITS POIS AU LARD.

Faites revenir 125 grammes de lard de poitrine, coupé en petits morceaux, dans 60 grammes de beurre frais, en évitant de trop chauffer, pour que le lard ne roussisse pas. Quand il a cuit dans le beurre pendant cinq minutes, mouillez d'une forte tasse de bouillon dégraissé; versez dessus un litre de petits pois; ajoutez un bouquet de persil et de ciboule, et une pincée de poivre, sans sel, le lard devant être suffisamment salé pour saler les pois; quand la cuisson est terminée, jetez les pois sur une passoire, afin d'en séparer le jus de cuisson, qui est presque toujours trop abondant. Faites-le réduire vivement, et arrosez-en les pois au lard au moment de servir.

Pour cette recette et pour la précédente, les pois un peu gros, spécialement les pois *ridés anglais* et les *pois de Marly*, qui figurent sur les marchés de Paris vers la fin de la saison des pois, valent mieux que les pois très-fins du commencement de la saison.

Fèves.

On ne fait usage en cuisine que des fèves cueillies à peine au tiers de leur grosseur; les meilleures sont celles qu'on nomme à Paris *fèves juliennes,* espèce naine qui ne produit pas beaucoup, mais dont la peau est tendre et la saveur délicate.

FÈVES A LA CRÈME.

Faites blanchir dans l'eau bouillante, légèrement salée, un litre de petites fèves; égouttez-les, et mettez-les dans une casserole, sur un feu doux, avec 125 grammes de beurre, une petite branche de sarriette en fleur finement hachée, un bon assaisonnement de sel et de poivre, et une cuillerée à café de sucre en poudre. Mouillez d'une demi-tasse d'eau bouillante, et faites cuire vingt à vingt-cinq minutes sur un bon feu. La cuisson terminée, retirez la casserole du feu, et dès que l'ébullition est arrêtée, versez sur les fèves, au moment de servir, trois cuillerées de bonne crème dans laquelle vous aurez délayé un jaune d'œuf.

Lentilles.

Les lentilles ne sont utilisées en cuisine que comme légume sec; la petite lentille ou *lentille à la reine* ne sert qu'à faire de la purée. Les lentilles larges, d'une belle teinte blonde, sont les meilleures à servir entières, soit au gras, soit au maigre.

LENTILLES A LA MAITRE-D'HOTEL.

Faites cuire dans de l'eau, avec un peu de sel et 30 grammes de beurre frais, un litre de lentilles; comme tous les légumes secs, les lentilles doivent être mises sur le feu dans de l'eau froide. Dès qu'elles sont cuites, sans cependant être réduites en purée, faites-les égoutter, et remettez-les immédiatement dans la casserole avec 125 grammes de beurre frais, une pincée de farine, une de fines herbes hachées, et un bon assaisonnement de sel et poivre. Ajoutez une liaison de trois jaunes d'œufs au moment de servir.

Si les lentilles doivent être accommodées au gras, on remplace le beurre par du saindoux ou de la graisse d'oie, et l'on supprime la liaison de jaunes d'œufs, le reste de la recette étant le même que pour les accommoder au maigre.

Champignons.

Les diverses espèces de champignons fournissent à la cuisine plusieurs mets fort délicats, outre les services qu'ils lui rendent comme garniture et comme assaisonnement. Il n'est personne qui ne sache à quel danger on s'expose en confondant avec les espèces comestibles et inoffensives les champignons vénéneux, cause fréquente des plus déplorables accidents. On ne peut que conseiller à tout le monde, sans excepter ceux qui croient s'y connaître le mieux, de se méfier de tous les champignons, hors les champignons venus sur couche, parmi lesquels il ne peut pas s'en rencontrer de mauvais, et ceux d'autres espèces vendus sur les marchés des villes, après avoir subi l'inspection d'hommes compétents. On rappelle que les meilleurs champignons deviennent, non pas vénéneux, mais capables de causer des coliques et de graves indigestions, quand ils sont accommodés un peu trop longtemps après avoir été cueillis. Les champignons les plus usités en cuisine sont la *truffe*, la *morille*, et le *champignon de couche* ou *agaric comestible*.

Truffes.

Quoique les découvertes des naturalistes de nos jours ne laissent subsister aucun doute sur la nature des truffes, qui sont une production plus animale que végétale, provenant de la piqûre d'un insecte sur la racine de diverses espèces de chêne, comme l'excroissance nommée *noix de galle* provient de la piqûre d'un autre insecte sur la feuille des mêmes arbres; néanmoins, au point de vue de la cuisine, la truffe reste rangée parmi les champignons, dont elle est, à très-juste titre, le plus estimé. On se borne à faire observer que la nature et la véritable origine de la truffe étant aujourd'hui bien connues, on peut espérer qu'on réussira, dans un avenir prochain, à la reproduire à volonté, résultat qui n'a point été obtenu jusqu'à présent.

TRUFFES AU NATUREL.

Les vrais amateurs de truffes les mangent sans sauce, cuites de manière à leur conserver le plus complétement leur saveur naturelle; néanmoins, le plus grand nombre des consommateurs préfère les truffes bien assaisonnées, et accompagnées d'une sauce quelconque qui en relève le goût, sans trop le masquer.

On fait cuire les truffes au naturel, soit sous les cendres chaudes chargées d'un feu modéré, soit à la vapeur d'eau, dans un chaudron muni d'un double fond d'o‑sier, comme pour faire cuire les pommes de terre à la vapeur. Dans l'un et l'autre cas, les truffes doivent être enveloppées de plusieurs doubles de papier beurré, après avoir été, non pas lavées, mais brossées avec soin, pour en détacher les parties terreuses. On les sert chaudes, sans sauce, en pyramide, sur une assiette cou‑verte d'un linge blanc. On peut aussi, au lieu d'eau, pour faire cuire les truffes à la vapeur, mettre au fond du chaudron une bouteille de vin blanc avec une ou deux cuillerées d'eau-de-vie.

TRUFFES AU VIN.

Mettez dans une casserole 125 grammes de lard haché et 125 grammes de jambon fumé, coupé en petits mor‑ceaux ; ajoutez 500 grammes de truffes entières ou cou‑pées en morceaux de moyenne grosseur ; mouillez d'une tasse de bouillon et d'une bouteille de bon vin blanc, et faites cuire sur un feu modéré. La cuisson terminée, égouttez les truffes, et servez-les sans sauce, comme les truffes au naturel. Cette recette est celle qu'on suit dans toutes les bonnes cuisines, soit pour les truffes qui doi‑vent être servies seules, soit pour celles dont on doit garnir à l'intérieur toutes sortes de volailles et de gibier à plume. La plupart des traités de cuisine conseillent de mettre de l'ail dans la cuisson des truffes au vin ; excepté les Méridionaux, auxquels il faut de l'ail dans tous les mets, tous les gens de goût conviendront que mettre l'ail en contact avec les truffes, c'est les gâter.

TRUFFES AU COURT-BOUILLON.

Faites cuire les truffes dans du vin de Bordeaux

vieux, avec un bouquet garni, deux ou trois oignons piqués de clous de girofle et une feuille de laurier. Faites-les égoutter quand elles sont cuites, et servez sans sauce.

TRUFFES EN ÉMINCÉ.

Coupez par tranches minces 500 grammes de truffes bien nettoyées ; faites-les revenir dans 125 grammes de beurre frais, en évitant de trop chauffer. Mouillez d'un verre de bon vin blanc, d'une demi-tasse de bouillon dégraissé et de quelques cuillerées de jus de rôti ou de sauce de fricandeau réservée à cet effet. Faites cuire sur un feu doux avec une ou deux échalotes hachées et un bouquet garni. La cuisson terminée, retirez le bouquet, ajoutez à la sauce, qui doit être courte, 125 grammes de beurre frais ; assaisonnez modérément de sel et de poivre, afin de ne pas masquer le goût des truffes, et servez très-chaud. C'est une des meilleures manières de servir les truffes dans les repas sans cérémonie. Dans la cuisine du midi de la France, on prépare les truffes en émincé, suivant la même recette, en remplaçant le beurre par de l'huile d'olive fine.

Morilles.

La morille (*fig.* 73) possède un très-grand avantage sur la plupart des autres champignons ; elle est par elle-même d'un goût agréable, complétement inoffensive, et d'une forme bizarre si bien caractérisée qu'elle ne ressemble à aucun autre champignon vénéneux, et ne peut donner lieu à aucune erreur dangereuse. Malheureusement l'horticulture n'a pas trouvé le moyen de faire des couches à morilles comme elle fait des couches à cham-

pignons. Le cuisinier n'a à sa disposition que les morilles qui croissent en mai et juin à
l'état sauvage. Après les avoir fait
blanchir à l'eau bouillante, on fend
les morilles en deux dans le sens de
leur longueur et on les enfile en
chapelets qu'on suspend dans un
lieu sec ; on les conserve ainsi facilement d'une année à l'autre. La
morille est toujours assez chère,
parce qu'elle est fort recherchée et
n'est jamais très-abondante.

Fig. 73.

MORILLES EN RAGOUT.

Après avoir laissé tremper dans de l'eau fraîche des
morilles fendues en long, pendant une heure ou deux,
on les fait blanchir dans de l'eau bouillante légèrement
salée, on les fait égoutter, puis on les fait revenir dans
le beurre avec le jus d'un citron. Ayez soin de ne pas
trop chauffer, pour que le beurre ne roussisse pas.
D'autre part, faites un roux blond bien assaisonné de sel,
poivre et fines herbes hachées; mouillez avec une demi-
tasse de bouillon, un demi-verre de vin et quelques cuillerées de jus de rôti ou de sauce de fricandeau; versez
cette sauce sur les morilles, pour terminer leur cuisson;
servez avec une garniture de croûtons frits. En supprimant les croûtons, cette manière d'accommoder les morilles est la plus usitée pour les faire servir d'accompagnement à divers ragoûts de grosses viandes ou de
volailles. On peut aussi, quand on sert les morilles
seules, garnir le fond du plat de la croûte de dessus d'un
petit pain rond de 500 grammes, après avoir fait roussir

cette croûte dans le beurre ; les morilles préparées selon la recette précédente sont versées sur la croûte ; c'est alors une *croûte aux morilles,* mets à la fois élégant et de très-bon goût.

MORILLES AU MAIGRE.

Préparez le⸱⸱ ⸱orilles comme ci-dessus ; faites-les revenir dans le ⸱ ⸱rre avec un jus de citron, et saupoudrez-les d'u⸱e ⸱u deux cuillerées de farine. Mouillez avec du bouillon maigre (page 54) ; assaisonnez de sel et poivre ; faites cuire lentement sur un feu très-doux ; la cuisson étant terminée, délayez dans trois cuillerées de crème épaisse un ou deux jaunes d'œufs, et ajoutez cette liaison aux morilles, au moment de servir.

MORILLES AU LARD.

Faites blanchir et égoutter les morilles fendues en deux ; passez-les dans du lard fondu ou dans du sain-doux tiède et panez-les fortement avec de la mie de pain finement émiettée, et bien assaisonnée de sel et de poivre. Embrochez les moitiés de morilles panées dans une brochette de bois blanc, comme si c'étaient de petits oiseaux ; attachez la brochette à une broche et faites tourner les morilles devant un bon feu jusqu'à ce qu'elles aient bien pris couleur. D'autre part, faites frire à la poêle des tranches minces de lard, moitié gras, moitié maigre ; quand elles sont bien roussies, garnissez-en le fond d'un plat ; débrochez les morilles ; rangez-les symétriquement sur les tranches de lard roussies, et servez très-chaud, sans sauce.

MORILLES FRITES.

Faites cuire dans de bon bouillon dégraissé des morilles blanchies à l'eau bouillante, égouttées et fendues en
quatre. Ayez soin que la sauce de cuisson soit assez
abondante pour que quand les morilles sont cuites, elle
ne soit pas tarie. Retirez les morilles de leur jus de cuisson, laissez-les égoutter, farinez-les et faites-les frire
dans du saindoux
très-chaud. Ajoutez
à leur jus de cuis-
son, réduit s'il y a
lieu, quelques cuil-
lerées de jus de rôti,
un bon assaisonne-
ment de sel, poivre
et muscade râpée;
au moment de ser-

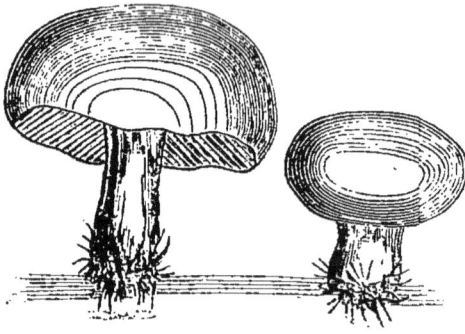

Fig. 74.

vir, versez cette sauce sur les morilles retirées de la friture ; servez très-chaud.

Champignons de couche.

Le vrai *champignon de couche* ou *agaric comestible*
(*fig.* 74), diffère essentiellement de lui-même, tant par
la couleur, l'odeur et la forme extérieure, que pour ses
propriétés alimentaires, selon l'âge auquel il a été cueilli.
On sait que le champignon de couche se développe avec
une extrême rapidité, ce qui a donné lieu à l'expression
vulgaire, *pousser comme des champignons*. Tant que
les bords du chapiteau du champignon sont plus ou
moins roulés en dedans, les lames de dessous conservent
leur couleur rose, et le champignon possède toutes ses

propriétés. S'il a été cueilli un peu trop tard et que ses
bords soient étalés, son odeur a changé de nature, ses
lames ont tourné du rose au brun, puis au noir; sans
être vénéneux, le champignon de couche en cet état est
devenu indigeste et malsain. Lorsqu'en hiver, par un
froid intense, la gelée durcit les champignons pendant
le trajet de la couche au marché, ils ne sont pas gâtés
pour cela; il faut les faire dégeler dans de l'eau froide,
les éplucher et les faire cuire immédiatement; leur
goût n'est pas altéré, non plus que leurs propriétés alimentaires.

CROUTE AUX CHAMPIGNONS.

Faites sauter dans du beurre des champignons récemment cueillis, plutôt petits que trop gros et trop étalés;
mouillez-les d'une tasse de bouillon dégraissé, ajoutez
un bouquet de persil et ciboules, un bon assaisonnement
de sel, poivre, et muscade râpée, et terminez la cuisson
des champignons sur un feu très-doux. D'autre part,
enlevez la croûte de dessus d'un pain blanc de 500
grammes; ôtez-en toute la mie intérieure; râpez le dessus afin d'en retirer une certaine quantité de chapelure;
graissez abondamment de beurre les deux côtés de la
croûte chapelée; mettez-la sur le gril sur un feu couvert; retournez-la une fois ou deux; tenez-la prête pour
le moment où la cuisson des champignons est terminée.
Otez le bouquet de la sauce de cuisson des champignons,
terminez cette sauce en y ajoutant deux jaunes d'œufs
délayés dans trois cuillerées de bonne crème. Mouillez
de cette sauce l'intérieur de la croûte grillée; posez-la
sur un plat, la partie bombée en dessus; versez le ragoût
de **champignons** sur la croûte ainsi disposée au moment

de servir. Quand on manque de crème, on peut la remplacer par un roux blanc, dans lequel on délaye deux jaunes d'œufs. Le ragoût de champignons, préparé comme on vient de l'indiquer, peut être servi avec une garniture de croûtons frits, saucés de la sauce du ragoût, à la place de la croûte de pain chapelée et grillée.

CHAMPIGNONS EN CAISSE.

Faites une caisse de papier fort, enduit de beurre; remplissez-la de champignons lavés, égouttés, coupés en deux ou en quatre morceaux, saupoudrés de sel fin mêlé d'un peu de poivre et de fines herbes hachées, avec 60 grammes de beurre frais coupé en petits morceaux. Posez la caisse de papier sur un gril placé sur des cendres chaudes; faites cuire les champignons à très-petit feu; dès qu'ils sont cuits, faites glisser la caisse du gril sur un plat sans la déformer; servez les champignons dans la caisse où ils ont cuit. Ce mets est surtout usité pour les déjeuners.

Diverses espèces de Champignons sauvages.

. La cuisine de nos départements méridionaux utilise, outre les champignons dont il vient d'être question, plusieurs espèces excellentes en elles-mêmes, mais plus ou moins faciles à confondre avec les espèces dangereuses. Telle est en particulier l'*oronge vraie* (*fig.* 75), qui diffère très-peu de la *fausse oronge* (*fig.* 76). On sait qu'à l'époque du sacre de Napoléon Ier, le cardinal Caprara, légat du pape Pie VII, s'empoisonna avec de fausses oronges qu'il avait cueillies lui-même dans une promenade au bois de Vincennes, les prenant pour des oronges vraies. La manière la plus **commune de servir les**

oronges consiste à les accommoder à la bordelaise, selon
la recette suivante :

ORONGES A LA BORDELAISE.

Enlevez le support des oronges ; nettoyez et ciselez
les chapiteaux ; faites-les mariner une heure ou deux

Fig. 75.

Fig. 76.

dans l'huile d'olive avec un bon assaisonnement de sel
et de poivre ; mettez-les ensuite sur le gril sur un feu

Fig. 77.

Fig. 78.

modéré, retournez-les à plusieurs reprises. Dès qu'elles
sont cuites, mettez dans une casserole le reste de l'huile

dans laquelle les oronges ont été marinées; ajoutez-y quelques échalotes, une pointe d'ail, une pincée de fines herbes hachées; versez-y un filet de vinaigre, et arrosez-en les oronges grillées dressées sur un plat au moment de servir.

Parmi les autres espèces de champignons sauvages plus ou moins mangeables, les *ceps* sont accommodés comme les oronges, les mousserons comme les champignons de couche, les chevaires (*fig.* 77) et les chanterelles (*fig.* 78) comme les morilles. Mais on croit devoir réitérer la recommandation de ne jamais manger de ces divers champignons sans être bien certain qu'ils ne peuvent être confondus ou mêlés avec d'autres champignons dangereux.

SALADES.

Quoique l'usage de manger diverses plantes crues, à l'huile et au vinaigre, nous soit venu des Italiens, qui le tenaient eux-mêmes des peuples de l'antiquité, il est certain que la France est de tous les pays de l'Europe celui où l'on fait le plus de cas de toute espèce de salades, et où l'on en consomme le plus. Les plantes le plus communément accommodées en salade sont la *laitue ronde*, la *laitue romaine*, la *chicorée sauvage*, la *chicorée frisée*, l'*escarole* ou *endive*, le *céleri*, le *cresson de fontaine*, la *mâche* et la *raiponce*. Grâce à toutes ces plantes, dont chacune possède son mérite relatif, on peut manger de la salade à peu près *toute l'année*, sans interruption.

Quant à la manière d'assaisonner la salade, rappelons d'abord le proverbe italien qui dit que pour bien faire

la salade, il faut être *prodigue d'huile*, *sage de sel*, et
avare de vinaigre. Ce n'est pas, assurément, le goût
de tous les consommateurs; il en est qui ne trouvent
jamais la salade assez vinaigrée, et qui ne la mangent
qu'après y avoir prodigué le poivre et la moutarde. En
règle générale, pour un saladier contenant une salade
de laitue, de romaine, de chicorée frisée ou d'escarole,
suffisante pour six à huit personnes, il faut trois grandes cuillerées d'huile et une de vinaigre; la dose du sel
et celle du poivre ne peuvent être précisées; elles va-
rient selon les goûts; il en est de même de la moutarde,
qu'il ne faut jamais prodiguer; elle est plus tolérable
dans les salades accompagnées d'œufs durs coupés par
tranches, que dans celles qui n'en contiennent pas.

La salade, épluchée et lavée avec soin, ne doit retenir
que le moins d'eau possible au moment où elle paraît
dans le saladier. Dans ce but, on la secoue fortement
dans le panier à salade (*fig.* 79). On donne ici le modèle
de ce panier en fil de fer, tel qu'il est le plus généralement adopté, depuis qu'on a renoncé à se servir de l'an-

Fig. 79.

Fig. 80.

cien panier à salade en osier blanc, trop encombrant et
trop peu durable. On sert la salade sans assaisonnement,
accompagnée de l'huilier (*fig.* 80). Quand la saison le

permet, les fleurs de capucine, d'un goût agréable et d'une belle couleur de feu, et les fleurs d'un bleu céleste de la bourrache, donnent à la salade, avant qu'elle soit retournée, un aspect très-élégant.

Après avoir mêlé à la dose de sel destinée à la salade une pincée de poivre, toujours en très-petite quantité, on en saupoudre toute la salade, et on la retourne une première fois avec le couvert de buis ou d'ivoire, (*fig.* 81) approprié à cet usage. Il faut ensuite y verser l'huile et retourner encore la salade, afin que toutes les feuilles en soient bien imprégnées, et à la fin seulement y verser le vinaigre. Cette manière de faire la salade est connue, du nom de son inventeur, sous le nom de *salade à la Chaptal*. L'avantage fort important qui en résulte, c'est que, les feuilles de la salade étant premièrement salées, poivrées et imbibées d'huile, le vinaigre glisse

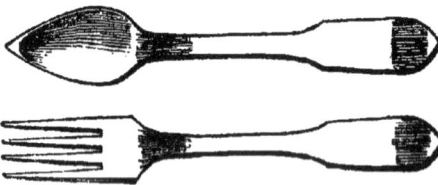

Fig. 81.

dessus et va se rassembler au fond du saladier, de sorte que si vous en avez mis un peu trop, ou bien si le vinaigre se trouve être plus fort que vous ne l'avez supposé, la salade n'est pas gâtée et n'en reste pas moins mangeable.

Laitue.

A Paris et près des grandes villes où le jardinage est pratiqué avec intelligence, on a des laitues à peu près toute l'année. Les espèces les plus hâtives, connues à Paris sous les noms de *laitue crêpe* et *laitue gotte*, sont petites, à peine pommées, et dépourvues de saveur; leur seul mérite consiste dans la facilité avec laquelle ces laitues sont obtenues sur couche, sous châssis, par la culture forcée, en plein hiver, à une époque de l'année où il est impossible d'avoir d'autres laitues. Il faut, pour en faire une salade supportable, forcer un peu l'assaisonnement et y joindre quelques œufs durs coupés en tranches minces.

Dès le milieu du carême, on voit paraître sur les marchés la petite laitue dite *à couper*, dont on sème la graine très-serrée, et qu'on emploie en salade comme la précédente, mais sans lui laisser le temps de pommer. Viennent ensuite avec le printemps les laitues pommées proprement dites, dont les plus estimées sont celles dont les feuilles sont panachées de taches rousses. En été, quand la sécheresse dispose les laitues à monter en graine, ce qui les empêche de pommer, on préfère la *laitue paresseuse*, lente à croître, mais par cela même moins disposée que les autres à monter en graine.

Aux laitues rondes viennent s'associer les romaines, à pomme allongée, moins tendres que les laitues, mais d'une saveur plus prononcée. Un usage généralement suivi, bien qu'il ne soit fondé sur aucune bonne raison, ne permet pas de servir sur une bonne table une salade de romaine accompagnée d'œufs durs, bien que cet accessoire soit tout aussi bon avec ce genre de salade qu'avec tout autre.

Chicorée.

On utilise pour la salade trois espèces de chicorée : la *chicorée sauvage*, la *chicorée frisée* et l'*escarole* ou *endive*. La chicorée sauvage est plus ou moins dure et amère; elle n'est supportable en salade que quand ses premières feuilles naissantes ont été cueillies fort petites, au commencement du printemps.

La *chicorée frisée* est la meilleure de toutes pour la salade; les variétés les plus estimées sont la *chicorée d'Italie*, celle *de Meaux*, et celle *de Rouen*, aussi connue sous le nom de *corne de cerf*. Les amateurs de la saveur de l'ail ne manquent jamais, selon l'usage italien, de joindre à la salade de chicorée frisée un petit croûton de pain frotté d'ail, connu sous le nom de *chapon*.

La *scarole* ou *escarole*, espèce de chicorée à feuilles entières, est précieuse comme salade d'hiver, à cause de la facilité de sa conservation, qui permet d'en prolonger la consommation très-avant dans l'hiver. C'est cette salade que, sous le nom d'endive, on mange en Belgique et dans tout le nord de la France, arrosée de beurre fondu tiède mêlé de sel et de vinaigre ; c'est une manière d'assaisonner la salade qui n'est guère supportable pour ceux qui n'y sont pas accoutumés; mais, dans les pays où la bonne huile d'olive est rare et chère, la salade au beurre fondu est encore préférable à la salade à l'huile de colza, ou même à l'huile d'œillette, quand celle-ci n'est pas de la première fraîcheur ; car elle rancit en très-peu de temps.

On ne mentionne que pour mémoire la chicorée étiolée en longues feuilles blanche, connue à Paris sous le nom de *barbe de capucin*. Cette salade, dure et amère, est saine, et ceux qui ne peuvent s'en procurer d'autre en consomment de grandes quantités; mais, on ne peut la recommander à ceux auxquels il est possible d'en avoir de meilleure.

Céléri.

On ne mange pas souvent le céleri seul sous forme de salade, et c'est en effet un genre de salade dont il ne faudrait pas user trop fréquemment, à cause de ses propriétés trop échauffantes. Pour faire une salade de céleri, on doit choisir des côtes de céleri parfaitement blanches, les couper par bouts de cinq à six centimètres de long, et diviser chacun de ces bouts, dans le sens de leur longueur, en cinq à six *bâtonnets*. Au lieu de l'assaisonnement ordinaire, on accommode la salade de céleri avec une sauce rémoulade (page 79). Il faut cinq à cix cuillerées de rémoulade pour assaisonner une salade de céleri suffisante pour huit à dix convives. Le céleri fait aussi souvent partie pour un quart, ou même pour moitié, d'une salade de laitue d'hiver, de chicorée ou de scarole.

Cresson de fontaine.

Cette plante, aussi salubre qu'agréable, bien que son goût très-prononcé ne convienne pas à tous les consommateurs, peut être mangée soit seule, soit associée à la laitue et aux autres salades. Grâce aux cressonnières artificielles alimentées par des eaux vives, qui ne tarissent pas en été et qui gèlent rarement en hiver, on peut manger des salades de cresson de fontaine toute l'année. Le cresson de fontaine est aussi employé cru et entier, comme entourage de biftecks et de volailles rôties.

Mâches.

La salade de mâches est dure, mais de bon goût, et excellente au point de vue de la santé. Dans le Nord, où cette plante est connue sous le nom vulgaire d'*oreilles de lièvre*, à cause de la forme de ses feuilles, et sous celui de *doucette*, à cause de sa saveur douce, la mâche n'est pas cultivée ; on récolte celle qui croît dans les champs de céréales ; elle est surtout recherchée en hiver après les fortes gelées qui attendrissent ses feuilles sans les altérer. La salade de mâches est rarement servie seule ; elle est le plus souvent associée à la laitue, à la scarole, au céleri et à des tranches de betteraves cuites au four.

Raiponce.

La raiponce est rarement servie seule en salade ; ses racines blanches et tendres, et ses touffes de feuilles douces d'une agréable saveur de noisette, sont associées à toutes les salades qui se mangent en hiver. On recherche au printemps, sur la lisière des bois et sur le revers des fossés exposés au midi, les jeunes plantes de raiponce sauvage ; elles sont aussi bonnes que la raiponce cultivée pour être mangées en salade.

Fournitures.

Les fines herbes hachées, qu'on mêle habituellement à toutes les salades, sont le *cresson alénois*, le *cerfeuil*, la *ciboule*, la *civette* et l'*estragon*. En règle générale, il ne faut pas les prodiguer de façon à masquer complètement la saveur naturelle de chaque genre de salade, mais en mettre seulement assez pour en relever le goût sans le faire disparaître. Comme beaucoup de consommateurs préfèrent la salade sans fournitures, il vaut mieux, le plus souvent, servir celles-ci hachées séparément, dans une coquille de porcelaine, à côté du saladier ; ceux des convives qui en désirent en mêlent plus ou moins à leur part de salade.

Cresson alénois.

Cette petite plante très-aromatique est la meilleure des fournitures pour toute espèce de salades ; malheureusement, sa croissance est si rapide, elle monte si vite en graine, et elle est si rarement demandée, que les jardiniers en apportent rarement au marché ; ceux qui possèdent un jardin et qui peuvent y renouveler les semis de graine de cresson alénois aussi souvent que le besoin l'exige, sont seuls assurés de ne jamais manquer de cette fourniture.

Cerfeuil.

La même difficulté n'existe pas pour le cerfeuil, qu'on peut se procurer à peu près en toute saison ; c'est celle des fournitures de salade qu'on peut employer en plus grande quantité, sans aucun inconvénient. On a vu (page 29) que dans plusieurs départements, une forte poignée de cerfeuil haché est considérée comme l'accompagnement obligé de la soupe grasse.

Ciboule.

Cette plante, dont la saveur tient en quelque sorte le milieu entre l'oignon et l'échalote, ne peut être employée hachée, comme fourniture de salade, que quand elle est cueillie, pour ainsi dire, à l'état naissant. Plus tard, la ciboule devient la partie la plus essentielle du bouquet garni, indispensable dans la cuisson d'une

foule de mets, et des fines herbes hachées qui accompagnent un si grand nombre de préparations.

Estragon.

C'est celle des fournitures de salade qu'il faut employer avec le plus de réserve ; on s'en sert, en outre,
avec avantage pour aromatiser le vinaigre et accompagner les cornichons. Dans l'ancienne cuisine française, on faisait grand usage, comme fourniture de salade, de la *perce-pierre* et de la *pimprenelle*, plantes
dont l'emploi pour cette destination est à peu près abandonné.

PATES ET FARINES ALIMENTAIRES.

Avant de clore cette section, consacrée aux ressources
que fournissent à la cuisine les substances tirées du
règne végétal, on croit devoir y joindre les indications
nécessaires sur les pâtes et les farines alimentaires déjà
mentionnées pour la plupart dans la III° section qui
traite des potages préparés avec ces substances. (Voyez
Potages.) Les plus usitées des pâtes alimentaires sont le
macaroni, les *nouilles* et la *lazagne*

Macaroni.

Lorsqu'on achète du macaroni, il ne faut pas s'arrêter à une légère différence de prix, et préférer le bon
macaroni, qui conserve sa forme en cuisant, au macaroni commun, un peu moins cher, mais qui, par la

cuisson, se réduit en pâte et prend mal l'assaisonnement.

MACARONI A LA BOURGEOISE.

Faites cuire pendant trois quarts d'heure dans de l'eau
égèrement salée 250 grammes de macaroni, avec deux
oignons piqués chacun d'un clou de girofle. Quand il est
suffisamment cuit, égouttez le macaroni; mettez-en environ le quart dans une casserole avec 60 grammes de
beurre frais. Mêlez exactement 125 grammes de fromage
de Gruyères et 60 grammes de fromage parmesan, l'un
et l'autre finement râpés; saupoudrez-en le macaroni
mis dans la casserole; ajoutez le reste du macaroni et le
reste des fromages râpés couche par couche, et faites
sauter le tout sur un feu modéré, afin que le mélange
soit intime. Ajoutez quelques cuillerées de crème, afin
que les fromages se fondent plus facilement; dès qu'ils
commenceront à *filer*, c'est-à-dire à former de longs filaments quand vous soulèverez le macaroni avec la fourchette, servez très-chaud. Quand les deux fromages
employés à préparer le macaroni à la bourgeoise sont de
bonne qualité, il est rarement nécessaire d'y ajouter du
sel.

MACARONI AU GRATIN.

Faites cuire le macaroni et assaisonnez-le exactement
comme pour la recette précédente. Quand il est complétement cuit, garnissez de fromage râpé le fond d'un plat
pouvant supporter l'action du feu; versez dessus le macaroni; égalisez bien la surface, en lui donnant une
forme un peu bombée. Saupoudrez le macaroni de mie
de pain finement émiettée, mêlée à du fromage râpé, par
parties égales; versez un peu de beurre fondu tiède sur

ce mélange, entourez le macaroni d'un rang de croûtons frits ; posez le plat sur un feu modéré ; couvrez-le d'un four de campagne chargé d'un bon feu ; servez dès que la surface du macaroni a pris couleur. Le macaroni au gratin doit être servi dans le plat où il a été préparé.

MACARONI A L'ITALIENNE.

Faites cuire 500 grammes de macaroni dans de l'eau légèrement salée, sans autre assaisonnement ; égouttez-le et dressez-le sur un plat pouvant supporter l'action du feu ; saupoudrez chaque couche de fromage parmesán râpé ; arrosez-la largement de jus de viande ou de fond de cuisson d'une forte pièce de bœuf ou de mouton braisée. Terminez par un lit de fromage que vous arroserez de 60 grammes de beurre fondu tiède. Mettez le plat un instant sur le feu pour que le fromage fonde et file ; servez, sans remuer le macaroni, dans le plat où il a été préparé. La proportion habituelle est de 150 grammes de bon fromage parmesan râpé pour 500 grammes de macaroni. Cette manière d'accommoder le macaroni exige une assez grande quantité de jus ; dans les grandes cuisines, on est toujours suffisamment approvisionné de grand jus pour bien préparer le macaroni à l'italienne ; dans les ménages plus modestes, on n'accommode le macaroni de cette façon que le lendemain du jour où on a servi une pièce de grosse viande braisée ; on a eu soin de rendre le jus de cuisson assez abondant pour pouvoir en destiner une partie à arroser le lendemain un plat de macaroni à l'italienne.

MACARONI AU JAMBON.

Coupez en tranches de deux ou trois centimètres d'épaisseur, du jambon fumé maigre; laissez sécher ces tranches à l'air, jusqu'à ce qu'elles soient assez dures pour pouvoir être râpées. Mêlez 250 grammes de fromage parmesan, ou, à son défaut, de bon fromage de Gruyères, avec 250 grammes de jambon maigre râpé. Faites cuire 500 grammes de macaroni dans du bouillon dégraissé, égouttez-le ; dressez-le, couche par couche, sur un plat supportant l'action du feu; saupoudrez chaque couche du mélange de fromage et de jambon râpés ; arrosez le macaroni du bouillon dans lequel il a été cuit; terminez par une couche de fromage et de jambon râpés; faites cuire cinq minutes avec feu dessous et dessus au moyen du four de campagne; servez très-chaud.

Nouilles et Lazagnes.

Les nouilles que l'on peut faire chez soi au moment de les employer (page 36), et les lazagnes qu'on trouve dans le commerce, comme le macaroni, peuvent être accommodées de même que le macaroni à la bourgeoise, au gratin, à l'italienne et au jambon; ces pâtes cuisent plus vite que le macaroni, et doivent rester moins de temps sur le feu.

DOUZIÈME SECTION.

HORS-D'ŒUVRE. — ENTREMETS. — DESSERT.

HORS-D'ŒUVRE.

Lorsque le mot hors-d'œuvre a commencé à être usité en cuisine, il désignait tout ce qui ne fait pas partie du

corps d'un repas, tout ce qui n'est pas destiné à satisfaire l'appétit des convives. Plus tard, on a tellement
étendu le sens du mot hors-d'œuvre, on a donné ce titre
à un si grand nombre de mets, que d'après les traités de
cuisine les plus accrédités, on pourrait composer des dîners très-complets et très-substantiels, rien qu'avec des
hors-d'œuvre. En réduisant la portée du mot hors-
d'œuvre à son véritable sens, on trouve que les hors-
d'œuvre proprement dits sont composés de *légumes*,
fruits à l'état frais, conserves vinaigrées, poisson, et
charcuterie.

Hors-d'œuvre de légumes.

Ces hors-d'œuvre comprennent les radis roses et
blancs, les raves roses et violettes, les artichauts de petites dimensions, coupés en quatre et débarrassés de leur
foin, pour être mangés à la poivrade. Les radis doivent
être servis dans de l'eau fraîche, dans une coquille de
porcelaine ayant pour pendant une coquille semblable
également pleine d'eau, dans laquelle nagent des morceaux de beurre frais, minces et légers. Les artichauts
à la poivrade servis en hors-d'œuvre doivent être accompagnés de l'huilier. Lorsqu'on sert en hors-d'œuvre du beurre
très-fin, tel que celui qu'on expédie de
Bretagne à Paris dans de petits pots de
grès, ce beurre doit être servi dans le
pot couvert de toile, où il a été emballé, comme le
montre la figure 82.

Fig. 82.

HORS-D'ŒUVRE DE FRUITS A L'ÉTAT FRAIS.

Ils ne comprennent que deux fruits, les melons et les cerneaux.

Melons.

Quelque gros que soit un melon, il est toujours hors-d'œuvre, dans ce sens qu'il ne tient pas la place d'une entrée, et qu'il doit être servi aussitôt après le potage. Depuis que la culture maraîchère a perfectionné la production des melons *cantaloups*, qui ont entièrement remplacé l'ancien melon brodé, ou melon maraîcher, rien n'est plus aisé que de choisir un bon melon; il sufit de le prendre pesant et de bonne odeur. Autrefois, rien n'était plus rare qu'un melon réellement bon, et le vieux poëte bourguignon Lamonnoye était fondé à dire dans le langage naïf de son époque :

> Les amis de l'heure présente
> Sont d'un naturel de melon ;
> Il en faut goûter plus de trente
> Avant que d'en trouver un bon.

Aujourd'hui, ce sont les mauvais qui sont rares ; il n'est question, bien entendu, que des melons. Pendant les grandes chaleurs de l'été, en juillet et en août, il faut faire rafraîchir les melons à la cave avant de les servir, et poser à la place de la queue un morceau de glace assez gros. Dans les grandes maisons, le melon est ordinairement servi tout découpé ; les tranches, remises dans leur position naturelle, sont séparées les unes des autres par des fragments de glace.

Le melon n'est fiévreux que quand on en abuse; en le

saupoudrant de sel fin au moment de le manger, on en facilite la digestion.

Cerneaux.

La saison des cerneaux dure peu ; on doit les servir dans de l'eau salée, avec un peu de verjus ou un filet de vinaigre ; quoique la plupart des traités de cuisine recommandent d'assaisonner de poivre les cerneaux, on croit pouvoir affirmer que c'est les gâter complétement que d'y mettre la moindre parcelle de poivre.

HORS-D'ŒUVRE DE CONSERVES AU VINAIGRE.

Les conserves au vinaigre, servies comme hors-d'œuvre, comprennent les cornichons, les concombres, les atchars et les olives, bien que ce fruit ne soit confit qu'à la saumure.

Cornichons.

On a donné (page 586) la meilleure recette pour bien préparer les cornichons confits dans le vinaigre.

Concombres.

Enlevez aussi mince que possible la peau d'un concombre blanc presque mûr. Coupez le concombre par rouelles transversales ; supprimez soigneusement les semences qui en remplissent l'intérieur ; faites mariner les tranches de concombre pendant deux heures dans du vinaigre, avec une feuille de laurier, deux oignons coupés en tranches, et un bon assaisonnement de sel et de poivre ; retirez les tranches de concombre de la marinade pour les dresser dans une coquille de porcelaine, et versez dessus une portion du vinaigre dans lequel le concombre a été mariné.

Achars ou Atchars.

Le hors-d'œuvre qui porte ce nom est composé de morceaux de giraumon ou de courge à la moelle taillés en petits dés, de petits oignons blancs, de très-jeunes épis de maïs à poulets, de quelques morceaux de piment rouge et d'un bon assaisonnement de sel et de poivre. On trouve à acheter, à Paris et dans toutes les grandes villes, des flacons d'atchars parfaitement préparés; si on veut les faire chez soi pour en conserver une provision, il faut préparer les atchars selon la recette indiquée pour les cornichons confits au vinaigre (page 586).

Olives.

Lorsqu'on achète des olives, on doit préférer aux très-grosses d'un vert pâle, qui viennent d'Espagne ou du bas Languedoc, les olives de Provence, dites *picholines*, beaucoup plus petites, d'un plus beau vert et d'un goût plus délicat. Il faut toujours les laver dans plusieurs eaux très-propres avant de les servir comme hors-d'œuvre, et les mettre dans la coquille de porcelaine, soit seules, soit avec un peu d'eau fraîche.

OLIVES FARCIES.

Fendez en long des olives de moyenne grosseur, afin d'en pouvoir retirer les noyaux. Mettez à la place du noyau un volume égal de farce composée d'anchois et de fines herbes finement hachés, avec un peu de mie de pain, et bien assaisonnée de poivre et de muscade râpée.

On vend fort cher, chez les marchands de comestibles, des olives farcies qu'on expédie du Midi à Paris dans des flacons remplis d'huile d'olive. Il est tout aussi facile de préparer chez soi les olives farcies, en les laissant tremper un ou deux jours dans de l'huile d'olive fine avant de les servir. Les olives farcies sont un des hors-d'œuvre les plus distingués.

HORS-D'ŒUVRE DE POISSON.

Les poissons fournissent à la cuisine, comme hors-d'œuvre : le *hareng salé cru*, le *thon mariné*, les *sardines à l'huile et au beurre*, les *anchois* et le *caviar*.

Hareng pec.

On désigne particulièrement sous ce nom le hareng récemment salé. On le sert en hors-d'œuvre après l'avoir fait dessaler pendant vingt-quatre heures en le changeant d'eau à plusieurs reprises. Chaque hareng est coupé en tronçons, qu'on rapproche les uns des autres comme si le poisson était entier.

Thon mariné.

Le ton mariné pour hors-d'œuvre est servi tel qu'on l'expédie du Midi; il est simplement retiré de l'huile et bien égoutté au moment de servir.

Sardines.

De même que le thon mariné, les sardines à l'huile ou au beurre, expédiées à Paris pour être mangées comme hors-d'œuvre, sont servies sans aucune préparation autre que celles qu'elles ont dû recevoir aux lieux d'expédition.

Crevettes.

Les crevettes, devant être cuites au moment même où elles sont pêchées, n'ont plus besoin d'aucune autre préparation; on en remplit une coquille de porcelaine pour les servir comme hors-d'œuvre.

Caviar.

Le caviar (en tartare *kavia*) est une préparation d'œufs d'esturgeon macérés avec beaucoup de sel, de poivre et d'oignons hachés, que les Tartares envoient en grande quantité en Russie, d'où le commerce l'expédie dans tous les pays de l'Europe. On le sert en hors-d'œuvre, sans aucune préparation. Si ce hors-d'œuvre fait partie d'un déjeuner, on sert en même temps que le caviar des tartines de pain grillé, du beurre frais et des échalotes hachées. On étend le beurre sur les tartines, le caviar sur le beurre, et les échalotes hachées sur le caviar. C'est un hors-d'œuvre très-échauffant; les personnes dont l'estomac est délicat doivent s'en abstenir.

HORS-D'ŒUVRE DE CHARCUTERIE.

Ces hors-d'œuvre rentrent dans la catégorie des mets substantiels, qui peuvent à eux seuls former un déjeuner très-nourrissant sans y rien ajouter. Les hors-d'œuvre de charcuterie les plus usités sont : le *boudin noir*, le *boudin blanc*, les *saucisses* et les *pieds de cochon à la Sainte-Menehould* ou *farcis aux truffes*. (Voyez *Charcuterie*, page 242.) On sert aussi comme hors-d'œuvre de charcuterie des tranches minces de *hure farcie aux truffes ou aux pistaches,* de *langue fourrée* et de *saucisson*.

ENTREMETS.

La distinction autrefois bien tranchée dans l'ancienne cuisine française entre les entrées et les entremets n'est plus généralement observée. On sert aujourd'hui sur les meilleures tables comme entremets, c'est-à-dire soit pour accompagner le rôti, soit entre le rôti et le dessert, la plupart des poissons frits, les écrevisses, le macaroni, les nouilles et la lazagne; la plupart des légumes distingués, spécialement les artichauts, les asperges, les aubergines, les cardons, les croûtes aux champignons et aux morilles, les truffes accommodées de diverses manières, et les œufs sous toutes les formes qu'ils peuvent recevoir sans sucre. Tous ces mets ont été indiqués, et les recettes en ont été données à la section dont ils font partie. (Voyez XII° section.)

Il reste à parler de deux divisions importantes des entremets, celle des *entremets de pâtisserie* et celle des *entremets sucrés*.

Entremets de pâtisserie.

Ces entremets comprennent principalement les *tourtes, tartes, flans* et *gâteaux divers*. (Voyez *Pâtisserie*, XIII° section.)

Entremets sucrés.

Ces entremets comprennent principalement les *bei-*

gnets, les œufs et les *omelettes au sucre*, les *crèmes*, les *poudings*, les *gelées* et les *marmelades*.

Beignets.

Les livres de cuisine contiennent une multitude de recettes diverses sous le nom de beignets; on donne ici seulement celles de ces recettes qui n'exigent pas de frais exagérés et n'offrent pas de trop grandes difficultés d'exécution.

BEIGNETS DE POMMES.

Ce sont les plus usités de tous les beignets, et, quand ils sont faits avec soin, ce ne sont pas les moins délicats. Après avoir pelé des pommes de reinette de moyenne grosseur, pas trop mûres et d'une bonne consistance, coupez-les en tranches d'un centimètre environ d'épaisseur ; enlevez du centre de chaque tranche les pepins et les loges qui les contiennent; faites tremper pendant deux heures les tranches de pommes dans de bonne eau-de-vie. Trempez ensuite chaque tranche séparément dans de la pâte à beignets. (Page 92.) Faites prendre une belle couleur aux beignets dans une friture qui ne soit pas trop chaude ; dressez les beignets sur un plat ; saupoudrez-les de sucre en poudre, et servez très-chaud. Quand les convives sont nombreux et que le plat de beignets de pommes doit être assez copieux, cet entremets perdant beaucoup de sa valeur s'il n'est mangé le plus chaud possible, le cuisinier doit en envoyer sur la table un premier plat, au sortir de la friture, tandis qu'il continue de faire frire le reste ; de cette façon, les beignets de pommes, qui ne valent absolument rien froids, n'ont pas le temps de refroidir.

BEIGNETS DE SURPRISE.

Faites choix d'une douzaine de pommes de reinette de petite dimension; l'espèce connue sous le nom de *pepin d'or* est la meilleure pour ce genre de beignets. Laissez subsister la queue et coupez transversalement la partie inférieure, à peu près au quart de la hauteur de la pomme; creusez l'intérieur en ôtant les pepins et une partie de la pulpe; pelez avec précaution les deux parties de la pomme, afin de les conserver bien entières; remplissez le vide de la partie creusée avec des confitures d'abricots, de prunes ou de cerises, plutôt un peu épaisses que trop claires. Remettez à sa place la partie inférieure de la pomme munie de sa queue; collez la jointure avec de l'œuf battu; trempez la pomme ainsi préparée dans une bonne pâte à beignets; faites prendre couleur dans une friture modérément chauffée, et servez avec une bonne couche de sucre en poudre. Les beignets de surprise doivent rester un peu plus longtemps que les autres dans la friture, afin que la pomme qu'ils contiennent soit parfaitement cuite.

BEIGNETS D'ABRICOTS.

Coupez en deux moitiés égales de beaux abricots dont vous ôterez les noyaux. Faites fondre dans de bonne eau-de-vie un peu de sucre en poudre; mettez-y tremper les moitiés d'abricots, auxquelles vous joindrez les zestes d'un citron. Au bout de deux heures, retirez les moitiés d'abricots de l'eau-de-vie; égouttez-les; passez-les dans la pâte à beignets, et faites-les frire d'une belle couleur. A mesure qu'ils sont frits, posez-les sur une plaque de tôle, et saupoudrez-les de sucre blanc pulvérisé. Posez par-dessus le four de campagne chargé d'un bon feu, pour changer le sucre en caramel; faites glisser les beignets d'abricots très-chauds de la plaque sur le plat où ils doivent être servis.

On prépare de la même manière les beignets de pêches et les beignets de prunes. Les pêches de vigne suffisamment mûres, coupées en deux et dépouillées de leur peau cotonneuse, sont les meilleures pour la préparation des beignets. Les beignets de prunes se font avec les plus grosses prunes de reine-Claude bien mûres sans être crevassées; on peut se dispenser de glacer ces divers beignets sous le four de campagne, et les servir saupoudrés de sucre blanc, comme les beignets de pommes et les beignets de surprise.

BEIGNETS DE CERISES.

Versez sur un tamis de crin d'un tissu assez clair le contenu d'un pot de confiture de cerises, afin de laisser écouler le sirop plus ou moins épais qui les entoure. Enfermez dans un morceau de pain à chanter une ou plusieurs cerises confites; passez-les aussitôt dans de la pâte à beignets; faites-les frire, et servez les beignets de cerises saupoudrés de sucre blanc. Quand on enveloppe isolément une seule cerise dans le pain à chanter qu'on plonge ensuite dans la pâte à beignets, les beignets de cerises sont fort petits sans en être moins délicats : c'est, dans tous les cas, un entremets sucré des plus élégants.

BEIGNETS DE FRUITS A L'EAU-DE-VIE.

Tous les fruits à l'eau-de-vie, mais particulièrement les abricots, les pêches, les prunes et les cerises, étant bien égouttés, passés dans la pâte et frits d'une belle couleur, constituent des beignets très-distingués, qui, sans leur prix trop élevé, seraient d'un usage plus général, car il n'y en a pâs de meilleurs.

BEIGNETS D'ANANAS.

Coupez par tranches d'un centimètre au plus d'épaisseur un ananas parfaitement mur ; faites macérer les tranches d'ananas dans du rhum pendant une heure ; égouttez-les et saupoudrez-les abondamment, sur leurs deux surfaces, de biscuit de Savoie desséché au four et réduit en poudre fine. Passez les tranches d'ananas ainsi préparées dans la pâte à beignets ; faites-les frire dans de l'huile d'olive fine ; égouttez-les ; épongez avec soin la friture adhérente à la surface des beignets d'ananas, au moyen d'un linge blanc. Dressez-les sur un plat garni d'une serviette pliée, et saupoudrez-les largement de sucre blanc au moment de servir.

Le prix très-élevé de cet entremets est ce qui en constitue le principal mérite ; les vrais amateurs d'ananas pensent que ce roi des fruits ne doit être servi qu'au dessert, pour être mangé tel que la nature le produit, sans aucune espèce de préparation.

BEIGNETS DE RIZ.

Faites crever dans du lait, avec un peu de sel, 125 grammes de riz ; laissez-le cuire jusqu'à ce qu'il puisse s'écraser facilement. Retirez la casserole du feu ; réduisez le riz en pâte uniforme, au moyen d'une cuiller de bois, et, tandis qu'il est encore chaud, ajoutez-y 30 grammes de beurre frais, une cuillerée d'eau de fleurs d'oranger, et deux jaunes d'œufs. Laissez refroidir la pâte, et, lorsqu'elle est froide, divisez-la en petites boules de la grosseur d'une aveline. Il est assez difficile de mettre dans la friture ces boules de riz, qui ont peu de consistance, sans risquer de les déformer. Pour parer à cet inconvénient, on en met une vingtaine sur une feuille de papier fort, assez grande pour que ses deux bouts restent hors de la friture, le milieu qui contient les boules de riz y étant plongé. Dès que ces boules sont saisies par la friture, elles se détachent d'elles-mêmes de la feuille de papier sur laquelle on place une seconde charge, et ainsi de suite. Les beignets de riz se gonflent et augmentent de volume dans la friture ; quand ils ont bien pris couleur, on les verse sur un linge blanc, afin qu'il ne reste pas de friture adhérente à leur surface ; ils sont alors dressés sur un plat recouvert d'un linge plié, et largement saupoudrés de sucre blanc au moment de servir.

CROQUETTES DE RIZ.

Faites cuire 125 grammes de riz dans du lait avec un peu de sel, comme pour la recette précédente ; la cuisson doit être assez prolongée pour que cette quantité de riz absorbe un litre de lait, qu'on y verse par petites portions. Lorsqu'il est cuit, incorporez au riz 125 grammes de sucre blanc en poudre, six macarons écrasés et des zestes d'un citron hachés le plus finement possible ; ajoutez-y 30 grammes de beurre frais et quatre jaunes d'œufs ; puis, étendez le riz sur une plaque de tôle, et laissez-le refroidir. Divisez la pâte refroidie en petits carrés d'égale grandeur ; roulez chacun de ces carrés en forme de boule ; trempez-les dans des œufs battus ; panez-les fortement avec de la mie de pain rassis finement émiettée ;

faites frire dans une friture très-chaude; égouttez les croquettes de riz, dressez-les sur un plat, et saupoudrez-les de sucre blanc au moment de servir.

CROQUETTES DE POMMES.

Pelez des pommes de reinette de moyenne grosseur; enlevez les pepins sans déformer les pommes, et faites-les cuire entières avec quelques cuillerées d'eau, les zestes d'un citron coupés en petits morceaux, et un bon morceau de cannelle fine en bâton. Les pommes étant parfaitement cuites, retirez la cannelle, écrasez les pommes avec une partie égale de mie de pain tendre humectée de gelée de groseille ou de confiture de cerises. La pâte étant de bonne consistance, divisez-la en boules; passez les boules dans les œufs battus, panez-les comme les croquettes de riz; faites-leur prendre couleur dans la friture, et servez-les fortement saupoudrées de sucre.

Œufs à la neige.

Cassez six œufs, afin de séparer les blancs des jaunes; battez les blancs dans une terrine avec un fouet d'osier jusqu'à ce qu'ils soient complétement convertis en mousse, ou, selon l'expression reçue en cuisine, tout à fait pris en neige; ajoutez-y une pincée de sel, 30 grammes de sucre en poudre, une cuillerée d'eau de fleurs d'oranger, et remuez les œufs battus, afin d'y bien mêler cet assaisonnement. D'autre part, faites réduire d'un quart, sur un feu doux, un litre de crème assaisonnée des zestes d'un citron, de 100 grammes de sucre et de deux cuillerées d'eau de fleurs d'oranger. A défaut de crème, faites bouillir doucement deux litres de lait pour les réduire à un peu moins d'un litre. Tandis que la crème est bouil-

lante, jetez-y successivement les blancs d'œufs battus
en neige, en donnant à chaque portion, moulée entre
deux cuillers à ragoût, la forme d'un gros œuf. Retournez les œufs à la neige dans la crème, afin qu'ils cuisent
également des deux côtés ; à mesure qu'ils sont suffisamment cuits, retirez-les et faites-les égoutter sur un tamis. Quand tous les œufs à la neige sont cuits, retirez
la crème du feu ; ajoutez-y quatre jaunes d'œufs en la
remuant vivement pour qu'elle prenne une bonne consistance sans tourner. Dressez les œufs à la neige en
pyramide sur un plat, et arrosez-les de la crème préparée comme ci-dessus. On donne aux œufs à la neige une
couleur rose en battant les blancs d'œufs avec un peu
de carmin délayé, et une nuance vert-clair avec quelques gouttes de décoction d'épinards ; ces diverses colo-
rations changent l'aspect de cet entremets sans le rendre
meilleur.

ŒUFS A LA TURQUE.

Pilez dans un mortier de marbre 125 grammes de
pistaches dépouillées de leur enveloppe, réduisez-les en
pâte fine en y versant peu à peu quelques cuillerées
de lait. Délayez cette pâte avec huit jaunes d'œufs très-
frais ; ajoutez-y 250 grammes de sucre en poudre, deux
cuillerées de farine de riz et un morceau de cannelle fine
en bâton. Remuez, sans discontinuer, avec une cuiller
de bois, en tenant la casserole sur un feu doux, et versez
peu à peu dans le mélange un litre de bonne crème.
Pendant que cette préparation s'achève, faites un sirop
clair avec du sucre blanc ; pochez douze œufs frais dans
ce sirop, en opérant comme pour faire pocher dans de
l'eau des œufs en chemise (page 490). A mesure que les

œufs sont pochés, parez-les en retranchant les portions de blanc qui dépassent les bords, et dressez-les en couronne sur la crème précédente, tenue chaude dans un plat sur le bord du fourneau. Si la crème aux pistaches ne semble pas d'un assez beau vert, on peut, avant de la verser dans le plat, y mêler une cuillerée à café de décoction d'épinards. Les œufs à la turque doivent être servis chauds, entourés d'un rang de macarons sur les bords du plat, et saupoudrés de sucre rose à la framboise, ou de sucre jaune à l'orange ou au citron.

ŒUFS AU LAIT.

Battez dans un plat creux, un saladier, un compotier ou tout autre vase pouvant facilement être mis dans une grande casserole pleine d'eau bouillante, douze œufs entiers très-frais. D'autre part, faites bouillir un litre de lait avec 125 grammes de sucre blanc, une pincée de sel et les zestes d'un citron ou ceux d'une orange coupés en petits morceaux. Passez le lait sucré et aromatisé dès qu'il a jeté un bouillon, laissez-le refroidir jusqu'à ce qu'il ne soit plus que tiède; ajoutez-y une ou deux cuillerées d'eau de fleurs d'oranger, et versez-le peu à peu dans les œufs battus, en les agitant vivement pour que le mélange soit bien intime. Mettez le vase contenant les œufs au lait dans un bain-marie, ou dans une grande casserole pleine d'eau pouvant en tenir lieu. Quand les œufs sont pris et de bonne consistance, saupoudrez leur surface de sucre que vous ferez caraméliser sous le four de campagne, ou bien en promenant au-dessus une pelle rougie au feu. Laissez refroidir les œufs au lait; servez-les froids comme plat d'entremets. On peut, selon les goûts, varier la dose du sucre, et aromati-

ser les œufs au lait avec de la vanille au lieu d'orange
ou de citron ; c'est un des entremets sucrés les plus usités
dans la cuisine bourgeoise.

OMELETTE AU SUCRE.

Cassez huit œufs frais et séparez les blancs des jaunes ; incorporez aux jaunes, en les battant vivement,
125 grammes de sucre en poudre, les zestes d'un citron
râpés, trois ou quatre cuillerées de crème épaisse et une
pincée de sel. Réunissez les blancs aux jaunes ainsi assaisonnés ; battez le tout très-vivement, et faites cuire
l'omelette sucrée à la poêle dans du beurre frais, comme
une omelette ordinaire. L'omelette étant cuite à point,
saupoudrez-la de sucre blanc, et passez dessus la pelle
rouge au moment de servir.

OMELETTE AU RHUM.

Cette omelette ne diffère en rien de la précédente ;
quand elle est cuite, saupoudrée de sucre et prête à être
servie sur la table, arrosez-la d'un bon verre de rhum,
auquel vous mettrez le feu. Distribuez l'omelette au
rhum aux convives dès que la flamme du rhum est
éteinte ; c'est un entremets sucré très-distingué.

OMELETTE AUX CONFITURES.

C'est une omelette au naturel, très-légèrement salée,
de dix à douze œufs, qu'on fait cuire au beurre selon la
méthode ordinaire, dans une poêle la plus grande possible, afin qu'elle présente beaucoup de surface et peu
d'épaisseur. Quand elle est à moitié cuite, on la retire
un moment du feu pour étendre sur le milieu une bonne
couche de confitures de cerises, de prunes ou d'abricots ;

on y peut mettre aussi de la gelée de groseille; mais, comme cette confiture se liquéfie trop par l'action de la chaleur, elle convient moins bien que les autres pour l'omelette aux confitures. Repliez l'un sur l'autre les deux bords de l'omelette, retournez-la pour compléter sa cuisson, et saupoudrez-la de sucre en poudre au moment de servir. Cet entremets doit être mangé très-chaud.

OMELETTE SOUFFLÉE.

Cassez six œufs, et séparez les blancs des jaunes; incorporez aux jaunes 125 grammes de sucre blanc et les zestes d'un citron très-finement hachés. Battez séparément, sans aucun assaisonnement, les blancs en neige. Faites fondre dans un plat, supportant l'action du feu, 60 grammes de beurre très-frais. Posez le plat sur un feu un peu vif; mélangez lestement les blancs battus et les jaunes assaisonnés comme ci-dessus; couvrez le plat d'un four de campagne chargé d'un bon feu; en cinq minutes de cuisson, l'omelette soufflée doit se soulever en dôme; c'est le moment qu'il faut saisir pour la saupoudrer de sucre, la servir très-chaude et la distribuer aux convives, car une fois qu'elle s'est affaissée sur elle-même, elle ne peut se relever.

Crèmes.

CRÈME FRITE.

Cassez deux œufs frais dans un saladier; battez-les, et faites-leur absorber autant de farine qu'ils en peuvent prendre pour former une pâte très-consistante. Cassez et battez quatre autres œufs; ajoutez-les par portions à cette pâte que vous aurez soin de bien agiter, afin qu'elle soit aussi uniforme que possible. D'autre part, faites bouillir pendant un quart d'heure, dans un quart de litre de lait, les zestes d'un citron coupés par petits morceaux. Passez le lait, afin d'en séparer les zestes de citron; servez-vous-en pour délayer la pâte de farine et d'œufs préparée comme ci-dessus. Faites cuire cette crème sur un feu doux, en la tournant comme une bouillie. Quand la crème a cuit pendant un quart d'heure, ajoutez-y une cuillerée à café d'eau de fleurs d'oranger, 125 grammes de sucre en poudre, une pincée de sel fin, et 30 grammes de beurre frais. La crème étant cuite et de bonne consistance, beurrez le fond d'un grand plat ou d'une plaque de tôle; versez la crème dessus, afin qu'elle forme une couche de 2 centimètres environ d'épaisseur. Coupez la crème refroidie en losanges; passez les losanges dans des œufs battus; panez-les fortement avec de la mie de pain finement émiettée, faites-leur prendre couleur dans de la friture bien chaude, et servez-les au sortir de la friture.

CRÈME AU CAFÉ BLOND.

A l'exception de la crème frite dont on vient de donner la recette, et qui n'a de commun que le nom avec les autres crèmes, toutes sont composées de crème sucrée et d'œufs dont les blancs ont été partiellement ou totalement retirés; toutes doivent terminer leur cuisson au bain-marie. Faites griller dans une marmite de fonte très-propre 60 grammes du meilleur café possible. Retirez-le du feu dès qu'il commence à devenir blond, sans attendre qu'il passe au brun. Pendant cette opération, faites bouillir un demi-litre de crème; ajoutez-y 125 gr. de sucre blanc; jetez dans cette crème bouillante le café blond; retirez la casserole du feu, et laissez refroidir la crème. Lorsqu'elle est presque froide, passez-la par une passoire, afin d'en séparer les grains de café. D'autre part, mettez dans une casserole six jaunes d'œufs; ajoutez-y peu à peu la crème sucrée et aromatisée au café; mêlez exactement les jaunes d'œufs et la crème; passez le tout par une étamine, et faites cuire au bain-marie. Cette crème est habituellement servie dans des petits pots, en nombre égal à celui des convives; dans ce cas, on la verse dans les pots avant de terminer la cuisson, en plongeant les pots dans l'eau bouillante d'un bain-marie. Cette crème n'est bonne qu'autant qu'on apporte beaucoup de soins à ne pas trop brûler le café.

CRÈME AU CAFÉ NOIR.

Faites un demi-litre de café noir dans les meilleures conditions. (Voyez *Café.*) Faites-y fondre 125 grammes de sucre, et laissez-le refroidir. Lorsqu'il est complétement froid, délayez dans ce café six jaunes d'œufs; passez le mélange à travers une étamine; faites prendre la crème au café noir au bain-marie, soit dans un compotier, soit dans un nombre de petits pots égal à celui des convives.

CRÈME AU THÉ.

Faites réduire de moitié un litre de crème; ajoutez-y 125 grammes de sucre, une tasse de thé le plus fort possible, quatre jaunes d'œufs, et six œufs entiers, blancs et jaunes. Battez fortement le tout ensemble pour que le mélange soit bien intime; passez-le à travers une étamine; battez-le et passez-le de nouveau. Distribuez-le dans douze petits pots que vous rangerez dans un bain-marie pour faire prendre la crème. Lorsqu'elle est prise, renversez les pots sur un plat, afin que le contenu des pots forme autant de monticules de crème au thé, disposés symétriquement. D'autre part, faites fondre 60 gr. de sucre dans une tasse de crème; ajoutez-y une cuillerée d'eau de fleurs d'oranger, et une liaison de deux jaunes d'œufs; faites lier cette sauce sur un feu doux, sans la laisser bouillir; laissez-la refroidir jusqu'à ce qu'elle ne soit plus que tiède, et versez-la sur les pots renversés de crème au thé, qui doivent être servis froids. Cette crème n'est jamais servie que sous cette forme, et c'est pour cette raison qu'on y mêle des œufs entiers, blancs et jaunes, sans quoi, le contenu des pots de crème renversés se déformerait, et cet entremets distingué ne saurait être servi sous la forme qu'il doit avoir.

CRÈME AU CHOCOLAT.

Mettez ensemble dans un grand saladier 90 grammes de chocolat à la vanille râpé, deux œufs entiers, blancs et jaunes, fortement battus avec quatre jaunes d'œufs, et 250 grammes de sucre blanc en poudre. Versez dans le saladier par petites portions un litre de crème, en agitant vivement le mélange avec une cuiller de bois. Laissez macérer le tout pendant deux heures; remuez de temps à autre la crème au chocolat dans cet intervalle. Passez-la par un tamis de soie, dans un plat creux supportant l'action du feu. Posez ce plat sur des cendres chaudes; couvrez-le d'un four de campagne chargé d'un feu vif; dès que la crème est prise, retirez le plat du feu. La crème au chocolat peut être servie chaude ou froide; le plus grand nombre des consommateurs la préfère froide.

CRÈME A LA VANILLE.

Coupez 10 grammes de vanille en morceaux le plus minces possible; battez-les avec trois jaunes d'œufs et un demi-litre de crème; ajoutez à ce mélange 125 grammes de sucre blanc; faites cuire au bain-marie, jusqu'à ce que vous sentiez, en remuant la crème à la vanille, qu'elle commence à se prendre au fond du plat. Retirez-la de l'eau bouillante, laissez-la refroidir, et servez-la froide, dans le plat où elle a été cuite au bain-marie.

MARMELADE DE POMMES.

Il ne faut employer pour préparer cette marmelade que des pommes de reinette d'un goût relevé, telles que la *reinette de Rouen*, la *reinette grise* et la pomme de *Court-pendu*, la meilleure de toutes pour cette préparation. Pelez les pommes, coupez-les en quartiers, enlevez les pepins et leurs loges, jetez les quartiers de pommes dans de l'eau fraîche à laquelle vous aurez mêlé le jus d'un citron. Reprenez ensuite les quartiers de pommes un à un, égouttez-les et taillez-les transversalement en tranches minces, ce qui facilite leur cuisson. Mettez-les sur le feu dans une casserole sans eau, jusqu'à ce qu'elles commencent à fondre. Remuez-les alors sans discontinuer, pour que la marmelade ne s'attache pas au fond de la casserole. Quand elle est presque cuite, ajoutez-y 500 grammes de sucre par kilogramme de pommes, si la marmelade doit être conservée, et 250 grammes seulement, si elle doit être utilisée immédiatement. Servez la marmelade de pommes froide ou chaude, à volonté; elle est meilleure froide. Quelques minutes avant de servir, faites tremper dans la marmelade de pommes quelques morceaux de cannelle en bâton ; retirez-les avant qu'ils aient communiqué à la marmelade une saveur trop prononcée.

CHARLOTTE DE POMMES.

Faites une marmelade de pommes selon la recette précédente ; tenez-là un peu plus longtemps sur le feu, afin qu'elle conserve le moins d'eau possible. D'autre part, taillez des tranches de mie de pain rassis de l'épaisseur d'un centimètre ; donnez à chacune de ces tranches la forme d'une part de gâteau, afin qu'étant rapprochées les unes des autres, elles forment un rond parfait. Passez les tranches de mie de pain dans du beurre frais fondu tiède ; placez-les dans le fond d'une casserole de fer émaillé, de manière à ce qu'elles le couvrent complétement. Garnissez tout le tour de la casserole de tranches de mie de pain, en forme de carré long, également passées dans le beurre frais fondu. Versez sur cette garniture la marmelade de pommes préparée d'avance ; ménagez au centre un vide de quelques centimètres de diamètre, avec le manche d'une cuiller de bois ; remplissez ce vide de confitures d'abricots ; égalisez la surface de la marmelade, et couvrez-la d'une garniture de tranches de mie de pain trempées dans le beurre fondu, semblable à celle qui couvre le fond de la casserole. Ces préparatifs terminés, enterrez la casserole jusqu'aux bords dans des cendres chaudes ; posez dessus un couvercle chargé d'un bon feu de charbon, et laissez cuire la charlotte jusqu'à ce que les tranches de pain de dessus aient pris une belle couleur. Renversez alors la casserole sur un plat, afin que les tranches de pain de dessous, qui doivent être également colorées, se trouvent au-dessus. La charlotte de pommes doit être servie chaude. Lorsqu'on est muni d'un moule à charlotte, on dispose, comme on vient de l'indiquer, la charlotte dans ce moule, et on la fait cuire dans un four modérément chauffé.

Cet entremets peut être varié de diverses façons. Souvent, au lieu de remplir la casserole ou le moule de marmelade de pommes seules, on place alternativement des couches de marmelade et des couches de diverses confitures, séparées par des tranches de mie de pain. On termine par une couverture de tranches de mie de pain passées dans le beurre fondu.

CHARLOTTE RUSSE AUX POMMES.

Garnissez tout l'intérieur d'un moule à charlotte (*fig.* 83), ou d'une casserole de fer émaillée, d'un rang très-serré de biscuits à la cuiller. Remplissez l'inté-

rieur d'une marmelade de pommes, préparée comme pour la recette précédente. Ménagez au centre un vide que vous remplirez de gelée de groseille. Laissez chauffer quelques minutes seulement, et

Fig. 83.

renversez sur un plat le contenu du moule ou de la casserole qui en tient lieu.

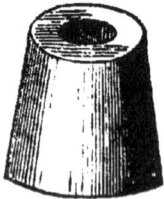

Gelées.

Les gelées d'entremets ne font pas partie de la cuisine ordinaire, on ne les prépare guère que dans les cuisines des maisons les plus opulentes, et dans celles des plus grands restaurateurs ; elles ont pour base la colle de poisson et la colle de couenne, dont on donne ici la préparation ainsi que celle de quelques-unes des gelées les moins difficiles à bien faire, en prévenant que ce sont des entremets d'apparat, qui font un bel effet sur les tables somptueuses, mais qu'on ne peut manger que rarement et en petite quantité, et qui flattent la vue plus que le goût de la plupart des consommateurs.

Colle de poisson.

Coupez par petits morceaux 125 grammes de belle colle de poisson; faites-la cuire pendant une bonne heure sur un feu doux, dans un litre d'eau filtrée, parfaitement limpide; passez la solution de colle au tamis de soie; mettez dans une casserole deux blancs d'œufs avec le jus de la moitié d'un citron. Versez par-dessus la solution de colle et remettez-la sur un feu vif. Il faut que la casserole dont vous vous servez soit très-grande par rapport à la quantité de colle, afin que, sans risquer d'en répandre au dehors, on puisse la fouetter continuellement avec un fouet de brins d'osier blanc, jusqu'à ce qu'elle commence à entrer en ébullition. Retirez alors la casserole du feu; placez-la sur le bord du fourneau, couvrez-la et mettez un peu de charbon allumé sur le couvercle. Au bout d'une demi-heure, passez la solution de colle de poisson à travers un linge blanc d'un tissu un peu serré; laissez-la couler sans la presser, et conservez-la pour l'usage dans un lieu très-frais. Il ne faut clarifier ainsi la colle de poisson qu'au fur et à mesure du besoin qu'on peut en avoir; la colle de poisson clarifiée se corrompt très-vite, surtout en été.

COLLE DE COUENNE.

Faites tremper, pendant vingt-quatre heures dans de

l'eau, 500 grammes de couenne très-fraîche, coupée en morceaux. Faites cuire la couenne sur un feu doux, dans trois litres d'eau, pendant sept heures; le bouillon doit être réduit à un litre et demi. Passez la décoction de couenne, laissez-la refroidir, et quand elle est complétement froide, enlevez avec une cuiller toute la graisse figée au-dessus, en ayant soin de ne pas en laisser une seule parcelle. Remettez la colle de couenne sur le feu, seulement pour la faire fondre; versez-la, dès qu'elle est fondue, dans une autre casserole où vous aurez mis trois blancs d'œufs et le jus d'un citron. Procédez ensuite de point en point comme pour la clarification de la colle de poisson.

La colle de pied de veau et la colle de râpure de corne de cerf doivent être préparées exactement par les procédés indiqués pour la colle de couenne. Toutes ces colles ne peuvent être passées soit au tamis, soit à travers un linge, que près du feu, et tandis qu'elles sont encore très-chaudes, sans quoi elles se figent et ne passent pas.

GELÉE D'ORANGE.

Toutes les gelées d'entremets sont coulées dans des moules dont on renverse le contenu sur un plat au moment de servir; la capacité du moule doit être connue d'avance, afin qu'on puisse y proportionner la dose des substances qui font partie des gelées. Pour une gelée d'orange devant remplir un moule de deux litres, il faut huit oranges et deux citrons. Enlevez les zestes de ces fruits, coupez ces zestes en petits morceaux; exprimez dessus le jus des oranges et des citrons, et laissez-les infuser pendant quelques heures. Pendant ce temps, préparez un sirop blanc limpide, avec 300 grammes de sucre, un blanc d'œuf et un demi-litre d'eau. Écumez ce sirop, passez le jus d'orange et de citron, ajoutez-le au sirop ; faites-y fondre un litre de belle colle de râpure de corne de cerf ; versez le tout dans un moule ; mettez-le refroidir dans la glace, ou, à défaut de glace, dans de l'eau très-fraîche, plusieurs fois renouvelée. Au moment de servir, plongez le moule dans l'eau tiède, afin que la gelée s'en détache aisément ; renversez le moule sur le plat avec précaution, pour que la gelée en conserve bien la forme.

GELÉE DE CITRON FOUETTÉE.

Faites un demi-litre de sirop très-cuit ; ajoutez-y les zestes d'un citron et le jus de deux autres ; laissez infuser pendant une heure ou deux. Passez le sirop, et mêlez-le à un demi-litre de colle de couenne. Mettez le tout dans une terrine, et battez-le avec un fouet de baguettes d'osier blanc, jusqu'à ce que le tout soit réduit en neige. Mettez cette neige dans un moule d'une capacité deux fois plus grande que le volume des substances employées, parce que la gelée convertie en neige double de volume. Faites refroidir et retirez du moule, de la manière indiquée pour la gelée à l'orange.

GELÉE DE RHUM.

Préparez un sirop très-cuit comme pour la recette précédente ; ajoutez le jus de deux citrons à un demi-litre de ce sirop ; mêlez-le à un demi-litre de colle de poisson, et joignez à ce mélange un quart de litre de rhum. Faites prendre la gelée comme la gelée d'orange. Les indications qui précèdent suffisent pour préparer les gelées au café, au vin de Malaga, au vin de Madère, et au suc de divers fruits.

DESSERT.

Quoiqu'une partie des objets qui figurent au dessert ne soient pas directement du ressort du cuisinier, c'est toujours à lui qu'il appartient de veiller à ce que rien ne manque au dessert pas plus qu'aux autres services d'un repas bien ordonné. C'est pourquoi l'on donne ici à ce sujet des indications suffisamment détaillées.

Le dessert comprend essentiellement les *fruits*, les *compotes*, les *marmelades*, les *fromages*, les *crèmes fouettées*, les *glaces*, les *massepains*, les *biscuits*, les *croquignoles*, les *gâteaux*, les *meringues*, les *confitures*, les *pâtes de fruits*, et les divers bonbons compris sous les noms de *pralinage* et de *pastillage*.

Fruits.

Les fruits sont en tout temps la partie essentielle du dessert. C'est pourquoi li importe d'être approvisionné, dans leur saison, des fruits les plus faciles à conserver, afin de n'en être au dépourvu à aucune époque de l'année.

Fraises.

Pour ceux qui ne possèdent pas de serre chaude, ou qui ne sont pas assez riches pour acheter les fraises précoces, produites par la culture forcée, la fraise n'a qu'une saison, malheureusement trop fugitive. Il est vrai que la fraise remontante, dite *des quatre saisons*, peut être obtenue à l'air libre depuis le commencement de l'été jusqu'à la moitié de l'automne. Mais le fraisier qui la produit souffre tellement de la sécheresse que, dans les années chaudes et sèches, les fraises, passé leur première saison, sont hors de la portée du plus grand nombre des consommateurs. Dans les pays où le jardinage est le plus en honneur, on peut, en les payant fort cher, avoir des fraises à peu près en tout temps. A Paris, cette possibilité existe pendant sept à huit mois. Il est d'étiquette de servir un plat de fraises sur la table des souverains d'Angleterre, et sur celle du roi des Belges au dessert, *tous les jours de l'année.* On les accommode au vin et au sucre, et plus rarement à la crème.

Framboises.

Les framboises à fruit rouge et à fruit blanc doivent être servies tout fraîchement cueillies; c'est de tous les fruits celui qui se corrompt le plus promptement. On en possède une variété remontante, qui donne en automne et qui n'est pas inférieure à celle de première saison. On accommode les framboises comme les fraises.

Groseilles.

Ceux qui disposent d'un jardin garni d'un assez grand nombre de groseilliers à fruit rouge et à fruit blanc peuvent, à l'époque de la maturité des fruits, entourer quelques-uns de leurs groseilliers d'une chemise de paille longue. Sous cette enveloppe, les groseilles se conservent sans se dessécher jusqu'à l'entrée de l'automne. On sert habituellement les groseilles sans préparation. Quelquefois aussi, on les sert après les avoir *égrappées*, puis saupoudrées de sucre, arrosées de vin rouge, et mélangées avec quelques framboises.

Cerises.

La manière la plus élégante de servir au dessert les diverses espèces de cerises, ainsi que les guignes et les bigarreaux, consiste à leur retrancher la moitié de la queue, et à rentrer toutes les queues en dedans de l'assiette sur laquelle les cerises sont disposées en dôme ou en pyramide.

Pêches.

Celles qu'on achète au marché sont toujours brossées d'avance par les jardiniers, et dépouillées du duvet plus ou moins épais dont leur peau est couverte. Si l'on cueille soi-même, pour les servir au dessert, les pêches de ses espaliers, on ne doit pas oublier de les brosser avec une brosse douce, en se plaçant pendant cette opération dans un courant d'air assez fort pour emporter le duvet de la pêche, doué de propriétés nuisibles, de nature à donner lieu à de graves accidents.

Abricots.

Les précoces ou abricotins, petits et d'un goût peu relevé, n'ont de mérite que celui de mûrir longtemps avant les autres. Les abricots-pêches sont les plus gros et les plus beaux pour un dessert de cérémonie; le meilleur de tous est l'abricot de Nancy, qui mûrit l'un des derniers. On sert les abricots en pyramide, chaque fruit posé sur une petite feuille de vigne.

Prunes.

Quand on cueille des prunes, qu'elle qu'en soit l'espèce, et qu'on les dispose en pyramide comme les abri-

cots, sur l'assiette où elles doivent figurer au dessert,
on doit prendre garde de ne point endommager la poussière cérumineuse ou *fleur* qui rehausse la beauté de ce
fruit arrivé à maturité.

Amandes vertes.

Lorsqu'on sert des amandes vertes au dessert, on doit
épargner aux convives la peine de les ouvrir, en les servant débarrassées de la moitié de leur coquille, et en mettant en évidence l'amande contenue dans l'autre moitié.

Poires.

Les poires d'été et d'automne doivent être cueillies
sur l'arbre au fur et à mesure des besoins, ou achetées
fraîchement cueillies au marché qui n'en est jamais dé-
garni dans la saison. Mais le cuisinier doit s'assurer
une ample provision de poires d'hiver, soit de celles qui
font l'ornement du dessert comme fruit à couteau, soit
de poires à cuire pour les compotes, en adoptant de préférence les espèces et variétés qui se gardent le plus facilement.

Pommes.

Les observations qui concernent les poires sont également applicables aux pommes à cuire et aux pommes
de dessert.

Raisin.

Avant de servir le raisin au dessert, il faut s'assurer
que les grappes ne renferment dans leur intérieur ni
grains gâtés, ni quelques-uns de ces insectes que les
dames, particulièrement, redoutent d'y rencontrer.

Figues.

Bien que la figue soit souvent servie comme hors-
d'œuvre au premier service, elle peut fort bien prendre
rang parmi les fruits de dessert, au même titre que les
autres fruits, quand le dessert ne fait pas suite à un
dîner de grande cérémonie.

Fruits secs.

Les fruits conservés secs, pruneaux, figues, raisins,
dattes, noix, avelines, amandes, sont servis au dessert
tels qu'on les trouve dans le commerce. On réunit quelquefois sur une même assiette de dessert, sous le nom
de *quatre mendiants*, des amandes, des figues, des avelines et des raisins secs par parties égales.

Fromages.

On admet au dessert les fromages frais de Viry, de

Fig. 84.

Fig. 85.

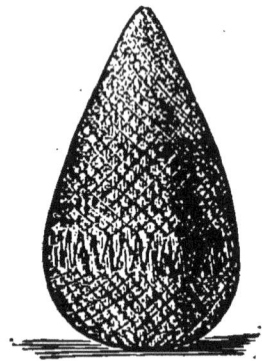

Fig. 86.

Neufchâtel et de Brie, et les fromages solides de
Gruyères, de Hollande (*fig.* 84), de Roquefort, de Ches-

ter et du mònt Dore. Le fromage de Chester, fort estimé en Angleterre, son pays de provenance, est préparé dans des moules qui lui donnent la forme d'une pomme de pin très-allongée (*fig.* 86). Selon l'usage ordinaire on fait passer l'assiette contenant le fromage à chaque convive, qui en coupe la quantité qui lui convient. Le fromage de lait de chèvre, du mont Dore, fort estimé à Paris, est ordinairement servi entier; il doit être entamé de la manière représentée figure 85.

Du temps où le luxe de la table n'était pas encore porté au point où il s'est élevé plus tard, le fromage et les fruits composaient à eux seuls à peu près tout le dessert; de là le vieux dicton : Causer, les coudes sur la table, *entre la poire et le fromage.*

Compotes de fruits.

Les compotes de fruits ne diffèrent des confitures que parce que les fruits y sont moins cuits et moins sucrés; ils le sont seulement assez pour composer d'agréables mets de dessert qui ne peuvent se conserver, et doivent être servis ausitôt qu'ils sont préparés.

COMPOTE D'ABRICOTS VERTS.

Faites blanchir à l'eau bouillante, avec un peu de sel, des abricots verts, tombés avant leur maturité, et piqués de plusieurs coups d'une grosse épingle. D'autre part, faites un sirop clair avec du sucre blanc, en quantité suffisante pour que les abricots blanchis y baignent complétement. Terminez la cuisson des abricots verts dans le sirop; on les considère comme assez cuits, lorsqu'en appuyant dessus la tête d'une épingle, elle y entre sans difficulté. La cuisson terminée, égouttez les abricots sur

une passoire; remettez sur le feu le sirop qui est toujours trop abondant et trop clair; ajoutez-y le jus d'une
orange; faites-y tremper pendant cinq minutes quelques
morceaux de cannelle en bâton; retirez la cannelle, remettez les abricots dans le sirop aromatisé et suffisamment réduit; dès qu'ils ont pris quelques bouillons,
dressez-les dans un compotier. Servez froid.

COMPOTE DE PRUNES DE REINE-CLAUDE, A FROID.

Partagez en deux de belles prunes de reine-Claude
très-mûres; retirez-en les noyaux; dressez-les dans un
compotier, et versez dessus du sirop de sucre blanc
très-cuit, en quantité suffisante pour les couvrir. Quand
le sirop a bien pénétré les moitiés de prune, ajoutez-y
un demi-verre de rhum, de marasquin, ou de curaçao,
au moment de servir.

COMPOTE DE FRAMBOISES.

Faites un sirop très-cuit avec 500 grammes de sucre
blanc; mettez dans ce sirop un kilogramme de belles
framboises, mûres mais sans excès, afin qu'elles se conservent entières. Retirez la bassine du feu, faites tourner les frambroises en agitant la bassine pour bien
mêler le fruit au sirop; remettez la bassine sur le feu;
dès que la compote a pris un bouillon, versez-la dans le
compotier avec précaution, afin que les framboises conservent leur forme.

COMPOTE DE POMMES ENTIÈRES.

Mettez dans une bassine huit ou dix belles pommes de
reinette dont vous aurez ôtez la peau et le cœur. Versez
dessus un sirop un peu clair, fait avec 250 grammes de

sucre blanc, et laissez cuire doucement les pommes jusqu'à ce qu'elles soient suffisamment ramollies, sans être
déformées. Dressez les pommes dans un compotier;
ajoutez au sirop le jus d'un citron; faites-le réduire vivement, et versez-le sur la compote de pommes. Servez
froid.

COMPOTE DE POIRES.

Faites prendre aux poires quelques bouillons dans de
l'eau avant de les peler; pelez-les après les avoir fait
refroidir dans de l'eau fraîche. Coupez les queues à la
moitié de leur longueur; fendez les poires en deux si
elles appartiennent à de grosses espèces; laissez-les entières si elles sont petites, comme le rousselet de Reims.
A mesure que les poires sont pelées, jetez-les dans
un vase plein d'eau fraîche, dans lequel vous aurez
exprimé le jus de deux citrons. Faites, d'autre part, un
sirop de sucre blanc dans la proportion de 500 grammes
de sucre pour une compote de vingt poires de rousselet,
ou d'une douzaine d'autres poires plus volumineuses.
Faites cuire dans ce sirop les poires préparées comme
ci-dessus; retirez-les du sirop, faites réduire vivement
le sirop et versez-le sur les poires dressées dans un compotier. Servez froid.

COMPOTE DE POIRES A LA CARDINALE.

On choisit d'ordinaire, pour ce genre de compotes,
les plus grosses poires à cuire, telles que les poires de
cotillard; elles sont d'abord pelées crues, et coupées en
quartiers de moyenne grosseur. Faites-les cuire dans
une casserole avec du vin rouge, du sucre blanc, un ou
deux clous de girofle et autant d'eau que de vin. La dose

de sucre est de 250 grammes pour une compote de six à huit grosses poires; celles du vin et de l'eau sont proportionnées au volume des quartiers de poires qui doivent y baigner complétement. Laissez cuire pendant deux heures; passez le jus; faites-le réduire, s'il est trop clair; faites-y infuser un morceau de cannelle en bâton pendant quelques minutes; versez le sirop réduit sur la compote dressée dans un compotier. La compote à la cardinale peut être servie, selon les goûts, chaude ou froide.

COMPOTE DE VERJUS.

Enlevez les pepins d'un kilogramme de verjus, en fendant les grains l'un après l'autre sur le côté. Mettez-les dans une casserole de fer émaillé avec un litre d'eau bouillante. Faites-les blanchir pendant quelques minutes; égouttez-les. D'autre part, faites un sirop clair avec 500 grammes de sucre blanc; terminez la cuisson des grains de verjus sur un feu doux, dans ce sirop. Passez le sirop; dressez le verjus dans un compotier; faites réduire le sirop et versez-le sur le verjus. Servez froid.

COMPOTE DE MARRONS.

Otez à un cent de beaux marrons la première écorce seulement; faites-les cuire dans de l'eau avec trois poignées de son et un citron coupé en quartiers. Quand ils sont cuits, retirez-les de l'eau, enlevez la seconde peau, et jetez-les, à mesure qu'ils sont épluchés, dans de l'eau fraîche avec le jus d'un citron. Faites un sirop assez épais avec 750 grammes de sucre blanc; ajoutez-y un demi-verre d'eau de fleurs d'oranger et le jus d'un ci-

tron ; mettez les marrons dans ce sirop ; laissez-les refroidir et égoutter jusqu'au lendemain. Faites réduire le
sirop ; remettez-y les marrons quelques instants, dressez-les avec leur sirop réduit dans le compotier. Servez
froid.

Marmelades.

Les marmelades se rapprochent plus que les compotes
des confitures proprement dites, elles contiennent en
général plus de sucre et peuvent être conservées plus
longtemps ; néanmoins, elles sont toujours destinées à
figurer sur la table, au dessert, peu de temps après avoir
été faites, et l'on n'en prépare presque jamais de grandes
quantités à la fois.

MARMELADE D'ABRICOTS.

Coupez en quartiers 2 kilogrammes d'abricots pesés
sans les noyaux ; émincez les quartiers en tranches de
peu d'épaisseur ; mettez-les dans une terrine avec un
kilogramme de sucre blanc grossièrement pulvérisé.
Placez la terrine dans un lieu frais ; remuez de temps en
temps le mélange avec une cuiller de bois ; laissez macérer la marmelade pendant huit heures. Mettez-la dans
une bassine, et faites cuire en bonne consistance sur un
feu doux, en remuant souvent, afin que la marmelade
ne s'attache pas au fond de la bassine. Lorsqu'elle est
suffisamment cuite, si vous n'êtes pas retenu par des
considérations d'économie, vous rendrez la marmelade
d'abricots beaucoup plus délicate en la faisant passer,
tandis qu'elle est bouillante, à travers un tamis de fil de
fer à tissu peu serré. On se sert à cet effet d'une cuiller
de bois de forme ronde, et l'on passe la marmelade par

portions, afin qu'il ne reste sur le tamis que les peaux
et les fibres des abricots. Ainsi préparée, la marmelade
d'abricots ne se garderait pas d'une année à l'autre;
mais elle se conserve très-bien pendant plus d'un mois,
tandis que celle qui n'est point passée, outre qu'elle est
moins agréable, fermente et s'altère au bout d'un temps
beaucoup plus court.

MARMELADE DE PRUNES DE MIRABELLE.

Faites cuire sur un feu doux pendant un quart d'heure
un kilogramme de prunes de mirabelle, pesées après
en avoir retiré les noyaux; écrasez-les avec un pilon de
bois dans une terrine de grès, puis, faites passer la
pulpe au travers d'un tamis de fil de fer. Ajoutez-y un
kilogramme de sucre blanc en poudre grossière; mettez
le mélange sur le feu, dans une bassine, seulement jusqu'à ce que le sucre soit fondu et que la marmelade ait
pris quelques bouillons. On peut, en observant les mêmes proportions, ne préparer de cette compote que la
quantité nécessaire pour remplir un compotier. La marmelade de prunes de-reine-claude se prépare exactement
par le même procédé.

MARMELADE DE PÊCHES.

Pelez de belles pêches mûres, mais sans excès de maturité; retirez les noyaux, et mettez les pêches ainsi préparées dans une bassine avec moitié de leur poids de sucre
blanc en poudre grossière. Faites fondre le sucre et
prendre quelques bouillons sur un feu doux, et remuez
presque continuellement. Cette marmelade doit rester
le moins de temps possible sur le feu; elle ne peut
être conservée que pendant un **temps assez court.**

MARMELADE DES QUATRE FRUITS.

Mettez ensemble dans une bassine 250 grammes de groseilles et une égale quantité de frambroises, de cerises et de fraises; ajoutez-y 1 kilogramme 500 grammes de sucre blanc grossièrement pulvérisé ; trois ou quatre minutes d'ébullition, comptées à partir du moment où elle commence à bouillir franchement , suffisent pour cuire la marmelade des quatre fruits. C'est une des moins usitées, parce que, si l'on veut qu'elle soit aussi bonne qu'elle peut l'être, il faut avoir la patience d'ôter les noyaux de cerises, et d'enlever un à un les pepins de chaque grain de groseille, ce qui, même pour une petite quantité, exige une grande dépense de temps et de patience.

Crèmes de dessert.

Ces crèmes ont pour base la crème fraîche avec diverses préparations ; le nom de crème leur convient, par conséquent, beaucoup mieux qu'aux crèmes d'entremets, dont les œufs sont la base.

CRÈME AU NATUREL.

Mêlez de la crème fraîche avec un quart de son poids de sucre en poudre ; servez dans un compotier sans autre préparation. Dans les départements où l'on élève beaucoup de chèvres, la crème épaisse de lait de chèvre, sucrée dans la proportion indiquée, forme un mets de dessert très-distingué.

CRÈME FOUETTÉE.

Mettez dans une grande terrine un litre de crème,

125 grammes de sucre blanc en poudre fine, 5 grammes de gomme adragant en poudre, et 30 grammes d'eau de fleurs d'oranger. Battez longtemps cette crème avec un fouet d'osier blanc, jusqu'à ce qu'elle soit en totalité réduite en mousse; laissez-la reposer cinq à six minutes; dressez-la en pyramide sur un plat au moyen d'une écumoire. Servez au dessert, avec un entourage d'é-corces d'oranges ou de citrons confites, taillées en filets.

CRÈME FOUETTÉE AU CAFÉ.

Faites torréfier de très-bon café sans le laisser noir-cir; faites infuser pendant trois ou quatre heures ce café dans un litre de bonne crème. Passez la crème pour en séparer le café; ajoutez-y deux blancs d'œufs très-frais, 60 grammes de sucre blanc en poudre, et 15 grammes de gomme arabique en poudre. Battez le tout en neige; enlevez la mousse à mesure qu'elle se forme, et conti-nuez jusqu'à ce qu'il ne reste plus de liquide. Servez comme la précédente, avec un entourage de divers fruits confits.

CRÈME DE FRAMBOISES.

Battez ensemble, pour les réduire en mousse, un litre de bonne crème, 125 grammes de sucre et un demi-verre de jus de framboises passées au tamis. Dressez cette crème comme les précédentes; servez avec un en-tourage de belles framboises entières, saupoudrées de sucre blanc.

CRÈME GLACÉE A LA PLOMBIÈRES.

Délayez une cuiller de farine de riz dans six jaunes d'œufs très-frais, avec 125 grammes de sucre en poudre et un litre de crème, que vous y ajouterez par petites portions, en agitant vivement le mélange. Mettez cette préparation sur un feu doux dans une casserole, et faites cuire pendant un quart d'heure en remuant sans discontinuer avec une cuiller de bois. La cuisson terminée, laissez refroidir la crème, et incorporez-y les blancs de huit œufs frais battus en neige. D'autre part, mêlez exactement dans une grande terrine de grès 5 kilogr. de glace pilée, avec 1 kilogramme de salpêtre. Mettez dans la terrine la casserole contenant la crème, et entassez la glace tout autour, afin que la casserole en soit entièrement environnée. En été, cette opération ne réussit bien que dans un local très-frais. Dès que la crème commence à se congeler, remuez-la avec une cuiller de bois, jusqu'à ce que la crème soit tout à fait prise, sans être dure. Dressez-la en forme de pyramide sur un plat, et servez immédiatement, avant que le contact de l'air ait eu le temps de fondre la surface de la crème glacée.

On fait prendre plus facilement cette crème et toutes les autres crèmes glacées, ainsi que les glaces proprement dites, en les transvasant dans le cylindre d'étain nommé *sorbétière*, et par corruption *sabotière*, placé dans le seau à glace représenté figure 13. (Voyez section II, *Ustensiles de cuisine*.)

CRÈME GLACÉE AU CHOCOLAT.

Battez trois jaunes d'œufs très-frais; ajoutez-y peu à peu un litre de crème et 250 grammes de sucre blanc pulvérisé. Faites cuire cette crème au bain-marie. D'autre part, râpez 250 grammes de chocolat; faites-le dissoudre dans un verre d'eau; incorporez le chocolat dissous à la crème refroidie. Faites glacer comme ci-dessus.

CRÈME GLACÉE AUX PISTACHES.

Réduisez en pâte aussi fine que possible 250 grammes de pistaches dépouillées de leur écorce ; ajoutez aux pistaches, en les pilant, deux ou trois cuillerées de crème et les zestes d'un citron. Délayez cette pâte dans huit jaunes d'œufs battus ; ajoutez-y 750 grammes de sucre blanc en poudre et un litre de bonne crème. Faites cuire au bain-marie ; ajoutez quelques cuillerées de vert d'épinards pour colorer la crème ; laissez refroidir et faites glacer comme ci-dessus.

FROMAGE GLACÉ.

Fig. 87.

Ce n'est point une composition particulière ; c'est une des crèmes glacées indiquées ci-dessus, dont on remplit un moule (*fig.* 87) dans lequel on la fait prendre à la manière ordinaire. Quand la crème est bien glacée dans le moule, on plonge celui-ci pendant quelques secondes dans de l'eau tiède, pour que la masse glacée s'en détache facilement. On renverse le contenu du moule sur un plat au moment de servir.

CRÈME GLACÉE A LA PARISIENNE.

Mêlez dans une terrine 8 jaunes d'œufs, les zestes d'un citron, 30 grammes d'eau de fleurs d'oranger, 500 grammes de sucre blanc et un litre de crème, par petites portions, en remuant vivement le mélange. Faites cuire au bain-marie; passez, laissez refroidir, et faites glacer comme ci-dessus.

CRÈME GLACÉE A LA ROSE.

Mettez dans une terrine 125 grammes de pétales de roses soigneusement épluchées; mêlez-y huit jaunes d'œufs, 400 grammes de sucre en poudre et un litre de crème. Faites cuire au bain-marie; passez, en pressant un peu les pétales de roses; ajoutez, pour colorer la crème, quelques gouttes de carmin liquide; faites glacer comme ci-dessus.

Lés doses de sucre, d'œufs et de crème sont les mêmes pour les crèmes glacées au thé, à la vanille et à divers autres aromates; le mode d'exécution est aussi exactement le même.

Glaces.

Bien que les glaces proprement dites, qui ne contiennent pas de crème, ne soient pas de dessert, c'est un rafraîchissement toujours bien accueilli des invités dans les réunions, les soirées et les bals. Quand on ne peut pas facilement se procurer du salpêtre pour mêler à la glacé pilée, on peut y suppléer en y mêlant de gros sel gris commun, en quantité double de celle indiquée pour le salpètre.

GLACE A LA FRAISE.

La meilleure fraise pour glacer est la fraise des Alpes, dite des quatre saisons. Écrasez dans une terrine de grès 500 grammes de cette fraise avec une cuiller de bois. Passez la pulpe au travers d'un tamis, afin qu'il n'y reste pas de graines. Mèlez exactement à la pulpe de fraises un demi-litre de sirop de sucre blanc très-cuit,. et le jus de deux oranges à chair rouge. Faites glacer par le procédé indiqué pour les crèmes glaeées.

GLACE A L'ABRICOT.

Réduisez en pulpe 500 grammes d'abricots pesés sans les noyaux; passez la pulpe au tamis; mêlez-la à un demi-litre de sirop de sucre blanc très-cuit. D'autre part, pilez une douzaine d'amandes de noyaux d'abricots dépouillées de leur écorce; faites-les infuser pendant une heure dans le jus de deux citrons, allongé de quelques cuillerées d'eau fraîche. Passez cette infusion; ajoutez-la à la pulpe d'abricots sucrée; faites glacer comme ci-dessus.

GLACES A DIVERS FRUITS.

On prépare comme les glaces à la fraise et à l'abricot, c'est-à-dire en observant les mêmes proportions de pulpe ou de jus de fruits, et de sirop de sucre blanc, les glaces *à la cerise*, *à la framboise*, et à divers autres fruits, sans rien changer à la manière d'opérer ci-dessus indiquée.

Pour les divers genres de pâtisserie qu'on peut servir au dessert, voyez *Pâtisserie* (XIIIᵉ section).

Pour les confitures qui peuvent faire partie d'un dessert, voyez *Confitures* (Appendice, § 4).

Café.

Il y a beaucoup de méthodes pour faire le café; il y a néanmoins peu de maisons où l'on sache faire parfaitement le café à l'eau, ou café noir, sans lui rien faire perdre de son arome et de ses propriétés. On place ici les meilleures méthodes pour faire le café, parce que cette excellente boisson est habituellement le complément obligé. du dessert.

De toutes les méthodes, la plus simple est celle qu'on pratique en Hollande, en Belgique, et dans tout le nord de la France. Il est vrai que, dans tous ces pays, le café est habituellement très-faible; ce n'est pas la faute de la méthode; on met bien assez de café, seulement on met un peu trop d'eau; vient ensuite l'ancienne méthode, par décoction, très-défectueuse et à peu près abandonnée de nos jours; enfin la méthode des limonadiers, usitée non-seulement en France, mais dans toute l'Europe, partout où l'on prend de bon café.

CAFÉ A LA HOLLANDAISE.

Les cafetières à la hollandaise sont de cuivre rouge ou jaune, surmontées d'un cercle auquel est suspendue une chausse de laine; ces cafetières sont étamées en dedans et en dehors. On met dans la chausse le café récemment torréfié, et moulu au moment même où il doit être employé. La dose la plus convenable est de 125 gr. de café pour trois tasses d'eau bouillante; on replace le couvercle sur la cafetière, aussitôt après avoir versé l'eau bouillante sur le café, et on le laisse couler. S'il s'est refroidi en filtrant, on le remet un instant sur le feu, mais sans le laisser bouillir. Par la méthode hollandaise, le café est obtenu par infusion; il ne perd rien de son parfum. A Paris, on se sert généralement d'appareils à filtre, basés sur le principe de la méthode hollandaise; c'est une cafetière en fer-blanc, à deux compartiments. Le café dans le fer-blanc noircit beaucoup, et contracte une saveur âcre, peu agréable. Quand on fait le café dans un vase. de fer-blanc, on doit, aussitôt qu'il est passé, le transvaser dans un vase de porcelaine ou de faïence, si l'on veut qu'il ne perde rien de son bon goût.

CAFÉ PAR L'ANCIENNE MÉTHODE.

Pour trois tasses de café, on met dans une cafetière, devant le feu, trois tasses et demie d'eau froide; quand l'eau bout, mettez-y six cuillerées à bouche de café en poudre, mesurées combles. Remuez avec une cuiller, pour empêcher le café de déborder le haut de la cafetière en se soulevant. Éloignez un moment la cafetière du feu, puis, rapprochez-la et laissez-lui prendre quelques bouillons; renouvelez l'opération trois fois; à la dernière, versez dans la cafetière une demi-tasse d'eau froide; tenez la cafetière sur le coin du feu pour que le café s'éclaircisse sans refroidir; tirez-le à clair en le décantant, sans y mêler le marc déposé au fond. Cette méthode, plus lente et plus incommode que la précédente, donne un café par décoction, très-coloré, moins parfumé que le café par infusion.

CAFÉ PAR LA MÉTHODE DES LIMONADIERS.

Pour faire leur café, les limonadiers préparent, avec le marc du café de la veille, ce qu'ils nomment le *thé levé*. C'est une décoction de marc préparée en remplissant d'eau une cafetière remplie au tiers de marc; l'eau peut y être versée froide ou bouillante. Quand elle a jeté quelques bouillons, laissez reposer la décoction; dès qu'elle s'est éclaircie, on la décante, et l'on s'en sert au lieu d'eau pour faire le café. Après avoir jeté le marc et nettoyé la cafetière, on y remet du café récemment moulu, dans la proportion de 250 grammes pour quinze tasses. On remplit la cafetière avec du thé levé, dans lequel on a fait dissoudre quelques grammes de colle de poisson. On remue le café avec une cuiller de bois, et l'on pose la cafetière sur un feu vif; elle doit être munie d'un couvercle qui la ferme exactement. Après quelques secondes seulement d'ébullition, la cafetière est retirée du feu; on laisse le café s'éclaircir par le repos, il est alors décanté et mis à part dans un vase de faïence ou de porcelaine. A mesure qu'on en a besoin pour le service, on fait réchauffer le café au bain-marie, afin qu'il soit versé très-chaud, mais en évitant avec soin de le laisser bouillir. Dans beaucoup de maisons, le café se fait sur la table, au moment de le prendre, au moyen de l'appareil représenté figure 12 (page 27), et nommé percolateur.

Les trois méthodes qui viennent d'être indiquées peuvent être employées par quiconque achète chez l'épicier le café torréfié et moulu; mais, dans chaque ménage un peu considérable, où l'on consomme journellement une assez grande quantité de café, il vaut mieux acheter le café cru, le torréfier et le moudre soi-même au moment de s'en servir. Les figures 10 et 11 représentent les deux meilleurs modèles de cylindres à torréfier le café. (Voyez section II, *Ustensiles de ménage.*)

Fig. 88.

La figure 88 représente le meilleur modèle de moulin portatif à moudre le café.

Nous empruntons au *Cuisinier impérial* le résumé suivant des règles à observer pour faire le café le meilleur possible : 1° Torréfier le café juste au degré convenable; 2° le moudre seulement au moment de s'en servir; 3° se servir d'une cafetière de cuivre, étamée en dedans et en dehors ;. 4° mettre dans la cafetière le café moulu, avec quelques grammes de colle de poisson; 5° couvrir la cafetière et la poser sur un feu clair; 6° la retirer du feu après quelques secondes d'ébullition, et la remplir complétement avec du thé levé.; 7° faire réchauffer le café sans jamais le laisser bouillir.

Quant au thé levé, dont l'emploi contribue sensiblement à la perfection du café, il faut, pour qu'il soit bon, que l'eau versée sur le marc ne soit pas restée plus de quelques secondes en ébullition, et que la décoction ait été tirée au clair par décantation, dès que le marc s'est déposé en quelques minutes de repos au fond de la cafetière.

Boissons diverses pour soirées.

On peut considérer, comme faisant suite au dessert, diverses boissons qui sont l'accompagnement indispensable des soirées, et dont les plus usitées sont : le chocolat, le thé, le punch et les diverses espèces de bischoff.

CHOCOLAT A LA CRÈME.

L'ancienne méthode de râper le chocolat pour le faire dissoudre, soit dans le lait, soit dans l'eau, est justement abandonnée; il est reconnu, en effet, que, pour que le chocolat conserve la totalité des propriétés qui ont fait donner au cacao, par l'emphase espagnole, le surnom de *théobroma* (*met des dieux*), il ne faut pas qu'il ait été en contact prolongé avec le fer. On doit donc se borner à casser les tablettes de chocolat en petits morceaux, et à les faire fondre dans du lait bouillant. La dose ordinaire est de six tablettes de vingt au kilogramme, pour six tasses de crème ou de très-bon lait. On peut faire, et l'on fait le plus souvent le chocolat dans une casserole de cuivre étamé ou de fer émaillé, en le remuant avec une cuiller de bois ; on le laisse bouillir pendant trois minutes après que les morceaux de chocolat sont entiè-rement fondus. L'opération se fait plus vite et mieux au moyen de la chocolatière (*fig*. 89). La chocolatière est représentée cou-pée pour montrer comment doit agir le *moussoir*, instrument de bois qu'on fait tourner dans la chocolatière pleine de lait, avec le chocolat en morceaux, jusqu'à ce que les morceaux soient dissous.

Fig. 89.

Le *chocolat à l'eau*, moins usité que le précédent, se prépare exactement par le même procédé, en substi-tuant de l'eau au lait ou à la crème, dans les proportions ci-dessus indiquées.

Thé.

Dans les pays où l'usage du thé est très-répandu, comme en Hollande et en Angleterre, ce sont les dames qui préparent le thé, et le talent de le bien faire consti-tue une partie importante de l'éducation d'une jeune personne. La dose de thé à employer pour une quantité déterminée d'eau bouillante varie selon les goûts et aussi selon les diverses qualités de thé. Quelle que soit la qualité adoptée, on la met premièrement dans la théière avec une demi-tasse d'eau bouillante, qu'on sou-tire et qu'on jette dès que les feuilles de thé sont dépliées.

On remplit ensuite la théière d'eau bouillante, et l'on prolonge plus ou moins l'infusion, selon qu'on désire le thé fort ou léger. On sert avec le thé un pot rempli de lait chaud ; les vrais amateurs prennent le thé sans lait, mais le commun des consommateurs en ajoute quelques gouttes dans chaque tasse.

Punch.

Bien que le punch soit une composition anglaise dont le nom est passé dans la langue de tous les peuples qui font usage de cette liqueur, les recettes les plus usitées en France pour faire le punch diffèrent essentiellement des recettes primitivement importées d'Angleterre.

PUNCH A LA PARISIENNE.

Versez dans une casserole les zestes coupés en très-petits morceaux et le jus passé au tamis de deux citrons avec un demi-litre de sirop de sucre blanc très-cuit et un litre d'eau-de vie à 20 degrés. Mélangez exactement le sucre et l'eau-de-vie ; chauffez modérément, et retirez le punch du feu avant qu'il entre en ébullition. Passez le punch au tamis, et servez-le très-chaud dans une coupe de porcelaine ou d'argenterie ; mettez le feu à la vapeur du punch lorsqu'il est sur la table, au moment de le distribuer.

PUNCH AU RHUM.

La manière d'opérer est la même que pour la recette précédente, avec la seule différence qu'on emploie trois quarts de litre au lieu d'un demi-litre de sirop de sucre blanc, et qu'on ajoute au litre d'eau-de-vie un demi-litre de rhum.

PUNCH AUX ŒUFS A LA LYONNAISE.

Agitez vivement ensemble pendant dix minutes les jaunes de quatre œufs très-frais et 125 grammes de sucre blanc en poudre. Ajoutez peu à peu un demi-litre de limonade, un demi-litre de sirop de sucre blanc très-cuit, un litre d'eau-de-vie à 22 degrés et un demi-litre de thé très-fort. Mettez le tout dans une casserole assez grande pour qu'elle en soit tout au plus à moitié remplie, sans quoi elle pourrait prendre feu, et ce genre de punch n'est pas destiné à s'allumer. Posez la casserole sur un feu clair ; battez le mélange avec un fouet d'osier blanc tandis que vous le faites chauffer, en ayant soin de ne pas le laisser bouillir. Servez très-chaud.

PUNCH DE DAMES.

Faites infuser pendant deux heures, dans un litre d'eau filtrée, les zestes et le jus de quatre oranges avec le jus de quatre citrons. Passez l'infusion ; ajoutez-y par portions, en remuant le mélange avec une cuiller de bois, un litre de sirop de sucre très-cuit, un litre de forte infusion de thé vert, un litre d'eau-de-vie et un demi-litre de rhum. Faites chauffer au bain-marie sans laisser bouillir ; servez très-chaud.

PUNCH EN MOUSSE, ou A LA ROMAINE.

Mettez dans une chocolatière 125 grammes de sucre blanc en poudre, six jaunes d'œufs, quatre verres de rhum, autant d'eau chaude et le jus d'un citron. La chocolatière doit être assez grande pour que le punch, pendant la préparation, ne puisse s'élever au-dessus des bords. Mettez la chocolatière sur un feu modéré, et tournez le moussoir sans discontinuer, en vous servant des deux mains; il ne faut pas s'arrêter un seul moment, sans quoi les œufs se coaguleraient et le punch tournerait. Continuez jusqu'à ce que tout le liquide soit totalement converti en mousse suffisamment consistante. Servez cette mousse immédiatement dans les verres, afin que le punch à la romaine soit consommé sans retard, car cette mousse chaude ne peut tenir au delà de quelques minutes. Le rhum, dans le punch à la romaine, peut être remplacé par une égale quantité de vin de Madère.

PUNCH AU VIN (VIN CHAUD).

Faites infuser pendant vingt-quatre heures, dans deux litres de vin rouge de Bourgogne, 5 grammes de cannelle fine en bâton, deux clous de girofle; ajoutez-y les zestes et le jus de deux oranges bigarades. Passez le vin dans une chausse de laine et mettez-le dans une casserole, sur un feu doux, avec 250 grammes de sucre blanc. Dès que le vin est sur le point de bouillir, mais avant qu'il commence à entrer en ébullition, servez-le dans une jatte, comme les autres genres de punch. Le punch au vin doit être versé dès qu'il est servi, pour être bu très-chaud, sans lui laisser le temps de refroidir.

PUNCH A L'ANGLAISE.

Faites infuser, pendant une demi-heure dans une théière, 60 grammes de thé vert et les zestes de deux citrons dans un demi-litre d'eau bouillante. Mettez dans une casserole le jus de deux citrons et 250 grammes de sucre en poudre ; remuez avec une cuiller jusqu'à ce que le sucre soit fondu ; ajoutez une bouteille de rhum ; faites chauffer au bain-marie ;. allumez la vapeur du punch avec un morceau de papier au moment de servir.

PUNCH D'OXFORD.

Cassez 125 grammes de beau sucre blanc en morceaux ; frottez ces morceaux l'un après l'autre sur l'écorce de trois citrons, pour en absorber toute l'huile essentielle. Mettez-les dans un grand vase de faïence ou de porcelaine avec les zestes de trois oranges et ceux de deux citrons coupés en très-petits morceaux ; versez pardessus le jus de quatre oranges et de dix citrons, et six verres de gelée de pied de veau à l'état liquide. Remuez bien le mélange ; ajoutez-y deux litres d'eau bouillante ; fermez exactement le vase, tenez-le près du feu pendant un quart d'heure ; passez-le au tamis, sucrez-le avec une bouteille de sirop de capillaire ; versez le tout dans une jatte de grandeur suffisante ; terminez le punch en y joignant une bouteille de vin blanc, une d'eau-de-vie de France, une de rhum et une d'eau de fleurs d'oranger. Remuez bien le punch après que les liqueurs spiritueuses y ont été ajoutées. Si vous ne le trouvez pas suffisamment sucré, rendez-le plus doux avec un supplément de sirop de capillaire. Cette recette est celle que suivent pour faire leur punch les étudiants de l'université d'Oxford.

PUNCH AU LAIT, DE CAMBRIDGE.

Mettez les zestes d'un beau citron, coupés très-minces, dans deux litres de lait fraîchement trait, avec 250 gr. de sucre en morceaux. Faites prendre quelques bouil-

lons sur un feu doux; retirez la casserole du feu; écu‑
mez les zestes de citron; délayez trois ou quatre jaunes
d'œufs dans un demi-litre de lait froid; versez-le peu à
peu dans le lait chaud; ne laissez pas bouillir le mé‑
lange après que les jaunes d'œufs y ont été ajoutés. Ver‑
sez-y peu à peu une bouteille de rhum et une bouteille
d'eau-de-vie. Faites mousser le punch au lait, et ser‑
vez-le immédiatement dans des verres chauffés d'avance
en les plongeant dans de l'eau bouillante.

PUNCH DU RÉGENT, ou PUNCH A LA GEORGES IV.

Coupez aussi minces que possible les zestes de deux
citrons, de deux oranges de la Chine et d'une orange de
Séville. Faites‑les infuser à froid dans un demi-litre de
sirop de sucre blanc pendant une demi-heure; puis
ajoutez-y le jus des oranges et des citrons. D'autre part,
faites un litre de thé vert très-fort; sucrez-le au degré
convenable; laissez-le complétement refroidir. Quand il
est froid, joignez-le au mélange précédent avec un verre
de vieux rhum de la Jamaïque, un verre d'eau‑de‑vie,
un verre de rack, un verre de sirop d'ananas et deux
bouteilles de vin de Champagne. Passez ce mélange par
une chausse d'un tissu serré, afin qu'il passe parfai‑
tement clair; mettez le punch en bouteilles, et plongez
les bouteilles dans la glace pour les retirer seulement
au moment de servir.

BISHOP ou BISCHOFF.

Faites infuser pendant vingt-quatre heures, dans un
demi-litre d'eau-de-vie, 30 grammes de cannelle de Cey‑
lan, autant de graine de coriandre, et la moitié d'une noix
muscade râpée, joignez-y les zestes et le jus de six oranges

bigarades; faites cette infusion dans un flacon bien bouché. D'autre part, mêlez dans une terrine un litre de sirop de sucre blanc très-cuit, et deux bouteilles de vin de Champagne; ajoutez-y un verre de l'infusion précédente; décantez et tirez au clair. Pour que le mélange soit intime, versez une ou deux fois le bishop d'une terrine dans une autre. Au moment de servir, mettez une tranche mince de citron dans chaque verre, avant de le remplir de bishop.

BISHOP D'OXFORD.

Pratiquez dans l'écorce d'un citron plusieurs incisions; piquez-y plusieurs clous de girofle, et faites rôtir le citron devant un feu doux. D'autre part, faites bouillir dans un demi-litre d'eau, jusqu'à réduction de moitié, cinq grammes de cannelle, huit à dix clous de girofle, un gramme de maïs, autant de piment, et un morceau de racine de gingembre. Retirez la décoction du feu; faites bouillir une bouteille de vin de Porto, mettez, avec un papier allumé, le feu à la vapeur alcoolique du vin en ébullition. Réunissez au vin chaud la décoction d'épices ainsi que le citron rôti et piqué de clous de girofle; remuez vivement le bishop, et tenez-le près du feu pendant dix minutes, sans le laisser bouillir. Cassez en morceaux 125 grammes de beau sucre; frottez les morceaux sur l'écorce d'un citron pour qu'ils en absorbent l'huile essentielle. Mettez les morceaux de sucre dans une jatte avec le jus de la moitié d'un citron, qui n'aura pas été rôti comme le premier. Versez le bishop sur le sucre; quand le sucre est fondu, goûtez le bishop et ajoutez-y de nouveau sucre, s'il ne vous semble pas assez doux. Cette boisson ne doit pas être passée; le citron rôti et les

épices doivent flotter dans le liquide au moment où il est
distribué. Cette recette est celle que suivent les étudiants
de l'université d'Oxford pour la préparation du bishop,
dont ils font une consommation considérable.

TREIZIÈME SECTION.

PATISSERIE.

On n'entend pas donner ici un traité complet de la
profession du pâtissier, travail qui réclamerait à lui seul
un livre de longue haleine ; on donne seulement de l'art
du pâtissier ce que doit en connaître un cuisinier ca-
pable de faire face à toutes les exigences de sa situation.
Cette partie de la pâtisserie comprend la préparation des
diverses *pâtes*, les *pâtés chauds*, les *pâtés froids*, les
petits pâtés, les *tourtes*, les *poudings*, les *tartes*, les
gâteaux, les *gaufres*, et toutes les pâtisseries légères,
comprises sous le titre de *petit four*.

A la campagne, presque toutes les maisons possèdent
un four, également propre à cuire le pain et la pâtisserie.
A la ville, quand les dispositions locales le permettent,
si l'on se propose de faire soi-même la pâtisserie et
de ne pas recourir au pâtissier de profession, il faut se
munir de l'un des fours dont on donne ici les modèles
les mieux appropriés au service d'un ménage.

Le *four Eckman* (*fig.* 90), est à plusieurs compartiments, ce qui le rend d'un usage très-commode pour la
cuisson des petites pièces. Le *four à pâtisserie* peut être
placé soit au dehors, soit dans la cheminée de la cuisine,

au moment du besoin, et mis de côté quand on cesse de s'en servir. La figure 91, donne une idée exacte de ce

Fig. 90.   Fig. 91.

four. Le four portatif, en tôle (*fig.* 92) est le plus commode et le plus avantageux de tous pour le service d'un

ménage ; on y peut avec une égale facilité cuire le pain ou la pâtisserie, le foyer étant isolé de la plaque intérieure du four, on y peut brûler à volonté du bois, de la houille, ou même de la tourbe, sans que l'odeur de ces combustibles exerce sur le bon goût du pain ou de la

Fig. 92.

pâtisserie la plus légère influence.

Il faut en outre, pour préparer la pâtisserie, un rouleau de bois de frêne ou de hêtre, une planche de bois blanc, une pelle à enfourner (*fig.* 93), et un mortier de marbre avec son pilon (*fig.* 94). Ce dernier objet est utile pour tant de préparations, qu'il peut être considéré

Fig. 93.

comme un accessoire indispensable d'une cuisine bien montée.

Pâtes.

La préparation des divers genres de pâtes est la base de l'art du pâtissier; il y faut apporter une grande attention, ou renoncer à faire n'importe quelle pâtisserie.

PATE A DRESSER.

Faites un creux dans un tas de farine de deux litres, sur une table de cuisine, ou mieux, sur une planche à pâtisserie destinée exclusivement à cet usage. Pétrissez au milieu de ce creux 375 grammes de beurre, six jaunes d'œufs, 15 grammes de sel, et un verre d'eau. Quand le tout est bien mélangé, incorporez-y peu à peu la farine, en travaillant la pâte avec les poings fermés.

Fig. 94.

Cette pâte ne doit pas être trop longtemps pétrie, sans quoi elle manquerait de lien, et ne pourrait sans se briser être dressée sous la forme voulue. Deux litres de farine avec les ingrédients indiqués doivent donner environ 500 grammes de pâte à dresser. Il est bon de l'enfermer dans un linge humide, et de la laisser reposer une demi-heure avant de l'employer.

PATE BRISÉE.

Pour 1 kilogramme 500 grammes de farine, mettez
1 kilogramme de beurre, six œufs, blancs et jaunes,
30 grammes de sel fin et trois verres d'eau. Commencez
la pâte brisée comme la pâte à dresser. Quand toute la
farine est absorbée, étendez la pâte sur la planche
avec le rouleau, en lui donnant une épaisseur de deux
centimètres seulement. Repliez la couche de pâte sur
elle-même, en trois doubles; étendez-la de nouveau;
recommencez cette opération quatre fois. Employez la
pâte aussitôt qu'elle est terminée.

PATE FEUILLETÉE.

Il faut un peu d'habitude pour bien réussir une pâte
feuilletée, dont la perfection et la légèreté dépendent entièrement du soin qu'on a mis à la bien travailler. Commencez la pâte comme ci-dessus, avec deux litres de
farine, 15 grammes de sel, 60 grammes de beurre,
deux blancs d'œufs, et deux verres d'eau. La pâte, quand
toute la farine a été absorbée doit être aussi consistante
que du beurre ferme. Laissez-la reposer une demi-
heure en cet état. Au bout de ce temps, maniez
500 grammes de beurre, afin qu'il ne soit pas trop
ferme, et qu'il se travaille aisément. Aplatissez la pâte;
mettez le beurre dessus; retroussez les bords de la pâte,
afin que le beurre en soit complétement enveloppé; laissez-le reposer cinq minutes, donnez ensuite ce que les
pâtissiers nomment *deux tours*, c'est-à-dire, deux fois
de suite et sans interruption, étendez la pâte à l'épaisseur de 1 centimètre et demi, repliez-la en trois doubles
et étendez-la de nouveau, à l'aide du rouleau. Après

quelques minutes de repos, donnez encore trois tours, quand le feu est déjà allumé, afin que, comme on dit, la pâte n'attende pas le four, et qu'elle puisse être employée et enfournée immédiatement.

La pâte feuilletée peut aussi être préparée par le procédé qui vient d'être indiqué, en substituant au beurre la même quantité de saindoux ou de graisse de rognon de bœuf et de rognon de veau, mêlées par parties égales. Dans nos départements du Midi, on fait la pâte feuilletée comme ci-dessus, en remplaçant le beurre par une égale quantité de bonne huile d'olive.

PATE A BRIOCHE.

Cette pâte diffère des précédentes en ce qu'elle doit subir la fermentation que subit le pain, et qu'il faut commencer par faire séparément le levain qui doit la faire fermenter, ce qui nécessite deux opérations distinctes.

Levain.

Incorporez 12 à 13 grammes de bonne levûre de bière à 125 grammes de farine; pétrissez le mélange avec un demi-verre d'eau tiède; le levain doit avoir la consistance d'une pâte molle. Mettez-le dans un plat recouvert d'une assiette creuse renversée, dans un local dont la température soit d'environ 15 degrés, il doit y rester jusqu'à ce qu'il ait à peu près triplé de volume. Il faut une grande attention pour saisir le moment où le levain est bon à employer. Si l'on a mis trop de levûre, le levain rend la pâte amère; si le levain a fermenté trop longtemps, la pâte est manquée.

Pâte.

Formez la pâte avec 375 grammes de farine, 375 gr. de beurre, neuf œufs entiers, blancs et jaunes, 10 grammes de sel et un demi-verre de lait. Quand toute la farine est incoroporée à la pâte, ajoutez-y le levain, et faites en sorte qu'il y soit bien également réparti, sans cependant trop la travailler. Enfermez la pâte dans un linge blanc fortement saupoudré de farine ; laissez-la reposer douze heures dans un local dont la température se maintienne à 15 degrés. Cette pâte est une de celles qu'il est le plus difficile de bien faire quand on ne possède pas la pratique de l'art du pâtissier.

PATE A BABA.

Elle se fait comme la pâte à brioche, avec les mêmes proportions de levain, en ayant soin de la tenir un peu plus claire que pour la brioche ; on ajoute à cet effet un œuf et un demi-verre de crème de plus, en opérant du reste comme ci-dessus. La pâte étant faite, on y incorpore 50 à 60 grammes de sucre en poudre, 30 grammes de vin de Madère ou de Malaga, ou la même quantité de rhum, 50 grammes de raisin de Corinthe, 10 grammes de cédrat confit, coupé en petits filets, et une pincée de safran en poudre. On fait ordinairement lever la pâte à baba dans le moule où elle doit être cuite ; ce moule ne doit être rempli de pâte qu'au tiers environ de sa capacité, parce qu'elle doit augmenter de volume de près des deux tiers. Il faut environ six heures pour que cette pâte soit complétement renflée.

PATE A MADELEINE.

Faites tiédir dans une casserole 250 grammes de beurre, 500 grammes de farine, 500 grammes de sucre et 5 à 6 grammes d'écorce de citron très-finement hachée. Ajoutez-y six œufs, blancs et jaunes, et si la pâte a trop de consistance, augmentez la dose des œufs. On peut faire avec cette pâte, dans des moules de dimension convenable, un seul grand gâteau ou plusieurs petits.

PATE A LA TURQUE.

Réduisez en pâte fine, en les pilant dans un mortier de marbre, 250 grammes d'amandes dépouillées de leur écorce ; mêlez-y 500 grammes de farine, 250 grammes de beurre, 250 grammes de sucre en poudre et une cuillerée à café de safran également en poudre. Pilez pendant un bon quart d'heure le tout ensemble, et ramollissez la pâte au degré de consistance désiré, en y incorporant des œufs battus, blancs et jaunes. Quand on veut rendre cette pâte plus distinguée, on remplace les amandes par une égale quantité de pistaches.

PATE A BISCUIT.

Mettez dans deux terrines séparées les blancs et les jaunes de quinze œufs. Mêlez aux jaunes 500 grammes de sucre en poudre fine et 5 grammes de zestes de citron très-finement hachés. Battez pendant huit à dix minutes les jaunes sucrés et aromatisés, en vous servant d'une spatule de bois un peu large. Battez d'autre part en neige un peu ferme les blancs avec un fouet d'osier blanc. Réunissez les blancs aux jaunes, et faites-leur absorber par petites portions 500 grammes de farine, en remuant vivement et sans discontinuer. On peut aromatiser cette pâte en y mêlant un peu de vanille pilée avec le sucre en poudre, ou quelques cuillerées d'eau de fleur d'oranger à la place des zestes de citron.

PATE A BISCUIT DE SAVOIE.

Cassez douze œufs, afin de mettre à part les blancs d'un côté, les jaunes de l'autre. Battez les jaunes avec 625 grammes de sucre en poudre; battez les blancs en neige; réunissez les blancs aux jaunes; incorporez-y 375 grammes de farine séchée à l'étuve et passée au tamis, et les zestes d'un citron râpés. Si l'on désire que la pâte de biscuit de Savoie soit plus légère, on peut diminuer de 60 grammes la dose de la farine et augmenter de deux le nombre des blancs d'œufs.

PATE D'AMANDES.

Pilez dans un mortier de marbre 500 grammes d'amandes douces dépouillées de leur écorce; mouillez de temps en temps la pâte d'une cuillerée à café d'eau fraîche mêlée de quelques gouttes de jus de citron, afin de prévenir la séparation de l'huile des amandes. Quand la pâte est devenue très-fine et très-égale, faites-la sécher dans une casserole sur un feu très-doux, en la retournant sans cesse avec une cuiller de bois. Renfermez-la dans un papier fortement saupoudré de sucre blanc pulvérisé; conservez-la pour l'usage, dans un local très-sec. Cette pâte rancit assez promptement; il ne faut pas en préparer d'avance une trop forte provision.

Frangipane.

Battez dans une casserole cinq œufs, blancs et jaunes,

avec cinq cuillerées de farine; ajoutez-y un demi-litre de lait, 5 grammes de sel fin et 60 grammes de beurre très-frais. Mettez la casserole sur le feu; remuez la frangipane avec une cuiller de bois, sans discontinuer. Quand on la juge assez cuite, on la retire de la casserole pour la laisser refroidir dans un vase de faïence ou de porcelaine. D'autre part, pilez en pâte fine douze amandes douces et deux amandes amères; ajoutez-y une demi-douzaine de macarons bien pulvérisés, 5 grammes de fleur d'oranger pralinées, également en poudre, et 125 grammes de sucre râpé; on peut sucrer plus ou moins, selon les goûts. Incorporez ces substances dons la frangipane en la remuant vivement avec une cuiller de bois; si elle semble trop consistante, rendez-la un peu plus molle en y incorporant un œuf ou deux de plus au moment de l'employer.

Pâtés.

On sert les pâtés chauds ou froids; les froids sont les plus usités. Dans les villes, il est rare que pour ce geure de pâtisserie on n'ait pas recours aux pâtissiers de profession; à la campagne, au contraire, on peut sans difficulté varier la nourriture en servant de temps à autre un bon pâté chaud ou froid.

PATÉ CHAUD AU GIBIER.

On ne doit se servir pour les pâtés rhauds que de gibier à plume, tels que bécassines, grives, alouettes, cailles, et pour les repas où l'on reçoit, des perdreaux et des bécasses. Après avoir plumé, vidé et flambé les oiseaux, troussez-les comme pour les mettre à la broche; faites-les revenir dans du saindoux; mouillez avec de bon bouillon dégraissé, et faites cuire aux trois quarts. Laissez refroidir; laissez entières les alouettes, les bécassines, les grives et les cailles; découpez les perdreaux et les bécasses comme pour les distribuer aux convives; retirez-en l'os principal de la carcasse. D'autre part, formez le fond du pâté avec une boule de pâte à dresser (page 97), que vous aplatirez avec le rouleau pour lui donner la forme circulaire et une épaisseur de 3 centimètres. Couvrez ce fond d'une bonne farce cuite (page 99) ou d'une farce à volaille (page 97). Déposez par-dessus le gibier cuit aux trois quarts, refroidi et découpé. Relevez les bords de la pâte à la hauteur de 5 à 6 centimètres. Garnissez de farce le pourtour intérieur de la pâte. Faites un autre rond de pâte, plus mince de moitié que le premier; ménagez au milieu une ouverture de 5 centimètres de diamètre. Couvrez les morceaux de gibier d'une barde de lard, et posez par-dessus le couvercle de pâte, que vous souderez, en le mouillant, tout autour des bords relevés du pâté chaud. Faites cuire au four sur une plaque de tôle, ou dans une tourtière, avec feu dessus et dessous, au moyen du four de campagne. Le gibier étant déjà presque cuit, le pâté chaud ne doit rester au feu que le temps nécessaire pour cuire la croûte. D'autre part, faites un roux blond; mouillez-le avec une demi-tasse de bouillon dégraissé et un verre de vin blanc; ajoutez un bon assaisonnement de sel et de poivre et trois ou quatre cuillerées de jus de rôti. Laissez réduire la sauce si elle semble trop longue. Retirez du feu le pâté chaud; dressez-le sur un plat, et faites couler à l'intérieur, par l'ouverture ménagée dans le couvercle, la sauce réduite bouillante au moment de servir.

PATÉ CHAUD DE PIGEONS.

Faites revenir dans le beurre et cuire aux trois quarts dans le bouillon dégraissé trois ou quatre pigeons coupés en deux dans le sens de leur longueur. Formez le pâté avec de la pâte à dresser; garnissez-en le fond et les côtés de farce cuite ou de farce à volailles; remplissez l'intérieur avec les moitiés de pigeon; faites cuire comme ci-dessus, et, au moment de servir arrosez de la même sauce que pour la recette précédent.

On peut aussi remplir le pâté chaud d'un salpicon (page 105) ou d'un ragoût à la financière (page 104).

PATÉ CHAUD AU MAIGRE.

Façonnez comme ci-dessus un pâté avec de la pâte à dresser; garnissez le fond et le tour avec de la farce de poisson (page 100). Versez dans le pâté des tronçons d'anguille revenus dans le beurre, des laitances de carpe, des champignons et des fonds d'artichaut, de manière à le bien remplir; mettez-lui son couvercle de pâte, et faites-le cuire au four ou dans la tourtière, avec feu dessus et dessous, au moyen du four de campagne. D'autre part, faites un roux clair que vous mouillerez avec du bouillon maigre (page 54) et du vin blanc, par parties égales. Laissez réduire la sauce, qui ne doit pas être trop longue. Dressez le pâté sur un plat et versez la sauce bouillante dans le pâté chaud, par l'ouverture ménagée dans le couvercle.

Pâtés froids.

Les pâtés froids peuvent se conserver en bon état pendant plusieurs jours, et être transportés facilement par les chemins de fer, à de grandes distances ; il en résulte qu'il vaut mieux faire venir des lieux de production les pâtés froids très-recherchés, tels que les pâtés de perdreaux de Chartres et les pâtés de foie gras de Strasbourg, que de les faire chez soi ; il est, d'ailleurs, assez difficile de les bien réussir quand on n'est pas pâtissier de profession, tandis qu'avec un peu de soin on réussit parfaitement les autres genres de pâtés.

PATÉ FROID DE VEAU ET DE JAMBON.

Préparez la croûte du pâté avec la pâte à dresser ; donnez-lui une bonne forme au moyen d'un moule de grandeur convenable (*fig.* 94). Garnissez le fond d'une barde de lard, posez sur le lard et tout autour de l'intérieur une farce finement hachée, composée de veau maigre, de lard et de jambon maigre, par parties égales ; assaisonnez la farce un peu fortement de sel et de poi-

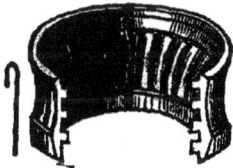

Fig. 94.

vre. Pour remplir l'intérieur du pâté, placez alternativement des tranches de jambon et des tranches de veau piqué ; recouvrez le tout d'une barde de lard, et terminez par une couche de farce. Posez le couvercle du pâté et faites-le cuire au four modérément chauffé. Laissez refroidir ; retirez du moule et servez froid.

PATÉ DE JAMBON.

La farce est la même pour ce pâté que pour le précédent ; on le remplit de jambon, sans y associer le veau piqué.

PATÉ DE VOLAILLE.

Désossez complétement une volaille jeune et tendre, mais qui n'a pas été trop fortement engraissée. Si vous avez à mettre en pâté une poularde ou un chapon très-chargé de graisse, ne manquez pas de retrancher, en désossant la volaille, la plus grande partie de la graisse dont elle est tapissée à l'intérieur. Préparez la pâte sous la forme voulue, et garnissez-la de farce sur le fond et sur les côtés, comme il est prescrit dans la recette du pâté de veau et de jambon. Piquez de fin lard les morceaux char-nus de la volaille désossée et dépecée; faites-les revenir dans du beurre ou dans du saindoux, seulement assez pour les raffermir, sans leur laisser prendre couleur; saupoudrez-les légèrement de sel fin mêlé d'un peu de poivre, et rangez-les dans l'intérieur du pâté. Étendez sur ces morceaux une barde de lard, et terminez par une couche de farce. Posez le couvercle sur le pâté et faites cuire au four. Servez froid.

PATÉ DE LIÈVRE.

Dépouillez le lièvre et découpez-le comme pour l'ac-commoder en civet; désossez les morceaux, faites-les re-venir pendant une minute ou deux dans le beurre pour qu'ils se raffermissent; égouttez-les, et quand ils sont refroidis, piquez-en de fin lard toutes les parties char-nues. D'autre part, préparez une farce avec le foie du lièvre, les débris retranchés des morceaux piqués, 125 grammes de lard gras, et autant de jambon mai-gre, le tout très-finement haché et fortement assai-sonné de sel, poivre et muscade râpée. Garnissez de cette farce l'intérieur d'un pâté préparé comme pour la recette du pâté de veau et jambon. Rangez les morceaux de lièvre désossés et piqués sur cette farce, couvrez-les de bardes de lard, terminez par une couche de farce; posez le couvercle du pâté et faites cuire au four comme pour les recettes précédentes. Servez froid.

PATÉ DE LAPIN.

La préparation est la même que celle du pâté de lièvre; on assaisonne un peu plus fortement pour corriger la fadeur du lapin.

PATÉ DE SAUMON.

Préparez une croûte de pâté avec de la pâte à dresser; donnez-lui, au moyen d'un moule, la forme et la grandeur convenables. Garnissez le fond et le pourtour intérieur d'une bonne farce au poisson (page 100), à laquelle vous ajouterez quelques morceaux de truffes cuites dans le vin blanc. Posez sur cette farce des morceaux de saumon cuits au bleu (page 434), que vous aurez eu le soin de retirer du court-bouillon avant qu'ils soient complétement cuits. Recouvrez les morceaux de saumon d'une couche de farce au poisson dans laquelle vous piquerez des morceaux de truffes cuits, disposés en cercle; avant de fermer le pâté, arrosez l'intérieur d'un verre de vin de Madère. Faites cuire deux heures dans un four modérément chauffé; retirez le pâté de son moule, et servez froid.

PATÉ DE THON.

Dans les villes du littoral de la Méditerranée, où il est facile de se procurer du thon frais, on en prépare d'excellents pâtés truffés d'après la recette précédente, en remplaçant le saumon par du thon frais. A Paris, on fait en carême des pâtés de thon mariné, toujours d'après la recette précédente; il faut avoir soin de les faire bien égoutter et de les essuyer avec un linge blanc, afin qu'ils retiennent le moins d'huile possible avant d'en remplir le pâté! c'est un des mets les plus distingués de la pâtisserie maigre.

PATÉ D'ESTURGEON.

Dans le nord de la France, ainsi qu'en Belgique où l'esturgeon n'est ni rare ni très-cher, on en fait, toujours de la même manière, des pâtés maigres fort estimés. Avant d'être mis dans les pâtés, les morceaux d'esturgeon, au lieu d'être cuits au bleu comme le saumon, doivent être piqués de fin lard comme des fricandeaux, et passés au beurre une minute ou deux.

Tous les pâtés, chauds ou froids, gras ou maigres, dont on a donné ci-dessus la préparation, doivent être, avant de les mettre au four, enduits de jaune d'œuf qu'on étend au moyen d'un pinceau ou des barbes d'une plume, sur toute leur surface : c'est ce qu'on nomme *dorer* un pâté.

Petits pâtés.

Chez les pâtissiers de profession, de même que dans les grandes cuisines où l'on fait beaucoup de pâtisserie, on utilise, pour faire les petits pâtés, les rognures de pâte à dresser, de pâte brisée ou de paille feuilletée, qui restent de la préparation des pâtés chauds ou des pâtés froids; ailleurs, on fait tout exprès pour les petits pâtés l'une de ces pâtes, à volonté.

PETITS PATÉS A LA BOURGEOISE.

Ces petits pâtés ne peuvent être faits qu'avec de la pâte feuilletée (page 641). On étend la pâte en couche très-mince et on la divise en ronds, de la grandeur d'une soucoupe ordinaire. Une soucoupe mince à bords droits peut fort bien, dans ce cas, faire les fonctions de *coupe-pâte*, et servir à obtenir le nombre désiré de ronds de pâte, tous d'égale grandeur. On pose au milieu de chaque rond un morceau de farce de la grosseur d'une noix, en forme de boulette aplatie, préparée comme la farce indiquée pour garnir le pâté de veau et de jambon. On pose par-dessus un second rond de pâte qui couvre la boulette de farce, et qui se colle au premier, en mouillant très-légèrement leurs bords. Les petits pâtés sont ensuite dorés à l'œuf, et mis au four sur une plaque de tôle. Il faut surveiller très-attentivement la cuisson des petits pâtés, afin qu'ils soient cuits à point et suffisamment colorés, sans cependant être brûlés. On sert les petits pâtés très-chauds, au moment où on les retire du four. S'ils doivent attendre, il ne faut pas les laisser refroidir pour les faire réchauffer plus tard, ce qui les gâterait entièrement ; on les tient chauds dans une tourtière posée sur des cendres chaudes, et couverts d'un four de campagne chargé de quelques charbons allumés. Quand la saison le permet, on place, au milieu de la farce qui remplit chaque petit pâté, un gros grain de verjus qu'on a fendu sur le côté pour en retirer les pepins, ce qui rend les petits pâtés beaucoup plus délicats.

PETITS PATÉS A LA REINE.

Les petits pâtés à la reine, de même que ceux à la

bourgeoise, ne peuvent être faits qu'avec de la pâte feuilletée. Préparez les ronds de pâte avec un coupe-pâte ou avec les bords d'une soucoupe ; couvrez-les en entier d'un hachis de blancs de volaille cuite, bien assaisonné de sel, poivre et muscade râpée ; il doit rester seulement assez de bord libre pour pouvoir souder le couvercle avec le fond ; faites cuire au four avec les mêmes précautions que pour la cuisson des petits pâtés à la bourgeoise. Servez très-chaud.

PETITS PATÉS AU HOMARD.

Émincez en très-petites tranches, que vous diviserez en petits morceaux carrés, la queue d'un gros homard, ou celles de deux plus petits. Faites cuire les *timbales* ou croûtes de pâte ferme en les remplissant de farine, pour qu'elles ne se déforment pas ; on n'y peut pas employer d'autre pâte que la pâte brisée. Retirez du four les croûtes dès qu'elles sont suffisamment cuites ; ôtez la farine dont elles sont pleines, et remplissez-les de morceaux de queue de homard émincée. Arrosez ces morceaux avec une sauce à la béchamel (page 73). Si les homards, dont on utilise les queues pour ce genre de petits pâtés, ont des œufs, pilez ces œufs avec la moitié de leur volume de beurre très-frais ; passez ce beurre, devenu rouge, à travers un tamis de crin, et réunissez-le à la sauce à la béchamel avant d'en arroser le contenu des petits pâtés au homard. Ces petits pâtés sont délicats et très-distingués comme pâtisserie maigre, mais il y faut apporter beaucoup de soin pour les bien réussir.

PETITS PATÉS AUX HUITRES.

Formez les croûtes et faites-les cuire au four comme

pour la recette précédente. Faites, d'autre part, un roux
blanc que vous assaisonnerez d'un peu de poivre, et que
vous mouillerez avec l'eau de mer contenue dans les
huîtres dont vous devez garnir les petits pâtés. Si ces
huîtres sont petites, laissez-les entières; si elles sont
un peu grosses, coupez-les en deux ou en quatre. Faites-
les cuire dans la sauce précédente, et remplissez-en les
petits pâtés au moment de servir. Servez le plus chaud
possible.

PETITS PATÉS AU JUS.

On ne peut faire les petits pâtés au jus qu'avec de la
pâte brisée; les autres pâtes n'auraient pas assez de consistance pour retenir la sauce. Formez les ronds de
pâte brisée, dont l'épaisseur ne doit pas dépasser un
demi-centimètre; ajustez cette pâte dans un moule de
cuivre ou de fer-blanc approprié à cet usage; remplissez
de farine l'intérieur des petits pâtés; réunissez-les sur
une plaque de tôle, et faites-les cuire au four. Quand la
croûte est suffisamment cuite, retirez les petits pâtés du
four; videz la farine dont ils sont remplis; mettez au
milieu de chaque petit pâté une boulette de farce semblable à celle indiquée pour les petits pâtés à la bourgeoise, mais coupée en quatre morceaux. Faites un roux
blond un peu épais; mouillez-le d'un verre de vin
blanc et d'une tasse de bouillon dégraissé; faites cuire
dans cette sauce une bonne garniture de champignons
coupés en petits dés; assaisonnez un peu fortement de
sel et de poivre; faites réduire la sauce à une bonne
épaisseur; remplissez-en les petits pâtés au moment de
servir. S'il vous reste du jus de rôti de viande ou de
volaille d'un repas précédent, ajoutez-en quelques cuil-

lcrécs à la sauce ; les petits pâtés au jus en seront sensiblement améliorés.

On peut aussi, après avoir fait cuire les petits pâtés comme ci-dessus, remplir la croûte d'un ragoût à la financière (page 104), ou d'un salpicon (page 105).

Tourtes.

C'est par un emploi défectueux des termes qu'on distingue les tourtes d'entrée des tourtes d'entremets; les tourtes d'entrée doivent seules porter le nom de tourtes; les autres sont de véritables tartes. (Voyez *Tartes*.)

TOURTE A LA BOURGEOISE.

Le fond de la tourte se fait en pâte brisée, de deux centimètres d'épaisseur. Pour le tailler de la grandeur désirée, on pose sur la pâte étendue au rouleau le couvercle d'une casserole ; on coupe la pâte en rond tout autour de ce couvercle. Sur ce rond, et sur une largeur de trois centimètres tout autour, on pose une bande de pâte feuilletée. Le centre est rempli de vieux linge blanc entassé en forme de dôme. Sur ce dôme, posez un couvercle de pâte feuilletée ; dorez toute la surface, et faites cuire soit au four, soit dans la tourtière avec feu dessous et dessus, au moyen du four de campagne. Quand la croûte est cuite et d'une belle couleur, levez le couvercle, enlevez le linge qui le soutient, remplissez l'intérieur de la tourte de boulettes de farce cuite ou de farce à volailles, mêlées à une bonne garniture de champignons et de fonds d'artichauts coupés par morceaux, et cuits dans le bouillon. Tenez prêt d'avance un roux blond mouillé avec le bouillon dans lequel a cuit la garniture, et un demi-verre de vin blanc. Ayez soin que cette sauce ne soit pas trop longue; ajoutez-y trois jaunes d'œufs et versez-la sur le contenu de la tourte. Remettez le couvercle en place, et servez très-chaud.

On peut aussi mettre la garniture sans sauce dans la tourte avant de la faire cuire, ménager une ouverture au centre du couvercle, et faire couler la sauce par cette ouverture dans l'intérieur de la tourte au moment de servir.

TOURTE EN VOL-AU-VENT.

La tourte en vol-au-vent ne diffère de la tourte à la bourgeoise qu'en ce que le fond, les bords et le couvercle sont de pâte feuilletée, aussi légère que possible. A Paris, la tourte en vol-au-vent est ordinairement remplie d'un ragoût à la financière (page 104), qu'on y verse avec sa sauce au moment de servir, et qu'on accompagne d'une ou deux écrevisses cuites séparément.

TOURTE AUX TRUFFES A L'ANGLAISE.

On donne ce nom à une tourte soit à la bourgeoise, soit en vol-au-vent, qu'on remplit d'une garniture de truffes cuites au vin ou au bouillon et coupées par morceaux. Cette garniture de truffes ne reçoit pas de sauce; la croûte de la tourte, qu'il faut avoir soin de faire un peu plus épaisse que de coutume, est distribuée aux convives avec les truffes dont elle a pris le goût; on la mange en même temps que les truffes, en place de pain: c'est une bonne manière de servir les truffes, quand on tient à leur conserver, le mieux possible, leur saveur naturelle.

Poudings.

Les entremets que les Anglais nomment poudings (en

anglais *puddings*) sont assez fréquemment usités dans la cuisine française; outre les recettes anglaises, on fait en France divers poudings servis comme entremets sucrés des plus distingués.

POUDING A L'ANGLAISE.

Épluchez avec soin 250 grammes de raisin sec de Malaga; enlevez-en tous les pepins à l'aide d'un cure-dent. Joignez-y les zestes d'un citron à demi mûr hachés très-fin, et mélangez-les avec un litre de farine. Hachez très-finement 375 grammes de graisse de rognon de bœuf; incorporez cette graisse à la farine déjà mêlée au raisin épluché et aux zestes de citron. Cassez dans un saladier huit œufs, blancs et jaunes, battez-les avec une cuillerée à bouche d'eau de fleurs d'oranger, un petit verre d'eau-de-vie et un demi-litre de crème. Délayez peu à peu le tout ensemble; assaisonnez d'un peu de sel et d'une pincée de cannelle en poudre fine; terminez avec un quart de litre de bon lait pour donner au pouding la consistance qu'il doit avoir. Versez alors un peu de beurre fondu dans une casserole chauffée d'avance modérément. Promenez le beurre sur toute la surface intérieure de la casserole, et tandis qu'elle est encore chaude, faites-la égoutter afin qu'elle soit bien graissée de beurre, mais qu'il en reste le moins possible sur les parois. Versez le pouding dans cette casserole, et ayez soin de le remuer vivement afin que tous les éléments en soient uniformément répartis dans la masse. Faites cuire dans un four modérément chauffé. Quand le pouding est cuit, renversez la casserole qui lui a servi de moule sur un plat de grandeur convenable; saupoudrez-le abondamment de sucre que vous glacerez en promenant au-dessus et tout autour une pelle rougie au feu. La préparation de cet entremets très-compliqué exige beaucoup de soin et d'attention.

Recette.—Farine, 1 litre ; raisin sec de Malaga, 250 grammes ; graisse de rognon de bœuf, 375 grammes ; sel fin, 15 grammes ; les zestes d'un citron ; cannelle en poudre, 5 grammes ; eau de fleurs d'oranger, une cuillerée ; eau-de-vie, un petit verre ; crème, 1 demi-litre ; œufs frais, 8 ; lait, 1 quart de litre ; sucre en poudre, 125 grammes. Cuisson au four, une demi-heure.

POUDING A LA PARISIENNE.

Incorporez à 200 grammes de graisse de veau finement hachée avec 200 grammes de moelle de bœuf 125 grammes de sucre pilé avec une gousse de vanille, et passé au tamis ; faites absorber à ce mélange 200 grammes de farine de riz. Délayez-le dans sept jaunes d'œufs et deux œufs frais, battus ensemble, avec un demi-verre de crème, un demi-verre de marasquin, 5 grammes de sel et une forte pincée de muscade râpée. Hachez finement six pommes d'api pelées et épluchées ; mêlez-y 60 grammes de pistaches mondées entières, 125 grammes de macarons concassés, 30 grammes d'angélique hachée, et trente cerises confites. Amalgamez avec soin ce mélange et le précédent. D'autre part, faites une pâte un peu ferme avec un litre de farine, 5 grammes de sel, deux cuillerées d'eau, quatre œufs battus, blancs et jaunes, et 125 grammes de saindoux. Formez cette pâte en boule ; aplatissez-la au rouleau ; étendez-la très-également, en lui donnant une forme ronde, sur une serviette blanche. Versez au milieu le pouding à la parisienne, préparé comme ci-dessus. Rassemblez la pâte sur le pouding en forme de ballon; réunissez les quatre coins de la serviette et liez-les d'une ficelle aussi serrée que possible. Suspendez-les dans un chaudron plein d'eau bouillante, et laissez cuire une heure et demie. Laissez alors bien égoutter la serviette, déliez-la avec précaution pour ne pas déformer le pouding. Dressez-le sur un plat en le renversant; lardez toute sa surface de pistaches mondées et taillées en filets.

On sert dans une saucière, à côté du pouding à la parisienne, une sauce composée de quatre jaunes d'œufs, une demi-cuillerée de fécule de pomme de terre, un grain de sel, 60 grammes de sucre en poudre, 60 grammes de beurre fin, et un verre de vin de Malaga. Cette sauce doit être tournée sans discontinuer dans une casserole sur un feu doux, afin d'en bien mélanger les éléments; on la sert très-chaude, mais il ne faut pas la laisser bouillir. Cette sauce peut accompagner toutes sortes de poudings; elle est toujours servie séparément; beaucoup d'amateurs de poudings préfèrent les manger sans sauce.

Recette. — Graisse de veau, 200 grammes; moelle de bœuf, 200 grammes; sucre en poudre, 125 grammes; vanille, une gousse; farine de riz, 200 grammes; jaunes d'œufs, 7; œufs entiers, 2; crème, un demi-verre; marasquin, un demi-verre; sel fin, 5 grammes; muscade râpée, 2 grammes; pommes d'api pelées, épluchées et hachées, 6; pistaches mondées entières, 60 grammes; macarons concassés, 125 grammes; angélique confite hachée, 30 grammes; cerises confites, 60 grammes.

Recette de la pâte. — Farine, 1 litre; sel fin, 5 grammes; eau, 2 cuillerées; œufs battus, blancs et jaunes, 4; saindoux, 125 grammes. Une heure et demie de cuisson.

Recette de la sauce. — Jaunes d'œufs, 4; fécule de pomme de terre, une demi-cuillerée ; sel fin, 2 grammes ; sucre en poudre, 60 grammes ; beurre fin, 60 grammes ; vin de Malaga, un verre. Ne pas laisser bouillir, et remuer sans discontinuer.

Cet entremets, l'un des plus compliqués de tous ceux qui font partie de la cuisine européenne, fait partie obligée de tous les grands repas officiels ; les cuisiniers de Paris l'ont surnommé pour cette raison *le pouding diplomatique.* On en donne ici la recette comme spécimen des entremets très-dispendieux sans être très-bons, et dont la saveur étrange ne saurait être agréable qu'à ceux qui y sont accoutumés.

PLUMPOUDING.

Hachez très-finement un kilogramme de graisse de rognon de bœuf ; pétrissez-la avec 750 grammes de farine ; incorporez dans ce mélange 750 grammes de raisins secs soigneusement débarrassés de leurs pepins, et 250 grammes de raisin de Corinthe bien épluchés. Ajoutez un verre de vin de Madère, deux petits verres d'eau-de-vie de Cognac, les zestes de la moitié d'un citron finement hachés, un demi-cédrat confit, coupé en petits dés, 5 grammes de sel, 60 grammes de sucre, et huit œufs entiers. Pétrissez bien la pâte pour que tous ses éléments soient bien répartis dans la masse ; ajoutez assez de lait pour donner au plumpouding la consistance d'une pâte un peu liquide.

Ces préparatifs terminés, faites bouillir de l'eau dans une marmite assez grande mais pas trop profonde. Étendez sur une table une serviette blanche, graissez-la de beurre comme une vaste tartine ; répandez sur le beurre une couche épaisse de farine ; versez dessus le plumpouding ; réunissez les quatre coins du linge ; serrez

fortement avec une ficelle, et mettez la serviette avec
son contenu dans une passoire. Assujettissez la passoire
dans la marmite pleine d'eau bouillante ; retirez celle-ci
sur le bord du fourneau pour que l'eau continue à
bouillir doucement ; la cuisson, conduite comme celle
d'un pot-au-feu, ne doit pas durer moins de six à sept
heures ; à mesure que l'eau de la marmite est tarie, il
faut la remplir avec de l'eau bouillante ; la serviette qui
renferme le plum-pouding doit être retournée de temps
en temps, pour que la cuisson soit bien égale de tous les
côtés.

Tandis que le plumpouding achève de cuire, faites
fondre dans une casserole 125 grammes de beurre ;
ajoutez-y une pincée de farine, les zestes d'un demi-citron bien hachés, l'écorce entière d'un cédrat, également
hachée, 2 grammes de sel et 30 grammes de sucre en
poudre. Tournez vivement cette sauce ; mouille-la de
vin de Madère en quantité proportionnée au volume du
plumpouding, et tenez la sauce bien chaude jusqu'au
moment de vous en servir. Quand le plumpouding est
cuit, il faut une certaine adresse pour le retirer, sans le
déformer, de la serviette dans laquelle s'est faite la cuisson. Le meilleur moyen, après l'avoir laissé égoutter
quelques instants, c'est de délier et d'ouvrir la serviette,
et d'appliquer, sur le plumpouding mis à découvert, un
plat de grandeur convenable ; on retourne alors lestement la passoire ; on enlève la serviette, et le plumpouding se trouve dressé. On le sert chaud arrosé de la
sauce précédente.

Le plumpouding, préparé d'après cette recette, peut
aussi être cuit dans une casserole beurrée, qui fait dans
ce cas les fonctions de moule. On met cette casserole au

four, et l'on renverse le contenu sur un plat quand la
cuisson est terminée; le plumpouding cuit au four doit
être arrosé de la sauce indiquée ci-dessus; il n'est jamais aussi délicat que quand il a été cuit dans l'eau. On
fait observer que, quoique le nom de cet entremets signifie *pouding aux prunes*, il n'entre pas de prunes
dans sa composition.

Tartes.

Ce genre de pâtisserie n'a jamais de couvercle comme
les tourtes; une tarte est toujours formée d'un fond de
pâte feuilletée entouré d'un cordon, et garni au centre
avec une crème, une compote ou une confiture de fruits.

TARTE A LA FRANGIPANE.

Garnissez d'une bonne couche de pâte feuilletée le
fond d'une tourtière; posez sur les bords de ce fond
une bande de la même pâte, de 4 à 5 centimètres de
large. Remplissez de frangipane (page 645) tout l'intérieur de la tarte, à l'épaisseur de 2 à 3 centimètres.
Disposez de petites bandes de pâte assez rapprochées les
unes des autres, et croisées de manière à former des losanges sur toute la surface de la tarte, à l'exception
des bords qui doivent rester unis. Dorez la tarte au
jaune d'œuf; faites cuire, avec bon feu dessus et dessous,
dans la tourtière recouverte du four de campagne.
Quand la tarte est presque cuite, saupoudrez-la de sucre
en poudre, animez le feu du four de campagne, et faites
prendre à la tarte une belle couleur. On peut, en suivant d'ailleurs de point en point la recette précédente,
varier les tartes en substituant à la frangipane divers
genres de crème. (Voyez *Crèmes,* page 600.)

TARTES AUX CONFITURES.

Leur préparation est la même que celle des tartes à la frangipane ou à la crème. On remplace la frangipane ou les différentes crèmes par des confitures de groseilles, de cerises, de prunes ou d'abricots. Assez souvent on divise au moyen d'une bande de pâte l'intérieur de la tourte en deux compartiments; on remplit l'une de frangipane ou de crème, et l'autre de confitures. Toutes les tartes de pâte feuilletée cuisent très-bien dans la tourtière sous le four de campagne.; mais lorsqu'on dispose d'un four, elles y cuisent mieux et plus vite; il faut, dans ce cas, les dresser sur une plaque de tôle, et les faire glisser sur un plat au moment de servir. On mange les tartes chaudes ou froides; on les préfère généralement froides. Le meilleur moment pour servir les tartes, c'est celui où elles ne sont plus chaudes, bien que leur pâte ne soit pas trop consolidée par le refroidissement.

TARTE AUX PÊCHES.

Préparez une tarte comme ci-dessus; dorez-en les bords, et faites-la cuire soit au four, soit dans la tourtière sous le four de campagne, sans rien mettre dans l'intérieur. Quand la croûte de la tarte est cuite et que ses bords sont bien colorés, mettez au milieu une marmelade de pêches (page 620) dont vous aurez bien égoutté le sirop. Faites réduire ce sirop jusqu'à ce qu'il soit très-cuit; versez-le sur la marmelade et servez froid.

TARTES A DIVERS FRUITS.

On peut faire toutes les tartes à divers fruits d'après

la recette de la tarte aux pêches, en substituant à la marmelade de pêches une marmelade ou une compote de tout autre fruit. (Voyez *Compotes*, page 615.) Dans la pâtisserie de ménage, les tartes aux fruits sont faites ordinairement de pâte

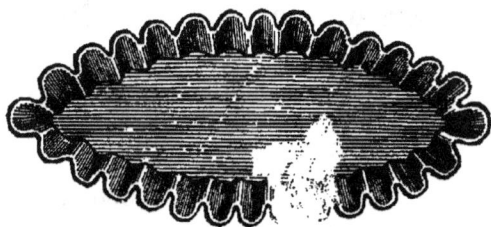

Fig. 95.

brisée; on les fait cuire au four, dans l'un des moules à tourtes représentés figures 95 et 96. En général, dans les tartes de ce genre, les fruits glacés de sirop de sucre doivent rester à découvert. Par exception, quand une tourte de pâte brisée est garnie d'une marmelade de pommes, on couvre la surface de

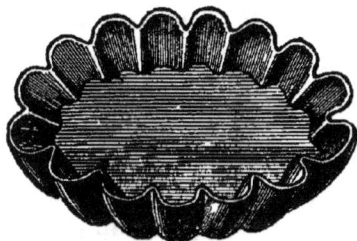

Fig. 96.

petites bandes de pâte croisées en losanges, comme pour le dessus d'une tarte à la frangipane.

On peut aussi considérer comme des tartes les croûtes de pâte brisée, auxquelles on donne un rebord haut de 3 ou 4 centimètres, et dans lesquelles on range en cercle des poires pelées, cuites entières en leur conservant leurs queues, et arrosées du sirop dans lequel elles ont été cuites. On peut aussi, pour donner plus d'élégance à ce genre de tarte, remplir les intervalles des poires avec de la gelée de coings ou de groseilles. Les tartes aux poires, sans confitures, sont ordinairement servies chaudes; on ne les sert que froides, quand elles sont accompagnées d'une gelée ou d'une confiture d'autres fruits.

Gâteaux.

Les gâteaux, dans le vrai sens du mot, sont des pâtisseries de pâte feuilletée ou de pâte brisée, qu'on sert soit
comme entremets, soit au dessert. On ne donne ici que
les recettes des gâteaux les plus usités, en y joignant le
conseil, pour ceux qui habitent la ville, d'avoir recours,
pour toute espèce de gâteaux, au pâtissier de profession.

GATEAU AU FROMAGE.

Nettoyez avec le plus grand soin le quart d'un fromage de Brie, qui soit suffisamment *fait* sans être trop
coulant; pilez-le et passez-le au tamis. Formez en tas
sur la planche à pâtisserie un litre et demi de farine,
creusez un puits au milieu; maniez avec une partie de
la farine la pâte de fromage de Brie; râpez 60 grammes
de fromage de Gruyère un peu sec; faites absorber ce
fromage râpé par la pâte; ajoutez-y six œufs battus,
blancs et jaunes; faites absorber par les œufs toute la
farine; pétrissez la pâte à trois reprises différentes; for-
mez-la en boule et laissez-la reposer une demi-heure.
Aplatissez-la au rouleau pour en former un gâteau de
4 centimètres d'épaisseur. Dorez la surface; sillonnez-la
de lignes croisées en losanges; faites cuire au four modérément chauffé; servez froid. Le gâteau au fromage
possède plus que toute autre pâtisserie de ménage la
propriété de provoquer la soif, et par conséquent de
faire supporter le mauvais vin et trouver bon le vin médiocre.

GATEAU AU RIZ.

Faites crever 125 grammes de riz dans du lait; laissez-le cuire complétement en ajoutant seulement assez de lait pour que le riz soit parfaitement cuit, mais très-épais; assaisonnez-le d'une cuillerée d'eau de fleurs d'o-ranger, de sucre à volonté et d'une légère pincée de cannelle en poudre. D'autre part, pétrissez un litre de farine avec quatre œufs, 15 grammes de sel, 250 gr. de beurre très-frais, et incorporez à la pâte le riz cuit et refroidi. Donnez la forme de gâteau à cette pâte; posez une feuille de papier beurré sur une plaque de tôle, le gâteau de riz sur le papier beurré; dorez-le et faites-le cuire au four. On peut aussi faire cuire le gâteau de riz dans la tourtière, sous le four de campagne; il faut, dans ce cas, garnir d'un papier bien beurré le fond de la tourtière avant d'y mettre le gâteau au riz.

GATEAU FEUILLETÉ.

Pour que ce gâteau réussisse bien, il faut employer les proportions de farine et de beurre indiquées pour faire la pâte feuilletée (page 641); mais on doit com-mencer par détremper la farine avec un peu d'eau et la dose de sel prescrite, puis ajouter le beurre et travailler la pâte avec beaucoup de soin. On ne doit pas faire le gâteau feuilleté trop épais, parce que, s'il est bien fait, il se soulève beaucoup en cuisant. Dorez la surface; tracez-y des lignes courbes partant du centre. Le gâteau feuilleté ne cuit bien qu'au four.

GATEAU AUX AMANDES.

Formez un rond de pâte feuilletée comme pour le fond d'une tarte; posez tout autour une bande de la même pâte; remplissez le milieu du gâteau avec de la pâte d'amandes pilées (page 645); posez sur le gâteau un rond de pâte feuilletée assez grand pour couvrir les amandes et la bande de pâte qui les entoure. Dorez et ciselez le gâteau d'amandes comme le gâteau feuilleté; faites cuire au four; servez froid.

GATEAU FOURRÉ AUX CONFITURES.

Préparez deux gâteaux feuilletés de même grandeur, selon la recette indiquée ci-dessus. Couvrez d'une bonne couche de confitures de groseilles, de cerises, de prunes ou d'abricots, l'un des deux ronds de pâte feuilletée, en laissant libre un rebord de 3 ou 4 centimètres. Mouillez légèrement ce rebord, et posez le second gâteau sur le premier, en appuyant pour que leurs bords soient bien collés ensemble. Faites cuire au four, après avoir doré et ciselé la surface comme celle du gâteau feuilleté. Quand le gâteau fourré est presque cuit, saupoudrez-le largement de sucre blanc en poudre, et remettez-le un instant dans le four pour qu'il prenne couleur; servez froid. Le gâteau fourré aux confitures ne doit être servi qu'au dessert.

Biscuits de Savoie.

Mettez dans un moule la quantité voulue de pâte à biscuits de Savoie (page 645). Les moules, dont les figures 97 et 98 représentent les formes les plus usitées, ne doivent être remplis qu'aux deux tiers, en raison de l'augmentation de volume que prend la pâte en cuisant. La cuisson au four doit être attentivement surveillée pour que le biscuit de Savoie soit retiré du four alors· qu'étant suffisamment cuit et bien coloré, il conserve cependant à l'intérieur une mollesse élastique qui fait l'un des mérites de ce genre de gâteau.

Nougat.

Plongez dans l'eau bouillante 500 grammes d'a-
mandes douces ; égouttez-les au bout de quelques minutes ; enlevez l'écorce, qui se détache alors très-facilement ; jetez, à mesure qu'elles sont mondées, les amandes
dans l'eau fraîche ; égouttez-les, et coupez en travers,
en biais, chaque amande en six ou huit filets. Mettez les
amandes coupées dans un four qui ne
soit pas trop chaud ; retirez-les dès
qu'elles sont un peu colorées en jaune.
D'autre part, faites fondré 200 grammes de sucre dans une casserole, sur
un feu vif, sans y ajouter d'eau. On se
sert, à cet effet, de sucre en poudre
qu'on remue sans discontinuer avec une
cuiller de bois ; il faut qu'il soit brun

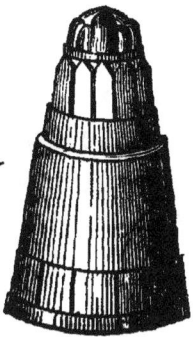

Fig. 97.

sans être noir, et caramélisé sans être brûlé. Dès qu'il
est fondu, mêlez-y vivement les amandes. On· verse
alors le nougat dans un moule analo-
gue à ceux qui servent pour les biscuits de Savoie (*fig.* 97 et 98) ; ces
moules doivent être légèrement beur-
rés. Tandis que le nougat est encore

Fig. 98.

très-chaud et qu'il n'a pas eu le temps
de se consolider, on l'étend le long des parois du
moule, en appuyant dessus avec un citron entier.

Dans la cuisine de ménage, où l'on ne peut pas toujours disposer d'un four et d'un moule, on peut procéder un peu différemment. Les amandes, mondées et coupées comme ci-dessus, sont mises sur le feu en même
temps que le sucre en poudre. Dès que le sucre com-

mence à se caraméliser, on y verse une ou deux cuillerées d'eau, on tourne vivement pendant une ou deux minutes, et l'on moule le nougat dans une casserole beurrée dont il prend la forme. Quand le nougat est refroidi, on le détache en retournant la casserole sur un plat, avec précaution pour ne pas le briser. Le nougat ainsi préparé n'est pas inférieur à celui que font les pâtissiers de profession.

Savarin.

On prépare, pour faire les savarins, le même levain que pour la pâte à brioche (page 643). Pétrissez le levain, lorsqu'il a suffisamment fermenté, avec 200 grammes de sucre en poudre, 50 grammes de beurre frais, 1 litre de farine et assez de crème fraîche pour donner au mélange la consistance d'une pâte molle. Garnissez le fond d'un moule en couronne (*fig.* 99) d'une petite couche d'amandes hachées; remplissez le moule avec la pâte à savarin, et laissez-la pendant quatre ou cinq heures dans un local dont la température soit à 12 ou 15 degrés. Faites cuire dans un four un peu vif; surveillez la cuisson. Le savarin, dès qu'il est cuit, et tandis qu'il est

Fig. 99.

encore chaud, doit être retiré du moule et profondément imbibé, à l'aide d'un pinceau, de sirop de sucre très-cuit, mêlé de quelques cuillerées de kirsch ou de rhum. Le savarin est aussi bon froid que chaud; on le sert le plus souvent froid.

Flan.

Délayez dans une casserole 60 grammes de farine avec un œuf entier, blanc et jaune. Ajoutez-y six jaunes

d'œufs, 200 grammes de sucre en poudre, une cuillerée d'eau de fleurs d'oranger, les zestes d'un citron râpés et un demi-litre de lait. Garnissez le fond d'une
tourtière d'une bonne couche de pâte feuilletée ou de
pâte brisée; versez-y le flan, et faites-le cuire avec feu
dessous et dessus, sous le four de campagne. Quand il
est presque cuit, saupoudrez le flan de sucre en poudre,
et faites-lui prendre couleur en forçant un peu le feu
du four de campagne. Servez froid, en entremets.

Gaufres.

Toutes les gaufres consistent en
une pâte claire plus ou moins sucrée,
dans laquelle les œufs dominent, et
qu'on fait cuire dans un moule nommé
gaufrier. (*fig*. 100.)

Fig. 100.

GAUFRES A-LA FRANÇAISE.

Pétrissez avec soin 500 grammes de farine avec
250 grammes de crème fraîche. Incorporez successivement à la pâte, par petites portions, 500 grammes de
sucre en poudre, versez-y, en l'agitant vivement,
15 grammes d'eau de fleurs d'oranger, et ajoutez, au besoin, un peu de crème de surplus, afin que la pâte n'ait
pas plus de consistance que ne doit en avoir une pâte à
beignets très-claire. Faites chauffer le gaufrier des deux
côtés sur un feu de charbon de bois; faites fondre un peu
de beurre frais et graissez-en légèrement, à l'aide d'un
pinceau, l'intérieur du gaufrier; mettez-y une cuillerée
et demie de pâte liquide; retournez le gaufrier quand la
gaufre est cuite-d'un côté, afin qu'elle cuise du côté

opposé; entr'ouvrez le gaufrier pour juger du degré de cuisson de la gaufre; si elle est bien colorée, retirez-la.

Les gaufres à la française se font dans un moule presque plat, à rainures peu profondes; à mesure qu'elles sont faites, et tandis qu'elles sont encore chaudes, on les roule sur elles-mêmes pour les conserver dans un lieu sec. On les sert froides soit au dessert, soit pour accompagner le thé.

GAUFRES A LA FLAMANDE.

Mettez dans une terrine 8 à 10 grammes de bonne levure de bière avec 125 grammes de farine et assez d'eau pour en former une pâte molle. Laissez revenir ce levain pendant quelques heures; si vous opérez en hiver, ayez soin que le levain soit placé à l'abri du froid, qui arrêterait la fermentation. Le levain étant au point convenable, pêtrissez-le avec 375 grammes de farine, 125 grammes de beurre frais, 30 grammes de sucre et 10 grammes de sel. Battez, d'autre part, six œufs, blancs et jaunes, servez-vous-en pour délayer la pâte, et achevez de l'éclaircir avec une quantité suffisante de crème chaude mais non bouillante. Donnez à la pâte terminée la consistance d'une bonne pâte à friture un peu épaisse; faites-lui subir deux heures de fermentation dans un local où règne une température de 12 à 15 degrés. Versez alors dans la pâte deux petits verres de rhum ou d'eau-de-vie, et battez-la vivement pour qu'elle soit bien uniforme au moment de vous en servir. Faites cuire dans un gaufrier à quadrilles profonds; quand les gaufres à la flamande sont bien cuites, l'extérieur est croquant, et l'intérieur des parties les plus épaisses doit avoir la consistance de la frangipane. Ces gaufres ne

sont bonnes que quand on les mange très-chaudes, sortant du gaufrier; on doit les faire cuire au moment de
les servir, et les saupoudrer de sucre blanc sur les deux
surfaces, comme les beignets. Ce sont les plus délicates
de toutes les gaufres, quand elles sont bien réussies et
cuites à point.

GAUFRES EN CORNET.

Faites fondre sur un feu très-doux 100 grammes
de beurre frais dans une casserole; mélangez avec le
beurre fondu 375 grammes de sucre blanc en poudre et
375 grammes de farine; ajoutez assez d'eau tiède pour
donner à ce mélange la consistance d'une pâte à beignets
un peu claire; battez vivement cette pâte, afin qu'elle
soit bien uniforme; faites-la cuire dans un gaufrier
rond d'un grand diamètre. A mesure que les gaufres
sont faites, et tandis qu'elles sont encore chaudes, donnez-
leur là forme d'un cornet en les roulant autour d'un
moule de bois tourné en pain de sucre, approprié à cette
destination.

Les gaufres en cornet sont connues à Paris et dans
toutes les grandes villes sous le nom d'*oublies* et de *plaisirs,* nom qui tient à la promptitude avec laquelle ces
gaufres fondent dans la bouche, sans qu'il en reste
rien; aussi les enfants peuvent-ils en manger, pour ainsi
dire, en quantités illimitées sans s'incommoder.

Petits gâteaux.

L'art du pâtissier sait varier à l'infini, sous une foule
de dénominations diverses, la série des petits gâteaux
qui font le bonheur de l'enfance, et qui figurent également bien pour accompagner le thé ou pour compléter

un dessert. On donne ici seulement la recette de ceux d'entre les petits gâteaux qui peuvent le plus facilement être préparés à la maison, partout où l'on dispose d'un four à pâtisserie : ce sont les *tartelettes*, les *choux*, les *talmouses*, les *babas* et les *madeleines*.

Tartelettes.

Toutes les recettes données ci-dessus pour les tartes (page 663) peuvent servir à faire des tartelettes. Il suffit pour cela, sans rien changer à ces recettes, de donner à chaque tartelette les dimensions d'un petit pâté, et de les faire cuire à côté les unes des autres sur une plaque de tôle, en ayant soin qu'elles ne se touchent pas.

TARTELETTES A LA CRÈME FOUETTÉE.

Faites cuire sur une plaque une douzaine de petites *timbales* de pâte brisée, telles que celles qu'on se propose de convertir en petits pâtés au jus (page 655). Quand ces croûtes sont cuites, remplissez-les d'une bonne crème fouettée (page 621), et, si la saison le permet, masquez, au moment de servir, la surface de la crème dont sont remplies les tartelettes sous une couche de belles fraises très-mûres. Les tartelettes à la crème fouettée sont un mets de dessert, et, au besoin, un entremets sucré des plus distingués.

CHOUX DE PATISSERIE A LA PARISIENNE.

Mettez dans une casserole, sur un bon feu, un demi-litre d'eau avec 5 grammes de sel et 30 grammes de beurre frais. Quand l'eau est en pleine ébullition, ajoutez-y par portion 125 grammes de farine, en remuant sans discontinuer et en tenant la casserole sur un feu doux, jusqu'à ce que le tout forme une pâte uniforme qui se détache facilement de la casserole; saupoudrez-la de 30 grammes de sucre en poudre et mettez-la dans une autre casserole. Continuez de la remuer, et ajoutez-y un œuf, blanc et jaune, puis un second œuf, un troisième, jusqu'à ce que la pâte soit presque liquide, comme une pâte à beignets un peu épaisse. Quand la pâte de choux est à ce point, remplissez-en de petits moules graissés de beurre frais à l'intérieur; faites cuire dans un four modérément chauffé; surveillez la cuisson pour que les choux ne brûlent pas. Les choux de pâtisserie doivent être servis froids.

TALMOUSES.

La pâte pour les talmouses est la même que celle des choux à la parisienne. Garnissez de cette pâte, qui ne doit pas être trop liquide, des ronds de pâte feuilletée de la grandeur du fond d'une petite assiette de dessert; laissez un bord libre de 2 à 3 centimètres. Retroussez ces bords, en relevant à chaque fois un tiers environ de la circonférence du rond de pâte feuilletée; rapprochez les trois plis; collez-les l'un à l'autre en les mouillant légèrement, ce qui doit donner à la talmouse terminée la forme d'un petit chapeau à trois cornes. Dorez au jaune d'œuf les talmouses ainsi préparées; faites-les cuire comme les choux à la parisienne. Les talmouses ne sont réellement bonnes que quand elles sont mangées très-chaudes; elles doivent être servies au moment où on les retire du four. Les pâtissiers de Saint-Denis (près Paris) sont renommés pour la préparation des talmouses; ils n'ont pourtant pas d'autre recette que celle

qui précède ; mais ils ont soin de ne faire cuire les talmouses qu'au moment où elles doivent être servies, et
de ne les servir que très-chaudes ; c'est la seule raison
pour laquelle les Parisiens, qui vont à Saint-Denis tout
exprès pour se régaler de talmouses, les trouvent, en
effet, meilleures là que partout ailleurs.

Madeleines. — Brioches. — Babas.

On fait ces petits gâteaux avec les pâtes dont les recettes ont été données, page 643. On leur donne la
forme voulue dans des moules appropriés à cet usage ;
la figure 101 représente le moule adopté pour les madeleines. Tous ces petits gâteaux ne peuvent être bien
cuits qu'au four. On sert les madeleines froides, et les
brioches froides ou chaudes ; elles sont beaucoup meilleures chaudes que froides. Les babas doivent être, au
sortir du four, saupoudrés de sucre blanc, et servis
chauds.

Petit-four.

On comprend, sous le nom de petit-four, un très-
grand nombre de préparations de pâtisserie qui servent,
soit à accompagner le thé, soit à
garnir des assiettes de dessert. Les
plus usitées de ces pâtisseries,
parmi celles qui n'appartiennent
pas exclusivement à l'art du pâtis-

Fig. 101.

sier de profession, sont : les *biscuits*, les *meringues*, les
massepains et les *macarons*.

Biscuits.

Les biscuits ordinaires ont pour base la pâte à biscuits,

dont on a donné la recette (page 644) et qu'on a fait cuire dans un four très-doux. Les biscuits sont ordinairement contenus dans de petites caisses de papier blanc, et saupoudrés de sucre blanc à leur surface avant d'être mis au four, où ils ne doivent pas rester plus d'une demi-heure. On peut les servir dans leur caisse, ou les en retirer pendant qu'ils sont encore chauds. Les biscuits ne doivent être servis que froids.

BISCUITS A LA CRÈME.

Ajoutez à 500 grammes de pâte à biscuits, huit blancs d'œufs battus en neige et un demi-litre de crème fouettée. Faites cuire dans un four très-doux; la cuisson ne doit pas durer plus de quinze à vingt minutes.

BISCUITS AU CITRON.

Râpez complétement, en frottant dessus des morceaux de sucre, toute la partie jaune de l'écorce d'un citron. Ajoutez aux morceaux, pénétrés ainsi d'essence de citron, de quoi compléter 375 grammes. Mêlez ce sucre réduit en poudre à 125 grammes de farine; délayez le tout dans six œufs battus, blancs et jaunes. Quand la pâte est bien uniforme, dressez les biscuits dans des caisses de papier blanc; saupoudrez-les de sucre et faites cuire au four, comme ci-dessus.

On peut faire des biscuits à l'orange, d'après la même recette, en employant l'écorce d'une orange au lieu de celle d'un citron.

BISCUITS A LA CUILLER.

Ces biscuits sont faits avec la pâte à biscuit de Savoie (page 645), à laquelle on ajoute par 500 grammes

deux ou trois blancs d'œufs, afin de la rendre plus liquide. On remplit une cuiller de cette pâte, et on l'étend
en long sur une feuille de papier saupoudrée de sucre.
Il faut espacer suffisamment les biscuits à la cuiller
pour qu'ils ne puissent pas se coller, de façon à pouvoir
difficilement être séparés après la cuisson. On doit détacher les biscuits à la cuiller de leur papier, tandis qu'ils
sont encore chauds.

MERINGUES A LA CRÈME.

Les meringues sont faites de blancs d'œufs battus en
neige, et de sucre en poudre. On les fait au citron ou à
l'orange, en frottant des morceaux de sucre sur l'écorce
d'une orange ou d'un citron. Pour une douzaine de meringues, il faut six cuillerées de sucre en poudre aromatisé à l'orange ou au citron, et six blancs d'œufs battus
en neige très-ferme. On dresse les meringues sur du
papier blanc saupoudré de sucre, en leur donnant la
forme de la moitié d'un œuf coupé dans le sens de sa
longueur.

On surveille attentivement la cuisson des meringues,
afin de les retirer du four, dès qu'elles sont assez solides
et qu'elles ont bien pris couleur; elles ne sont encore
bien cuites que d'un côté. On les détache du papier, on
les retourne, et l'on appuie légèrement sur l'intérieur
qui a dû rester blanc et mou. Les meringues sont remises pour un moment au four, et retirées dès qu'elles
sont également colorées des deux côtés. Chaque morceau
forme ainsi une sorte de coquille qui peut être conservée
dans un lieu sec pendant plusieurs mois sans s'altérer.
Au moment de servir, on remplit de crème fouettée

(page 621) l'une de ces coquilles, et l'on en pose une seconde par-dessus, en laissant un peu apercevoir la crème entre les deux. Il faut donc vingt-quatre morceaux pour une douzaine de meringues à la crème.

MASSEPAINS.

Pilez ensemble dans un mortier 500 grammes d'amandes douces et 125 grammes d'amandes amères; versez de temps en temps sur la pâte un peu de blanc d'œuf pour empêcher l'huile de se séparer des amandes. Quand la pâte est très-fine, incorporez-la dans un sirop très-cuit, fait avec 500 grammes de sucre blanc, les zestes d'un citron et un petit morceau de cannelle en bâton. Étendez la pâte sucrée sur une feuille de papier fortement saupoudrée de sucre en poudre; faites cuire dans un four modérément chauffé la pâte découpée en massepains de diverses formes à l'emporte-pièce. Quand les massepains sont presque cuits, retirez-les un moment du four pour les saupoudrer de sucre; remettez-les au four une ou deux minutes pour les glacer.

Les massepains, comme les meringues, peuvent être conservés au sec en bon état pendant plusieurs mois.

MACARONS.

Pilez 500 grammes d'amandes douces, en pâte un peu moins fine que pour faire les massepains, en y ajoutant un blanc d'œuf. Incorporez à la pâte 500 grammes de sucre aromatisé avec les zestes d'un citron râpés. Battez vivement ce mélange avec assez de blancs d'œufs pour lui donner la consistance d'une pâte claire. Formez cette pâte en macarons sur une feuille de papier blanc

saupoudrée de sucre. Faites cuire au four très-modéré-
ment chauffé. Glacez les macarons de la même manière
que les massepains, et conservez-les dans un lieu sec.

QUATORZIÈME SECTION.

DESSERTE.

C'est un devoir, pour le cuisinier comme pour la maîtresse de maison, de veiller à ce que rien ne se perde de la
desserte, dans les plus grandes maisons aussi bien que
dans les ménages de position modeste. Quand un dîner
est bon, et il peut toujours l'être, au moins relativement,
ce qui en reste est également bon, et peut être utilisé
pour le dîner du lendemain. Afin de procéder avec
ordre, on reprend l'une après l'autre, au point de vue
de la desserte, les diverses séries de mets dont on a donné
précédemment les recettes.

POTAGE GRAS.

Lorsqu'on met le pot-au-feu pour deux jours, il faut
mettre à part la quantité de bouillon nécessaire pour la
soupe du lendemain, la passer au tamis afin d'en séparer les légumes, et ne mettre dans la soupière que la
quantité de pain, de vermicelle ou de pâte d'Italie, qui
doit être distribuée aux convives, de sorte que, s'il reste
quelque chose dans la soupière, il ne doit y rester que
du bouillon. Aussitôt après le dîner, ce bouillon est mis
à part pour être réuni au potage gras du repas suivant;

on peut aussi employer ce reste de bouillon gras à mouiller des roux et différentes sauces et à faire cuire les viandes braisées.

Si le reste du bouillon, après qu'on en a trempé une soupe grasse, ne suffit pas pour en tremper une seconde, avant d'y ajouter de l'eau, comme le font beaucoup de ménagères, on doit délayer dans cette eau une ou deux cuillerées de farine de légumes cuits; on donne ainsi de la consistance au potage qui devient moitié gras, moitié maigre; c'est la meilleure manière de faire une très-bonne soupe avec très-peu de bouillon gras. Il faut éviter d'y mettre trop de farine, pour que le potage ne ressemble pas à une purée, ou trop de pain, qui y tremperait imparfaitement.

POTAGES MAIGRES.

Quand on a fait cuire à la fois une assez grande quantité de légumes frais, spécialement de choux de Bruxelles, choux-fleurs ou haricots verts, l'eau de cuisson de ces légumes, légèrement salée, peut servir à faire pour le lendemain d'excellents potages maigres, en y ajoutant une liaison de deux jaunes d'œufs. S'il reste de la veille du potage maigre, ce potage ayant dû être accompagné d'une liaison, ne doit être réchauffé qu'au bain-marie, afin que la liaison ne tourne pas, ce qui ne manquerait pas d'arriver si le potage réchauffé était porté à l'ébullition.

On fait aussi fort économiquement de bons potages maigres avec des restes de purée d'oseille, de haricots, de pois, de lentilles; il suffit de faire réchauffer ces restes avec un peu d'eau ou de bouillon maigre, d'y joindre un morceau de beurre, d'étendre la purée réchauffée avec assez d'eau pour compléter le potage, et de le terminer, dans la soupière même, avec une liaison de jaunes d'œufs.

Sauces.

Il est très-avantageux, dans la cuisine bourgeoise, de ne pas faire trop courtes les sauces un peu distinguées, afin qu'il en reste d'un premier repas assez pour accommoder le lendemain des légumes au gras, ou des restes de viande. Dans le cas où ces restes de sauces ont reçu primitivement une liaison de jaunes d'œufs, on aura soin de ne les faire réchauffer qu'au bain-marie et de ne pas les laisser bouillir, de quelque manière que ces restes doivent être utilisés. Quand il reste du fond de cuisson de viandes braisées, il faut, dès que ces restes sont froids, en retirer avec soin la graisse figée à la surface, et les conserver, pour les utiliser, dans un local très-frais.

Viandes de boucherie.

Il est très-rare qu'une pièce de viande accommodée d'une manière quelconque soit consommée en entier le jour où elle est servie; cela n'a guère lieu que pour les côtelettes de veau et de mouton, les biftecks, et quelques autres mets du même genre, qu'on sert en quantité calculée d'après le nombre et l'appétit présumé des convives. Les restes des grosses pièces de viande peuvent former la base d'un grand nombre de mets qui ne sont pas inférieurs à ceux qu'on prépare avec les mêmes viandes fraîches.

Bœuf.

On a donné (page 117 et suivantes) les recettes du

bœuf bouilli *à la poulette*, *en miroton* et *en matelote;*
ces restes peuvent également servir pour accommoder
le bœuf bouilli au sortir du pot-au-feu, et les restes du
même bœuf servi chaud la veille. En été, le bœuf froid,
éminçé en très-petites tranches, est saupoudré de fines
herbes et accommodé en salade avec sel, poivre, huile
et vinaigre. Il faut avoir soin d'y mettre un peu plus
d'assaisonnement qu'on n'en met habituellement dans
toute autre salade, et d'y ajouter quelques tranches de
cornichons confits dans le vinaigre.

ÉMINCÉ DE ROTI DE BŒUF.

Pour utiliser les restes d'une pièce d'aloyau ou de filet
de bœuf servie comme rôti, on coupe en tranches minces, autant que possible d'égale grandeur, et dans le
sens opposé à celui des fibres de la viande, toute la partie charnue. D'autre part, faites un roux blond, bien
assaisonné de sel et de poivre; mouillez-le d'une demi-
tasse de bouillon dégraissé et d'un demi-verre de vin
blanc; laissez au besoin réduire cette sauce, afin qu'elle
soit plutôt un peu courte que trop longue par rapport
à la quantité de bœuf éminçé. Faites réchauffer un instant les tranches de bœuf dans cette sauce et servez
chaud. Il est de règle que toute viande rôtie, quelle
qu'elle soit, doit être réchauffée sans la laisser bouillir;
elle se racornit et devient dure, lorsqu'ayant été rôtie,
puis refroidie, elle est ensuite soumise à l'ébullition
dans une sauce quelconque.

Le bœuf rôti froid, éminçé, peut aussi être réchauffé
dans une sauce piquante (page 76) avec les précautions
qui viennent d'être indiquées.

HACHIS DE BŒUF.

Dans beaucoup de ménages, on hache les restes de
bœuf bouilli avec un cinquième de leur poids de chair
à saucisses; on y ajoute un peu de pommes de terre
écrasées, et on les sert, soit en hachis mouillé de bouillon dégraissé, soit en boulettes saupoudrées de farine,
roussies au beurre et arrosées d'une sauce rousse, avec
quelques tranches de cornichons. Le bœuf bouilli a trop
perdu de sa saveur naturelle par l'ébullition dans l'eau,
pour que le hachis de bœuf bouilli puisse avoir une
grande valeur gastronomique; il vaut mieux utiliser les
restes de bœuf bouilli de l'une des manières ci-dessus
indiquées. Il n'en est pas de même des restes de bœuf à
la mode, de côte de bœuf braisée, de rôti d'aloyau, ou
de filet de bœuf. En recevant ces diverses préparations,
le bœuf a conservé tout son goût et peut servir à faire
d'excellents hachis, aussi bons au moins que le hachis
de mouton, pourvu qu'on ait soin de le hacher très-
finement. D'autre part, faites un roux blond; mouillez-le
avec un demi-verre de vin blanc et une demi-tasse de
bouillon; ajoutez-y quelques cuillerées de jus de rôti;
mouillez le hachis avec cette sauce; laissez-le cuire un
bon quart d'heure sur un feu très-doux; garnissez les
bords du plat d'un rang de croûtons frits, et servez sur
la surface du hachis autant d'œufs frais pochés (page 490)
que vous avez de convives. Servez très-chaud dans le
plat où le hachis a été préparé.

FRICADELLES DE BŒUF.

Faites des boulettes du volume d'un œuf de poule, en
ajoutant au hachis précédent une poignée de mie de

pain détrempée dans du bouillon, et cinq à six jaunes
d'œufs cuits dur, et finement émiettés. Aplatissez les
boulettes, saupoudrez-les fortement de farine et faites-les
roussir légèrement dans le saindoux. Au moment de
servir, rangez symétriquement les fricadelles sur un
plat, et arrosez-les d'une sauce piquante (page 78).

Veau.

Lorsqu'un rôti de veau a été entamé seulement par
un bout dans un premier repas, et qu'il en reste près de
la moitié, retranchez le plus nettement possible l'os de
la partie entamée; ajoutez cet os, avec les débris de
graisse ou de viande qui peuvent y adhérer, au bœuf
employé pour faire le pot-au-feu; c'est la meilleure
manière de les utiliser. Graissez légèrement la moitié
intacte avec du saindoux ou du beurre très-frais; remettez-la à la broche devant un feu très-doux; mettez dans
la lèchefrite du jus conservé du rôti de la veille; arrosez
le veau de ce jus, et débrochez-le dès qu'il est complétement réchauffé. Ce rôti est aussi bon le lendemain que
le premier jour, quand il a été réchauffé avec les précautions qui viennent d'être indiquées.

BLANQUETTE DE VEAU.

Émincez finement toutes les parties blanches et maigres d'un rôti de veau servi la veille; faites en sorte que
les tranches soient aussi égales que possible. Battez-les
une à une avec le plat d'un couperet pesant. Faites un
roux blanc, que vous mouillerez d'un demi-verre de
crème et d'une demi-tasse de consommé. Faites réchauffer les tranches de veau dans cette sauce, en ayant soin
de ne pas les laisser bouillir. D'autre part, faites cuire,

dans une tasse de bouillon dégraissé, une bonne garniture de champignons coupés en morceaux; ajoutez-les à la blanquette quand ils sont suffisamment cuits; assaisonnez légèrement la blanquette de sel et de poivre; terminez la sauce avec une liaison de deux ou trois jaunes d'œufs au moment de servir.

Une blanquette de veau bien soignée, bien qu'elle provienne de la desserte du dîner de la veille, est un mets aussi bon et aussi présentable que toute autre entrée de veau, même quand on reçoit des amis à dîner. Dans les grandes maisons, au lieu de roux blanc mouillé de lait et de bouillon, on se sert de velouté (page 68) et de consommé pour faire réchauffer le veau émincé en blanquette, et l'on y ajoute, comme pour la recette précédente, une liaison de jaunes d'œufs. Il importe que la sauce de la blanquette ne soit pas trop longue, et qu'elle soit suffisamment épaisse.

Mouton.

A moins qu'un gigot de mouton ne soit fort petit et qu'il y ait un grand nombre de convives, il reste d'un gigot de mouton qui a figuré sur la table assez de parties mangeables pour en composer différents mets excellents, mais qui doivent être admis seulement dans les repas de famille.

ÉMINCÉ DE MOUTON A LA CHICORÉE.

Faites blanchir trois ou quatre têtes de chicorée frisée dans de l'eau bouillante légèrement salée; égouttez la chicorée blanchie; pressez-la pour qu'elle retienne le moins d'eau possible, puis, hachez-la finement, comme des épinards. D'autre part, faites un roux blond que vous mouillerez d'un demi-verre de vin blanc et d'une demi-tasse de bouillon ; délayez la chicorée hachée dans cette sauce, et faites-la cuire sur un feu doux, jusqu'à ce qu'elle soit suffisamment épaisse. Émincez toutes les chairs des restes du gigot de mouton rôti ; mettez-les dans une casserole avec la chicorée cuite comme ci-dessus ; faites réchauffer sans laisser bouillir, sur le côté du fourneau. Dressez l'émincé de mouton à la chicorée en forme de dôme, la viande masquée sous la chicorée ; entourez le plat d'un rang de croûtons frits au moment de servir.

ÉMINCÉ DE MOUTON AUX OIGNONS.

Coupez en deux douze beaux oignons, et divisez chaque moitié en tranches minces ; faites revenir et roussir légèrement les oignons dans 125 grammes de beurre. Retirez les oignons de la casserole ; avec le beurre dans lequel ont roussi les oignons, et une ou deux cuillerées de farine, faites un roux blond que vous mouillerez d'une demi-tasse de bouillon dégraissé et d'un demi-verre de vin blanc, avec un peu de jus de gigot rôti, faites cuire dans cette sauce les oignons roussis ; quand ils sont complétement cuits, faites réchauffer dans cette garniture les tranches de gigot coupées en émincé ; évitez avec soin de les laisser bouillir. Servez sur un plat, les tranches de mouton d'abord, la garniture d'oignons par-dessus, et versez la sauce très-chaude sur le tout. Entourez ce plat comme le précédent d'une rangée de croûtons frits au moment de servir.

ÉMINCE DE MOUTON A L'ANGLAISE.

Coupez les restes d'un gigot rôti en tranches plutôt

un peu épaisses que trop minces; saupoudrez de farine chaque tranche des deux côtés; mettez-les dans une casserole avec quelques cuillerées seulement de bouillon dégraissé ou de consommé. Faites réchauffer sans laisser bouillir; assaisonnez fortement de sel et de poivre, servez très-chaud. Cette manière d'utiliser les restes d'un gigot rôti est très-usitée en Angleterre, elle est peu goûtée de la plupart des consommateurs français.

ÉMINCÉ DE MOUTON AU BEURRE D'ANCHOIS.

Faites un roux blond mouillé de vin blanc et de bouillon dégraissé; laissez-le réduire en bonne consistance; ajoutez-y 60 grammes de beurre d'anchois (page 87). Faites réchauffer les tranches de gigot coupées en émincé dans cette sauce, sans la laisser bouillir. Ajoutez-y cinq à six cornichons coupés en tranches très-minces; servez très-chaud, avec un rang de croûtons frits autour du plat.

HACHIS DE MOUTON.

Séparez avec soin des restes d'un gigot de mouton, les peaux, les graisses, et toutes les parties nerveuses. Hachez très-finement le surplus; faites cuire le hachis de mouton avec le même assaisonnement et la même sauce indiqués pour le hachis de rôti de bœuf. Servez avec un rang de croûtons frits autour du plat. On peut aussi mettre sur ce hachis autant d'œufs pochés qu'il doit y avoir de convives à table.

Cochon.

La chair du cochon rôti peut être servie froide, à déjeuner, émincée et accompagnée de la sauce du rôti dé-

graissée et prise en gelée par le refroidissement. L'é-
mincé de rôti de cochon peut aussi paraître sur la table
à diverses sauces, comme entrée.

ÉMINCÉ DE COCHON A L'OIGNON.

Faites roussir dans le beurre une forte garniture d'oignons coupés en tranches ; mouillez d'une tasse de bouillon dégraissé et laissez cuire les oignons jusqu'à ce qu'il
n'y reste presque plus de sauce. D'autre part, faites un
roux blond mouillé d'un demi-verre de vin blanc et
d'une demi-tasse de bouillon dégraissé, fortement assaisonné de sel et de poivre ; faites réchauffer au bain-
marie les tranches de cochon coupées en émincé ; dressez-les sur un plat ; rangez la garniture d'oignons
par-dessus, et arrosez le tout de la sauce précédente,
suffisamment réduite.

Les restes d'un rôti de cochon peuvent également bien
être servis réchauffés au bain-marie, dans une sauce
piquante, ou simplement dans un roux blond, mouillés
de bouillon dégraissé, et accompagnés d'une bonne garniture de cornichons coupés en tranches minces. On ne
perdra pas de vue que la chair du cochon est celle de
toutes les viandes qui, après avoir été rôtie, devient la
plus dure si on la fait bouillir dans la sauce où elle est
réchauffée.

COCHON DE LAIT GRILLÉ.

Lorsqu'on a servi un cochon de lait rôti, les morceaux
qui restent sont proprement découpés, grillés sur un
feu vif, et servis au sortir du gril, avec une sauce piquante. Cette manière d'accommoder les restes d'un cochon de lait fournit un mets au moins aussi agréable et

presque aussi présentable que l'était le cochon de lait
rôti, qui ne vaut rien du tout quand il est réchauffé de
toute autre manière.

Volaille.

Lorsqu'on a servi une volaille, de quelque manière
qu'elle ait été accommodée, ce qui en reste peut toujours être utilisé pour la cuisine de ménage. Si la volaille n'est pas très-grosse, comme une poule au pot,
une poule au riz, un poulet rôti ou fricassé, les restes ne
peuvent former un plat ; on emploie les blancs à faire
des quenelles, de la farce cuite, ou bien à rendre meilleure la farce à volaille, ainsi que les hachis de bœuf et
de mouton. Si les volailles ont dû être désossées en tout
ou en partie, les os qu'on en a retirés améliorent le pot-
au-feu ; rien ne doit en être perdu.

Quand on a servi sur la table de fortes volailles, qui
n'ont pas pu être consommées en totalité, les restes peuvent servir à préparer des mets d'une valeur égale à
celle des mêmes volailles rôties.

RELIEFS DE POULARDE AU FEU D'ENFER.

Faites mariner dans l'huile pendant quelques heures,
avec un bon assaisonnement de sel et de poivre, les morceaux proprement découpés d'un chapon, d'une poularde,
ou les restes de plusieurs poulets qu'on a servis rôtis la
veille. Retirez-les de la marinade ; égouttez-les ; faites-
les griller sur un feu très-vif ; servez avec une sauce
espagnole (page 66), une sauce piquante (page 76), ou
bien un roux blond mouillé d'un peu de vin blanc et de
bouillon dégraissé, auquel vous ajouterez une cuillerée
de verjus au moment de servir.

RELIEFS DE POULARDE A LA VÉNITIENNE.

Faites cuire pendant un bon quart d'heure dans un peu de bouillon, mêlé de quelques cuillerées de jus de rôti, des restes de chapon, de poularde ou de poulet servis rôtis au dîner de la veille. La sauce étant suffisamment réduite, ajoutez-y une forte pincée de persil blanchi à l'eau bouillante, puis finement haché. Faites prendre encore un bouillon, et ajoutez à la sauce, au moment de servir, une cuillerée de verjus ou un filet de vinaigre.

Les restes des mêmes volailles sont aussi fort convenablement servis froids avec une sauce mayonnaise, ou bien à l'huile et au vinaigre, en les associant à quelques cœurs de belles laitues. Dans ce cas, on découpe en minces filets toute la partie charnue des restes de volailles, et l'on élimine tout le reste.

HACHIS DE DINDON A LA BÉCHAMEL.

Quand les restes d'un dindon servi rôti la veille sont assez considérables pour former un bon plat, on hache très-finement toutes les parties mangeables de ces restes, bien assaisonnées de sel et de poivre ; d'autre part, on fait un roux blanc, mouillé d'une demi-tasse de crème et d'une demi-tasse de bouillon dégraissé; le hachis de dindon est cuit dans cette sauce jusqu'à ce qu'il soit devenu suffisamment épais. On sert très-chaud, avec un rang de croûtons frits autour du plat. On rend ce hachis meilleur en le couvrant d'une garniture d'œufs pochés (page 490) au moment de servir.

BLANQUETTE DE DINDON ROTI.

Coupez en filets minces les parties charnues des restes d'un dindon rôti; versez dessus un peu d'eau avec le jus de la moitié d'un citron. D'autre part, faites un roux blanc que vous mouillerez avec moitié crème, moitié bouillon dégraissé, de façon à proportionner la sauce à l'importance de la blanquette. Faites cuire dans cette sauce une forte garniture de champignons; quand ils sont cuits, et que la sauce est suffisamment réduite, faites réchauffer les filets de dindon dans cette garniture; assaisonnez de sel et de poivre; ajoutez, au moment de servir, 60 grammes de beurre frais, et une liaison de deux ou trois jaunes d'œufs. La blanquette de dindon rôti est aussi bonne froide que chaude; on la sert habituellement froide pour un déjeuner à la fourchette sans cérémonie.

CAPILOTADE DE DINDON.

Découpez les restes d'un dindon rôti, comme pour les distribuer aux convives. Faites revenir dans 125 grammes de beurre quatre ou cinq échalotes hachées et une bonne garniture de champignons coupés en morceaux. Faites un roux avec une ou deux cuillerées de farine; mouillez d'un demi-verre de vin blanc et d'une demi-tasse de bouillon dégraissé; dès que les champignons sont à peu près cuits dans cette sauce, mettez-y les morceaux de dindon bien assaisonnés de sel et de poivre; couvrez la casserole, et laissez mijoter une demi-heure sur un feu doux: une capilotade de dindon ne peut pas, pour ainsi dire, être trop cuite. Cette recette est surtout utile pour tirer parti d'un dindon rôti qui s'est trouvé être un peu plus que ferme, et dont, par ce motif, on a peu mangé au repas précédent. On accommode de même en capilotade les restes des poulardes, chapons et poulets rôtis.

OIE ROTIE RÉCHAUFFÉE EN SALMIS.

Si l'on veut réchauffer à la broche une oie rôtie, dont la moitié seulement a été consommée dans un premier repas, il faut la bien enduire de sa propre graisse, l'envelopper d'un papier également graissé, et la faire tourner très-lentement devant un feu modéré; elle ne doit être débarrassée du papier graissé qu'au moment de la servir. En dépit de toutes les précautions possibles, il est difficile d'empêcher que la chair de l'oie rôtie réchauffée, soit comme on vient de l'indiquer, soit dans le four d'une étuve à la flamande, ne devienne plus ou moins dure; il est de beaucoup préférable de la faire réchauffer en salmis.

Levez en filets minces toutes les parties charnues des restes d'une oie rôtie. Brisez grossièrement les os, auxquels on a dû laisser le moins de chair possible. Faites un roux blond; mouillez-le d'une demi-tasse de bouillon et d'un ou deux verres de vin blanc, selon la quantité de viande à réchauffer. Faites bouillir dans cette sauce, avec quelques oignons et un bon assaisonnement de sel et de poivre, les débris concassés de l'oie rôtie. La sauce étant suffisamment réduite, passez-la à l'étamine; dressez dans un plat les filets d'oie; versez la sauce passée par-dessus; posez le plat sur des cendres chaudes afin de faire réchauffer les filets d'oie sans les laisser bouillir. Faites griller des tranches de pain très-minces; laissez-les tremper dans la sauce du salmis; arrosez-les d'un jus de citron ou d'une cuillerée de verjus au moment de servir. Cette recette est la meilleure qu'on puisse employer pour utiliser des restes d'oie rôtie; elle convient également pour faire réchauffer des restes de canard rôti.

Gibier.

Les recettes données ci-dessus pour accommoder en émincé les restes de rôti de mouton ou de cochon peuvent servir à préparer des mets excellents et très-présentables avec les restes des pièces de gros gibier qui ont premièrement figuré sur la table comme rôti. On prépare l'émincé de sanglier, comme l'émincé de cochon, à l'oignon. L'émincé de rôti de chevreuil doit être réchauffé au bain-marie dans une sauce piquante (page 76), ou dans une sauce espagnole (page 66). A défaut de cette dernière sauce, on fait un roux blond, qu'on mouille d'un demi-verre de vin blanc, d'une demi-tasse de bouillon dégraissé, et de quelques cuillerées de jus de gibier rôti. Au moment de servir, on termine la sauce en y ajoutant 60 grammes de beurre frais pétri avec une demi-cuillerée de farine.

LIÈVRE ET LAPIN.

Tous les restes de lièvre et de lapin, accommodés en civet ou en gibelotte, doivent être réchauffés, soit sur un feu très-doux, soit au bain-marie, en allongeant la sauce avec du vin rouge ou du vin blanc, et une égale quantité de bouillon dégraissé. On en ajoute plus ou moins, selon l'importance des restes à réchauffer. Si ces restes sont considérables, on y ajoute au moment de servir un peu de sel et 60 grammes de beurre frais pétri avec une demi-cuillerée de farine. Réchauffés de cette manière, la gibelotte et le civet, pourvu qu'on ait soin de ne pas les laisser bouillir, sont aussi bons que le premier jour où ils ont paru sur la table.

ÉMINCÉ DE LIÈVRE AUX CHAMPIGNONS.

Émincez en tranches toutes les parties mangeables d'un lièvre servi rôti; faites cuire une bonne garniture de champignons dans une quantité de vin blanc proportionnée à l'importance des restes. Quand les champignons sont cuits, retirez-les du vin blanc et réunissez-les à l'émincé de lièvre. D'autre part, faites un roux blond, bien assaisonné de sel et de poivre; mouillez ce roux avec une demi-tasse de bouillon dégraissé, puis avec le vin blanc dans lequel les champignons ont été cuits. La sauce étant suffisamment réduite, versez-la sur l'émincé de lièvre garni de champignons, et faites réchauffer sans laisser bouillir.

On accommode de même en émincé aux champignons les restes de lapin de garenne rôti.

MAYONNAISE DE LAPIN.

Émincez toutes les chairs des restes de deux lapins rôtis, dressez-les élégamment dans un plat creux, versez dessus une sauce mayonnaise (page 79), et rangez sur la surface du plat des cercles de tranches d'œufs durs et de tranches de cornichons.

Les restes de lapin rôti ainsi préparés sont principalement à leur place comme salade de viande, dans un déjeuner à la fourchette.

PERDREAU.

Les restes de perdreau rôti, découpés comme pour les distribuer aux convives, peuvent être réchauffés en salmis (page 354). Il faut avoir soin que la sauce soit assez longue pour pouvoir y faire tremper une douzaine de petits croûtons de pain grillé, qu'on range autour du plat au moment de servir.

MAYONNAISE DE PERDREAU ROTI.

Les restes de perdreau rôti, découpés comme pour la recette précédente, peuvent être servis froids avec une sauce mayonnaise, à laquelle on ajoute des œufs durs et des cornichons coupés par tranches, quelques filets d'anchois, et une ou deux cuillerées de câpres.

Poisson.

Lorsqu'on a servi dans un grand repas de très-grosses pièces de poisson, turbot, esturgeon ou saumon, il en reste nécessairement une partie. Ces restes, si les poissons ont été servis la première fois cuits au bleu, sont servis froids pour être mangés à l'huile et au vinaigre, ou bien on les découpe par morceaux, qu'on arrose d'une sauce mayonnaise, et qu'on sert parsemés de câpres avec une garniture de cornichons coupés par tranches.

RESTES DE TURBOT A LA SAUCE BLANCHE.

Lorsqu'on présume qu'un beau turbot ne sera pas mangé en entier la première fois qu'il paraît sur la table, il faut le servir sans sauce, après l'avoir fait cuire à l'eau de sel, et servir à côté, dans une saucière, une sauce à la béchamel. Par ce moyen, les restes n'étant imprégnés d'aucune sauce peuvent être réchauffés avec celle qu'on préfère. Préparez une sauce blanche, selon la recette indiquée page 72, mais au lieu d'eau, vous emploierez pour cette sauce une partie de l'eau salée dans laquelle le turbot a été cuit la veille. Retranchez l'arête centrale du turbot; découpez les chairs en morceaux, que vous dresserez sur un plat, et que vous ferez réchauffer dans la moitié de la sauce blanche. Le turbot étant bien chaud, ajoutez au reste de la sauce une liaison de deux jaunes d'œufs et un filet de vinaigre, et répandez-la très-également sur les morceaux de turbot réchauffés, au moment de servir.

TURBOT RÉCHAUFFÉ A LA CRÈME.

Faites fondre dans une casserole, sur un feu doux, 125 grammes de beurre frais, dans lequel vous ferez cuire une cuillerée de farine avec un bon assaisonnement de sel et de poivre. Ayez soin de ne pas trop chauffer, pour que le beurre ne roussisse pas. Mouillez avec une demi-tasse de très-bon lait; tournez la sauce et éclaircissez-la avec de nouveau lait si elle semble trop épaisse; dressez sur un plat les morceaux de turbot froids découpés comme pour la recette précédente; versez dessus la sauce à la crème, et faites réchauffer sur un feu doux, sans laisser bouillir.

TURBOT RÉCHAUFFÉ FRIT.

Découpez les restes de turbot en filets, c'est-à-dire en tranches longues et minces; saupoudrez-les de sel avec un peu de poivre, et arrosez-les de jus de citron, puis passez-les dans une pâte à frire très-claire, et faites-leur prendre couleur dans une friture très-chaude. Les filets de turbot réchauffés en friture peuvent être servis sans sauce, dressés en buisson avec une garniture de persil frit. On peut aussi, au moment de servir, les arroser d'une sauce tomate (page 80).

A l'exception des poissons qui viennent d'être mentionnés, il est difficile de tirer un bon parti des autres poissons de mer réchauffés, ainsi que de la plupart des poissons d'eau douce; il faut donc s'arranger pour proportionner le plus exactement possible la quantité servie sur la table au nombre et à l'appétit présumé des convives, afin qu'il reste le moins possible de mets préparés avec ces poissons.

Œufs.

La remarque qui vient d'être faite sur les restes de la plupart des poissons est essentiellement applicable à tous les mets dont les œufs sont la base, car il est extrêmement difficile d'en tirer un parti quelconque en les faisant réchauffer. Les restes des omelettes au naturel, aux fines herbes, au fromage ou à la sauce de matelote, sont servis froids à déjeuner. S'il reste des œufs farcis ou des œufs pochés accommodés de l'une des manières indiquées X° section, ces restes ne peuvent jamais être assez considérables pour constituer un plat suffisant à eux seuls; on les fait réchauffer au bain-marie, et on les ajoute à une nouvelle quantité d'œufs accommodés selon les mêmes recettes.

Légumes.

Les légumes accommodés au maigre ou en friture, comme les scorsonères et les artichauts, ne peuvent pas être réchauffés. Il vaut mieux faire les plats de ces légumes un peu trop faibles par rapport au nombre des convives, que de s'exposer à avoir des restes dont on ne pourrait tirer aucun parti.

Les restes des légumes secs, haricots, pois et lentilles, ainsi que les purées de ces légumes, qui ont paru une première fois sur la table assaisonnés soit au gras, soit au maigre, peuvent très-bien, le lendemain, être employés comme garniture sous un morceau de veau ou de mouton. On fait observer que tous les légumes dans la préparation desquels il entre une liaison de jaunes d'œufs ne doivent être réchauffés qu'au bain-marie, en y ajoutant au besoin quelques cuillerées de lait ou de bouillon maigre.

ARTICHAUTS ET ASPERGES.

Lorsqu'il reste des artichauts ou des asperges, qu'on a fait cuire à l'eau légèrement salée pour les servir accompagnés d'une sauce blanche, on ne peut les servir le lendemain que froids, pour être mangés à l'huile et au vinaigre. Il faut les conserver dans un garde-manger placé à l'air libre ou dans un local très-frais, sans quoi ces légumes cuits aigrissent facilement d'un jour à l'autre. Néanmoins, on peut remplir un pot de faïence d'asperges *à moitié cuites seulement*, dans de l'eau un peu fortement salée, les couvrir de beurre frais fondu tiède, et les conserver ainsi au frais pendant plu-sieur mois.

Fig. 102.

Le garde-manger en toi-le représenté figure 102 est préférable aux garde-manger en fil de fer, qui ne peuvent exclure assez com-plétement les fourmis et d'autres très-petits insectes, ennemis de la conservation de la desserte, dont on vient d'indiquer les usages en cui-sine, ainsi que la manière d'en tirer le meilleur parti possible.

FIN DU CUISINIER EUROPÉEN.

APPENDICE.

On réunit ici, sous forme d'appendice, comme complément nécessaire du Cuisinier européen, quelques notions qui, sans appartenir directement à la cuisine, n'en sont pas moins utiles au cuisinier, ainsi qu'à la maîtresse de maison qui désire pouvoir préparer tout ce qui concerne la table, y compris le dessert.

Ces notions comprennent 1° *le découpage et le service*; 2° *les confitures et les sirops*; 3° *les bonbons de ménage*; 4° *les liqueurs de table*; 5° *la cave.*

I. — DÉCOUPAGE ET SERVICE

Il y a une méthode, fort pratiquée par un grand nombre de maladroits des deux sexes, qui aboutit à gâter les meilleurs morceaux en les découpant mal, de sorte que pas un des convives n'est bien servi, alors que chacun pouvait l'être selon son goût. Il y en a une autre, dont on esquissera les principes, qui a pour but et pour résultat de satisfaire un nombre donné de convives avec chaque pièce servie sur la table, en la découpant de manière à en faire ressortir toute la valeur gastronomique, et à en extraire le plus grand nombre possible de portions présentables, à la satisfaction générale de ceux qui prennent part au repas; c'est à proprement parler *l'art de bien découper*, art qui devrait faire partie de l'éducation de quiconque peut être un jour appelé à faire les honneurs d'une table.

DÉCOUPAGE.

Cette partie du service de table s'applique aux grosses viandes, à la volaille et au gibier. Dans les très-grandes maisons, le découpage rentre dans les attributions du maître d'hôtel. Après que les pièces ont figuré sur la table pour contribuer à la régularité de chaque service et à la beauté du coup d'œil, le maître d'hôtel les découpe et fait circuler les morceaux sur des assiettes, ou bien, on passe à chaque convive une portion avec sa sauce, s'il y a lieu. Dans les maisons d'un ordre moins élevé, le découpage se fait à table, par le maître ou la maîtresse de la maison.

BŒUF.

Le bœuf bouilli, qui a servi à faire le classique pot-au-feu, est habituellement si cuit qu'il n'est pas toujours facile de le bien découper. Il vaut mieux, dans ce cas, en se servant toujours d'une lame parfaitement affilée, tailler les tranches un peu plus épaisses que de s'exposer à ne pouvoir les détacher sans les faire tomber en charpie. Si le bœuf est ferme de sa nature et qu'il ne soit pas trop cuit, il faut, au contraire, couper les tranches aussi minces que possible, afin de faire paraître la viande plus tendre. En tout état de cause, le bœuf bouilli ou rôti ne doit être coupé que dans le sens opposé aux fibres

de la viande; autrement, fût-il aussi tendre qu'il peut
l'être, il paraît dur, filandreux, et il est difficile de le manger. La même observation s'applique au découpage de
toutes les grosses viandes; c'est une règle qui n'admet
pas d'exception.

ALOYAU.

La figure 103 montre un bel aloyau rôti, tel qu'il

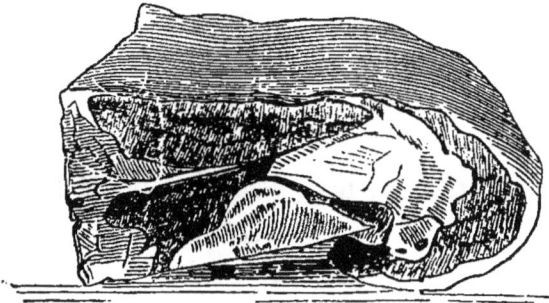

Fig. 103.

doit être servi sur le plat. La figure 104 montre un
aloyau dans la position où il doit être quand on veut le
découper. Pour bien découper un
aloyau, il faut commencer par enlever le plus mince possible, des
deux côtés, la couche extérieure de
viande, plus ou moins sèche ou coriace, qui n'est pas mangeable.
On découpe ensuite les chairs en
tranches minces, dans le sens
indiqué par les lignes de la figure 104. Ces tranches, quand
l'aloyau est un peu fort, sont
beaucoup trop grandes pour for-
mer la part d'un seul convive, à moins qu'il ne soit

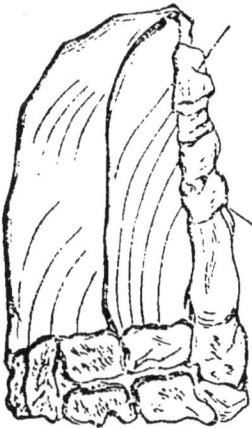

Fig. 104.

Anglais ou Allemand. On partage pour le service chaque tranche en deux ; dans chaque tranche, la partie la plus délicate est la plus rapprochée des os ; c'est celle qu'on doit offrir de préférence aux dames.

TÊTE DE VEAU.

On sert quelquefois, mais rarement, la tête de veau complétement désossée et roulée dans sa peau, selon l'usage anglais ; dans ce cas, le découpage se réduit à diviser la tête de veau désossée en tranches minces, coupées de haut en bas. Selon l'usage ordinaire, on sert la tête de veau entière, non désossée (*fig.* 105) ; on lève premièrement jusqu'à l'os, les chairs des joues et celles du tour des yeux, qui passent pour les morceaux les plus délicats ; la langue est souvent servie à part, dépouillée de sa peau, et coupée en tranches transversales très-minces, dont on ajoute une à la portion de tête de veau offerte à chaque convive.

Fig. 105.

ÉPAULE DE VEAU.

Cette pièce, très-volumineuse, ne figure que dans les repas qui réunissent de nombreux convives. Après avoir soulevé la peau, on coupe de haut en bas, jusqu'à l'os, en travers du sens des fibres de la viande, toutes les parties mangeables, en maintenant l'épaule de veau dans la position que représente la figure 106. Quelques amateurs donnent la préférence aux chairs de dessous l'os plat de l'épaule. Celui qui découpe, doit retourner la

Figure 106.

pièce, afin de trancher cette partie séparément, et d'en faire passer les morceaux à ceux qui en désirent.

GIGOT DE MOUTON.

Les petits gigots des Ardennes ou de pré-salé, dont la saveur diffère peu de celle du chevreuil, doivent être parés avant d'être mis à la broche, dans la forme que représente la figure 107. Les gigots des moutons de plus grande race (*fig*. 108) sont découpés en tranches

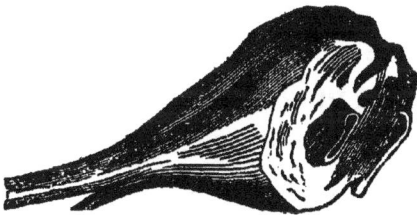

Fig. 107.

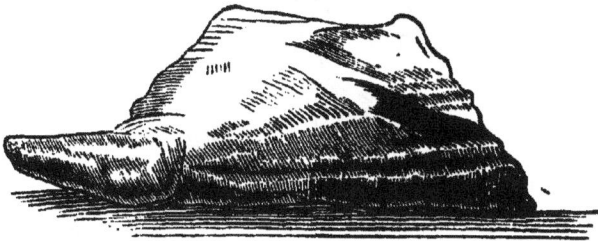

Fig. 108.

dans le sens indiqué par les lignes de la figure 109; ces tranches ne peuvent pas être trop minces.

ÉPAULE DE MOUTON.

On découpe l'épaule de mouton (*fig.* 110) exactement de la même
manière que l'épaule
de veau. On sert sou-
vent l'épaule de mou-
ton roulée et désos-
sée; dans ce cas, on
élimine les peaux et
les parties graisseu-
ses; le reste est coupé
en tranches dans le sens opposé à celui des fibres de la
viande.

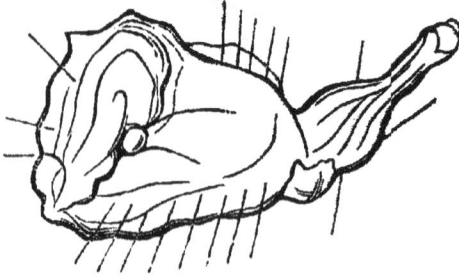

Fig. 109.

SELLETTE DE MOUTON.

On sert rarement en France une sellette de mouton
entière, pièce distinguée, dont l'usage fréquent en Angleterre comme plat de rôti commence cependant à s'introduire sur les meilleures tables. Cette pièce (*fig.* 111)
est attaquée par le collet, qu'on désarticule et qu'on enlève. On lève ensuite
le filet en ligne droite,
le long de la colonne
vertébrale, et en
biais en descendant,
de sorte que le filet
est d'autant plus large
qu'il s'éloigne davan-
tage du collet. La mê-
me incision des deux côtés donne les deux pièces de
filet, qu'on découpe en tranches transversales, de haut

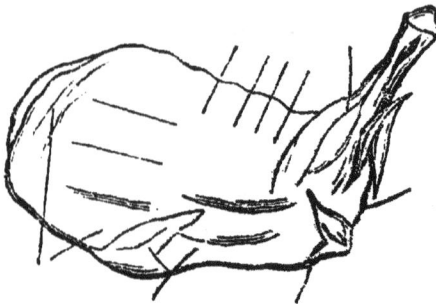

Fig. 110.

en bas. Les os des côtelettes sont ensuite détachés et

Fig. 111.

servis isolément, ou deux par **deux, aux convives** qui les préfèrent à la viande seule.

JAMBON.

La figure 112 montre comment on doit attaquer un

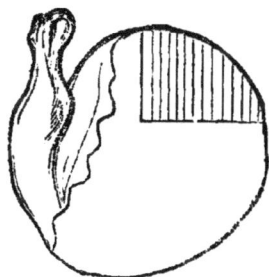

Fig. 112.

jambon pour découper en tranches aussi minces que possible *la noix*, qui en est la partie la plus délicate. Le reste est découpé de même en tranches minces, dans le sens opposé à celui des fibres de la viande. Le jambon de sanglier doit être paré et découpé exactement de la même manière.

Volaille et Gibier.

Toutes les volailles, à l'exception des oiseaux d'eau, sont découpées d'après les mêmes principes, en détachant les quatre membres, et levant les ailes avec la plus grande partie des chairs de l'estomac. Il importe, pour découper les volailles un peu fortes, d'être muni d'un couteau à la fois fort et bien affilé, et d'une fourchette à dents d'acier. Il faut un peu l'habitude de l'art du découpage pour bien saisir le joint de l'aile, et pouvoir enlever cette partie en laissant après l'os de la carcasse le moins de chair possible.

POULET.

Le poulet rôti (*fig.* 113) doit être découpé en quatre pièces principales, ailes et cuisses ; la carcasse en forme deux autres moins avantageuses, à moins que le poulet n'ait été mal découpé,

Fig. 113.

et que la plus grande partie des blancs de poulet, morceau des dames, ne soit restée adhérente à la carcasse. Les lignes de la figure 114 montrent les places où il faut appliquer le cou-

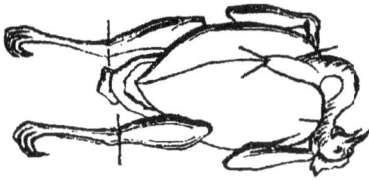

Fig. 114.

teau, pour bien découper un poulet.

On reproduit, à l'imitation de la plupart des traités les plus accrédités, la position que doivent occuper les mains pendant le découpage d'un poulet ou de toute autre volaille (*fig.* 115). On fait observer que, dans la pratique, quelques découpeurs munis d'excellents instruments, et doués

Fig. 115.

d'une habileté exceptionnelle, peuvent seuls réussir à

découper ainsi une volaille en l'air, à la pointe de la fourchette. Il vaut mieux, comme on le fait communément, découper le poulet ou toute autre volaille sur le plat où elle est servie.

POULARDE.

Quand on découpe une poularde ou un chapon, ces volailles étant plus grosses du double qu'un poulet, les cuisses sont coupées en deux à la jointure de l'articulation ; les ailes sont détachées avec une partie seulement des blancs, et le reste des blancs est levé séparément, de sorte que, sans compter la carcasse, une poularde ou un chapon de dimensions moyennes fournit des portions suffisantes pour huit convives. Les lignes de la figure 116 montrent suffisamment comment doit être opéré le découpage d'une poularde: celles de la figure 117 fournissent les mêmes indications pour le découpage d'un chapon. Quand ces volailles sont accommodées entières de toute autre manière qu'à

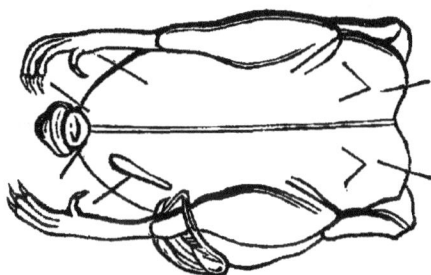

Fig. 116.

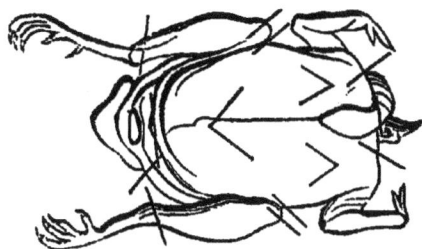

Fig. 117.

la broche, on les découpe exactement de la même façon que les volailles rôties.

DINDON.

Le dindon doit être découpé d'après les mêmes principes que la poularde et le chapon. Lorsqu'il est très-gros, les quatre membres fournissent chacun quatre morceaux, outre les blancs, de sorte que, sans démolir la carcasse, on peut avec un beau dindon offrir une por-

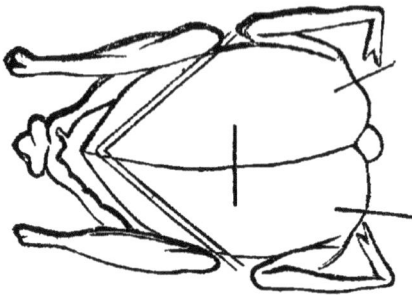

tion de rôti à seize ou dix-huit convives d'un appétit ordinaire. La figure 118 montre les places où il faut trancher pour bien découper un dindon, opération qui, quand la bête est dure, exige presque

Fig. 118.

autant de force que d'adresse.

PIGEON.

Fig. 119.

Quand les pigeons sont gros, comme les beaux pigeons de volière, on lève les ailes et les cuisses, comme celles des poulets. Les pigeonnaux sont fendus en deux dans le sens de leur longueur, ou bien coupés en travers comme l'indiquent les lignes de la figure 119.

CANARD.

Le canard rôti est la plus difficile à bien découper de toutes les volailles. Après en avoir levé les deux cuisses, on coupe en long les chairs de l'estomac pour les diviser en filets, comme l'indiquent les lignes de la figure 120. On lève ensuite les deux ailes, auxquelles adhère encore une quantité suffisante de chair. Les filets du canard sont de préférence offerts aux dames.

OIE.

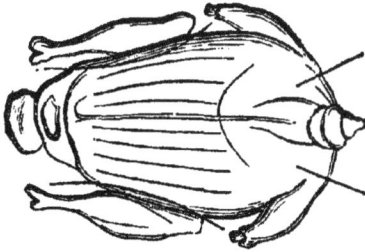

Fig. 120.

L'oie rôtie (*fig.* 121), est une fort belle volaille, qu'on sert le plus souvent farcie. On lève les filets exactement comme ceux du canard, les deux ailes et les cuisses qui, quand la pièce est un peu forte, sont coupées chacune en deux, à l'articulation. Quand les morceaux sont distribués, on

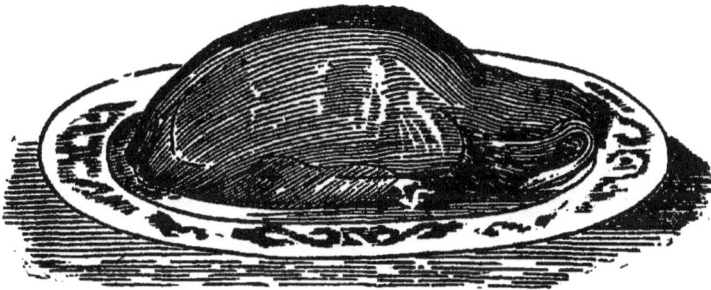

Fig. 121

ouvre la carcasse pour servir aux convives la farce dont elle est remplie.

CANARD SAUVAGE ET SARCELLE.

On découpe ces deux oiseaux (*fig.* 122 et 123) comme

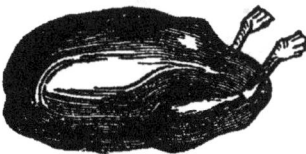

Fig. 122.

Fig. 123.

le canard domestique ; quand les sarcelles apparticnnent à des espèces trop petites pour qu'on puisse en lever facilement les filets, on les découpe de la manière indiquée pour découper le pigeon.

FAISAN.

Le faisan (*fig.* 124) est sensiblement conformé comme

le poulet; on le découpe comme un poulet, ou, selon son volume, comme une poularde ou un chapon, en se confor-

Fig. 124.

mant aux indications des figures 113 et 116.

PINTADE.

Quoique la pintade (*fig.* 125) ne soit pas un gibier, c'est celui des oiseaux de basse-cour dont le goût et la forme se rapprochent le

Fig. 125.

plus du faisan. On la découpe comme le faisan.

BÉCASSE.

La bécasse (*fig.* 126) est un des gibiers à plume les

Fig. 126.　　　　　Fig. 127.

plus recherchés. Quand elle n'est pas très-grosse et que

le nombre des convives n'est pas considérable, on peut, selon l'usage anglais, ne couper la bécasse qu'en trois morceaux, de sorte que chacun en reçoit une part copieuse. A cet effet, on lève les deux ailes, autant que possible avec toute la chair de l'estomac; puis on détache la partie inférieure de la carcasse à laquelle adhèrent les deux cuisses, ce qui forme une troisième part. Quand la bécasse est grosse et qu'il y a un plus grand nombre de convives à servir, on découpe la bécasse comme le montrent les lignes de la figure 127.

CAILLE.

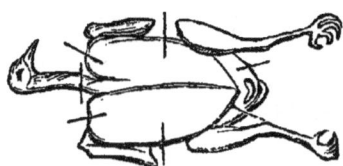

Fig. 128.

On ne découpe pas habituellement les cailles; lorsque le plat de cailles est assez copieux, on en sert une entière à chaque convive; mais, s'il y a nécessité de les diviser, on les découpe selon les lignes de la figure 128.

PERDREAUX ET PERDRIX.

Quand ce gibier (*fig.* 129 et 130) n'a pas encore toute sa taille, au début de la saison, on peut le découper en

Fig. 129.

Fig. 130.

trois, selon la mode d'Angleterre, de la manière ci-dessus indiquée pour découper la bécasse. Sinon, le perdreau devenu perdrix est découpé selon les lignes de la figure 129.

GRIVE.

Fig. 131.

La grive (*fig.* 131) ne se découpe pas; il en faut servir en nombre égal à celui des convives, afin que chacun puisse en recevoir une entière; il en est de même de la bécassine.

LIÈVRE ET LAPIN.

Quand ces pièces sont servies roties, les pattes de devant avec les épaules, trop peu charnues, et qui se desséche-raient par la cuisson, sont sup-primées ainsi que la tête. La figure 132 montre combien de parts on peut trouver dans le râble, ou partie charnue du dos d'un bon lièvre. Le lapin rôti est découpé de la même ma-nière, mais il fournit moins de portions, en raison de sa taille plus petite que celle du lièvre.

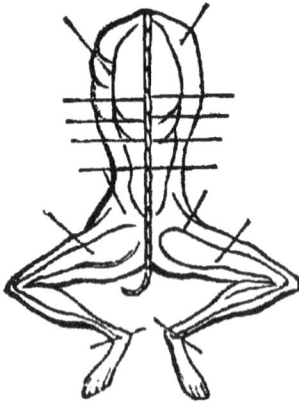

Fig. 132.

Poisson.

Fig. 133.

Le découpage du poisson se fait avec une truelle d'argent (*fig.* 133) qui, dans les mai-sons opulentes, est ordinaire-ment une pièce d'argenterie très-ornée.

TURBOT.

Le ventre, ou partie inférieure du turbot, revêtu d'une peau blanche, est plus estimé que le dos, dont la peau est d'un gris brun; c'est pourquoi l'on commence toujours le découpage du turbot par le ventre. On trace avec le tranchant de la truelle une ligne au milieu du ventre du turbot, de la tête à la queue. On trace ensuite d'autres lignes à angle droit, de cette ligne centrale aux bords du poisson, comme le représente la figure 134. L'intervalle entre ces lignes secondaires forme la part de chaque convive. Quand le côté du ventre est distribué, on retire l'arête du milieu du turbot, et l'on distribue de la même manière le côté opposé.

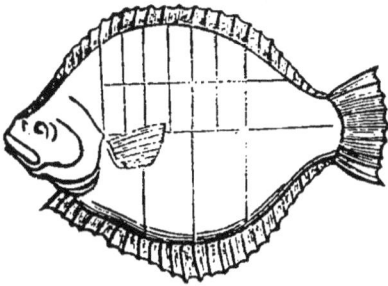

Fig. 134.

CABILLAUD.

Lorsqu'on fait cuire le cabillaud à l'eau de sel, ce qui

Fig. 135.

est la meilleure manière de l'accommoder, on doit toujours le taillader plus ou moins, afin de faire pénétrer l'eau de sel à l'intérieur, et de prévenir le déchirement irrégulier de la peau. Connaissant le nombre des convives attendus, on peut, comme le montre la figure 135, faire les entailles à des distances régulières, afin qu'il n'y ait plus qu'à détacher chaque portion avec la truelle.

DORADE.

La dorade est un poisson si recherché, et il est si rare de pouvoir s'en procurer à Paris, que quand on en peut avoir une, on doit la ficeler en la faisant cuire, de façon à lui conserver sa forme, ses nageoires, toute sa physionomie, afin qu'elle paraisse sur la table telle que le

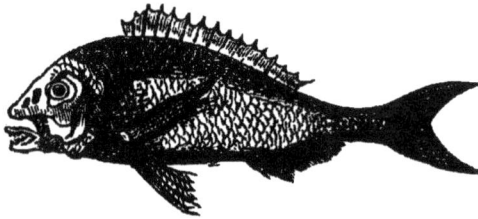

Fig. 136.

représente la figure 136. On découpe la dorade et on la sert comme le cabillaud.

TRUITE.

Les lignes de la figure 137 montrent où il faut placer la truelle pour diviser une belle truite en morceaux et les distribuer aux convives. Les trui-

Fig. 137.

tes plus petites sont distribuées entières, ou coupées en deux parties égales à la moitié de leur longueur.

BROCHET.

La simple inspection de la figure 138 fait suffisam-

Fig. 138.

ment connaître comment le brochet doit être découpé à
la truelle, et distribué.

CARPE.

Le découpage et la distribution de la carpe (*fig.* 139)

Fig. 139.

sont les mêmes que pour le brochet.

BARBEAU.

La chair du barbeau étant très-légère et peu nourrissante, il doit
être distribué
en parts plus
copieuses que
celles des au-

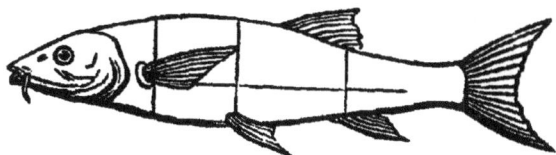

Fig. 140.

tres poissons d'eau douce; la figure 140 montre la manière de le découper.

LANGOUSTE.

On sert la langouste coupée en deux moitiés dans le

sens de sa longueur; la figure 141 représente une moitié de langouste; elle lais-
se voir la chair blanche
renfermée dans l'inté-
rieur de la queue; c'est
cette partie qui doit être
coupée en tronçons avec
le tranchant de la truelle,
et distribuée aux convi-
ves. Le homard est coupé,

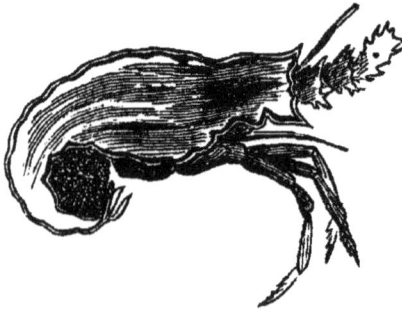

Fig. 141.

servi et distribué comme la langouste.

Hors-d'œuvre.

De tous les hors-d'œuvre, le melon est le seul qu'il
y ait lieu de découper pour en faire la distribution aux
convives. Dans les maisons où le service est bien réglé,
le melon, après avoir été
apporté entier sur la ta-
ble, est enlevé, découpé
en tranches dont on reti-
re les graines ou pepins, et
rapporté sur la table dans
la forme que représente la
figure 142. Les tranches,
rapprochées l'une contre

Fig. 142.

l'autre, représentent un
melon entier qui n'aurait pas été découpé.

SERVICE.

L'ordre, la régularité et une exquise propreté dans
toutes les parties du service, sont de rigueur pour n'im-

porte quel repas; hors de là, il n'y a ni déjeuner, ni dîner, ni souper bien servi.

Dans les mœurs actuelles, les déjeuners d'apparat ne sont plus guère d'usage que pour les repas auxquels les dames ne prennent point part; on soupe encore, mais bien plus rarement qu'autrefois; le dîner seul est resté ce qu'il a été de tout temps, le repas essentiel, celui qui peut, à la rigueur, remplacer les deux autres, et qui ne peut pas être remplacé. Les premières années de ce siècle ont vu décidément disparaître les dernières traces de l'antique usage de dîner à midi ou à deux heures. Dans la plupart des grandes maisons, on dîne si tard qu'il y aurait impossibilité matérielle de souper. Les dîners invités doivent être servis non pas à l'heure habituellement adoptée pour le dîner du maître de la maison, mais à celle qui correspond aux habitudes des invités les plus considérés.

Il y a des repas à un, deux et trois services. Dans les repas à un seul service, tous les mets sont apportés en même temps sur la table, y compris le dessert; on ne sert habituellement de cette manière que des déjeuners.

Dans les repas à deux services, les plus usités pour les ménages de condition moyenne, on sert aussitôt après le potage les entrées et les entremets ensemble. Le dessert compose le second service. Les repas à deux services sont considérés comme sans cérémonie. Si l'on sert des huîtres après le potage, il est bon de les faire accompagner de la petite fourchette plate à trois dents représentée figure 143. Cette fourchette est fort commode pour détacher sans peine les huîtres fixées trop fortement à leur pivot; quand on tente de les en séparer autrement, on enlève presque toujours avec le couteau

une portion de la nacre de l'écaille, qu'il est fort désagréable de rencontrer sous la dent.

Quand le dessert est terminé par une tasse de bon café
(page 126), le sucrier doit être accompàgné d'une pince

Fig. 143.   Fig. 144.

à sucre (*fig.* 144), afin que chaque convive prenne, pour
la mettre dans son café, la quantité de sucre qui lui convient.

Dans les repas où l'on reçoit des étrangers appartenant à des nations dont la cuisine est fort épicée, on

sert près de ces convives, outre le sel
et le poivre, un casier circulaire
(*fig.* 145) rempli des diverses épiceries
qu'on suppose pouvoir être ajoutées
par ses hôtes à divers mets, pour les

Fig. 145.

rapprocher de ceux en usage dans leur pays.

Quelquefois, à déjeuner, on apporte sur la table,
par simple curiosité, des côtelettes crues qu'on renferme
dans la casserole à clôture hermétique, ou casserole à
la minute, représentée figure 146. On tortille un jour-
nal, on y met le feu par un bout, et on le laisse brûler

sous la casserole. Quand
il est complétement con-
sumé, on ouvre la casse-
role et l'on en retire les
côtelettes; elles sont suffisamment cuites pour

Fig. 146.

ceux qui se contentent de viande crue.

Dans les dîners à trois services, le premier service comprend le potage, les grosses pièces ou entrées de viande qui les accompagnent, et les principaux hors-d'œuvre. Le second service admet comme pièce essentielle le rôti, et comme accessoires toute espèce d'entrées et d'entremets. Le dessert forme le troisième service.

Dans les maisons de condition moyenne, quand on donne un dîner à trois services, les assiettes pourraient manquer pour les changements de mets, si elles n'étaient lavées à mesure qu'on les change, et égouttées comme le représente le dressoir à claire voie ou *égouttoir* (*fig*. 147). En plaçant l'égouttoir près du feu, les assiettes sèchent à mesure qu'on les lave, et sont essuyées sans perte de temps.

Fig. 147.

SERVICE DE TABLE.

MENU D'UN DÉJEUNER D'HIVER

Servi en ambigu pour une table de 16 couverts.

Milieu de la table. — Un filet mignon de bœuf piqué, sauce madère.

Huit hors-d'œuvre d'office. — Deux de beurre frais seringué. Des olives farcies aux anchois. Du saucisson de Lyon. Deux de petites raves et radis. Des huîtres fraîches de Cancale ou anglaises.

Six hors-d'œuvre de cuisine. — Des pieds de cochon truffés. Des noisettes de mouton en papillote. Reins de lapereau à la tartare. Rognons de veau sautés au vin de Porto. Des petits pâtés au jus. Des andouillettes de Troyes.

Quatre entrées. — Noix de veau piquée, glacée aux cardons. Poulets en entrée de broche. Salmis de bécasses. Mayonnaise de turbot.

Dessert. — Deux assiettes montées garnies de bonbons. Deux fromages à la crème. Huit tambours garnis de petits-fours mêlés. Deux sucriers. Quatre assiettes garnies de fruits confits.

Quatre compotes. — Une d'oranges. Une de grenades. Quatre petits bateaux garnis de citrons. Deux saucières. Une compote de marrons. Une de poires. Quatre doubles salières. Deux huiliers.

MENU D'UN DÉJEUNER DE PRINTEMPS

Servi en ambigu pour une table de 20 couverts.

Milieu de la table. — Un rosbif à l'anglaise.

Huit hors-d'œuvre d'office. — Deux petits bateaux garnis de beurre frais. Deux de thon mariné. Deux garnis d'olives. Deux de petites raves et radis.

Quatre grosses pièces froides. — Galantine de lapereau. Gros manqué. Pâté de foies gras. Saumon au bleu.

Huit hors-d'œuvre de cuisine. — Coquilles de cervelle de veau. Langue de bœuf en cartouche. Anguille à la tartare. Pieds d'agneau en marinade. Petits pâtés à la reine. Croquettes de crevettes. Caviar de Russie, sauté. Rognons de mouton au gratin.

Quatre entrées. Canards poêlés, sauce bigarade. Un sauté de filets de maquereau. Un vol-au-vent aux pointes d'asperges. Des cailles à la financière.

Quatre entremets froids. — Deux d'asperges en branches à l'huile. Une crème à la vanille, renversée. Une gelée au marasquin, renversée.

Dessert. — Quatre assiettes montées garnies de bon-bons. Quatre assiettes mêlées de fruits frais. Huit tambours garnis de petits-fours. Deux assiettes mêlées de fruits candis.

Quatre compotes. — Une de gingembre. Une d'abricots verts. Une d'ananas. Une de fraises.

Quatre fromages. — Un de Roquefort. Deux à la crème. Un de Gruyère.

Deux sucriers. Deux huiliers. Deux saucières. Six doubles salières.

MENU D'UN DÉJEUNER D'ÉTÉ
Servi en ambigu pour une table de 36 couverts.

Milieu de la table. — Une tête de veau au naturel.

Deux bouts de table. — Un melon de Honfleur. Un cantaloup.

Six grosses pièces froides. — Un pâté de canard. Une grosse brioche. Une galantine de volaille. Un jambon de Bayonne. Un baba. Des homards.

Seize hors-d'œuvre d'office. — Deux de filets d'anchois. Deux de beurre frais. Deux d'olives. Deux d'huîtres marinées. Deux de thon mariné. Deux de cornichons. Deux de petites raves et radis. Deux de sardines à l'huile.

Huit hors-d'œuvre de cuisine. — Coquilles de gorges d'agneau. Des saucisses de lapereau. Rognons de mouton au vin de Champagne. Des croquettes de gibier. Des petits pâtés de truite. Des côtelettes de mouton au naturel. Cromesqui de volaille. Des foies gras en caisse.

Seize entrées. — Mayonnaise de poularde à la gelée. Poulets à la reine. Vol-au-vent à la Toulouse. Noix de veau piquée et glacée. Sauté de filets de sole. Chartreuse de pigeon. Épigramme d'agneau. Esturgeon en fricandeau. Darnes de saumon au beurre de Montpellier. Sauté de filets de chevreuil. Turban de filets de lapereau. Filets de brochet à la béchamel. Ris de veau glacé aux pointes d'asperges. Pâté chaud de cailles. Canetons à la jardinière. Aspic de crêtes et rognons de coqs.

Dessert. — Quatre corbeilles garnies de fruits frais. Quatre assiettes de fraises. Quatre assiettes de fruits candis. Seize tambours garnis de petits-fours mêlés. Quatre assiettes de cerises. Quatre assiettes de pâtés et fruits glacés au caramel.

Douze compotes. — Quatre d'ananas. Deux d'abricots. Quatre d'oranges. Deux de reines-Claude.

Deux fromages à la crème. Deux sucriers. Deux fromages glacés. Deux huiliers. Deux saucières. Huit doubles salières.

MENU D'UN DÉJEUNER D'AUTOMNE

Servi en ambigu pour une table de 28 couverts.

Milieu de la table. — Une tête de veau en tortue.

Quatre grosses pièces froides. — Une hure de sanglier. Un buisson d'écrevisses. Un buisson de truffes au vin de Champagne. Un pâté de Pithiviers.

Des huîtres fraîches.

Huit hors-d'œuvre d'office. — Quatre de figues vertes. Un de filets d'anchois. Deux de beurre frais. Un de radis.

Huit hors-d'œuvre de cuisine. — Pieds de cochon à la Sainte-Menehould. Ailerons de dindon à la maréchale. Orly de filets de sole. Paupiettes de palais de bœuf. Côtelettes de mouton en crépinettes. Hâtereaux de filets de merlan. Petits pâtés d'une bouchée. Boudins de faisan.

Douze entrées. — Carré de mouton en fricandeau. Grives au genièvre. Filets de turbot en salade. Timbale de macoroni à la milanaise. Sauté de filets de volaille au suprême. Ris de veau glacés, garnis de choux de Bruxelles. Sauté de filets mignons de bœuf aux tomates. Filets de perdreau à la Zingara. Vol-au-vent de légumes. Aspic de homard au beurre de Montpellier. Mauviettes en compote. Épaules d'agneau aux concombres.

Dessert. — Quatre corbeilles garnies de chasselas, poires et grenades. Douze tambours garnis de petits-fours assortis.

Six compotes. — Deux de poires. Une d'épine-vinette. Deux de verjus. Une de marrons.

Quatre assiettes de fruits confits. Deux assiettes de fruits glacés au caramel. Quatre fromages à la crème. Deux sucriers. Deux huiliers. Deux saucières. Quatre petits bateaux garnis de citrons. Six doubles salières garnies de sel et gros poivre.

MENU DE VINGT COUVERTS, UN DORMANT.

Deux potages. — Au naturel, — au riz, purée de racines.

Deux relevés. — Pièces de bœuf garnies, — brochet à l'indienne.

Dix entrées. — Ris de veau sautés, — filets de volaille à la Zingara, — sauté de filets de perdreaux rouges, — quenelles au consommé, — petites bouches, — côtelettes de veau piquées, glacées, sauce aux tomates, — sauté de côtelettes d'agneau, — poulets à la Chevalier, — sauté de filets de merlan, — carpe farcie, sauce italienne.

Deux plats de rôti. — Une poularde du Mans, — cinq bécassines.

Deux flans. — Un gros biscuit, — un buisson de petits gâteaux.

Huit entremets. — Gelée d'oranges, — gelée de marasquin, — génoise, — pets de nonne, — chicorée à la crème, — cardons à l'espagnole, — choux-fleurs, sauce brune, — oignons glacés.

Vingt-quatre assiettes de dessert.

MENU DE QUARANTE COUVERTS, UN DORMANT.

Quatre potages. — Au vermicelle, à la purée de racines, — à la Kusel, — aux marrons, — croûtes au pot gratinées.

Quatre relevés. — Pièce de bœuf en surprise, — saumon à la génoise, — jambon à la broche, — dinde aux truffes.

Vingt-quatre entrées. — Poularde en petit deuil, —

sauté de perdreaux fumés, — quenelles de volaille au consommé, — aspic de poisson, — ris de veau piqués, glacés, sauce à la glace, — filets de lapereau en gibelotte, — filets de sole à la mayonnaise, — petits pâtés au salpicon, — mauviettes en croustades, — hâtelets de palais de bœuf, — sauté de filets de brochet, — pieds d'agneau à la poulette, — pigeons à la Gautier, sauce hollandaise, — blanquette aux truffes, — pâté chaud à la financière, — cailles au gratin, — vol-au-vent de turbot à la crème, — perdreaux à la Périgueux, — filets de perdreaux rouges à l'écarlate, à la gelée; — croquettes, — filets d'agneau piqués, glacés, sauce espagnole, — ailerons de dindon au soleil, — chartreuse de tendrons de veau, — petites bouches.

Quatre grosses pièces d'entremets. — Gâteau monté, — carpe au bleu, — un rocher, — un buisson d'écrevisses.

Huit plats de rôti. — Deux poulets de Caux,—longe de veau de Pontoise, — levraut, — trois bécasses, — six pigeons, — quartier de pré-salé, — deux lapereaux, — un faisan.

Seize entremets. — Crème à la vanille renversée, — gelée de marasquin, — petits pains à la duchesse, — marrons aux pistaches, — épinards à l'anglaise, — asperges, sauce à la portugaise, — petites fèves liées, — haricots verts aux fines herbes, — petits pots au café vierge, — gelée de citron renversée, — croque-en-bouche, — petite pâtisserie blanche, — petits pois au beurre, — choux-fleurs, sauce brune, — concombres à la crème, — œufs pochés aux truffes à l'aspic.

MENU DE SOIXANTE COUVERTS.

Huit potages. — A la reine, — au hameau, — aux petites racines, — au lait lié, — bisque, — nouilles, — vermicelle à la purée de navets, — aux laitues.

Huit relevés. — Longe de veau de Pontoise, — carpe à la Chambord, — oie aux racines, — brochets à l'indienne, — quartier de cochon au four, — turbot, sauce à la portugaise, — pièce d'aloyau, — truite à la génoise.

Quarante-huit entrées. — Dalle de saumon à la génoise, — poularde à la Zingara, — filets de lapereau en cartouches, — petites noix de veau glacées, — côtelettes de caille, — croquettes de palais de bœuf, — tendrons d'agneau au soleil, — filets de sarcelle sautés, — filets de brochet aux tomates, — poulets à l'aspic chaud, — perdreaux rouges à la Monglas, — cervelles d'agneau au vin de Champagne, — côtelettes de mauviettes, — boudin de faisan au fumet de gibier, — ris de veau à la pointe d'asperges, — sauté de filets de carpe aux champignons, — esturgeon, sauce au vin de Madère, — pâté chaud de garnitures, — petit vol-au-vent garni, — aspic d'amourettes, — orly de poulet, sauce aspic, — langues d'agneau en papillote, — pain de volaille garni, — sauté de filets de poularde au suprême, — noix de veau aux concombres, — petits pâtés de rognons de volaille à la béchamel, — fricassée de poulets froids à la gelée, — croûtons à la purée de gibier, — pigeons Gautier au soleil, — anguille à la broche, — purée à la turque, — ailerons de dindon en haricot vierge, — quenelles de gibier au fumet réduit, — croquettes de morue fraîche, — filets de merlans frits, sauce italienne, — pâté chaud de lapereau aux champignons, — bigarrure, sauce à la glace, — boudin de poularde pané et grillé, — foies gras aux truffes, — côtelettes de veau à la Drue, — sauté de filets de perdreaux rouges, — salmis de bécassines, — rouges-gorges en croustades, — vol-au-vent de macédoine, — casserolée au riz de cuisses de lapereau, — cabillaud à la crème, — aiguillettes de canards à la bigarade, — grives en caisses.

Huit grosses pièces de relevé. — Dinde aux truffes, — galantine décorée, — timbale de macaroni, — baba, — jambon, — rosbif d'agneau, — flan au chocolat, — pouplin.

Seize plats de rôti. — Poularde du Mans, — ortolans, — canard de Rouen, — éperlans, — bécassines, mauviettes, — faisans piqués, — cailles, — deux poulets piqués, — deux rouges-gorges, — trois sarcelles, — soles, — grives, — trois pigeons, — trois perdreaux rouges piqués, — merlans.

Trente-deux entremets. — Gelée d'oranges renversée, — gelée de marasquin renversée, — crème aux pistaches renversée, — croque-en-bouche au café, — petites pâtisseries blanches montées, — pucelages garnis, — cartouche à la frangipane, — chartreuse de fruits, — miroton de poires, — cardons au velouté, — choux-fleurs, sauce au beurre, — petits pois au petit beurre, — épinards au consommé, — concombres en quartier, — croûtes aux champignons, — gelée au vin muscat renversée, — gelée de citrons renversée, — crème aux avelines renversée, — crème grillée renversée, — nougat, — petits choux grillés, — nœuds d'amour blancs, — petits gâteaux turcs, — pommes au riz décorées, —

charlotte , — truffes au vin de Champagne , — céleri à l'espagnole, — haricots verts liés, — chicorée à la crème , — artichauts à la barigoule , — écrevisses à la crème.

TABLE DE 12 COUVERTS.

MENU DU PREMIER SERVICE.

Relevé de potage. — Potage au riz, purée de carottes, — turbot, sauce aux huîtres.

Six entrées, savoir : — Pâté chaud de cailles, — côtelettes de mouton à la Soubise, — chartreuse de légumes, — poularde au consommé, — suprême de volaille aux truffes, — sauté de filets de perdreau.

Quatre hors-d'œuvre, savoir : — Beurre, — radis, — anchois, — cornichons.

Saucière, — huilier, — deux poivrières, — deux salières, — poivre et sel.

MENU DU SECOND SERVICE.

Milieu. — Sultane à la Chantilly.

Deux plats de rôts, savoir : — Canard sauvage, — poularde aux truffes.

Six entremets, savoir : — Gelée de marasquin, — fromage bavarois, à la vanille, — cardons à la moelle, — épinards au consommé, — navets glacés, — choux-fleurs à la sauce.

Salade. — Huilier, — deux poivrières, — deux salières, — deux poivre et sel.

MENU DU TROISIÈME SERVICE, OU DESSERT.

Milieu. — Assiette montée, garnie de bonbons et candis.

Deux tambours, savoir : — Un garni de biscuits à la cuiller, — un garni de macarons et massepains.

Quatre compotes, savoir : — Une de fromage à la crème, — une de poires de martin-sec, — une de pommes de reinettes blanches, — une de marrons au vermicelle.

Quatre fruits crus, savoir : — Oranges, — pommes d'api, — raisins, — poires de Saint-Germain.

Fromage, — sucrier, — deux candélabres.

TABLE DE 26 COUVERTS.

MENU DU PREMIER SERVICE.

Milieu. — Plateau garni de fleurs.

Quatre potages, savoir : — Garbure, — printanier, — au riz, à la purée de pois, — à la reine.

Quatre relevés de potages, savoir : — Saumon à la génoise, — brochet à la hollandaise, — poularde à la flamande, — aloyau à la broche, garni de pommes de terre frites.

Douze entrées, savoir : — Aspic de filets de lapereau, — pâté chaud de cailles, — mayonnaise de volaille, — casserole au riz, garni de tendrons de veau, — filets de poularde à la maréchale, — quenelles au consommé, — filets de levraut piqué, — côtelettes de pigeon, — côtelettes de mouton à la Soubise, — ris de veau piqué, purée d'oseille, — filets de maquereau panés, — caneton de Rouen, beurre d'écrevisse.

Quatre saucières, — deux huiliers, — deux salières, — deux poivrières, — deux salières et poivrières.

MENU DU SECOND SERVICE.

Milieu. — Plateau garni de fleurs.

Quatre gros entremets, savoir : — Galantine de volaille, — jambon glacé, — biscuit de Savoie, — brioche.

Quatre plats de rôts, savoir : — Deux faisans, dont un piqué, — cailles, — éperlans frits, — soles frites.

Huit entremets, savoir : — Petits pois au sucre, — épinards en croustades, — asperges, — petites fèves de marais, — gelée de citrons, — concombres à la crème, — petits choux grillés, — chartreuse de fruits.

Deux salades.

Deux saucières, — deux huiliers, — deux poivrières, — deux salières, — deux poivrières et salières.

MENU DU TROISIÈME SERVICE, OU DESSERT.

Milieu. — Plateau garni de fleurs.

Huit assiettes montées, garnies de fruits confits, candis et autres bonbons. — Huit tambours garnis de biscuits à la cuiller, massepains, macarons, meringues et autres. — Huit compotes de fruits selon la saison. — Huit assiettes de fruits selon la saison. — Deux assiettes de fromage.

Deux sucriers, — quatre candélabres, — quatre flambeaux.

TABLE DE 36 COUVERTS.

MENU DU PREMIER SERVICE.

Milieu. — Plateau garni de fleurs et groupes de figures.

Quatre potages, savoir : — Bisque d'écrevisses, —

aux choux nouveaux, — aux pâtes d'Italie, purée de tomates, — à la Condé.

Quatre relevés de potages, savoir : — Turbot sauce au homard, — tête de veau en tortue, — rosbif de mouton à la bretonne, — matelote de carpes et d'anguilles.

Seize entrées, savoir : — Vol-au-vent de laitances de carpe, — casserole au riz à la polonaise, — quinze petits pâtés à la béchamel, — cassolette au beurre, garnie de purée de volaille, — fricassée de poulet à la Bellevue, — aspic de filets de sole, — gâteaux de foies gras, — ris de veau piqué à la chicorée, — côtelettes de mouton à la jardinière, — noix de veau piquée aux concombres, — côtelettes d'agneau panées, — filets de volaille aux truffes, — filets de perdreau au suprême, — filets de lapereau bigarrés de champignons, — filets de faisan à la Sainte-Menehould.

Huit hors-d'œuvre, savoir : — Deux beurres, — deux radis, — anchois, — cornichons, — olives, — canapé.

Deux saucières, — deux huiliers, — deux poivrières, — deux salières, — deux poivrières et salières.

MENU DU SECOND SERVICE.

Milieu. — Plateau garni de fleurs et groupes de figures.

Quatre gros entremets, savoir : — Cochon de lait en galantine, — carpe du Rhin au blanc, — nougat, — croque-en-bouche.

Huit plats de rôts, savoir : — Dindonneau piqué, — deux poulets nouveaux, — merlans frits, — goujons, — bécasses, — perdreaux piqués, — levraut, — pigeons.

Quatre salades, savoir : — Deux vertes, — une de citrons, — une de concombres.

Seize entremets, savoir : — Gelée d'épine-vinette, — gelée au vin de Madère sec, — crème renversée à la vanille, — aux pistaches, — petits pois à la française, — asperges à la sauce, — haricots verts à l'anglaise, — petites fèves de marais, — croquettes de riz à la fleur d'oranger, — pains à la duchesse garnis de confiture, — charlotte d'abricots, — choux-fleurs à la sauce, — petits gâteaux turcs, — œufs pochés au jus, — culs d'artichauts à l'allemande, — concombres farcis.

Quatre candélabres, — huit flambeaux, — deux poivrières, — deux salières, — deux poivrières et salières.

MENU DU TROISIÈME SERVICE, OU DESSERT.

Milieu. — Plateau garni de fleurs et groupes de figures.

Douze assiettes montées, garnies de fruits secs, de différents bonbons candis, pastilles de différentes couleurs.

Douze tambours garnis de biscuits à la cuiller et autres, biscuits en caisse, macarons doux et amers, et toute sorte de petits gâteaux.

Douze compotes, savoir : — Deux de pommes de reinettes blanches, — deux de cerises anglaises, — deux d'abricots, — deux de pêches, — deux de fraises, — deux d'oranges.

Douze assiettes de fruits crus, savoir : — Deux de fraises, — deux d'abricots-pêches, — deux d'ananas, — deux de prunes de reine-Claude, — deux de cerises, — deux de poires de rousselet.

Quatre fromages, — quatre sucriers, quatre candélabres, — huit flambeaux.

MENU D'UN DESSERT D'HIVER

Pour une table de 16 couverts.

Milieu. — Corbeille de poires, pommes, grenades et ananas.

Deux fromages à la crème, — deux sucriers, — quatre assiettes montées, garnies de bonbons assortis.

Huit assiettes garnies de fruits candis : — Deux de prunes de reine-Claude, — deux de figues, — deux de poires de rousselet, — deux d'amandes vertes.

Quatre compotes : — Une d'ananas, — une d'oranges, — une de pommes, — une de poires.

Huit tambours garnis de petits-fours : —Un de biscuits à la crème, —un de biscuits de marrons, —un de petits soufflés d'Afrique, — un de guirlandes printanières, — un de petits soufflés à l'anglaise, — un de macarons au chocolat, — un de tourons d'Espagne, — un de croquants du Nord.

Deux candélabres, — quatre flambeaux.

MENU D'UN SERVICE DE PRINTEMPS

Pour une table de 20 couverts.

Milieu. — Une corbeille garnie de fleurs.

Quatre assiettes montées, garnies de pastilles, dragées, caramels et autres bonbons, — quatre corbeilles garnies de pommes, poires et oranges.

Quatre compotes. — Une de fraises, — une de cerises, — une d'abricots verts, — une de poires, — huit assiettes garnies de petits fours-assortis.

Huit assiettes garnies de fruits frais. — Deux de fraises, — deux de cerises, — deux d'abricots, — deux de poires.

Deux sucriers, deux fromages à la crème, — quatre flambeaux, — quatre candélabres.

Quatre tambours. — Deux garnis de tourons d'Espagne, — deux garnis de gâteaux d'angélique et à la fleur d'oranger.

MENU D'UN DESSERT D'ÉTÉ
Pour une table de 32 couverts.

Milieu. — Un surtout ou dormant garni d'une corbeille de fleurs fraîches de la saison ou artificielles, et groupes de figures.

Quatre assiettes montées, garnies de bonbons assortis.

Douze compotes, savoir : — Une de fraises, — une de groseilles, — une de framboises, — une de verjus, — deux de poires de rousselet, — deux de pommes, — deux d'ananas, — deux d'oranges.

Seize assiettes garnies de fruits crus, savoir : — Quatre assiettes garnies de cerises, — quatre garnies d'abricots, — quatre garnies de pêches, — deux garnies de prunes de reine-Claude, — deux de prunes de perdrigon.

Seize tambours garnis de petits-fours et autres sucreries. — Deux garnis de biscuits à la cuiller, — deux de biscuits provençaux, — deux de macarons au chocolat, — deux de massepains à la duchesse, — deux de petits soufflés d'Afrique, — deux de tourons d'Espagne, — quatre de petits baisers, meringues à la Bellevue, et petites guirlandes printanières, le tout mêlé.

Quatre fromages à la crème. — Deux de crème fouettée à la vanille, — deux à la crème non fouettée, — deux sucriers, — deux fromages glacés.

Quatre candélabres, — huit flambeaux.

MENU D'UN DESSERT D'AUTOMNE

Pour une table de 40 couverts.

Milieu. — Un surtout ou dormant garni d'un vase de fleurs et groupes de figures, ou candélabres. Quatre corbeilles garnies de raisin, poires, pommes, grenades et ananas, — douze assiettes montées, garnies de pralines, pastilles, caramels et dragées.

Seize compotes. — Deux de poires de bon-chrétien, — deux de coings à la cardinale, — deux d'ananas, — deux de grenades, — deux de macarons, — deux d'oranges, — deux de verjus, — deux de pommes à la portugaise, — seize tambours de petits-fours assortis.

Huit assiettes de fruits crus. — Quatre de pêches, — deux de prunes, — deux d'azeroles.

Huit assiettes de fruits candis. — Deux de figues, — deux d'amandes vertes, — deux d'oranges de Chine, — deux de reines-Claude.

Quatre fromages à la crème, dont deux fouettés et parfumés à la fleur d'oranger.

Quatre sucriers, dont deux garnis de sucre en poudre, parfumé de vanille et de cédrat.

Quatre candélabres, — quatre flambeaux.

Manière de faire les honneurs d'un repas.

DÉJEUNERS.

Il y a généralement peu d'étiquette à observer pour le déjeuner, soit lorsqu'il se fait en famille, chacun ayant sa place habituelle assignée d'avance, soit lorsque les dames n'y prennent point part, et qu'il s'agit, selon l'expression reçue, d'un déjeuner de garçon. Dans le courant de cet ouvrage, on a eu soin d'indiquer les divers mets qui conviennent plus particulièrement pour les déjeuners à la fourchette. Les déjeuners où l'on reçoit des invités, même lorsqu'il y a des dames, sont ordinairement servis en *ambigu*, ce qui signifie que tous les mets, depuis les hors-d'œuvre jusqu'au dessert, sont placés en même temps sur la table. Cet arrangement, qui permet de rester entre soi, et de n'avoir besoin des domestiques que pour changer les assiettes, est favorable aux épanchements de l'amitié. Les mets chauds, tels que les côtelettes au naturel et quelques hors-d'œuvre de charcuterie, doivent toujours être distribués les premiers. A part cette prescription, le sans-façon est tout à fait de mise dans un déjeuner à la fourchette servi en ambigu.

DINERS.

Le maître de maison qui tient, lorsqu'il reçoit des amis à dîner, à faire le mieux possible les honneurs de sa table, doit avoir présent à la mémoire le sage proverbe de nos pères : *Dîner bien babillé est à moitié digéré.*

Tous les médecins reconnaissent en effet que les charmes de la conversation facilitent la digestion. Pour goûter ce plaisir de l'esprit dans toute son étendue, il faut être à table convenablement placé, c'est le premier point. Boileau a signalé avec un grand sens le désagrément de ces repas pris autour d'une table trop étroite :

Où chacun, malgré soi, l'un sur l'autre porté,
Faisait un tour à gauche, et mangeait de côté.

Il faut donc que le maître de la maison calcule le nombre de ses invités d'après le nombre de places disponibles autour de sa table. Les deux places centrales, à droite et à gauche, en regard l'une de l'autre, sont réservées l'une pour le maître, l'autre pour la maîtresse de la maison, afin qu'ils puissent avoir l'œil sur toutes les parties du service, et veiller à ce que personne ne manque de rien. L'antique usage de placer les convives du plus haut rang au haut bout de la table, usage qui remontait au temps de la féodalité, n'est plus rigoureusement observé que dans les repas de corps ou dans les dîners diplomatiques ou ministériels. Hors de là, les deux places d'honneur sont à droite et à gauche de la maîtresse de la maison; l'inégalité des conditions sociales est tellement affaiblie, tellement effacée de nos jours, qu'on peut, en général, s'attacher exclusivement à placer les convives d'après leurs convenances réciproques, en évitant de rapprocher ceux dont les opinions et les occupations habituelles sont antipathiques. Par exemple, une femme jeune, aimable, et d'un caractère enjoué, ne vous pardonnera pas de l'avoir placée à table entre deux vieillards austères, tels qu'un vieux notaire ou un vieux juge. Un poëte, un homme de lettres, vous en voudra toute sa vie de lui avoir offert un excellent dîner que vous l'aurez forcé de manger assis entre un banquier et une vieille dame qui joue à la Bourse.

On comprend, sans entrer dans des détails plus étendus, que le tact, l'habitude du monde, et le sentiment des convenances, suffisent pour associer les invités de la façon qui peut leur rendre le plus agréable possible le temps consacré au dîner, et ajouter un charme tout intellectuel aux plaisirs de la table.

SOUPER.

On dîne si tard aujourd'hui, qu'on ne soupe presque plus. Quant au repas qui peut couper agréablement en deux un bal ou une soirée, les entremets sucrés, les pâtisseries, et quelques viandes froides choisies parmi les plus délicates, doivent seuls y figurer. Les sauces quelconques doivent en être exclues, par ce motif que, quelque soin qu'on puisse prendre pendant le service, là où il y a des sauces, il y a inévitablement des taches, qui font le désespoir des dames en toilette de bal ou de soirée.

Service des vins.

Tous ceux qui reçoivent du monde à dîner ne sont pas également bien versés dans l'art de servir à propos les différents vins qu'ils ont à offrir à leurs convives. Il importe, pour que cette partie essentielle d'un bon repas ne perde rien de sa valeur, que les vins soient servis à propos, c'est-à-dire dans l'ordre qui peut les faire le mieux apprécier, ce qui ne contribue pas moins à la satisfaction du maître de la maison qu'à celle des convives eux-mêmes.

Au début du repas, on ne doit servir que des vins rouges, en commençant par les moins distingués, sans cependant descendre au-dessous des bons vins ordinaires d'Auxerre, de Coulanges, de Mâcon, de Saint-Denis en val et de Beaugency. Quand on sert des huîtres, il y a lieu de déroger à cette règle et d'offrir, en même temps que les huîtres, les bons vins de Chablis, de Pouilly, de Sauterne, et si l'on tient à faire bien les choses, de Langon, de Coudrieux et de l'Ermitage. Assez souvent aussi, dans beaucoup de bonnes maisons, un verre de vin de Madère sec est servi après le potage, pour ouvrir l'appétit des convives. Les vins indiqués ci-dessus sont donc tout spécialement des vins de premier service.

Au second service doivent figurer des vins plus distingués, les meilleurs crus de Bourgogne, tels que les vins de Beaune, Nuits, Pomard, Volnay et Chambertin; puis, pour accompagner le rôti, les vins de Côte-Rôtie et le vin rouge de l'Ermitage. Quand déjà l'animation produite par ces différents vins commence à se produire en joyeux propos accompagnés d'un franc rire, c'est le moment de verser, vers la fin du second service, les meilleurs crus de Bordeaux. Les vins de Médoc, de Château-Laffitte, et des autres crus distingués de Bordeaux, ont l'heureuse propriété d'arrêter à temps un léger commencement d'ivresse, et de mettre les convives à même de goûter, avec réflexion, les vins fins du Languedoc, qui accompagnent les entremets sucrés, et précèdent immédiatement le dessert.

On doit considérer comme vins de dessert les meilleurs crus d'Espagne, Alicante, Malaga, Xérès, et les vins de Roussillon, spécialement les rivesaltes. On ne sert de même qu'au dessert nos vins muscats du Midi, tels que ceux de Lunel et de Frontignan, considérés comme vins de liqueur.

Cette esquisse du service des vins à table n'a pour but que de montrer dans quel ordre et à quel moment du repas telle ou telle catégorie de vins doit être servie de préférence aux autres.

La liste des bons vins de la France et de l'étranger est heureusement fort nombreuse; il y a du choix; on peut prendre parmi ceux dont on dispose, mais toujours en se conformant aux indications qui précèdent.

Le repas est terminé ; on achève le dessert ; on attend le café. C'est à ce moment qu'il faut faire circuler le Champagne mousseux et le vin d'Arbois, non moins distingué que les crus les plus renommés de Champagne. .

Distribution des vins d'un dîner à trois services.

Avant les potages.	Après les potages.
Absinthe.	Madère.
Vermouth.	Xérès sec.

Pour les huîtres.

Arbois.	Barsac.
Chablis.	Sauterne.
Pouilly.	Carbonnieux.
Meursault.	Grave.
Montrachet.	Langon.
Château-Grillé.	Champagne.

Premier service.

VINS ROUGES.

Basse Bourgogne.

Côte-Saint-Jacques.
Coulanges.
La Chaînette.
Auxerre.
Tonnerre.

Mâconnais.

Mâcon.
Thorins.
Moulin-à-Vent.

Haute Bourgogne.

Beaune.
Mercurey.
Chassagne.

Bordeaux.

Saint-Estèphe.
Saint-Émilion.
Petit-Médoc.

VINS BLANCS.

Chablis.
Meursault.
Pouilly.

Coup du milieu.

Madère.	Rhum.

Deuxième service.

VINS ROUGES.

Haute Bourgogne.

Pomard.
Volnay.
Nuits.
Vosne.
Vougeot.
Richebourg.
Lanerthe.
Côte-Rôtie.
Ermitage.
Jurançon.

Champagne rouge.

Bouzy.
Verzy.
Versenay.
Saint-Georges.
Chambertin.
Romanée-Conti.
Clos-Vougeot.

Bordeaux.

Saint-Julien.
Médoc.
Ségur, Léoville, Larose.
Haut-Brion.
Margaux.

Château-Margaux.
Mouton-Laffitte.
Laffitte.
Latour.

Midi et côtes du Rhône.

Tavel.
Roussillon.
Château-Neuf-du-Pape.

Portugal.

Porto.

VINS BLANCS.

Pouilly.
Meursault.
Montrachet.
Château-Grillé.
Côte-Rôtie.
Ermitage.
Saint-Péray.
Jurançon.
Rhin.
Grave.
Langon.
Barsac.
Sauterne.
Carbonnieux.

Troisième service.

Bourgogne.

Volnay mousseux.
Nuits mousseux.
Romanée mousseux.

Champagne.

Champagne mousseux, Aï.

Champagne non mousseux,
  Aï.
Champagne rosé.
Sillery.

Vins de liqueur.

France.

Muscat-Frontignan.
Muscat-Lunel.
Muscat-Rivesaltes.
Grenache.
Vin de paille.

Espagne.

Malaga.
Rota.
Alicante.
Pacaret sec et doux.
Xérès sec et doux.

Étrangers.

Madère.
Malvoisie de Madère.

Chypre.
Malvoisie de Chypre.
Canaries.
Sétuval.
Calabre.
Syracuse.
Lacryma-Christi.
Constance.
Cap, rouge et blanc.
Schiras.
Carcavello.
Paphos.
Picole.
Rancio.
Samos.
Sercial.
Tokai.

II. — CONFITURES ET SIROPS.

On ne donne ici que les recettes de celles des confitures qu'on peut le plus facilement faire chez soi, et qui figurent le plus souvent au dessert, et celles des sirops servis le plus fréquemment avec de l'eau fraîche dans les bals et les soirées.

CONFITURES.

Celles qu'il est indispensable de savoir préparer à la maison, sont les gelées de *groseilles*, de *pommes* et de *coings*, et les confitures de *cerises*, de *prunes*, d'*abricots* et de *verjus*.

GELÉE DE GROSEILLES.

Beaucoup de ménagères manquent leur gelée de groseilles, parce qu'il leur répugne d'y mettre la quantité de sucre sans laquelle elle ne peut réussir. C'est une économie fort mal entendue; c'est en fait de confitures surtout que le médiocre est pire que le mauvais. On s'abstient donc de donner ici les recettes prétendues économiques, pour faire de mauvaises confitures; si l'on manque. des ressources indispensables pour les faire bonnes, il n'y a rien de plus simple que de s'en passer.

Pesez exactement 6 kilogrammes de groseilles égrappées, pas trop mûres (environ trois quarts de rouges et un quart de blanches), 1 kilog. de framboises épluchées, et 7 kilog. de sucre blanc. Écrasez le sucre pour le réduire en poudre grossière; mettez dans une ou plusieurs terrines les groseilles, lit par lit, fortement saupoudrées de sucre; tenez en réserve les framboises, également saupoudrées de sucre. Les fruits doivent macérer avec le sucre pendant cinq à six heures. Mettez le mélange de sucre et de fruits sur le feu; remuez-le avec une grande spatule de bois; conduisez le feu très-doucement afin que la gelée s'échauffe peu à peu. Quand la masse est en pleine ébullition, laissez tomber quelques gouttes de gelée dans une cuiller à potage plongée dans un vase rempli d'eau fraîche; la gelée de groseilles est assez cuite si, par le refroidissement subit, elle se prend dans la cuiller. Jetez alors dans la bassine les framboises sucrées; faites-leur prendre quelques bouillons, afin qu'elles aromatisent la confiture, et versez le tout sur un tamis de crin un peu clair, sans presser le marc. Quand il ne passe plus rien à travers le tamis, versez la gelée de groseilles dans les pots, et laissez-la refroidir. Passez alors le marc encore chaud, sans être bouillant, et mettez à part cette seconde portion, toujours peu abondante, de gelée de groseilles ; elle est moins transparente que la première, et un peu moins délicate, parce que, par l'effet de la pression qu'on lui a fait subir dans un linge fortement tordu, elle a entraîné une petite portion de la matière acerbe qui adhère aux pepins de la groseille. On réserve ces confitures obtenues par expression pour les omelettes aux confitures, les tartes et divers entremets. Les premières confitures passées sans expression sont seules admises au dessert, où elles figurent très-bien dans des pots de verre qui permettent d'en apprécier le coloris et la transparence.

GELÉE DE POMME.

Il ne faut employer, si l'on veut avoir de belle gelée de pomme, d'un goût relevé sans être trop acide, que des reinettes blanches de bonne espèce, des reinettes grises pelées avec beaucoup de soin, et des pommes de court-pendu. Les pommes douces ne valent absolument rien pour faire de la gelée ; quand on les emploie pour cet usage, il faut en corriger la fadeur naturelle avec une certaine quantité de jus de citron, ce qui en dénature le goût et les rend non pas bonnes, mais seulement supportables. On pèse les pommes avant de les éplucher, et l'on emploie pour la gelée autant de sucre que de fruit. Les pommes pelées sont coupées par quartiers ; on retranche avec soin les pepins et les parois des loges qui les renferment ; les quartiers épluchés sont jetés à mesure dans de l'eau fraîche acidulée de jus de citron, à raison d'un citron par litre. Mettez les pommes avec l'eau acidulée dans une bassine sur un feu doux, jusqu'à ce que les pommes soient tout à fait fondues. Mettez dans une terrine le sucre cassé en morceaux; posez un tamis sur la terrine; versez les pommes sur le tamis; laissez-les égoutter et pressez-les modérément afin que tout le jus s'écoule sur le sucre. Passez la gelée par une étamine un peu serrée; remettez-la sur le feu, et faites-la bouillir vivement pendant un bon quart d'heure. Essayez de temps en temps d'en faire refroidir une petite quantité dans une assiette; dès qu'elle se prend par le refroidissement, versez-la dans les pots.

On doit choisir pour la gelée de pomme le plus beau sucre possible, afin de n'être pas obligé d'ajouter un blanc d'œuf pour clarifier la gelée; elle est aussi transparente qu'on peut le désirer, quand le sucre employé est de première qualité, sans rien changer à la recette précédente. Pour ne rien perdre du jus des pommes, et ne pas trop troubler la gelée, on la presse sur le tamis avec un rond de bois muni d'un bouton, qui pèse également sur toute la surface de la compote de pommes.

CONFITURE DE COING.

Essuyez soigneusement des coings presque mûrs, coupez-les en quartiers, sans ôter la peau; servez-vous pour cette opération d'un couteau à lame d'argent. On doit apporter un soin particulier à retrancher exactement tous les pepins qui sont entourés d'un mucilage épais, de nature à gâter la gelée, s'il s'y trouvait mêlé. On jette les quartiers de coing épluchés dans de l'eau fraîche acidulée de jus de citron, en quantité suffisante pour qu'ils en soient bien couverts. On les met sur un feu modéré jusqu'à ce qu'ils soient parfaitement cuits, comme des quartiers de poire en compote; puis, on les jette sur un tamis pour passer le jus, sans expression; ce jus est versé bouillant sur de beau sucre cassé en morceaux, dans la proportion d'un kilog. par kilog. de fruit employé. On donne à la gelée de coing une belle couleur rose en y versant quelques gouttes de carmin délayé dans un peu d'eau. En employant la quantité de sucre indiquée, la gelée de coing n'a besoin que de prendre quelques bouillons après que le sucre y a été ajouté. On l'aromatise habituellement avec des zestes de citron qu'on enlève au moyen d'une écumoire avant de verser la gelée de coing dans les pots.

CONFITURE DE CERISES.

Cette confiture n'est bonne que quand on laisse le sucre et les fruits en contact l'un avec l'autre, le moins de temps possible sur le feu. Otez les queues et les noyaux d'une quantité quelconque de cerises anglaises, ou de cerises à courte queue, récemment cueillies, bien mûres, sans être ni crevassées ni *tournées*. Mettez-les sur un feu doux, et faites-les cuire en les remuant fréquemment avec une spatule de bois, jusqu'à ce que le jus soit suffisamment réduit. Mesurez alors les cerises cuites, dans un pot d'une contenance connue, ajoutez-y pour chaque litre un kilog. de très-beau sucre cassé en morceaux. Dès que le sucre est fondu, et que la confiture a pris quelques bouillons, elle est terminée et doit être versée dans les pots. Ainsi préparée, la confiture de cerises est d'une belle couleur, et elle conserve la saveur du fruit, qu'elle perd en grande partie quand le sucre et les cerises ont cuit trop longtemps ensemble.

CONFITURE D'ABRICOTS.

Coupez par quartiers des abricots de plein vent, **mûrs
sans excès de maturité**; retirez les noyaux; faites cuire
le fruit sur un feu d'abord très-doux, ensuite un peu
plus vif, en remuant continuellement afin qu'il ne s'attache pas au fond de la bassine. Quand il est parfaitement cuit, faites-le passer à travers le tamis de crin ou
de fil de fer, ou même à travers une passoire de fer-blanc
percée de trous très-fins, en appuyant sur les abricots
cuits avec une cuiller de bois de forme ronde. Quand
toute la pulpe est passée, remettez-la sur le feu; faites-la
cuire une demi-heure en la remuant continuellement.
Mesurez-la, et ajoutez-y par litre un kilog. de sucre
cassé en morceaux. Dès que le sucre est fondu, mettez
dans la confiture quelques morceaux de cannelle en
bâton, retirez-les quand ils ont pris quelques bouillons,
et versez la confiture dans les pots. On y peut ajouter
une partie des amandes des noyaux d'abricot; mais ces
amandes amères sont fort indigestes; il faut éviter d'en
mettre une trop grande quantité.

CONFITURE DE PRUNES.

Le mode de préparation et la proportion du sucre
sont les mêmes que pour les confitures d'abricots.

On prépare les confitures sèches de prunes et d'abricots par un procédé excessivement simple. Dans un plat
peu profond, d'une grande surface, versez une couche
très-mince de l'une de ces confitures bouillantes; laissez-la se dessécher à l'air libre ou sur le côté d'une
étuve; enlevez la confiture dès qu'elle est devenue solide;
quand, par ce procédé, vous en avez un demi-kilog.,

saupoudrez fortement de sucre blanc en poudre fine la planche à pâtisserie; posez dessus la confiture, étendez-la avec le rouleau, et incorporez-y 250 grammes de poudre fine de sucre blanc, aromatisée avec les zestes râpés de la moitié d'un citron. La pâte de fruit étant de bonne consistance, étendez-la en couche d'un ou deux millimètres d'épaisseur. Divisez-la en ronds d'égale grandeur, soit avec un emporte-pièce, soit avec les bords d'un verre à liqueur; saupoudrez les ronds de pâte de fruit de sucre en poudre; rangez-les dans des boîtes, couche par couche, séparés par des feuilles de papier blanc, et conservez-les dans un lieu sec. Ces ronds de pâte d'abricots et de prunes de reine-Claude forment des assiettes de dessert fort distinguées, qu'on peut servir en toute saison; ce genre de confiture sèche se conserve parfaitement d'une année à l'autre.

CONFITURE DE VERJUS.

Égrenez du verjus parvenu à toute sa grosseur, fendez chaque grain sur le côté; enlevez les pepins avec un cure-dent; faites blanchir les grains de verjus par deux ou trois minutes d'ébullition dans l'eau; versez-les sur un tamis; laissez-les égoutter et refroidir. Faites fondre dans un bassin, avec le moins d'eau possible, une quantité de sucre égale au poids du verjus pesé avant d'avoir été épluché. Versez dans ce sirop très-cuit les grains de verjus blanchis et égouttés; laissez cuire un bon quart d'heure; vers la fin de la cuisson, ajoutez les zestes d'un citron coupés en filets très-minces; faites prendre encore quelques bouillons, et remplissez de la confiture de verjus, mêlée de filets de zestes de citron, des pots de verre qui tiennent très-bien leur place dans un dessert élégant.

SIROPS.

La plupart des sirops préparés en grand chez les confiseurs, tels que les sirops d'orgeat, de gomme et de groseilles, sont aussi bons et reviennent à un prix aussi modéré quand on les achète tout faits que quand on les prépare à la maison. On donne ici seulement la recette de quelques sirops également agréables et utiles, qu'il n'est pas aussi facile de se procurer, et dont la préparation n'a rien de compliqué ni d'embarrassant.

SIROP DE VERJUS.

Écrasez de beau verjus, exprimez-en le jus, et laissez-le reposer pendant douze heures dans un local très-frais, afin qu'il s'éclaircisse de lui-même par le repos. Décantez avec précaution la partie claire, en évitant d'y mêler le dépôt qui s'est amassé au fond du vase. Faites fondre dans ce jus, pour chaque litre, 1 kilog. 250 grammes de sucre blanc cassé en morceaux. La bassine doit être posée sur un feu très-doux ; le sirop de verjus ne doit pas bouillir. Dès que le sucre est fondu, écumez s'il y a lieu, retirez la bassine du feu, et mettez le sirop en bouteilles dès qu'il n'est plus assez chaud pour risquer de faire casser le verre. Ce sirop, d'une belle nuance vert pâle, est ordinairement mis dans des bouteilles de verre blanc. Une ou deux cuillerées de ce sirop dans un verre d'eau forment une boisson rafraîchissante, aussi agréable que salutaire pour les personnes sédentaires, menacées d'un excès d'embonpoint.

SIROP DE VINAIGRE FRAMBOISÉ.

Remplissez de framboises mûres, mais sans excès de

maturité, des bocaux de verre à large ouverture. Versez
sur les framboises assez de vinaigre de vin pour que les
fruits en soient bien couverts. Après trois jours de macé-
ration, jetez le contenu des bocaux sur un tamis de crin,
et faites égoutter le vinaigre en évitant d'écraser les framboises. Si vous avez employé du vinaigre très-fort, ajoutez-y un tiers de son volume d'eau filtrée. Mettez dans
une bassine de beau sucre blanc cassé en morceaux,
dans la proportion de 1 kilog 250 grammes par litre de
vinaigre framboisé. Terminez ce sirop comme le précédent. Les propriétés du sirop de vinaigre framboisé ainsi
préparé sont les mêmes que celles du sirop de verjus.

SIROP DE MURES.

Pesez 2 kilogrammes de mûres parvenues à parfaite
maturité; mêlez-les dans une terrine de grès, avec
1 kilogramme 500 grammes de beau sucre blanc en
poudre. Remuez le mélange de façon à écraser à moitié
les mûres; versez le tout dans une bassine que vous poserez sur un feu très-doux, afin que les mûres rendent
bien leur jus en s'échauffant graduellement. Quand tout
le sucre est fondu, animez un peu le feu pour faire
prendre quelques bouillons; versez le sirop sur un tamis
et laissez égoutter. Le sirop de mûres est si bienfaisant
pour combattre la grippe et les maux de gorge, qu'on
doit toujours en être apprivisionné; il fermente facilement, et ne peut être conservé d'une année à l'autre que
dans un local très-frais.

III. — BONBONS DE MÉNAGE.

On peut préparer chez soi, à peu de frais, quelques-uns de ces bonbons que les enfants et même les dames aiment à voir figurer au dessert; on donne ici la recette des bonbons les plus usités.

PRALINES AUX AMANDES.

Mettez ensemble, dans une casserole, sur un feu vif, 500 grammes de belles amandes princesses, 500 grammes de sucre blanc en poudre et un quart de litre d'eau. Tournez avec une spatule de fer jusqu'à ce que les amandes commencent à pétiller et à se détacher du sucre. Retirez alors environ la moitié du sucre, et continuez la cuisson des pralines jusqu'à ce que le sucre commence à s'attacher de nouveau aux amandes; évitez avec grand soin de chauffer trop fort; remettez par portions le sucre retiré de la casserole, jusqu'à ce que le tout se soit attaché aux amandes. Jetez-les sur un tamis pour les faire refroidir, et avant qu'elles soient tout à fait froides, détachez celles qui sont collées l'une à l'autre.

On peut varier de plusieurs manières la saveur des pralines. Pour les faire à la rose, on ajoute à l'eau qui sert à les préparer 30 grammes d'eau distillée de rose et 8 à 10 gouttes de carmin liquide. Pour les pralines à la vanille, on pile avec le sucre en poudre la moitié d'une gousse de vanille par 500 grammes de sucre, le reste du procédé étant le même que pour les pralines de la recette précédente.

On peut remplacer dans les pralines les amandes princesses par des avelines ou des pistaches, en opérant exactement comme ci-dessus.

PASTILLES.

On prépare toutes les pastilles par le même procédé. On verse dans une cuiller creuse à long manche, munie d'un bec allongé et incliné vers le bas, assez de sirop pour qu'elle en soit remplie à moitié; ce sirop doit être bouillant. On y incorpore, en le remuant avec une cuiller à café, autant de sucre en poudre qu'il en peut absorber sans cesser tout à fait d'être liquide; il doit être à demi pâteux, mais cependant pouvoir couler goutte à goutte par le bec de la cuiller à pastilles. Quand il est en cet état, le sirop est versé sur des feuilles de papier blanc, de manière à former des pastilles plus ou moins grandes, qui se consolident par le refroidissement. Pour les détacher, on humecte légèrement l'envers de la feuille de papier, et on laisse les pastilles bien sécher à l'air libre.

Si l'on a employé comme on vient de l'indiquer un sirop de violette, de mûres, d'orange, de limon, de framboises, on obtient des pastilles ayant la saveur et la couleur de ces sirops.

Pour les pastilles à la rose, on colore avec un peu de carmin un sirop de sucre blanc, aromatisé avec l'eau distillée de rose. On emploie l'eau de menthe et le sucre sans coloration pour les pastilles de menthe, et de plus, quand les pastilles sont terminées et refroidies, on les agite avec précaution, pour ne pas les briser, dans un flacon où l'on a versé quelques gouttes d'huile essentielle de menthe poivrée. Il faut 10 gouttes de cette essence pour 125 grammes de pastilles de menthe.

IV. — LIQUEURS DE TABLE.

La plupart des liqueurs de table les plus recherchées, telles que le rhum, le kirsch-wasser, le marasquin, le curaçao, ne peuvent être obtenues que par la distillation, et ne sont réellement bonnes que lorsqu'on les tire des pays qui ont la réputation pour ce genre de production. Ces liqueurs, dont en général les imitations ne valent rien du tout, doivent être achetées de confiance, avec la certitude de leur origine. Elles sont habituellement servies dans les bouteilles de forme particulière qui sont affectées à chacune d'elles; la vue de ces bouteilles évite les erreurs en même temps qu'elle est pour les convives une sorte de garantie contre l'imitation, bien que les contrefacteurs sachent imiter les bouteilles aussi bien que leur contenu.

La figure 148 représente la bouteille de rhum; la figure 149, la bouteille de marasquin, entourée d'une

Fig. 148.   Fig. 149.   Fig. 150.   Fig. 151.

tresse de jonc; la figure 150, la bouteille de kirsch, et les figures 151 et 152, la bouteille de verre et le cruchon dans lesquels le curaçao de Hollande est ordinairement expédié.

Il serait superflu de donner le mode de préparation des liqueurs qui doivent être distillées. Les appareils distillatoires ne font pas partie des ustensiles de ménage; dans les plus grandes maisons même, le cuisinier a trop d'autres occupations; il laisse la distillation aux distillateurs de profession. Les seules liqueurs de table qu'on puisse faire à la maison se font par simple infusion; ce sont pour la plupart des *crèmes*, c'est-à-dire des liqueurs contenant plus ou moins de sucre.

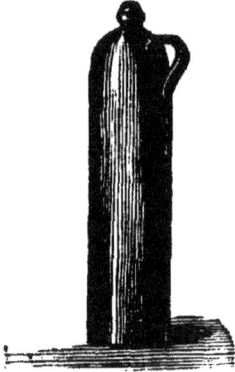

Eig. 152.

CITRONELLE DE VENISE.

Levez en très-petits filets les zestes de six beaux citrons; faites-les infuser pendant quinze jours dans deux litres d'eau-de-vie. Faites un sirop un peu clair avec

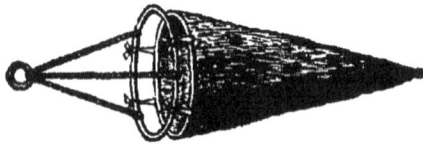

Fig. 153.

500 grammes de sucre blanc; réunissez le sirop à l'eau-de-vie; passez le sirop à la chausse de laine (*fig.* 153), et mettez en bouteilles. Cette liqueur s'améliore beaucoup en vieillissant en bouteille.

ANISETTE DE BORDEAUX.

Faites infuser pendant dix jours, dans trois litres d'eau-de-vie, 125 grammes d'anis de Verdun, les zestes de deux citrons et 10 grammes de cannelle fine concassée. Au bout de ce temps, délayez deux blancs d'œufs dans un quart de litre d'eau, réunissez cette eau albumineuse à l'infusion précédente; ajoutez-y 750 grammes de sucre fondu dans un demi-litre d'eau. Mettez le mélange sur des cendres chaudes, et quand elle est un peu plus que tiède, versez-la dans une cruche bien bouchée, où vous la laisserez reposer vingt-quatre heures. Filtrez l'anisette au moyen de l'entonnoir à robinet, représenté

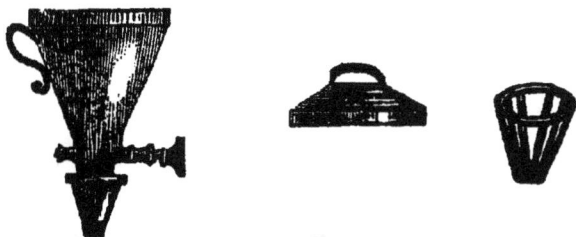

Fig. 154.

figure 154, avec son couvercle et le filtre qu'il renferme. Cet excellent appareil, propre au filtrage de tous les spiritueux (vins et liqueurs), prévient l'évaporation de l'alcool pendant le filtrage.

EAU DE NOYAU.

Coupez en petits morceaux, comme s'il s'agissait d'en faire un nougat, 125 grammes d'amandes amères de noyaux d'abricots. Après quinze jours d'infusion dans trois litres d'eau-de-vie, ajoutez un quart de litre d'eau de fleurs d'oranger dans laquelle vous aurez fait dissoudre 250 grammes de sucre. Filtrez comme ci-dessus et mettez en bouteilles.

SCUBAC.

Faites infuser pendant dix jours, dans deux litres d'alcool à 32 degrés, allongés d'un demi-litre d'eau filtrée, 2 grammes de safran, 10 de coriandre, 10 de cannelle concassée, 4 d'anis, 2 de macis, les zestes d'un citron et la moitié d'une gousse de vanille coupée en très-petits morceaux. Filtrez l'infusion et réunissez-la à un litre de sirop de sucre blanc très-cuit. Passez le mélange à la chausse et mettez en bouteilles; le scubac s'améliore en vieillissant.

CRÈME DE FRAMBOISES.

Ajoutez à deux litres de bonne eau-de-vie un demi-litre de sirop de framboises préparé selon la recette donnée pour le sirop de mûres (page 752). Filtrez; ajoutez un peu de teinture de carmin si la liqueur ne vous semble pas assez colorée, et mettez en bouteilles.

CASSIS.

Faites infuser un litre de cassis égrené dans deux litres d'eau-de-vie pendant trois jours. Passez l'infusion; ajoutez-y un demi-litre de sirop de sucre blanc très-cuit; passez de nouveau, et laissez vieillir en bouteilles.

CRÈME DE MENTHE.

Faites infuser pendant trois jours, dans deux litres d'eau-de-vie, une poignée de menthe poivrée et une poignée de menthe sauvage à feuilles rondes (baume). Il ne faut employer que les feuilles et rejeter les tiges, dont l'odeur et la saveur sont moins délicates. Passez l'infusion; ajoutez-y un litre de sirop un peu clair; passez de nouveau à la chausse, et laissez vieillir en bouteilles.

CRÈME DE ROSE.

Faites infuser dans deux litres d'eau-de-vie 60 grammes de fleurs sèches de roses de Provins, pendant huit à dix jours. Ajoutez à l'infusion 60 grammes d'eau distillée de roses, un litre de sirop de sucre blanc un peu cuit, et quelques gouttes de teinture de cochenille, pour donner une belle nuance rose. Passez la liqueur, et laissez-la vieillir en bouteilles.

V. — CAVE.

Dans les grandes maisons, ainsi que dans les hôtels des grandes villes où sont reçus les voyageurs de distinction, on attache avec raison une grande importance à la cave, et elle est placée sous la direction d'un sommelier de profession. Partout ailleurs, le soin de la cave regarde le cuisinier ou la maîtresse de maison.

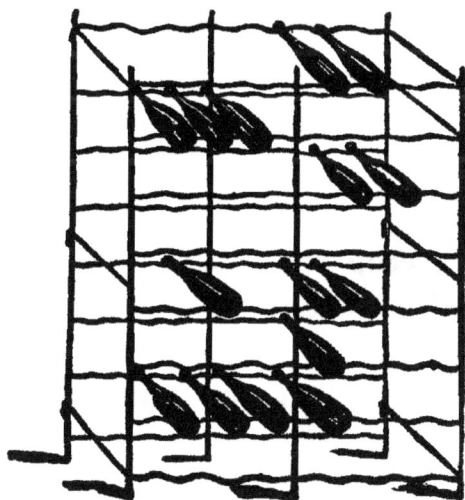

Fig. 155.

Lorsqu'on peut choisir l'emplacement de la cave au vin, il faut consacrer aux vins, soit en tonneaux, soit en bouteilles, une cave éloignée autant que possible d'une rue passagère. Quand le soupirail de la cave ouvre immédiatement sur la rue, le passage fréquent des voitures occasionne au vin un ébranlement peu sensible, mais suffisant pour faire remonter les parties les plus légères de la lie, et empêcher les vins de s'éclaircir complétement; dans cette position, les vins tournent facilement à l'aigre.

Si bien fermés que soient les tonneaux, si bien bouchées que puissent être les bouteilles, la pureté de l'air et l'absence de toute mauvaise odeur sont des conditions indispensables de la bonne conservation des vins en cave. Il faut donc que la cave au vin ne puisse recevoir ni les émanations d'un fruitier, ni celles du ruisseau de la rue, ni celles, non moins pernicieuses, des légumes à odeur forte, tels que l'ail, la ciboule, l'oignon, le poireau et la carotte. C'est surtout pour cette raison que la propreté la plus rigoureuse doit régner dans la cave au vin. Tout amas de poussière ou d'ordures qui pourrait s'y introduire par les soupiraux doit être immédiatement enlevé.

Fig. 156.

Une cave bien tenue doit être munie d'un certain nombre d'objets de service, dont les plus nécessaires sont :

1° un dressoir à bouteilles (*fig.* 155). Ce dressoir est tout en fer; il est de beaucoup préférable à l'ancien usage d'entasser les bouteilles en les séparant par des lattes;

2° Un hérisson, pour faire égoutter les bouteilles rincées, comme le montre la figure 156;

3° Un panier à bouteilles, tel que celui que représente la figure 157, dont les cases sont assez grandes pour que les bouteilles y soient apportées de la cave sans leur imprimer aucun mouvement brusque et sans les changer de position, quand elles contiennent des vins qui déposent, et dont le dépôt ne doit point être troublé;

Fig. 157.

4° Un bouche-bouteille, pour les vins qui doivent être très-fortement bouchés, instrument dont l'inspection de la figure 158 montre suffisamment l'usage;

5° Une grande pompe (*fig.* 159), une plus petite

Fig. 158.

Fig. 159.

(*fig.* 160), et un siphon (*fig.* 161) pour transvaser les vins et les tirer au clair;

6° Un battoir de tonnelier (*fig.* 162) et un maillet (*fig.* 163) pour débonder les tonneaux et replacer les bondes;

7° Un baquet en forme de cœur (*fig.* 164) à placer

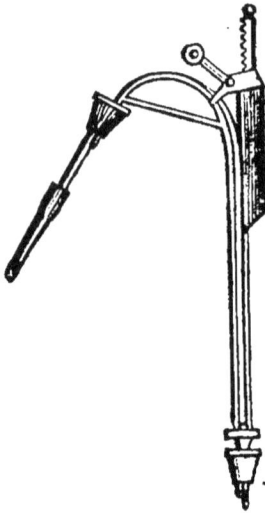

Fig. 160.   Fig. 161.   Fig. 162.

sous le tonneau tandis qu'on met le vin en bouteilles ;

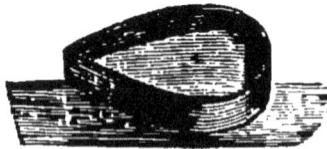

Fig. 163.   Fig. 164.   Fig. 165.

8° Un ou plusieurs brocs semblables à celui que représente la figure 165.

9° Plusieurs robinets ou cannelles de cuivre à adapter
aux pièces pour le soutirage des vins. La figure 166 re-

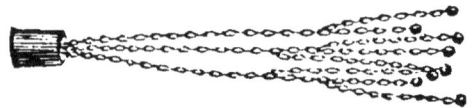

Fig. 166.   Fig. 167.

présente le modèle le plus usité de ce genre de robinets.

10° Une chaîne adaptée à un bouchon (*fig.* 167) et une pince à mâcher les bouchons (*fig.* 168).

Fig. 168.

La figure 169 montre la position que doivent occuper les tonneaux dans la cave, sur les *chantiers* ou pièces de bois qui les empêchent d'être en contact avec le sol, permettent de placer dessous un cœur de tonnelier.

Les vins fins qui déposent sont apportés de la cave dans le grand panier à bouteilles et servis sur la table

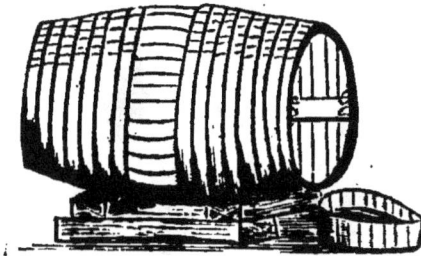
Fig. 169.

Fig. 170.

dans le panier représenté figure 170. Chaque espèce de vin fin est servi dans une bouteille de forme particulière; la fig. 171 représente la bouteille de Champagne, la

Fig. 171.

Fig. 172.

Fig. 173.

Fig. 174.

figure 172, la bouteille de Bordeaux, la figure 173, la

bouteille de vin du Rhin, et la figure 174, la bouteille
de Madère.

Il faut en outre, pour le service du vin sur la table,
un tire-bouchon à pompe (*fig.* 175), et une brosse
pour ôter la cire détachée du goulot des bouteilles de
vin cachetées (*fig.* 176).

L'usage de l'eau gazeuse ou eau de Seltz artificielle
est actuellement tellement répandu, qu'un bon appareil
pour préparer l'eau gazeuse peut être considéré comme
l'accessoire indispensable du service du vin, sur toutes

Fig. 175.

Fig. 176.

Fig. 177.

les tables où, pendant une partie au moins du repas, on
ne boit pas exclusivement le vin pur.

L'appareil gazogène du docteur Fèvre (*fig.* 177), représenté à l'extérieur et à l'intérieur, reçoit la poudre de
Seltz dans le compartiment supérieur, et l'eau dans le
compartiment inférieur.

L'opération est, pour ainsi dire, instantanée. L'eau,

devenue gazeuse, est soutirée par le robinet de l'appareil. Le réseau de canne tressée dont le gazogène est enveloppé, prévient les accidents que pourrait causer la rupture du verre par l'expansion du gaz. On trouve partout, au prix le plus modéré, les paquets de poudre dont un seul contient la dose nécessaire pour faire à la minute une bouteille d'eau gazeuse.

PROCÉDÉ POUR METTRE LE VIN EN BOUTEILLES.

Avant de commencer à mettre le vin en bouteilles, il faut s'assurer qu'il est parfaitement clair, et s'il n'est pas suffisamment limpide après avoir été une première fois *collé*, c'est-à-dire clarifié à la colle de poisson, puis soutiré, le collage et le soutirage doivent être recommencés. Si l'on tient à conserver aux vins toute leur qualité, il ne faut confier le soin de faire ces deux opérations qu'à un tonnelier rompu à cette besogne. Une température en même temps froide et sèche, quand soufflent les vents de l'est et du nord, est la plus favorable à la mise en bouteilles des vins.

C'est une très-pauvre et très-blâmable économie que celle qui résulte de l'emploi, pour le bouchage des bouteilles, de bouchons ayant déjà servi; il ne faut se servir que de bouchons neufs, de liége fin, capables de donner une clôture hermétique. Les vieux bouchons, même quand ils ne sont pas détériorés par le tire-bouchon, ne donnent jamais qu'une clôture imparfaite, qui expose les vins à s'aigrir par le contact de l'air.

C'est une faute de laisser trop déborder les bouchons au-dessus du goulot des bouteilles bouchées; le bouchon ne doit pas dépasser le goulot de plus de 3 à 4 millimètres. Les bouteilles contenant des vins fins doivent être revêtues de cire par-dessus les bouchons .et tout autour du haut du goulot.

CIRE A BOUTEILLES.

Faites fondre 1 kilogramme de résine commune avec 125 grammes de cire jaune, et 60 grammes de suif de chandelle. On colore. la cire, quand elle est en fusion, avec du minium, en rouge; des ocres jaunes, en jaune et orange; du noir animal, en noir, et du vert de vessie, en vert.

MALADIES DES VINS.

Les vins conservés en tonneau sont sujets à divers genres d'altération, qu'on nomme *maladies des vins;* les plus fréquentes sont *la graisse, l'aigre, l'amertume* et *le goût d'évent.*

GRAISSE DES VINS.

Quand on reconnaît qu'un vin commence à tourner à la graisse, c'est-à-dire à filer et à prendre une consistance huileuse, le meilleur moyen pour le rétablir, c'est d'y mêler une petite quantité de lie d'un très-bon vin, de qualité supérieure à celle du vin qui est devenu gras. Les vins blancs sont beaucoup plus sujets à tourner au gras que les vins rouges; mais, le plus souvent, il suffit de n'y pas toucher; il se rétablit de lui-même en vieillissant. Quand on y a mêlé un peu de lie d'un vin supérieur, on colle le vin malade, puis on le soutire; le plus souvent, le mal est complétement réparé.

AIGREUR DES VINS.

Lorsqu'il y a lieu de craindre qu'un vin ne tourne à

l'aigre par défaut de force, on prévient cette maladie en y ajoutant par tonneau 3 ou 4 litres de bonne eau-de-vie.

AMERTUME.

Les vins qui sont devenus amers se rétablissent assez facilement par le procédé suivant. Versez dans un tonneau récemment vidé, ayant contenu de très-bon vin, un quart de litre d'esprit-de-vin, dont vous arroserez les parois intérieures, et que vous allumerez aussitôt. Dès que l'alcool a cessé de brûler, faites brûler de même dans le tonneau un second quart de litre d'alcool. Transvasez aussitôt le vin amer dans ce tonneau, il y perdra promptement son amertume.

GOÛT D'ÉVENT.

Ce goût désagréable, que le vin peut contracter dans un tonneau qui n'a pas été suffisamment bien bouché, disparaît difficilement. Pour l'atténuer autant que possible, on incorpore au vin altéré environ un dixième de lie de très-bon vin; on roule le tonneau une fois par jour pendant quinze jours, après quoi il est soutiré et amélioré par 4 ou 5 litres d'eau-de-vie par tonneau.

DÉGÉNÉRESCENCE DES VINS.

Indépendamment des maladies proprement dites, les vins faibles et peu spiritueux sont sujets à la dégénérescence, c'est-à-dire qu'au bout d'un certain temps ils sont devenus faibles, plats et méconnaissables, surtout s'ils ont séjourné dans une cave malsaine ou mal tenue. Le véritable remède consiste à retirer de chaque tonneau 5 à 6 litres de vin, qu'on remplace par autant d'eau-de-vie. Après cette opération, les vins dégénérés corrigés de cette manière ne doivent pas être immédiatement mis en bouteilles et livrés à la consommation. La saveur de l'eau-de-vie domine trop dans ces vins; mais c'est un défaut qui disparaît avec le temps : le vin dégénéré reprend sa qualité première, et il faut être très-fin connaisseur pour s'apercevoir alors qu'il a été corrigé avec de l'eau-de-vie.

USAGE DES VINS.

Il y a, pour l'emploi personnel des vins, une étude qui doit être faite par chacun de ceux à qui leur position permet de boire du vin, afin d'arriver à connaître quels sont ceux que leur estomac supporte le mieux, et ceux qui les incommodent, dont par conséquent ils doivent s'abstenir. Quant aux repas où l'on reçoit des amis, il y a certains usages auxquels il n'est pas permis de déroger. C'est ainsi qu'on sert du vin blanc léger, principalement du vin de Chablis, avec les huîtres, du vin de Bourgogne au second service, et des vins de liqueur au dessert.

On ne peut trop recommander l'adoption de l'usage belge, qui consiste à placer devant chaque convive autant de verres de dimensions différentes qu'on doit servir de différents vins. Par ce moyen, chacun peut se faire remplir plusieurs verres, faire alterner à son gré les vins dans l'ordre qu'il lui convient le mieux, sans être dérangé à chaque instant par les allées et venues des domestiques, pour les changements de verre, à chaque changement de vin.

Tous les vins, depuis le vin ordinaire jusqu'au vin fin du dessert, doivent en général être servis frais. Par

exception, quelques amateurs de vin de Bordeaux préfèrent le boire à une température légèrement dégourdie.
Le vin de Champagne, au contraire, doit être, selon
l'expression reçue, frappé de glace, c'est-à-dire que les
bouteilles doivent être plongées dans la glace pilée quelques instants avant d'être apportées sur la table.

FIN DE L'APPENDICE.

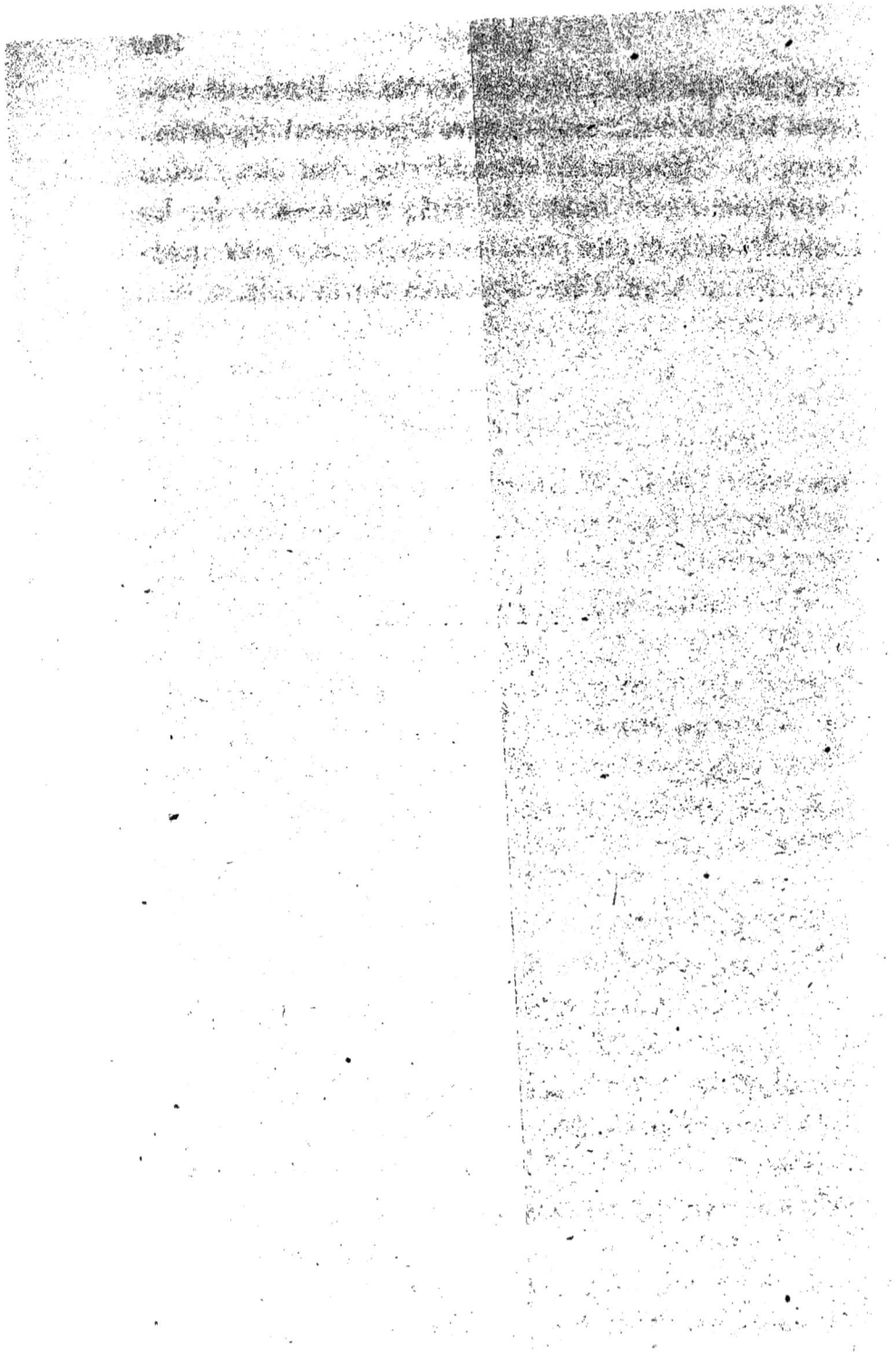

TABLE DES MATIÈRES.

SECTION X

Crustacés — Coquillages — Reptiles

SECTION XII
Hors-d'œuvre — Entremets — Dessert

FIN DE LA TABLE DES MATIÈRES.

Paris. — Imprimerie P.-A. BOURDIER et Cⁱᵉ, rue Mazarine, 30.